谨以此书表达作者对

母校西南联大的怀念之情

研究生创新教育系列丛书

种子植物形态解剖学导论

（第五版）

刘 穆 著

科学出版社
北京

内 容 简 介

本书是在刘穆著《种子植物形态解剖学导论》各版书的基础上对全书进行了全面的修订而成的一部基础科学理论著作。本书仍保持着以前各版书的特点——科学性较强，内容较新，附图质量高，可读性强等，并在本版书中加强了这些特点。

本书可作为综合性大学、师范、农、林、中医等高等院校相关专业本科生的教学书籍，亦可作为研究生、教师、研究工作者的参考用书。

图书在版编目（CIP）数据

种子植物形态解剖学导论/刘穆著. —5版. —北京：科学出版社，2010
（研究生创新教育系列丛书）
ISBN 978-7-03-029097-7

Ⅰ. 种… Ⅱ. 刘… Ⅲ. 种子植物-植物解剖学-研究生-教材 Ⅳ. Q949.4

中国版本图书馆 CIP 数据核字（2010）第 188746 号

责任编辑：韩学哲　李　锋/责任校对：赵桂芬
责任印制：赵　博/封面设计：王　浩

科学出版社出版
北京东黄城根北街 16 号
邮政编码：100717
http://www.sciencep.com
北京天宇星印刷厂印刷
科学出版社发行　各地新华书店经销
*
2001 年 10 月第　一　版　　开本：787×1092　1/16
2010 年 11 月第　五　版　　印张：25 1/2
2025 年 1 月第八次印刷　　字数：581 000

定价：158.00 元

（如有印装质量问题，我社负责调换）

第五版前言

本书是作者在以前各版书的基础上对全书进行了全面修订而成的一部基础科学理论著作。在本书的修订过程中，对于书中的许多章节做了重要改写，例如重新定义了植物组织，改写了蛋白体的叙述和编排，加写了反应木的构造与化学组成，等等。书中的改动处很多，勿庸赘述。但由于作者力所不及，可能书中仍有不当之处，甚至仍有粗心错误之处，敬请读者批评指正。

本书在不到十年的时间内，陆续地印出四版，使本学科的一些新观点，新成就得以及时问世。这不是一件轻而易举的事，这与参加本书出版工作的同志付出的大量辛劳是分不开的。值此第五版书即将出版之际，作者谨向参加本版书和以前各版书出版工作的同志致以深切谢意。在此，作者还要再一次向作者的学生，真诚的战友杨素英同志表示衷心感谢，本书是在她的关怀，支持，和帮助下完成的。

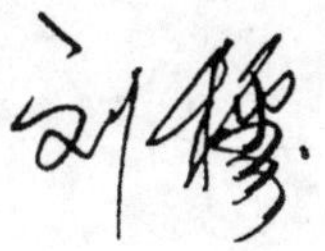

于河南师范大学

第四版前言

《种子植物形态解剖学导论》第四版问世了，本书是作者在第三版书的基础上写成的。作者对第三版书的许多章节进行了改写或重写，并改绘和增添了一些附图。

本书仍保持着以前各版书的体系，从细胞到组织，从组织到器官。这是符合从简单到复杂，由浅入深的学习规律的。

在近三四十年期间，随着电子显微镜和生物学新技术、新方法的使用，植物形态解剖学和其他学科一样，发展是迅速的。研究工作已从细胞水平到分子水平，新观点和新成就大量涌现。作者紧紧跟随着学科的发展，对本学科的新观点、新成就等在本书以前的各版和现在的第四版书中作了及时的介绍。

在第四版书中，作者以最大努力尽可能把本学科主要的基础理论知识叙述得概念更为明确严谨些，更为流畅易读些，以利于教和学（特别是自学），利于参考。全书进行了较多的改写或重写。例如，改写了胞间连丝的构造和它在植物生长发育中的作用，改写了对于成熟组织分类的看法，补写了茎的初生维管系统的构造，重写了关于种子植物真中柱的起源问题，等等。作者很希望把本书写成为一部比较好的植物形态解剖学教科书和参考书，使其既可作为综合性大学、师范、农、林、中医等高等院校相关专业本科生的教学书籍，亦可作为研究生、教师、研究工作者的参考用书。

作者已是“夕阳”之年了，虽然完成了第四版书的写作，但在工作中颇有力不从心之感。因此，书中可能还会有一些缺点和不足之处，甚至还可能会有错误，敬请读者批评指正。

最后，参加本书的编辑、校对、印制以及编制索引等工作的同志们为本书的出版付出了很多辛劳，在此，作者表示衷心感谢并致以崇高敬意。

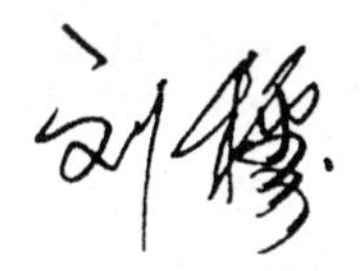

于河南师范大学

第三版前言

《种子植物形态解剖学导论》第二版问世后，陆续地收到很多读者提出的宝贵意见和问题，其中有些问题是带有普遍性的。例如，禾本科植物的胚和幼苗是否具有胚茎的问题，植物的茎尖是否也可以划分为分生区、伸长区、成熟区三个区的问题，等等。另外，作者发现书中也还有一些不足之处。为此写出第三版书。

在第三版书中，根据读者提出的意见和问题，以及书中某些不足之处，作者对书中的许多章节进行了不同程度的改写，有些附图做了改绘，增添了个别新图，并介绍了目前本学科的一些科学新成就。

第三版书仍保持着原书原有的体系，从细胞到组织，从组织到器官。仍保持着原书原有的一些特点，力求概念明确严谨，流畅易读。但在某些具体内容的处理方式方面，本书与国内外的同类书籍有少许差别。本书根据植物组织所担负的主要生理机能将植物组织分为分生组织、保护组织、营养组织、机械组织、输导组织、分泌组织六类；根据中柱学说的论点将植物根、茎的初生构造分为表皮、皮层、中柱三部分；根据细胞生长发育的程度将植物的茎尖分为分生区、伸长区、成熟区三个区，以及根据作者的意见将epicotyl，hypocotyl，shoot，gynoecium 各词分别译为胚芽茎、胚茎、枝叶和心皮群等。本书对上述这些内容的处理方式与国内外同类书籍的处理方式是有所不同的。本书的处理方式仅供参考。

作者很希望能把第三版书写好，借此答谢读者对本书的关怀与厚爱，但作者能力有限，书中很可能仍存在着这样或那样的问题和缺点，敬请读者批评指正。

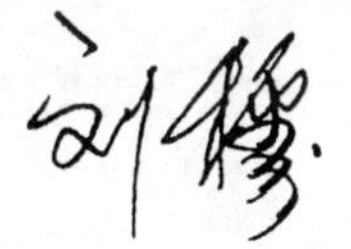

于河南师范大学

第二版前言

《种子植物形态解剖学导论》一书问世后，许多读者提出宝贵意见，并提出希望本书能够在某些方面进行适当补写的愿望。读者对本书的厚爱作者深表感谢。根据读者的意愿，作者对本书进行了较为全面的修订。

在本书的修订过程中，作者对许多章节进行了改写与补写，对附图也进行了补充与改绘，对近年来的学科新成就也做了补写。例如：改写了分泌蛋白在高尔基体扁囊间的运送方式，补写了微管在细胞周期的不同阶段的分布状况与排列样式，提出了溶生式分泌囊可能是人工现象的问题，讨论了对根尖原始细胞的看法，补写了次生木质部分子的演化趋势，介绍了研究和鉴定木材的基本知识，介绍了关于叶的形成的新理论，补写了花部解剖构造在植物系统分类学中的意义，等等。

在本书的修订过程中，作者参考了一些已写入国内外有关教科书的新资料，这些已写入教科书的资料大多是经过了重复试验和论证，通常是比较成熟和可靠的。但由于作者水平有限，很可能对某些问题理解不当，因而做出一些不恰当或甚至是错误的解释，敬请读者批评指正。

在本书的撰写、修订过程中，自始至终得到我校杨素英同志、徐存拴教授、卢龙斗教授在各个方面的热情帮助与支持，使作者得以顺利地完成撰写与修订工作，在此特致深深谢意。

刘穆

于河南师范大学

第一版前言

种子植物形态解剖学是学习和研究植物学各学科，以及农、林、中草药等各学科的科学基础。对于种子植物形态解剖学需要有比较深入的了解，才能够更好地完成对于上述各学科的学习与研究任务。但目前国内有关这一学科的可读书籍是不足的，为此撰写成此书。

本书是在作者多年的教学工作与科学研究工作的基础上撰写而成的。书中对于种子植物形态解剖学的基础理论做了较为全面系统的介绍，对于该学科领域的近代科学新成就做了及时的反映。

本书共分为五章。第一章介绍了植物细胞，第二章介绍了植物组织，第三、四、五各章分别介绍了植物器官——植物的营养器官和繁殖器官。书中先从植物细胞介绍起，再到植物组织，再到植物器官，这是符合从简单到复杂的学习规律的，并且这也是植物形态解剖学比较习惯的学习讨论顺序。

在植物细胞一章中介绍了十多种植物细胞的基本构造。这为以后本书各章节的学习奠定下较为巩固的基础。在此十多种植物细胞的基本构造中，以较多的篇幅介绍了植物细胞壁的基本构造，这是因为在试验室内进行植物解剖材料的显微镜观察时，首先观察到的是植物细胞的细胞壁。如果在显微镜下能够识别不同类型植物的细胞壁在构造上的某些差别，便是基本上掌握了识别各种植物解剖构造的关键，所以学习植物形态解剖学需要对于植物细胞壁的基本构造要多有一些了解。

在植物组织一章中介绍了构成植物器官的各种组织。在进行植物组织的讨论时首先遇到了一个最根本的问题，那就是应当根据何种标准来进行植物组织的分类问题。这是一个长时期以来没有解决的问题。作者认为，一个明确无缺点的植物组织分类的标准是没有的，原因是在植物的各种组织类别之间都存在着过渡类型。过渡类型的存在是自然界中生物进化发展的必然结果，这是自然规律，是不可避免的。由于过渡类型的存在，就使人们难以找到一个众所公认的划分植物组织为明确类别的统一的组织分类标准。现行的各种植物组织分类方法因所采用的分类标准的不同是互不相同的，也是各有利弊的。本书所使用的植物组织分类方法比较简单明了，但也并非十全十美。

第三章开始讨论植物器官。在讨论植物根的构造时，作者根据传统看法，将根的原分生组织视为位于根的顶端分生组织的顶端。这种看法与目前比较流行的看法是不同的。现时的看法因为根的顶端分生组织内有一个“静止中心”的存在，因而将根的原分生组织视为位于“静止中心”的上方和其两侧，不是位于根的顶端分生组织的顶端。但按照传统的看法能够使根和茎的顶端分生组织在构造上有一个一致的概念，这是较为恰当的。当然，也必须了解，传统看法的缺点是，根的原分生组织在生理上却是一种基本上已经停止了细胞分裂活动的组织。不过，作者认为，似乎也没有必要必须承认只有在生理上细胞分裂活动频率高的组织才是原分生组织。

在讨论植物茎的构造时，作者仍然根据传统看法，将茎的初生构造分为表皮、皮层和中柱三部分。这种看法也和目前比较流行的看法不同。现时的看法因受种子植物茎内的中柱界限划分不清的影响，已不再使用“中柱”一词了，而是使用初生维管系统、髓和髓射线来称谓种子植物茎的皮层以内的初生构造。作者认为，既然多数植物学工作者已经承认了中柱学说的科学性，那就应当按照中柱学说的论点来称谓根和茎的初生构造。至于在种子植物茎内的中柱为什么会失去了中柱鞘，皮层为什么会失去了典型的内皮层，因而使得中柱没有了明显的界限，那是需要对于种子植物茎的中柱的演化进行研究解释的问题，而并不是必须要舍弃“中柱”这个词的问题。

在讨论植物叶的构造时，作者对于旱生植物叶上密生的表皮毛究竟有什么生理上的适应意义的问题提出了看法。作者希望借此能够解释明白为什么长时期以来关于旱生植物叶上密生的表皮毛与水分丢失关系的研究工作始终未能得到一个一致的研究结果的原因。

植物形态解剖学是一门比较古老的学科，从 1675 年 Malpighi 出版他的《植物解剖学》（*Anatome Plantarum*）一书算起，已经有 300 多年的历史了。在此漫长的岁月中，积累了大量研究文献，也创建了繁多的植物学词汇，从而也产生了一些词汇使用混乱的现象。作者以最大的努力清理了本学科中常用的一些词汇的含义，也对于一些比较不恰当的中文译名进行了改动。

作者在本书的撰写过程中，力求在文字叙述方面概念明确严谨，流畅易读，以期达到便于学习的目的。为了更好地阐述问题，书中附有绘图 298 幅，其中一部分绘图为作者自绘，其余绘图引自国内外书刊杂志。很多被引用的图都经过了作者的改绘。因篇幅所限，被引用的绘图均未列出作者的署名，在此谨向各图作者致歉。

很多植物的汉名与主要参考书作者的署名在本书的各章节中多次引用。亦为篇幅所限，未能将植物汉名的拉丁学名列在各植物汉名之后，也未能将被引用的主要参考书作者的署名与书名列在各章节之后，而是统一地列在本书之末，尚希读者见谅。

由于作者水平有限，书中错误与不当之处恐所难免，敬请读者批评指正。

刘穆

于河南师范大学

目　录

第一章　植物细胞

1665年英国人虎克（Hooke）用他自己切的软木塞薄片，在他自己改良的显微镜下观察，发现许多蜂窝状小室，他把每一小室叫做细胞（cell）。

细胞的发现促进人们对于细胞的研究。到了19世纪30年代，德国植物学家施莱登（Schleiden，1838）与动物学家施旺（Schwann，1839）根据他们两人和前人的研究结果，正式地建立了细胞学说（cell theory）。他们明确提出：①一切动、植物体都是由细胞构成的。②细胞是一切动、植物体的构造单位。细胞学说建立16年后，1855年微尔和（Virchow）提出了细胞是以细胞分裂的方式来繁殖的，不能够从无生命物质中产生。因此，细胞学说又增添了一项新内容，即③细胞只能来自细胞。

细胞学说的建立对于细胞学和其他生物学科的发展曾起了巨大的推动作用。此后，随着显微镜的改进，人们积累了许多关于细胞学方面的知识。到了20世纪50年代以后，由于电子显微镜的使用，人们对于细胞学的研究发生了一次飞跃性的突破。

第一节　植物细胞的基本构造

若将植物体的任何部位切成薄片置于显微镜下观察时，就可以看到不同形状，不同大小的细胞。细胞是动、植物体的构造单位，也是动、植物体的功能单位，即生命活动单位。

由于细胞在植物体内所执行的生理机能不同，因而形状多种多样（图1.1）。有等

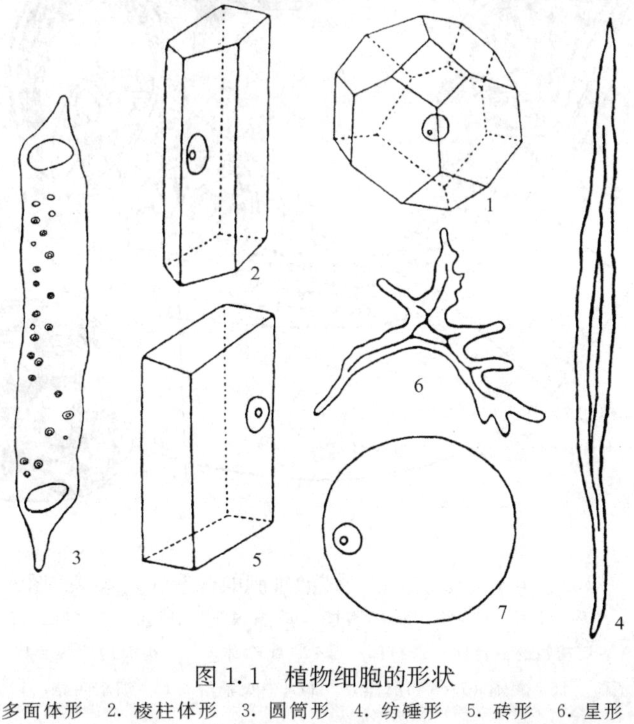

图1.1　植物细胞的形状

1. 等直径多面体形　2. 棱柱体形　3. 圆筒形　4. 纺锤形　5. 砖形　6. 星形　7. 圆球形

直径多面体形的（即细胞各个方向的直径大体上相等）、棱柱体形的、圆筒形的、纺锤形的、砖形的、甚至还有星形的等等。很多植物的果实（如西瓜、番茄等）完全成熟后，果肉细胞呈游离状态，呈游离状态的细胞多为圆球形或椭圆球形。

细胞的大小也很不同，大者可以长达 200 毫米以上，如苎麻的纤维细胞；小者的直径只有 0.0001 毫米，如某种原核生物支原体（*Mycoplasma* sp.）的细胞。但一般而论，大多数高等植物细胞的直径通常在 0.01～0.2 毫米之间。

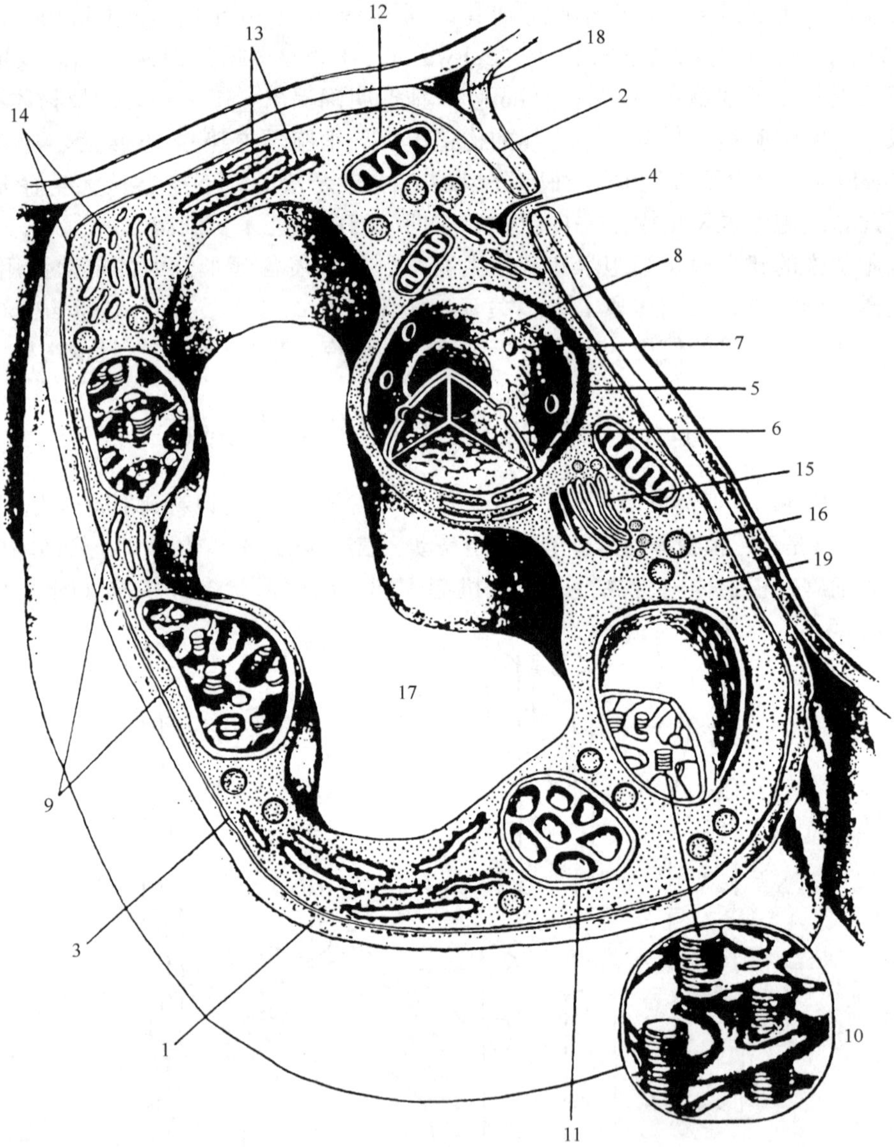

图 1.2 电子显微镜下植物成熟细胞的构造（立体模式图）

1. 细胞壁 2. 中层 3. 质膜 4. 胞间连丝 5. 细胞核 6. 核膜 7. 核孔 8. 核仁 9. 叶绿体 10. 叶绿体内的类囊体系统 11. 含有淀粉粒的白色体（造粉体） 12. 线粒体 13. 粗面内质网片段 14. 光面内质网片段 15. 高尔基体 16. 微体（过氧物酶体） 17. 中央液泡 18. 细胞间隙 19. 胞基质

虽然植物细胞的形状和大小是多种多样的，但植物细胞的构造都具有一定的共同特征。例如一切活植物细胞都含有原生质（protoplasm），大多数植物细胞都具有细胞壁（cell wall）。

原生质是有生命的物质，是生命现象的体现者。在一个细胞内的原生质叫做原生质体（protoplast）。原生质体可以认为是生命物质的形态学单位。

细胞内的原生质体通常分化①成为两个明显部分（图 1.2，1.3）：一部分叫做细胞质（cytoplasm）；一部分叫做细胞核（nucleus）。细胞质内分布着一些有生命的结构，如质体（plastid）、线粒体（mitochondrion）、内质网（endoplasmic reticulum）、高尔基体

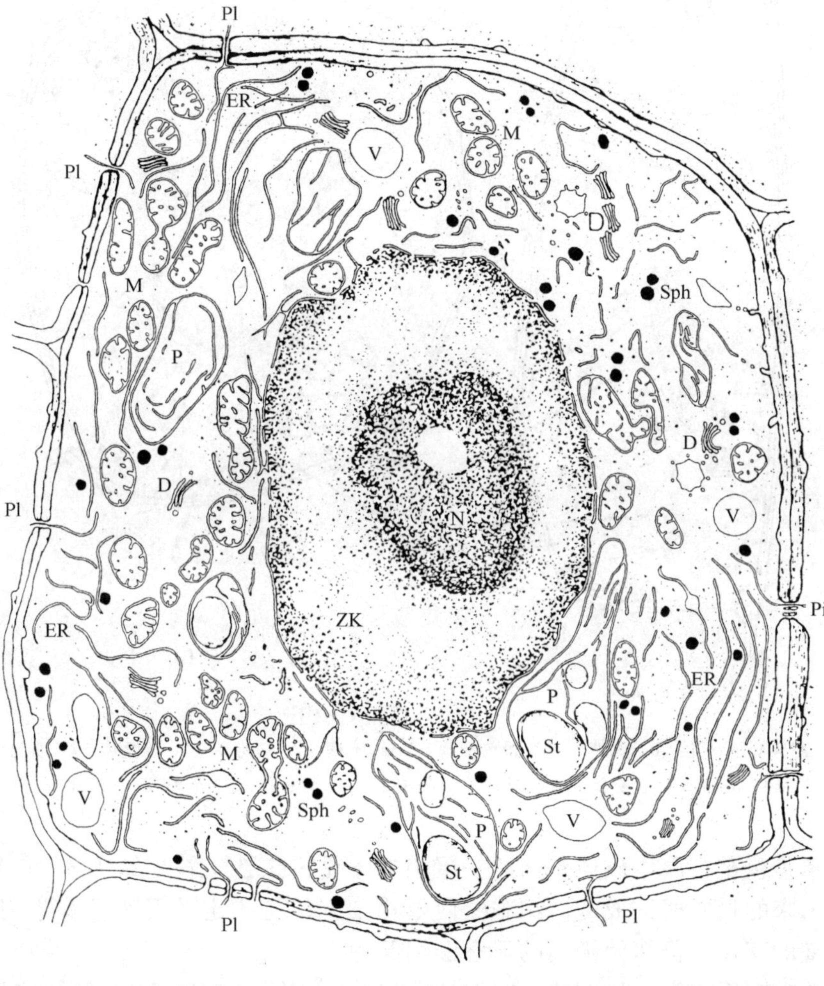

图 1.3　电子显微镜下植物年幼细胞的构造

ZK. 细胞核　N. 核仁　P. 前质体　St. 淀粉粒　M. 线粒体　D. 高尔基体（表面观与切面观）

V. 液泡　Sph. 圆球体　ER. 内质网片段　Pl. 胞间连丝（含有内质网细管穿过）

Pi. 纹孔（纹孔内有胞间连丝穿过）

---

① 植物细胞、组织或者器官因分工而产生的生理机能和形态构造上的变化叫做分化（differentiation）。

(Golgi body)、液泡（vacuole）等（图 1.2，1.3，1.4）。细胞核和这些有生命的结构都叫做细胞器（organelle）。细胞器具有一定的形态构造，各担负一定的生理机能，通常被膜包被着（见 Dickison，2000；Evert，2006），它们都是由原生质分化而成的。细胞质内还分布着一些没有生命的物质，如淀粉、脂肪、蛋白质、鞣质等。这些无生命的物质叫做后含物（ergastic substance）。后含物都是细胞新陈代谢作用的产物。

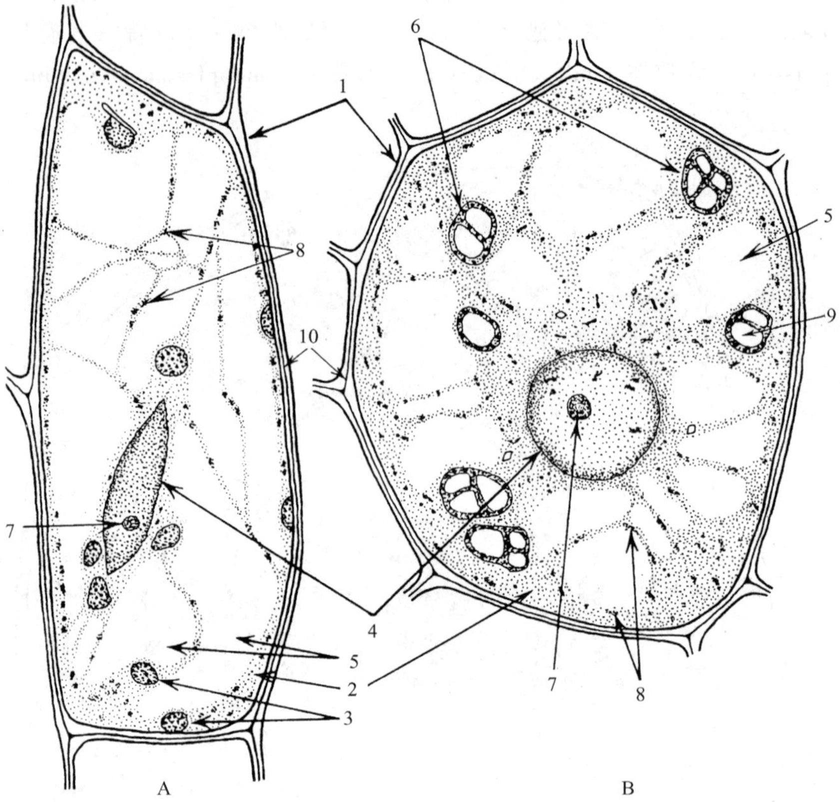

图 1.4　植物细胞的构造

A. 甜菜叶柄细胞　B. 烟草幼茎淀粉鞘细胞　1. 细胞壁　2. 细胞质　3. 叶绿体　4. 细胞核　5. 液泡　6. 含有淀粉粒的叶绿体　7. 核仁　8. 线粒体　9. 淀粉粒　10. 中层

细胞壁是包被在原生质体外面的一层相当坚硬的壁层（图 1.2，1.3，1.4），由原生质体分泌出来的物质所构成的。细胞壁使植物细胞保持一定的形态。有些细胞死亡后，由于细胞壁的存在，仍然使细胞的形态继续保持。

细胞壁上有很多微小的凹陷，叫做纹孔（pit）（图 1.3，1.5，1.6）。纹孔内有很多叫做胞间连丝（plasmodesma）的原生质丝通过。胞间连丝（图 1.2，1.3，1.6）使相邻细胞的原生质体互相沟通，互相联系，因而使多细胞植物体的活质（原生质）连接成为一个有机整体。

当细胞排列很紧密时，细胞互相紧密连接，细胞间没有空隙。但当细胞排列较为疏松时，细胞间有部分互相分离的地方，形成细胞间的空隙，这叫做细胞间隙（intercellular space）（图 1.5）。

上面讲过，细胞是动、植物体的构造单位和生命活动单位。但动、植物体并不等于是无数个各自独立进行生命活动的细胞的聚合体。生物体是一个有机整体，在生物体内，细胞的生命活动并不是各自独立的，而是互相协调，从属于生物体的整体生命活动的。

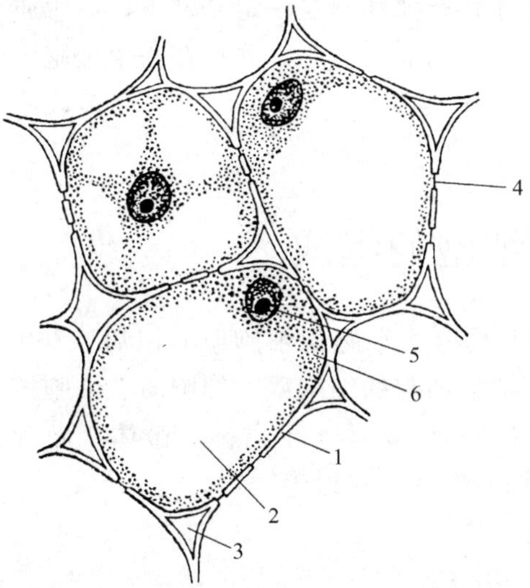

图 1.5　植物细胞的构造（模式图）

1. 细胞壁　2. 液泡　3. 细胞间隙　4. 纹孔　5. 细胞核　6. 细胞质

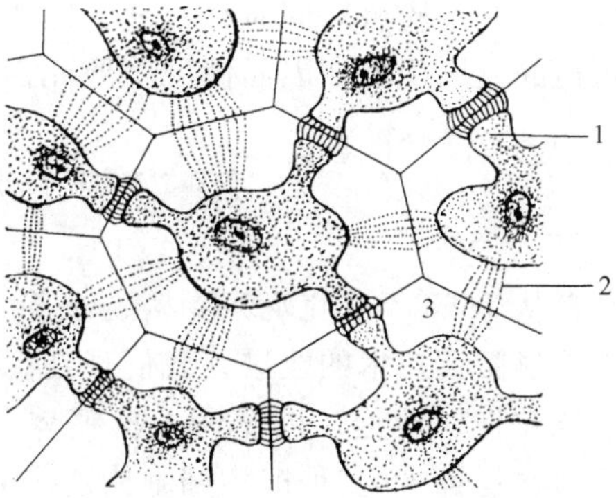

图 1.6　象牙棕胚乳细胞，示纹孔与胞间连丝

1. 纹孔　2. 胞间连丝　3. 细胞壁

第二节　原生质的化学成分和物理性质

对于组成原生质的化学成分的分析存在着很大的困难。这是因为原生质具有极端的复杂性和变异性；又因为生命现象是一个不断新陈代谢的过程，它是动的，不是静的，因此原生质时时刻刻都在改变着自己的化学成分；还因为在进行原生质的化学成分分析时，原生质是死亡状态，所分析的结果是否能够代表生活原生质的状态？很难断言。另外，在原生质中时常发现不同的贮藏营养物质，这些物质都是原生质生命活动所必需的能量来源，又是构成它的主要原料。在原生质中还常常发现一些副产品，这些物质也是原生质新陈代谢作用的产物。由于上述各种物质的存在，就使我们很难断定存在于原生质内的许多物质中究竟哪些是原生质的组成成分？哪些是贮藏的营养物质？哪些是代谢活动的副产品？以上的种种原因使我们长时期以来对于组成原生质的化学成分的分析不容易得到肯定的结果。

近年来应用生物物理学和生物化学的新技术、新方法进行了关于原生质的化学成分的分析，虽然还不能说已经达到了完全彻底地了解，但已有了很大的进展。概括地讲，原生质的主要组成成分是蛋白质、核酸、脂类、碳水化合物，以及无机盐类和大量的水分等，其中蛋白质、核酸与磷脂（一种脂类物质）最重要，它们是生命的物质基础。水分也很重要，它的含量最大，可以高达 90%，它既是原生质的主要组成成分，又是原生质进行各种生命活动的基质。

对于原生质物理性质的测定也存在着很大的困难，因为原生质的感应性（感受外界环境的刺激并对其发生反应的能力）很强，任何精细的测定方法都会使原生质的物理性质发生一定程度的改变。大体上讲来，原生质是一种无色、半透明、半流动的液态胶体物质，比重略大于水，不能与水混合，有黏滞性，有弹性。在一定条件下，原生质可以胶凝为固体状态，条件改变后，又可以恢复为原来的液体状态，并且在一个细胞内的不同部位，原生质可以同时存在液、固两种状态。加热至 60℃ 以上可以引起多数原生质不可逆的凝固现象，因而使原生质死亡。

第三节　植物细胞的组成

自从 1665 年虎克观察到植物细胞（实际上是植物细胞的细胞壁）以后，300 多年来随着显微镜技术的改进，我们现在观察到了植物细胞的细胞壁、细胞质、细胞核、质体、线粒体、液泡、内质网、核糖体、高尔基体、圆球体、蛋白体、微体、微管、微丝、后含物等 10 多种植物细胞构造。下面分别地进行一些讨论。

1. 细胞质

细胞壁以内，细胞核以外的原生质叫做细胞质（cytoplasm）。年幼细胞内充满细胞质（图 1.3，1.14），年老细胞内细胞质被液泡排挤成一薄层，附贴在细胞壁的里面（图 1.2，1.5，1.7，1.25），形成贴壁层。

细胞质的最外层有一层薄膜，叫做质膜（plasmolemma，plasma membrane）（图 1.2，1.26，2.45）。质膜是一种分别透性膜，这种膜能使水分子通过，而对于溶解在水中的物质其可通过性因物质的不同而不同。有些物质的可通过性大些，有些物质的小一些，有些物质则不能通过，因此质膜对于物质进出细胞发生了很大的制约作用。另外，由于质膜位于细胞质的最外层，所以质膜又是细胞接受外部信息的场所。质膜还是植物细胞壁的主要构成物质——纤维素的合成场所。

因为物质进出细胞都必须通过质膜，所以细胞必须保持较大的质膜表面面积与细胞体积二者之比的比值，否则将不利于植物的生活。为什么在自然界中动、植物细胞的体积一般都比较小呢？其中一个主要的原因就是因为假若细胞的体积过分扩大了，将会使质膜表面面积与细胞体积二者之比的比值变小，这对于动、植物的生活是不利的。细胞的体积过分扩大也不利于细胞核与细胞质的各部分，特别是与细胞质的表面部分之间的密切联系，也不利于物质从细胞的表面到细胞的中心或从细胞的中心到细胞的表面移动。

质膜之内是细胞质的本体，叫做胞基质（cytoplasmic matrix），也叫做胞溶质（cytosol）（图 1.2，2.45）。胞基质是一种无结构的液态胶体物质（见 Esau，1977）①，是原生质最少分化的部分，也是原生质最简单的状态。胞基质是一种基础物质，是一种基

① 凡文献作者署名之前有一“见”字者表示该文献不是原始文献，而是读者对于本书所介绍的问题或论点可以进行参考的书籍；凡无“见”字者表示该文献是原始文献。

质，在其内分布着各种有生命的细胞器，如细胞核、质体、线粒体、内质网、高尔基体、微管、微丝等和各种无生命的后含物，如淀粉粒、结晶体等。胞基质内含有很多种酶，所以胞基质还是进行多种生化反应的场所，例如糖酵解、脂肪酸合成等都是在胞基质内进行的。

在很多活植物细胞内可以很清楚地看到细胞质的流动（cytoplasmic streaming），尤其是在含有叶绿体的细胞内有时可以很清楚地看到细胞质携带着叶绿体向一定的方向流动（图 1.7）。细胞质流动有促进细胞与外界环境和细胞与细胞之间以及细胞内细胞器与细胞器之间的物质交换的作用。细胞质的流动还担负着细胞内物质运输的作用。

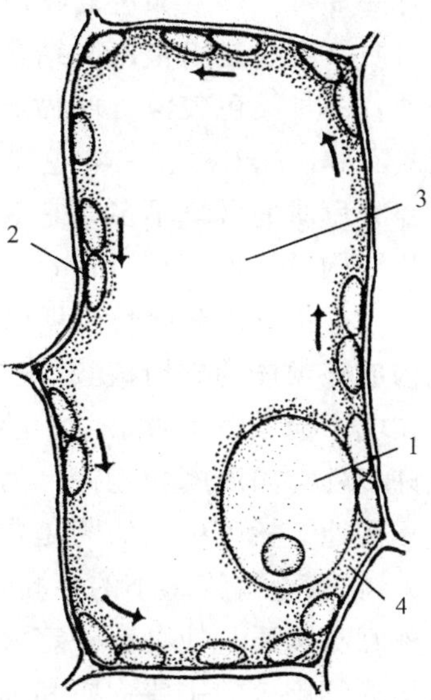

图 1.7　伊乐藻叶细胞的细胞质流动

1. 细胞核　2. 叶绿体　3. 液泡　4. 细胞质（箭头表示细胞质流动方向）

2. 细胞核

埋藏在细胞质内的一种或多或少的球状体构造叫做细胞核（nucleus）（图 1.2，1.3）。细胞核也是一种液态胶体物质，但具有较大的稠度和黏滞性。

在年幼细胞内细胞核位于细胞的中央，但在成熟的细胞内，由于中央大液泡的形成，细胞核被排挤在贴壁的细胞质内，但也有时细胞核被穿过中央大液泡的原生质丝悬挂在细胞的中央（图 1.4）。细胞核总是埋藏在细胞质内的，这是因为两者间有着互相依存的密切关系的缘故。

一般植物细胞内都有细胞核，只有最简单的生物，即原核生物（细菌和蓝藻）① 的细胞内才没有细胞核。这类生物的细胞内虽然没有形态学上的核的构造，但是细胞内都含有构成细胞核的物质（脱氧核糖核酸）。高等植物的筛管细胞内也没有细胞核，但那是筛管细胞在发育的过程中核退化的结果，在筛管细胞发育的早期是有核的。多数植物的细胞内只含有一核，但有些真菌类的细胞内含有二核，有些藻类的细胞内含有多核。

细胞核通常为圆球形、椭圆球形，但也有不规则的形状。细胞核的大小很不同，有的较大，有的较小。苏铁卵细胞的核最大，直径可达 1 毫米，用肉眼就可以看到。真菌类细胞的细胞核最小，有些真菌的核直径只有 1 微米（1 微米＝0.001 毫米）。但一般高等植物的细胞核直径多在 5～30 微米之间。

细胞核的表面有一层薄膜，叫做核膜（nuclear membrane）（图 1.2）。核膜之内充满一种无色的半液态基质，叫做核液（nuclear sap），也叫做核质（nucleoplasm）。核液

① 根据细胞构造的繁简，地球上的全部生物种类可以划分为两大类：一大类叫做原核生物（prokaryotes），包括细菌和蓝藻两类；一大类叫做真核生物（eukaryotes），包括除细菌和蓝藻以外的所有生物种类。原核生物的细胞内没有被膜包被着的细胞核和细胞器，真核生物的细胞内含有被膜包被着的细胞核和细胞器。这一点是两者之间的最根本的区别。

内含有一种可以染上颜色的物质，叫做染色质（chromatin）。染色质是由脱氧核糖核酸与蛋白质（主要是组蛋白）结合在一起所形成的非常纤细的细丝聚集而成的堆。染色质有两种：一种染色较深，叫做异染色质（heterochromatin），一种染色较浅，叫做常染色质（euchromatin）。常染色质构成染色质的大部分，它对于遗传信息的传递是活跃的；异染色质的含量不多，它对于遗传信息的传递不活跃。细胞核内还可以看到一至数个球状结构，叫做核仁（nucleolus）（图 1.2，1.3，1.4）。核仁在活细胞内折光很强，所以在显微镜下观察时特别明亮。在细胞制片上核仁染色较深，也很容易辨认。核仁是产生构成核糖体的核糖核酸（rRNA）和组建构成核糖体的亚单位的场所。

在电子显微镜下观察时，核膜是一双层薄膜（图 1.2，1.3，2.45）。双层薄膜的外层在许多处与内质网相连接，因此使核膜的腔（即双层薄膜之间的空间）与内质网的腔系互相沟通。核膜可以认为是内质网局部特化的部分（见 Raven *et al*.，2005；Evert，2006）。核膜上有许多小的穿孔，叫做核孔（nuclear pore）（图 1.2，1.3）。通过核孔，核内外互相沟通，使具有一定大小的物质可以通过。

构成细胞核的主要物质和细胞质一样，都是蛋白质。但不同的是，前者含有多量的脱氧核糖核酸（简称 DNA）和少量的核糖核酸（简称 RNA）；而后者则含有多量的核糖核酸和少量的脱氧核糖核酸[①]。脱氧核糖核酸与核糖核酸都是由很多个核苷酸分子结合而成的，两者的主要区别是，结合成核糖核酸的核苷酸分子中含有的糖是核糖，结合成脱氧核糖核酸的核苷酸分子中含有的糖则是脱氧核糖。脱氧核糖核酸是遗传信息的贮存者和传递者，是遗传的物质基础；核糖核酸则是各种蛋白质合成的参与者。

试验已经证明，除筛管细胞外，无核细胞不能长久生存，不久就会死亡。可见细胞核对于细胞的生理活动具有十分重要的作用。至于究竟是什么作用？研究者认为，细胞核通过控制核糖核酸的形成从而指挥了蛋白质的合成，因为参与细胞内代谢活动的酶是蛋白质，核通过指挥酶（蛋白质）的合成，从而控制了细胞的代谢活动。总的来讲，细胞核是细胞生理活动的控制中心，是遗传信息的贮存场所。

3. 质体

质体（plastid）只存在于植物细胞内，动物细胞内没有质体。在生物的进化过程中，由于植物细胞内出现了质体，从此植物就与动物分了家。

根据色素的有无和色素的种类，可将质体分为三类：无色的质体叫做白色体（leucoplast），绿色的质体叫做叶绿体（chloroplast），杂色（黄色、橘黄色、红色等）的质体叫做有色体（chromoplast）。

（1）白色体　白色体不含色素，主要分布在不见光的细胞中，通常为圆球形或椭圆球形，但也有其他的形状。

有些白色体体积很小，数目很多，常聚集成群，排列在细胞核的周围。这种类型的白色体多分布在植物的髓部或地下器官的不见光细胞中，但在很多植物的茎和叶的表皮细胞中也可以见到（图 1.8）。

---

① 细胞质内多量的 RNA 分布在核糖体内，少量的 DNA 分布在质体和线粒体内；细胞核内少量的 RNA 较多地分布在核仁内，核仁的组分是 RNA 和蛋白质。

有些分布在不见光细胞中的白色体内堆积着很多淀粉，成为淀粉的贮藏器官（图1.9）。成为淀粉贮藏器官的白色体叫做造粉体（amyloplast），造粉体在很多植物的细胞中都可以见到，特别是在植物的块根、块茎以及其他贮藏淀粉的器官（例如种子的胚乳）的细胞中普遍存在。

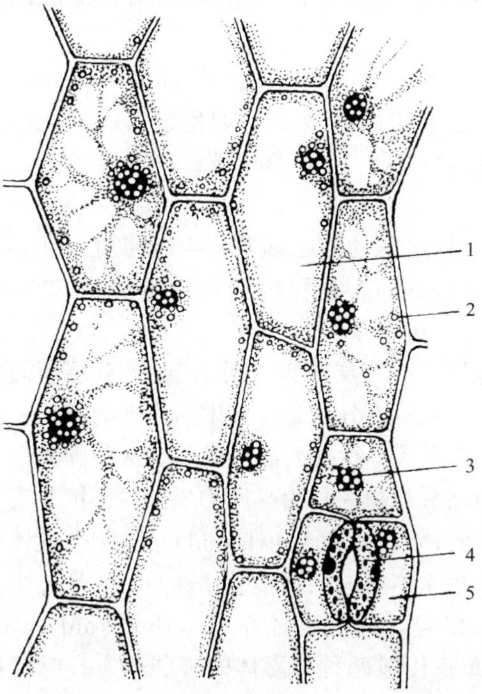

图1.8　紫鸭跖草叶表皮细胞，示白色体

1. 液泡　2. 白色体　3. 细胞核　4. 保卫细胞　5. 副卫细胞

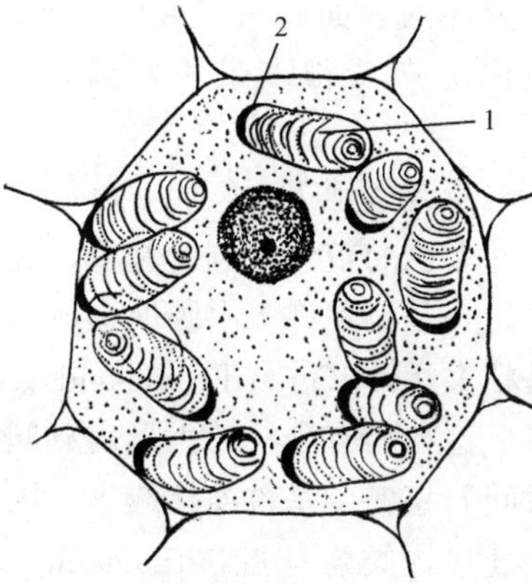

图1.9　赤车属植物的淀粉贮藏细胞，示造粉体

1. 淀粉粒　2. 造粉体

有些白色体内贮存着脂类（lipid）物质，成为脂类的贮存器官。成为脂类贮存器官的白色体叫做造油体（elaioplast）。造油体能将脂类积聚在一种特殊构造中，这种特殊构造叫做脂球（lipid globule，plastoglobuli）（见 Pyke，2009）。其他种类的质体内也有的含有脂球，但含量甚少，造油体内的含量较多。造油体分布在植物不同类型的细胞中，例如在花药的绒毡层细胞中含有造油体，在某些仙人掌类植物的茎细胞中含有排列样式特别，不同大小的造油体等。

也有些白色体内贮存着蛋白质，成为蛋白质的贮存器官。成为蛋白质贮存器官的白色体叫做造蛋白质体（proteoplast，proteinoplast，aleuroplast）。在过去认为，凡是贮存着相当数量蛋白质的白色体都叫做造蛋白质体。不过，造蛋白质体这一名词在现下的质体文献中似乎是已经消失了（见 Pyke，2009）。

此外，还有一些功能不详的白色体，例如上面谈到的排列在茎和叶表皮细胞核周围的白色体等。总之，凡是不含色素的无色成熟质体都叫做白色体，所以白色体是有许多种类型的。在本书以后的各章节中使用“质体”一词时，一般指的是白色体而言。

（2）叶绿体　叶绿体是绿色植物细胞进行光合作用的场所。植物叶肉细胞内的叶绿体特别多，其他见光部分的细胞内也可以含有，但数量较少。

高等植物细胞内叶绿体的形状大都相似，表面观多为两面向外凸出的圆盘形，切面观则多为透镜形（图 1.10），直径一般在 5～8 微米之间，厚度约为 3～4 微米。叶绿体分布在贴壁的细胞质内，并且在细胞质内可以移动它们的位置。在强光下它们排列在叶肉细胞的贴侧壁的细胞质内，并以其边缘面向光；在弱光下它们排列在叶肉细胞的贴上方横壁的细胞质内，并以其宽面向光。

高等植物细胞的叶绿体内含有两种绿颜色的色素叫做叶绿素甲（chlorophyll a）和叶绿素乙（chlorophyll b），一类橘黄颜色的色素叫做胡萝卜素类色素（carotenes）和一类黄颜色的色素叫做叶黄素类色素（xanthophylls）①。由于叶绿素的含量较多，所以叶绿体呈现绿色。

叶绿体的表面有一层薄膜，薄膜内充满一种无色的液态基质，叫做间质（stroma）。在间质内分布着很多带色颗粒，叫做基粒（grana）。基粒内含有叶绿素和其他两类色素。

在电子显微镜下观察时，叶绿体的表面包被着一双层薄膜（图 1.10）。双层薄膜之内充满一种无色的较为浓稠的基质，此为间质。在间质内分布着许多排列成堆的膜层，此为基粒。每一基粒是许多由膜所构成的圆盘形扁囊上下平行排列而形成的。这种圆盘形扁囊叫做基粒类囊体（granal thylakoid）。在间质内还分布着一种由膜所构成的大形的具有分枝的扁囊，这种具有分枝的大形扁囊叫做间质类囊体（stromal thylakoid）。间质类囊体横向地穿过间质将各个基粒连接起来，因此在一个叶绿体内的类囊体（thylakoid）是一个类囊体互相连接，类囊体腔（thylakoid lamen）互相沟通的类囊体系统（thylakoid system）（图 1.10，1.11）。叶绿素和其他两类色素分布在构成两种类囊体的膜层内。在叶绿体的

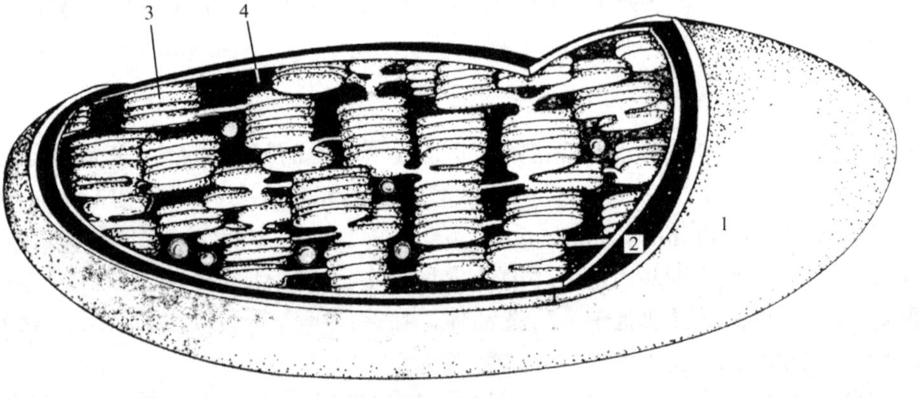

图 1.10　叶绿体立体构造（图解）

1. 外膜　2. 内膜　3. 基粒　4. 间质（间质内含有一些横行的间质类囊体将基粒连接起来，间质内还含有一些脂球）

① 高等植物叶绿体内含有的胡萝卜素类色素主要是β-胡萝卜素（β-carotene），含有的叶黄素类色素主要是叶黄素（lutein）、堇菜黄素（violaxanthin）和玉米黄素（zeaxanthin）。

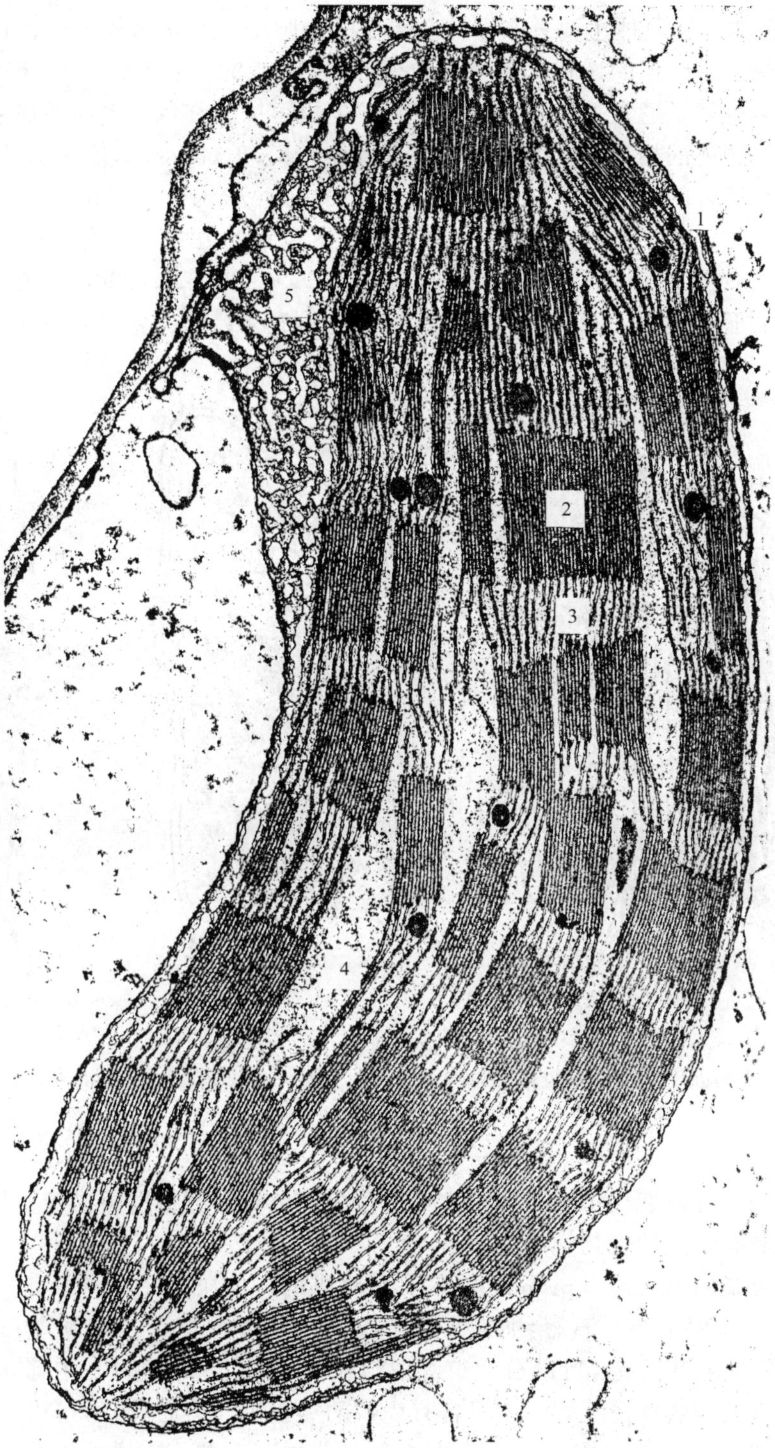

图 1.11　玉米叶绿体的切面观，示构造

1. 叶绿体膜　2. 基粒类囊体　3. 间质类囊体　4. 间质　5. 周质网

间质内还含有 DNA、RNA、核糖体、脂球（lipid globule，plastoglobuli）、淀粉粒等。

(3) 有色体　有色体主要分布在花和果实的细胞中。形状多种多样，有圆球形、椭圆球形、纺锤形、针形的，也有多角形的等等（图 1.12）。有色体内含有胡萝卜素类与叶黄素类两类色素，通常多为黄色或橘黄色，但也可以为红色。例如番茄果实的有色体内含有一种红颜色的胡萝卜素类色素（叫做番茄红素，lycopene），使果实呈现红色。

有色体内所含的色素通常集聚在有色体内的一种球状体（globular body）构造内（见 Pyke，2009），这是有色体最普通的一种集聚色素的方式，还有其他的色素集聚方式，此外还有的形成为色素结晶体（见 Fahn，1990；Evert，2006）。在这种情况下，色素结晶体的形状决定了有色体的形状，使有色体成为针形、多角形等（图 1.12）。

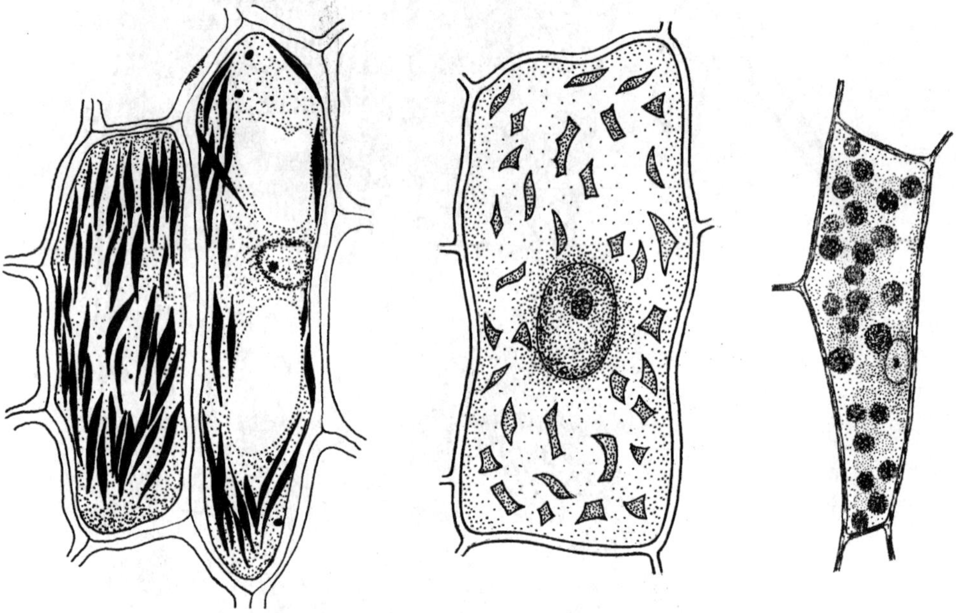

图 1.12　花被细胞，示有色体

左：鹤望兰属萼片细胞内的纺锤形有色体　中：旱金莲萼片细胞内的结晶体形有色体

右：金盏花属花瓣细胞内的圆球形有色体

有色体的生理机能还不清楚，但它具有招引昆虫和动物帮助植物传粉与散布果实的作用，所以具有明显的生物学意义。

各类质体是由前质体（proplastid）发育而成的。前质体是一种最年幼、最少分化的无色质体，体积很小，直径约在 1 微米左右，可为圆球形、椭圆球形或变形虫状（图 1.3），分布在根、茎、叶的分生组织细胞和胚与胚乳的细胞中。在前质体的间质内含有最不发育的类囊体系统，一般只含有少数的类囊体或甚而没有类囊体。间质内也含有 DNA、RNA 和少量的核糖体，有的还含有少数淀粉粒。前质体以分裂的方式增加数量，然后随细胞的分裂传递下来。

在电子显微镜下观察时，各类质体的表面都包被着一双层薄膜。双层薄膜之内充满一种无色的液态间质，间质之内含有不同发育程度的类囊体系统，其中以叶绿体内的类囊体系统最为发育，构造也最为复杂，它含有两种类型的类囊体——基粒类囊体和间质类囊体。前质体、白色体和有色体内的类囊体系统很不发育，没有形成基粒，有的甚至可能没有类囊体。在各类质体的间质内都含有 DNA、RNA、核糖体等，有的还含有脂球、淀粉粒等。

过去很多科学工作者认为种子植物细胞内的质体仅仅是由分生组织细胞内的前质体发育而成的，不能够用分裂的方式形成，因为在光学显微镜下从来没有在种子植物细胞内看到过如在藻类和藓类植物细胞内所看到的那种质体分裂的情况。但近年来在电子显微镜下在种子植物细胞内看到了叶绿体分裂的图像（图 1.13），因此种子植物细胞内的质体从前质体发育形成后也可以用分裂的方式来增加数量。

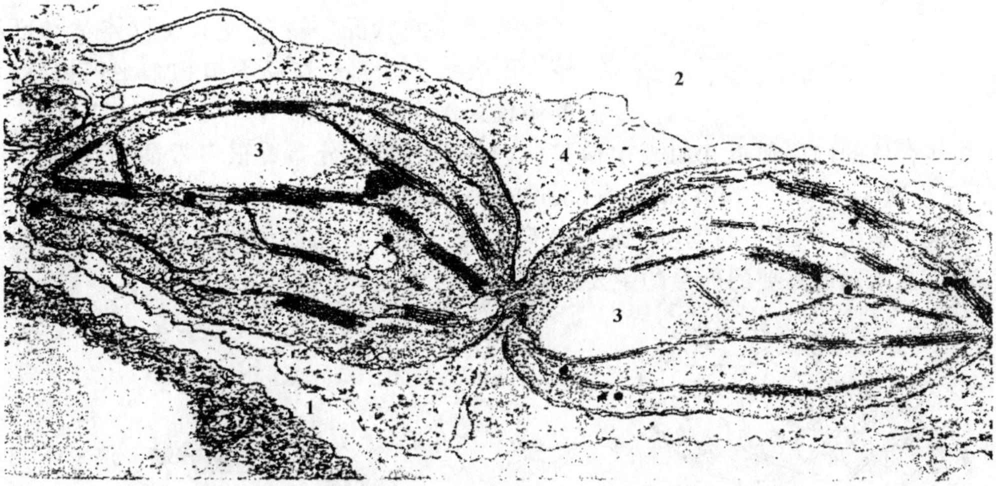

图 1.13　烟草叶绿体的分裂图像

1. 细胞壁　2. 液泡　3. 初生淀粉粒　4. 细胞质

质体具有脱分化（dedifferentiation）与再分化（redifferentiation）的能力，因此可因环境条件的改变而发生转变。例如：在有光的条件下马铃薯块茎细胞内的白色体（造粉体）可以转变成叶绿体；果实成熟时，果实细胞内的叶绿体转变成有色体；如果胡萝卜根的上部长出地面时，上部根细胞内的有色体可以转变成叶绿体；如果茎部的皮层细胞恢复了细胞分裂能力，细胞内的叶绿体能够转变成前质体。

由于质体的可以发生互相转变。这使得前质体作为各类质体“前身”（“precursor”）的功能有时不很重要。例如果实成熟时，细胞内的有色体通常是由于叶绿体内的叶绿素分解破坏，类囊体系统的破坏消失并增加胡萝卜素类与叶黄素类色素的合成作用转变而成的，由前质体发育而成的情况比较少见。

4. 线粒体

除原核生物——细菌和蓝藻的细胞内没有线粒体（mitochondrion）外，大多数动、植物细胞内都含有线粒体。分泌细胞和代谢活动旺盛的细胞内线粒体的含量最多。线粒体内含有参与呼吸作用的酶，它是细胞进行呼吸作用的主要场所，是供能中心。

线粒体多呈粒形、棒形或线形，体积很小，直径约为 0.5～1 微米，长度平均约为 1～4 微米，散乱地分布在细胞质中（图 1.4，1.14）。在光学显微镜下在普通的切片标本上看不到线粒体，必须使用专门的方法制片后才能见到。在电子显微镜下观察时，线粒体的表面有一双层薄膜，薄膜内充满一种半液态基质，基质内含有许多从内层薄膜向内伸入的管状或褶状构造，这叫做嵴（cristae）（图 1.15）。嵴增加了线粒体内酶的分布面积和进行生化反应的场所。嵴的多少能够说明线粒体活动的状况，嵴多表示线粒体活动旺盛，嵴少则表示不旺盛。在高等植物细胞内褶状构造的嵴较为普遍。

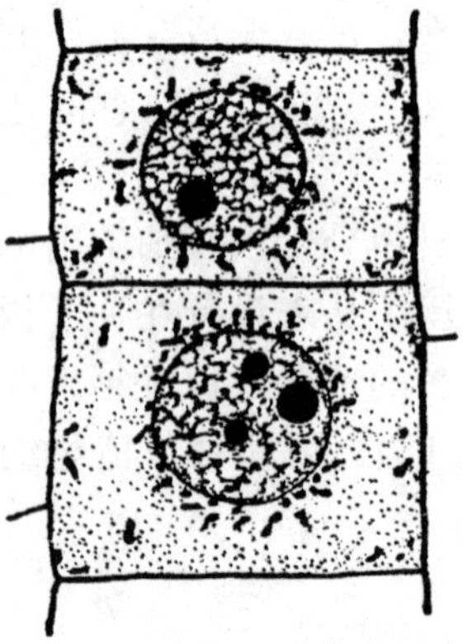

图 1.14　紫鸭跖草根尖细胞，示线粒体

在线粒体的内层薄膜和由内层薄膜向内伸入的嵴上分布着很多带柄的颗粒，叫做 ATP 合成酶复合体（ATP synthase complex）（图 1.16）。ATP 合成酶复合体是产生腺苷三磷酸（简称 ATP）的场所。腺苷三磷酸是一种含有高能量的化合物，它是细胞进行各种生命活动所需要的能量的主要供应者。

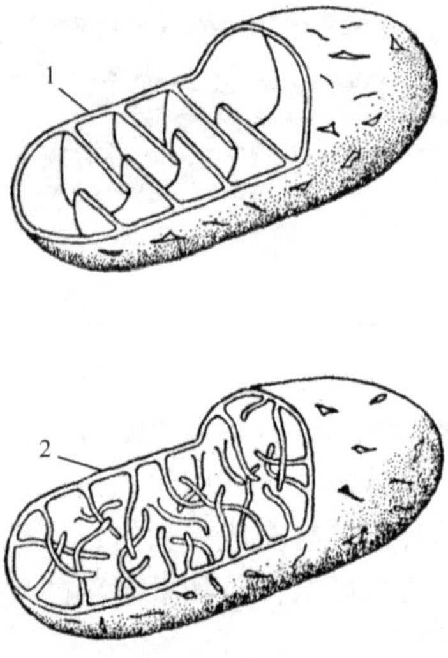

图 1.15　线粒体立体构造（图解）
1. 褶状嵴　2. 管状嵴

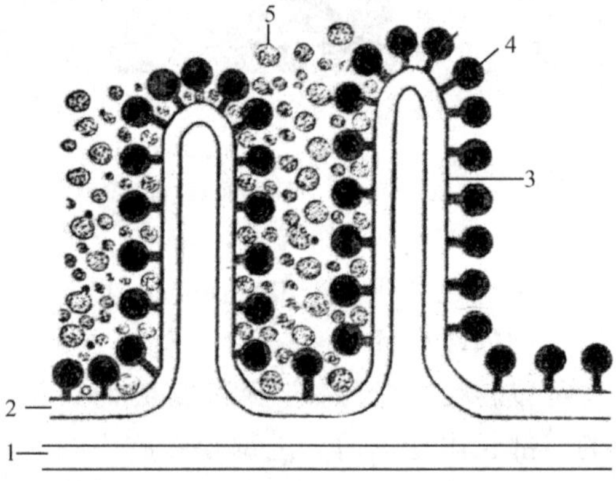

图 1.16　一部分线粒体嵴切面观（图解），示 ATP 酶合成复合体的分布
1. 外膜　2. 内膜　3. 嵴　4. ATP 酶合成复合体
5. 含有蛋白质的基质

线粒体在细胞分裂时从细胞传递下来，然后以分裂的方式增加数量。在线粒体的基质内也含有 DNA、RNA、核糖体等。

关于线粒体和叶绿体的起源问题曾引起了广泛的评论。早在 20 世纪初就有人提出线粒体和叶绿体是由原核生物与真核生物的内共生现象（endosymbiosis）演化而来的看法。认为线粒体由内共生的细菌演化而来，叶绿体由内共生的蓝藻演化而来，但是这种看法在当时并未被注意。直到20世纪60年代后期，研究者发现线粒体和叶绿体与原核生物有很多相似之点，从而引起了重视。下面扼要地介绍一下线粒体和叶绿体与原核生物的主要相似之点：

1）原核生物、线粒体、叶绿体的表面都包被着膜，膜对于生物有机体与环境进行物质交换起着制约的作用。线粒体、叶绿体的表面都包被着一双层薄膜，外层是寄主的质膜，内层是原核生物的质膜。

2）原核生物、线粒体、叶绿体内含有圈环形的DNA，并且没有和蛋白质结合在一起。真核生物的DNA一般呈线形，不是圈环形，并且和蛋白质（组蛋白）紧密地结合在一起，形成染色质。

3）原核生物、线粒体、叶绿体内含有体积较小的核糖体，真核生物细胞内含有体积较大的核糖体。

4）原核生物、线粒体、叶绿体内含有寿命较短的mRNA，真核生物细胞内的mRNA寿命较长。

5）原核生物、线粒体、叶绿体都以相似的分裂方式增加数量，它们只能“从有生有”不能“无中生有”，即它们都不能新生。也就是说，真核细胞不能够制造线粒体和叶绿体。

6）一些抗生素（如氯霉素）对细菌细胞中的蛋白质的合成有抑制作用，对线粒体和叶绿体中的蛋白质的合成也有抑制作用，但对细菌寄生的真核细胞中的蛋白质的合成却无抑制作用。反之，对真核细胞中的蛋白质的合成有抑制作用的一些抗生物质（如亚胺环己酮），对细菌和线粒体、叶绿体中的蛋白质的合成却没有抑制作用。这说明原核生物与线粒体、叶绿体的某些生理机能是相似的。

7）线粒体、叶绿体都有自己的DNA，自己的蛋白质合成系统，这就保证了线粒体和叶绿体在真核细胞内仍然具有一定程度的自主性。线粒体、叶绿体能利用自己的蛋白质合成系统合成某些种蛋白质，但其蛋白质的合成机理与真核生物的不同，而与原核生物的相似。

如上所述，线粒体和叶绿体除无细胞壁外，在其他许多方面与原核生物是很相似的。特别是近年来对于质体基因顺序（plastid gene sequence）、质体基因组成（plastid gene organization）与质体基因解码机理等方面的研究也证明了质体与某些进行光合作用的原核生物是相似的（见Mullet，1997）。对于叶绿体光合作用机理的研究与叶绿体光系统作用中心构造的研究也都证明了叶绿体与某些进行光合作用的原核生物是相似的（见Taiz and Zeiger，2002；Karp，2005）。例如叶绿体的光合作用机理与某些进行光合作用的原核生物的光合作用机理都包括光能传递、电子激发、电子传递等过程，这是相似的，叶绿体光系统Ⅱ作用中心的芯子蛋白（reactioncenter-core protein）（D1和D2）与某些进行光合作用的原核生物的作用中心的芯子蛋白（L和M）的氨基酸顺序是相似的，叶绿体光系统作用中心的电子供体与某些进行光合作用的原核生物作用中心的电子供体都是一对特殊的叶绿素分子，这也是相似的。因此说，内共生学说是有科学根据的，这一学说目前已为大多数研究者所接受。事实上，线粒体和叶绿体内有DNA与核糖体的存在，仅此便可以反映出其起源于原核生物的性质。

5. 内质网

内质网（endoplasmic reticulum）是分布在细胞质内的一种膜系统，由膜和膜所包被着的空间构成的。这种膜和膜所包被着的空间常为扁囊形或管形，互相沟通，形成为一种贯穿在整个细胞质内的网状腔系（图 1.17，1.18）。

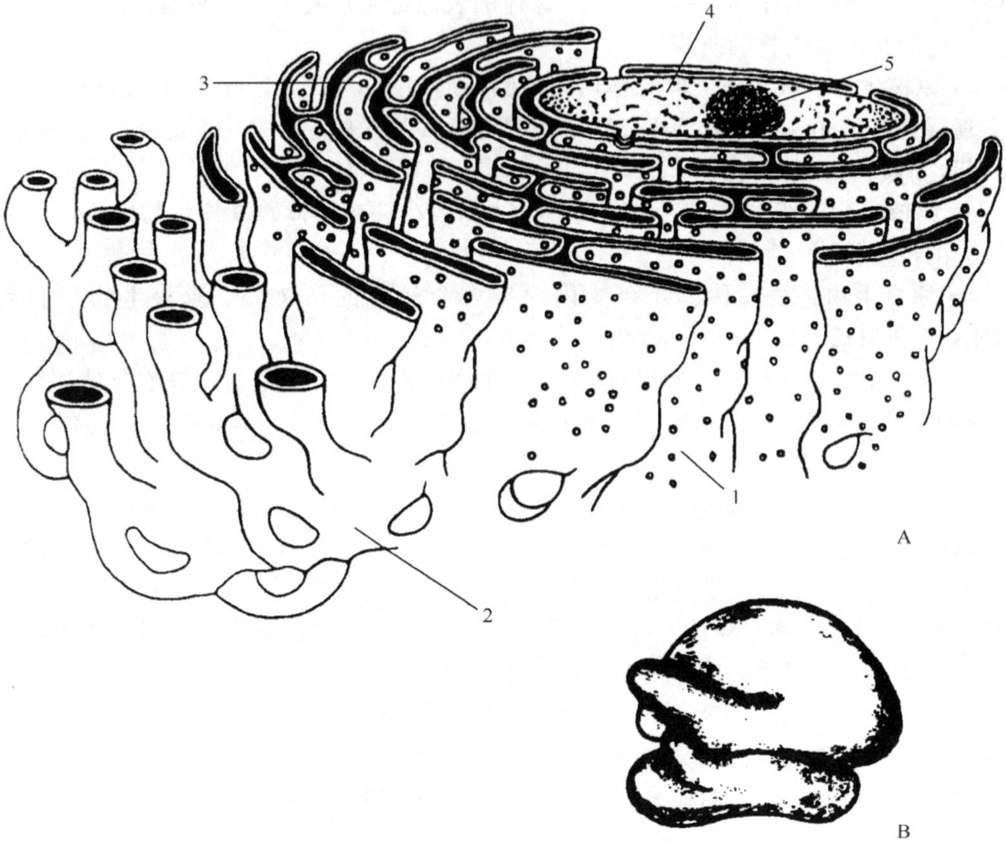

图 1.17　内质网与核糖体

A. 内质网的表面观与切面观，示构造（图解）　1. 粗面内质网　2. 光面内质网　3. 核糖体　4. 细胞核　5. 核仁　B. 核糖体的立体图解，示核糖体由两个大小和形状不同的亚单位互相结合构成的

内质网在细胞内的含量因细胞类型、功能和发育阶段的不同而不同。有的细胞内内质网的含量甚多，如正在发育着的种子的胚乳细胞内常含有大量的内质网，在这种细胞的超薄切片上，内质网的横切片呈平行排列的细管（图 1.18 下），管与管之间有分枝互相连接。但在多数的植物细胞内内质网的含量并不太多，同时也并不集中平行排列，而是分散地分布在细胞质中（图 1.18 上）。

内质网一方面与核膜相连接，另一方面还可以穿过胞间连丝与相邻细胞的内质网相连接（图 1.2，1.3）。由于这种连接的存在，过去认为细胞的各部分，包括细胞核在内，都与一个与相邻细胞互相沟通的内质网腔系相接触，但近年来多数研究者则认为相邻细胞的内质网之间并不能够通过胞间连丝互相沟通的（见 Evert，2006）。

内质网呈现两种形式：一种形式的内质网的外表面附着许多叫做核糖体的微小颗粒，一种形式的内质网的外表面没有这种颗粒。附有核糖体的叫做粗面内质网（rough endoplasmic reticulum）（图 1.17，2.25），没有核糖体的叫做光面内质网（smooth endoplasmic reticulum）（图 1.17，2.45）。典型的粗面内质网为扁囊形，典型的光面内质网则为管形。粗面内质网与光面内质网在一定的位置上互相连接着，并且它们是可以互相转变的（见 Salisbury and Ross，1992）。粗面内质网与光面内质网是内质网在细胞内某些局部位置上所表现出的不同形式，而并非代表两种不同类型的膜系统。大多数植物细胞内都含有粗面内质网与光面内质网，但两者含量的多少则因细胞类型、功能和发育

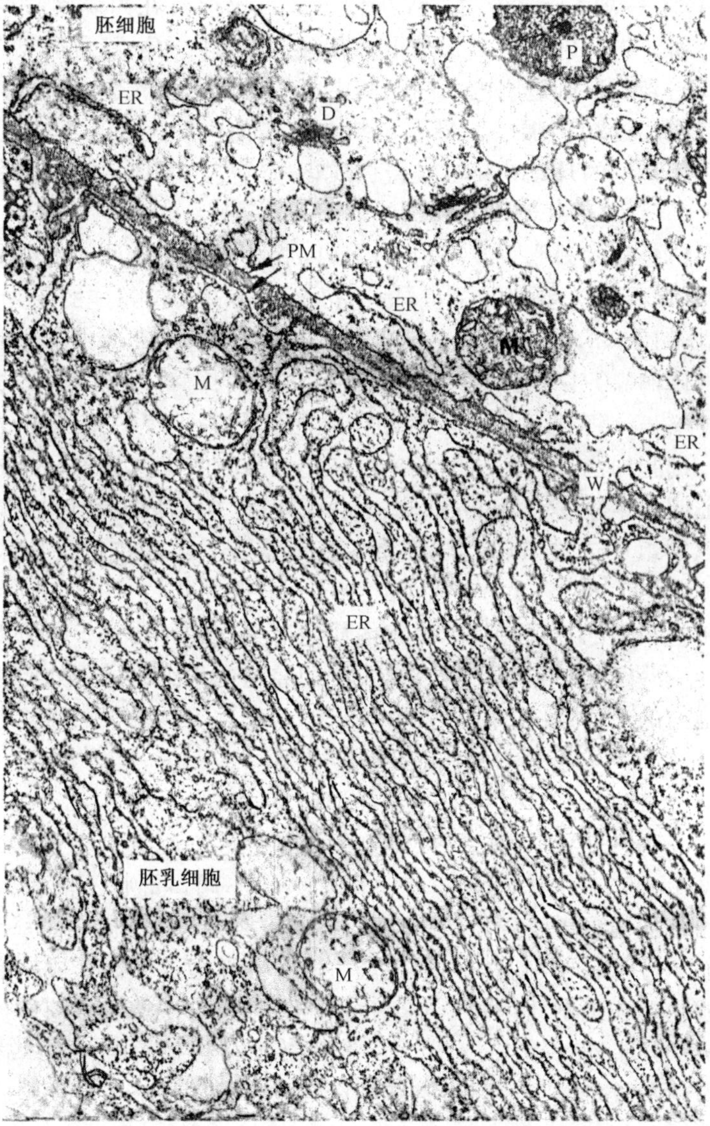

图 1.18　正在发育着的荠菜种子超薄切片，示内质网的分布状况

胚乳细胞内含有大量平行排列的内质网，而胚细胞内内质网的含量不多并且也不集中平行排列　ER. 内质网　M. 线粒体　D. 高尔基体　P. 质体　PM. 质膜　W. 细胞壁

阶段的不同而各异。一般地讲，代谢活动旺盛的细胞内粗面内质网的含量增多，代谢活动微弱的细胞内光面内质网的含量增多。

内质网在细胞内担负着许多种功能，其中最主要的功能是：粗面内质网参与了蛋白质的合成，光面内质网则具有合成脂类物质的作用。光面内质网是合成脂类物质和磷脂的主要场所。磷脂是一类脂类物质，是构成各种细胞器膜的主要成分。此外，光面内质网是组建生物膜的主要场所，光面内质网还具有运送和包装蛋白质的作用。

粗面内质网参与合成的蛋白质可以分为两类：一类是膜蛋白（膜的内在蛋白质，intrinsic protein），一类是分泌蛋白。膜蛋白合成后仍保留在内质网膜内，以供内质网膜自身增长的需要。内质网膜的增长是很必要的，因为内质网膜是构成许多种细胞器膜的源泉。分泌蛋白合成后则进入内质网的腔内，然后运送至光面内质网，这类蛋白质在光面内质网的腔内经过初步加工，最后包装在从光面内质网上缢缩出的一些小型囊泡中，通过这些小型囊泡的移动，将这类蛋白质运送给高尔基体，在高尔基体内还要再进行进一步地加工。

光面内质网所合成的磷脂主要是用于内质网膜自身的增长外，也有某些种特殊的磷脂则与一种叫做磷脂传递蛋白（phospholipid transfer protein）的蛋白质结合在一起（见 Kleinsmith and Kish，1995；Karp，2005），将其运送给其他细胞器的膜（包括叶绿体、线粒体和微体的膜）以供给这些细胞器膜构造上的需要（见 Karp，2005）。

内质网膜的增长（组建）是在已有的内质网膜上嵌入膜的组成成分（磷脂与膜蛋白）而完成的。细胞内已有的内质网膜是在细胞分裂时随细胞的分裂而分裂直接地传递下来的。试验证明，生物膜（biological membrane）（包括内质网膜在内）只能够在已有的膜上嵌入膜的组成成分（磷脂与膜蛋白）而增长，但不能够无中生有（见 Kleinsmith and Kish，1995；Karp，2005）。

内质网膜所包被着的腔系除可以收集内质网所合成的产物外，还可以收集细胞内代谢活动所产生的一些产物。这些产物在内质网的腔道内从细胞的一处运至另一处，所以内质网又是细胞内的运输系统。

6. 核糖体

核糖体（ribosome）是一种比线粒体更小的颗粒形细胞器，直径约为 15～25 纳米（1 纳米＝1 毫微米＝0.001 微米），它是由两个大小不同，形状不同，各含有大约等量的蛋白质与核糖核酸的更微小的颗粒（亚单位）连接在一起所构成的（图 1.17）。构成核糖体的两个亚单位都是在细胞核内形成的，两个亚单位在核内形成后通过核膜上的核孔传送至细胞质内，在细胞质内两个亚单位连接在一起，形成了核糖体。核糖体可附着在内质网与核膜的外表面（图 1.17，1.18），或散布在细胞质中。质体和线粒体内也都含有核糖体，但体积较小些。核糖体是细胞内合成蛋白质的场所。细胞内的一切蛋白质都是由核糖体合成的。

附着在内质网膜上的核糖体是合成各种分泌蛋白质（如排出细胞外的蛋白质与贮藏在液泡内的蛋白质以及消化酶等）和构成膜的内在蛋白质（质体、线粒体、微体的膜除外）的场所；散布在细胞质中的核糖体则是合成细胞代谢活动（如糖酵解）的各种酶和注定存在于胞基质内的各种可溶性蛋白质以及构成膜的外在蛋白质（extrinsic protein）和构成许多种细胞器（如细胞核、质体、线粒体、核糖体、微体、微管、微丝等）的结构蛋白质与构成质体、线粒体、微体等的膜蛋白质的场所。

核糖体常连接在一起成为一种螺旋形或其他形状的聚集体。连接在一起的核糖体的聚集体叫做多核糖体（polyribosome）。多核糖体是核糖体进行蛋白质合成时所表现出的一种形态。

7. 高尔基体

高尔基体（Golgi body）可以视为细胞的分泌系统。

过去一直认为只有动物细胞内才有高尔基体，因为在光学显微镜下在植物细胞内看不到高尔基体。但是利用电子显微镜观察的结果，发现植物细胞内也含有高尔基体。

在电子显微镜下观察时，高尔基体呈现为一堆由膜所构成的上下平行排列的圆盘形扁囊（图 1.19）。扁囊的数目在植物细胞内一般为 4～10 个，有时更多。扁囊之间没有通道，互不沟通。高尔基体扁囊的边缘常形成一些穿孔，当穿孔非常多时，囊的边缘在外观上就成为一种由许多小管连接成的网状构造，所以高尔基体又叫做网体（dictyosome）。

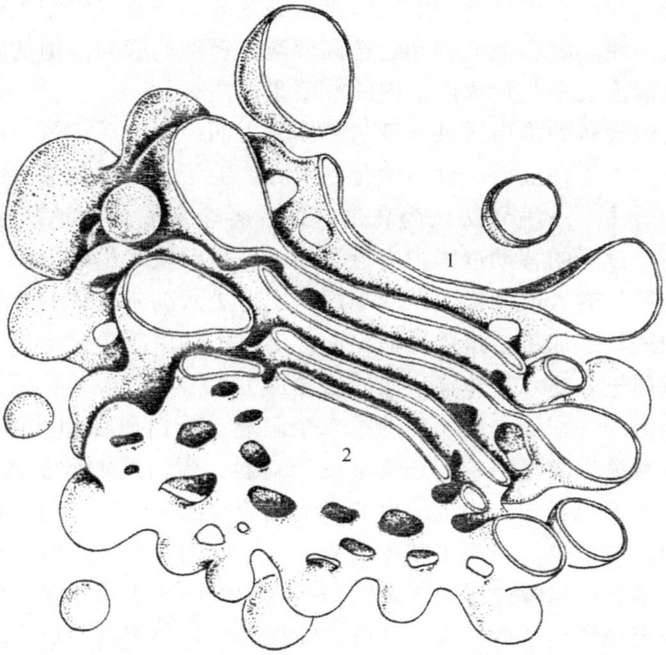

图 1.19　高尔基体立体构造（图解）

1. 输出面　2. 输入面　（注意一些小形囊泡与高尔基体输入面的扁囊融合，一些膨大囊泡自高尔基体输出面的边缘溢出）

在植物细胞内，高尔基体的含量因细胞类型、发育时期和生理状态的不同而不同。分泌组织细胞和迅速生长的细胞内高尔基体的含量最多，根冠外层的细胞内含量也很多。在一个细胞内高尔基体的全部含量总称为高尔基器（Golgi apparatus）。

高尔基体具有加工与分泌从内质网运送来的蛋白质的功能。在植物细胞内，高尔基体还具有合成与分泌构成细胞壁的多糖类物质（如果胶质、半纤维素、黏质等）的功能。由于在植物细胞内蛋白质的分泌不如在动物细胞内那样地显著，所以在植物细胞内多糖类物质的合成与分泌是高尔基体的主要功能。

高尔基体两面的形状是不一样的，一面微凹，一面微凸。通常微凹的一面向着质膜，微凸的一面向着细胞核。前者叫做输出面（exit face），后者叫做输入面（entry face）。

输入面是高尔基体扁囊接受从内质网运送来的蛋白质的场所。蛋白质包装在从内质网上缢缩出的一些小型囊泡中，然后随囊泡的移动运送至高尔基体的输入面。囊泡与输入面的扁囊融合，将囊泡内的蛋白质输送给高尔基体，以便在高尔基体内再进行进一步地加工。

输出面是高尔基体的分泌面。蛋白质在高尔基体内经过进一步加工或者多糖类物质在高尔基体内合成后，包装在从输出面缢缩出的一些膨大囊泡中，然后随囊泡的移动运送至细胞的表面，囊泡与质膜融合并形成穿孔，将囊泡内的物质分泌到细胞的壁里（图1.20）形成细胞壁的组分，或分泌到细胞的外面执行不同的生理功能。例如食虫植物叶上的腺毛分泌的消化酶，根冠外层细胞分泌的黏液等都是分泌到细胞的外面去的。也有些物质，例如蛋白质，随囊泡的移动运送到液泡，囊泡的膜与液泡的膜融合，将囊泡内的蛋白质分泌到液泡之中，形成液泡内的贮藏蛋白质。

当内质网囊泡运送的蛋白质进入高尔基体输入面的扁囊后，蛋白质从输入面运送至输出面，中间经过加工，最后从输出面分泌出去。关于蛋白质从输入面运送至输出面的运送方式有两种看法：一种看法认为高尔基体的各个扁囊依次地从输入面向输出面移动，蛋白质在各个扁囊的移动过程中进行了加工，最后从输出面分泌出去。另一种看法则认为蛋白质按照从输入面到输出面的顺序依次地进入高尔基体的各个扁囊并在高尔基体的各个扁囊中进行了加工，最后从输出面分泌出去。由于高尔基体的各个扁囊间互不沟通，因此蛋白质进入高尔基体输入面的扁囊加工后需要先包装在从其边缘缢缩出的囊泡中，然后随囊泡的移动运送给相邻的第二个扁囊，蛋白质在相邻的扁囊进行加工后，包装在从其边缘缢缩出的囊泡中运送给第三个扁囊，蛋白质如此依次地向输出面运送，最后包装在从输出面扁囊的边缘缢缩出的囊泡中分泌出去。按照前一种看法，老高尔基体扁囊在输出面陆续消失，新高尔基体扁囊在输入面陆续形成；按照后一种看法，蛋白质依次地包装在从各个扁囊边缘缢缩出的一些囊泡中向输出面运送，但并未改变高尔基体扁囊原来的固定位置。这两种看法各有其支持者，近年来多数研究者转向支持前一种看法（见 Karp，2005），但也有可能这两种看法都是正确的，二者有可能是并存的（见 Heldt，2005）。

从内质网或高尔基体缢缩出的囊泡排出其分泌物后，囊泡本身的膜并没有消失。内质网囊泡的膜与高尔基体输入面扁囊的膜连接起来，高尔基体囊泡的膜与质膜或液泡的膜连接起来，从而使高尔基体输入面的扁囊、质膜和液泡的膜借以增长。

内质网通过缢缩出的囊泡将内质网的膜运送给高尔基体，高尔基体通过缢缩出的囊泡将高尔基体的膜运送给质膜或液泡膜，这种从内质网通过高尔基体最后到达质膜或液泡膜的“膜的运送”叫做膜流（membrane flow）（图 1.20）。在此顺便指出，从高尔基体运送到不同目标细胞器的膜都已经过了高尔基体不同的加工（见 Darnell，Lodish，and Baltimore，1990；Karp，2005），使其在构造上从内质网膜转变成为更近似目标细胞器的膜。到达目标细胞器后它们还要再经过目标细胞器的加工，从而使目标细胞器的膜在构造上彼此互不相同。

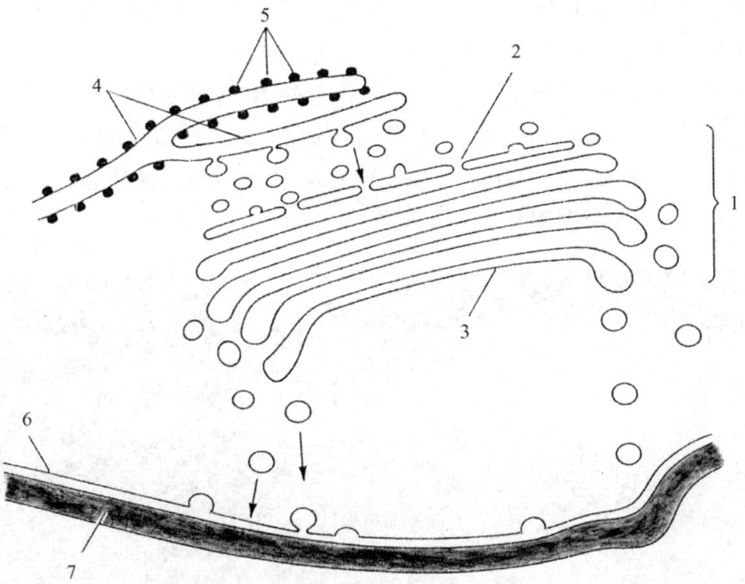

图 1.20　高尔基体的分泌作用（图解）

某种分泌蛋白质，例如初生壁内的伸展蛋白（extensin），在粗面内质网上合成后进入粗面内质网的腔道，然后运送至光面内质网，这种蛋白质在光面内质网的腔道内经过初步加工，最后包装在从光面内质网上缢缩出的一些小型囊泡中，蛋白质随囊泡的移动运送至高尔基体的输入面，囊泡与输入面的扁囊融合，将蛋白质输送给高尔基体，蛋白质在高尔基体内再经过进一步地加工，包装在从高尔基体输出面缢缩出的一些大型囊泡中，蛋白质随囊泡的移动运送至质膜，最后将蛋白质分泌到细胞的壁里，内质网囊泡和高尔基体囊泡的膜各与高尔基体扁囊和质膜的膜连接起来，从而使这些细胞器的膜得以增长，箭头表示囊泡移动的方向

1. 高尔基体　2. 输入面　3. 输出面　4. 粗面与光面内质网　5. 核糖体　6. 质膜　7. 细胞壁

高尔基体是通过分裂的方式产生的。高尔基体的分裂通常发生在细胞分裂的稍前一点的时间（即通常发生在细胞周期的 G2 期）。分裂时，从高尔基体输入面的扁囊开始分裂，然后各个扁囊依次地进行分裂，最后使高尔基体一分为二，产生出新高尔基体（见 Buchanan *et al.*，2000；Evert，2006）。新高尔基体随细胞的分裂传递下来。

8. 圆球体

圆球体（spherosome）也叫做油体（oil body，oleosome），是一种球形细胞器，平均直径为 1 微米，具有贮藏脂肪（油）的功能。圆球体分布在很多植物细胞，特别是贮藏脂肪（油）的种子细胞中，如蓖麻籽、油菜籽、向日葵籽、落花生等的细胞内都含有大量的圆球体。圆球体仅存在于植物细胞内，动物细胞内没有圆球体。

圆球体的表面只包被着半层薄膜，这种薄膜只是一般生物膜厚度的一半，即只含有一层脂类分子（见 Taiz and Zeiger，2002；Curr *et al*.，2002；Heldt，2005；Evert，2006）（图 1.21-A）。薄膜之内的大部分为贮藏的脂肪（油），另外，还含有少量的固醇（sterols）、碳氢化合物、类胡萝卜素等。

关于圆球体的形成问题现在还不十分清楚。目前一般认为脂肪（油）在内质网内合成后，积聚在内质网的两层脂类分子层之间，随着脂肪的继续积聚，内质网的两层脂类分子层被撑开，形成一个只被一层脂类分子层包被着的含有脂肪（油）的小囊泡，在小囊泡的表面还结合上了一层从粗面内质网扩散来的叫做油质蛋白（oleosin）的内在蛋白质分子，随后小囊泡从内质网上缢缩下来，再经过几次地互相融合，最后形成一个具有一定大小，包被着半层薄膜和一层油质蛋白的球状体，此即为圆球体（图 1.21B）（见 Bewley and Black，1994；Curr *et al*.，2002；Evert，2006）。油质蛋白分子为图钉状，具有增强圆球体的牢固性的作用。

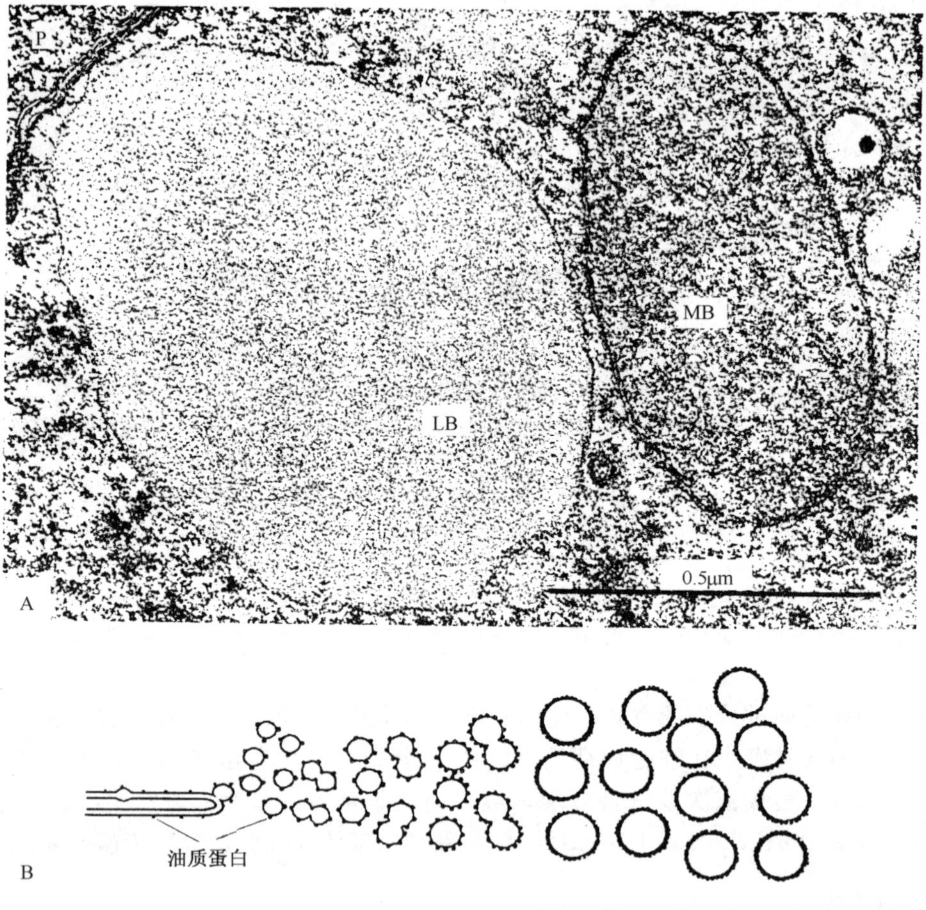

图 1.21　圆球体与圆球体的形成过程

A. 玉米幼苗茎尖的圆球体　LB. 具有半层膜的圆球体　MB. 具有一层膜的微体　P. 具有双层膜的叶绿体的一部分　B. 圆球体的形成过程（图解）　内质网的两层脂类分子之间积聚了脂肪（油），两层脂类分子被撑开并逐渐形成为一球形小囊泡，小囊泡的表面结合上了一层从粗面内质网扩散来的油质蛋白，然后从内质网上缢缩下来，再经过多次地互相融合，最后形成具有一定大小的圆球体

9. 蛋白体

蛋白体过去叫做糊粉粒（aleurone grain），是被一层薄膜包被着的一种球形细胞器，具有贮藏蛋白质的功能，直径多在1～20微米之间，分布在植物植物根、茎、叶、花、果实和种子的细胞内，特别是在豆类、油类、谷类等植物的种子内含量丰富。

蛋白体有两种形成方式：一种最普遍的形成方式是在种子的成熟过程中细胞内的大液泡分裂成许多小液泡，小液泡中含有可溶性蛋白质，每个小液泡形成为一个贮藏蛋白质的球形小囊泡，此即蛋白体。大多数双子叶植物种子（特别是豆类植物种子）的子叶细胞和某些谷类植物种子（如小麦）（见 Olsen，2007）的胚乳细胞内所含有的蛋白体是这样形成的（图1.22-C，-D）。另一种形成方式是蛋白体直接地在内质网上形成的。

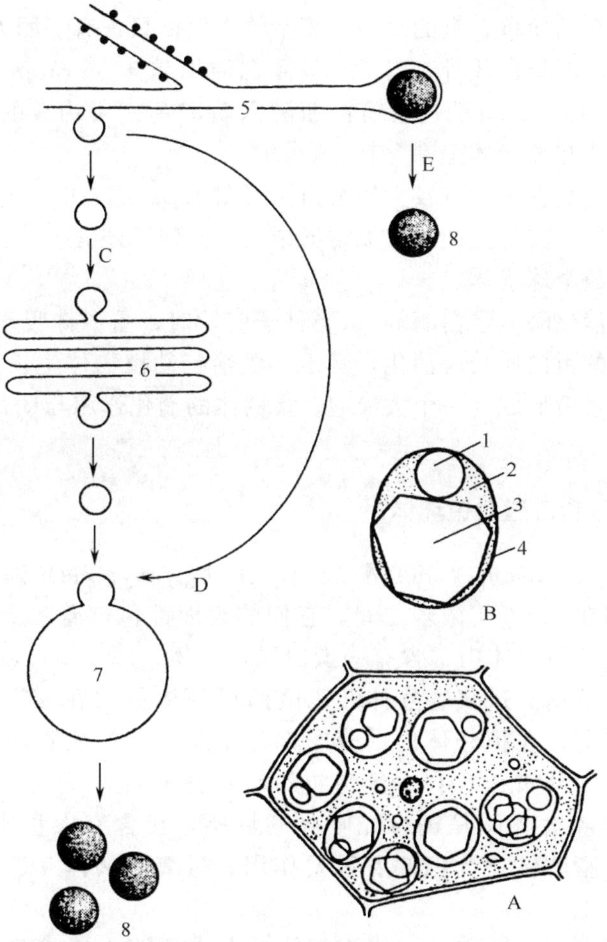

图1.22　蛋白体与蛋白体的形成过程

A-B. 蓖麻子胚乳细胞，示蛋白体　A. 蓖麻子胚乳细胞的构造　B. 蛋白体的构造 C-E 蛋白体的形成过程（图解）C. 贮藏的蛋白质在粗面内质网上合成后，运送至高尔基体，然后从高尔基体分泌到液泡中，液泡最后分裂成许多小液泡，小液泡各形成为一个含有贮藏蛋白质的蛋白体，这是最普遍的蛋白体的形成方式 D. 贮藏的蛋白质从内质网直接地运送至液泡中，越过高尔基体，如小麦 E. 贮藏的蛋白质包装在由内质网形成的球形囊泡中，囊泡从内质网上缢缩下来，形成为蛋白体　1. 球状体　2. 无定形蛋白质　3. 蛋白质拟晶体　4. 蛋白体膜　5. 内质网　6. 高尔基体　7. 液泡　8. 蛋白体

在种子的成熟过程中贮藏的蛋白质在内质网上合成后积聚在内质网的腔内，形成为一凸出的球形小囊泡，然后此小囊泡从内质网上缢缩下来，这个从内质网上缢缩下来被膜包被着含有贮藏蛋白质的球球小囊泡就是一个新形成的蛋白体，大多数禾谷类植物种子（如玉米、高粱等）的胚乳细胞（图 1.22-E）和油类植物种子（如油菜、向日葵、蓖麻等）的子叶细胞或胚乳细胞内所含有的蛋白体是这样形成的（见 Buchanan *et al.*，2000；Heldt，2005；Evert，2006；Olsen，2007）。

蛋白体初形成时是一种含有贮藏蛋白质的球形小囊泡，随着种子的成熟变干，小囊泡中的水分逐渐减少，蛋白质以无定形状态沉淀出来。有的小囊泡最后干涸，每个干涸的小囊泡形成为一个被膜包被着的干涸的无定形蛋白质颗粒（蛋白体）。如果贮藏蛋白质的细胞死亡，包被着干涸蛋白体的膜消失。

蛋白体的构造有的简单，有的复杂。简单的蛋白体只含有一团无定形蛋白质，复杂的蛋白体除含有无定形蛋白质外，有的含有蛋白质拟晶体（protein crystalloid）（即类似结晶体状态的蛋白质），有的还含有由肌醇六磷酸钙镁所构成的球状体（globoid），还有的蛋白质拟晶体和球状体全都含有。

蓖麻种子的胚乳细胞内含有较大的蛋白体（图 1.22-A，-B）。这种蛋白体的构造也比较复杂。它除含有沉淀的蛋白质（无定形蛋白质）外，还含有 1 至数个多面体形的蛋白质似晶体和 1 至数个球状体。

蛋白体内含有消化酶（蛋白酶等），当种子萌发时，蛋白体吸水膨胀，蛋白体的消化酶活化，将贮藏的蛋白质分解消化，运走，供给年幼植物体生长发育的需要。随后，蛋白体互相融合，最后形成为一个大液泡。蛋白体的消化作用与动物细胞内溶酶体的消化作用是相似的。

10. 过氧物酶体和乙醛酸循环体

过氧物酶体（peroxisome）和乙醛酸循环体（glyoxysome）都是一种颗粒形细胞器，两者的直径都在 0.5～1 微米之间，它们的表面都包被着一层薄膜，薄膜以内各含有许多种酶。过氧物酶体内常含有一蛋白质拟晶体（图 1.23），乙醛酸循环体内有时也含有，但比较少见。过氧物酶体和乙醛酸循环体虽然在形态上很相似，但两者所含有的酶并不相同，在植物体内的分布部位也不同（过氧物酶体分布在植物的叶内，乙醛酸循环体则分布在含有大量脂肪的萌发种子内），所以两者的机能也不同。在植物的叶内，过氧物酶体是进行光呼吸的场所，在含有大量脂肪的萌发种子内，乙醛酸循环体对于脂肪转化为糖起着重要作用。过氧物酶体和乙醛酸循环体又合称为微体（microbody）。

关于微体的形成问题过去一般认为微体是由内质网上缢缩下来的囊泡直接形成的，但后来发现构成微体的基质蛋白与膜蛋白是由散布在细胞质内的核糖体所合成的（见 Baker，Halypin and Lord，1997），从而否定了微体是由内质网上缢缩下来的囊泡直接形成的看法。近年来对于微体的形成问题提出了两种模式：一种模式认为在内质网上先形成一种前微体囊泡（pre-microbody vesicle），在前微体囊泡的形成过程中和/或在前微体囊泡从内质网上缢缩下来后，接受了散布在细胞质内的核糖体所合成的基质蛋白与膜蛋白，于是形成了微体。另一种模式则认为细胞内原有的微体因输入了散布在细胞质内的核糖体所合成的基质蛋白与膜蛋白而生长，生长到一定程度后，像叶绿体和线粒体一样，进行分裂，结果形成了新微体（见 Baker，Halpin and Lord，1997；Karp，2005）。后一种模式是现下流行的看法，已为多数研究者所接受。

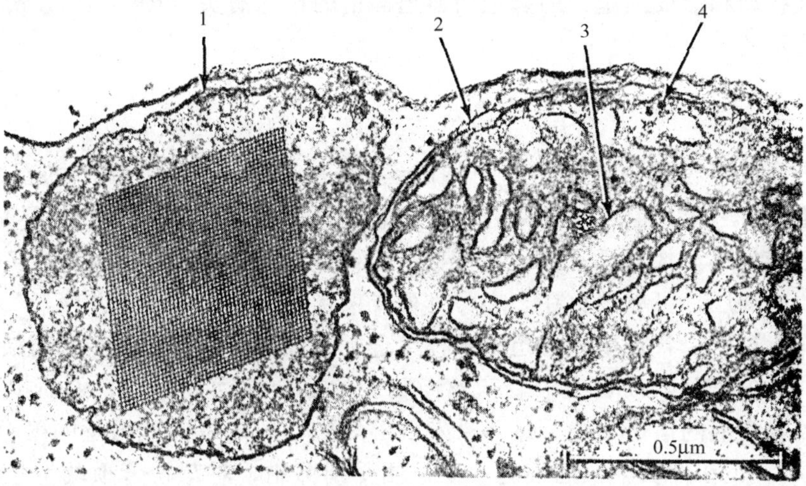

图 1.23　烟草叶细胞，示过氧物酶体

1. 过氧物酶体（内含有一蛋白质拟晶体）　2. 线粒体　3. 线立体嵴　4. 核糖体

11. 微管

细胞内含有很多微细的管状结构，叫做微管（microtuble）。微管的平均直径约为 25 纳米，长度没有一定，可达许多微米。在横切片上可以看到微管的管壁是由一圈叫做管蛋白的球形蛋白质构成的（图 1.24-A）。细胞未进行细胞分裂（即分裂间期）时，微管分布在细胞质的周围靠近质膜的位置，与细胞壁平行地排列着。细胞进行分裂时，微管则分布在将要开始进行细胞分裂和正在进行细胞分裂的细胞核区域，前者形成了早前期带（preprophase band），后者形成了纺锤体和成膜体①。分布在细胞质周围的微管的排列方向与生长着的细胞壁的纤维素合成时纤维素微纤丝的排列方向有关（在电子显微镜下观察时，纤维素分子排列成束状的细丝，叫做微纤丝，microfibrill），因而与细

---

① 细胞将要开始进行分裂时，大部分原来分布在细胞质周围的微管消失了，剩余的微管重新排列，形成了一种环绕着细胞核的环形窄带，叫做早前期带（图 1.24-C）。早前期带存在的时间并不长，细胞分裂开始后没多久就消失了。此后，微管在细胞核区重新形成，组成了纺锤体。到胞质分裂时，纺锤体两端的微管消失了，纺锤体中部的微管参与了成膜体的形成。细胞分裂完成后，成膜体也消失了，微管在细胞质的周围重新形成，恢复了微管在分裂间期时分布在细胞质周围的位置。

微管在细胞周期的不同阶段担负着不同的功能，微管的功能决定了微管在细胞内的分布位置与排列样式。如上所述，微管在细胞周期不同阶段的分布位置与排列样式是在改变着的，如此以适应微管在细胞周期的不同阶段所担负的不同功能。微管分布位置与排列样式的改变是由于原有微管的重新排列或原有微管的消失（解聚，depolymerization）和在新位置的重新形成（重聚，repolymerization）这两种不同方式的不同组合来完成的。

胞各种不同形状的形成[1]和细胞壁各种不同样式的加厚（如环纹式加厚、螺纹式加厚等）有关（见 Beck，2005）。形成早前期带的微管与胞质分裂时细胞板的位置的确定有关（早前期带所在的平面即是将来的细胞板的位置），因而与细胞的分裂面（即细胞分裂的方向，亦即新细胞壁形成的位置）的确定有关。形成纺锤体的微管与核分裂时染色体的向两极移动和形成细胞板的囊泡向赤道面上的运送有关（图 1.36）。形成成膜体的微管与细胞壁的形成有关。

12. 微丝

细胞内含有一种蛋白质细丝，叫做微丝（microfilaments）。微丝的直径约为 7 纳米，长度也没有一定，但通常较微管为短。它是两条由球形蛋白质（主要是肌动蛋白，actin）连接成的细丝像绳索一样地扭绞在一起构成的（图 1.24-B）。微丝多位于质膜之内，细胞质的外层，可单根存在，亦可排列成束状。微丝常与微管并存，二者可以互相配合地工作，也可以各自单独地担负某种生理机能。微丝能导引某些表面结合着肌球蛋白（myosin）的细胞器或囊泡沿着微丝向一定的方向移动或运送，因而担负着某些细胞器的移动或囊泡的运送功能。近年来发现破坏微丝的连续性或微丝的聚合作用（polymerization），正在伸长生长的细胞的生长便受到抑制，对花粉管顶端生长的研究也证明，破坏微丝的聚合作用便抑制了花粉管的顶端生长。这些研究工作都证明微丝对于细胞的生长是不可缺少的（见 Beck，2005）。此外，微丝还担负着细胞质流动的作用[2]。

在动物细胞内，微管、中间纤维（intermediate fiber）、微丝三者连接在一起形成为一种贯穿在细胞质内动态的[3]网状构造，叫做细胞骨架（cytoskeleton）。细胞骨架的主要功能是：①作为一种骨架构造，具有机械支持和决定细胞形状的作用；② 作为一种骨架构造，具有使细胞内的大多数细胞器附着其上使其位于细胞内的一定位置的作用；③担负着细胞内囊泡的运送，细胞器与染色体的移动，以及细胞的运动等作用。

根据近年来的研究，证明在植物细胞内也含有细胞骨架，不过对于植物细胞骨架的了解远不如对于动物细胞的那样清楚。最初的研究认为植物细胞骨架只是由微管和微丝

---

① 当细胞体积增长时，原生质体不断向外分泌细胞壁的主要构成物质——纤维素微纤丝。若所分泌的纤维素微纤丝在细胞各面壁上的排列方向是杂乱的，则细胞体积的增长将是各个方向一致的，因而形成了等直径形状（即细胞各个方向的直径大体上相等）的细胞。若所分泌的纤维素微纤丝在细胞横壁上的排列方向是杂乱的，而在细胞各面纵壁上的排列方向则是近乎水平的（见 Buchanan *et al.*，2000），这就是说，纤维素微纤丝围绕着细胞的纵长缠绕成线圈形，在这种情况下，细胞不可能进行横向的体积增长，只能进行纵向的体积增长，因而形成了伸长形状的细胞（图 1.25）。概括地讲，微管的排列方向决定了纤维素微纤丝的排列方向，纤维素微纤丝的排列方向决定了细胞体积增长的方向，因而决定了细胞的形状。

② 利用丽藻属（*Nitella*）进行细胞质流动的试验发现，丽藻细胞质的不流动部分（细胞质的外层）与流动部分（细胞质的内层）之间有一层束状排列的微丝，这层微丝固着在细胞质的不流动部分，其排列方向与细胞质流动的方向相平行。丽藻细胞质的流动部分含有内质网、线粒体等细胞器和一个中央大液泡。内质网、线粒体等细胞器的表面结合着肌球蛋白（myosin）。肌球蛋白是一类具有拖拉作用的蛋白质，它能够利用水解 ATP 所释放的能量拖拉着内质网、线粒体等细胞器沿着微丝向一定的方向流动（见 Taiz and Zeiger，2002；Raven *et al.*，2005）。由于内质网、线粒体等细胞器都向一定的方向流动，因而推动了整个细胞质的流动部分也随之环绕着液泡向一定的方向流动（见 Buchanan *et al.*，2000；Lodish *et al.*，2004；Beck，2005）。

③ “动态的”一词在这里指的是“非恒定的”意思，就是说，构成细胞骨架的成分有时互相连接成网状，有时互相拆散开来。

二者构成的（见 Davies *et al*.，1996），后来有的研究者认为植物细胞骨架也是由微管、中间纤维和微丝三者所共同构成的，但这种看法并未得到明确的证明（见 Evert，2006）。目前对于植物细胞内的中间纤维的了解所知甚少。

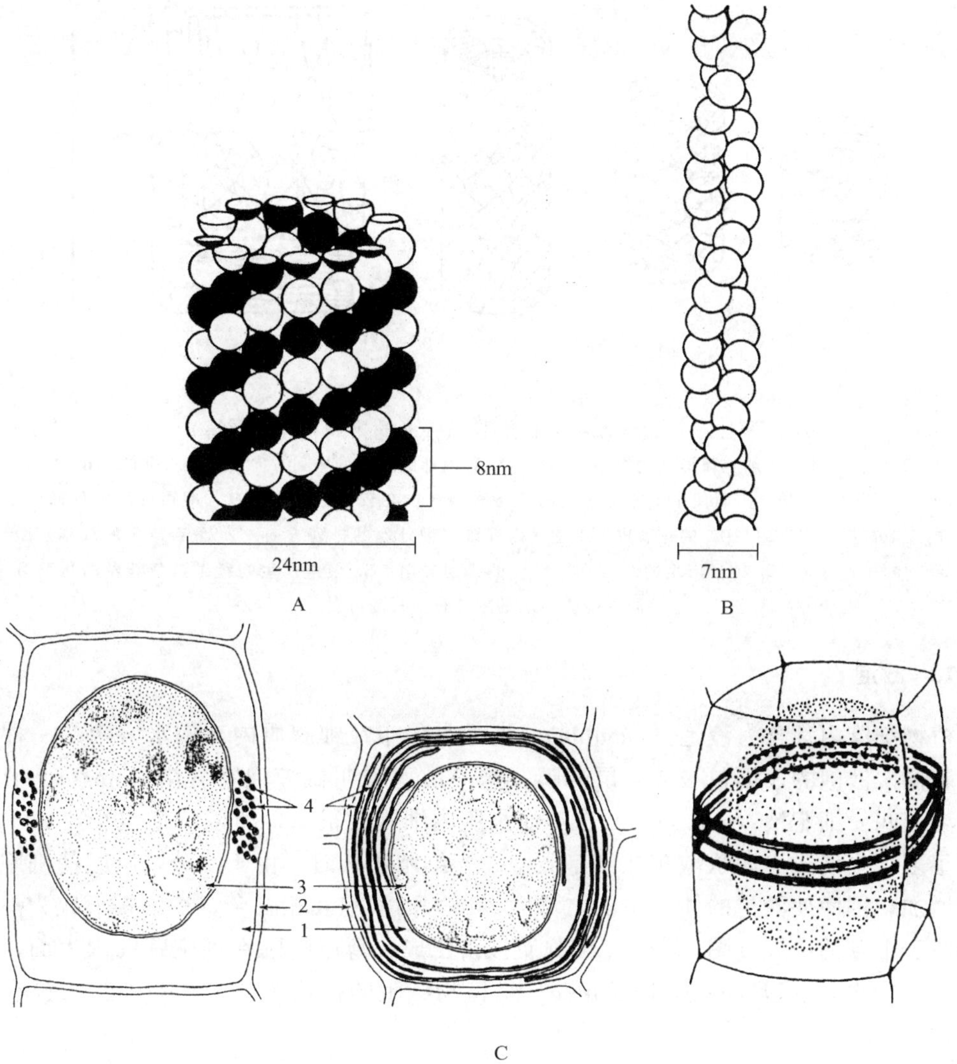

图 1.24　微管与微丝

A. 微管（立体图解）微管由 13 条管蛋白丝（管蛋白是由 α-管蛋白与 β-管蛋白二者聚合而成的异二聚体，heterodimer，白色为α-管蛋白，黑色为 β-管蛋白）构成的，在横切面上管蛋白丝排列成一圈　B. 微丝（立体图解）微丝是由两条肌动蛋白丝互相扭绞在一起构成的　C. 烟草幼叶分生细胞，示由微管排列成的早前期带　左：分生细胞的纵切面（即通过与将来的细胞板垂直的切面）　中：分生细胞的横切面（即通过与将来的细胞板平行的切面）　右：烟草幼叶分生细胞的立体图解，示环绕着细胞核的早前期带，注意早前期带所在的平面即是将来的细胞板所在的平面　1. 细胞质　2. 细胞壁　3. 细胞核　4. 微管

植物细胞骨架与动物细胞骨架的功能基本上是相同的，但也有一些不同的地方。例如动物细胞骨架直接决定了动物细胞的形状，而植物细胞骨架则是通过微管控制纤维素

微纤丝的排列方向间接地决定了植物细胞的形状的（见 Fosket，1989；Karp，2005）。直接决定植物细胞形状和支持植物细胞的是植物细胞的细胞壁。

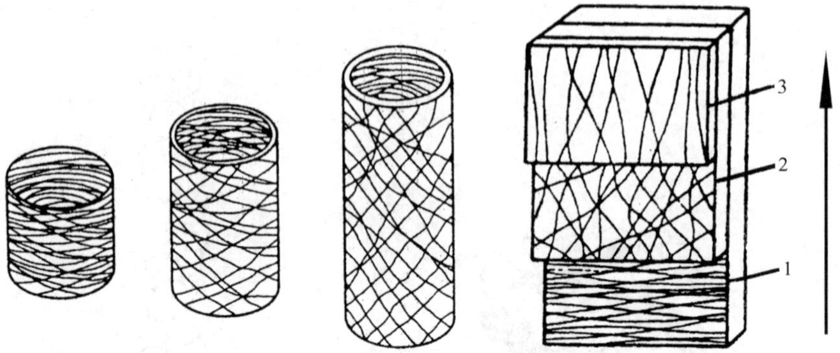

图 1.25　微纤丝在伸长细胞纵壁内的排列方向（图解）

A. 纤维素微纤丝在细胞新形成的纵壁（即靠近细胞内部的）内的排列方向是近乎水平的　B. C. 由于细胞的伸长生长，因而使水平方向排列的纤维素微纤丝在较早形成的纵壁（即靠近细胞外部的）内逐渐被撑为伸直的　D. 棉花表皮毛细胞壁内纤维素微纤丝的排列方向　1. 最新产生的纤维素微纤丝的排列方向　2. 较早产生的纤维素微纤丝的排列方向　3. 最早产生的纤维素微纤丝的排列方向（箭头表示细胞伸长生长的方向）

13. 液泡

植物细胞内都含有液泡（vacuole）。液泡是分布在细胞质内充满水溶液的一种囊腔状细胞器。液泡的表面包被着一层薄膜，这一层薄膜叫做液泡膜（tonoplast）。液泡内的水溶液叫做细胞液（cell sap）。在年幼细胞内细胞液很少，所以液泡也很小，不过数目却很多，它们成点滴状散布在细胞质中。当细胞生长时，由于水分的吸收使细胞液的含量增加，因而使液泡的体积也随之增大。增大的液泡互相融合，最后常形成为一个大液泡位于细胞的中央（图 1.26）。细胞质被挤压成一薄层附贴在细胞壁的内表面，形成贴壁层。中央大液泡（central vacuole）是植物细胞的构造特征，动物细胞内没有类似的结构。

细胞液的化学成分因植物种类的不同而有所不同。细胞液内分散着各种不同的有机物质和无机物质，这些物质有的处于溶解状态，有的处于胶体状态。这些物质中有一部分是贮藏的营养料，也有一部分是新陈代谢作用所产生的副产品。但它们都是原生质体生命活动的产物，所以都是后含物。

细胞液内的有机物质以糖类（葡萄糖、果糖、蔗糖、菊糖等）最为普遍；其次，有机酸（草酸、苹果酸、柠檬酸）、水溶性蛋白质、油滴、黏质、植物碱、鞣质、色素（主要是花青素）等也颇为常见。细胞液内的无机物质则以各种无机盐类（如硝酸盐、磷酸盐等）和钾、钠、钙、镁的氯化物最为普遍。

很多植物的果实是甜的，就是因为果肉细胞液内含有糖；很多植物的果实有酸味，就是因为果肉细胞液内含有有机酸；很多植物的果实有涩味，就是因为果肉细胞液内含有鞣质。很多药用植物的细胞液内含有植物碱，例如可以治喘病的麻黄碱（麻黄素）和治疟疾的奎宁等都是久负盛名的含于细胞液内的药用植物碱。我国明朝的李时珍在其所著《本草纲目》一书中系统地介绍了植物碱的药用，可见植物碱在我国的应用已有悠久的历史。

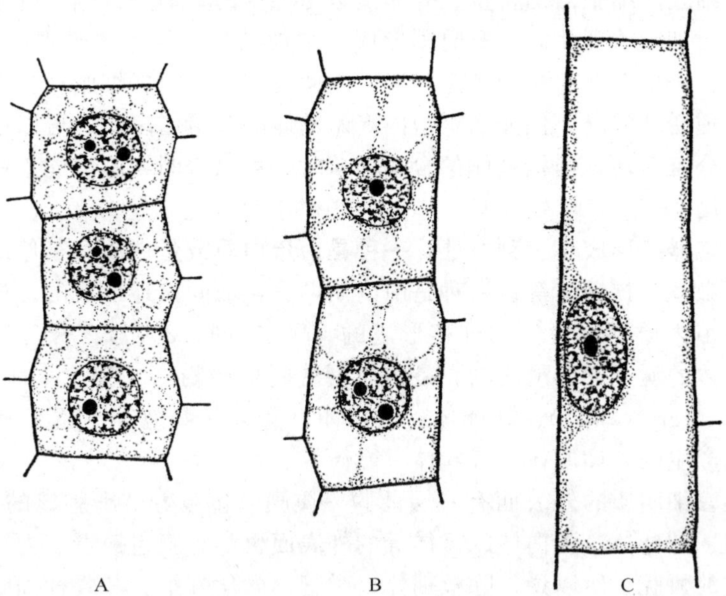

图 1.26　洋葱根尖细胞，示中央大液泡的形成
A. 年幼细胞　B. 比较年老的细胞　C. 成熟细胞

很多植物的花、果细胞液内含有花青素，它能使花、果具有红、紫、蓝等颜色。花青素的颜色随细胞液的酸碱度而改变。在酸性细胞液中为红色，碱性细胞液中为蓝色，中性则为紫色（即红、蓝二色之间的中间色调，见 Stern *et al*.，2003）。常见的牵牛花有红、紫、蓝等色，就是因为牵牛花细胞液的酸碱度各有不同的缘故。有些牵牛花的花冠筒为白色，这是因为花冠筒的细胞间隙内充满了空气，反射出白色的光线，因而使本来为无色的花冠筒呈现为白色。

细胞液内常含有盐类。有些盐类溶解在细胞液中，有些盐类形成结晶体存在于细胞液中。细胞液中最常见的盐类结晶体是草酸钙结晶体。

必须了解，并非上述所有物质在某一个植物细胞的细胞液内同时全部含有，上述物质只不过是细胞液内可能含有的常见物质。

液泡在细胞生理上的意义很大。它决定细胞渗透压的大小，因而对于细胞的吸水、细胞的膨胀状态和细胞的体积增长都起着很大的作用。液泡是贮藏、保存和排泄各种物质的适宜场所，又是细胞质和其他细胞结构的水分源泉。此外，研究者发现液泡内含有消化酶，因而液泡能将一些代谢产物和一些被液泡“吞”进来的衰老细胞器，如线粒体、质体、核糖体等分解消化，然后运走，使其参与了细胞的生理活动。液泡的消化作用很像动物细胞内的溶酶体的作用，因此认为植物细胞内的中央大液泡是一个变态的溶酶体，不过具有较溶酶体更多的机能而已。

上面介绍了植物细胞内的各种细胞器。应当注意的是，这些细胞器并非是在某一个植物细胞内同时全部含有的。细胞内含有何种细胞器，这要根据细胞的类型和功能而定。例如进行光合作用的细胞内含有叶绿体，不进行光合作用的细胞内一般是没有叶绿体的。同时，细胞内细胞器的含量也并非是恒定不变的，而是根据细胞生理状态的改变有所变动的。当细胞生理状态需要时则形成以增加其量，不需要时则解体以降低其量。细胞器的含量是一种有增有减的动态状况。因此我们可以根据细胞器含量的增减状况来推断细胞的生理活动状况。例如当细胞内高尔基体的含量增多时，可以推断细胞可能正在或即将进行分泌活动；当核糖体的含量增多时，可以推断细胞可能正在或即将进行蛋白质的合成作用。

细胞内细胞器的形成有三种方式：一种是由蛋白质或蛋白质和其他组分直接地组建的，如微管、微丝、核糖体等；一种是由内质网直接或间接地形成的，如核膜（当核分裂进入末期时由内质网的囊泡的连接形成的，见 Evert，2006）、质膜（当胞质分裂开始时由高尔基体的囊泡融合形成的，是内质网的间接产物）、液泡（由内质网的囊泡扩大形成的，见 Evert，2006）、圆球体、蛋白体以及某些囊泡等；还有一种是由细胞器本身进行分裂产生的，如质体、线粒体、微体等。

如上所述，细胞质的外表面有一层薄膜—质膜—包被着，细胞核的外表面、质体、线粒体、液泡、圆球体、蛋白体、微体等的外表面也都有膜包被着。内质网、高尔基体都是由膜构成的囊腔。所以说，除核糖体、微管、微丝外细胞和各种细胞器都被膜包被着，可见膜在细胞内担负着重要的功能。膜的主要功能有五：

1）膜包被着细胞质和细胞器，因而使物质的进出细胞和细胞器受到制约。

2）膜包被着细胞质，因而它是细胞接受外部信息（包括细胞生长分化的信息）的场所。

3）膜包被着细胞器，它使细胞器彼此互相隔离开来。这种隔离是很必要的，由于隔离的存在，因而在细胞内形成了许多不同的生化反应场所，从而使细胞内不同的生化反应得以在各自的场所内有效地进行，不受外面的干扰。

4）膜包被着细胞质和细胞器，在一定条件下，它能使膜内外的电势（electric potential）变为不等，因而形成了膜内外的电化学势梯度（electrochemical potential gradient），从而使细胞的许多生理活动得到动力。

5）由于膜的存在，使细胞内的许多种酶有序地固着在膜上，因而使细胞内一些复杂的生化反应得以在膜上有序地进行，从而大大地提高了细胞生物化学活动的效果。如果一些生化反应不是在膜上而是在液态的基质内进行的，那就要依靠反应物的随机碰撞才能够进行了。

在光学显微镜下看不到膜的存在。在前面曾讲过核膜，实际上在光学显微镜下我们并未真正看到核膜，只不过见到细胞质与细胞核之间有一条清楚的分界线而已。所讲到的质膜、液泡膜、叶绿体膜以及其他各种生物膜等也都是这样，见不到膜，只见到一条分界线。但在电子显微镜下可以观察到膜。在电子显微镜下观察膜的横切面时，膜的厚度约为 7～10 纳米，由两条暗线夹着一条亮线构成（图 1.27）。最初的观察者（Robertson，1962）认为两条暗线各代表一层蛋白质分子，中间一条亮线代表两层脂类

（主要是磷脂）分子，并认为一切生物膜都具有这样的构造。这种由蛋白质层—脂类层—蛋白质层所构成的膜是一切生物膜的共同构造单位，所以叫做单位膜（unit membrane）。

Robertson 单位膜的构造论点和一切生物膜都具有相同构造的看法已被科学研究者所舍弃，因为这种构造论点不能够解释膜的许多生理活动，并且一切生物膜都具有相同构造的看法显然是不符合结构与机能相统一这一根本的生物学规律的。不同的生物膜具有不同的生理机能，因而其构造也不应该相同。但由于在电子显微镜下观察到了两条暗线夹着一条亮线的膜的相同影像，因此科学研究者仍沿用单位膜这一名称，不过，它只表示在电子显微镜下所观察到的两条暗线夹着一条亮线的膜的影像（图 1.27），已不再表示膜的蛋白质层 — 脂类层 — 蛋白质层的构造了。

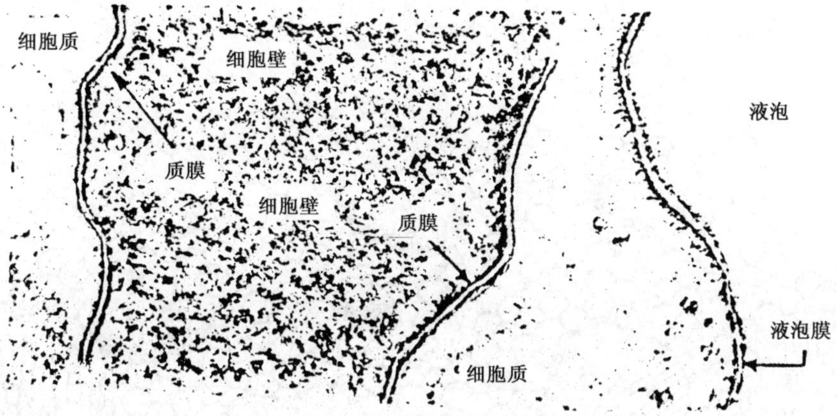

图 1.27　电子显微镜下的质膜与液泡膜（单位膜）

根据过去的研究，证明膜内确实是含有两层脂类分子的，它形成了膜的基本构造，担负着阻挡水溶性物质透进膜内的作用。但认为膜的两层脂类分子不是固态的，而是液态的，因而是可以侧向移动的（过去认为膜的两层脂类分子是固态不动的）。这也就是说，膜的基本构造是一层液体，它可以比作水面上漂浮的一薄薄的油层，这一薄薄的油层实际上是一层液态的油膜，因为它也可以将水和空气隔开。构成膜的蛋白质分子也不是在脂类分子层的表面排列成连续的一层，而是以球状的形式单独地位于脂类分子层的内、外表面和镶嵌在脂类分子层之内的。位于脂类分子层内、外表面的蛋白质分子叫做外在蛋白质（extrinsic protein，peripheral protein），镶嵌在脂类分子层内的蛋白质分子叫做内在蛋白质（intrinsic protein，integral protein），也叫做跨膜蛋白质（trasmembrane protein）（见 karp，2005）（图 1.28）。外在蛋白质与脂类分子的头部（head）或与露在脂类双分子层表面的内在蛋白质的端部相连；内在蛋白质是整个的蛋白质分子嵌入在脂类双分子层内并以其两端露在脂类双分子层的表面（图 1.28）。内在蛋白质担负着膜的大部分生理机能，例如物质的运进运出，在膜上进行的各种生化反应所需要的酶等都是由内在蛋白质来担负的。内在蛋白质和外在蛋白质的位置也不是固定不动的，而也是可以侧向移动的，正如同冰山漂浮在海洋中可以移动的情况一样（过去认为膜的蛋白质分子也是不能够移动的）。由于各种不同的生物膜所含蛋白质分子的种类与含量各不相同，所含脂类分子的组成也各不相同，因此膜的生理机能也各不相同。膜构造的这种看法叫做膜的液态镶嵌模型（liquid-globular protein fluid mosaic model）。这种看法的主要特点是：膜是液态的，构成膜的分子不是静态不动的，而是可以侧向移动的。这个学说已经得到了普遍的承认。

在细胞内，除质体、线粒体、微体外，所有细胞器的膜在形成和/或增长上都与内质网膜有直接的或间接的关系的，它们在构造上虽然各有其不同的特点，但基本上都与内质网膜的构造是相似的，在功能上虽然也各有不同，但它们是互相有联系的。例如从蛋白质的合成、包装、运送到分泌，很多细胞器的膜都共同地参与了的。总之，在细胞内，内质网膜、高尔基体膜、质膜①、核膜、圆球体膜、蛋白体膜和液泡膜，以及各种囊泡的膜等在形成和/或增长上、构造上、和功能上形成了一个彼此有关联互相协调的膜系统，叫做内膜系统（endomembrane system）（见 Karp，2005；Raven *et al.*，2005）。

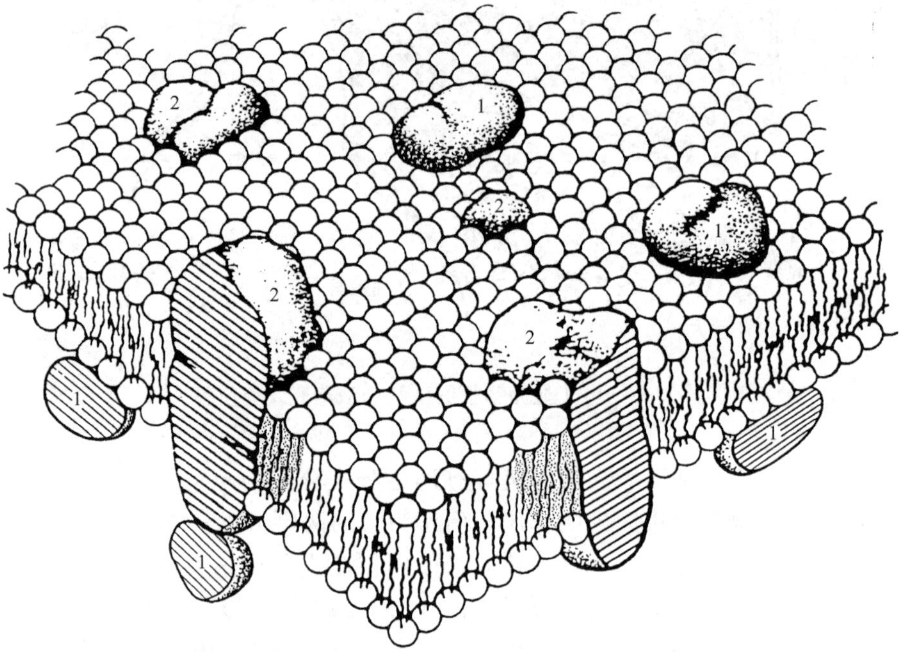

图 1.28 膜的液态镶嵌模型（立体图解），示蛋白质在脂类双分子层上的分布状况

1. 外在蛋白质（位于脂类双分子层的内外表面，与脂类分子的头部或与露在脂类双分子层表面的内在蛋白质的端部相连） 2. 内在蛋白质（整个分子嵌入在脂类双分子层中并以其两端露在脂类双分子层的表面）

14. 后含物

细胞内除含有一些有生命的结构外，还含有一些没有生命的物质。这些无生命物质都是原生质体新陈代谢作用的产物，所以叫做后含物（ergastic substance）。它们有的是贮藏的营养物质，这些营养物质将来或作为形成新原生质的建筑材料，或作为植物生

① 质膜不是一种内膜，但由于质膜的形成与增长和内质网有间接的关系，所以许多研究者在讨论内膜系统时，也将质膜包括在内膜系统之内（见 Buchanan *et al.*，2000）。

活中所必须进行的呼吸作用的原料，如淀粉、脂肪、蛋白质等；它们也有的是代谢活动所产生的一些副产品，如鞣质、植物碱、挥发油、树脂、树胶、橡胶、黏质、草酸钙结晶体等。这些副产品以后不会再参加植物的代谢活动了，成了废料。

下面介绍几种在植物细胞内比较常见的后含物：

(1) 淀粉　淀粉在植物体内是一种很普遍的贮藏营养物质，大量存在于很多种子内的胚乳细胞和块根、块茎、根状茎内的薄壁组织细胞中。淀粉是一种构造复杂的碳水化合物，由很多个葡萄糖分子结合而成。淀粉在植物体内形成为有一定构造的淀粉粒存在着。淀粉粒多为圆球形、椭圆球形或多面体形（图 1.29）。用碘液可以将淀粉粒染成蓝色，极易鉴定。

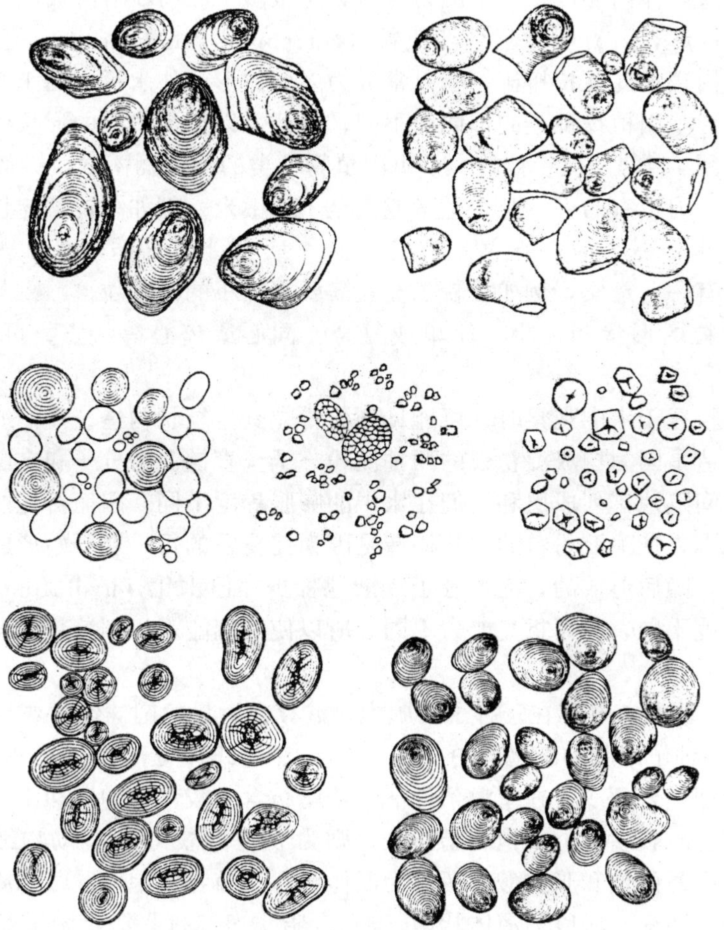

图 1.29　淀粉粒

上：马铃薯、苏铁　中：小麦、水稻、玉米　下：菜豆、竹芋

淀粉粒可在造粉体内形成，也可在叶绿体内形成。在叶绿体内形成的淀粉粒叫做初生淀粉粒（primary starch grain）（图 1.13）。初生淀粉粒是暂时的，不久就被转变成糖（蔗糖）运送至造粉体内，在造粉体内糖经过一些过程又形成淀粉粒，这叫做次生淀粉粒（secondary starch grain）。次生淀粉粒较初生淀粉粒大得多，并且存在的时间也

较久。

在一个造粉体内可以形成1至很多个淀粉粒。当造粉体内的淀粉粒充分增大后，造粉体被撑成为一薄层，包被着淀粉粒（图 1.9）。但当贮藏淀粉的细胞死亡后（例如小麦、玉米、水稻等种子内贮藏淀粉的胚乳细胞都是死细胞），造粉体消失。

淀粉粒形成时，淀粉围绕着一个核心逐渐自内向外积累。淀粉所围绕着的这个核心叫做形成核心（hilum）。形成核心可能位于淀粉粒的正中，也可能位于淀粉粒的一侧。前者叫做同心淀粉粒（concentric starch grain），后者叫做离心淀粉粒（eccentric starch grain）。当淀粉粒形成后，有的种子在脱水变干时，从形成核心向外辐射出几条裂缝，使形成核心成为星形或分枝形，如玉米、菜豆、绿豆等（图 1.29，2.23）。

若在一个造粉体内形成很多个淀粉粒时，这很多个淀粉粒可能彼此互相分离，也可能彼此生长在一起，后者叫做复合淀粉粒（compound starch grain）。组成复合淀粉粒的各个淀粉粒由于彼此互相挤压，所以常成为多面体形，如水稻（图 1.29）。

淀粉粒的形状因植物种类的不同而不同，因此可以借淀粉粒的形状辨别出面粉中是否有掺杂物（图 1.29）。淀粉粒的大小也因植物种类的不同而不同，一般直径多在数至数十微米之间，但也有的可小至1微米或大至150微米。例如马铃薯淀粉粒的平均直径为70～100微米，小麦30～45微米，玉米12～18微米，水稻3～10微米。淀粉粒的大小在工业上有一定意义，例如香粉工业就需要很细小的淀粉粒。

根据淀粉粒的形状和大小，简单或复合，同心或离心等特点，可以鉴定植物的种类。

若将淀粉粒置于水中观察时，可能见到淀粉粒具有层状构造。我们所以能观察到淀粉粒的层状构造是因为构成淀粉粒的两种淀粉分子（直链淀粉分子和支链淀粉分子）在淀粉粒中互相间隔地排列成层和它们在水中的膨胀程度不同，因而折光能力互不相同所造成的。但也有人认为淀粉粒的层状构造是因为淀粉粒的每一层开始形成时，淀粉分子积聚地较稠密，随后形成的，淀粉分子逐渐地稀少，但水化（hydration）程度却增大，由于两者的密度不同，因而折光能力不同，所以使我们能观察到淀粉粒的层状构造（见 Fahn，1990）。

（2）脂肪　脂肪普遍存在于种子细胞内，贮存在大量的圆球体内或形成为大小不同的油滴[①]散布在种子细胞的细胞质中（图 2.24，图 2.25）。脂肪是一类重要的脂类物质，由脂肪酸与甘油结合而成。在室温条件下，若脂肪含有较多量的饱和脂肪酸，则为固体状态；若脂肪含有较多量的不饱和脂肪酸，则为液体状态（油）。动物细胞内贮藏的脂肪通常含有较多量的饱和脂肪酸，所以为固体状态；植物细胞内贮藏的脂肪通常含有较多量的不饱和脂肪酸，所以为液体状态（油）。脂肪遇苏丹Ⅳ酒精溶液呈橙黄色，遇锇酸呈黑色，这两种颜色反应都是脂肪的特性反应。

脂肪是贮藏营养物质中最经济的形态，因为等重量的物质以脂肪所发出的能量为最多，原因是脂肪中的含氧量较少，含氢量较多（与淀粉和蛋白质比较），所以氧化时能放出较多的能量。根据测定，氧化1克糖需氧0.75升，可产生热能4.1千卡（1千卡

---

① 近年来有人认为，由于脂肪极端地不溶于水，脂肪可能就以油滴的状态贮藏在细胞质中，其表面并没有膜的包被。因此脂肪可能并未形成被膜包被着的细胞器（见 Stern *et al*.，2003；Raven *et al*.，2005）

等于 4.184 千焦）；氧化 1 克蛋白质需氧 0.95 升，可产生热能 5.5 千卡；氧化 1 克脂肪需氧 2.03 升，可产生热能 9.3 千卡。

（3）蛋白质　蛋白质是一种含氮的高分子化合物，由很多个氨基酸分子结合而成。贮藏的蛋白质在植物的种子，特别是在豆类、油类、谷类等植物的种子内含量丰富，常贮存在种子子叶或胚乳细胞的蛋白体内，也有时以类似结晶体的状态存在，这种类似结晶体状态的蛋白质叫做蛋白质拟晶体（protein crystalloid），例如在马铃薯块茎靠外周的细胞内含有近似立方体形的蛋白质拟晶体。蛋白体通常较淀粉粒为小，被碘液染成暗黄色，易于和淀粉粒区别。

根据研究，谷类植物种子内蛋白质的含量为种子干重的 10%～15%，某些豆类植物（如大豆）种子内蛋白质的含量可达种子干重的 40%～45%，谷类和豆类植物种子内贮藏的蛋白质约占种子蛋白质总量的 85%。种子内贮藏的蛋白质一般具有营养物质的功能，当种子萌发时，能为幼苗的生长发育提供所必需要的营养料，但也有的植物种子内某种贮藏的蛋白质还具有保护种子免被动物吞食的功能，例如蓖麻种子内含有一种毒性很强的贮藏蛋白质，动物吞食后能够致死，又如日常生活中经常食用的菜豆，其种子内含有一种能够阻止消化道的吸收和一种能够抑制蛋白质的被消化的贮藏蛋白质，如果未经适当烹调加热使其变性，食用后能够引起食物中毒。

大体上讲，人体内所需要的 70% 的蛋白质是直接地或间接地取自植物种子内的贮藏蛋白质约，因此植物种子内的贮藏蛋白质对于人体的营养和健康都是很重要的。

（4）鞣质　鞣质（tannin）俗称为丹宁，是酚类化合物的聚合产物，存在于植物体的许多种构造中，特别是在木本植物的叶、树皮和未成熟的果实中更为常见。切削未成熟的果实时果肉变为褐色或口食未成熟的果实时感觉有涩味，就是因为在未成熟的果实细胞内含有鞣质的缘故。在植物的永久制片标本上鞣质有时形成为黄色、红色或棕色的颗粒，易于识别。

鞣质通常存在于液泡的细胞液中，亦可成点滴状分布在细胞质中，也可以渗透入细胞壁内。例如树皮木栓层细胞的壁内常渗入鞣质，使树皮呈现为棕色。鞣质具有保护植物体免被微生物所感染或被动物所吞食的作用。在制革工业上鞣质能使生兽皮变为经久耐用的皮革。

（5）结晶体　植物细胞内最常见的结晶体是草酸钙结晶体（图 1.30）。其他钙盐的结晶体也有时发现，但较为少见。草酸钙结晶体多分布在叶和树皮的细胞内，通常形成于细胞的细胞液中，故在制片上多位于细胞的腔内。含有草酸钙结晶体的细胞其形状和大小可与周围不含有结晶体的细胞相同，亦可有显著差异。

草酸钙结晶体具有不同的形状。有棱柱体形的，菱形的，长针形的，星形的等（图 1.30）。星形的结晶体是由许多单个的草酸钙结晶体聚集而成的大体上为星形的复晶体（compound crystal），这种大体上为星形的复晶体叫做晶簇（druse）。草酸钙结晶体的形状对于植物的鉴定常有一定的价值。

草酸是某些代谢过程的代谢产物，能溶于水，可以使细胞中毒。钙在土壤中的含量很多，易被植物所吸收。多余的钙与草酸结合后就变成为不溶于水的草酸钙结晶体，从而可能避免了细胞中毒的现象。一般认为草酸钙结晶体是细胞代谢活动所产生的一种废料，但也有人认为有些草酸钙结晶体可能是钙的一种贮存形式（见 Beck，2005）。

碳酸钙的沉积物比较少见，只有少数几科植物的细胞（主要是叶表皮细胞和叶表皮毛细胞）内含有，例如桑科植物印度胶树的叶表皮细胞内含有碳酸钙的沉积物。在印度胶树叶的发育过程中，有一些叶表皮细胞的外壁加厚并从外壁上向细胞腔内生出一柄状体，在柄状体上沉积碳酸钙，形成一种特殊构造，像一串葡萄似的（图 1.30-D）悬挂在生长得特别膨大并下陷于叶肉中的表皮细胞的腔内。这种特殊的构造叫做钟乳体（cystolith）。钟乳体一般多为球形、椭圆形或纺锤形，具有一定的鉴定意义。

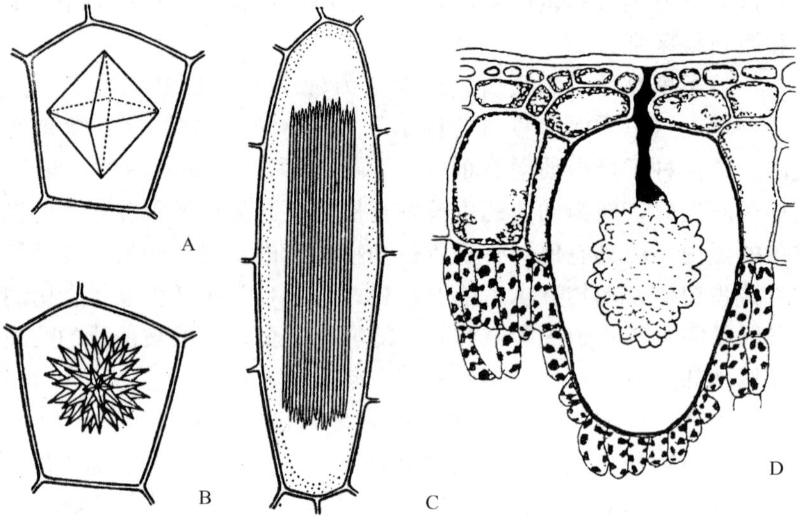

图 1.30　结晶体

A. 菱形　B. 星形（晶簇），星形结晶体是由许多个三棱形结晶体聚集而成的　C. 针形　D. 印度胶树叶表皮细胞中的钟乳体

15. 细胞壁

包被在原生质体外的一层相当坚硬的壁层叫做细胞壁（cell wall）。大多数植物细胞都是有细胞壁的。细胞壁是原生质体分泌的产物①，它使细胞保持一定的形态，它对细胞起着机械支持和防止细胞因吸水而被胀破的作用。细胞壁还使植物驱体具有坚硬性质，这种坚硬性质是适合于植物营固着的生活方式的。另外，在植物学中，细胞类型的鉴定通常是以细胞壁的构造为鉴定依据的。动物细胞没有细胞壁，这是动、植物细胞在构造上的一个根本区别。概括地讲，细胞壁、中央大液泡和质体的存在是植物细胞和动物细胞的三大区别。

① 过去一直地认为细胞壁是原生质体的分泌产物，是一种没有生命的保护构造，但近年来发现细胞壁（初生壁）内含有蛋白质。细胞壁内主要的蛋白质有伸展蛋白（extensin），扩展蛋白（expansin），酶（enzyme）等。曾认为伸展蛋白与壁的伸展性有关，故称之为伸展蛋白，但现下已放弃了这种看法，而认为伸展蛋白似乎是具有增强壁的坚固性功能的一种结构蛋白（structural protein）（见 Evert，2006）。扩展蛋白具有松开壁的结构的作用，从而使细胞壁得以进行面积生长。细胞壁内含有许多种酶，如过氧物酶（peroxidase）、磷酸酶（phosphatase）、纤维素酶（cellulase）、果胶酶（pectinase）等。过氧物酶参与了细胞壁的木质化过程（见 Krishnamurthy，1999），纤维素酶与果胶酶能够降解细胞壁，参与了使叶从茎上的脱落下来的作用等。如上所述，可见细胞壁（初生壁）并不是没有生命的分泌产物，而是一种有生命活动的细胞器（见 Evert，2006）。

植物细胞的壁可为一层，也可为两层。若为一层时，这一层叫做初生壁（primary wall）。若为两层时，外面的一层叫做初生壁，里面的一层叫做次生壁（secondary wall）。初生壁较薄，厚度多近乎 0.1 微米，分生组织细胞和一般的薄壁组织细胞只具有初生壁。次生壁较厚，具有机械支持和输导水分功能的细胞除具有初生壁外还具有次生壁。有些细胞的次生壁甚厚（如纤维、管胞等），这种厚的次生壁又可以分为外、中、内三层（图 1.31）。在相邻细胞的初生壁之间还夹有一层胞间物质（intercellular substance），叫做中层（middle lamella）。中层是一层细胞间的物质，它并不是细胞的壁（图 1.31），但也有人认为中层是最早形成的细胞壁（见 Diskson，2000）。

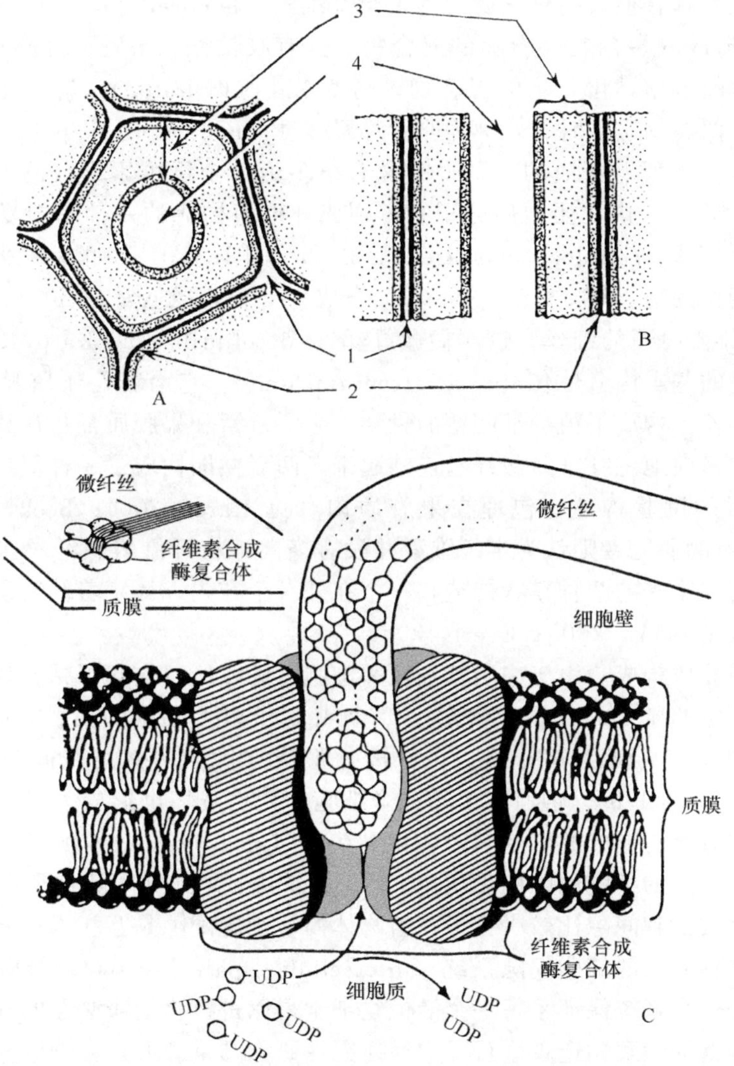

图 1.31 植物细胞壁与纤维素合成酶复合体（图解）

A. 细胞壁的横切面 B. 细胞壁的纵切面 C. 纤维素合成酶复合体的表面观与切面观（纤维素合成酶复合体将葡萄糖的衍生物 UDP-葡萄糖合成为微纤丝，微纤丝向外延伸，形成与质膜相邻的新细胞壁层） 1. 中层 2. 初生壁 3. 次生壁（具有外、中、内三层） 4. 细胞腔初生壁和次生壁主要是由纤维素构成的，纤维素是构成植物细胞壁的主要成分。此外，初生壁还含有较多量的半纤维素、多量的果胶质和约为初生壁干重的10%的蛋白质，次生壁纤维素的含量通常较初生壁的含量为多，并常含有较多量的木质，也含有半纤维素和果胶质，但果胶质的含量较少或者可能没有，没有蛋白质（见 Diskson，2000；Raven *et al*.，2005）。

纤维素是一种构造复杂的碳水化合物，具有弹性，它和淀粉一样，也是由很多个葡萄糖分子结合而成的，但在纤维素分子中葡萄糖残基的连接方式与淀粉中的不同（图1.32）。淀粉在热水中变成糨糊，纤维素就是在沸水中煮很长时间它也不会发生什么改变，可见纤维素具有很大的化学稳定性。半纤维素（hemicellulose）是一组由几种单糖（六碳糖类）形成的多糖类化合物的混合物，具有胶粘性。果胶质（pectin）是一组含有多量果胶酸的多糖类化合物的混合物，高度水化（hydrated），具有可塑性。半纤维素和果胶质这两类物质现时又合称为非纤维素多糖（non-cellulosic polysaccharides）。

纤维素是在质膜上合成的，质膜上含有很多由6个纤维素合成酶（cellulose synthase）分子（即6个内在蛋白质分子）排列成环形所构成的一种酶的复合体，叫做纤维素合成酶复合体（cellulose synthase complex）（图1.31-C），每一纤维素合成酶复合体能够将葡萄糖的衍生物（UDP-glucose）合成为一条直径通常为5～10纳米，模式的含有36个纤维素分子的细丝，这叫做微纤丝（microfibril）（见 Karp，2005）。微纤丝是植物细胞壁的基本构造单位（basic structural unit），它沿着位于质膜下面的微管的分布途径而增长，构成了植物细胞壁的骨架。半纤维素和果胶质都是在高尔基体内合成的。半纤维素横向地将纤维素微纤丝连结起来，两者共同构成了一种复杂的纤维素微纤丝—半纤维素的网状构造，包埋在果胶质内（见 Karp，2005；Beck，2005；Evert，2006），但也有的研究者则认为半纤维素并没有横向地将纤维素微纤丝连结起来，而是形成为松散的和紧密的两种鞘状构造，一个在外一个在内，环绕着纤维素微纤丝，包埋在果胶质内（见 Beck，2005；Evert，2006）。

中层由果胶质构成。由于中层处在相邻细胞之间，所以它起了粘合与减弱细胞与细胞之间相互所施的压力的作用。常常在3个或3个以上细胞的接触处中层劈裂为二，因而使相邻的细胞局部互相分离。在分离处形成空隙，叫做细胞间隙（intercellular space）（图1.2，图1.5）。但有时由于整个细胞的死亡破坏也形成了细胞间隙。由于细胞的局部互相分离所形成的细胞间隙叫做裂生式（schizogenous）细胞间隙，由于细胞的死亡破坏所形成的细胞间隙叫做溶生式（lysigenous）细胞间隙。裂生式细胞间隙比较普遍，溶生式细胞间隙比较少见。在植物体内，细胞间隙是互相沟通着的，它形成一个贯穿整个植物体内的细胞间隙系统（intercellular space system），最后与气孔（或皮孔）相连续。这个系统保证了每一个活植物细胞得以进行生活所必需的气体交换作用。

对于细胞壁的细致构造曾进行了广泛研究。研究结果表明，在细胞壁内纤维素分子排列成束，形成为纤维素微纤丝。微纤丝在电子显微镜下可以看到（图1.34），它是植物细胞壁的基本构造单位（basic structural unit）。微纤丝的一部分纤维素分子整齐地平行排列着，一部分则排列地比较散乱。纤维素分子平行排列的段落叫做微团（micellae）（图1.32），微团具有晶体的性质。在细胞壁内，微纤丝聚集成更大的束，叫做大纤丝（macrofibril）。大纤丝的直径约为0.5微米（见 Evert，2006），在光学显微镜下可以看到。

在细胞壁内纤丝构成了一个连续的立体网状系统，叫做纤维素纤丝系统（system of cellulose fibrils）。纤维素纤丝系统的网眼则构成了一个连续的立体微隙系统，叫做微毛细管空间系统（system of microcapillary spaces）。所以细胞壁是由纤维素纤丝系统和微毛细管空间系统两种并存的系统所构成的（见 Fahn，1990）。在微毛细管空间系统内填充了构成细胞壁的非纤维素物质，如半纤维素、果胶质、蛋白质、木质、栓质、角质，以及其他有机物质、矿质和水等。

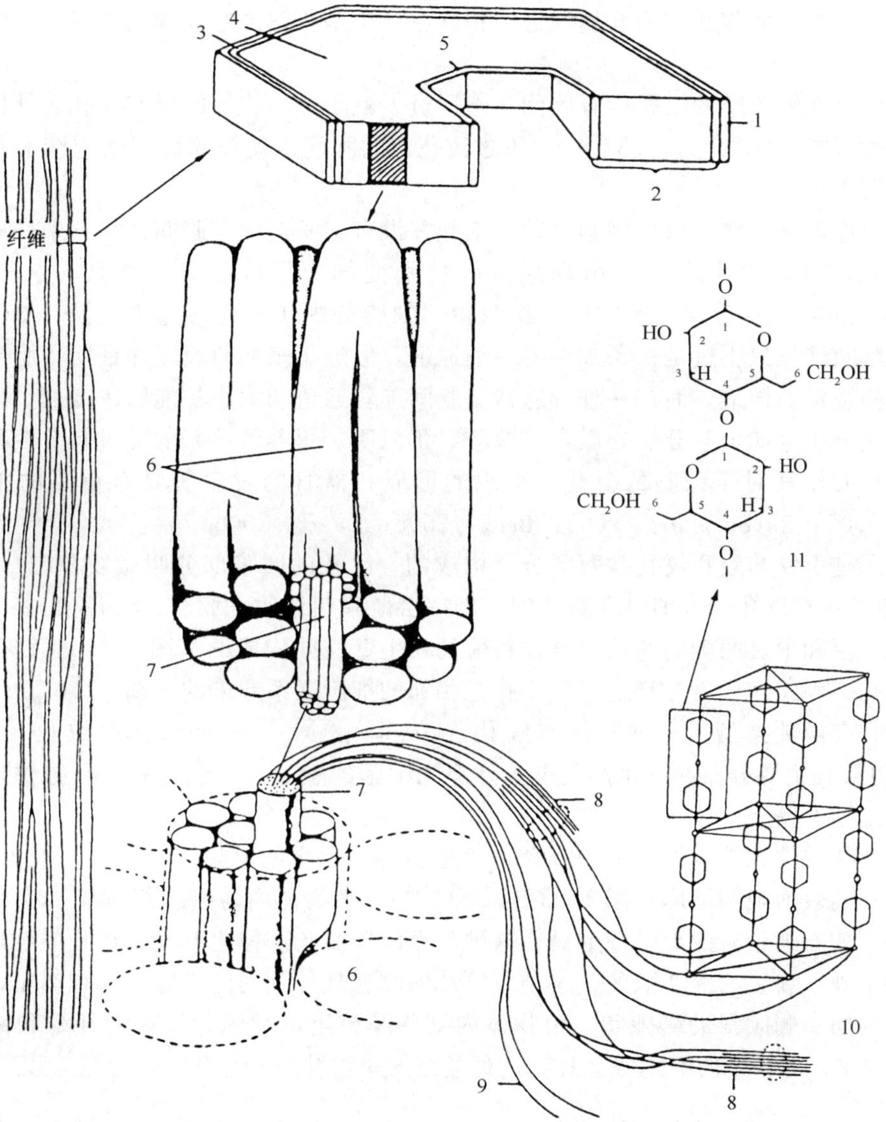

图 1.32　植物纤维细胞次生壁的亚显微（submicroscopic）构造（图解）

1. 初生壁　2. 次生壁　3、4、5. 为次生壁的外、中、内三层　6. 大纤丝　7. 微纤丝　8. 微团　9. 纤维素分子　10. 微团的一部分，示葡萄糖残基有规则的空间排列样式（晶格排列样式）　11. 两个葡萄糖残基，示葡萄糖残基在纤维素分子中的连接方式

细胞壁内最主要的填充物质是半纤维素和果胶质。初生壁内除填充有多量的半纤维素和果胶质外，还填充有蛋白质，次生壁内除填充有半纤维素和少量的果胶质外（也可能没有果胶质），还常填充有多量的木质。有的细胞壁内还填充了角质或栓质，还有的填充了矿质，因细胞类型的不同而有所不同。这些填充物质填充在由纤丝所构成的骨架之内，这与钢骨水泥建筑中水泥填充在钢架之内的情况多少是有些相似的。

细胞壁的厚度并不是全部一致的。往往在若干点上厚度小些，这些厚度小的地方就形成为一些凹陷，叫做纹孔（pit）①。相邻细胞都在同一点上形成纹孔，所以纹孔通常是成对的。这种成对的纹孔叫做纹孔对（pit pair）（图 1.33）。纹孔内有很多胞间连丝通过，胞间连丝使相邻细胞互相沟通互相联系，它是相邻细胞间的物质运输和信息传递的通道。

不仅是在细胞壁的纹孔内有胞间连丝通过，就是在细胞壁的没有纹孔之处也有胞间连丝通过（图 1.3，1.6，1.33-A），不过纹孔内的胞间连丝较同面积细胞壁上的胞间连丝要多得多。

胞间连丝只存在于植物细胞，动物细胞并没有胞间连丝。胞间连是一条被质膜包被着的细胞质丝，中央含有一由内质网的特别变细而形成的管状构造，这叫做桥管（desmotubule），桥管穿过胞间连丝将两相邻细胞的内质网连接起来（图 1.33-A）。过去认为胞间连丝只不过是一条被动的运输通道，但近年来的研究工作证明，胞间连丝并不是一种被动的构造，而是一种细胞器。胞间连丝通道的大小是能够改变的，因而使其对于物质分子（如信息分子，激素，核酸、蛋白质、营养料等）的通过具有控制调节的功能，从而使其对于细胞的分化、组织的形成和器官的发生等具有重要的作用（见 Karp，2005；Raven *et al.*，2005；Beck，2005；Evert，2006）。

纹孔是由纹孔腔和纹孔膜两部分所构成的。纹孔的凹陷部分叫做纹孔腔（pit cavity），相对一对纹孔间（即纹孔对之间）的一层薄膜叫做纹孔膜（pit membrane）。纹孔膜是由中层和中层两侧的两层厚度比较薄的初生壁共同构成的（图 1.33）。纹孔膜上有许多小孔，胞间连丝就是穿过这些小孔把相邻的细胞联系起来的（图 1.34）。

纹孔有两种类型：一种叫做单纹孔（simple pit）；一种叫做具缘纹孔（bordered pit）。单纹孔主要分布在活细胞的壁上，但死细胞的壁上有的也含有，具缘纹孔则只分布在死细胞的壁上。

单纹孔的纹孔腔从外到内的直径一般是相等的，也就是说，纹孔腔一般为直筒形。这种纹孔的表面观为圆形（图 1.33-B，5.47-E）。植物体内薄壁组织细胞和一些厚壁组织细胞（如石细胞）的细胞壁上具有这种类型的单纹孔。但也有些单纹孔的腔道形状好像是一个被压扁了的漏斗似的，这种单纹孔的腔道从外到内的直径就不相等了，它的表面观常为向一侧倾斜的缝隙状。植物体内某些厚壁组织细胞，如韧型纤维和韧皮纤维（图 2.30-E，2.31）的细胞壁上具有这种类型的单纹孔。

---

① 按照植物学文献上的描述，分布在初生壁上的凹陷叫做初生纹孔场（primary pit field），也有人称之为初生纹孔（Primary Pit）（见 Evert，2006），只有分布在次生壁上的凹陷才叫做纹孔。纹孔通常正对着初生纹孔场形成，但纹孔也可以在没有初生纹孔场之处形成。也有时初生纹孔场被次生壁所覆盖，未形成纹孔。所以纹孔出现的位置和初生纹孔场的位置并没有绝对的依属关系。本书为了初学者的方便，将初生壁和次生壁上的凹陷一律都叫做纹孔。

具缘纹孔的主要特点是具有纹孔缘。具缘纹孔是由于细胞的一部分次生壁形成为一种拱起覆盖着纹孔腔而构成的。这种由一部分次生壁所形成的拱起叫做纹孔缘（pit border）。在纹孔缘的中心有一个开口，叫做纹孔口（pit aperture）。纹孔口的表面观可为圆形，椭圆形或透镜形或缝隙状。若为透镜形或缝隙状时，其长度一般都超出纹孔室的周边（图 2.30-D），但也可能在纹孔室的周边以内。若为圆形时，这种纹孔的表面观

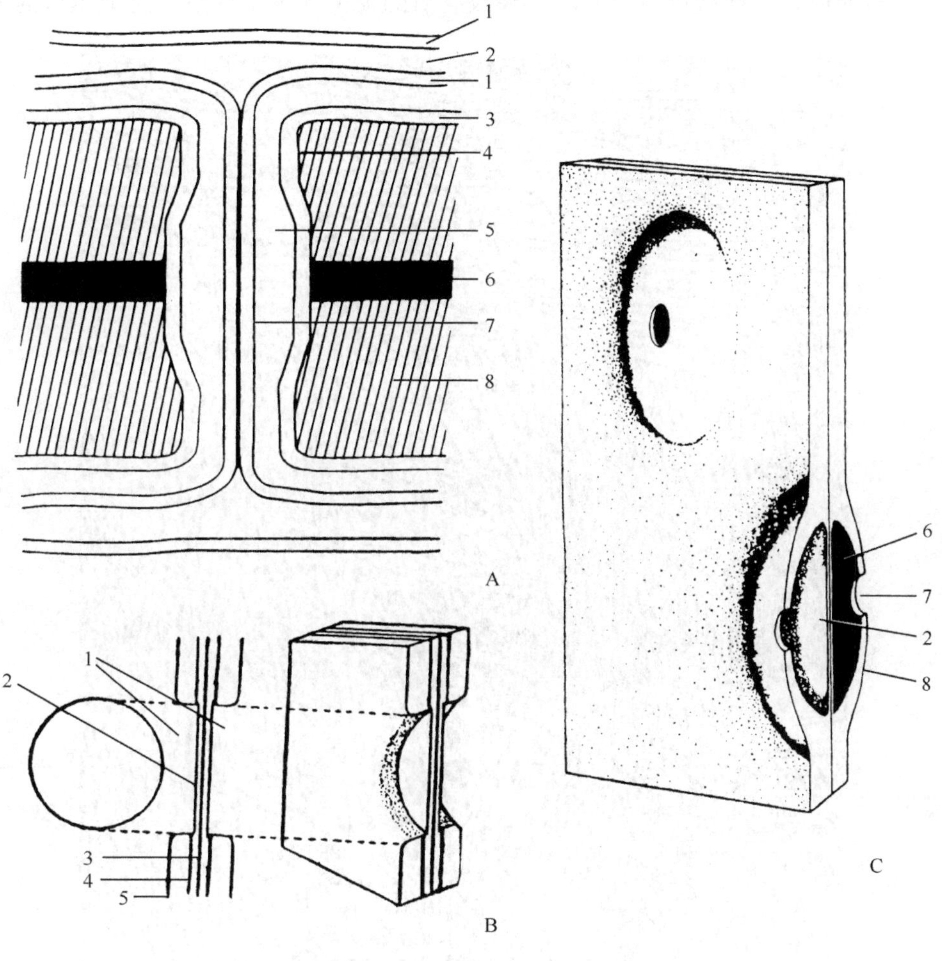

图 1.33　胞间连丝与纹孔对（图解）

A. 胞间连丝纵切，示构造（本图略去球状的内在蛋白质，globular integral membrane protein 和辐条，spoke 等构造），胞间连丝为一管状构造，外被质膜，内含细胞质和桥管，桥管位于胞间连丝的中央，细胞质位于桥管和质膜之间，位于桥管和质膜之间的细胞质叫做细胞质套（cytoplasmic sleeve），一般认为细胞质套和桥管都是细胞间的物质运输通道，但近年来的多数研究工作则认为桥管为一实心构造，并不是一条空心的管子，因此桥管并不是细胞间的物质运输通道，细胞间的物质运输主要是通过细胞质套来完成的（桥管之所以成为一实心构造是由于内质网管在胞间连丝内的特别变细因而使其内表面互相靠近与并合所造成的）（见 Evert，2006），胞间连丝的两端叫做颈区（neck region），颈区较中部略细或与中部粗细相等，近年来有的研究者认为颈区具有肛门括约肌状构造（sphincter-like strucfure）（见 Evert，2006），能够扩大与收缩，因而对于不同大小的物质分子的通过具有控制调节的作用 1. 内质网膜　2. 内质网腔　3. 质膜　4. 颈区　5. 细胞质套　6. 中层　7. 桥管　8. 细胞壁　B. 单纹孔的表面观与切面观　C. 具缘纹孔的表面观与切面观　1. 纹孔腔　2. 纹孔膜　3. 中层　4. 初生壁　5. 次生壁　6. 纹孔室　7. 纹孔口　8. 纹孔缘

为两个大小不同，套在一起的双圈（图 1.33-C）。从切面看，一对具缘纹孔的形状就好像两个对置在一起的一对弧一样。弧形部分（即次生壁拱起的部分）为纹孔缘，在纹孔缘的中心有彼此相对的圆孔，此为纹孔口，两弧的中间有一层薄膜，此为纹孔膜，纹孔膜与纹孔缘之间为一腔室（即纹孔缘覆盖着纹孔腔所形成的一个腔室），叫做纹孔室(pit chamber)。假若把一张白纸夹在两块中心开了圆形洞口的表玻璃之间，让表玻璃的凹面对着凹面，这样就可以得到了具缘纹孔对的模型。不难理解，这个模型的表面观

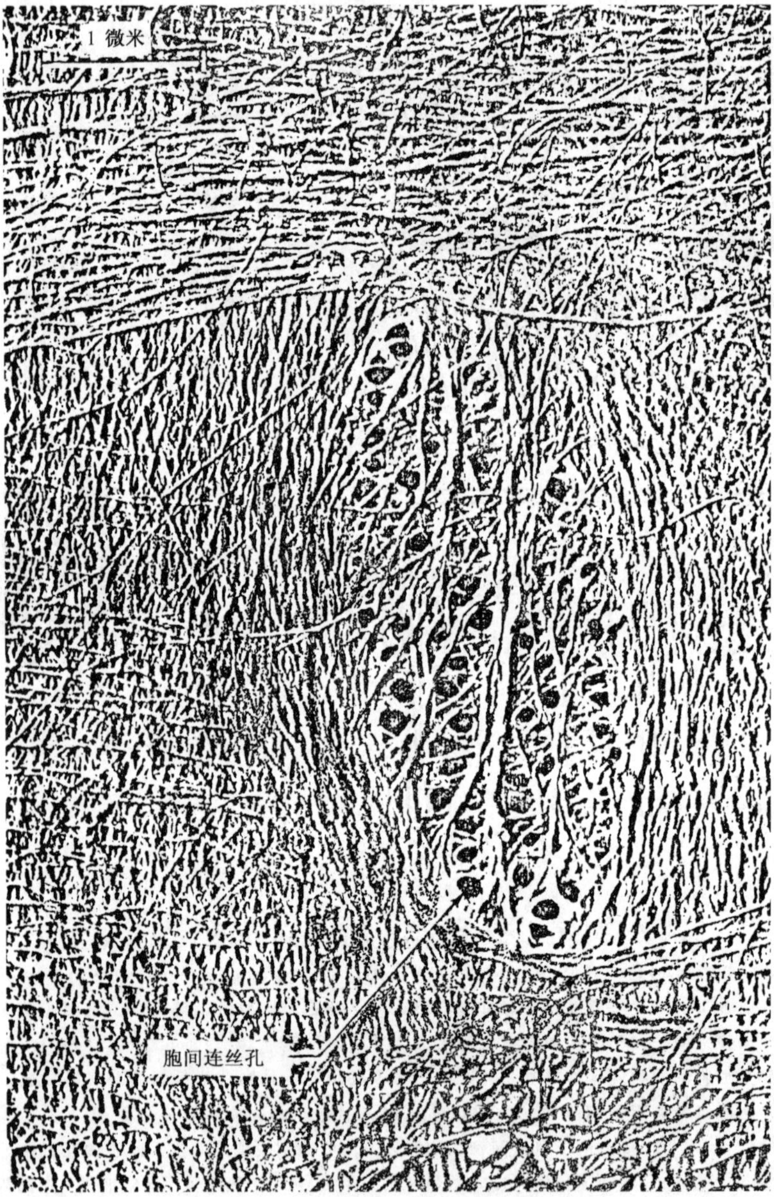

图 1.34　电子显微镜下燕麦胚芽鞘薄壁组织细胞初生壁的构造

微纤丝杂乱地排列着，纹孔为一椭圆形凹陷，凹陷的底部为纹孔膜，膜上有许多小的洞孔，此为胞间连丝穿过之处

是个双圈（外圈是纹孔室的周边，内圈是纹孔口的周边），切面观就是两个对置在一起的一对弧（图 1.33-C，2.37-3）。具缘纹孔分布在植物体内导水细胞和纤维管胞的细胞壁上。

细胞壁必须随细胞的生长而生长，否则细胞体积的增大是不可能的。细胞壁有两种生长方式：一种是面积的生长，这是细胞生长初期（即细胞伸长期）壁的主要生长方式，这一时期所形成的细胞壁都是初生壁。另一种是厚度的生长，这是细胞生长后期（即细胞分化期）壁的生长方式，这一时期所形成的细胞壁都是次生壁。必须了解，并非各类植物细胞都形成次生壁的，例如分生组织细胞和一般的薄壁组织细胞都是没有次生壁的。

细胞壁进行面积生长时，原生质体不断地分泌新的微纤丝层附贴在被扩撑的较早形成的微纤丝层的里面，使细胞壁的面积与厚度同时有所增加。由于细胞壁面积向各个方向扩撑的程度不同，结果就形成各种不同形状的细胞。

长形细胞的壁进行面积生长时，原生质体所分泌的微纤丝在细胞横壁内的排列方向是杂乱的，而在细胞纵壁内的排列方向最初都是近乎水平的，但由于细胞的伸长生长，细胞壁的面积被纵向扩撑，细胞壁面积纵向扩撑时，使近乎水平排列方向的微纤丝受到了一种扩撑力，这种扩撑力使微纤丝的排列方向发生了直向的改变。较早形成的微纤丝层（即靠近中层的）比较晚形成的微纤丝层（即靠近质膜的）受到扩撑力的时间要长些，所以较早形成的微纤丝比较晚形成的微纤丝发生直向改变的程度要大些，结果使细胞壁内微纤丝的排列方向从内向外逐渐地被撑直，使最早形成的微纤丝层中的微纤丝从原来近乎水平的排列方向改变成为近乎垂直的排列方向（图 1.24-D）。

如上所述，细胞壁的面积生长是通过原生质体不断地分泌新的微纤丝层附贴在较早形成的微纤丝层的里面和由于细胞体积的生长所产生的扩撑力（即涨压，turgor pressure）使细胞壁的面积进行单方向（长形细胞）或多方向（近乎等直径形细胞）的扩撑而完成的。在前一种情况下，微纤丝在细胞纵壁内的排列方向最初是近乎水平的，但由于细胞壁面积的纵向扩撑，使得各层微纤丝在纵壁内的排列方向从内向外逐渐地被撑为直向（多网生长学说，theory of multinet growth）；而在后一种情况下，微纤丝在各面细胞壁内的排列方向最初是杂乱的（见 Buchanan *et al*.，2000；Raven *et al*.，2005；Evert，2006），由于细胞壁的面积向各个方向扩撑，使得微纤丝在各面细胞壁内的排列方向最后仍然是杂乱的。

细胞壁进行厚度生长时，原生质体不断分泌新的微纤丝层附贴在已停止面积扩张的壁层的里面，使细胞壁的厚度有所增加，但是面积并没有扩大。

当细胞壁进行厚度增长时，原生质体常常产生一些复杂的物质填充到壁里去，引起细胞壁的化学成分和物理性质发生很大的变化。最常见的填充物质是木质、角质、栓质和矿质等。

细胞壁内填充了木质后，叫做木质化（lignification）。木质是一种分子量相当高的有机化合物，是苯基丙烷衍生物的聚合产物。它比纤维素弹性小，但硬度大，因此细胞壁经过木质化后，壁的弹性减小，硬度增加。一束木质化了的纤维细胞的抗拉力强度可与一根同样粗细的钢丝相比拟。树干所以能支持全部枝叶的重量，就是因为树干内部的大部分细胞的壁都经过了木质化的缘故。

木质化发生在整个细胞的壁上。细胞壁木质化时，从细胞角部的中层开始，然后扩展至中层，然后再逐步向内进行（见 Ting，1982；Evert，2006）。所以经过木质化的细胞壁，其中层、初生壁、次生壁内都填充了木质。木质化始于次生壁开始形成之时，一直等到次生壁完全形成之后才能够结束。细胞壁经过木质化后不能透过水分，因而经过了木质化的导水细胞（如导管和管胞）限制了水分的侧向扩散，便于水分的直向输导，但水分仍然可以通过纹孔和胞间连丝进入细胞，所以有些经过木质化的细胞（如木藻壁组织细胞）未必是死亡的。细胞壁的木质化对于造纸工业很不利。若不设法将纸浆中的木质除净，则制造出来的纸质量不高，并且带有黄色。

角质和栓质都是类似蜡质的脂类物质。细胞壁经过角质化（cutinization）或栓质化（suberization）后，壁变得不透水，不透气。陆生植物体表面部位的细胞的壁往往发生角质化或栓质化。这种变化能够防止植物体水分的丢失和被微生物的感染。

角质化通常发生在表皮细胞的外壁上，即表皮细胞与外界环境相接触的壁上。细胞壁角质化时，表皮细胞外壁的外层填充了角质，形成角质化层（cuticular layer），外壁的内层并没有填充角质，仍然是由纤维素构成的。在本书以后的各章节中使用“表皮细胞的外壁经过了角质化”一词时，一般指的是表皮细胞外壁的“外层”填充了角质而言，不包括外壁的内层。角质不仅填充了细胞外壁的外层，并且还积聚在细胞外壁的外面，形成一种无色的透明层，叫做角质层（cuticle）。角质层大大地增加了表皮的保护作用①。

植物根、茎的表面部位常含有栓质化的细胞层。栓质化发生在整个细胞的壁上。细胞壁内沉积了栓质层（suberin lamellae）或细胞壁内填充了栓质都叫做栓质化。细胞壁栓质化时，在初生壁的里面沉积了一层相当厚的栓质层（此为次生壁），有的在栓质层的里面还沉积了 一层纤维素壁层，纤维素壁层还可能经过了木质化。也有的先在初生壁内填充了栓质，然后再在初生壁的里面沉积次生的栓质层的。经过栓质化的细胞不能透过水分和空气，所以栓质化的细胞通常很快就死亡了。栓质化的细胞壁上一般没有纹孔，或虽有纹孔但纹孔只发生在栓质层以内的纤维素壁层上，并未穿过栓质层（见 Eames and MacDaniels，1947），但由于胞间连丝的存在，有些经过栓质化的细胞仍然可以是活的，例如大多数单子叶植物根内的内皮层细胞就是这样的。

细胞壁的矿质化（mineralization）也很普遍。植物细胞壁内都多少含有一些矿质，

---

① 在植物学文献上角质层一词有两种含义。一种含义是广义的，它包括两层构造：一层是由角质构成的，这层构造叫做角质层本体（cuticular proper）；一层是由位于角质层本体里面的角质化的壁层（即外壁的外层）构成的，这层构造叫做角质化层（cuticular layer）。这两层构造合在一起又叫做角质膜（cuticular membrane）（von Mohl，1847；见 Stace，1963；Fahn，1900；Kerstiens，1996）。在电镜下，角质层本体与角质化层这两层构造具有不同的影像，易于区分。另一种含义是狭义的，它只包括一层构造，即只包括角质层本体，不包括位于其里面的角质化的壁层（见 Eames and MacDaniels，1947；Esau，1965a；Rudall，1992；Dickison，2000）。角质层一词的两种含义使用何者为宜现下尚无统一的意见。广义的角质层（即角质膜）在植物和古植物的鉴定方面，在角质层亚显微构造的研究以及不同外施物质穿过角质层进入叶中的研究等方面经常使用。在本书以后的各章节中使用角质层一词时，一般指的是狭义的角质层，即指的是角质层本体而言，不包括角质化层。但有些分泌组织细胞进行分泌活动时，先将分泌物分泌在角质层（角质膜）与细胞的外壁（实际上是细胞外壁的内层）之间，使角质层与细胞壁分离开来（图 2.46-B），然后通过角质层的破裂或角质层上的孔将分泌物排放出去。这种与细胞壁分离开的角质层或在本书内注明为角质膜的角质层都是由角质层本体与角质化层两层构造所构成的，本书在这里使用的角质层一词的含义是广义的。

最常见的是钙盐。除钙盐外，硅质也常见于某些植物的细胞壁内。例如禾本科植物茎和叶的表皮细胞的壁内含有硅质（SiO_2）。细胞壁经矿质化后，壁变得粗糙坚硬。

植物细胞壁在人类的经济生活中占有重要地位。棉、麻、木材和软木塞等都是由加厚的或经过化学变化的细胞壁所构成的。细胞壁的主要构成成分纤维素是工业上的重要原料，可用以制造人造丝、纸张、电影片、炸药等。另外，纤维素是食草类动物的主要食物，因此，植物细胞壁也是地球上大多数动物，包括人类在内的直接或间接的食物来源。

第四节　植物细胞的繁殖

细胞形成新细胞的过程叫做细胞的繁殖。细胞主要是通过细胞分裂来进行繁殖的。细胞分裂有三种不同的方式，即有丝分裂、无丝分裂和减数分裂。

1. 有丝分裂

有丝分裂（mitosis）也叫做间接分裂（indirect division），是一种最普遍的细胞分裂方式。高等植物通常都是用这种细胞分裂方式来增加细胞数量的。有丝分裂进行时，首先是细胞核分裂（核分裂，karyokinesis），随后是细胞质分裂（胞质分裂，cytokinesis），最后产生细胞壁，形成两个子细胞。

核分裂是一个很复杂的过程①，仅仅是为了讨论的方便，将其分为前、中、后、末四个时期（图 1.35），下面分别地进行一些简略讨论。

（1）前期　前期（prophase）开始时②，可以看到由构成细胞核染色质的细丝进行螺旋式缠绕所形成的一些细线形结构，叫做染色线（chromonema）(图 1.35-1)。染色线继续进行螺旋式缠绕，使其逐步变短变粗，最后形成为一种棒形结构，叫做染色体（chromosome）（图 1.35-3）。植物的染色体都有一定的形态和数目，例如小麦有 42 个染色体，玉米有 20 个染色体，水稻有 24 个染色体，棉花有 52 个染色体，拟南芥有 10 个染色体等。在前期时可以看到每一个染色体都是由两个并列的染色单体所构成的。每一个染色单体（chromatid）是在分裂间期时由构成染色质的一条细丝（即一条 DNA 分

---

①　核分裂虽然是一个很复杂的过程，但处于分裂间期（interphase）的细胞（分裂间期的细胞指的是前、后两次细胞分裂之间的“静止”时期的细胞而言，这时期细胞的核从外表上看不到任何显著变化，外有核膜，内有核液、染色质和一至数个核仁等）绝不是静止不活跃的。相反，分裂间期的细胞进行着特别活跃的代谢活动，例如细胞体积的增长，细胞器的形成，DNA 的复制，蛋白质的合成等都是在分裂间期完成的。实际上，分裂间期是细胞的生长阶段，如果没有这个生长阶段细胞分裂是不可能进行的，所以分裂间期是进行细胞分裂的细胞必不可缺少的一个过程。在细胞学上，从细胞分裂开始，经过分裂间期直到再一次细胞分裂的开始，其间细胞所经历的全部变化过程叫做细胞周期（cell cycle）。概括地讲，细胞周期就是进行细胞分裂的细胞（即具有细胞分裂和细胞生长两个交替出现的细胞）所经历的全部变化过程。

细胞周期的长短因植物种类、细胞类型和环境条件的不同互不相同，但在大多数情况下分裂间期所占据的时间要比分裂期所占据的时间长得多，因此在显微镜下最常观察到的是细胞的分裂间期，细胞分裂期较为少见。细胞周期只存在于分生组织细胞，到了成熟组织，成熟的细胞已不再进行细胞分裂了，这时期细胞就没有细胞周期了。

②　在前期开始之前，微管排列成一个环绕着细胞核的环形窄带，叫做早前期带（preprophase band）（图 1.23-C）。早前期带存在的时间很短，前期开始后没多久就消失了。应当了解，早前期带的位置预示着将来的细胞板的位置，亦即预示着将来形成新细胞壁的位置。

子和与其相结合的蛋白质分子）进行复制，形成两条姊妹染色质丝，然后各进行螺旋式缠绕变短变粗而形成的。两个染色单体彼此保持着很近的距离，但在两个染色单体的着丝粒(centromere)处互相连接，形成为一个染色体。着丝粒在染色体上为一着色较浅的凹陷区（图 1.36-A），通常是容易看到的。染色体所在的空间充满一种不能染色的液体，这就是核液。到了前期之末，核膜与核仁消失了，核的构造没有了。

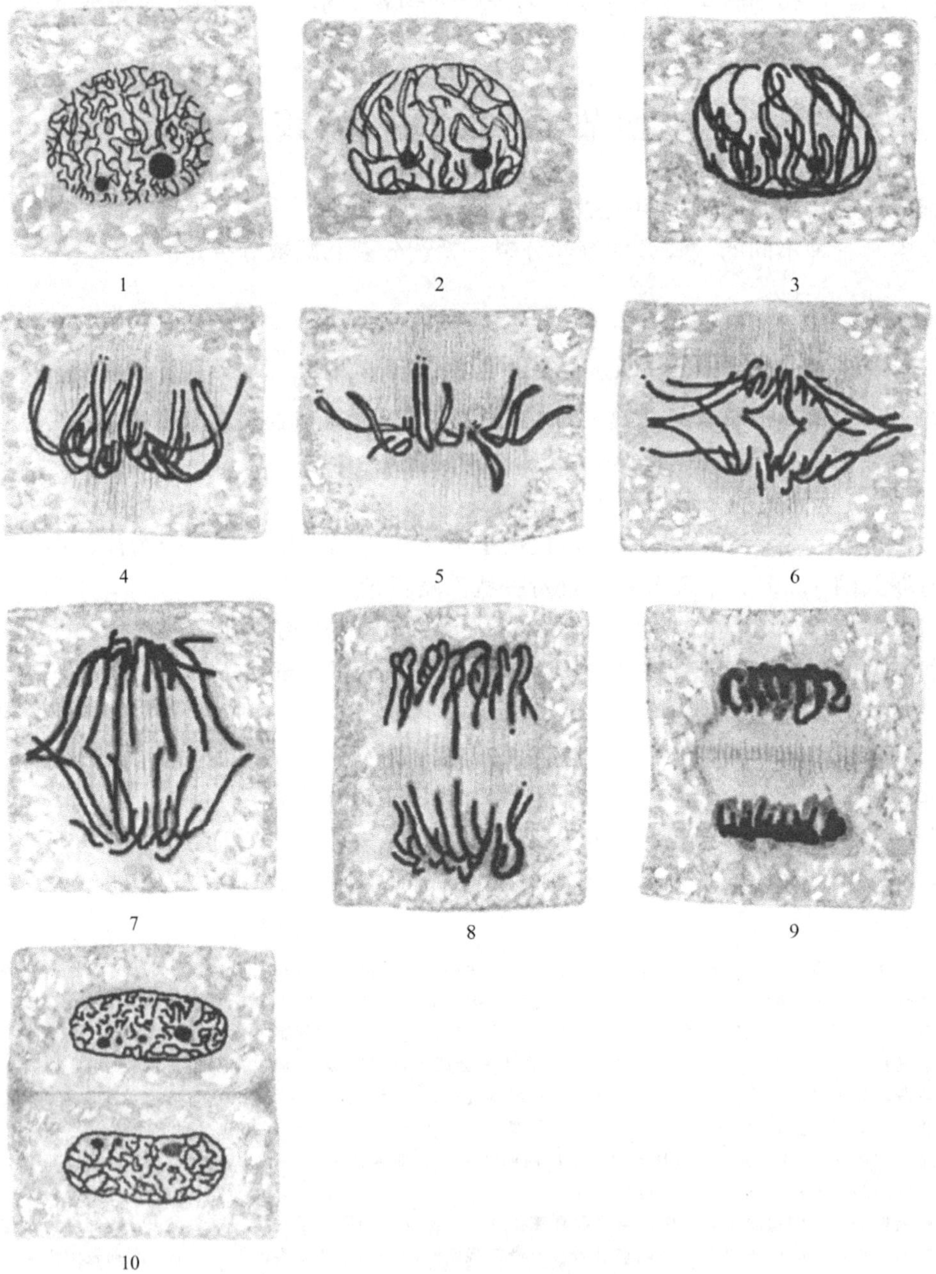

图 1.35　有丝分裂的各个阶段（模式图）

1～3. 前期　4、5. 中期　6～8. 后期　9～10. 末期

在前期之末与中期的开始时（即从前期向中期过渡的时期），在光学显微镜下可以看到许多由微管聚集而成的无色的丝，叫做纺锤丝（spindle fiber）。纺锤丝从细胞的两极伸向细胞的中部，形成一种纺锤形构造，叫做纺锤体（spindle）（图 1.35-4）。在电子显微镜下观察时，可以看到纺锤体是由很多微管构成的，还可以看到有些微管连接在位于染色体着丝粒左右两侧的一种由蛋白质所构成的圆盘形构造上（图 1.36-A），这种圆盘形构造叫做动粒（kinetochore）。连接在动粒上的微管数量因植物种类的不同各有

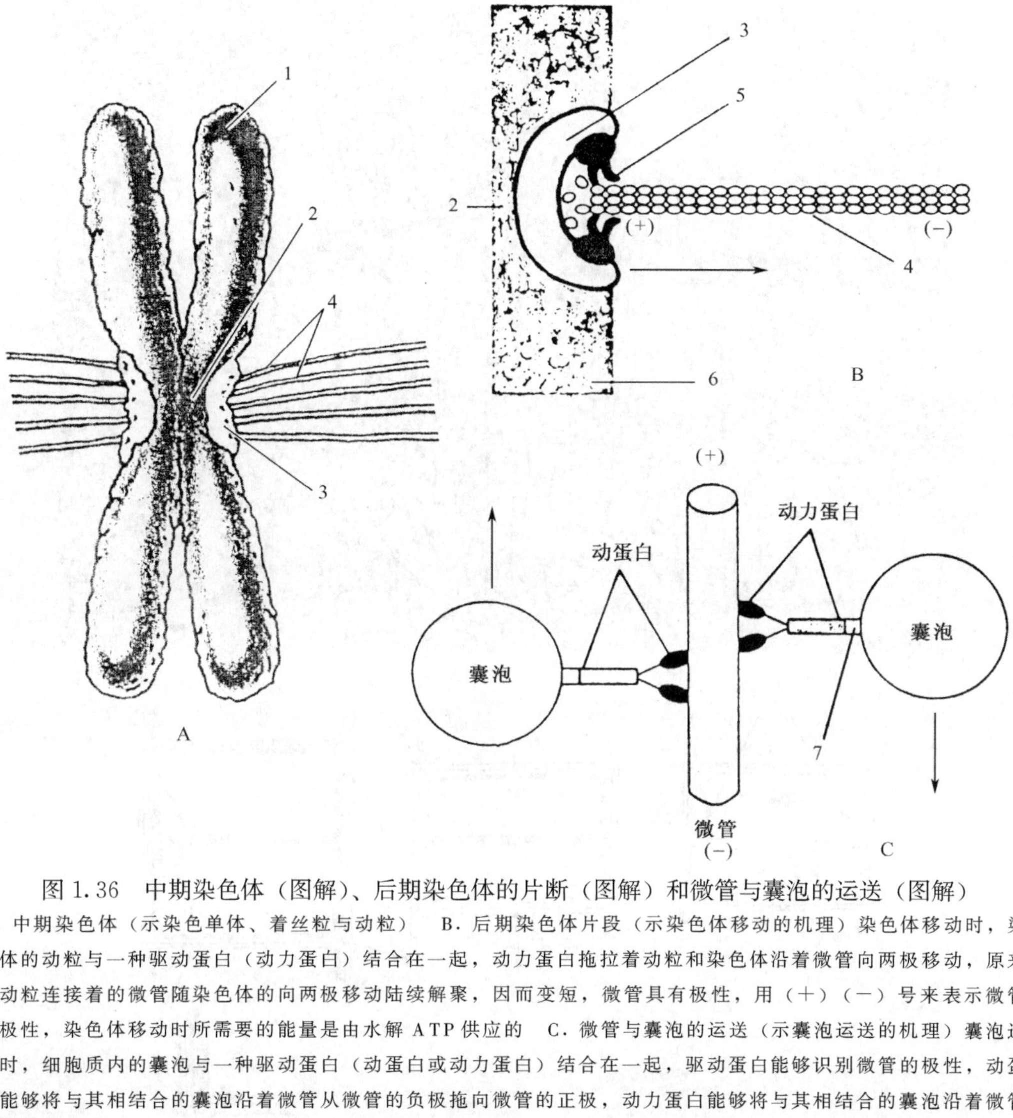

图 1.36　中期染色体（图解）、后期染色体的片断（图解）和微管与囊泡的运送（图解）

A. 中期染色体（示染色单体、着丝粒与动粒）　B. 后期染色体片段（示染色体移动的机理）染色体移动时，染色体的动粒与一种驱动蛋白（动力蛋白）结合在一起，动力蛋白拖拉着动粒和染色体沿着微管向两极移动，原来与动粒连接着的微管随染色体的向两极移动陆续解聚，因而变短，微管具有极性，用（+）（−）号来表示微管的极性，染色体移动时所需要的能量是由水解 ATP 供应的　C. 微管与囊泡的运送（示囊泡运送的机理）囊泡运送时，细胞质内的囊泡与一种驱动蛋白（动蛋白或动力蛋白）结合在一起，驱动蛋白能够识别微管的极性，动蛋白能够将与其相结合的囊泡沿着微管从微管的负极拖向微管的正极，动力蛋白能够将与其相结合的囊泡沿着微管从微管的正极拖向微管的负极，囊泡运送时所需要的能量是由水解 ATP 供应的。细胞内总共含有三类具有拖拉作用的蛋白质，它们是肌球蛋白（myosins）、动蛋白（kinesins）和动力蛋白（dyneins），这三类具有拖拉作用的蛋白质都叫做驱动蛋白（motor proteins）。驱动蛋白能够利用水解 ATP 所释放的能量拖拉着细胞器或囊泡沿着微管或微丝向一定的方向移动或运送，所不同的是，动蛋白和动力蛋白只能沿着微管进行拖拉移动或运送，而肌球蛋白则只能沿着微丝进行拖拉移动或运送　1. 染色单体　2. 着丝粒　3. 动粒　4. 微管　5. 驱动蛋白（动力蛋白）　6. 后期染色体片断　7. 驱动蛋白接收器（receptor for motor protien）

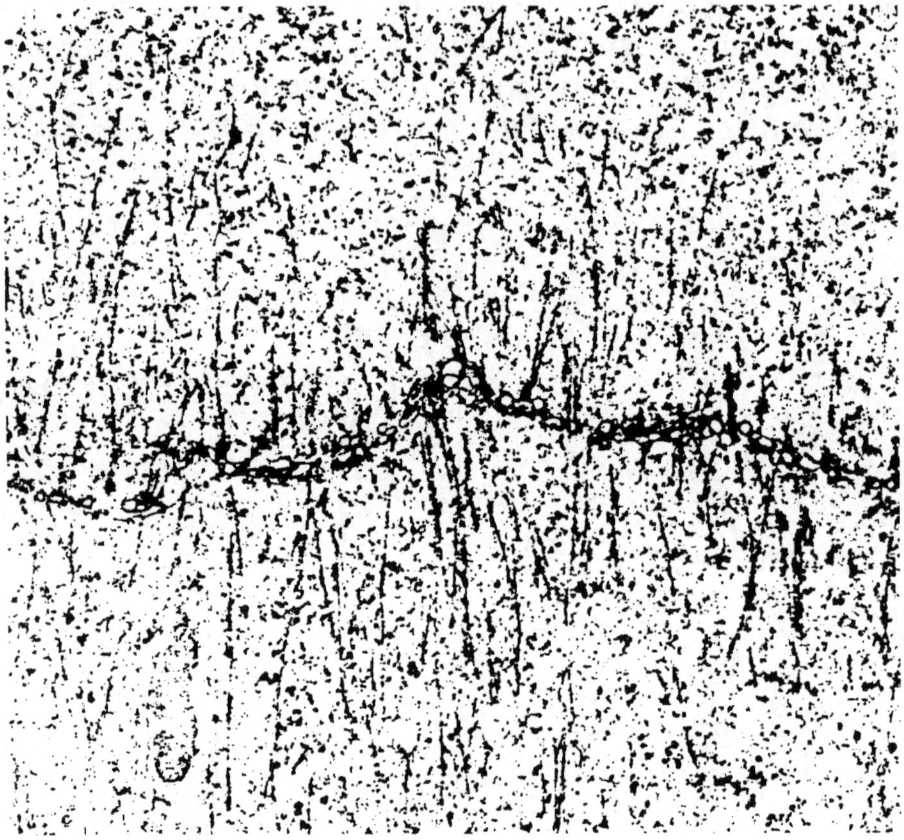

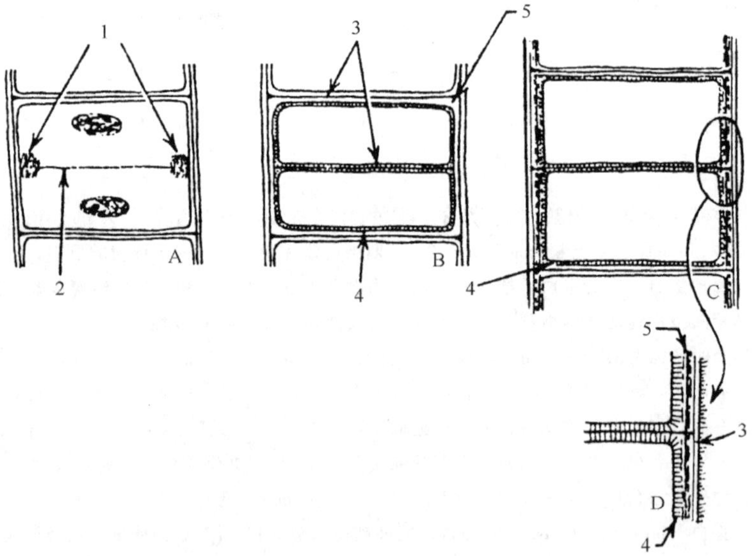
1
2
A
3
5
B
4
4
C
5
3
D
4

不同。还可以看到有些微管从细胞的一极伸向细胞的另一极，在细胞的中部互相搭连，未连接在染色体上。

（2）中期　染色体本来是杂乱无序的，到了中期（metaphase）染色体都集中在细胞的中部，其着丝粒排列在一个平面上（图 1.35-5），这个平面叫做赤道面（equatorial plane）。这时期若从细胞的一端看去，可以看到全部染色体在赤道面上排列成平板状，这个平板叫做赤道板（equatorial plate）。在中期，每个染色体已经很明显地显示出是由两个只在着丝粒处连接着的染色单体所构成的（图 1.36-A）。若要计算染色体的数目与研究染色体的形态，可以在中期进行。

（3）后期　后期（anaphase）开始时，染色体的两个染色单体从着丝粒的连接处互相分开，各自成为一个独立的子染色体。子染色体开始由赤道面移向细胞的两极，好像连接在染色体动粒上的微管在收缩变短，将它们拉过去的一样。

关于染色体向两极移动的机理现在还不很清楚。近年来有人（Albert *et al*.，1989；见 Fosket，1994；Kleinsmith and Kish，1995；Karp，2005）认为染色体的向两极移动是由于染色体的动粒上结合上了一种具有拖拉作用的蛋白质，叫做驱动蛋白（motor protein）。驱动蛋白利用水解 ATP 所释放的能量，拖拉着动粒和染色体沿着连接在动粒上的微管向两极移动。微管的收缩变短是由于染色体向两极移动时，本来与动粒连接着的微管陆续地解聚所造成的（图 1.36-B）。

（4）末期　末期（telophase）时移至两极的子染色体松开了螺旋，变得细长，形成染色线。染色线又进一步松开，转变成染色质。这时期核仁与核膜出现（核膜是由内质网的囊泡连接而成），子细胞核形成。

当核分裂开始进入末期时，紧跟着就开始了胞质分裂。这时期在光学显微镜下观察时，可以看到纺锤体靠近两极处的纺锤丝已经消失，但纺锤体中部的纺锤丝（即从细胞的一极伸向细胞的另一极在细胞的中部互相搭连的纺锤丝）却被保留下来，同时还形成了许多新丝。纺锤丝向外扩张，结果形成一种桶形构造，叫做成膜体（phragmoplast）（图 1.35-9）。在电子显微镜下观察时，可以看到成膜体是由很多微管和囊泡构成的，囊泡是由附近的高尔基体所产生的。这些囊泡在微管的运送下（图 1.36-C）排列在成膜体的赤道面上（图 1.37）。当细胞质开始分裂时，位于赤道面中心的囊泡成片地融合。囊泡融合后囊泡的膜形成了两个子细胞的质膜，囊泡中含有的物质（主要是胼胝质）形成了两个子细胞间的一层薄膜状构造，叫做细胞板（cell plate）（图 1.35-10）。当细胞板出现后，位于细胞板部位的微管消失，但在成膜体的四周又重新形成了许多新的短微管，使成膜体向四周扩张。成膜体继续向四周扩张，细胞板也随之从成膜体的中心继续向四周延伸（细胞板的延伸过程就是囊泡向四周的堆积和互相融合的过程）。直

图 1.37（左上）　凯萨琳网球花胚乳

示细胞板的形成（许多囊泡在成膜体微管的运送下聚集在即将形成的细胞板部位）

图 1.38（左下）　细胞分裂后子细胞壁的形成与母细胞壁的消失过程（图解）

A. 细胞板的形成　B. 子细胞的初生壁形成于中层的两侧与母细胞的旧壁之内　C. D. 由于子细胞体积纵向的扩张，母细胞的旧壁被拉破，新中层与旧中层通过母细胞旧壁上的破口连接起来，母细胞的旧壁最后消失　1. 成膜体　2. 细胞板　3. 中层　4. 子细胞壁　5. 母细胞壁

到最后使细胞板与母细胞的侧壁相连接（细胞板与母细胞侧壁的连接位置即是早前期带的位置，也就是说，早前期带的位置预示着细胞板的位置）（图 1.24-C），细胞板把细胞质分裂成为两部分，形成了两个子细胞。

囊泡互相融合形成细胞板时，遗留下来一些没有囊泡融合的位点，这些位点形成一些小的孔洞，小孔洞内充满外被质膜的细胞质和中央一条由内质网管的变细而形成的桥管，此即胞间连丝。胞间连丝使两个新形成的子细胞互相沟通。

原生质体分泌果胶质渗入细胞板内取代了胼胝质，使细胞板自外向内（centripetally）逐渐转变成为细胞间的中层。在中层的两面原生质体分泌纤维素微纤丝，形成了子细胞的初生壁。初生壁不仅形成于中层的两面，同时也形成于母细胞的旧壁（初生壁）之内，因此子细胞被一新形成的壁层包被起来。母细胞原有的旧壁由于细胞体积的增长被扯薄拉破，最后消失。当母细胞的旧壁被扯薄拉破时，这时新形成的中层和旧的中层（母细胞的）通过破口连接起来（图 1.38）。

植物细胞的有丝分裂和动物细胞的有丝分裂基本上是相似的，但有三点主要的区别：①植物细胞内没有中心体（centrosome），因此植物细胞分裂时没有中心体的向两极移动和星体（aster）的形成；②植物细胞分裂时细胞之间形成了一些胞间连丝，动物细胞分裂时细胞间没有胞间连丝的形成；③植物细胞分裂时在赤道面处从内向外形成了细胞板把细胞质分裂成为两部分，动物细胞分裂时细胞中部的质膜从外向内凹陷，将细胞质缢缩为两部分。

2. 无丝分裂

无丝分裂（amitosis）也叫做直接分裂（direct division），是一种简单的细胞分裂方式。分裂时核仁先分裂成两半，然后核分裂成两半，最后在细胞的中部从四周向内形成一层薄膜，将一个母细胞分裂成为两个子细胞。核仁与核分裂时，一般是先拉长，然后中部缢缩，最后分裂成两半，每一半分配到一个子细胞里去。无丝分裂没有纺锤丝与染色体的形成，因此遗传物质可能会不均等的分配给子细胞。

无丝分裂见于某些低等生物的细胞，在高等植物正常健康的细胞中较少发现。有时某些病变或衰退的细胞或组织中可以见到无丝分裂。早在 19 世纪与 20 世纪的初期很多研究者发表了在动、植物细胞内观察到无丝分裂的报道，但后来的研究证明，这些观察多数都是间期核的多形现象或核内分裂（intranuclear division）的暂时形成为哑铃形构造所造成的一种错觉。因此一般认为无丝分裂不是高等动、植物正常健康的细胞进行细胞繁殖的方法（见 Brown and Bertke，1974）。但也有人认为无丝分裂是一种普遍存在的正常的细胞分裂方式。我国动、植物学工作者在很多动、植物的细胞中观察到了无丝分裂现象（见汪德耀等，1988）。不过，这种看法并未得到普遍承认。

3. 减数分裂

在植物的有性繁殖过程中，精子与卵细胞的融合使受精的卵细胞内含有双倍的染色体。在植物生活史的一定阶段（即花粉母细胞形成花粉和大孢子母细胞形成大孢子的阶段）含有双倍染色体（以 $2n$ 表示）的细胞能够经过一种特殊方式的有丝分裂，变成为含有单倍染色体（以 n 表示）的细胞。这种特殊方式的有丝分裂叫做减数分裂（meiosis）。

减数分裂就是使含有双倍染色体的细胞变成为含有单倍染色体的细胞的过程。

减数分裂包括两次细胞分裂过程（但只有一次 DNA 的复制），这两次细胞分裂过程彼此紧密地衔接着，分裂间期短暂，也有很多植物就没有分裂间期（见 Singh，2003）。先发生的分裂过程叫做第一次减数分裂（the first meiotic division），紧跟着发生的分裂过程叫做第二次减数分裂（the second meiotic division）。第一次减数分裂是染色体数目减少一半的分裂，即双倍的染色体变成为单倍染色体的分裂；第二次减数分裂和普通的有丝分裂没有什么大的差别，是核的均等分裂（图 1.39）。下面以单子叶植物花粉母细胞的减数分裂为例，扼要地介绍一下植物细胞的减数分裂过程。

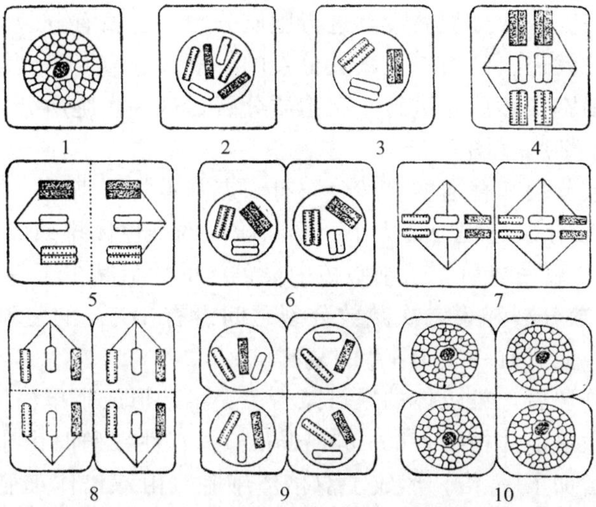

图 1.39　单子叶植物花粉母细胞的减数分裂过程（图解）

1. 静止期　2、3. 第一次减数分裂的前期（前期Ⅰ）　4. 中期Ⅰ　5. 后期Ⅰ　6. 第一次减数分裂的末期与第二次减数分裂的前期（末期Ⅰ与前期Ⅱ），这时每一个核内都含有单倍染色体　7. 中期Ⅱ　8. 后期Ⅱ　9、10. 末期Ⅱ

花粉母细胞的第一次减数分裂开始后，双倍的染色体出现了。双倍的染色体先是散布在核中，然后大小形状相同的染色体排列成对（成对的每个染色体都含有两个并列的染色单体）。随后核仁与核膜消失，纺锤体出现，这时期就到了第一次减数分裂的前期之末①。以后这些成对的染色体（其数目等于原有染色体数目的一半）排列在赤道面处，形成赤道板，这时期就是第一次减数分裂的中期。后期开始时，排列在赤道面处成对的染色体互相分离，分别向两极移动。移至两极后染色体变得细长，核膜、核仁出现，形成两个含有单倍染色体的子细胞核，这时期就是第一次减数分裂的末期。细胞核分裂完成后接着进行一次胞质分裂，将一个母细胞分裂成为两个子细胞。

第一次减数分裂完成后，经过一短暂的没有 DNA 复制的分裂间期，紧跟着就开始了第二次减数分裂的前期，随后染色体排列在赤道面处，进入了第二次减数分裂的中

① 这里顺便指出，第一次减数分裂的前期是一个很复杂的过程，时间拖的也比较长。在这个时期内成对的染色体之间进行了遗传物质的交换，这种遗传物质的交换是减数分裂的一个重要机能，它对于植物种类的遗传变异具有重大的意义。

期。到了第二次减数分裂的中期时，每一个染色体都已经很清楚地显示出为由两个并列的染色单体所构成的。以后两个子细胞的染色单体分开，各形成为一个子染色体，子染色体分别地移向两极（第二次减数分裂的后期），最后形成 4 个含有单倍染色体的子细胞核（第二次减数分裂的末期）。细胞核分裂完成后接着又进行一次胞质分裂，将两个子细胞分裂成为 4 个子细胞。

以上所叙述的减数分裂过程是很多单子叶植物花粉母细胞的减数分裂过程（图 1.39）。双子叶植物花粉母细胞的减数分裂过程与单子叶植物花粉母细胞的减数分裂过程基本上是相似的，只不过后者在第一次减数分裂后进行一次胞质分裂，在第二次减数分裂后又进行一次胞质分裂，共进行两次胞质分裂，将一个花粉母细胞分裂成为 4 个子细胞；而前者的第一次减数分裂后没有进行胞质分裂，也没有分裂间期，细胞从第一次减数分裂的后期直接就进入到第二次减数分裂的中期，一直要等到第二次减数分裂完成形成一短暂的 4 核细胞，然后才进行一次胞质分裂，这一次胞质分裂将一个花粉母细胞同时分裂成为 4 个子细胞（图 5.25）。

如上所述，减数分裂和普通的有丝分裂有 3 点基本的区别：

1）在第一次减数分裂过程中，大小、形状相同的染色体排列成对。

2）第一次减数分裂完成后，子细胞核中染色体的数目减少了一半。

3）在第一次减数分裂和第二次减数分裂之间没有 DNA 的复制，也就是说细胞进行了两次细胞分裂，但只有一次 DNA 的复制。

细胞经过减数分裂后，染色体的数目减少了一半，形成了单倍体细胞。由单倍体细胞构成的植物体叫做单倍体植物（haploid plants）。有性繁殖时由于精子与卵细胞的融合，染色体的数目增加了一 倍，形成了双倍体细胞。由双倍体细胞构成的植物体叫做双倍体植物（diploid plants）。在植物界中，除单倍体植物和双倍体植物外，还有多倍体植物（polyploid plants）。所谓多倍体植物，就是构成植物体的细胞内含有 3 倍、4 倍、5 倍、6 倍、7 倍、8 倍或 8 倍以上染色体的植物种类。总之，凡是细胞内具有比正常的双倍体植物更多倍染色体的植物种类，统统称之为多倍体植物。多倍体类型可因外界环境条件的激烈变化产生，亦可用人工诱导的方法产生（如用秋水仙碱处理）。在被子植物中天然的多倍体种类甚多，禾本科植物中天然的多倍体种类更多。可见多倍体在被子植物的演化中具有重要的作用。在农业实践上，某些作物的多倍体类型在产量或品质方面比原来的双倍体类型为好，例如小麦的多倍体类型（六倍体）比双倍体类型的籽粒大，因而产量高。此外，多倍体育种加速了品种变异，是获得新品种的途径之一。

20 世纪 70 年代以后，国内外植物学工作者应用离体培养花药或花粉的方法人工培育出单倍体植物。这一研究工作在育种上具有重要意义。我国科学工作者曾用水稻、小麦的花粉单倍体植株培育出许多优良的水稻、小麦新品种。此外，单倍体植物能够把双倍体植物的隐性性状立即表达出来，因此，花粉单倍体植物也能把诱导突变体（induced mutant）（双倍体植物）的隐性性状立即表达出来，所以这一研究工作对于遗传学方面的突变研究（mutation research）具有重要意义。

4. 细胞分裂的方向

细胞可能向一切方向发生分裂，但通常有三个主要的分裂方向。这三个主要的分裂方向在植物学上叫做切向分裂（tangential division）、径向分裂（radial division）和横分裂（transverse division）（图 1.40）。

（1）切向分裂　细胞分裂后所生成的新细胞壁在横切面上和植物体或植物器官的半径线垂直的分裂叫做切向分裂。切向分裂的结果，增加了植物体或植物器官的粗度。切向分裂又叫做平周分裂（periclinal division），所以叫做平周分裂，因为细胞经切向分裂后所生成的新细胞壁和植物体或植物器官的外表面是平行的。

（2）径向分裂　细胞分裂后所生成的新细胞壁在横切面上和植物体或植物器官的半径线平行的分裂叫做径向分裂。径向分裂的结果，增加了植物体或植物器官的周圆。

（3）横分裂　细胞分裂后所生成的新细胞壁横切植物体或植物器官纵轴的分裂叫做横分裂。横分裂的结果，增加了植物体或植物器官的长度。径向分裂或横分裂又称为垂周分裂（anticlinal division），所以叫做垂周分裂，因为细胞经横分裂或径向分裂后所生成的新细胞壁和植物体或植物器官的外表面是垂直的。

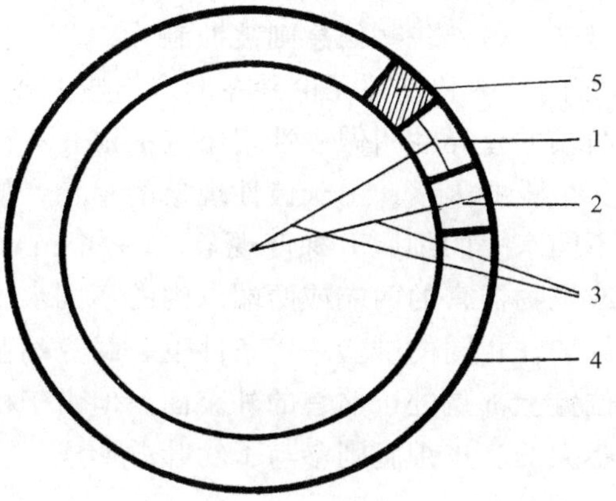

图 1.40　细胞分裂的方向（图解）

1. 切向分裂（平周分裂）　2. 径向分裂（垂周分裂）　3. 植物体或植物器官的半径线　4. 植物体或植物器官的横切面　5. 横分裂（垂周分裂）新形成的细胞壁与植物体或植物器官的横切面平行但与外表面垂直的分裂

第五节　植物细胞的生长和分化

细胞分裂后所产生的子细胞都进行生长（growth）。植物细胞的生长指的是增加细胞的干重与不可逆的增大细胞体积的过程。植物细胞生长时，首先是形成新原生质，使得细胞内原生质的含量有所增加，随后是液泡体积的增大，使得细胞的体积也随之增大。由于细胞的体积向各个方向增大的不同，结果形成了各种不同形状和大小的细胞。当细胞的形状和大小不再有什么很大的改变时，这时期细胞就开始了各种不同的成熟变化，即分化（differentiation）。所谓植物细胞的分化指的是从年幼的，形态构造简单的植物细胞发育成为成熟的形态构造复杂的植物细胞的过程。

由细胞分裂所产生的子细胞都具有相同的遗传信息。近代生物学中一个比较重要的中心问题是，为什么具有相同遗传信息的细胞而会发育成为生理机能和形态构造截然不同的各种成熟细胞呢？这个问题的解答是比较复杂的。概括地讲，细胞内含有个体发育的全部遗传信息，即细胞具有产生各种细胞类型并发育成为一个完整植物体的能力，亦即细胞是具有“全能性”（totipotency）的，但在细胞的发育过程中并不是细胞的全部遗传信息都同时表达出来的，而是在某种特定的条件下只有一部分遗传信息被表达，另一部分遗传信息则被抑制（见 Alberts *et al.*，1983）。也就是说，细胞的分化是在特定条件下有选择性地表达遗传信息的结果。那么，什么是遗传信息表达的特定条件呢？表达遗传信息的特定条件可能有三条，它们是：

① 在细胞的发育过程中，某些适当的外界环境条件的刺激可以促使细胞的某一些遗传信息表达出来，而另外一些信息则被抑制。例如一定时数的光照与黑暗的轮替可以促使植物从营养期进入繁殖期，分化出花芽来。

② 虽然细胞的遗传信息控制着细胞的性状，但细胞在植物体内所处的位置不同其分化的途径也就不同。也就是说，细胞的分化是受‘位置’的制约的。因此，细胞到底最后发育成为何种类型，这是由细胞最后所处的位置决定的。在某一特定的位置，细胞的某一些遗传信息表达出来，另外一些信息则被抑制。

③ 植物体或植物器官的顶端和基部无论是在形态构造上或生理机能上都有所不同。这种植物体或植物器官两端的差异性叫做极性现象（polarity）。极性现象是控制植物体和植物器官形态建成的一个重要因素。由于极性现象的存在，使得构成植物体或植物器官的两端或两端以内的不同水平的细胞（梯度现象，gradient）[①] 朝着不同的样式分化。也就是说，构成植物体或植物器官的两端或两端以内的不同水平的细胞有着不同的遗传信息被表达或被阻抑。例如在相同的试验环境条件下，绿豆幼苗（绿豆芽）根尖和茎尖的表皮细胞虽然它们在位置上都是处于器官的外表面，但由于极性现象的存在，根尖的表皮细胞生出根毛，而茎尖的表皮细胞则参与了幼叶的形成。

---

① 梯度现象指的是植物体或植物器官连续的不同水平其形态、构造、生理等性状逐渐改变的现象。有形态梯度、解剖构造梯度、生理梯度等。例如植物根、茎连续的不同水平其生长素（IAA）的浓度逐渐改变的现象就是一种生理梯度现象。梯度现象与极性现象是有关系的，可以认为，极性现象是梯度现象的反映（见 Burgess，1985）。

第二章　植物组织

自从生命在地球上诞生以后，经历了漫长的发展路程，从单细胞生物发展成为多细胞生物。多细胞生物的出现，为生物体内细胞间的分化、分工和组织的形成提供了条件。由于多细胞生物体内形成了组织，并由组织构成了器官，从而大大地加快了生物的进化。

第一节　植物组织的概念

细胞所执行的生理机能不同，形态构造也因之不同。像覆盖在植物体外表面的表皮细胞，由于它的机能是保护植物体免于蒸发过多的水分，所以细胞为扁平体的形状，因为等量的体积扁平体的覆盖面最大。表皮细胞彼此紧挨着，细胞的外壁常加厚，并经过了角质化，在细胞外壁的外面还有一层水分不易透过的角质层（图 2.7）。像分布在木质部中的导管细胞，由于它的机能是输导水分，所以细胞为圆筒形。细胞彼此连接起来并失去了自己的横壁和细胞内含物，成为一个上下相通的空管子（图 2.34），借此以降低水流在导管细胞内运输的阻力。

由于细胞在生理机能上细致分工的结果，因而导致植物体内各种不同组织的出现，凡是形态构造相同，生理机能相同并且具有相同的起源和聚集在一起互相连续着的细胞所组成的细胞群，叫做组织（tissue）。组织的这个定义为多数研究者所接受，但这个定义比较严格，不能够在所有的情况下都可以适用。例如不连续成群而是单个细胞分布在薄壁组织中的分泌细胞（分泌组织）和叶肉组织中的硬化细胞（机械组织），以及其他某些不连续成群而是单个细胞分布在其他组织中的细胞都是与这个定义不相符的。

上述植物组织的定义未能将单个分布在其他组织中的一群形态构造和生理机能相同的细胞包括在植物组织的定义之内是不恰当的，对其进行一些适当的改正是必要的。因此，本书将植物组织定义为："凡是聚集在一起互相连续着或是单个细胞分布在其他组织中的一群形态构造和生理机能相同的细胞，叫做组织"。也就是说，凡是形态构造和生理机能相同的一群细胞就叫做组织，这一群细胞通常是聚集在一起互相连续着的，但也可能互不相连而是单个细胞分布在其他组织之中的。这个定义阐明了形态构造和生理机能相同的一群细胞是构成植物组织的标准，不考虑"起源"问题，也不考虑构成组织的细胞必须是聚集在一起互相"连续着"的问题，其特点是较为全面，简明适用。

为了能够比较有系统地介绍植物的各种组织，对各种植物组织进行一种分类是必要的。但到目前为止还没有研究出来一种统一的一致的分类方法（见 Foster，1949；Esau，1965a；Dickison，2000）。这是因为直到现在我们还找不到一种恰当的标准能够将植物组织划分为明确的类别。若以细胞的形态构造为标准来划分，这就会遇到了一个最根本的困难，即不同类型的细胞之间并没有一个可以截然分开的清楚界限，在它们之间有各种的过渡类型，因此有时甚难将某一种过渡类型放置在某一种组织类别之中。若以细胞的生理机能为标准来划分，这就会遇到了一些担负一种以上生理机能的细胞，在它们所担负的生理机能中究竟应以哪一种生理机能为划分的标准呢？这个问题有时是很难确定的。例如叶中的海绵薄壁组织细胞既可以划分为光合组织，也可以划分为通气组织。所以某种细胞若以生理机能为标准来划分，就可能将其同时放置在一种以上的组织类别之中。若以细胞的起源为标准来划分，这就会遇到了有着相同起源的细胞在形态构造与生理机能上可能彼此很不相同，而来源不同的细胞在形态构造与生理机能上却可能基本上相似。

综上所述，可见一个全面无缺的组织划分标准是没有的，因此也就找不到一种令人满意的众所公认的组织分类方法。现有的一些组织分类方法是不同的研究者采用不同的组织分类标准制定出来的。这些分类方法各有其特点，难以评定何者更为完善。本书所介绍的组织分类方法是比较通用的，这种分类方法首先根据植物组织的生长发育状况将植物组织分为分生组织和成熟组织两大类，然后再根据分生组织的起源将分生组织分为初生分生组织和次生分生组织两类，亦可根据分生组织在植物体中的部位将分生组织分为顶端分生组织、侧生分生组织和居间分生组织三类。成熟组织执行不同的生理机能，根据它们所执行的主要生理机能，将成熟组织分为保护组织、营养组织、机械组织、输导组织和分泌组织五类。

第二节 分生组织

凡是永久或较长时期地保持细胞分裂能力，能够产生新细胞的细胞群叫做分生组织（meristem）[①]。分生组织的细胞没有分化，都处于生长发育的幼嫩未成熟状态。分生组织的主要机能是产生新细胞，它提供形成植物体内各种成熟组织的材料。

分生组织的存在是植物体的特点。由于分生组织的活动，使植物体在其一生中不断地增长。动物体达到一定大小后不再增长，因为体内没有分生组织的缘故。

1. 初生分生组织和次生分生组织

按照分生组织的起源来讲，分生组织可以分为初生分生组织（primary meristem）和次生分生组织（secondary meristem）两类。

(1) 初生分生组织　初生分生组织位于根和茎或其分枝的顶端，形成圆锥状体。初生分生组织的顶端有一小群最幼嫩和永久保持细胞分裂能力，能够使分生组织继续保持下去的细胞，这一小群细胞叫做原始细胞（initial cell）。原始细胞进行细胞分裂时所产

① 严格地讲，只有永久保持细胞分裂能力的细胞群才叫做分生组织（见 Esau，1965a；Fahn，1990）。但由于分生组织所产生的子细胞也都保持一定程度的细胞分裂能力，因此本书对于分生组织的定义是比较广义的。它包括永久保持细胞分裂能力的细胞群和由这种细胞群所产生的保持较长时期细胞分裂能力的子细胞群。这里应当指出，“永久保持细胞分裂能力的细胞群”一语指的是位于植物体内某一特定位置的细胞群而言。如果这一细胞群中的某一细胞为另一细胞所取代，使其离开了这一细胞群的特定位置而被推移至一新的位置，这将改变了它的作用，它将按照新的位置而发生新的作用，它就不会再永久保持细胞分裂的能力了。这一点可以说明细胞所处的“位置”对于细胞将来的命运（fate），也就是说，对于细胞将来发展成为何种类型的细胞是具有决定性的作用的。还应当指出，分生组织细胞虽然具有细胞分裂能力，但它也并非是时时刻刻都在进行着细胞分裂活动的，它有时处于短时期的或较长时期的静止状态，例如冬季的休眠状态等。

生的两个子细胞中的一个仍为保留在一定位置上的原始细胞，另一个则形成为各种成熟组织的母细胞。原始细胞和由原始细胞最近分裂所产生的子细胞合在一起，叫做原分生组织（promeristem）（图 2.1，2.2）。若按照起源来讲，主根和主茎顶端的原分生组织起源于种子内的胚，是由胚直接遗留下来的分生组织。若从组织发育的角度来看，原分生组织是初生分生组织最年幼，细胞没有分化的发育阶段。大体上讲，原分生组织细胞的体积较小，基本上为互相类似的等直径多面体形，细胞壁较薄，由纤维素构成，细胞

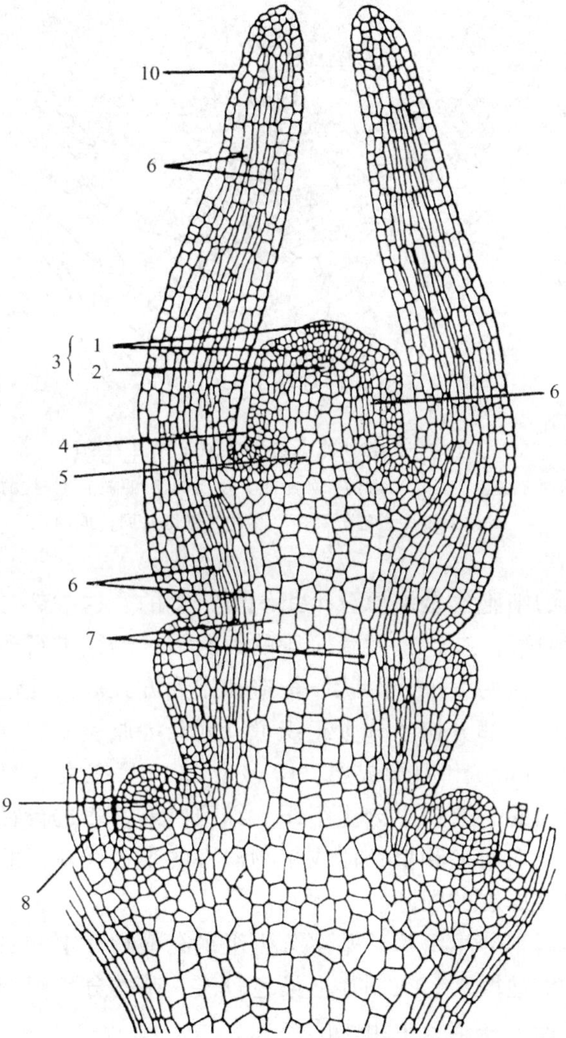

图 2.1　匙萼金丝桃（*Hypericum uralum*）茎尖纵切，示茎尖原分生组织

1. 原套　按照本图作者 Zimmermann（1928）的意见，金丝桃属植物的原套含有 4 层细胞，但按照原套只进行垂周分裂的严格定义，Clowse（1961）认为金丝桃属植物的原套含有 3 层细胞　2. 原体　3. 原分生组织（通常将最年幼的叶原基以上的部位视为是茎的原分生组织，它是由原套、原体的原始细胞及其最近分裂所产生的子细胞共同构成的）4. 原表皮层　5. 基本分生组织　6. 原形成层　7. 髓　8. 叶基　9. 腋芽原基　10. 幼叶

内含有浓厚的细胞质和较大的细胞核[①]，细胞质内含有线粒体、内质网、高尔基体、核糖体、前质体、微管、微丝、液泡等，液泡很小，但数目很多（图 1.3），细胞排列紧密，没有细胞间隙（图 2.2）。在制片上，原分生组织细胞染色较深。

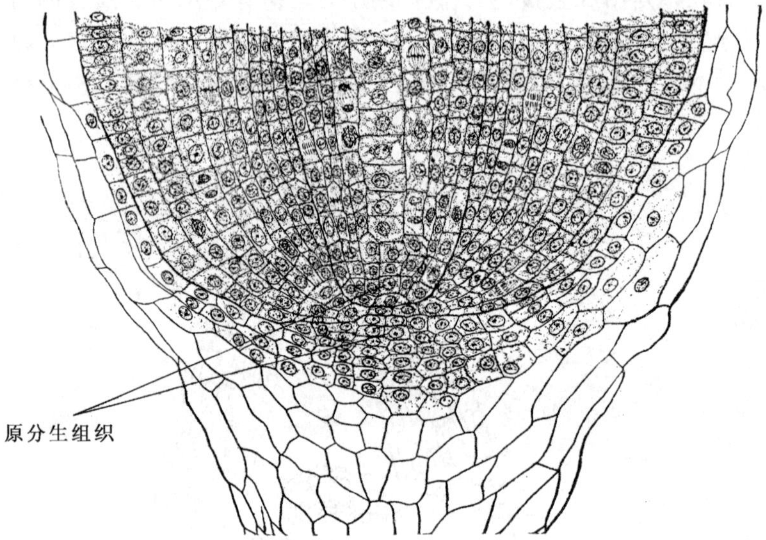

图 2.2　洋葱根尖纵切，示原分生组织

洋葱根尖的原分生组织是由根冠的原始细胞，皮层的原始细胞，中柱的原始细胞与各原始细胞最近分裂所产生的子细胞共同构成的

原分生组织之后的细胞群是由原分生组织所产生的。这一部分细胞群是初生分生组织的比较年老的发育阶段。在这个发育阶段的细胞虽然继续进行着细胞分裂，但细胞已经开始了初步分化，细胞的大小、形状、构造和排列方式等彼此已经有所不同。根据细胞形态构造的不同，这一部分初生分生组织可以划分为原表皮层（protoderm）、基本分生组织（ground meristem）和原形成层（pro-cambium）三类（图 2.1）。

原表皮层是最外面的一层初生分生组织。细胞砖形，多进行径向分裂（细胞分裂后所生成的新细胞壁在横切面上和植物体或植物器官的半径线平行的分裂叫做径向分裂），分裂的结果增加了原表皮层的周圆。

原表皮层之内是基本分生组织。基本分生组织在横切面上所占的面积最大，细胞为多面体形，具薄壁，液泡增大，在制片上染色较浅。基本分生组织细胞进行各种方向的分裂，分裂的结果增加了基本分生组织的体积。

在茎尖的基本分生组织内分布着许多排列成束状的细胞群，叫做原形成层束（pro-cambial strand）。原形成层束在基本分生组织内排列成一圈（图 4.45A），总称为原形成层。原形成层束细胞只进行纵分裂，所以细胞为细长棱柱体形（图 2.3）。原形成层束细胞内含有浓厚的细胞质，故在制片上染色较深。根尖的原形成层并不排列成束，不

① 细胞核大小一语指的是细胞核在细胞内所占的体积和细胞本身的体积两者之比的比值的大小而言。比值大的叫做细胞核大，比值小的叫做细胞核小。

像茎尖那样，而是成为一个圆柱状体，位于根尖的中心（图 4.4）。

原表皮层、基本分生组织和原形成层的细胞虽然仍继续进行着细胞分裂，但除茎尖原形成层束中将来发育成为束中形成层的细胞外，其他细胞都将逐渐失去分裂能力，逐渐地发育成为构成植物体的成熟组织。概括地讲，原表皮层将来发育成为覆盖在植物体外表面的保护组织——表皮；原形成层发育成为贯穿在植物体内的维管组织——木质部和韧皮部；基本分生组织发育成为分布在植物体内的基础组织——主要是薄壁组织。

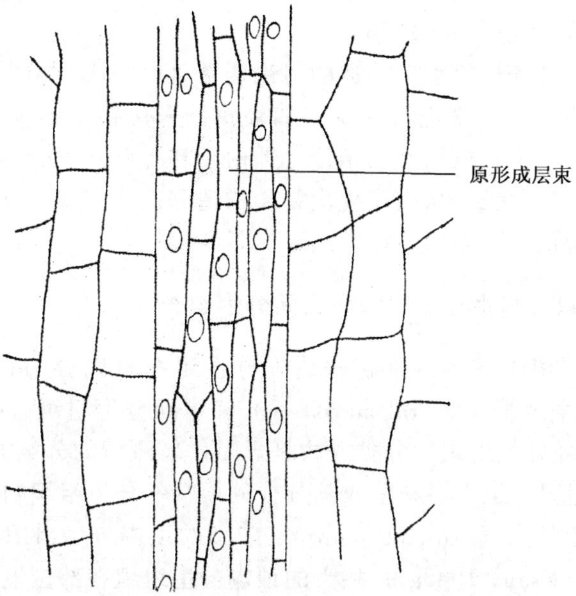

图 2.3　蚕豆茎尖的原形成束细胞

（2）次生分生组织　次生分生组织多位于根和茎的外周。次生分生组织起源于成熟组织，是由已经成熟的组织经过一些生理上的变化（脱分化 dedifferentiation）恢复细胞分裂能力所产生的分生组织。根和茎的木栓形成层是一种典型的次生分生组织（图 2.15）。根和茎的维管形成层（vascular cambium）（简称形成层，cambium）也认为是次生分生组织。

按照上述的将分生组织分为初生与次生的分类方法，束中形成层很难置于初生和次生两类分生组织中的任何一类。因按照束中形成层的起源来讲，它是从原形成层束直接遗留下来的一层有分裂能力的细胞发育成的，故应属于初生分生组织，但按照束中形成层活动的结果来讲，次生构造由之产生，故又应属于次生分生组织。再者，按照上述分生组织分类的方法，侧根、不定根、不定芽等的顶端分生组织也难置于初生和次生分生组织中的任何一类。因按照这些分生组织的起源来讲，它们都是起源于成熟组织，故应属于次生分生组织，但按照它们的构造来讲，它们具有初生分生组织的构造，按照它们的机能来讲，初生构造由之产生，故又应属于初生分生组织。因此将分生组织分为初生与次生的分类方法是有缺点的，近年来已较少使用。

但若将分生组织分为初生与次生不是以起源为标准来划分，而是以分生组织所产生的成熟组织是否为植物体的“基本组成部分”和分生组织是否具有“细胞形态不同的发育阶段”为标准来划分，就可以避去了以上所存在的缺点。这是因为：① 初生分生组织所产生的成熟组织（如表皮、皮层、初生维管组织、髓等）是植物体的基本组成部分，而次生分生组织所产生的成熟组织（如次生维管组织、周皮等）并不是植物体的基本组成部分，而是植物体的后加部分，有很多植物体（如大多数单子叶植物）是没有次生维管组织和周皮的。② 初生分生组织具有两种细胞形态不同的发育阶段，即最年幼的原分生组织发育阶段与比较年老的原表皮层、基本分生组织、原形成层发育阶段，而次生分生组织（包括束中形成层）的细胞形态是比较单一的，不能从细胞的形态上区分为两种不同的发育阶段（Fahn，1990）。

本书作者认为，种子植物解剖构造的讨论通常可以分成为初生生长、初生构造和次生生长、次生构造两大部分来进行讨论，如果我们采用初生和次生分生组织的分类方法，我们便可以得出一比较概括性的结论，即由于初生和次生分生组织的活动，植物体完成了初生生长和次生生长，从而产生出初生构造和次生构造。这一概括性结论的逻辑性较强，便于学习记忆。

2. 顶端分生组织、侧生分生组织和居间分生组织

按照分生组织在植物体内的部位来讲，分生组织可以分为顶端分生组织（apical meristem）、侧生分生组织（lateral meristem）和居间分生组织（intercalary meristem）三类（图 2.4）。这种分生组织的分类方法是现时比较流行的分类方法。

（1）顶端分生组织　位于根和茎或其分枝的顶端的分生组织叫做顶端分生组织。顶端分生组织又叫做生长点（growing point）。广义的顶端分生组织在部位上与根和茎的初生分生组织相当（Esau，1965a），狭义的顶端分生组织在部位上与根和茎的原分生组织相当（见 Esau，1965a；Dickison，2000）。在本书的各章节中使用顶端分生组织一词时，指的是广义的顶端分生组织而言。广义的顶端分生组织与初生分生组织二词实际上是根和茎的同一种构造的两种不同的称谓，因此，广义的顶端分生组织也像初生分生组织一样，也可以从组织发育的角度将其划分为两种不同的发育阶段，即顶端最年幼，细胞没有分化的原分生组织的发育阶段和原分生组织之后的比较年老，细胞开始分化为原表皮层、基本分生组织和原形成层的发育阶段（见 Fahn，1990）。顶端分生组织（或初生分生组织）进行各种方向的分裂，活动的结果可以使植物躯体或植物器官的体长增长。由于顶端分生组织（或初生分生组织）的活动使植物躯体或植物器官的体长得以增长的生长叫做初生生长（primary growth）。

（2）侧生分生组织　位于根和茎比较外周的分生组织叫做侧生分生组织。维管形成层和木栓形成层都是侧生分生组织。侧生分生组织主要进行切向分裂（细胞分裂后所生成的新细胞壁在横切面上和植物体或植物器官的半径线垂直的分裂叫做切向分裂），分裂的结果增加了植物躯体的粗度。由于侧生分生组织（或次生分生组织）的活动使植物躯体或植物器官的粗度得以增长生长叫做次生生长（secondary growth）。

凡是由顶端分生组织（或初生分生组织）所产生的成熟组织叫做初生组织（primary tissue）。由初生组织所形成的构造叫做初生构造（primary structure）。初生构造是植物体的基本组成部分。凡是由侧生分生组织（或次生分生组织）所产生的成熟组织叫做次生组织（secondary tissue）。由次生组织所形成的构造叫做次生构造（secondary structure)。次生构造是植物体的后加部分。

草本植物终生具有初生生长和初生构造，在其一生只有少量或甚至没有次生生长和次生构造的产生。这类植物的植物体（一年生草本植物）或植物体的地上器官（多年生草本植物）到冬季死去。木本植物当完成了其初生生长之后还继之以次生生长，产生了次生构造，次生构造年年产生，结果形成了比较粗大和坚硬的植物体。

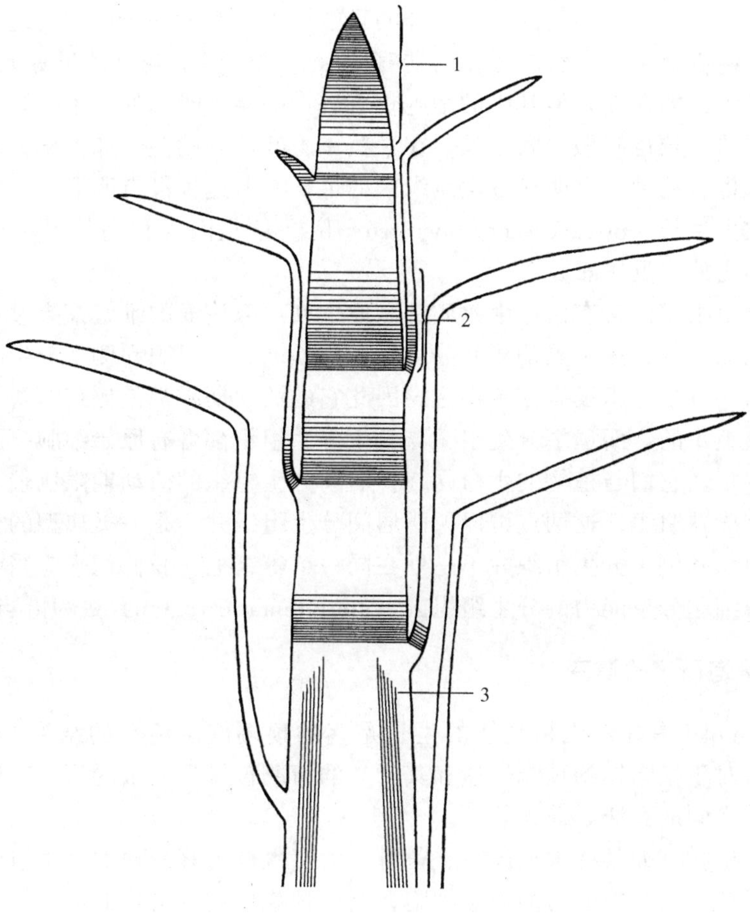

图 2.4　茎纵切（图解），示分生组织的部位

1. 顶端分生组织　2. 居间分生组织　3. 侧生分生组织

(3) 居间分生组织　位于已经成熟的组织之间的分生组织叫做居间分生组织。某些单子叶植物，特别是禾本科植物，茎的节间基部和叶或叶鞘的基部都有明显的居间分生组织的存在。葱、韭的叶割断以后断叶仍能继续生长就是由于居间分生组织的活动所致。小麦、玉米的拔节生长也是由于居间分生组织的活动所致。夏夜走在静悄悄的玉米田中，能够听到一些噼噼啪啪声，这是玉米正在进行迅速的拔节生长撑开叶鞘时所发出来的声音。小麦倒伏后，由于叶鞘基部和茎的节间基部居间分生组织的活动能使麦秆直立起来。实际上，居间分生组织本来是顶端分生组织的一部分，这一部分顶端分生组织于顶端向前生长时，被较早成熟的组织插入在它和顶端之间，使其和顶端分生组织隔离

开来。它被隔离后不分化不成熟，仍保持着细胞分裂能力，形成了居间分生组织。例如小麦茎尖节的成熟早于节间的成熟，成熟的节把尚未成熟的节间和顶端分生组织隔离开来，尚未成熟的节间基部形成了居间分生组织。居间分生组织活动的结果使某些单子叶植物和少数双子叶植物（例如某些茄科植物和某些石竹科植物等）的茎，某些单子叶植物的叶或叶鞘和多数双子叶植物的叶柄能够增长。由于居间分生组织的活动使植物躯体或植物器官得以增长的生长叫做居间生长（intercalary growth）。实际上，居间生长也是一种初生生长，只不过它是由"被隔开的顶端分生组织"进行活动的结果而已。

在某些已经进行了一定程度分化的器官中（如幼叶、幼花、幼果等），虽然并没有明显的分生组织区的存在，但其中的细胞仍可进行一相当时期的细胞分裂。这种没有明显分生组织区的生长也叫做居间生长。在某些单子叶植物的茎（如棕榈）和某些植物肉质的根和茎中也有这种没有明显分生组织区的生长，但这种没有明显分生组织区的生长则叫做分散次生生长（diffuse secondary growth）。这是因为它们与顶端分生组织已有了相当的距离之故（见 Esau，1965a）。

在居间分生组织内含有由原生木质部和原生韧皮部构成的维管束穿过。在分生组织内有成熟组织的存在，这一点是居间分生组织与顶端分生组织和侧生分生组织的不同之点。另外，居间分生组织没有原始细胞，因此它的活动期限都是比较短暂的，迟早总要发展成为成熟组织的，而顶端分生组织与侧生分生组织都含有原始细胞，因此它们的活动期限都比较长，它们与植物的生命同终。居间分生组织的活动期限比较短暂与居间分生组织内含有成熟组织，这两点可以说明居间分生组织并不是一类典型的分生组织，它与顶端分生组织和侧生分生组织并不是处在同一个等级上，我们似乎应当将其另列成为一类具有短暂细胞分裂能力的分生组织区（meristematic region）更为恰当。

3. 顶端构造研究的演变

1759 年 Wolff 首先发现植物体的生长是茎的顶端部位活动的结果。从那时以后，植物学工作者对于植物体的顶端构造和其活动的情况曾做了大量的研究工作。这中间经历了一些显著不同的看法，简述如下。

很多隐花植物（如某些大型藻类、苔藓、大多数蕨类等）顶端分生组织的最顶端含有一个始终保持细胞分裂能力的原始细胞，叫做顶端细胞（apical cell）。由于顶端细胞的活动产生了顶端分生组织。在隐花植物发现顶端细胞以后，1844 年 Nägeli 提出了顶端细胞学说（apical cell theory）。顶端细胞学说认为顶端细胞在植物界普遍存在，它控制着植物的全部生长过程。但以后的研究工作否定了顶端细胞普遍存在的学说，在种子植物根和茎的顶端分生组织内就没有顶端细胞的存在。顶端细胞学说不久为后起的组织原学说所代替。

1868 年 Hanstein 提出了组织原学说（histogen theory）。组织原学说认为被子植物根和茎的顶端分生组织分化成为三个区：最外面的一区由一层细胞构成，叫做表皮原（dermatogen），它将来发展成表皮层；中间的一区由一至数层细胞构成，叫做皮层原（periblem），它将来发展成皮层；最里面的一区叫做中柱原（plerome），中柱原为一中心柱，被表皮原和皮层原包被着，由数目可多可少，排列不规则的一团细胞构成，它将来发展成中柱。表皮原、皮层原和中柱原都称为组织原（histogen），因为它们都是组织的产生者。表皮原、皮层原的各层和中柱原各起源于一个或几个原始细胞，这些原始细胞叠置成层，位于顶端分生组织的最顶端。

组织原学说对于被子植物顶端构造的研究曾发生过很大的影响。它主要的贡献是：①指出了隐花植物（藻类、苔藓、蕨类植物）和显花植物（种子植物）的顶端构造是不相同的；②被子植物的顶端是由不同的生长区，即表皮原、皮层原和中柱原所构成的。但这一学说在目前已甚少应用，因为在很多被子植物茎的顶端，皮层原和中柱原常常是难以区分的，即使在可以区分的情况下，组织的发生也并不与组织原学说所假定的完全符合。例如中柱原并不一定准发展成为中柱，可能只发展成为髓；皮层原也不一定只发展成为皮层，可能还发展成为中柱的一部分。

虽然组织原学说对于被子植物茎端的描述是不适合的，但在很多被子植物根的顶端，根部的各种组织可以追踪起源于各自的原始细胞层。这些原始细胞层叠置成层，位于根的顶端分生组织的最顶端。因此，用组织原学说的观点来描述很多被子植物根端的构造基本上还是可以的，所以在讨论根端构造时有时仍被引用。

1924 年 Schmidt 提出了原套-原体学说（tunica-corpus theory）。原套-原体学说认为被子植物茎的顶端分生组织按照细胞分裂方向的不同分化成为两个区。外面的一个区叫做原套（tunica），由一至数层（通常为两层，称为 L1 层和 L2 层）进行垂周分裂的细胞所构成（见 Evert，2006；Roberts，2007）。原套细胞活动的结果增加了茎的表面层的面积，但无体积的增加。里面的一个区叫做原体（corpus）（称为 L3 层）[①]，原体为一中心柱，被原套包被着，由数层排列不规则、可以进行各种方向分裂的细胞所构成。原体细胞活动的结果增加了茎的中心柱的体积。原套的各层和原体各起源于各自的原始细胞层，这些原始细胞层叠置成层，位于顶端分生组织的最顶端。各层原套的原始细胞进行垂周分裂，产生了原套，原体的原始细胞只有一层，它进行平周分裂，产生了原体（图 2.1，2.5，2.6-B）。在

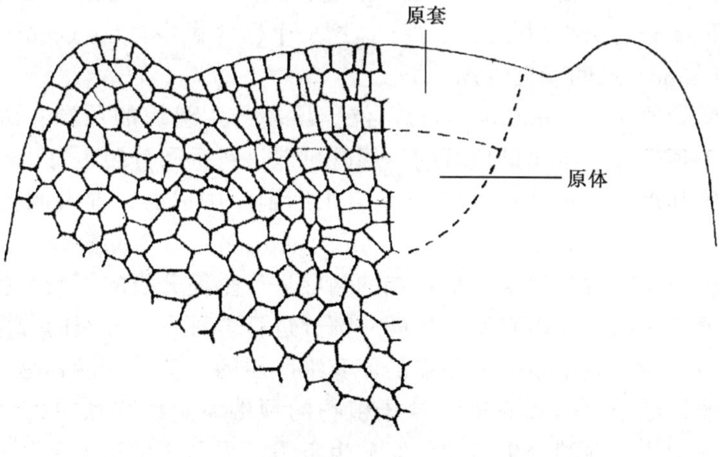

图 2.5　蚕豆顶端分生组织纵切，示原套与原体

（注意原套与原体细胞分裂的方向）

① 现下有的研究者将整个的原体称之为 L3 层（图 2.6），Evert（2006）认为这种称谓是错误的，他认为只有产生原体的原始细胞才可以称为 L3 层。

被子植物体内，原套和原体构成3顶端分生组织的原分生组织。

原套、原体并不带有 Hanstein 所称的组织原的性质，即某一组织原只产生某一定组织的性质。它不牵连原套、原体将来的发展命运，也就是说，除原套的最外一层细胞肯定地要发展成为茎的表皮层外，原套的其他层细胞与原体细胞并没有一个固定的发展模式。原套-原体学说只不过仅仅说明被子植物茎的顶端分生组织由于具有面积和体积两种不同的生长样式，因而将顶端分生组织分化成为两个不同生长样式的区而已。

原套-原体学说对于被子植物茎的顶端构造的研究工作曾支配了近20年的时间，至今仍被经常引用。但当人们观察了更多的材料后，发现原套细胞并不是自始至终只进行垂周分裂的，它在植物生长发育的一定阶段也进行平周分裂，因此这就使得原套的界限变为模糊不清，层数不能够恒定。所以很多研究者认为原套并不是只进行垂周分裂的，而是主要进行垂周分裂的。但 Esau（1977）认为原套的界限模糊不清和层数的不能恒定的原因是由于有些植物的原体的原始细胞也排列成比较整齐的一层。在不同的发育时期可能发现它正在进行平周分裂，经平周分裂所产生的子细胞也暂时地排列成比较整齐的细胞层，如果将这些细胞层也都认为是构成原套的细胞层，那就会产生原套的界限模糊不清和原套的细胞层数不能够恒定的看法。

根据已经研究过的材料，多数双子叶植物的原套是两层细胞，单子叶植物的原套是1～2层细胞。有些研究者报道了更多的原套细胞层数，如图2.1金丝桃属植物所显示的那样，这可能是因为他们将排列成比较整齐的原体细胞层也包括在原套细胞层之内的缘故（见 Evert，2006）。本书在使用原套一词时，指的是只进行垂周分裂的细胞层而言。

20世纪40年代以后，研究者根据种子植物茎的顶端分生组织的细胞学特点，如细胞体积的大小，液泡化程度，染色深浅，细胞分裂方向与细胞分裂频度等几个方面，将种子植物茎的顶端分生组织划分为三个区，这三个区叫做中央区（central zone）、周围区（peripheral zone）和肋状区（rib zone）。

中央区也叫做原始区（initial zone），位于顶端分生组织的顶端。裸子植物的中央区多数是由位于顶端分生组织最顶端的一层既可以进行垂周分裂也可以进行平周分裂的表面层原始细胞和由它所产生的一群分生组织细胞所构成的，前者叫做顶端原始细胞（apical initials），后者叫做中央母细胞（central mother cells）（图2.6-A）。被子植物的中央区一般是由位于顶端分生组织最顶端的两层进行垂周分裂的原始细胞和一层进行各种方向分裂的原始细胞以及由它所产生的一部分进行各种方向分裂的分生组织细胞所构成的，前者是位于顶端分生组织最顶端的原套细胞层的一部分，后者是位于原套细胞层下面的一部分原体细胞（图2.6-B）。裸子植物的顶端原始细胞和中央母细胞与被子植物的原套和原体构成了顶端分生组织的原分生组织。周围区位于中央区的四周，是由中央区外侧的细胞所产生的细胞构成的。肋状区位于中央区的基部，是由中央区基部的细胞所产生的细胞构成的。

这三个区的主要细胞学特点是：中央区细胞的体积较大，液泡化程度高，染色较浅，细胞分裂频率较低（因而使这个区的细胞体积都比较大）。周围区细胞的体积较小，细胞质浓厚，染色较深，细胞分裂频率较高（因而使这个区的细胞体积都比较小）。肋状区的细胞排列成纵行的行列，通常只进行横分裂，细胞分裂频率低于周围区，但高于中央区。

周围区是产生叶的原始体的场所，表皮、皮层、原形成层，可能还有一部分髓也都是由周围区产生的，肋状区只产生了髓。中央区是构成周围区和肋状区细胞的产生者和补充源泉。

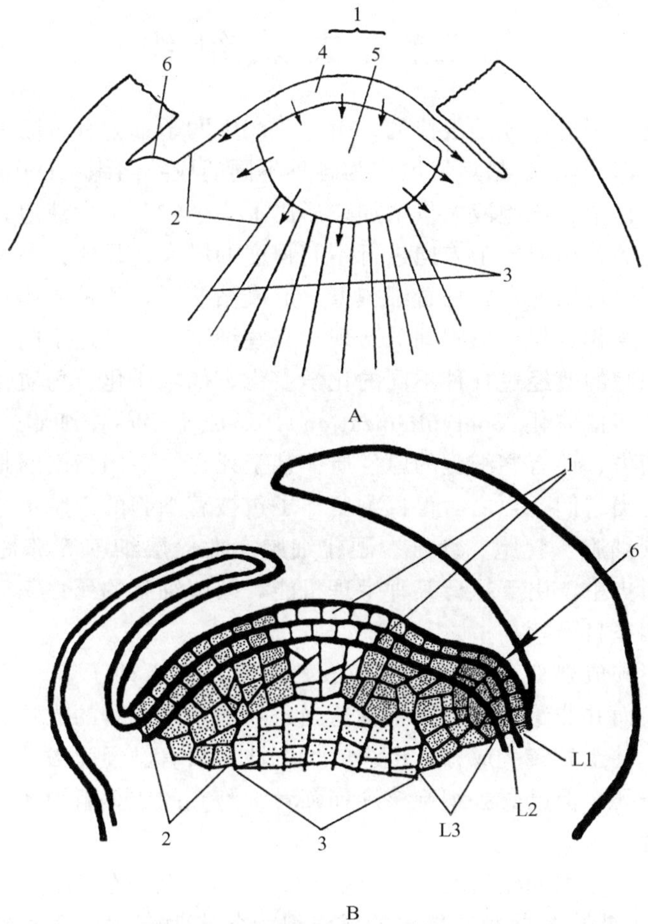

图 2.6　种子植物茎顶端分生组织纵切，示细胞组织学区

A. 裸子植物（图解），箭头表示细胞组织学区产生子细胞的方向　B. 被子植物（图解），L1，L2 为两层原套细胞，L3 为数层原体细胞，最年幼的叶原基以上的顶端部分为原分生组织　1. 中央区　2. 周围区　3. 肋状区　4. 顶端原始细胞　5. 中央母细胞　6. 叶原基（注意：只有在叶原基发生的部位 L2 层才进行平周分裂）

以上的这种划区是根据种子植物茎的顶端分生组织的细胞学特点而划分的，所以叫做细胞组织学区（cytohistological zonation）。顶端构造的如此划区有时会遇到区与区之间的界限不很清晰的问题，它不如原套-原体学说的划区来得较为确切和易于掌握，特别是当植物的顶端分生组织处于冬季休眠状态时，这种划区就更难于掌握，因为在这时期顶端分

生组织的细胞分裂活动基本上已经停止了，因而使得顶端构造的细胞组织学分区变得很不明显或甚至没有了，但这种划区的优点在于它能够概括了种子植物——裸子植物和被子植物茎的顶端构造并且还能够显示出茎的各种组织在发生上与细胞组织学区的关系。

在此顺便指出，按照传统的看法，认为种子植物的原分生组织是由一群形态构造基本上相似的分生组织细胞所构成的，但按照细胞组织学分区的看法，认为种子植物茎的顶端分生组织（包括原分生组织在内）分化成为三个不同的细胞组织学区，这种看法并不支持传统的看法。

第三节 成熟组织

分生组织细胞分裂的速度是很快的，由它所产生的子细胞都将顺序逐渐地经过各种不同的成熟变化（即分化），最后发展成为各种不同的成熟组织（mature tissue）。

在成熟变化过程中，细胞液大量增加，形成了一个或几个大液泡，细胞质与细胞器的含量增多，细胞的体积向各个方向进行不同程度的增大，长成大小不同，各种各样的形状，细胞质渐渐变得稀薄，紧贴着细胞壁，形成贴壁层，各种质体与后含物出现，由于相邻细胞的局部互相分离，细胞间隙出现，有些细胞的壁经过不同程度和不同样式的加厚过程，有些细胞的壁经过各种不同的化学变化，如木质化、角质化、栓质化等，有些细胞的核进行了多倍体化（polyploidization），形成了多倍体细胞，有些细胞（筛管细胞）的核退化消失，还有些细胞的原生质体甚至死亡。应当指出的是，在高等植物体内，某些细胞只有当它们死亡之后仅仅剩留下了包被着细胞的细胞壁才能执行一定的生理机能，例如导管细胞、管胞、纤维、硬化细胞、木栓层细胞等都是这样的，可以认为，在植物的生活史中，由于执行某种生理机能，某些细胞的死亡完全是必要的，这些细胞为了整体的利益自己死亡了。

完成了各种不同成熟变化的组织叫做成熟组织。但必须了解，成熟组织的“成熟性”只是相对的，而并非绝对的。在某种适当条件下，生活着的成熟组织有转变成其他种组织的可能性，甚至有转变成分生组织的可能性。只有已经死去了（如导管细胞、硬化细胞等）或虽未死去但已失去细胞核（如筛管细胞）的成熟组织才失去了转变成为其他种组织的可能性。

关于成熟组织的分类问题目前还没有统一的看法。现下较为流行的分类方案有二：一是 Sachs（1875）提出的将植物体内的成熟组织分成为三大组织系统（植物组织的聚合体叫做组织系统，tissue system）的分类方案。这三大组织系统是：包被在整个植物体外表面的皮组织系统（dermal tissue system），贯穿在整个植物体内的维管组织系统（vascular tissue system），分布在整个植物体内的基础组织系统（ground tissue system）。皮组织系统可再分为表皮、周皮二类，维管组织系统可再分为木质部、韧皮部二类，基础组织系统可再分为薄壁组织（包括分泌组织）、厚角组织、厚壁组织三类（见 Esau，1965a，1977；Dickison，2000；Raven *et al.*，2005；Evert，2006）；二是 Eames 和 MacDaniels（1925，1947）提出的将植物体内的成熟组织分成为简单组织（simple tissus）与复合组织（complex tissue）两大类的分类方案。所谓简单组织指的是仅由一种类型的细胞所构成的成熟组织，如薄壁组织、厚角组织、厚壁组织等是，所谓复合组织则指的是由数种不同类型，但具有共同起源并按照一定的组成和一定的排列方式结合在一起，形成为一种结构和功能单位的细胞所构成的成熟组织，如表皮、周皮、木质部、韧皮部等是（见 Eames 和 MacDaniels，1925，1947；Fahn，1900；Stern *et al.*，2003）。在此顺便指出，Sachs 组织系统分类方案中的皮组织系统和维管组织系统都是由复合组织构成的，基本组织系统则是由简单组织构成的。

在 Sachs 的组织系统和 Eames，MacDaniels 的将成熟组织分成为简单组织与复合组织两大类的分类方案中，构成复合组织的各组成成分各自担负着互不相同的生理机能，在植物的生活中它们各有其一定的作用，例如构成木质部和韧皮部的输导组织、薄壁组织、厚壁组织等是。本书作者认为，若采用这两种组织分类方案，在讨论木质部和韧皮部时，往往会过多地注意到构成木质部和韧皮部的输导组织的输导功能，而或多或少地较少注意到构成木质部和韧皮部的薄壁组织和厚壁组织的贮藏食物和机械支持功能，因此有时会造成一种简单看法，即木质部是运输水分的构造，韧皮部是运输有机物质的构造，忽略了木质部和韧皮部的其他功能，把木质部和韧皮部与输导组织等同起来。这种看法是片面的。特别是当某些植物的木质部或韧皮部中含有大量的薄壁组织形成为贮藏食物的构造时，这种看法就更脱离实际了。另外，构成复合组织的某些组成成分的性状，例如构成木质部和韧皮部的薄壁组织与厚壁组织的性状，在讨论简单组织时已经做了较为概括的介绍了，而在讨论木质部和韧皮部的构造时还要再做一次介绍，这差不多等于是一种不必要的重复，这不利于学习。根据这些原因，本书未采用现下较为流行的 Sachs 的组织系统或将成熟组织分成为简单组织与复合组织两大类的分类方案，而是按照成熟组织所执行的主要生理机能（不考虑它们是简单组织或复合组织），将成熟组织分为保护组织、营养组织、机械组织、输导组织和分泌组织五类。这种分类方案除将成熟组织进行了分类外，另一方面还能显示出植物的生理机能是各种成熟组织形态构造建成的决定性因素，即成熟组织的不同形态构造是细胞在生理机能上细致分工的结果。同时，这种分类方案比较简单明了，便于学习掌握。

我们在下面将要介绍担负某种主要生理机能的各种成熟组织的模式的形态构造。应当注意的是，在某些种成熟组织的模式形态构造之间，例如模式的薄壁组织与模式的厚壁组织之间，具有从薄壁到厚壁的过渡类型。过渡类型的存在是不可避免的，这是生物界进化发展的必然结果。

1. 保护组织

保护组织(protective tissue)的机能是保护植物体免受不良外界环境条件的影响，如蒸发过盛、温度变化、微生物感染、机械损伤等。保护组织又可分为表皮和周皮两类。

(1) 表皮　表皮（epidermis）通常由一层表皮细胞构成，覆盖在植物体初生构造的外表面，但根冠和顶端分生组织的外表面没有表皮。表皮细胞一般是活的薄壁组织细胞，细胞具有各种各样的形状，但通常多为长方形或不规则形状的扁平体。这种长方形或不规则形状的扁平体细胞是表皮的主要组成，此外，表皮中还含有半月形的保卫细胞，毛状的表皮细胞等（图 2.8，2.14），所以表皮是一种具有多种功能的复合组织。构成复合组织的各类细胞虽然在形态构造和生理机能等方面彼此互不相同，但它们具有共同的起源并按照一定的组成和一定的排列方式结合在一起，形成为一种在构造上和功能上的单位。

表皮细胞的外壁常加厚并经过了角质化①，在外壁的外面还覆盖着一层角质层。表皮细胞内含有一中央大液泡，贴壁的细胞质层（图 2.7），细胞核，质体和线粒体等。有的表皮细胞的细胞液内还含有花青素，使表皮呈现颜色。

角质层具有防止植物体水分的蒸发和保护植物体不被微生物所感染的作用。生活在干旱地区的植物具有较厚的角质层，生活在阴暗或潮湿生境中的植物则具有较薄的角质层。角质层的表面多为平滑的，但也有具有脊状或褶状条纹的。角质层的外面通常还堆积着一层蜡质，形成蜡层。例如在甘蔗和蓖麻的茎上，李子和葡萄的果皮上都有一层白霜，这层白霜就是蜡层。蜡层的积聚可以增加表皮的不透水性，并能使落在表皮表面的水滴易于流失，借以降低微生物的萌发生长。

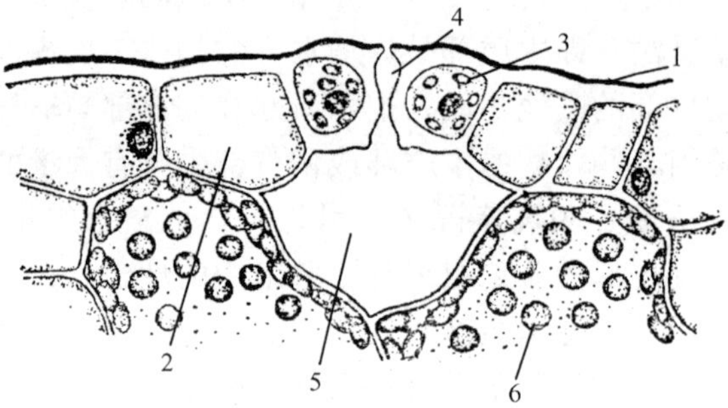

图 2.7　叶表皮的横切（模式图）

1. 角质层　2. 表皮细胞　3. 保卫细胞　4. 气孔缝隙　5. 气室　6. 叶绿体

表皮细胞排列紧密，没有细胞间隙，故能执行保护的机能。表皮细胞虽然紧密地排列成连续的一层，但在很多处的表皮细胞之间形成了一些缝隙，缝隙的两面有一对较表皮细胞为小的半月形的表皮细胞围绕着。这种半月形表皮细胞叫做保卫细胞（guard cell）。保卫细胞和保卫细胞所围绕着的缝隙合在一起，叫做气孔（stoma）（图 2.7，2.8，2.9）。气孔是用来作为植物与外界环境进行气体交换和水分蒸发之用的。

植物地上器官的表皮上都有气孔。叶表皮上的气孔特别多，这一点是叶表皮和其他器官表皮的不同之点。气孔一般都分布在叶的上下两面，不过下表皮上多些，上表皮上甚少或者甚而没有，例如很多树木叶的上表皮上是没有气孔的。叶表皮上气孔的数目因植物种类的不同而有所不同，旱生植物叶上的气孔常较多，沉水植物（submerged plants）的叶上没有气孔。概括地讲，很多植物的叶平均每平方毫米含有气孔 100～300 个。干旱地区生长的植物气孔常陷入四周表皮细胞之下，借以降低水分的蒸发（图 2.10-A）。潮湿地区生长的植物气孔则常常高出四周表皮细胞之上，借以利于水分的蒸发（图 2.10-B）。

气孔的下面有一个空腔，叫做气室（air chamber）（图 2.7，2.10，2.11-A）。气室与植物体内的细胞间隙系统是互相沟通的。由于这种沟通的存在，使植物体的内部得以

① 本书使用“表皮细胞的外壁经过了角质化”一词时，一般指的是表皮细胞外壁的外层经过了角质化，表皮细胞外壁的内层并没有经过角质化，仍是由纤维素构成的。以后各章节同。

与外界环境进行气体交换。

气孔的保卫细胞内含有叶绿体（图 2.7，2.8，2.9），浓厚的细胞质，细胞核，多量的内质网和高尔基体，大量的线粒体和圆球体等（见 Willmer and Fricker，1996）。保卫细胞内、外侧壁的厚度并不一样，一般靠近气孔缝隙一面的厚，背离气孔缝隙一面的薄。

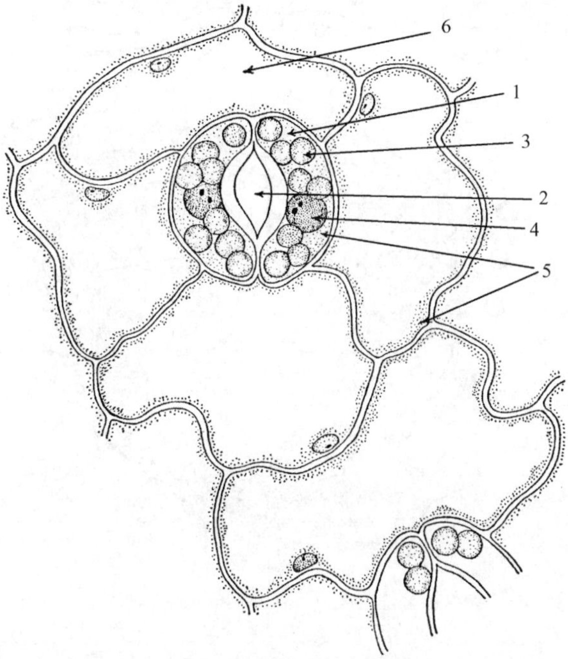

图 2.8 叶表皮的表面观（模式图）

1. 保卫细胞 2. 气孔缝隙 3. 叶绿体 4. 细胞核 5. 细胞质 6. 叶表皮细胞

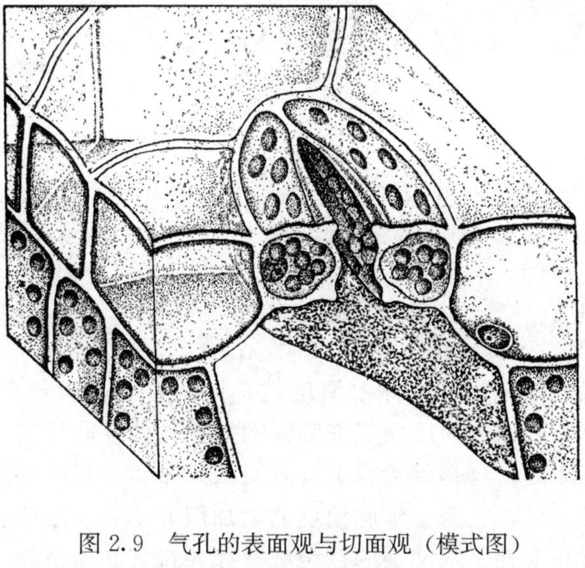

图 2.9 气孔的表面观与切面观（模式图）

保卫细胞具有控制气孔开闭的作用。当保卫细胞吸水膨胀时，由于保卫细胞内、外侧壁的厚度不同，因而使保卫细胞向外的弯曲度增大，保卫细胞向外的弯曲度增大后，气孔就张开了。当保卫细胞失水收缩时，保卫细胞恢复了原来的形状，这时气孔就关闭了（图 2.11-A）。

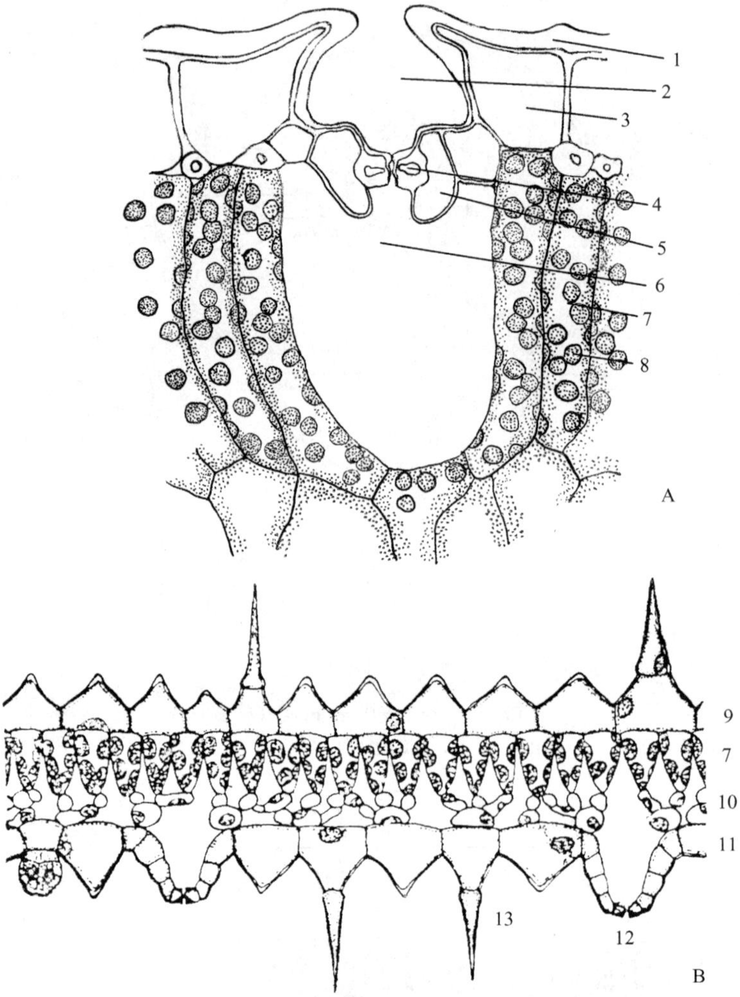

图 2.10　下陷与高出的气孔

A. 一种旱生植物（*Hakea suaveolens*）叶横切，示下陷的气孔　B. 一种湿生植物（*Ruellia portellae*）叶横切，示高出的气孔　1. 角质层　2. 陷腔　3. 表皮细胞　4. 保卫细胞　5. 副卫细胞　6. 气室　7. 栅栏薄壁组织细胞　8. 叶绿体　9. 上表皮　10. 海绵薄壁组织细胞　11. 下表皮　12. 高出的气孔　13. 表皮毛

过去一直地用保卫细胞内、外侧壁厚度的不同来解释保卫细胞控制气孔开闭的原因，但 Aylor 等（1973）认为构成保卫细胞壁的微纤丝的径向排列（辐射排列）才是控制气孔开闭的决定性原因。这是因为保卫细胞吸水膨胀时，径向排列的微纤丝好像是缠绕着保卫细胞的绷带一样，它阻止细胞粗度的增加但并不妨碍细胞长度的增长。由于保卫细胞直向长度的增长受到了端部细胞壁微纤丝径向排列和两个保卫细胞端部粘连在一

起所形成的较为坚硬的共有壁与保卫细胞内方侧壁增厚的制约（图 2.11-B1，B5），所以保卫细胞不能进行直向增长，只能进行弯曲增长。当保卫细胞进行弯曲增长时，因为保卫细胞外方的侧壁较薄，所以外壁向外弯曲。当外壁向外弯曲时，通过缠绕着保卫细胞但本身并没有伸展能力的微纤丝将外壁向外弯曲的力量传递给内方侧壁，拉着内壁也向外弯曲，结果使整个保卫细胞向外弯曲，因而使保卫细胞的弯曲度增大。保卫细胞的弯曲度增大后气孔就张开了。Aylor 等利用模型摹拟的方法证明了他们的论点（图 2.11-B）。这一论点现下已为大多数植物学者所引用。

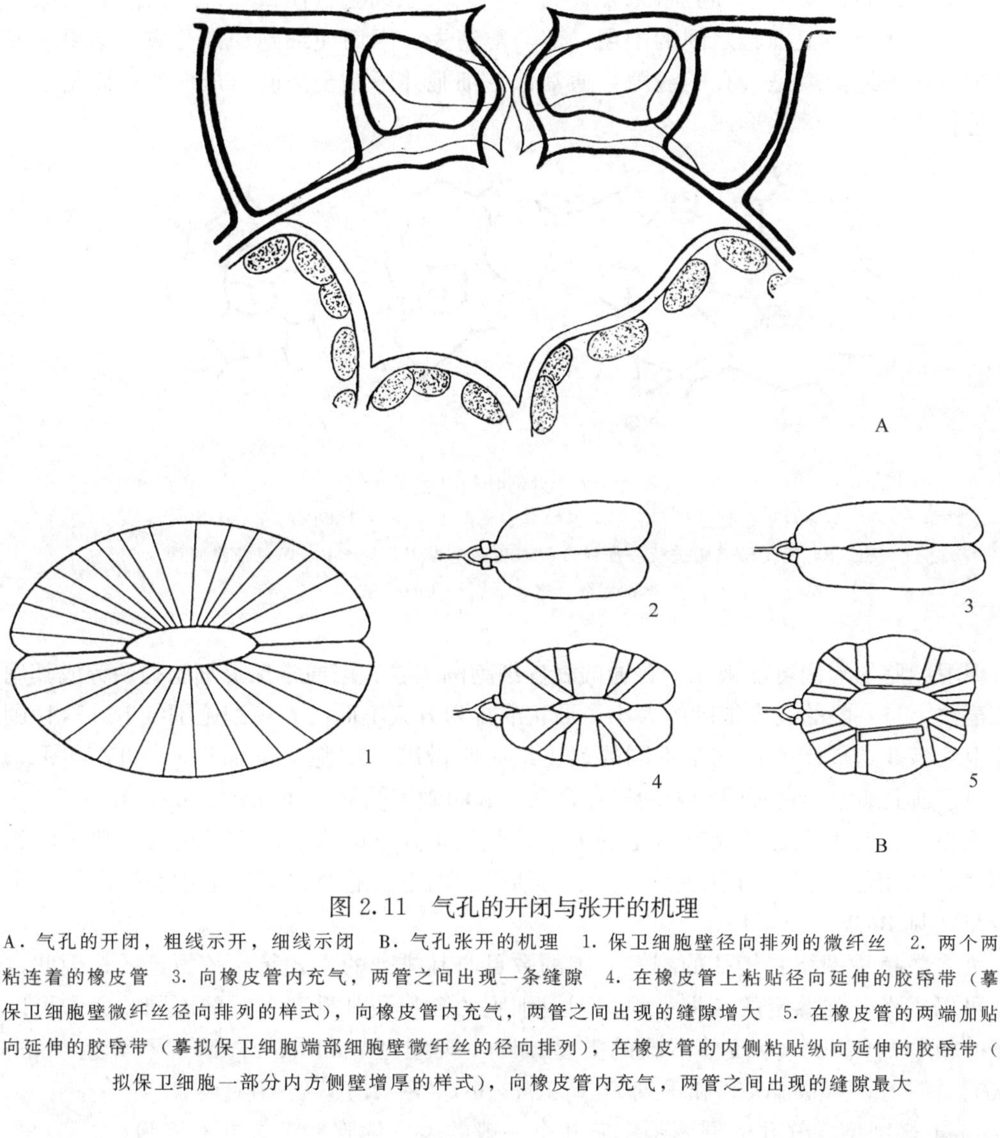

图 2.11　气孔的开闭与张开的机理

A．气孔的开闭，粗线示开，细线示闭　B．气孔张开的机理　1．保卫细胞壁径向排列的微纤丝　2．两个两端粘连着的橡皮管　3．向橡皮管内充气，两管之间出现一条缝隙　4．在橡皮管上粘贴径向延伸的胶昴带（摹拟保卫细胞壁微纤丝径向排列的样式），向橡皮管内充气，两管之间出现的缝隙增大　5．在橡皮管的两端加贴径向延伸的胶昴带（摹拟保卫细胞端部细胞壁微纤丝的径向排列），在橡皮管的内侧粘贴纵向延伸的胶昴带（摹拟保卫细胞一部分内方侧壁增厚的样式），向橡皮管内充气，两管之间出现的缝隙最大

一般而论，植物的气孔在日光下是张开的，这样便于 CO_2 透入叶中供给植物进行光合作用时所必需的原料。但由于气孔的张开却给植物带来了一个很大的问题，即水分通过气孔而散失了。水分的大量散失往往造成植物很大的危害，严重时甚而会使之死亡。所以 CO_2 的进入和水分的散失对于植物的生活来讲是一种矛盾现象。不过在植物

的历史发展过程中，通过对于气孔开闭的控制，这种矛盾现象已经统一起来，两者虽然同时存在，但并不危害植物的生活。

保卫细胞的起源和表皮细胞的起源一样，都是从原表皮层细胞发展来的。当形成保卫细胞时，原表皮层细胞进行一次不均等的分裂，产生一个大细胞和一个小细胞。大细胞发育成为表皮细胞，小细胞含有浓厚的细胞质和一个大的细胞核，它发育成为气孔母细胞（stomatal mother cell）（图 2.12），也有的小细胞还要再经过两次（图 2.13-E）或几次分裂后才发育成为气孔母细胞。气孔母细胞表面观为椭圆形，沿其长轴分裂一次产生两个子细胞。每个子细胞将来发育成为一个保卫细胞（图 2.12）。在保卫细胞的成熟过程中，两个保卫细胞之间的中层局部溶解消失，因而使细胞局部分离，结果形成一条缝隙，这条缝隙就是气孔的缝隙。通常保卫细胞并不是全部同时形成的，而是在叶的生长过程中先后陆续地形成。

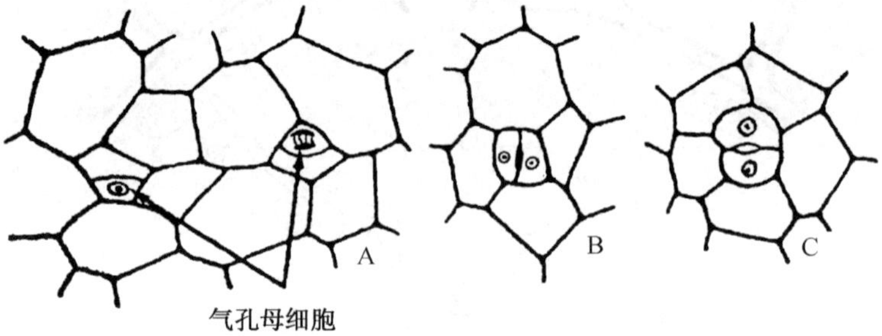

图 2.12　甜菜叶气孔的发育

A. 原表皮层细胞进行一次不均等的分裂，产生一个气孔母细胞和一个表皮细胞　B. 气孔母细胞进行一次纵分裂产生两个保卫细胞　C. 保卫细胞间的局部细胞壁分离，形成气孔的缝隙

保卫细胞的周围可能被几个普通的表皮细胞围绕着，但通常保卫细胞的两旁或其周围被二至数个与一般的表皮细胞的大小、形状或排列方式不同的表皮细胞围绕着。这种围绕着保卫细胞并与周围表皮细胞不同的表皮细胞叫做副卫细胞（subsidiary cell）（图2.10，4.117）。副卫细胞和它所围绕着的气孔合在一起叫做气孔器（stomatal apparatus）。

副卫细胞与气孔的开闭有一定的关系。气孔张开是因为保卫细胞内有钾离子的积累因而使其从相邻细胞（副卫细胞）吸水的结果。副卫细胞是供应保卫细胞钾离子和水分的源泉（见 Beck，2005）。

大多数植物围绕着气孔的副卫细胞的数目与其排列的方式是比较恒定的，因此这一性状可以用做分类鉴定的依据。根据副卫细胞的数目与其排列方式的不同，通常可以将双子叶植物的气孔分为四种不同的类型，即不规则型（anomocytic）、不等型（anisocytic）、横列型（diacytic）和平列型（paracytic）（图 2.13-A～D）。

1）不规则型　气孔的周围围绕着几个一般的表皮细胞，没有副卫细胞。

2）不等型　气孔的周围围绕着 3 个副卫细胞，其中有一个副卫细胞比其他两个细胞小。

3）横列型　气孔的周围围绕着两个副卫细胞，这两个副卫细胞之间的细胞壁与气孔的长轴成直角。

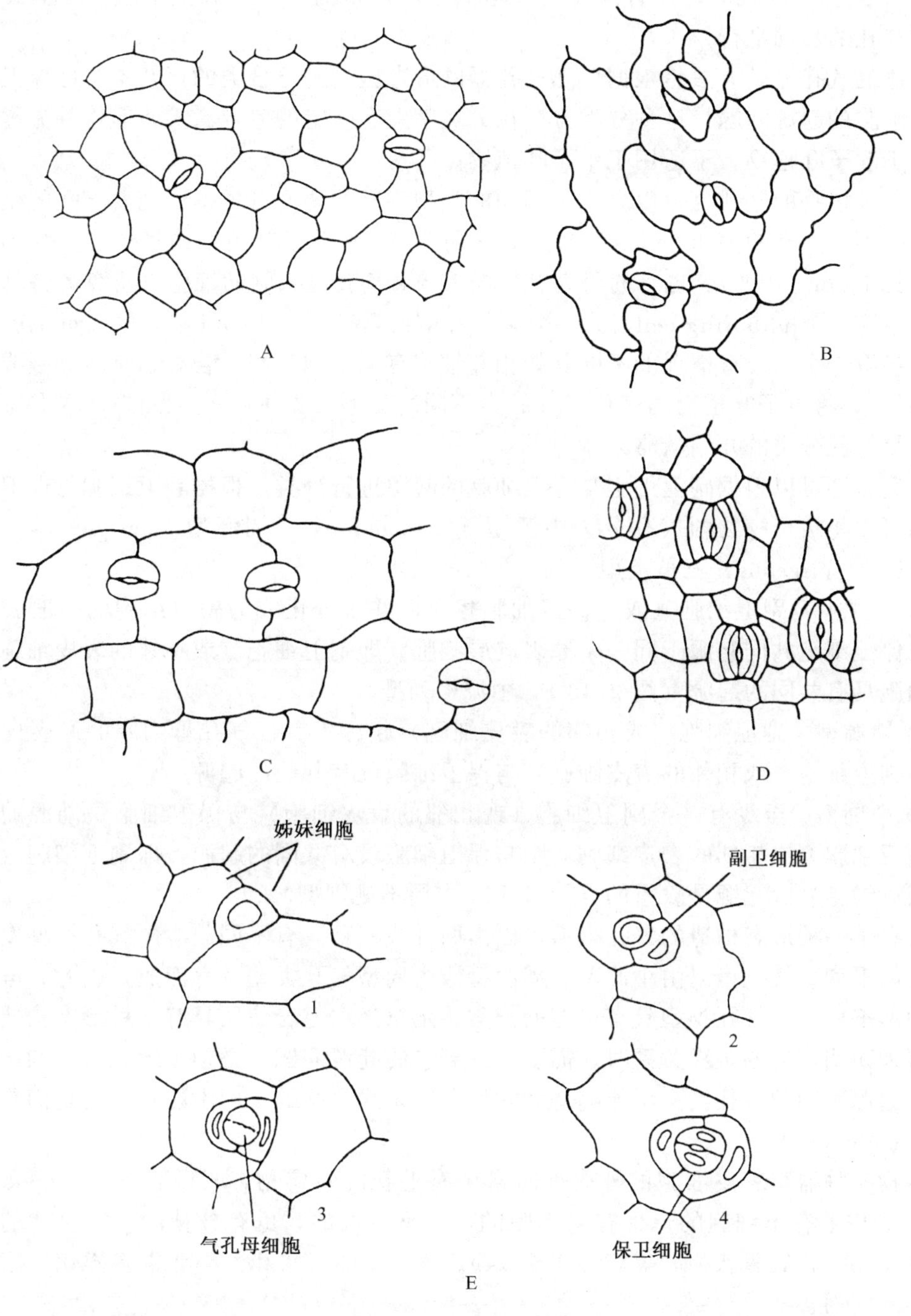

图 2.13　气孔类型

A. 不规则型　B. 不等型　C. 横列型　D. 平列型　E. 中源型气孔的发育　1. 原表皮层细胞进行一次不均等的分裂，产生一个大细胞和一个小细胞　2. 小细胞分裂一次，产生第一个副卫细胞　3. 小细胞再分裂一次，产生第二个副卫细胞和一个气孔母细胞　4. 气孔母细胞进行一次纵分裂，产生两个保卫细胞（注意两个副卫细胞之间的壁与气孔的长轴是成直角的，这种气孔类型若从它的形态构造来看是横列型的，若从它的起源来看是中源型的）

4）平列型　气孔的两旁各围绕着 1 至数个（通常为 2 个）副卫细胞，副卫细胞的长轴与气孔的长轴平行。

上述的气孔分类方法是根据成熟气孔器的形态构造进行分类的，并不考虑保卫细胞与副卫细胞的起源问题。这种分类方法在分类学上有一定的鉴定意义，但这种分类方法只适用于双子叶植物，不适用于单子叶植物。

单子叶植物的气孔也可以分成为不同的类型。有的研究者根据围绕着气孔的副卫细胞数目的不同，有的为 4～6，有的为 2，也可为 0，将单子叶植物的气孔分成为不同的类型（见 Fahn，1900）。也有的研究者根据围绕着气孔母细胞的细胞（研究者将其称之为相邻细胞，neighboring cell，大多数单子叶植物具有 4 个相邻细胞，气孔母细胞的上下左右各有一个）发育情况的不同（如相邻细胞有无细胞分裂，若有，是斜分裂或是垂周分裂等），将单子叶植物的气孔器分成为不同的类型（见 Evert，2006），本书对于单子叶植物气孔分类的介绍从略。

研究者还可以根据副卫细胞与保卫细胞的起源进行分类。根据副卫细胞与保卫细胞的起源可以将被子植物的气孔分为中源型（mesogenous）、周源型（perigenous）和中周型（mesoperigeous）三种类型。

1）中源型　副卫细胞（或与保卫细胞相邻但并未分化成为副卫细胞的一般表皮细胞）与保卫细胞共同起源于同一个原表皮层细胞，即副卫细胞（或相邻的表皮细胞）与保卫细胞具有共同的起源（图 2.13-E，中源横列型）。

2）周源型　副卫细胞（或相邻的表皮细胞）起源于靠近气孔母细胞的原表皮层细胞，即副卫细胞（或相邻的表皮细胞）与保卫细胞没有共同的起源。

3）中周型　至少有一个副卫细胞（或相邻的表皮细胞）与保卫细胞是同源的，其他的副卫细胞（或相邻的表皮细胞）则与保卫细胞没有共同的起源，即副卫细胞（或相邻的表皮细胞）的起源是双重的（图 2.12，中周不规则型）。

具有某一种形态构造的气孔类型可以由两种或三种具有不同起源的气孔类型发育而成，例如平列型气孔可以由中源型、周源型或中周型气孔类型发育而成。因此，虽然具有某种形态构造的气孔类型具有一定的分类鉴定意义，但若使用具有某种形态构造的气孔类型来说明植物的亲缘关系时，需要考虑到它的起源问题。必须了解，形态构造类型相同但起源不同的气孔类型不能够认为它们是有亲缘关系的，即不能够认为它们是同源的（homologous）。

植物各种器官表皮细胞的外表面时常生有毛状的附属物，叫做表皮毛（epidermal hair）。表皮毛有单细胞的，也有多细胞的，有不分枝的，也有分枝的，有星状的，也有盾片状的（叫做盾状毛）等等（图 2.14）。表皮毛的形状和大小非常多样化，因植物种类的不同而各异。

表皮毛可能是生活着的，也可能是死亡的。死亡表皮毛的腔内充满空气，呈现白色，能够反射光线，因而可以防止在强烈阳光照射下植物体温的过分增高。有些死亡表皮毛的柄细胞或基细胞的壁完全经过了角质化，堵塞了叶内的水分通过表皮毛的壁向外蒸发的途径，这类表皮毛覆盖在表皮的外表面还具有防止水分大量蒸发的作用。相反地，有些生活着的表皮毛增加了植物体与环境的接触面积，有利于水分的蒸发，如某些湿生植物的表皮毛即是（图 2.10-B）。有些表皮毛具有分泌能力，具有分泌能力的表皮毛叫做腺毛。腺毛通常是由多细胞构成的。

根据过去的一些研究，证明很多种表皮毛具有防止虫害和保护植物体的作用。例如有些表皮毛可以刺伤昆虫的幼虫和前来觅食的昆虫，或有效地阻碍其在植物体上的产卵。有些表皮毛（腺毛）可以分泌某些有毒物质，借以避免被动物的吞食等。

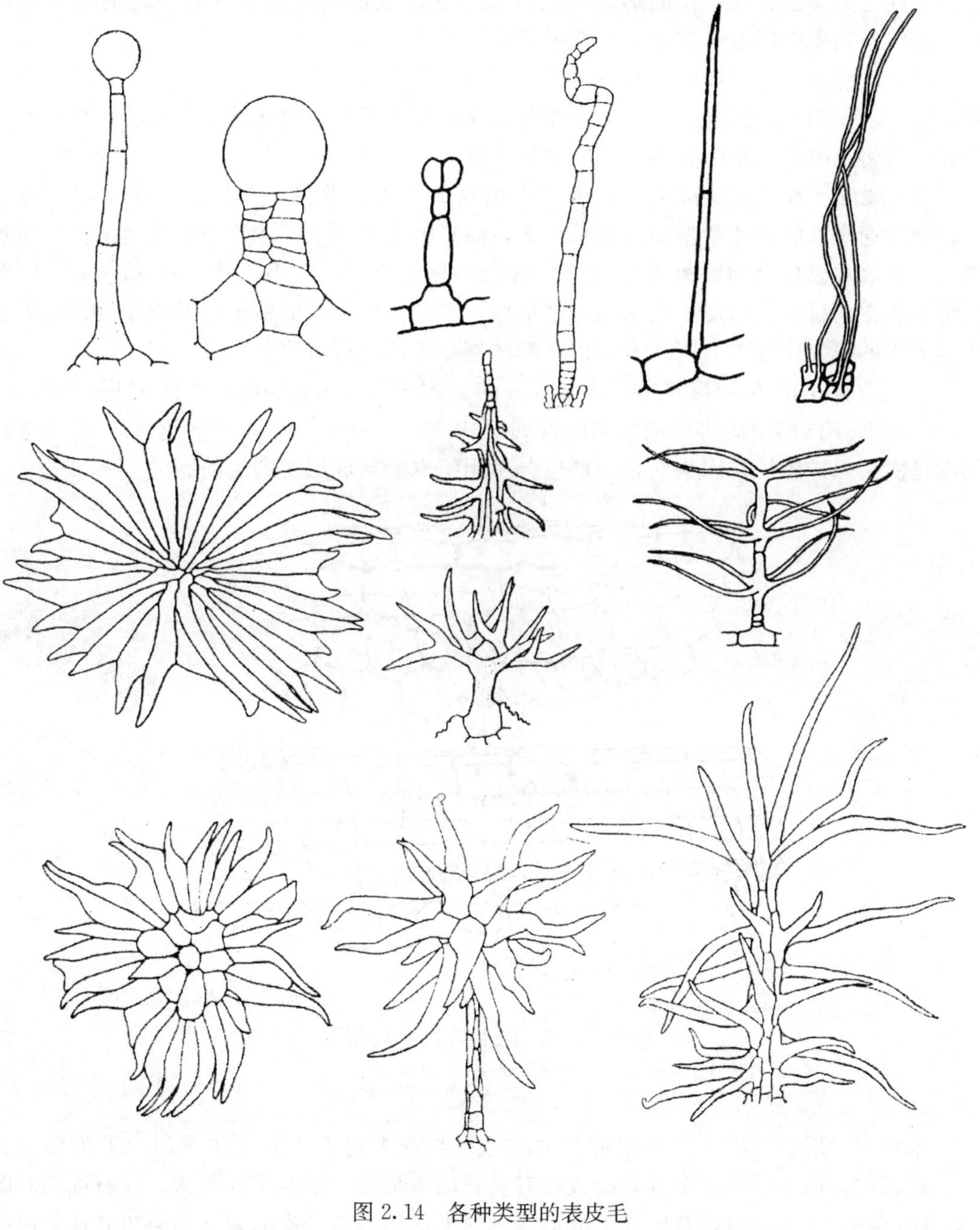

图 2.14 各种类型的表皮毛

表皮毛在器官发育的早期就已形成。表皮毛形成时，年幼的表皮细胞向外凸出形成一突出物，突出物继续伸长，这样就形成一根单细胞表皮毛。有时一个表皮细胞或一组表皮细胞向外凸出并分裂数次，这样就形成一根多细胞表皮毛。不论单细胞表皮毛或多细胞表皮毛，它们都可以具有分枝。根毛和棉花种子上的表皮毛都是单细胞表皮毛，南瓜茎和天竺葵叶上的表皮毛都是多细胞表皮毛。棉花种子上的表皮毛在纺织工业上叫做棉花纤维，长度可达数厘米，人们利用这种特别发达的表皮毛纺织棉纱和其他棉织品。

表皮毛的类型、气孔器的形态构造以及角质层表面的条纹等具有一定的分类学意义，近年来利用扫描电镜在这一方面做了大量工作。

以上所介绍的是植物地上器官（茎、叶等）的表皮的形态构造。根是植物的地下器官，它的表皮的生理机能与植物地上器官的有显著的不同，因此其形态构造也有显著的不同。这将在根的一章中介绍讨论，此处从略。

（2）周皮　多数草本植物茎的表皮在植物的终生起着保护作用，但在木本植物方面，表皮通常只能保持数星期或数月之久，后来因为赶不上茎体积增长的速度就破裂脱落了。在表皮脱落之前，另外形成了一种新的保护组织，叫做周皮（periderm），周皮代替了表皮的机能。周皮不仅是在茎部形成，具有次生加粗的根部也形成周皮，但对于茎部周皮的研究比较多，所以本节以茎部的周皮为例进行讨论。

周皮通常是由木栓形成层（phellogen）、木栓层（phellem）和栓内层（phelloderm）三种不同的组织排列成径向的行列所构成的一种复合组织（图 2.15，2.16-A）。周皮是次生保护组织，因为它是由侧生分生组织木栓形成层所产生的。

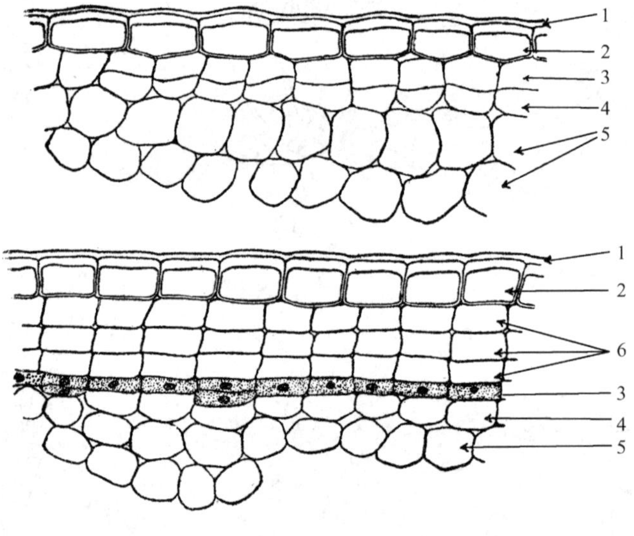

图 2.15　茎周皮的形成（模式图）

1. 角质层　2. 表皮　3. 木栓形成层　4. 栓内层　5. 皮层　6. 木栓层

木栓形成层是一层具有分裂能力的细胞，细胞为扁平体形，在横切面上为扁长方形，在切向切面上则为近乎等直径或略有伸长的多角形。细胞排列紧密，没有细胞间隙（皮孔处例外），细胞内含有明显的液泡。木栓形成层是由表皮细胞（如梨树）或皮层的外层细胞（最常见的是表皮下的一层皮层细胞）或初生韧皮部的薄壁组织细胞（如葡萄树）经过一些生理上的变化恢复细胞分裂能力所产生的一种分生组织。若从分生组织起源的角度来看，它是一种典型的次生分生组织。

很多植物的木栓形成层与维管形成层差不多在同时和在同一个水平上形成的。当木栓形成层形成时，产生木栓形成层的细胞恢复细胞分裂能力，进行一次切向分裂，产生

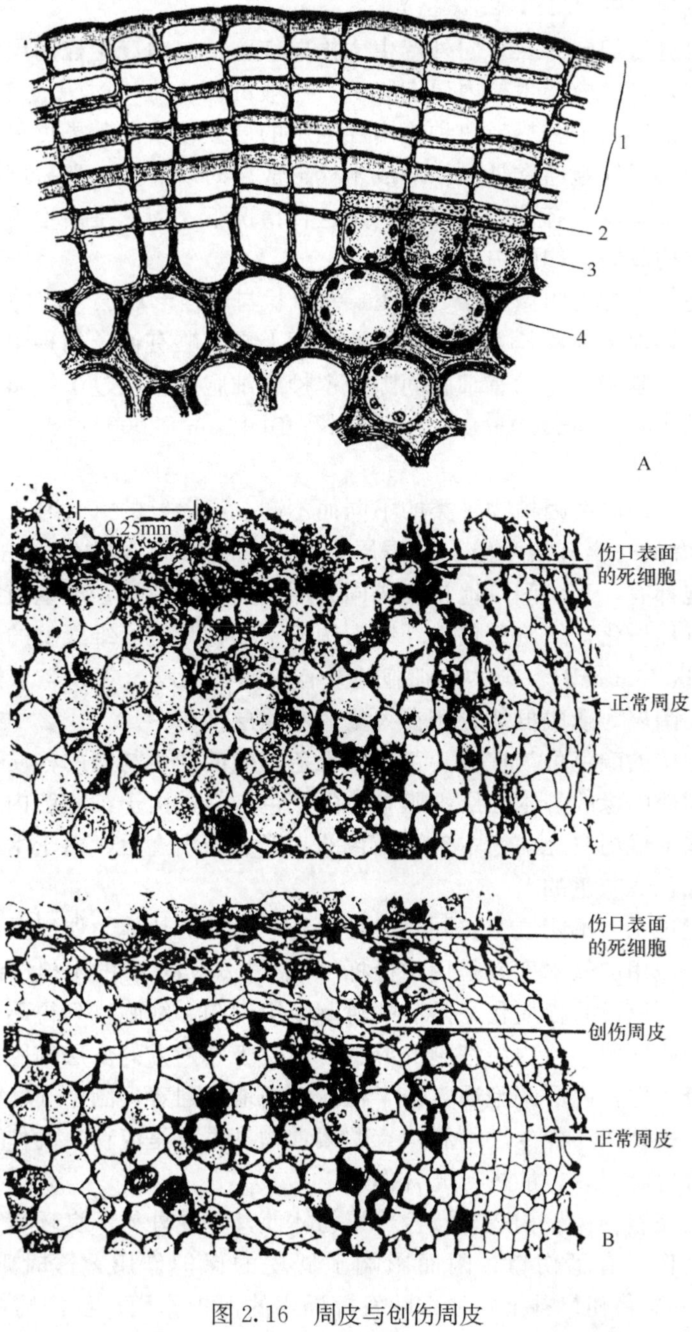

图 2.16 周皮与创伤周皮

A. 西洋梨茎横切，示周皮构造 1. 木栓层 2. 木栓形成层 3. 栓内层 4. 厚角组织 B. 甘薯根切片，示创伤周皮 上. 伤口表面的死细胞 下. 伤口表面死细胞的下方产生出创伤周皮，创伤周皮与正常的周皮连接起来

里、外两层细胞，通常靠里面的一层细胞发育成栓内层细胞，靠外面的一层细胞仍保持细胞分裂能力。但也有的靠里面的一层细胞仍保持细胞分裂能力，靠外面的一层细胞发育成木栓层细胞。不论上述任何一种情况，这一层仍保持细胞分裂能力的细胞就是最初形成的木栓形成层（图 2.15，2.16-A）。

木栓形成层进行切向分裂，向外产生木栓层细胞，向内产生栓内层细胞。通常向外产生木栓层细胞多，向内产生栓内层细胞少，一般的树木也不过只有 1～3 层栓内层细胞，但某些裸子植物和很多热带树种栓内层细胞的层数较多。若周皮只有一层栓内层细胞时，这一层栓内层细胞通常是最初形成木栓形成层时所产生的那一层栓内层细胞，但也有的种类甚至根本就没有栓内层细胞。在这种情况下，周皮是由木栓层和木栓形成层两种组成成分所构成的，如欧白英。

木栓层细胞（通常也叫做木栓，cork）的形状与木栓形成层细胞的形状相似，都是扁平体形，在横切面上为扁长方形，在切向切面上常为略有伸长的多角形。细胞按半径线整齐地排列着，紧密相连没有细胞间隙。木栓层细胞的壁经过了栓质化和木质化，壁上没有纹孔（见 Eames and MacDaniels，1947；Dickison，2000）。当发育成熟后，细胞死亡（图 2.16-A）。

木栓层细胞壁的厚度因植物种类的不同而不同。有薄壁的（含有初生壁和栓质层两层构造），有厚壁的（含有初生壁、栓质层和纤维素壁层 3 层构造），也有的薄壁的与厚壁的两种细胞都有，互相间隔地排列成同心圈层的，如白桦。有些植物的一部分木栓层细胞的壁没有栓质化，细胞壁仍由纤维素构成。这种具有纤维素壁的木栓层细胞叫做拟木栓细胞（phelloid cell）。拟木栓细胞的壁有的薄有的厚，它或与木栓层细胞排列成互相间隔的同心圈层，或成群地分布在大量的木栓层细胞中。

木栓层细胞壁的颜色可为棕色、黄色或无色。壁的颜色与壁的栓质化无关，而是因为壁内浸入了鞣质的缘故。木栓层细胞本体的颜色常常是由于细胞腔内充满带色的树脂或鞣质使然。未形成周皮之前茎本来是绿色的，形成周皮之后，由于木栓层的颜色因而常使茎变成为棕色或灰色的。

木栓层不能透水，不能透气，同时又是一种不良的导热体，所以具有很好的保护作用。日常生活中使用的软木塞就是用木栓栎（*Quercus suber*）的木栓层制成的。

栓内层细胞的壁没有栓质化，是活的薄壁组织细胞，细胞排列得不象木栓层细胞那样紧密，具有细胞间隙。栓内层细胞的形状常与位于其内方的皮层细胞的形状相似，常使二者难以区分。但栓内层细胞通常按半径线整齐地排列着（图 2.16-A，2.18），这一点可以使二者区别开来。栓内层细胞具有贮藏食物（主要是淀粉）的作用，有些植物的栓内层细胞内含有叶绿体，能进行光合作用。

周皮是一层完整的保护构造，覆盖着植物体使其不受外界不良环境条件的影响，但有时周皮遭受创伤，有了伤口，因而影响了周皮的保护作用。这时则产生创伤周皮（wound periderm）将伤口补上，使继续发挥周皮的保护作用。创伤周皮的形成是这样的：首先是位于伤口死细胞下面的薄壁组织细胞的壁经过了木质化和栓质化，以避免通过伤口进行水分蒸发和微生物感染，随后是位于薄壁组织细胞下面的细胞恢复了细胞分裂能力，产生出一种次生分生组织，叫做创伤木栓形成层（wound phellogen），创伤木栓形成层进行活动，向外向内产生正常的木栓层和栓内层，形成创伤周皮（图 2.16-

B)，创伤周皮与正常的周皮连接起来，使周皮再成为一完整的保护层。

绝大多数植物的周皮上都生有顶部带裂缝的，表面观为纺锤形的突起物，这种突起物叫做皮孔（lenticel）。通过皮孔，茎内部的组织与大气间的气体交换得以进行，但也有少数植物的周皮上没有皮孔，如葡萄属、忍冬属等。

皮孔的发生可略早于最初形成的周皮，亦可与之同时发生。皮孔通常发生在茎部气孔的下面。当略早于周皮的皮孔发生时（图 2.17），气孔下面气室周围的皮层细胞进行各种方向的分裂，形成一团无色的球形薄壁组织细胞，叫做补充细胞（complementary cell)。随后，细胞分裂依次发生在愈来愈深的皮层细胞中并且细胞分裂的方向逐渐转变成切向，结果在这里产生出一层分生组织，叫做皮孔木栓形成层（lenticel phellogen)。皮孔木栓形成层较为活跃，向内产生较别处为多的栓内层细胞，向外则继续产生补充细胞。由于补充细胞的增多和补充细胞体积的增大，因而凸出成为一小突起，位于小突起顶部的表皮层沿着气孔的缝隙被撑破，补充细胞从破缝处露出。露出来的补充细胞失去原生质体，成为死细胞。此具有破缝的小突起就是皮孔。皮孔的破缝可为横向的，也可为纵向的。皮孔内的补充细胞排列疏松，细胞间隙甚多，同时，皮孔木栓形成层也排列地比较疏松，也有细胞间隙，因而使补充细胞的细胞间隙与位于其内方的皮层细胞的细胞间隙连续起来，便于茎内与大气间进行气体交换。

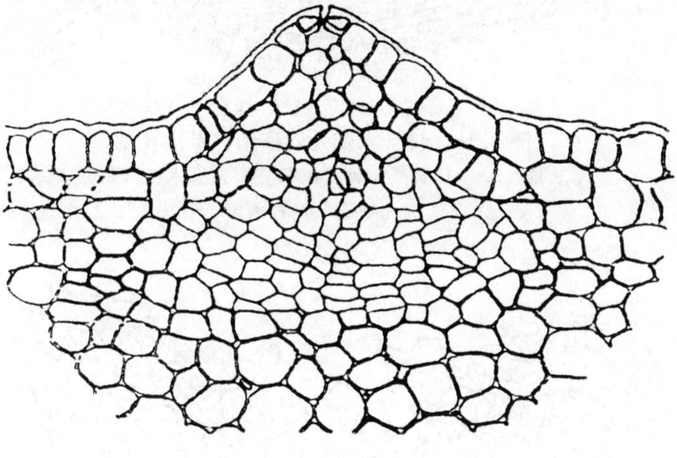

图 2.17　桑幼茎外周横切，示皮孔的形成
气孔下方的皮层薄壁组织细胞进行分裂，产生补充细胞与皮孔木栓形成层

皮孔木栓形成层除向内产生栓内层，向外产生补充细胞外，其边缘向两侧延伸，并与相邻的皮孔木栓形成层的边缘延伸连接起来，结果形成一完整的分生组织圈层，此即为最早形成的木栓形成层（皮孔木栓形成层的边缘向两侧“延伸”实际上即是木栓形成层在皮孔木栓形成层的两侧逐渐地形成过程）。十分显然，这种最早形成的木栓形成层最初不是完整的，它是陆续地连接成为完整的一层的，因此其最初产生的周皮也是陆续地连接成为完整的一层的，并且迟于其皮孔的发生。皮孔也可以与最初的周皮同时发生，在这种情况下，最早形成的木栓形成层是一完整的圈层，这种完整的木栓形成层的大部分向外产生木栓层，向内产生栓内层，但在某些局部区域（通常是在气孔的下面）

则具有不同的活动方式，向外不产生木栓层，而是产生补充细胞，结果在这里形成了皮孔。也就是说，与周皮发生的同时，也同时发生了皮孔。

补充细胞的壁较薄，经过了栓质化，如杨属、柳属等，也有些植物大部分补充细胞的壁没有经过栓质化，只有在生长季末所产生的补充细胞的壁才经过了栓质化，如椴属、接骨木属等（图 2.18），还有些植物（如樱桃属、刺槐属等）先向外产生数层排列疏松，细胞壁没有经过栓质化的补充细胞，随后又向外产生 1 至数层排列紧密，细胞壁经过了栓质化的细胞层，这叫做封闭层（closing layer），封闭层与补充细胞交替地产生（图 2.19）。尽管封闭层细胞排列地紧密，但仍有细胞间隙。这类植物皮孔的补充细胞排

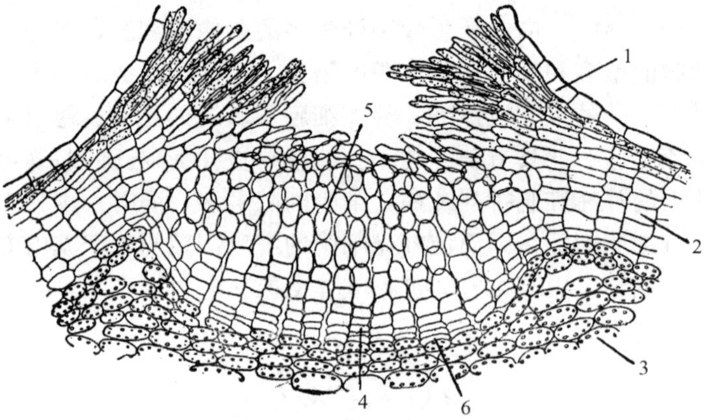

图 2.18　接骨木茎外周横切，示皮孔

1. 表皮　2. 木栓层　3. 薄壁组织　4. 皮孔木栓形成层　5. 补充细胞　6. 栓内层

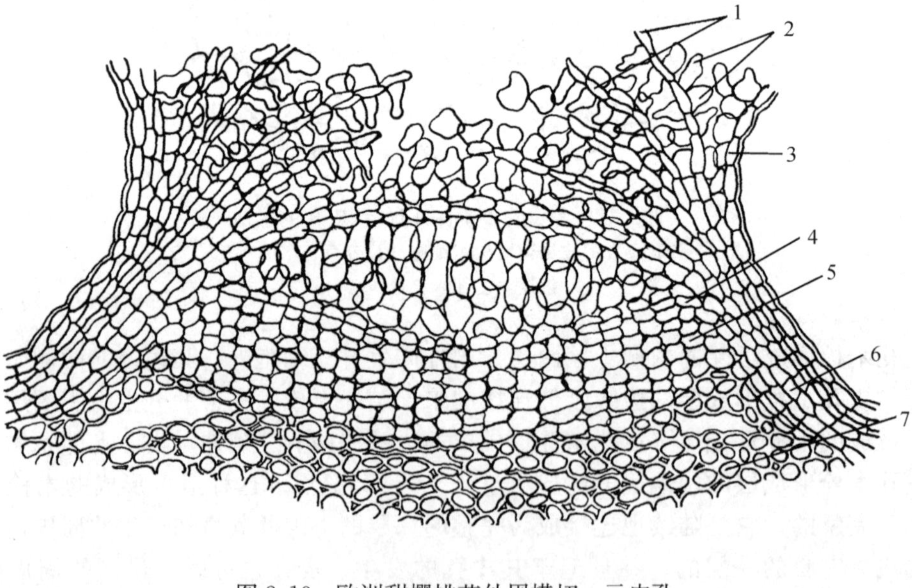

图 2.19　欧洲甜樱桃茎外周横切，示皮孔

1. 封闭层细胞　2. 补充细胞　3. 表皮　4. 皮孔木栓形成层　5. 栓内层　6. 木栓层　7. 厚角组织

列地特别疏松，成粉末状，被封闭层包被着。在一个生长季内可以产生几层封闭层，靠外方较早产生的封闭层多被撑破，所以在这类皮孔的四周边缘可以看到许多封闭层的残余。在温带地区，这类皮孔秋季所产生的封闭层将皮孔封闭，直等到来年春季产生新的补充细胞时才将皮孔重新打开。

一般树木的皮孔往往因为茎部的加粗形成后不多几年就随着周皮脱落了，但也有少数树种（如白桦、桃树等）的皮孔能够存在多年。这类植物的皮孔由于茎部的加粗，沿着横的方向大大地延伸。

一般木本植物的木栓形成层的寿命并不长，活动不了几年其本身也转变成为木栓层细胞了。在这种情形下，最初形成的周皮就不能适应茎内部的增粗，所以终被撑破，结果在茎上就发生了许多纵的裂缝。当裂缝发生后，在裂缝下面相当深度的地方有一小片皮层细胞恢复细胞分裂能力，产生了一小片新的木栓形成层。由于它的活动，产生了一小片新的周皮。新周皮向外弯曲与裂缝周围的旧周皮连接起来，将裂缝补上，结果又形成为一完整的保护层。

茎不断地生长加粗，周皮不断地发生裂缝，因此补裂缝也就不断地进行。最后，早期形成的周皮全部破裂了，新产生的周皮一片一片地从里面补上去。以后在新产生的周皮上又发生裂缝，于是新的木栓形成层在皮层的更深处产生。这样的过程不断地重复着，使木栓形成层愈来愈在深处产生，直到最后木栓形成层可以在韧皮部的薄壁组织中产生。这时处在木栓形成层以外的皮层细胞和一部分韧皮部细胞由于得不到水分和养料，又受挤压，都死亡了。木栓层和这些死亡的细胞共同形成了一种保护构造，叫做落皮层（rhytidome）（图 2.20）。落皮层和落皮层以内形成层以外的组织合在一起，叫做树皮（bark）。换句话说，形成层以外所有的组织，包括活的和死的，总称为树皮。

在树皮上也有皮孔，不过树皮上的皮孔不甚明显，它位于树皮沟纹的底部，不易于观察。树皮上的皮孔是由于树皮沟纹底部的木栓形成层转变了活动，向外产生补充细胞而形成的。

大多数单子叶植物茎的表皮终生有效，起着保护作用。这类植物表皮细胞的壁可能经过了加厚和栓质化，借以增强表皮的保护机能。当表皮损伤破坏时，表皮层下面的细胞进行栓质化，贴补上破损。

单子叶植物的茎形成周皮的种类甚少，只有某些多年生的木本种类（如王棕、龙血树等）才形成和双子叶植物茎的周皮很相类似的周皮。但在许多棕榈科、姜科、凤梨科和某些具有次生生长的百合科植物的茎内另外形成了一种特殊的次生保护构造，这种特殊的次生保护构造叫做叠生木栓（storied cork）（图 2.21）。

叠生木栓形成时，在茎内靠外周的部位，从外至内的薄壁组织细胞各进行几次平周分裂，各形成为含有 3～8 个细胞的径向行列，这些排列成径向行列的细胞都经过了栓质化，成熟后死亡，形成为木栓细胞。这些木栓细胞共同构成了茎的一种特殊的次生保护构造，此即是叠生木栓。若在茎的横切片上观察时，构成叠生木栓的木栓细胞的径向行列排列成水平的细胞层，所以叫做叠生木栓。

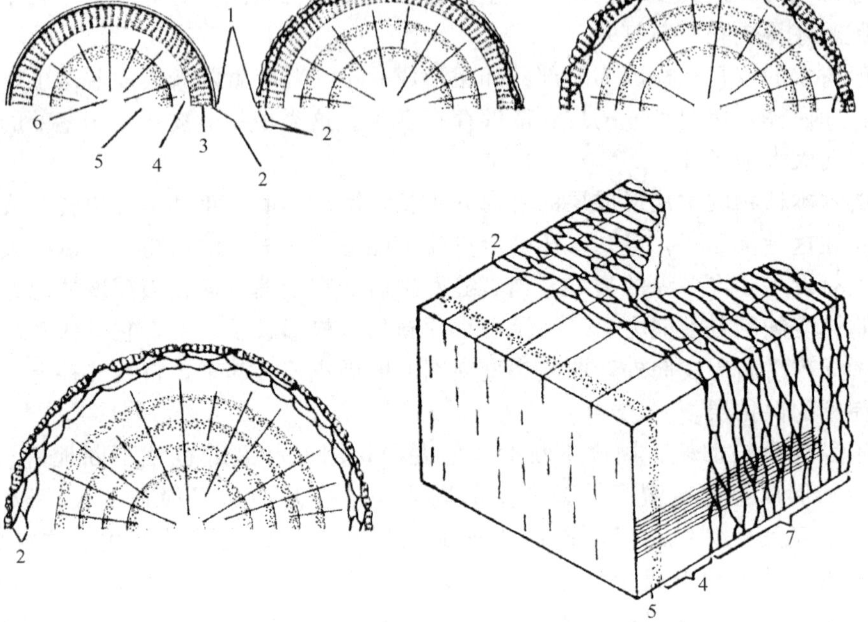

A

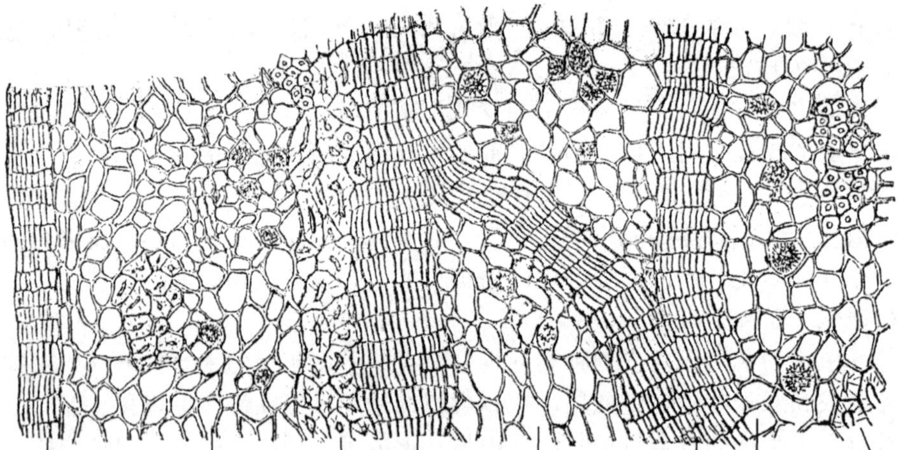

B

图 2.20　落皮层的形成过程与落皮层

A. 落皮层的形成过程（图解）　1. 表皮　2. 周皮　3. 皮层　4. 次生韧皮部　5. 次生木质部　6. 髓　7. 落皮层　B. 一种栎属植物（*Quercus petraea*）茎横切，示落皮层构造　1. 木栓层　2. 死亡的薄壁组织细胞　3. 石细胞与纤维（前者形大，后者形小）　4. 生活的薄壁组织细胞（4 以外为落皮层，4 与 4 以内为次生韧皮部）

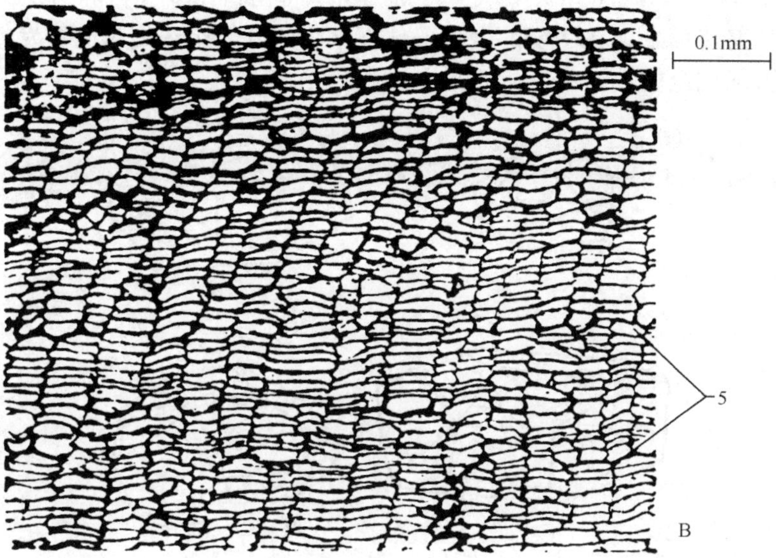

图 2.21　叠生木栓

一种朱蕉属植物（*Cordyline terminalis*）茎外周横切，示叠生木栓　1. 从一个薄壁组织细胞形成的径向行列

2. 营养组织

营养组织（nutritive tissue）占植物体积的大部分，在植物的根、茎、叶、花、果实和种子内的大部分组织都是营养组织。营养组织细胞具有各种不同的形态和构造，但就其机能而言都与植物的营养有关，所以列为一类。文献上以及本书各章节中称为薄壁组织（parenchyma）① 的细胞大多是本文所称的营养组织，但也不能够将薄壁组织与营养组织完全等同起来，因为有一些薄壁组织与植物的营养是无关的，如分泌细胞与分泌组织、传递细胞、伴细胞等。

营养组织细胞通常是活细胞，形状多样化，可为伸长形，亦可为星形、砖形等，但一般多为近乎等直径的多面体形（近乎 14 面体）（图 2.22）。细胞内常含有一中央大液泡，细胞质成薄薄的一层，紧贴着细胞壁，成贴壁层。细胞多具有纤维素薄壁，但也有的具有次生加厚并经过了木质化的厚壁的，例如分布在木质部和某些茎的髓部中的薄壁组织即是。营养组织相邻细胞的壁上常具有大型的单纹孔对，因而使细胞间的物质交换易于进行（图 1.5，2.23）。

营养组织细胞的分化程度较低，它是一种较为原始的组织，它具有生理机能的可塑性，具有转变成其他种组织的潜力，甚至有转变成为分生组织的能力。当植物体受到机械创伤时，它能够恢复细胞分裂能力，产生出一无定形细胞团，叫做愈伤组织（cal-

① “parenchyma”一词为 Grew（1682）所首创，指的是由或多或少为等直径的细胞所构成的组织而言。在我国习惯上将“parenchyma”一词译为“薄壁组织”，实际上构成薄壁组织的细胞并非一定都是薄壁的，也有由厚壁的细胞构成的薄壁组织。例如某些植物茎的髓部就含有厚壁的薄壁组织细胞，在植物根、茎的次生木质部中也经常含有厚壁的薄壁组织细胞。读者不要因译名的不够准确而发生误解。

lus)，愈伤组织将伤口封闭并从中产生出新的组织将伤口修复。营养组织细胞含有植物体发育的全部遗传信息，在一定的生长条件下单个的营养组织细胞能够发育成为一个完整的植物体（细胞全能性）。

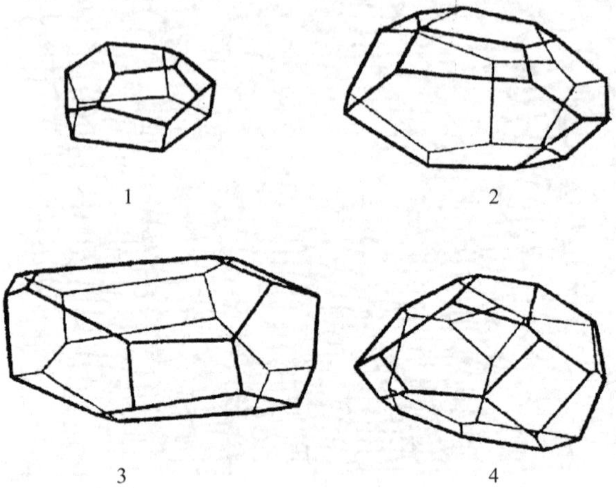

图 2.22　臭椿髓细胞

1. 具有 10 个面的小型薄壁组织细胞　2～4. 具有 14 个面的薄壁组织细胞

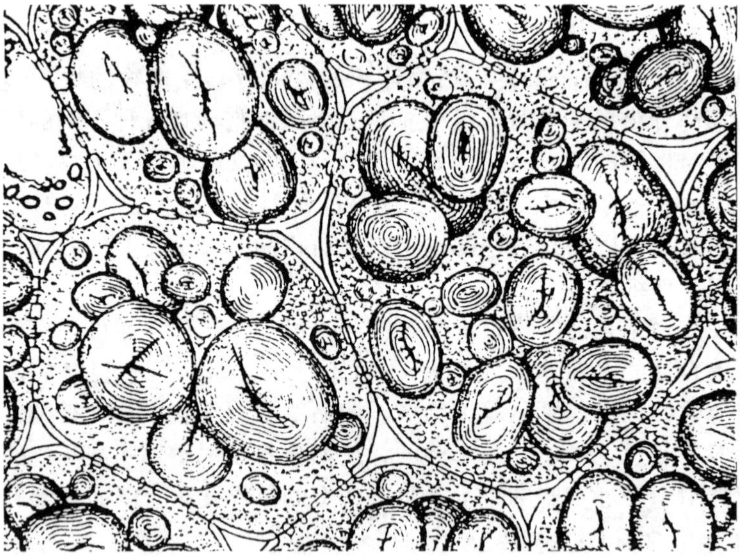

图 2.23　绿豆子叶细胞的切面观

细胞内含有大而显著的淀粉粒和小型的蛋白体，注意相邻细胞的壁上具有大型的单纹孔对

植物的根、茎、叶和果实、种子内贮藏营养物质的组织（叫做贮藏组织，storage tissue）（图 2.23，2.24，2.25）与叶中进行光合作用制造食物的组织（叫做同化组织，assimilating tissue）都是最常见的营养组织。根的吸收水分和矿质养料的表皮（叫做吸

收组织，absorptive tissue）（图 4.8）、某些旱生植物叶内贮藏水分的组织（叫做贮水组织，water storing tissue）（图 2.26，4.127）与水生植物体内通气和贮藏空气的组织（叫做通气组织，aerenchyma）（图 2.27）也都属于营养组织。这几类营养组织将在以后有关的章节中加以讨论，此处从略。

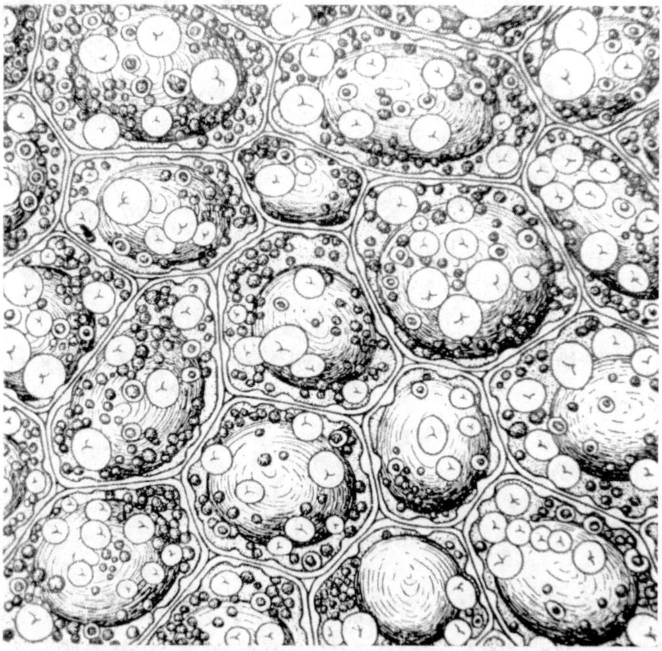

图 2.24　落花生子叶靠外周细胞的切面观

大型圆球为油滴，白色颗粒为淀粉粒，小型暗色颗粒为蛋白体，注意相邻细胞壁上的大型单纹孔对

A　　B

图 2.25　椰子胚乳细胞和马铃薯块茎细胞的切面观

A. 椰子胚乳细胞的切面观，大型圆球为油滴，小型颗粒为蛋白体　B. 马铃薯块茎细胞的切面观，细胞内含有大量的淀粉粒和少量小型的蛋白体

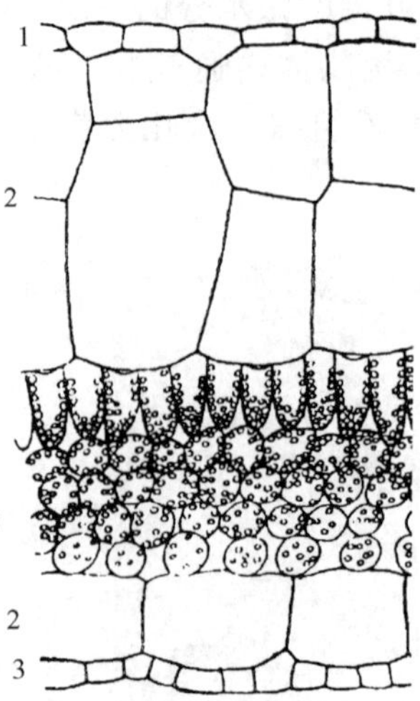

图 2.26 秋海棠属肉质叶横切，示具有贮水功能的下皮层

1. 上表皮 2. 下皮层 3. 下表皮 4. 栅栏薄壁组织 5. 海绵薄壁组织

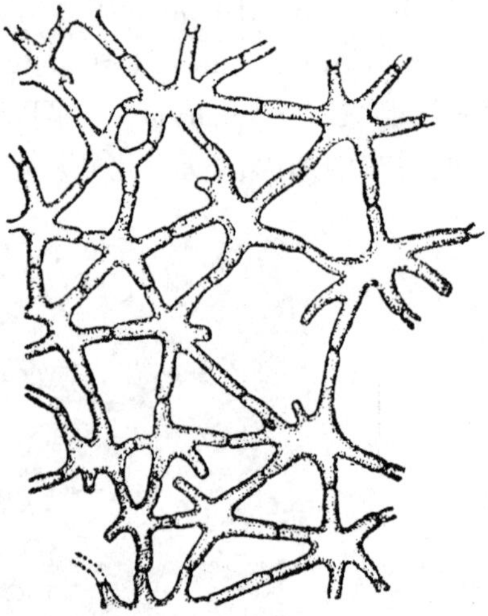

图 2.27 灯心草茎中的通气组织，示发达的细胞间隙

3. 机械组织

机械组织（machanical tissue）的机能是支持植物体和使植物体具有坚固的性质。机械组织的主要特征是细胞具有部分或全部加厚的细胞壁和细胞排列地紧密。十分显然，具有加厚的细胞壁和排列紧密的细胞群是有利于担负机械支持机能的。根据细胞的形态构造，机械组织可以分为厚角组织和厚壁组织两类。

（1）厚角组织　厚角组织（collenchyma）由活细胞组成，通常排列成束状或圆筒状分布在草本双子叶植物茎和木本双子叶植物幼茎的表皮之下。叶柄的表皮之下、大叶脉的上下两方和叶的边缘处也时常含有。厚角组织在双子叶植物的茎和叶中普遍存在，但在木本双子叶植物的老茎中较为少见，在植物的根部也甚少发现，在单子叶植物中也甚少发现。

厚角组织细胞一般为长棱柱体形，多具有尖端。细胞排列紧密，一般没有细胞间隙，但也有的具有细胞间隙。细胞内常含有少量叶绿体。

厚角组织细胞的壁多进行不均匀的加厚。有的厚角组织在细胞的角部进行加厚，在横切面上相邻细胞的加厚部分为三角形或长方形，在纵切面上则为一厚条（图 2.28-A），这种具有角部加厚的厚角组织叫做角隅型厚角组织（angular collenchyma）。角隅型厚角组织多见于草本双子叶植物的茎和叶柄中。有的角隅型厚角组织的细胞间具有细胞间隙，细胞对围绕着其细胞间隙的壁进行特别加厚，在横切面上观察时加厚部分形成为一些大小不同形状不同和带有厚边的多边形构造（图 2.28-B），这种具有围绕着角隅型厚角组织细胞间隙的壁进行特别加厚的厚角组织叫做腔隙型厚角组织（lacunar collenchyma），如某些菊科、锦葵科植物的茎和叶柄中具有这种类型的厚角组织。也有的厚角组织细胞的内、外切向壁进行加厚，加厚部分成一厚片（图 2.28-C），这种具有内、外切向壁进行加厚的厚角组织叫做片状型厚角组织（lamellar collenchyma），如接骨木属、鼠李属、大黄属等植物的茎中具有这种类型的厚角组织。还有的厚角组织细胞的壁普遍进行加厚，在横切面上观察时加厚部分近拟环状，细胞腔近似圆形，这种细胞壁进行普遍加厚的厚角组织叫做环状型厚角组织（annular collenchyma），如某些唇形科、伞形科植物的茎中和某些木兰科、五加科植物的叶柄中具有这种类型的厚角组织。厚角组织细胞壁的加厚方式虽有不同，但以角部加厚的最为普遍。

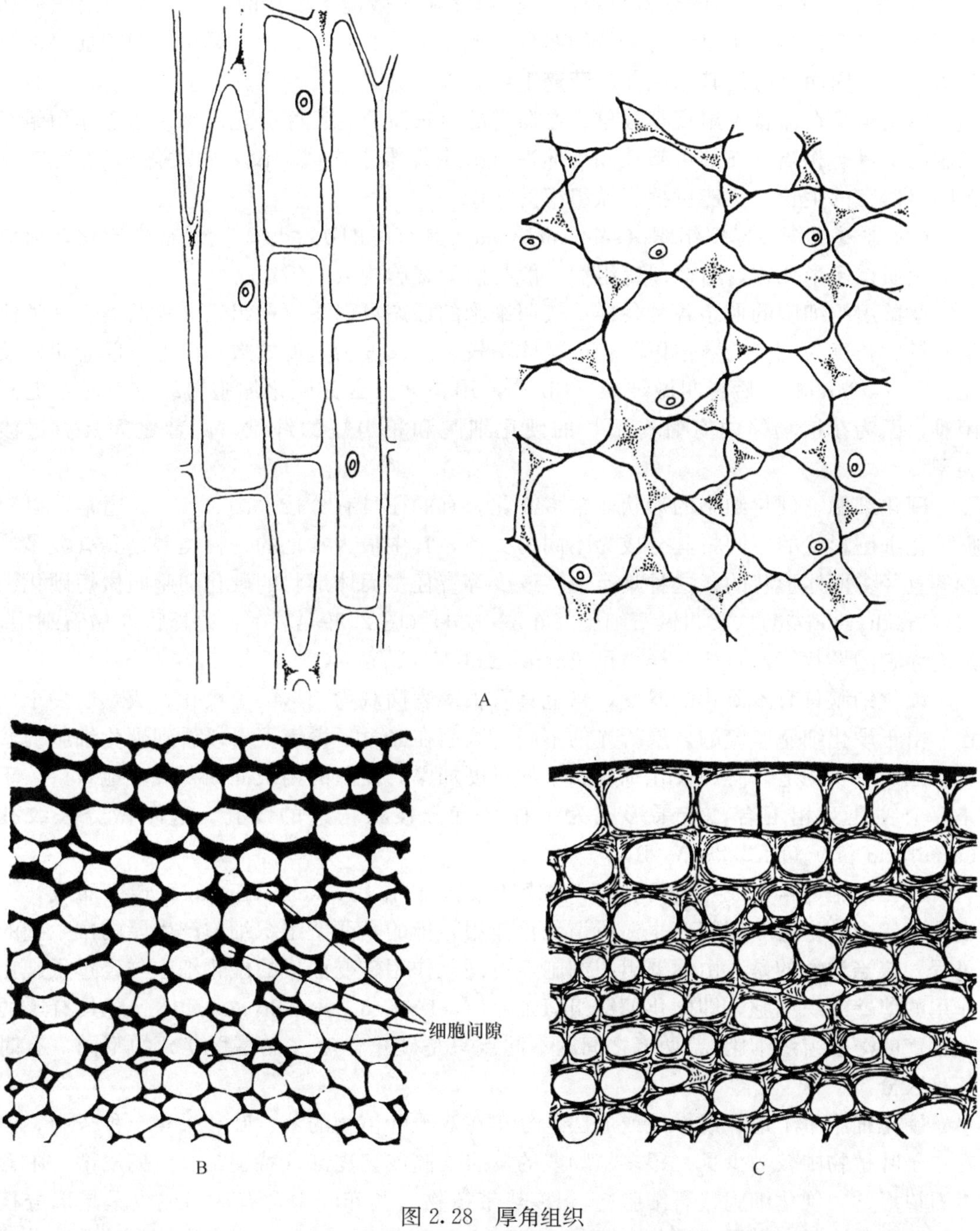

图 2.28 厚角组织

A. 左：鼠尾草属叶柄纵切 右：大黄叶柄横切 示角部加厚的厚角组织 B. 豚草属茎横切 示围绕着细胞间隙加厚的厚角组织 C. 接骨木茎横切 示内、外切向壁加厚的厚角组织

厚角组织细胞的壁由纤维素构成，没有木质化，壁内含有多量的果胶质和大量的水分。壁的加厚部分仍被认为是初生的，因为它是在细胞体积伸长的时期形成的。但在某些较老器官中的厚角组织最后可能被挤压破坏或者也可能产生厚的并经过了木质化的次生壁，转变成为厚壁组织。

某些草本植物茎中的厚角组织强烈发育，使茎上带有坚硬的棱。若将这种植物茎（如南瓜茎、薄荷茎等）的新鲜材料做成横切片在显微镜下观察时，由于厚角组织的加厚部分折光力很强，所以看起来特别明亮。但在永久制片上，由于厚角组织的加厚部分脱水收缩，因而有时使其与相邻的薄壁组织难以区分。

厚角组织在器官中出现得很早，在器官的生长阶段就已经分化出来。由于厚角组织细胞的壁具有相当程度的可塑性和延伸性（壁由纤维素构成，没有木质化），因此它既不阻碍器官的生长，又能发挥机械组织的作用。

(2) 厚壁组织　厚壁组织（sclerenchyma）具有厚的次生壁，壁通常木质化，成熟后原生质体多半死亡，所以厚壁组织一般是由死细胞构成的组织。

厚壁组织细胞的形态各种各样，按照细胞的形态可以将厚壁组织分为两类：一类体型较短，长度为宽度的数倍以下；一类体型较长，长度为宽度的数倍以上。前者叫做硬化细胞（sclereid），后者叫做纤维（fiber）。用长度来区分硬化细胞与纤维有时会遇到困难，因为在植物体内有时有很长的硬化细胞和相当短的纤维，两者之间具有过渡类型。

硬化细胞　硬化细胞的形状非常多样化，有的还具有分枝（图 2.29）。通常可以根据硬化细胞形状的不同将其分成为不同的类型，其中最为常见的一种类型是具有或多或少等直径多面体形状的，这种具有或多或少等直径多面体形状的硬化细胞叫做短硬化细胞（brachysclereid），又叫做石细胞（stone cell）（图 2.29-A，B）。之所以叫做石细胞，是因为它的形状好像石块一样（见 Eames and MacDanels，1947）。

硬化细胞具有木质化的厚壁，壁上具有很多表面观为圆形的单纹孔，成熟后多半死亡。由于硬化细胞厚壁的各层折光的不同，因而在光学显微镜下可以看到硬化细胞的壁有明显的层状构造。有的硬化细胞因壁的过度加厚，使壁的内表面面积大大地减少，于是几个纹孔互相汇合，结果形成为一种具有分枝状构造的纹孔，这叫做分枝纹孔（ramiform pit）（图 2.29-A，B）。

硬化细胞通常由成熟的薄壁组织细胞经过硬化作用（sclerification）转变而成，但也可直接由分生组织细胞产生。所谓硬化作用，指的是薄壁组织细胞产生厚的次生壁的过程。应当注意的是，由薄壁组织细胞经过硬化作用转变而成的硬化细胞与经过了硬化作用的薄壁组织细胞，即硬化薄壁组织细胞（sclerified parenchyma cell）（即具有厚的次生壁的薄壁组织细胞），两者之间的不同点只是硬化程度（加厚程度）的不同，有时甚难区分。

硬化细胞单个地、成堆地或成层地分布在双子叶植物的茎、叶和果实、种子中，但在单子叶植物中较为少见。很多植物茎的皮层、髓或韧皮部（特别是次生韧皮部）中含有石块形的短硬化细胞（石细胞）。很多热带植物的茎和叶中含有或多或少呈星形分枝的硬化细胞（这叫做星状硬化细胞，asterosclereid）（图 2.29-C）。很多植物的叶和种子的种皮内含有两端膨大中部细的呈骨形的硬化细胞（这叫做骨状硬化细胞，osteosclereid）（图 2.29-E，5.44）。豆科植物种子的表皮和某些植物果实（如苹果）的内果皮是由呈棒形的硬化细胞（这叫做大硬化细胞，macrosclereid）构成的（图 5.44）。桃核（图 5.47）、杏核、李子核、胡桃壳等都是由石块形的硬化细胞（石细胞）构成的。梨果肉中的“沙粒”也是由石块形的硬化细胞（石细胞）构成的（图 2.29-A）。有些植物的果实和种子埋藏在土壤中能够保持数十年或百年其壳（由硬化细胞构成）仍不破坏，由此可以说明硬化细胞的坚固性质。

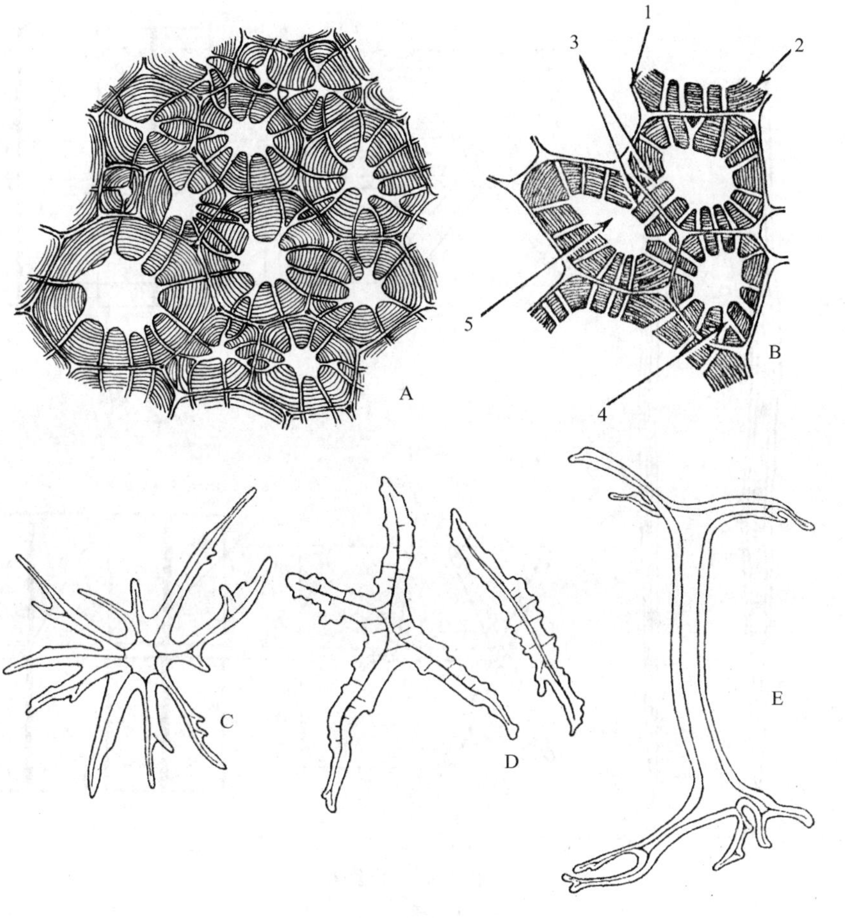

图 2.29　硬化细胞

A. 梨果肉中的硬化细胞（石细胞）　B. 榅桲果肉中的硬化细胞（石细胞）　1. 中层与初生壁　2. 次生壁　3. 单纹孔对　4. 分枝纹孔　5. 细胞腔　C. 昆栏树属茎的皮层和叶肉中的星状硬化细胞　D. 茶树叶柄中具有分枝的硬化细胞　E. 山龙眼科 *Hakea* 属叶肉中的骨状硬化细胞

以上所介绍的几种硬化细胞是植物器官中较为常见的硬化细胞类型，此外还有一些其他形状的硬化细胞（Rao，1991），本书从略。

纤维　纤维在植物体内的分布很普遍，茎、叶和根内都有，果实和种子的种皮内也可能含有。纤维的表面观为纺锤形，两端尖锐，长度通常为 0.5～3 毫米，但有的可以长达 200 毫米以上（如苎麻纤维）。纤维在横切面上常为多角形，细胞排列紧密，没有细胞间隙。纤维的壁特别加厚，常木质化，壁上常具有少量倾斜的缝隙状纹孔。当纤维完全成熟后，原生质体多半消失，只剩留下一个非常狭细的细胞腔（图 2.30，2.31）。也有些纤维成熟后原生质体并未消失，仍能生活一相当长的时期。这种生活着的纤维兼有机械支持与贮藏食物的机能。有些生活着的纤维还能够进行少数横分裂，产生薄的横壁（次生壁，见 Dickison，2000），将纤维分隔成一些小室，这叫做分隔纤维（septate fiber）（图 2.30-A）。分隔纤维分布在很多双子叶植物的木质部（特别是次生木质部）和韧皮部中。

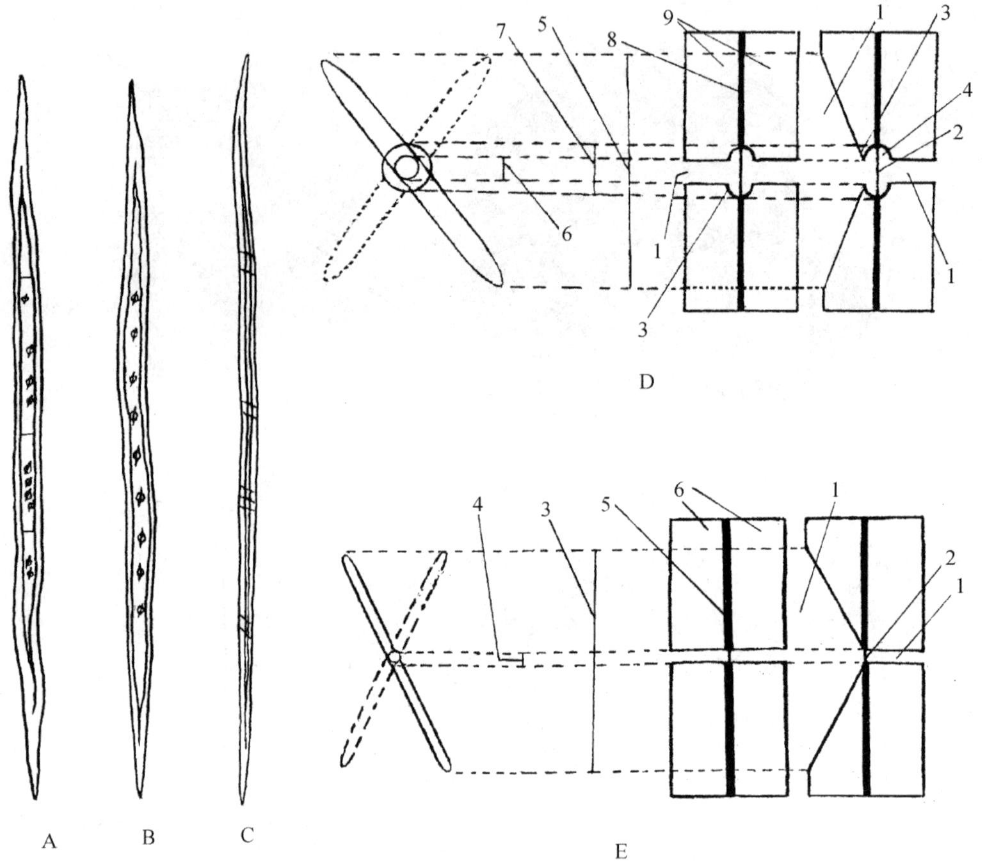

图 2.30　木纤维

A. 分隔纤维管胞　B. 纤维管胞　C. 韧型纤维　D. 纤维管胞具缘纹孔对的构造（图解）　左：表面观（由于纹孔对的两个纹孔道的倾斜角度通常互不相同，因而使纹孔对的表面观常为“斜十字形”）　中：侧（切）面观（通过两个纹孔道狭面的情况）右：侧（切）面观（通过一个纹孔道的宽面和另一个纹孔道狭面的情况）　1. 纹孔道　2. 纹孔膜　3. 纹孔缘　4. 纹孔室　5. 纹孔道内口的表面观与切面观　6. 纹孔道外口的表面观与切面观　7. 纹孔室周边的表面观（左）与切面观（中、右）　8. 初生壁与中层　9. 次生壁　E. 韧型纤维单纹孔对的构造（图解）　左：表面观　中：侧（切）面观（通过两个纹孔道狭面的情况）　右：侧（切）面观（通过一个纹孔道的宽面和另一个纹孔道狭面的情况）　1. 纹孔道　2. 纹孔膜　3. 纹孔道内口的表面观与切面观　4. 纹孔道外口的表面观与切面观　5. 初生壁与中层　6. 次生壁

纤维很少单个地存在，通常聚集成束，分布在根、茎、叶、果实和种子种皮的一些构造中。特别是在根、茎、叶的木质部和韧皮部中常含有纤维。分布在木质部中的纤维叫做木纤维（wood fiber，xylem fiber），分布在木质部以外的纤维，例如分布在韧皮部

中的，皮层中的，维管束的周围的，叶脉的上下两方或一方的，或单子叶植物中的（不论其与维管束有无关联），这都叫做木质部外纤维（extraxylary fiber）（图 2.31）。

木纤维的壁都经过了木质化，壁上的纹孔为具缘纹孔或单纹孔。木纤维壁上的纹孔类型虽然不同，但纹孔的表面观常为向一侧倾斜的透镜形或缝隙状（图 2.30-B，C，D，E）。木质部外纤维的壁通常较厚，有的经过了木质化，有的没有木质化，壁上的纹孔为单纹孔。纹孔的表面观也常为向一侧倾斜的缝隙状，如韧皮纤维（图 2.31），但也有表面观为圆形的。

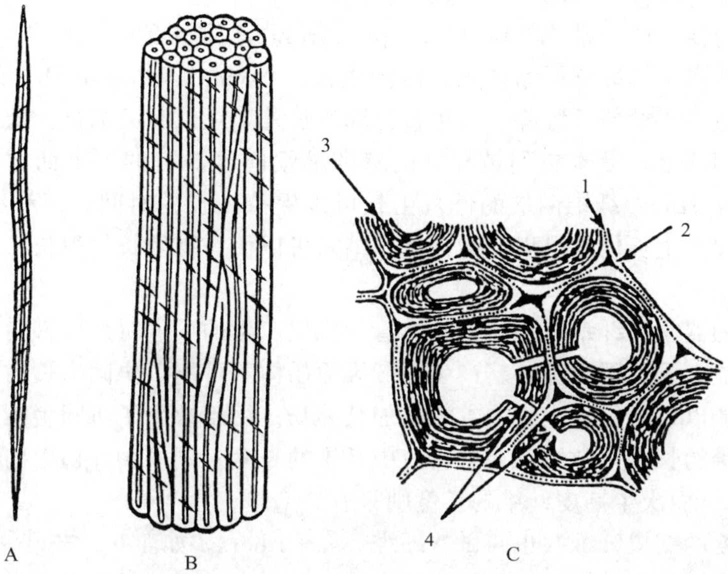

图 2.31　木质部外纤维

A. 一个韧皮纤维细胞　B. 韧皮纤维束（A、B 图中的短斜线为缝隙状单纹孔的表面观）C. 韧皮纤维横切　1. 中层（点线）　2. 初生壁（中层两侧的白色圈层）　3. 次生壁（黑色圈层）4. 缝隙状单纹孔对的切面观（通过两个纹孔腔狭面的情况）

根据木纤维壁上纹孔类型的不同，木纤维又可分为二类：一类壁上具有具缘纹孔，另一类壁上具有单纹孔。前者叫做纤维管胞（fiber tracheid），后者叫做韧型纤维（libriform fiber）（图 2.30-B，C）。

纤维管胞壁上的具缘纹孔的构造是比较特殊的。这种具缘纹孔的纹孔缘由于壁的次生加厚而变厚变小，纹孔室因之也变小 。由于纹孔缘的变厚，结果使纹孔室与细胞腔之间形成了一个通道，这个通道叫做纹孔道（pit canal）（图 2.30-D）。纹孔道的形状像压扁了的漏斗似的，有两个开口，一个开口与纹孔室相邻接，这叫做外口（outer aperture），另一个开口与细胞腔相邻接，这叫做内口（inner aperture）。外口较小，表面观为圆形，内口较大，狭而长，其长度常超出纹孔室的边缘，其表面观常为向一侧倾斜的透镜形或缝隙状（图 2.30-D）。

韧型纤维是由纤维管胞演化而来的。如果纤维管胞的壁再进一步地加厚，则具缘纹孔的纹孔缘将变得更厚更小，纹孔室也变得更小，纹孔道的内口变得更狭更长。当壁加厚到特别地厚时，纹孔缘小到没有了，既然没有纹孔缘了，纹孔室自然也就没有了，因而使具缘纹孔转变成为没有纹孔缘的单纹孔，使纤维管胞演化成为具有单纹的孔韧型纤维（图 2.30-E）。它所以叫做韧型纤维，是因为它与分布在韧皮部中的韧皮纤维（木质部外纤维）的形态构造是很相似的，例如细胞为细长纺锤形，壁甚厚，单纹孔，表面观为缝隙状等。（图 2.30-C，2.31-A）。

韧型纤维和韧皮纤维壁上单纹孔的纹孔道和纹孔腔都为压扁的漏斗形，表面观都为很狭的缝隙状，这和一般纹孔腔为筒形表面观为圆形的单纹孔大不相同了。尽管它们的纹孔腔道和表面观大不相同了，但它们都没有纹孔缘，所以都是单纹孔。必须了解，纹孔缘的有无是单纹孔与具缘纹孔的根本差别。

在年幼的器官内纤维原始体（fiber primordium）是由原形成层和/或基本分生组织所产生的。新产生的纤维原始体先以协同生长[①]（symplastic growth）的方式进行体长的增长，稍后，年幼的纤维除继续进行协同生长外，还以其两端挤人上下两方相邻细胞之间，将它们撑开，沿着它们被撑开的缝隙继续向着器官的上下两方进行侵入生长[②]（intrusive growth）。纤维两端的侵入生长可以保持较长的时间，当纤维的协同生长停止后两端的侵入生长仍然可以继续保持，结果可以使纤维生长得很长，例如很多麻类植物的纤维即是。

在年老的器官内纤维原始体是由维管形成层产生的。这时期器官的本身已经失去了伸长生长的能力了，因此呢，新产生的纤维原始体不可能以协同生长的方式进行体长的增长了，只能以顶端侵入生长的方式增加其体长。由于缺少了协同生长，因而使器官次生构造中纤维的长度常常短于初生构造中纤维的长度。例如大麻初生韧皮纤维的长度平均为 13 毫米，而次生韧皮纤维的长度则只有 2 毫米。

麻类植物的韧皮纤维（也叫做软纤维，soft fibers，如亚麻、苎麻、大麻等），可以用做纺织原料。好的麻类纤维（细胞长度长，细胞壁没有木质化或者木质化很轻微）可用以制造夏布、麻布等，次一点的可用以制造麻袋、麻绳等。考古学方面的证据显示，人类利用植物的纤维最少已有万年的历史了。

植物的支持有赖于机械组织，但这并不等于说植物体内的其他各种组织就没有支持植物体的作用。管胞和导管除具有输导作用外也有很大的支持作用。就是植物体内的薄壁组织，由于细胞的膨胀状态，对于植物体（特别是草本植物体）的支持也起着一定的作用。

4. 输导组织

很多植物的躯干非常高大，有一种桉树（王桉）高可达 100 米以上。物质在这样高大的植物体内的运输并不是一个简单问题。植物必须具备一套特殊的构造才能胜任如此长途的运输。输导组织（conduction tissue）就是特化成专管运输的一种组织。

---

① 协同生长 细胞生长时相邻细胞间的两层壁层（初生壁）的生长速度一致，因此协同生长没有改变相邻细胞间两层壁层原有的接触面，也就是说，没有在相邻细胞间形成新的接触面。这种细胞生长的方式叫做协同生长。年幼器官内各种新产生的年幼细胞都进行协同生长。

② 侵入生长 细胞生长时细胞的顶端或局部的突起进行伸长生长，挤入与其相邻的细胞之间，使相邻细胞间的两层初生壁层被撑开，然后细胞的顶端或局部的突起沿着被撑开的壁层向前生长，结果使被撑开的细胞与生长的细胞之间形成了新的接触面。这种细胞生长的方式叫做侵入生长。侵入生长发生在纤维、管胞、乳汁管，以及某些维管形成层（非叠生形成层）细胞和具有分枝的硬化细胞的生长过程中。

根据生理机能和形态构造的不同，输导组织又可以分为两类：一类是运输水分和无机盐的，这叫做导管（vessel）和管胞（tracheid）；一类是运输有机物质（光合产物、激素等）的，这叫做筛管（sieve tube）和筛细胞（sieve cell）。

（1）导管和管胞　导管是由多数上下互相连接着的圆筒形或棱柱体形的死细胞所组成的。导管形成时，导管细胞的体积迅速增大，细胞核的体积也增大，并通过核内复制（endoreduplication）形成为多倍体核，多倍体核增加了基因拷贝（gene copy）的数量，从而加快了壁物质的合成过程（见 Evert，2006），等到细胞和细胞核体积的增大停止后，细胞的侧壁则以不同的形式进行次生加厚和木质化，当侧壁的次生加厚和木质化完成后，导管细胞的液泡膜破坏消失，释放出液泡内的消化酶，使上下相连接的两个导管细胞之间的横壁溶解消失，最后使原生质体也消失，结果形成一条由许多死细胞所连接成的空管子，此即导管（图 2.32）。组成导管的每一个细胞叫做导管分子（vessel member）。

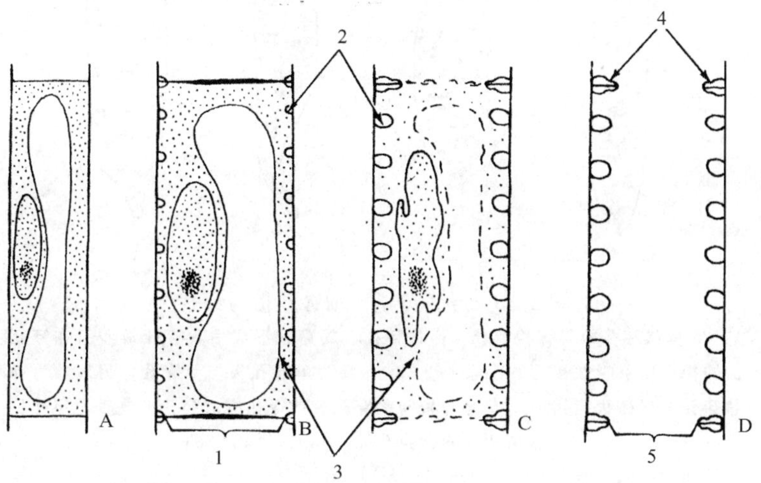

图 2.32　螺纹导管分子的形成过程（图解）

A. 形成导管分子的细胞　B. 细胞和细胞核体积的增大已经停止，次生壁开始形成，两端的初生壁增厚　C. 螺纹式的次生壁已经形成，液泡膜破坏，细胞核变形，部分端壁破坏　D. 成熟的导管分子，原生质体消失，细胞两端形成一个大穿孔　1. 增厚的初生壁　2. 次生壁　3. 液泡膜　4. 穿孔缘（即穿孔板的边缘，它是横壁遗留下来的一圈残余）　5. 穿孔

通常导管分子的横壁几乎完全消失，只多少剩留下一圈残余，叫做穿孔缘（perforation rim），结果形成一个大穿孔，这叫做单穿孔导管（simple perforation vessel）。有很多木本植物导管分子的横壁间隔地消失，结果形成数个至多个平行排列成梯形的穿孔，这叫做梯状穿孔导管（scalariform perforation vessel）。具有穿孔的横壁叫做穿孔板（perforation plate）。只含有一个穿孔的穿孔板叫做单穿孔板（simple perforation plate），含有一个以上穿孔的穿孔板叫做复穿孔板（multiple perforation plate）。复穿孔板的穿孔通常平行排列成梯形，这叫做梯状穿孔板（scalariform perforation plate）。梯状穿孔板都是或多或少地倾斜着，单穿孔板则常为水平的（图 2.33）。

导管壁次生加厚的形式有五种不同的类型，因而形成了五种不同类型的导管。它们是：环纹导管（annular vessel）、螺纹导管（spiral vessel）、梯纹导管（scalariform

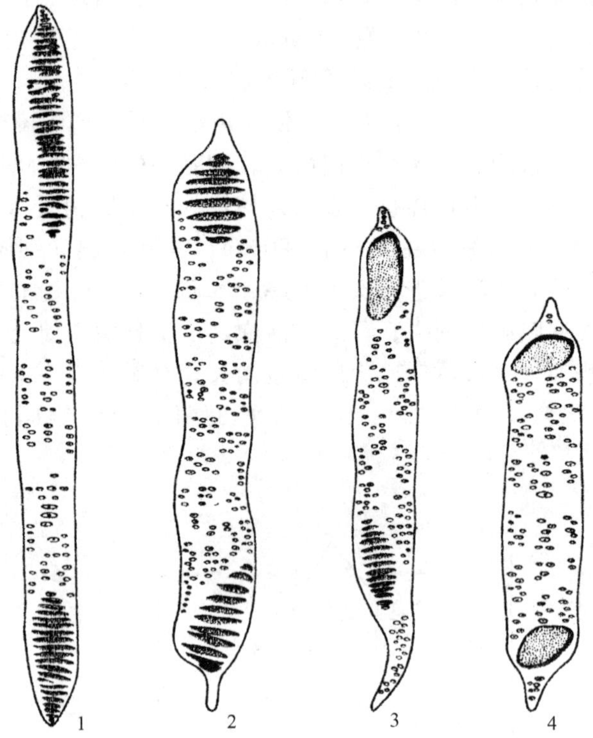

图 2.33　导管分子，示穿孔板与穿孔

1、2. 梯状穿孔板与梯状穿孔（梯状穿孔板的穿孔形成后，穿孔板残留在穿孔间的梯形横条叫做穿孔条，bars）　3. 一端为单穿孔板与单穿孔，另一端为梯状穿孔板与梯状穿孔　4. 单穿孔板与单穿孔（单穿孔板的穿孔形成后，穿孔板的残留边缘叫做穿孔缘，perforation rim）

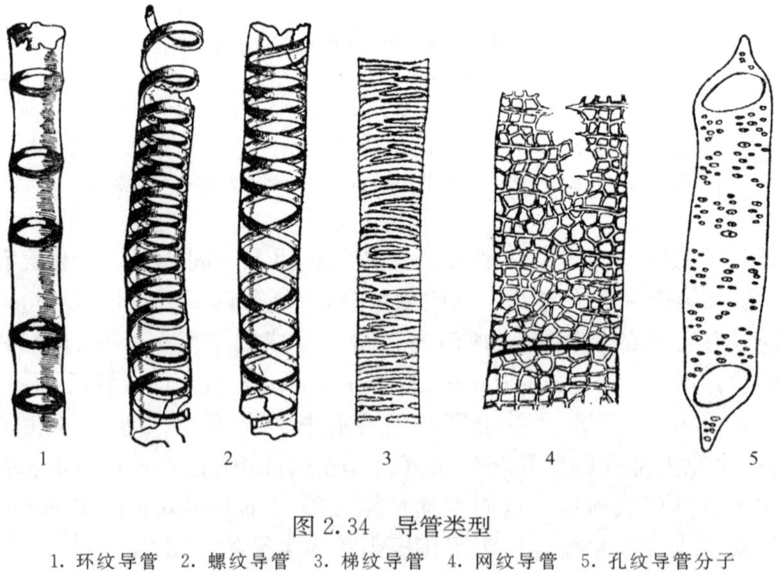

图 2.34　导管类型

1. 环纹导管　2. 螺纹导管　3. 梯纹导管　4. 网纹导管　5. 孔纹导管分子

vessel)、网纹导管（reticulated vessel）和孔纹导管（pitted vessel）（图 2.34，2.35）。必须了解，这五种不同类型的导管并不一定同时存在于某一植物体或某一植物器官内，并且两种导管类型之间可能还存在着过渡类型，如梯—网纹导管、网—孔纹导管等。

环纹导管的加厚部分（次生壁）形成为上下平行排列的环，环与环之间有相当的距离，环间仍为未经木质化具有一定可塑性的初生壁。螺纹导管的加厚部分成为一条或数条螺纹式的长条，长条有时还可以分枝。环纹导管和螺纹导管都具有一定的伸长能力，是植物器官中最早出现的导管类型，因为它们具有相当的伸长能力，所以并不妨碍器官的生长。梯纹导管的加厚部分成梯状，梯纹导管实际上就是一种螺纹导管，不过这种螺纹导管的螺纹较密，螺纹的倾斜度较低，同时螺纹间又有一定的纵的连接。网纹导管的加厚部分成不规则的网状。孔纹导管的壁普遍加厚，加厚部分成一整片。梯纹导管还多少有一点伸长能力，网纹导管和孔纹导管就没有伸长的能力了。

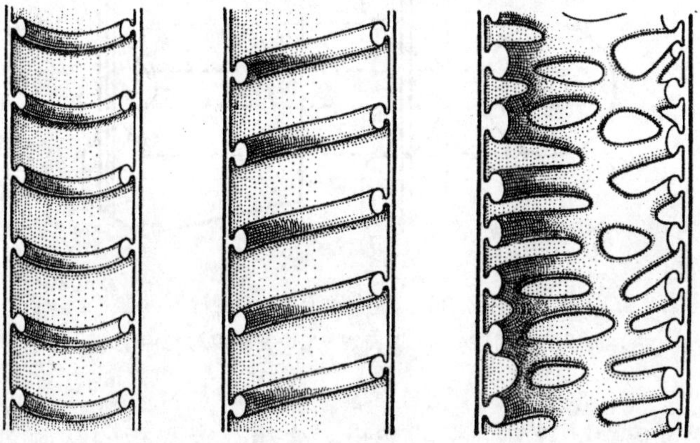

图 2.35　环纹导管、螺纹导管、梯纹导管的纵切面观

孔纹导管是最常见的一种导管类型。孔纹导管的壁虽然普遍地加厚，但仍有一些未加厚的地方，这些未加厚的地方形成一些微小的凹陷，此即纹孔。孔纹导管壁上的纹孔大多是具缘纹孔，不过也有些单纹孔。具缘纹孔的主要特点是具有纹孔缘。

如果孔纹导管与孔纹导管相邻时，相邻的孔纹导管间分布着具缘纹孔对。如果孔纹导管与薄壁组织相邻时，其间分布着半缘纹孔对（half-bordered pit pair）或者单纹孔对。所谓半缘纹孔对，指的是在导管一侧的纹孔是具缘纹孔，而在薄壁组织细胞一侧的纹孔则为单纹孔。也就是说，这种纹孔对是由具缘纹孔与单纹孔结合在一起形成的（图 2.36）。如果导管与纤维相邻时，其间没有纹孔对，或者只有少数的纹孔对。

导管分子的直径很大，切向直径多在 0.05～0.4 毫米之间，最粗的可达 1 毫米以上（某些藤本植物），在横切面上用肉眼就可以看到。导管分子的长度也很长，平均长度多在 0.2～1.4 毫米之间。由导管分子连接成的导管的长度则更长，一根导管的长度有的可以与植物体的体长相等（见 Metcalfe and Chalk，1983），不过多数植物导管的长度都在数厘米到数米之间，一般都在一米以下，通常只有数厘米。概括地讲，导管的长度与导管的粗度是相关的，即粗度越大，长度越长。

导管达到一定长度后即行闭合，形成盲端。上下相连接的导管以其盲端互相重叠衔接，水流从下面一个导管的盲端通过壁上的纹孔流入上面一个导管的盲端，如此一段一段地输送上去，所以水流在导管内的运输并不是成一直流，而是有一些曲折的。

由于导管具有木质化的厚壁，相当地坚固，因而可以不被压扁并且还具有一定的机械支持力量。又由于导管壁上仍有未加厚的部位（纹孔），水分可以通过这些未加厚的部位运往周围的组织中去。具缘纹孔能使管状分子[①]（tracheary element）更好地适应于水分的外运和机械的支持，因为在具缘纹孔部位次生壁以纹孔缘的形状拱盖着纹孔膜，这样既不妨碍水分的通过（纹孔膜薄并且没有木质化，水分易于通过，见 Diskison，2000；Evert，2006），纹孔缘又不十分减弱管状分子本身的坚固性质，因而也不十分减弱管状分子的机械支持机能。

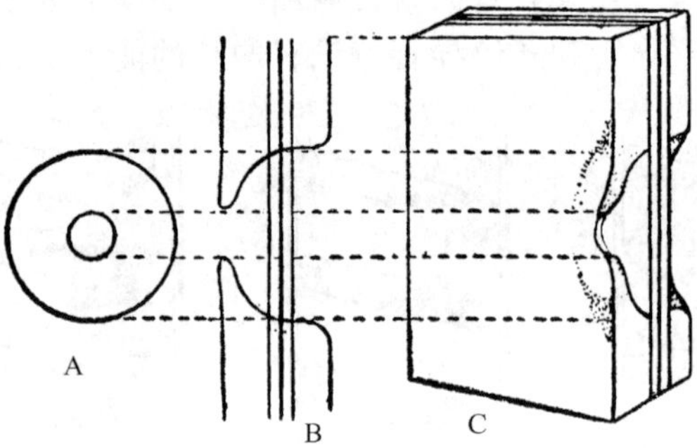

图 2.36 半缘纹孔对（图解）

A. 表面观 B. 切面观 C. 表面观与切面观

在植物的进化过程中，导管分子的变短、变粗，穿孔板的从倾斜到水平，从“复”到“单”是其演化的趋势。因此，凡是具有长而细、倾斜的复穿孔板的导管分子的植物种类在植物演化系统上是较为原始的类型，反之，则为较进化的类型。

管胞是一种长棱柱体形的细胞，两端凿形，在横切面上为方形或多角形，在纵切面上则为一长条（图 2.37，2.38）。松柏类植物管胞的直径平均多在 0.03～0.05 毫米之间，长度平均多在 3～5 毫米之间。被子植物的管胞细些、短些，直径多在 0.01～0.025 毫米之间，长度少有超过 0.5 毫米的。成熟管胞的原生质体已经消失，只剩留下一个大空腔。管胞具有木质化次生加厚的壁，壁加厚的形式和导管一样，也有五种不同的类型，因而也形成五种不同类型的管胞，即环纹管胞（annular tracheid）、螺纹管胞（spiral tracheid）、梯纹管胞（scalariform tracheid）、网纹管胞（reticulated tracheid）和孔纹管胞（pitted tracheid）（图 2.37，2.38）。两种管胞类型之间也可能有过渡类型。

松柏类植物孔纹管胞上的具缘纹孔的构造比较特殊，在它的纹孔膜的中央有一局部的圆形加厚部分，这叫做纹孔塞（torus）（图 2.37）（被子植物的具缘纹孔膜上一般没有这种构造）。纹孔塞有活塞的作用。当两个相邻管胞中水流的压力（负压力，因水流在管状分子中处于一种蒸腾拉力，transpirational pull，的上拉与水柱重力的下坠的紧张状态中，所以是负压力）大致相同时，水分可以通过纹孔膜的薄处自由扩散。但当两

① 导管和管胞或二者中之一，即导管和/或管胞，都可以称为管状分子。

个相邻管胞中水流的压力不同时，例如当其中的一个管胞中充满空气时，即水流的压力为零时，纹孔塞就被拉往压力（负压力）大的一边，即含有水流的一边，结果把纹孔口堵塞，以避免空气从充满空气的管胞进入含水管胞，因而使含水管胞中的水流中断。

每一个管胞自成一个导水单位。上下相连接的管胞两者的端部重叠衔接（图2.39），水流通过重叠处壁上的纹孔（重叠处壁上的纹孔较多）由下面的管胞运送至上面的管胞，好像是接力赛跑一样。

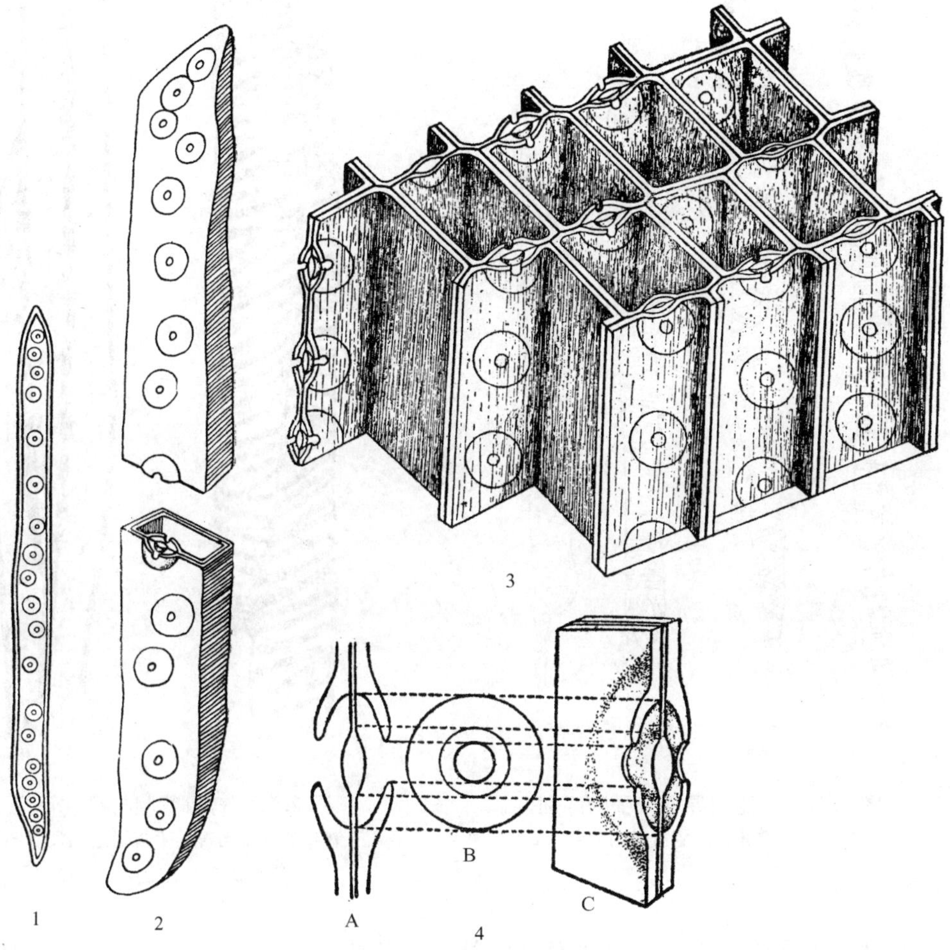

图 2.37 孔纹管胞的表面观与切面观

1. 一个孔纹管胞的表面观 2. 一个孔纹管胞的表面观与切面观 3. 一群孔纹管胞的表面观与切面观 4. 孔纹管胞壁上的具缘纹孔对（图解） A. 切面观 B. 表面观（第一个圆圈为纹孔室周边的表面观，第二个圆圈为纹孔塞周边的表面观，第三个圆圈为纹孔口周边的表面观，在切片标本上纹孔塞周边的表面观一般是不容易看到的） C. 表面观与切面观

管胞的主要机能是导水，次要的机能是机械支持，即管胞担负着导水和机械支持双重机能。但管胞导水的效果远不如导管，机械支持的效果远不如纤维。这说明管胞在形态构造上还没有十分特化，所以管胞在进化系统上是比较原始的组织。更为进化的组织（被子植物木质部中的导管和纤维）是由管胞朝着两个不同的发展方向——输导水分和机械支持演化而成的。管胞主要分布在裸子植物体内，被子植物体内含量较少。

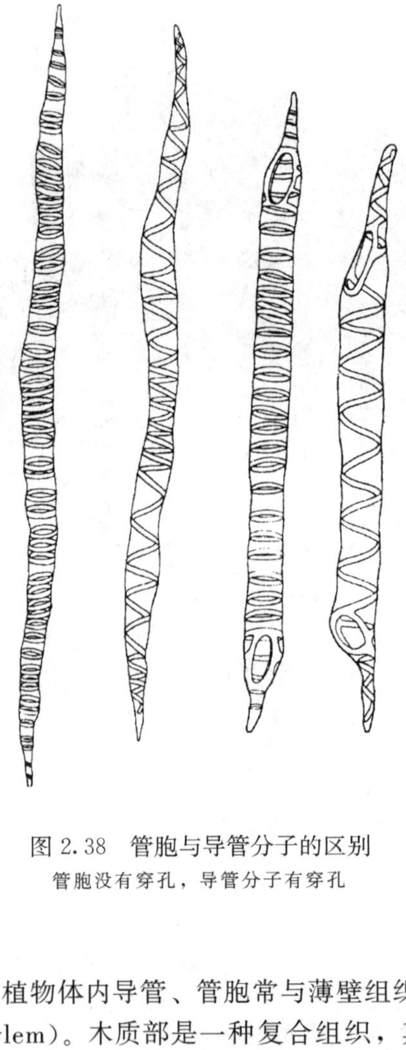

图 2.38 管胞与导管分子的区别

管胞没有穿孔，导管分子有穿孔

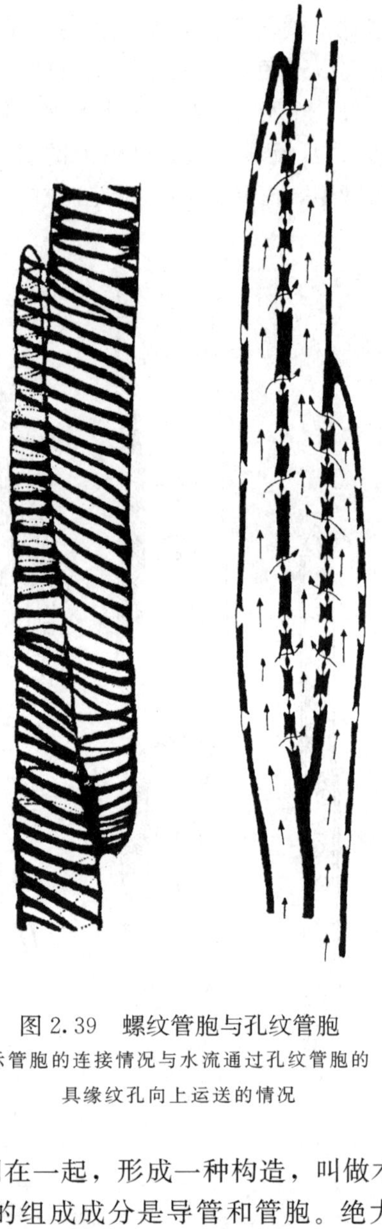

图 2.39 螺纹管胞与孔纹管胞

示管胞的连接情况与水流通过孔纹管胞的具缘纹孔向上运送的情况

在植物体内导管、管胞常与薄壁组织和纤维排列在一起，形成一种构造，叫做木质部（xylem）。木质部是一种复合组织，其中最主要的组成成分是导管和管胞。绝大多数裸子植物的木质部中没有导管，其中最主要的组成成分是管胞。木质部具有输导水分、机械支持和贮藏食物（薄壁组织）的机能。

（2）筛管和筛细胞　筛管是由一列上下互相连接着的长棱柱体形或长圆筒形的活细胞所组成的（图 2.40）。组成筛管的每一个细胞叫做筛管分子（sieve tube member）。筛管分子的直径平均约为 10～50 微米，纵长多在 100～500 微米之间，一般不超过 1000 微米。筛管分子具有未经木质化的纤维素壁，壁的厚度因植物种类的不同而不同，有的较薄，有的甚厚，但通常都较其周围薄壁组织细胞的壁略厚。当观察具有厚壁的筛管分子的新鲜材料的横切片时，壁特别明亮，呈现出珍珠光泽，借此以资识别。在永久制片上，筛管分子的内含物无色或着色较浅，借此也可能与相邻的薄壁组织细胞区别开来。

在筛管分子的横壁和侧壁上有许多小孔，叫做筛孔（sieve pore）。筛孔成堆地聚集在横壁和侧壁的一些凹陷处，形成一种筛状构造，叫做筛域（sieve area）（图 2.41）。筛域实际上就是特化的纹孔（初生纹孔场），不过筛域具有较纹孔膜上的孔更粗的孔（即筛孔）而已。筛孔内有一种叫做胼胝质（callose）的多糖类物质衬贴在筛孔的内表面，形成一种筒状构造（图 2.42）[①]，筒内有较粗的原生质丝通过。这种较粗的原生质

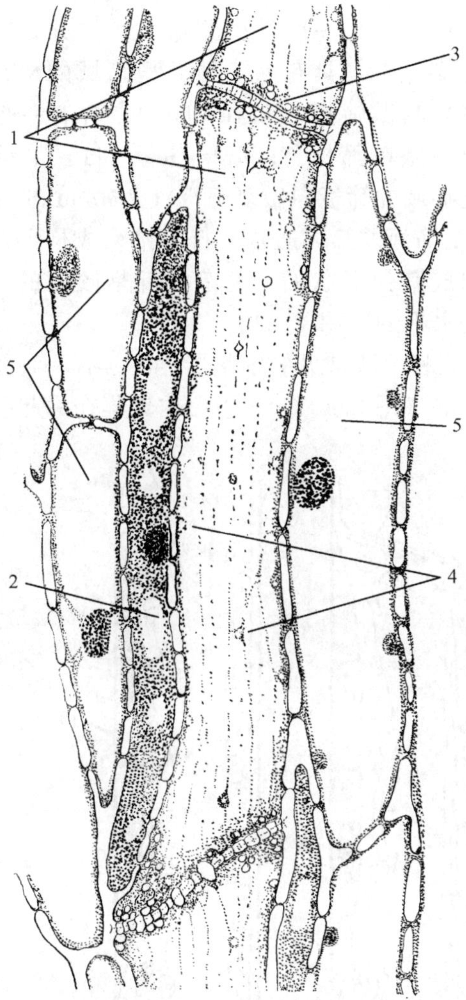

图 2.40　烟草茎韧皮部纵切，示筛管与伴细胞

1. 筛管　2. 伴细胞　3. 筛板　4. 质体

5. 韧皮薄壁组织

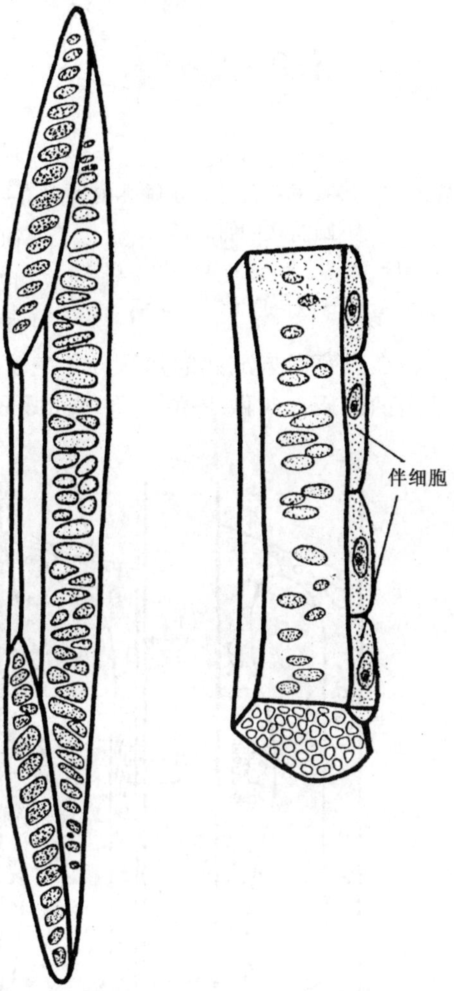

图 2.41　筛管分子,示分布在端壁与侧壁上的筛域

左：筛管分子具有倾斜的复筛板，筛域的筛孔较细小

右：筛管分子具有水平的单筛板，筛孔较粗大

① 未经过制备观察材料处理的筛管分子的筛孔内是否含有胼胝质筒？这还是一个问题。有人认为胼胝质筒是筛管分子受到了机械损伤或制备筛管分子观察材料时的杀生处理所造成的一种人工现象，在有功能的韧皮部中胼胝质筒可能是并不存在的。但也有人认为胼胝质筒的形成是筛管分子发育的一个独特的特征（见 Dickison，2000；Beck，2005）。

丝叫做联络索（connecting strand）。联络索与胞间连丝都是原生质丝，但前者比较粗并被胼胝质筒围绕着。联络索使上下相接和左右相邻的筛管分子的原生质体互相联系起来。

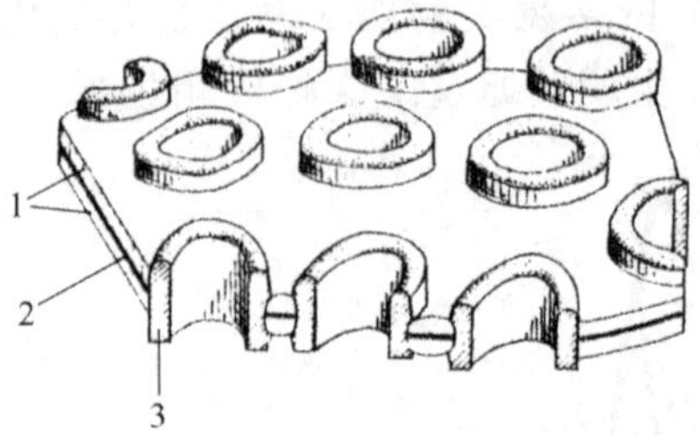

图 2.42 筛板的一部分，示筛孔内表面圆筒状的胼胝质

1. 初生壁 2. 中层 3. 胼胝质筒衬贴在筛孔的内表面

筛域有两种类型：一种类型的特化程度较低，具有较细的筛孔；另一种类型的特化程度较高，具有较粗的筛孔。前一种类型的筛域分布在筛管分子的侧壁上，后一种类型的筛域通常分布在筛管分子的横壁上。具有后一种类型筛域的壁（通常是横壁）叫做筛板（sieve plate）。含有一个筛域的筛板叫做单筛板（simple sieve plate），含有一个以上筛域的筛板叫做复筛板（compound sieve plate）。复筛板的筛域通常平行地排列成梯形，但也有排列成其他形状的。复筛板都是倾斜的，单筛板多是水平的（图 2.41）。

正在发育尚未成熟的筛管分子中含有细胞核和一般常见的细胞器，还含有一种蛋白质性质的黏质，叫做 P-蛋白质（phloem protein）（图 2.43）。P-蛋白质聚集在一起，形

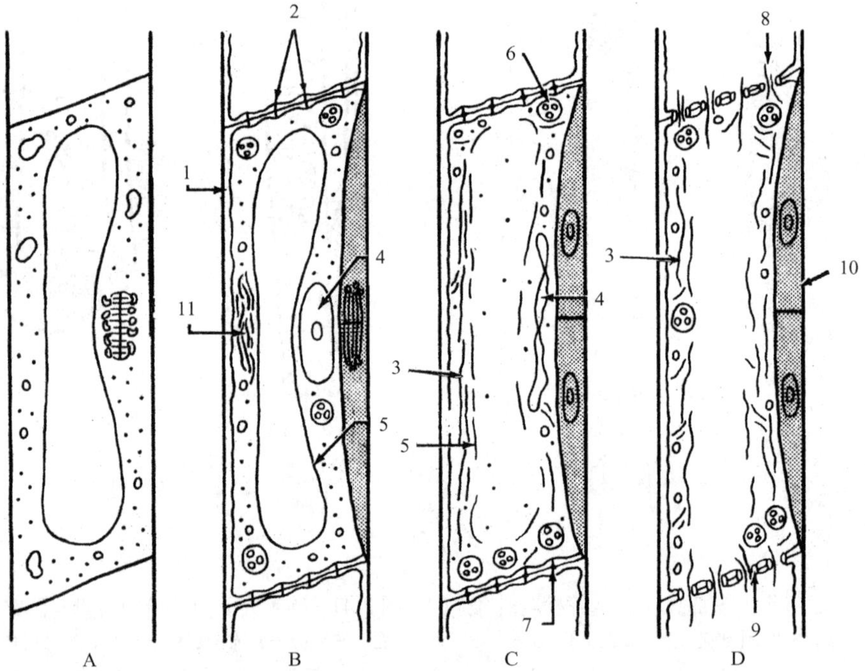

图 2.43 筛管分子的形成过程（图解）

A. 形成筛管分子的细胞正在进行细胞纵分裂 B. 纵分裂已经完成 C. 筛管分子的细胞核正在退化，部分液泡膜破坏，P-蛋白质已分散开 D. 成熟的筛管分子，筛孔明显，胼胝质衬贴在筛孔的内表面 1. 初生壁 2. 胞间连丝 3. P-蛋白质 4. 细胞核 5. 液胞膜 6. 质体 7. 增大的胞间连丝孔道（形成将来的筛孔） 8. 筛孔 9. 胼胝质 10. 伴细胞 11. 由 P-蛋白质聚集成的纺锤形 P-蛋白质体

成一至多个通常为卵球形或纺锤形的构造，叫做P-蛋白质体（P-protein body）（图2.43-B）。但在已发育成熟的筛管分子中，细胞核已退化消失，液泡膜也消失，因此液泡也消失，细胞液与细胞质混合在一起，细胞质被稀释。与细胞核和液泡膜消失的同时，P-蛋白质体也解体，分散开来，分布在细胞质的外周（图2.43-C）。此时若在光学显微镜下观察已成熟的筛管分子的制片标本时，由于制片时操作的损伤，使P-蛋白质堆积在筛板上，形成一种塞状构造，叫做黏质塞（slime plug）（图4.48）。黏质塞将筛管堵塞，借以防止筛管内含物的漏出。若在电子显微镜下观察完全成熟的筛管分子时，

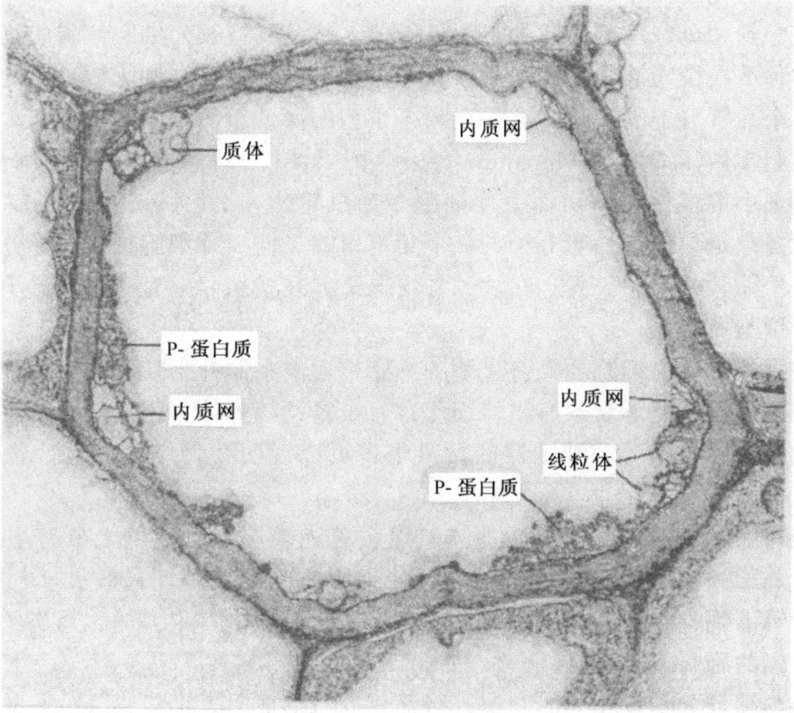

图2.44　笋瓜筛管分子横切，示成熟筛管分子的构造

可以看到P-蛋白质常为管状的（tubular form）细丝，内质网大多数形成为一种复杂的网状构造（见Evert，1990。2006），质体基本上有两种类型，一种类型含有淀粉粒，另一种类型含有蛋白质沉积物，前者叫做淀粉型（S-type）质体，后者叫做蛋白质型（P-type）质体，这两种类型的质体还可以再进一步地分成为不同的小类，质体亚显微构造（即电子显微镜下的构造）的不同类型具有一定的分类学意义，线粒体的外观正常，没有发生什么变化。上述的P-蛋白质、内质网、质体、线粒体等结构都分布在筛管分子的外周（图2.44），细胞核、液泡、高尔基体、核糖体、微管、微丝等均已消失。分布在筛管分子外周的细胞器各被一种微小的化学性质不详的钳状构造（clamp-like structure）将彼此互连并使其与质膜相连，借此避免被筛管中的运输液流所冲走。由于P-蛋白质的连接稍欠牢固，所以当筛管分子受到机械损伤时，P-蛋白质能够迅速形成黏质塞，以防止筛管内含物的漏出（见Beck，2005）。

筛管的有效期限很短，在草本植物也就是一年，在木本植物一般地也只有一年，多则两年或三年，但某些没有次生生长的木本单子叶植物（如棕榈）筛管的有效期可以长达 100 年或更长！筛管的失效乃是由于本身的被堵塞。堵塞的原因是因为在筛板上形成了一种由胼胝质所构成的垫形覆盖物，叫做胼胝体（callus），胼胝体将筛管堵塞。葡萄属植物筛管的有效期限为两年，这类植物到春天时堵塞筛管的胼胝体能够消失，使筛管重新恢复了活动。活筛管依靠细胞的涨压维持自己的形状，当筛管死亡失效后，涨压失去，筛管即被周围的活组织所压扁。

在植物的进化过程中，筛管分子和导管分子一样，变短、变粗，筛板从倾斜到水平，从“复”到“单”是其演化的趋势。因此，凡是具有长而细、倾斜的复筛板的筛管分子的植物种类在植物演化系统上是较为原始的类型，反之，则为较进化的类型。

在每一个筛管分子的旁边，有一至数个小型的薄壁组织细胞与之相邻。这种小型的薄壁组织细胞叫做伴细胞（companion cell）（图 2.40，2.41）。伴细胞为细长棱柱体形，较筛管分子细小得多。在横切面上伴细胞多为三角形，有时为方形。在横切面上观察时，它常常好像是包被在筛管分子的一个角落里的一样。伴细胞可与筛管分子的长度相等，也可短于筛管分子的长度。在后一种情况下，在横切片上有些筛管分子的旁边很可能看不到伴细胞。

伴细胞含有浓厚的细胞质，有显著的细胞核，故在制片上较周围的薄壁组织细胞染色较深。在电子显微镜下观察时，伴细胞含有丰富的核糖体，很多的线粒体，还含有很多质体和大量的内质网等。细胞器的含量很多可以说明在伴细胞内进行着活跃的代谢活动。

伴细胞与筛管分子之间的壁较薄或较厚，若为较厚时，则壁上具有很多明显的凹陷。在筛管分子一侧的凹陷叫做筛域，在伴细胞一侧的凹陷叫做纹孔（初生纹孔场）。在电子显微镜下观察时，在伴细胞与筛管分子之间的壁内有很多的胞间连丝穿过，并且在伴细胞一侧的胞间连丝通常是分枝的。

伴细胞与筛管分子有相同的起源。当筛管分子形成时，形成筛管分子的细胞经过一次不均等的纵分裂，产生一个大细胞和一个小细胞（图 2.43-A，-B），大细胞发育成筛管分子，小细胞发育成伴细胞。有些植物种类发育成筛管分子的大细胞可以再继续纵分裂 1～2 次，再产生 1～2 个小细胞。在这种情况下，在一个筛管分子的旁边就可能有 2～3 个伴细胞。有些木本植物次生韧皮部中发育成伴细胞的小细胞能够进行几次横分裂，产生数个伴细胞。在这种情况下，在一个筛管分子的旁边有一直行伴细胞。当筛管分子死亡失效后，与之相邻的伴细胞也死亡。

根据电子显微镜的观察，很多草本双子叶植物小型叶脉韧皮部中伴细胞的壁在很多处局部地向细胞腔内凸出生长，形成许多长短不同的突起。这些突起大大地增加了细胞壁与质膜的接触面积，亦即大大地增加了原生质体的表面面积，从而大大地增加了物质进入或离开细胞的途径。细胞壁向细胞腔内生出的这种长短不同的突起（次生壁）叫做传递壁（transfer wall），也叫做壁突（wall protuberance）。具有传递壁的薄壁组织细胞叫做传递细胞（transfer cell）（图 2.45）（Gunning *et al.*，1968）。传递细胞存在于植物体的很多种构造中，特别是广泛存在于小型叶脉的木质部和韧皮部，茎节部位叶迹的木质部和韧皮部中。传递细胞担负着细胞间短距离横向运输的作用。具有传递壁的伴细胞是一种传递细胞，它担负着将物质运进或运出筛管的细胞间短距离的横向运输的作用。不具有传递壁的伴细胞也担负着同样的作用，不过效率低一些就是了。

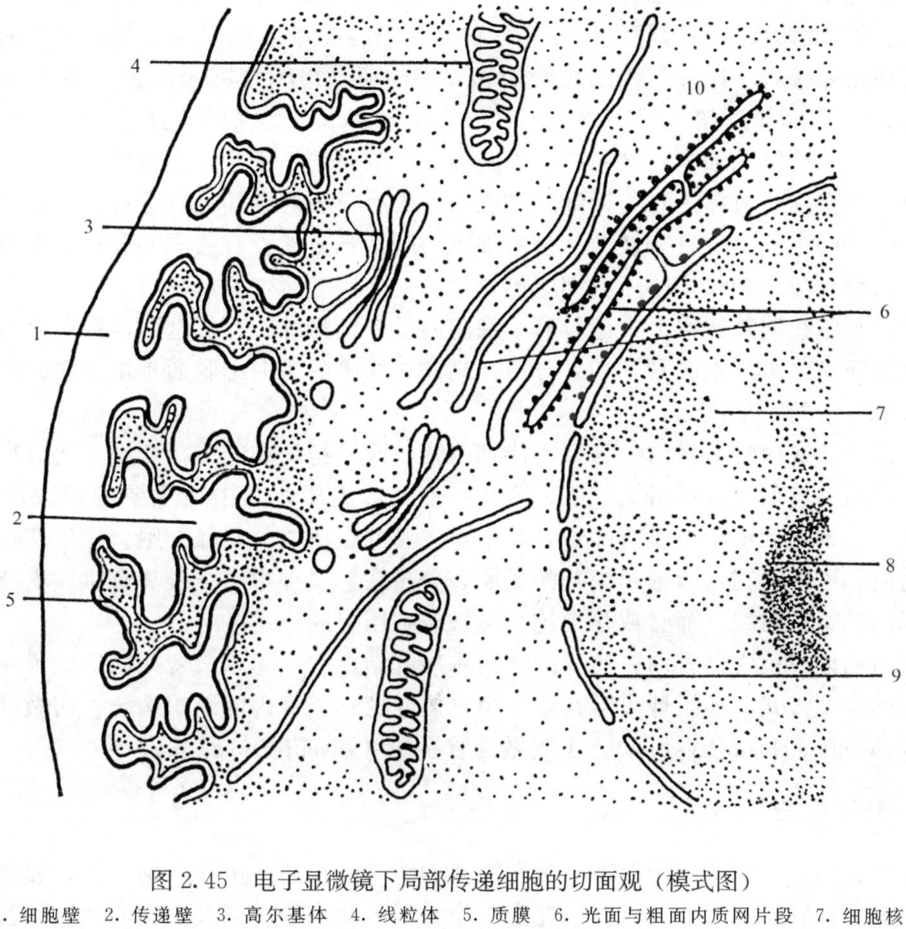

图 2.45 电子显微镜下局部传递细胞的切面观（模式图）

1. 细胞壁 2. 传递壁 3. 高尔基体 4. 线粒体 5. 质膜 6. 光面与粗面内质网片段 7. 细胞核 8. 核仁 9. 核膜 10. 胞基质

伴细胞除具有将物质运进或运出筛管的细胞间短距离的横向运输的作用外，根据筛管分子已失去细胞核因此已失去控制筛管分子代谢活动的能力和伴细胞与筛管分子在发育上的密切关系，两者间的壁内有很多的胞间连丝穿过以及两者的同生共死三点原因，推测有细胞核的伴细胞对于维持无核的筛管分子的生活和生理机能具有密切的关系（例如筛管分子生活所必需的 ATP、蛋白质、信息分子等可能都是由伴细胞通过胞间连丝的提供的），它们很可能共同形成了一种在构造上和功能上的单位。

在裸子植物体内没有由多细胞连接成的筛管，有机物质的输导是由单个的细胞来完成的。这种细胞叫做筛细胞（图 4.76）。筛细胞是活细胞，细胞长而细，长度在 1 毫米以上（松柏类植物次生韧皮部中筛细胞的长度为 1.5～5 毫米），成熟后无核，无液泡，只含有内质网、线粒体和质体。筛细胞的筛域分布在筛细胞的纵壁上，特别是上下相衔接的筛细胞在壁的衔接重叠处筛域更多些。筛域具有较细小的筛孔并且筛细胞上筛孔的粗细都是相等的，因此筛细胞没有因筛孔粗细的不同而形成为两种不同类型的筛域，也就是说，裸子植物的筛细胞没有筛板。裸子植物的筛细胞内也没有 P–蛋白质，筛细胞的旁边也没有伴细胞。

虽然在裸子植物的筛细胞的旁边没有伴细胞的存在，但在裸子植物韧皮部中的韧皮薄壁组织和/或韧皮射线薄壁组织中有一种与伴细胞的作用相类似的薄壁组织细胞与筛细胞密切地邻接着。这种与筛细胞密切相邻接的薄壁组织细胞叫做蛋白细胞（albuminous cell），也叫做斯超氏巴盖细胞（Strasburger cell）。蛋白细胞由韧皮薄壁组织和/或韧皮射线薄壁组织细胞发育而成，细胞内含有浓厚的细胞质，大量的内质网，丰富的核糖体和很多的线粒体。它与筛细胞之间的壁内有很多的胞间连丝穿过，并且在蛋白细胞一侧的胞间连丝也是有分枝的。蛋白细胞与筛细胞虽然没有共同的起源，但当筛细胞死亡失效后，与之相邻接的蛋白细胞也死亡。

蛋白细胞在制片标本上染色较深，细胞内没有淀粉的积存。这两点可以使蛋白细胞与相邻的薄壁组织细胞区别开来。分布在韧皮射线中的蛋白细胞通常位于射线的上下两方，形成射线的上下边缘。

在植物体或植物器官内，筛管、伴细胞常与薄壁组织和纤维排列在一起，形成一种构造，叫做韧皮部（phloem）。韧皮部是一种复合组织，其中最主要的组成成分是筛管。裸子植物的韧皮部中没有筛管，其中最主要的组成成分是筛细胞。韧皮部具有输导有机物质和贮藏食物（薄壁组织）的机能，分布在韧皮部中的纤维具有机械支持和保护韧皮部内的柔软组织（筛管或筛细胞）不被挤破压扁的作用。

在植物体或植物器官内，韧皮部常与木质部结合在一起，二者共同形成了一种按照着一定的排列方式，连续地贯穿在整个植物体或植物器官内的组织系统，叫做维管组织系统（vascular tissue system），也叫做维管系统（vascular system）。

5. 分泌组织

在植物的生活中除产生植物本身所需要的物质外，还产生某些副产品，如鞣质、树脂、树胶、橡胶、挥发油、黏质、花蜜、植物碱、无机盐、草酸钙结晶体等。若单从植物代谢活动的角度来考虑，这些产物以后不会再参加植物的代谢活动了，成了废料。它们或是向外分泌排出到细胞的外面，或是向内分泌积存在细胞的内部。凡是能够分泌这些产物的组织叫做分泌组织（secretory tissue）（见 Fahn，1979）

过去曾认为这些不再参加植物代谢活动的产物是一些废料，但近年来则认为这些产物虽然不再参加植物的代谢活动了，但它们对于植物的生存和繁殖却具有重要的作用。例如植物碱、鞣质等可以阻止植物体被动物的吞食或被微生物所感染；挥发油、花蜜等能够招引昆虫代为传粉，从而完成了植物的繁殖，等等。

分泌组织的分泌物可能由分泌组织直接形成，例如腺毛分泌的挥发油，分泌道分泌的树脂等都是由分泌组织直接形成的，也可能由维管组织运输而来。这一类分泌物通常不再经过分泌组织的改变或只经过一些轻微的改变就分泌出去，例如排水器分泌的水液，蜜腺分泌的花蜜等都是由维管组织运输来的。

分泌组织的种类多，来源复杂，构造也很不相同，在植物体内的分布部位也不一样，有的分布在植物体的内部，有的分布在植物体的外表面，因植物种类的不同而各异。分泌组织具有重要的分类学意义，往往可以做为整个目（order）的鉴定特征

(Solereder, 1908)。下面简略地加以介绍。

(1) 分泌细胞　分泌细胞 (secretory cell) 在植物体内并不聚集在一起，不形成连续的细胞群，它们通常是单个细胞散布在植物各种器官的薄壁组织中。虽然它们不形成连续的细胞群，但它们是执行相同的生理机能和具有相同的形态构造，分布在薄壁组织中的一群细胞，所以仍被视为是一种组织[①]。分泌细胞的形状和大小可以与其周围相邻的薄壁组织细胞相同，但通常与其周围相邻的薄壁组织细胞有显著的差异，常形成为伸长的囊形、管形或分枝形。

分泌细胞所分泌的分泌物不向细胞外排出，而是向细胞内分泌积存在细胞内部，其分泌物因植物种类的不同而不同。有的分泌鞣质，有的分泌树脂，有的分泌挥发油（这叫做油细胞，oil cell)，还有的分泌树胶、黏质或草酸钙结晶体（图 4.50）等。用樟木（银木）制造的箱子的香味就是樟木的木材内含有的油细胞所分泌的一种挥发油的香味。

有些植物（如樟科、蜡梅科、木兰科、胡椒科、天南星科等）的茎和叶中含有油细胞。油细胞是一种体积较大的薄壁组织细胞，细胞壁经过了栓质化，具有初生壁、栓质层、纤维素内壁（后二者为次生壁）三层构造。细胞内含有一种积存挥发油的腔，叫做油腔（oil cavity)。油腔附着在从纤维素内壁的一定位置上生出的一种叫做杯状托（cupule）的杯状突起物上（图 2.46-A）。若从组织发生的角度来看，油腔实际上是杯状托和与其相邻接的质膜两者之间由于积聚挥发油因而使两者互相分离开来所形成的一个腔，腔内积存着可能是在质体（白色体）内合成的挥发油，所以叫做油腔。随着挥发油的积聚油腔的体积逐渐扩大，结果使油腔占据了细胞体积的大部分，细胞质被挤压成一薄薄的被质膜包被着的贴壁层，包被着油腔。当油细胞完全发育成熟后，原生质体死亡。这时整个油细胞形成为一个充满挥发油和一些细胞质残余物的死细胞。由于油细胞的壁经过了栓质化，因而使具有潜在毒性的积存物质不可能扩散出来，所以不会影响相邻活细胞正常的生命活动。

(2) 腺毛　腺毛 (glandular hair) 一般是由多细胞构成的一种表皮毛。很多植物的表皮上都生有腺毛。腺毛有一头部和柄部（图 2.46-B)。头部略为球形，有的为盾片状，由一至数个细胞所构成。头部细胞外被角质层，内含浓厚的细胞质和显著的细胞核，有多量的线粒体、内质网和/或高尔基体等，它们具有分泌能力。分泌亲水物质（如花蜜、黏液、无机盐等）的腺毛其头部细胞常具有传递壁，传递壁可能具有将分泌物运出分泌细胞的作用。柄部就是腺毛的柄，也是由一至数个细胞构成的。柄部细胞没有分泌能力。很多腺毛基部的柄细胞的侧壁完全经过了角质化或栓质化，借此可以防止分泌物通过柄部细胞的侧壁发生倒流。有些腺毛的构造比较复杂，构造比较复杂的腺毛又叫做腺体（gland)。

腺毛的分泌物主要是挥发油，此外还有分泌花蜜、黏液、树脂、无机盐的，甚而还有分泌消化酶的，例如食虫植物的腺毛即是。腺毛的分泌物不是积存在细胞内部，而是

---

① 早期的研究者将这种具有一定的形态构造和生理机能，单个细胞分布在其他组织中的细胞称之为异细胞 (idioblast)，也有的研究者将其称之为分散组织（diffuse tissue）（见 Haberlandt, 1914)。实际上，在植物的生活中，这种由单个地分布在其他组织中的一群细胞所构成的组织可能是更适合于担负植物某种特定的生理机能的，它的形成显然是更符合于“节约材料”(economy of material) 的经济性原则，它也是植物细胞在生理机能上细致分工的产物，故而本书认为它是一种组织。

排泄到细胞外面。分泌物通常是先积存在头部细胞的外壁（实际上是细胞外壁的内层）与角质层（即角质膜）之间，使二者分离开来（图 2.46-B），然后有的角质层被涨破，也有的角质层上有穿孔，借此将分泌物排泄出去。也有的借头部细胞的破裂将分泌物排泄出去，例如灰毛滨藜的泡状腺毛就是这样的（图 4.125）。

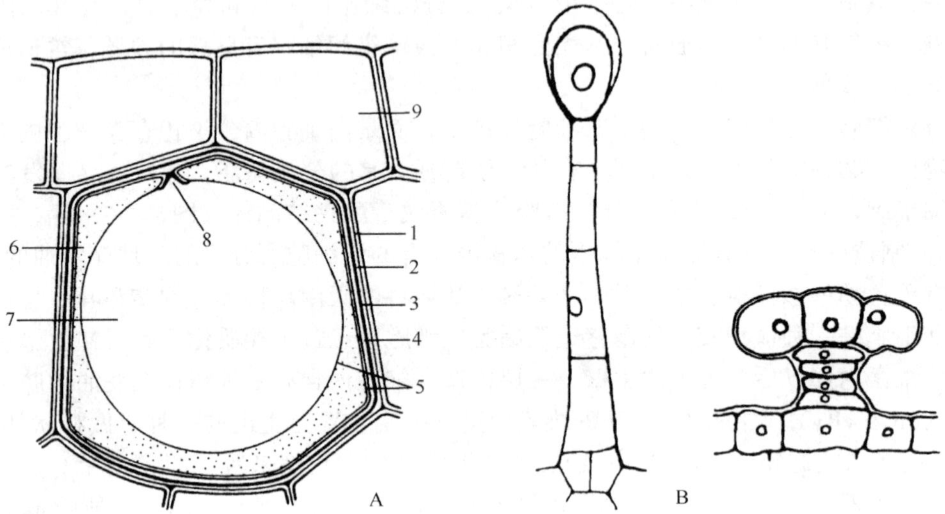

图 2.46　分泌细胞（油细胞）与腺毛

A. 月桂叶横切，示油细胞构造（图解）　1. 中层　2. 初生壁　3. 栓质层　4. 内壁（由纤维素构成）　5. 质膜　6. 细胞质　7. 油腔　8. 杯状突起物（杯状托）　9. 表皮细胞　B. 腺毛左方腺毛头部细胞的角质膜已与细胞的外壁分离开来

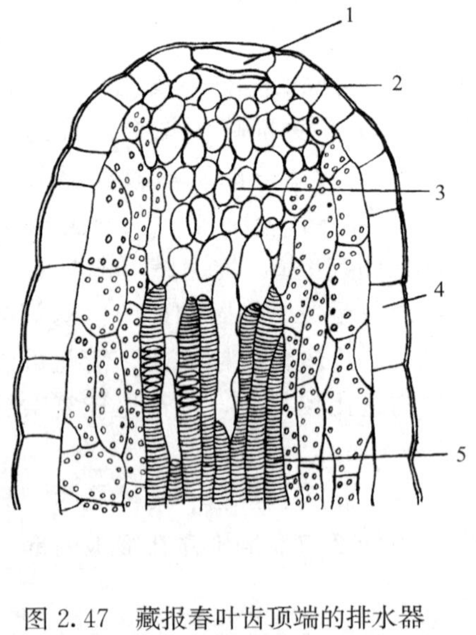

图 2.47　藏报春叶齿顶端的排水器

1. 保卫细胞　2. 气室　3. 通水组织　4. 表皮　5. 管胞

（3）排水器　很多陆生植物的叶缘或叶的尖端，特别是叶齿的顶端具有一种分泌水液的构造，叫做排水器（hydathode）。排水器的顶端有一至数个孔，这些孔是水液的排出孔。例如藏报春的排水器（图 2.47）位于叶齿的顶端，在这种排水器的顶端具有一个孔，孔的两侧有一对没有关闭能力的保卫细胞围绕着。这种保卫细胞和普通的保卫细胞很相似，但体积较大些，因此排水器的孔也较大些。由于围绕着孔的保卫细胞没有关闭能力，所以排水器的孔总是张开着的。孔的下面有一气室，气室的下面有一些排列疏松不含叶绿体的小型薄壁组织细胞，叫做通水组织（epithem）。通水组织与叶脉顶端的管胞直接邻接着，这种叶脉的顶端没有束鞘（图 2.47）。当空气的湿度高时，水液被根压压送着从管胞通过通水组织的细胞间隙以

液滴的状态自排水器的孔分泌出来。植物的这种排水现象叫做吐水作用（guttation）。

生长在潮湿地区的植物多具有排水器。当土壤湿度高而植物的蒸腾作用低时，过剩的水分通过排水器的孔排泄出来。

（4）蜜腺　蜜腺（nectary）的分泌物是一种含有糖分（主要是蔗糖）的蜜汁，叫做花蜜（nectar）。蜜腺可分为两类：一类叫做花蜜腺（floral nectary）；一类叫做花外蜜腺（extrafloral nectary）。花蜜腺着生在花的各组成部分上，例如花托上，花萼或花冠的基部，花丝上，子房的基部或下位子房的花柱的基部，还有的着生在从萼片或花瓣上生出的一种管状附属物（叫做距）内。花外蜜腺则着生在花的组成部分之外，通常着生在叶柄（如蓖麻）、叶齿或托叶上，也有的着生在总苞（图 2.48-B）上，花序轴或茎上。花外蜜腺多见于双子叶植物，单子叶植物中少见。花外密腺一般与植物的繁殖无关，但也有些植物的花外蜜腺（如着生在一品红花序总苞上的花外密腺）则具有招引传粉昆虫的作用（见 Evert，2006）。

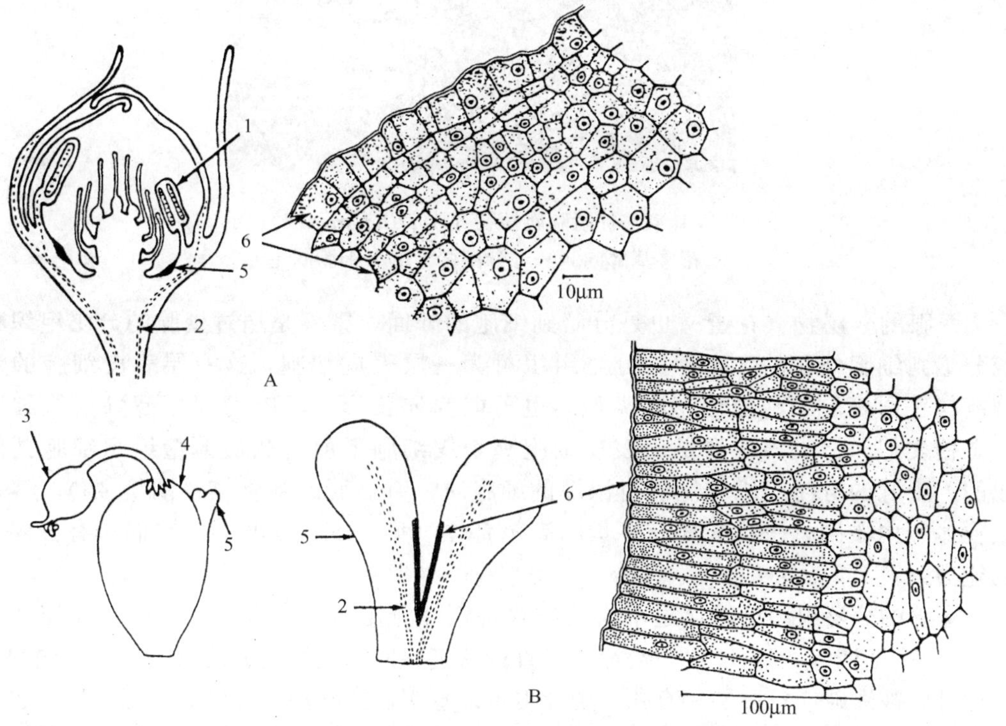

图 2.48　蜜腺

A. 草莓花芽纵切，示位于花筒内表面的蜜腺及由蜜腺的表皮层和表皮层下面的数层薄壁组织所构成的分泌组织　B. 一品红花序，示位于总苞上的蜜腺及由蜜腺的表皮层和表皮层下面的两、三层薄壁组织细胞所构成的蜜腺分泌组织　1. 雄蕊　2. 维管组织　3. 雌花　4. 总苞　5. 蜜腺　6. 蜜腺分泌组织

蜜腺有不同的形状，有小瘤形的（图 5.2），圆环形的，还有二裂的（图 2.48-B），喇叭形的等等。也有的蜜腺在外观上为聚集在一起的一堆表皮毛，即分泌蜜汁的一堆腺毛（图 2.49），也有的蜜腺由退化的雄蕊形成，还有的蜜腺在外观上并没有什么特别的

形态，这种蜜腺位于所在部位的表面，形成一种腺表面（图 2.48-A），从外表上难以识别。

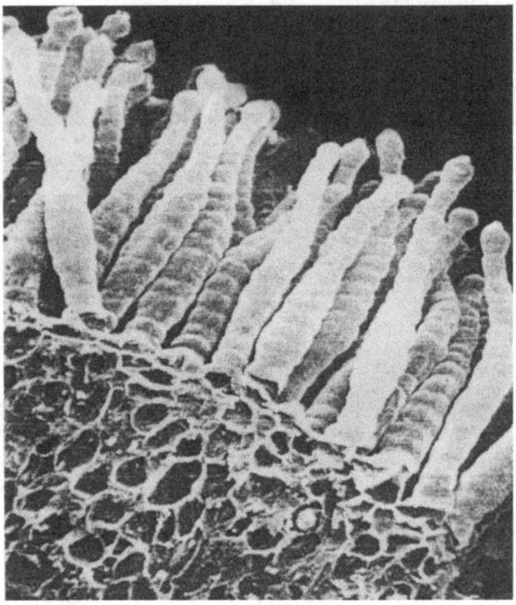

图 2.49　一种苘麻属植物（*Abutilon pictum*），示花萼基部内侧一堆分泌蜜汁的多细胞腺毛

密腺的分泌物（花蜜）也是分泌到细胞的外面，蜜腺是通过蜜腺的分泌组织将花蜜分泌到细胞外面的。蜜腺的分泌组织可为一层表皮细胞，这一层表皮细胞的形态可能与普通表皮细胞的形态相类似，也可能为伸长形，与叶的栅栏薄壁组织细胞的形态相类似，但大多数都是由表皮细胞和表皮细胞下面的数层薄壁组织细胞共同构成的。蜜腺的分泌组织细胞含有浓厚的细胞质，有显著的细胞核（图 2.48），多量的线粒体和内质网，也可能还有多量的高尔基体（见 Evert，2006）。它们具有分泌蜜汁的能力。

蜜腺的分泌组织可以通过不同的方式将蜜汁分泌出来。有些蜜腺的角质层发育微弱，没有可以辨认的角质层，蜜汁可以直接从蜜腺的表皮细胞分泌出来，有些蜜腺的角质层可以被涨破或角质层上有孔，蜜汁也可以直接从蜜腺的表皮细胞分泌出来，也有很多蜜腺的分泌组织将蜜汁先分泌到其薄壁组织的细胞间隙中，然后通过蜜腺表皮层上总是张开着的气孔将蜜汁分泌出来（见 Fahn，1979，1990；Necolson，2007），还有些蜜腺是由聚集在一起的一堆表皮毛（腺毛）来分泌蜜汁的，这种腺毛的头部细胞内充满浓厚的细胞质，有显著的细胞核，多量的线粒体和内质网，有的其与外界环境相接触的细胞壁上还生有甚为发达的传递壁，它们具有分泌蜜汁的能力。蜜汁通常是先积存在腺毛头部细胞外壁（即细胞外壁的内层）与角质层（即角质膜）之间，将角质层撑开，然后通过角质层上的孔（如金铃花）或角质层的薄处（如忍冬）分泌出来（见 Evert，2006）。

蜜腺所分泌的糖分是由维管组织的韧皮部运送来的，所以蜜腺的分泌组织多与维管组织相靠近。由韧皮部运送来的糖分并不是直接就分泌出去的，而是需要经过蜜腺分泌组织的一些轻微改变后才分泌出去。分泌糖分高的蜜腺与蜜腺相靠近的维管组织中只含有韧皮部的组成成分，没有木质部的成分，这一点与上面讨论过的排水器不同，与排水器相靠近的是木质部的组成成分（管胞），没有韧皮部的成分。

在植物的历史发展过程中，蜜腺的出现和发展使植物对于昆虫具备了强大的吸引力。由于昆虫的采访，完成了植物的传粉作用，从而完成了植物的繁殖，也从而使植物在地球上的广泛分布成为可能。可以说，蜜腺的出现是植物在进化路程中的一次飞跃，其重要性可与植物种子的出现相比拟。

（5）分泌囊和分泌道　分泌囊（secretory sac）是一种球形囊腔，分布在很多植物科（如桃金娘科、金丝桃科、芸香科等等）茎的皮层、髓和叶中，在柑橘类果实的外果皮内也有分布。分泌囊多位于植物器官的表皮之下或接近于器官的表面部位，常形成为透明的小斑点，用肉眼就可以看到。分泌囊内的分泌物通常是具有各种香味的挥发油，但也有分泌黏液的，例如在椴树茎和棉花茎的髓中都含有分泌黏液的分泌囊（Metcalfeand Chalk，1950）。

分泌囊有两种形成方式：一种叫做裂生式（schizogenous）；一种叫做溶生式（lysigenous）。当裂生式分泌囊形成时，一团细胞彼此间的中层溶解消失，细胞互相分离并向外推移，因而形成了一个球形囊腔，此囊腔即为裂生式分泌囊。裂生式分泌囊具有一层有分泌能力的细胞围绕着，这一层有分泌能力的细胞叫做上皮层（epithelium）（图 2.50）。囊腔内的分泌物就是由构成上皮层的上皮细胞（epithelial cell）分泌的，例如金丝桃属叶子中的泌囊就是这样形成的。溶生式分泌囊形成的方式和上述的不同。当溶生式分泌囊形成时，一团细胞内充满分泌物的细胞溶解破坏，因而形成了一个球形囊腔，此囊腔即为溶生式分泌囊。囊腔内充满已破坏的细胞所释放出来的分泌物（图 2.51），例如柑橘类果实的外果皮和叶子中的挥发油分泌囊就是这样形成的[①]。

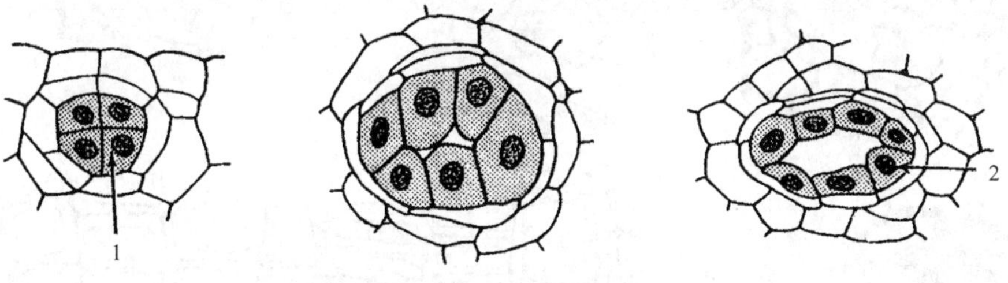

图 2.50　裂生式分泌囊的形成过程

1. 形成分泌囊的一团细胞　2. 上皮细胞

① 过去一般认为柑橘属的挥发油分泌囊是溶生式的，但近年来发现柑橘属挥发油分泌囊溶生式的外观（图 2.51）是由于制造切片标本时使用了某种固定剂所造成的一种人工现象。如果排除了某种固定剂的使用，则可见柑橘属的挥发油分泌囊是裂生式的，具有一层正常的上皮层细胞。上述的发现说明了“溶生式分泌囊形成的方式”是否是一种正确的概念，还应进行再检查。

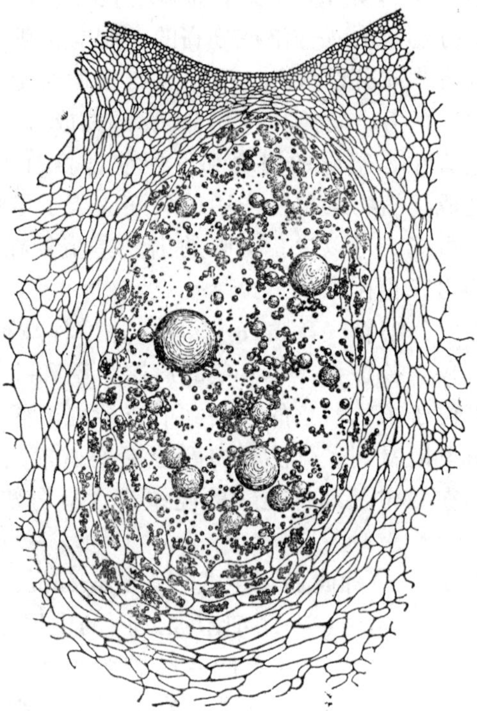

图 2.51　柑橘外果皮内的溶生式分泌囊

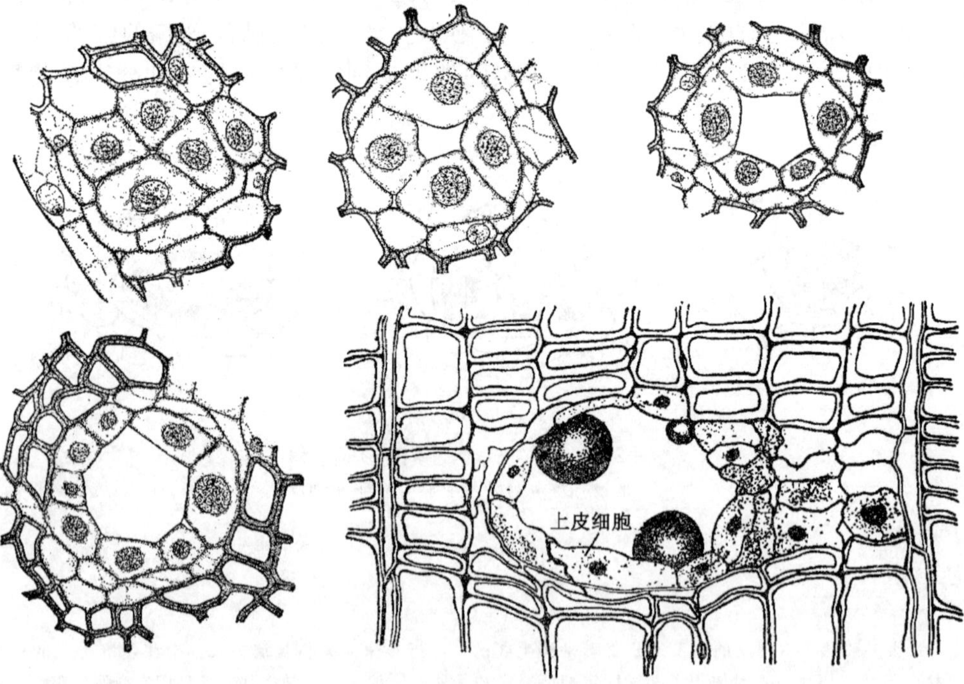

图 2.52　松属茎裂生式树脂道（分泌道）的形成过程

裂生式分泌囊有一层完整的上皮细胞围绕着，溶生式分泌囊虽无完整的上皮细胞围绕着，但在分泌囊的周围常可以见到一些破坏了的细胞。注意了这一点，有助于将裂生式分泌囊与溶生式分泌囊区别开来，但有时也会遇到困难。

分泌道（secretory canal）是一种分枝复杂的管状构造，分布在植物体的各种器官中。分泌道的形成方式和分泌囊的形成方式相同，只不过分泌道形成时，由排列成束状的细胞群互相分离或溶解破坏（图 2.52）而已。分泌道内的分泌物是树脂、树胶、挥发油或黏液等。分泌道在松柏类植物的初、次生构造中颇为常见，松柏类植物的分泌道分泌树脂，所以叫做树脂道（resin canal）。分泌道在被子植物的很多科（如漆树科、菊科、伞形科等等）茎的皮层（图 4.46）、髓、韧皮部和根与叶中多有分布。

在种子植物体内，裂生式分泌囊和分泌道比较常见，溶生式分泌囊和分泌道较为稀有。从组织发生的角度来看，裂生式和溶生式的分泌囊和分泌道实际上都是一些特别发达和具有一定形状的裂生式和溶生式的细胞间隙。

(6) 乳汁管　很多被子植物体内含有一种由活细胞所构成的分枝或不分枝的管状构造，这叫做乳汁管（laticifer）。乳汁管可以分布在植物体的各种构造中，但通常多分布在与韧皮部相邻的部位或分布在韧皮部中。分布在韧皮部中的乳汁管常常与筛管难以区分。

乳汁管有两种类型：一种叫做无节乳汁管（nonarticulated laticifer）；一种叫做有节乳汁管（articulated laticifer）。

无节乳汁管是由单个的长筒形细胞进行强烈地伸长生长发展成的。无节乳汁管又叫做乳汁细胞（latex cell）。无节乳汁管形成后，乳汁管能以协同生长和顶端侵入生长的方式随植物体的生长而增长。有些植物种类的无节乳汁管没有分枝，成为一条条或多或少直立的长管子，如大麻、荨麻属等，有些植物种类的无节乳汁管具有繁多的分枝，如欧洲夹竹桃、马利筋等。

有节乳汁管是由多细胞构成的。在这种乳汁管的形成过程中，一列细胞之间的横壁整个地或部分地溶解消失，原生质体互相融合，形成为一条条打通了的管子，此即为有节乳汁管。有节乳汁管形成后，体内生长部位的某些细胞能够陆续地分化成为新的乳汁管分子，连接在已有的乳汁管上，使乳汁管能够随植物体的生长而增长。有些植物种类的有节乳汁管没有分枝，如甘薯、芭蕉等，有些具有分枝，并且左右两侧相邻乳汁管的分枝互相连接打通，结果形成一种互相沟通的网状构造，如橡胶树、蒲公英、罂粟等（图 2.53，2.54）。

乳汁管具有纤维素壁，壁的厚度与周围相邻的薄壁组织细胞的壁相等或较其略厚。乳汁管内含有很多细胞核。无节乳汁管成熟后含有一贯穿整个乳汁管的中央大液泡，有节乳汁管成熟后中央大液泡的液泡膜消失，没有中央大液泡（见 Evert，2006），只有被质膜包被着的与细胞液混合在一起的细胞质。

乳汁管内含有一种通常呈乳状的液体，叫做乳汁（latex）。无节乳汁管内的乳汁就是乳汁管中央大液泡中含有乳汁颗粒（latex particles）的细胞液，有节乳汁管内的乳汁则是乳汁管中和细胞液混合在一起含有乳汁颗粒的细胞质。

乳汁通常为白色，但也有黄色、棕色的，也有无色的乳汁，如桑属、夹竹桃属植物

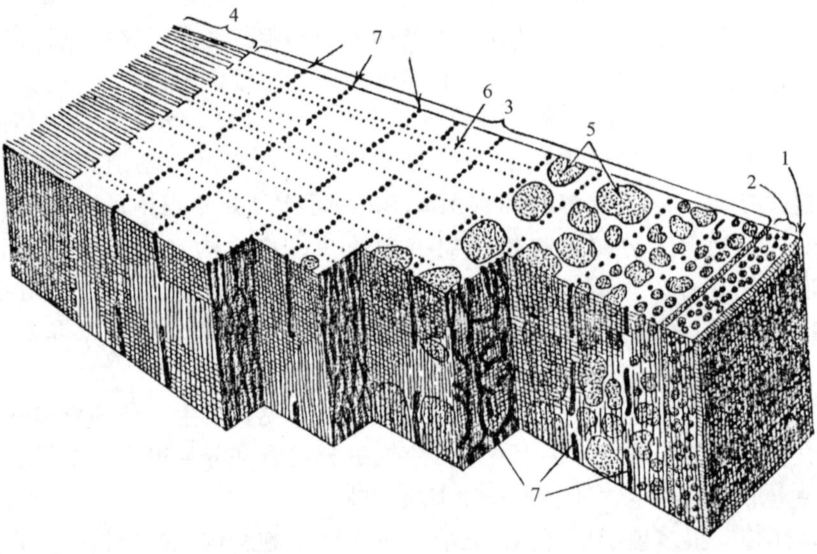

图 2.53　橡胶树树皮模型，示韧皮部中有节乳汁管的分布状况

1. 周皮　2. 皮层　3. 韧皮部　4. 木质部　5. 硬化细胞　6. 韧皮射线　7. 乳汁管

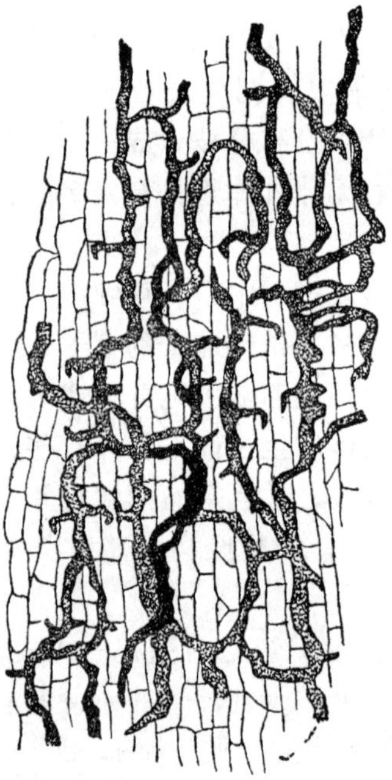

图 2.54　蒲公英根中的有节乳汁管

的乳汁就是无色的。乳汁的浓度因植物种类的不同而不同，由稀到稠，有时呈黏性。乳汁的化学成分也因植物种类的不同而不同，可能含有多种不同物质，这些物质常处于胶体状态，但也有的处于溶解状态。大体上讲，乳汁内可能含有的物质有：碳水化合物、蛋白质、脂肪、挥发油、橡胶、树脂、树胶、黏质、鞣质、植物碱、有机酸、盐类等，也有的还含有草酸钙结晶体，还有的含有较大形状的淀粉粒，等等。乳汁的生理机能到现在还不十分清楚，一般认为乳汁是新陈代谢作用的副产品，乳汁的易凝固性可封闭植物的伤口，乳汁的黏粘性能使某些种昆虫咀嚼困难，乳汁的特殊化学成分对于动物或微生物是有毒害的，这些都可以说明乳汁可能具有保护植物体使其免被动物吞食或被微生物感染的作用。

橡胶树乳汁中的橡胶和罂粟乳汁中的鸦片在工业上和医药上具有重要的意义。

第四节　维管束及其构造

在植物的茎、叶、花和果实中，木质部和韧皮部常结合在一起，形成一种束状构造，叫做维管束（vascular bundle）（图 4.46）。木质部和韧皮部在维管束中有不同的结合方式[①]，但以二者排列在一条径线上的最为常见。维管束是从原形成层束发展来的。

有些草本植物茎中的维管束在光线下用肉眼就可以看到，如南瓜。维管束也可以很清楚地在叶子上看出来，本书将分布在叶中的维管束叫做叶脉。

在茎的横切片上可以看到维管束。维管束在茎的横切片上通常为卵形或椭圆形，大小不同，构造上有繁有简。单子叶植物的维管束仅由木质部和韧皮部两部分组成，裸子植物和双子叶植物的维管束则是由木质部、韧皮部和形成层（束中形成层）三部分组成。前一类维管束没有继续增长的能力，叫做有限维管束（closed bundle）；后一类维管束中具有一层从原形成层束遗留下来的有分裂能力的细胞发育成的束中形成层，由于束中形成层的活动，使木质部和韧皮部能够继续增长，所以这类维管束叫做无限维管束（open bundle）（图 4.46）。

由原形成层最早发展成的木质部叫做原生木质部（protoxylem）。原生木质部成熟于根尖和茎尖的伸长区。茎尖的伸长区较长，在此区最早成熟的管状分子需要相当地伸长，因此原生木质部中含有一些较细而有相当伸长能力的环纹式和螺纹式的导管和管胞（图 2.55）。根尖的伸长区较短，在此区最早成熟的管状分子无须乎多少伸长，因此原生木质部中伸长能力较强的环纹式和螺纹式的导管和管胞甚少（Eames and MacDaniels，1947）或者可能没有（Esau，1965a）。

在茎的原生木质部中薄壁组织的含量较导管和管胞的含量为多，它分布在导管和管胞的周围，或是像射线一样，在横切片上排列成径向的行列。但在根的原生木质部中，只含有少量的导管和管胞（图 4.11），没有薄壁组织的存在。

在茎的原生木质部中，当最早形成的导管和管胞成熟后，周围的活组织还没有成熟，还具有相当的生长能力，因此最早成熟的导管和管胞就会遭受到周围的活组织因生长而施与的扯力和拉力。虽然环纹式和螺纹式导管和管胞也有相当的伸长能力，但抵不住外来的力量，最终被扯破压扁（图 2.55）。

在植物的根和茎中，原生木质部在木质部中的部位有所不同。在茎中，原生木质部位于木质部的最里面（图 4.46），这就是说，木质部是从原形成层的内缘逐渐向外成熟而形成的。这种木质部成熟的方式叫做内始式（endarch）。在根中，原生木质部位于木质部的最外面（图 4.11），木质部是从原形成层的外缘逐渐向内成熟而形成的。这种木质部成熟的方式叫做外始式（exarch）。

由原形成层后期发展成的木质部叫做后生木质部（metaxylem）。后生木质部成熟于根尖和茎尖的成熟区。后生木质部中含有一些较粗而无伸长能力的导管和管胞（网纹

---

① 木质部和韧皮部在维管束中有四种不同的结合方式，因而形成了四种不同类型的维管束，它们是：外韧维管束、双韧维管束、周木维管束和周韧维管束。这些不同的维管束类型将在本书第四章中讨论，此处从略。

式和孔纹式）。梯纹式导管和管胞多少还具有一些伸长能力，它是从原生木质部的输导成分过渡到后生木质部的输导成分的一种过渡类型，位于原生木质部与后生木质部之间（见 Eames and MacDaniels，1947）（图 2.56），但也有人认为它是后生木质部中最早出现的输导成分（见 Fahn，1990；Dickison，2000）。在茎的后生木质部中除含有导管和管胞外，还含有薄壁组织，有的还含有纤维。薄壁组织的分布样式与原生木质部中的相同，或是分布在导管和管胞的周围，或是排列成径向的行列。在根的后生木质部中通常也只含有导管和管胞（图 4.11），但在某些单子叶植物，如小麦属，根的后生木质部中还含有薄壁组织（图 4.12-A）。

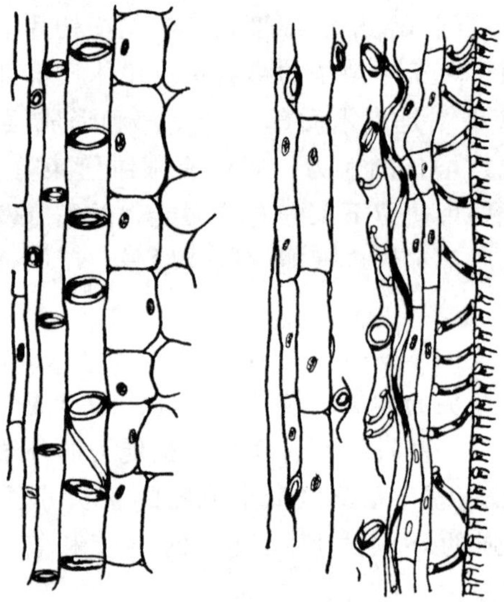

图 2.55　原生木质部纵切

左：环纹导管已被拉长　右：环纹导管已被扯破，形成了空腔

原生木质部与后生木质部都是由顶端分生组织（或初生分生组织）所产生的成熟组织，所以它们都是初生组织。这种初生组织总称为初生木质部（primary xylem）。在有限维管束中，初生木质部构成了整个木质部，终生有效。但在无限维管束中，由于束中形成层活动的结果，还产生了次生木质部（secondary xylem）。次生木质部产生后不久，后生木质部中的导管和管胞就失去了作用，虽然它们在外形上还是完整的。

由原形成层最早发展成的韧皮部叫做原生韧皮部（protophloem）（图 4.48）。原生韧皮部也成熟于根尖和茎尖的伸长区，较原生木质部成熟地还要早些。这使得原生韧皮部更接近于根尖和茎尖的顶端分生组织，从而保证了生长和代谢活动旺盛的顶端分生组织细胞对于食物和细胞建筑材料的需要。原生韧皮部的组成成分比较简单，通常只含有一些细长的筛管和薄壁组织，伴细胞有或无。在横切片上，筛管单个地或成群地分布在薄壁组织中。筛管的壁较厚，因此在永久制片上原生韧皮部的筛管壁着色较深，但筛管的内含物则着色较浅，借此可以使其与周围的薄壁组织区别开来。

原生韧皮部中筛管的有效期限很短，很快地就被扯破压扁，其残骸被周围的活组织所吸收。在很多双子叶植物茎内，原生韧皮部中的筛管分布在一些细长形的薄壁组织细胞间，这种细长形的薄壁组织细胞叫做纤维原始体（fiber primordium）（见 Evert，2006）。当原生韧皮部中的筛管死亡失效后，纤维原始体仍继续发育，最后发育成为纤维（原生韧皮部纤维），此即文献中所称的“中柱鞘纤维”（“pericyclic fiber”）（图 4.46）。在植物的各部分器官中，原生韧皮部通常位于韧皮部的最外面，这就是说，韧皮部是从原形成层的外缘逐渐向内成熟的。

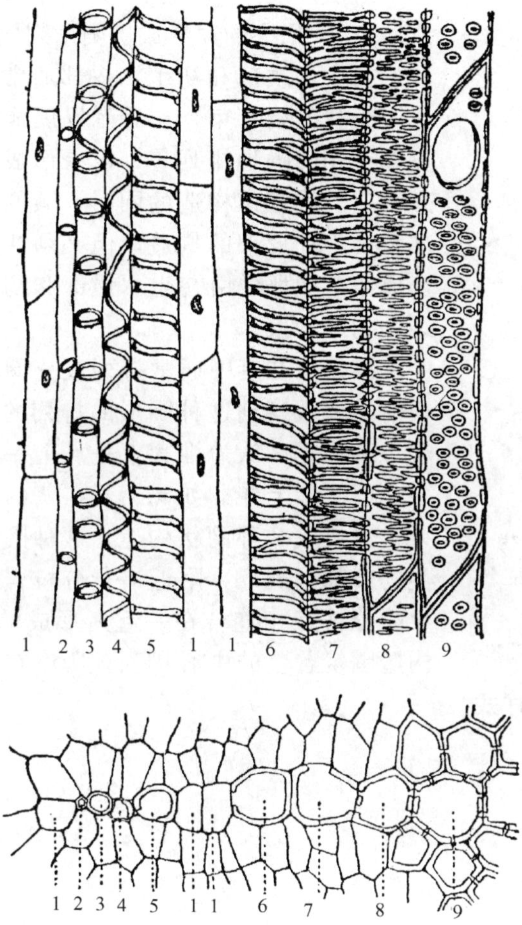

图 2.56　半边莲属（*Lobelia*）茎初生木质部的纵切与横切

1. 薄壁组织　2、3. 环纹导管　4～6. 螺纹导管

7. 梯纹导管　8. 梯-网纹导管　9. 孔纹导管

由原形成层后期发展成的韧皮部叫做后生韧皮部（metaphloem）（图 4.48），后生韧皮部成熟于根尖和茎尖的成熟区，后生韧皮部中通常含有较粗的筛管、伴细胞和薄壁组织，一般没有纤维。在横切片上，筛管的分布样式与原生韧皮部中的分布样式相同，单个地或是成群地分布在薄壁组织中。

原生韧皮部和后生韧皮部都是初生组织，总称为初生韧皮部（primary phloem）。

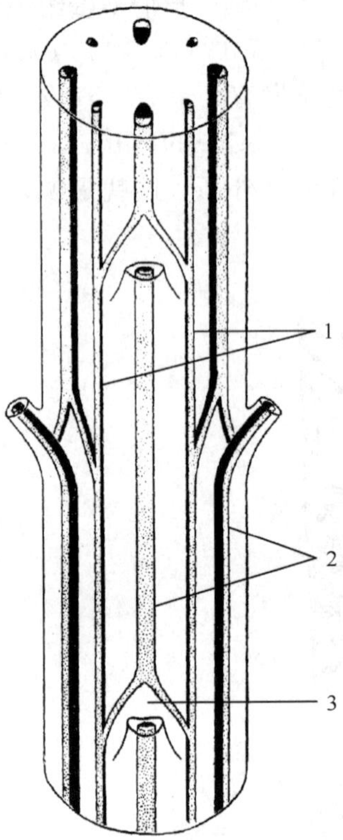

图 2.57 双子叶植物茎中维管束的分布（图解）

1. 茎束 2. 叶迹 3. 叶隙

在无限维管束中，由于束中形成层活动的结果，还产生了次生韧皮部（secondary phloem）。当次生韧皮部产生后，后生韧皮部中的筛管失去作用，部分地或全部地被扯破压扁。但在有限维管束中，后生韧皮部中的筛管终生有效，有的可以长达 100 年或更多！

如上所述，根和茎的初生木质部和初生韧皮部都是由原形成层发展来的。但茎尖的原形成层排列成束状（原形成层束），根尖的原形成层则排列成圆柱状体。从前者发展成的初生木质部和初生韧皮部通常排列在一条径线上，形成了束状的维管束，从后者发展成的初生木质部和初生韧皮部互相间隔地排列着，没有形成束状的维管束。本书在介绍茎的维管束构造的同时，顺便也介绍了根的初生木质部和初生韧皮部的构造，但必须注意的是，在根内并没有形成像茎中那样由初生木质部和初生韧皮部排列在一条径线上的维管束。

维管束在茎中通常排列成一圈，在茎的横切片上可以很清楚地观察到这种圈形的排列的样式。这种观察容易引起一种错觉，认为维管束是从上一直通到下的一根根的直条，但实际上并非如此。若在茎的切向切面观察时，维管束常连接成一种网状构造，这种网状构造是由于维管束在茎的节部（node）附近进行分枝，这种分枝又与其他维管束的分枝互相连合在一起所形成的（图 2.57）。这种网状构造围绕着茎的中心排列，所以在茎的横切片上就观察到维管束成圈形排列的样式。

第三章　种　　子

在前面讨论了植物细胞和植物组织，下面我们将要讨论植物器官。由于植物器官是由种子内的胚发育而来的，所以我们首先讨论一下植物种子。

种子（seed）是种子植物的散布器官，也是种子植物的繁殖单位。种子内含有新一代的幼小植物体并贮藏有大量营养物质。由于种子的产生，使种子植物在地球上的广泛分布与发展繁荣成为可能。

第一节　种子的形态构造和类型

植物种子具有不同的形状和大小，不同的颜色和条纹，因植物种类的不同而有所不同，具有一定的分类学意义。植物种子一般是由种皮、胚乳和胚三部分所构成的（图3.1），但也有很多植物的种子是由种皮和胚两部分所构成，种子内没有胚乳。

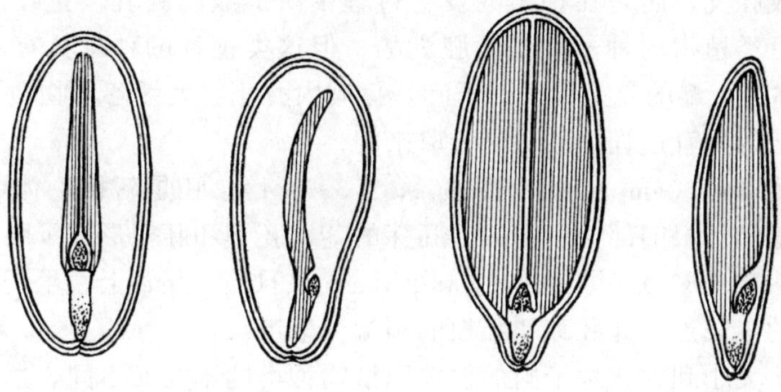

图3.1　种子的构造

1. 双子叶有胚乳种子　2. 单子叶有胚乳种子　3. 双子叶无胚乳种子　4. 单子叶无胚乳种子

种皮（seed coat）是包被在种子外面的皮，具有保护的机能。它保护着种子的内部不受到机械损伤，免于丢失水分和防止被微生物所感染。

种皮上具有一条疤痕，叫做种脐（hilum）。种脐是种子与胚珠的珠柄断离后所遗留下的一个痕迹。种子萌发时，种脐是水分进入种子内的通路。种皮上还具有一个小孔，叫做珠孔（micropyle）（图3.2，3.3）。有些种子的珠孔明显，有些种子的珠孔则甚难观察或者甚至没有。有些植物的种皮上还具有种脊（raphe）。种脊是种皮上的一条棱状突起，在种子的发育过程中，种脊是由胚珠的一部分珠被与珠柄的愈合而形成的。另外，有些植物的种皮上还生有毛状（如柳属）、翅状（如百合属）等附属物，这些附属物有帮助种子借风力散布的作用。

种皮的构造因植物种类的不同而大有不同，有的构造简单，有的构造比较复杂，在分类学鉴定到种时具有重要的意义。一般讲来，种皮外有一层角质层，角质层之内为一层表皮细胞，表皮细胞常为厚壁的，但也有薄壁的，细胞内常充满带色物质。石榴种子的表皮细胞肉质化，成为果实的可食部分。棉花种子的表皮细胞上生有絮状的表皮毛，被人们利用于纺织工业上。亚麻种子表皮细胞特别增厚的外壁的内层形成为一层厚的黏质层（mucilaginous layer，次生壁），种子散播后黏质层吸湿膨胀黏液化，使种子黏附在土壤颗粒上，因而不能为风雨所搬移。表皮层之内含有一些厚壁的细胞层和常常被挤压扁了的薄壁的细胞层（图 5.44），其构造因植物种类的不同很不相同。

种皮的里面是胚乳（endosperm）（图 3.1-1，2），胚乳是一种营养组织，这种营养组织叫做贮藏组织（storage tissue）。胚乳通常是由薄壁组织细胞所构成的，细胞排列紧密，没有细胞间隙。胚乳细胞内含有大量的营养物质，主要是淀粉、脂肪和蛋白质等（图 2.24，2.25），这三者的含量因植物种类的不同而不同。例如谷类种子干重的70%～80%为淀粉，油菜种子干重的 40%为脂肪（油），30%为蛋白质，大豆种子干重的 20%为脂肪（油），40%为蛋白质。胚乳细胞内贮藏的营养物质供给种子萌发时年幼植物体生长发育的需要。

单子叶植物种子内多具有胚乳，很多双叶植物种子内没有胚乳。无胚乳种子并不是种子内没有形成胚乳，而是在种子的发育过程中所形成的胚乳被正在发育着的胚吸收了。例如各种豆类植物的种子就是无胚乳的，但这类植物的种子具有两片肥厚的子叶（图 3.2），俗称为豆瓣的就是种子的子叶。豆瓣内贮藏着大量营养物质，豆瓣内的营养物质就是在种子的发育过程中从胚乳吸取来的。

胚乳内埋藏着胚（embryo）（图 3.1，3.3，3.4）。胚是新植物体的原始体，由子叶、胚芽、胚茎和胚根四部分所构成。胚芽的茎，胚茎和胚根形成了胚的轴，这个轴叫做胚轴（embryonic axis）（见 Bewley and Black，1944）。胚轴上着生子叶，胚轴的两端为胚芽和胚根的生长点，即胚芽和胚根的顶端分生组织。

胚的形状、大小和它在种子内的位置因植物种类的不同而不同，这些性状是进行种子分类的主要依据。例如有的胚微小，有的则甚大；有的胚为线形，有的为折叠形；有的胚位于种子的基部，有的则位于种子的轴位等。Martin（1946）根据这些性状将种子植物的种子分成为线形的，微小的，侧生的等 12 种类型。

胚的构造比较简单，主要是由一些未成熟的组织构成的，其最外层为原表皮层，原表皮层之内为基本分生组织，基本分生组织内分布着原形成层。分布在胚轴和子叶内的原形成层是连续着的。

子叶（cotyledon）着生在胚芽之下，胚茎的两侧。子叶和正常的叶不同，它是一种变态的叶，具有贮藏营养物质（图 2.23，2.24）或从胚乳中吸收营养物质的机能。有些植物的子叶出土后转变为绿色，还能进行一定时期的光合作用。双子叶植物种子具有两片子叶，单子叶植物种子只具有一片子叶。在禾本科植物这一片子叶叫做盾片（scutellum）（图 3.4）。裸子植物种子内子叶的数目没有一定，有两片的，如银杏，有3～8片的，如冷杉属，也有 3～18 片的，如松属。

子叶着生处的上面就是胚芽（plumule）（图 3.1，3.2），胚芽由几片胚性叶（叶的原始体）和一个生长点（顶端分生组织）构成。胚芽实际上就是植物生活中最早出现的第一个顶芽。胚芽的发育程度因植物种类的不同而不同，有的比较发育，比较大；有的不甚发育，比较小，有的甚至只含有一个生长点，没有胚性叶。胚芽的茎叫做胚芽茎(epicotyl)①。

子叶着生处的下面，胚根的上面，即介乎子叶着生处和胚根之间的这一段，叫做胚茎（hypocotyl）(图 3.2，3.3)②。胚茎的发育程度也因植物种类的不同而不同，有的较长，用肉眼就可以识别，有的甚短，用肉眼难以看到，例如禾本科植物的胚茎是。胚茎是胚和幼苗的根与枝叶（shoot）之间初生维管组织结构发生转变的部位。胚茎将来发育成植物主茎的一部分，这一部分主茎是植物生活中最早出现的茎（指出土种子而言)。

胚茎的下面是胚根（radicle）(图 3.2，3.3)。胚根具有根的构造，其顶端为复有根冠的生长点（顶端分生组织）。也有的胚根不很发育，只含有一个复有根冠的生长点，没有形成根的构造。胚根是种子萌发时最先穿出种皮的器官。胚根的顶端总是对着珠孔，种子萌发时胚根通常是从珠孔穿出来的。双子叶植物种子的胚根将来发育成植物的主根，但单子叶植物种子的胚根在生入土壤中以后通常不甚发育，另外从茎基部的茎节上产生出来一些不定根代替了主根的机能。

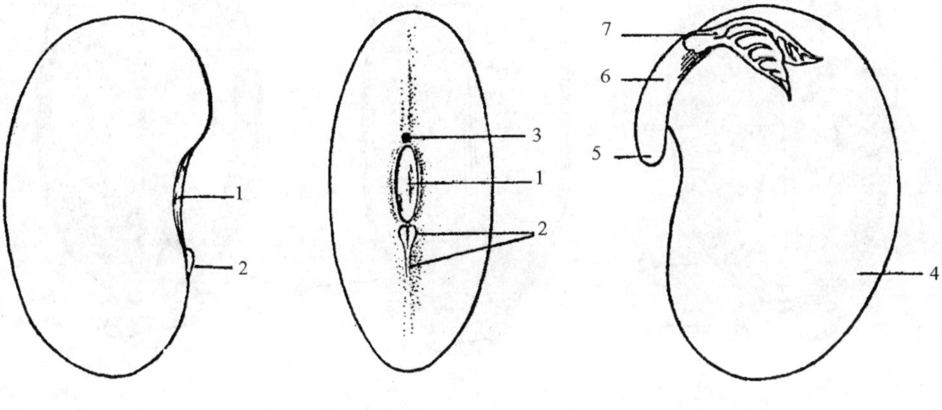

图 3.2 菜豆种子的构造

左：侧面观 中：种子着生面观 右：胚的构造 1. 种脐 2. 种脊（从种脊靠近种脐的一端生出一对小瘤形突起物） 3. 珠孔 4. 子叶 5. 胚根 6. 胚茎 7. 胚芽

关于种子的一般构造大体上已如上述，兹以菜豆、蓖麻和小麦种子为代表来说明双子叶植物无胚乳（exalbuminous）种子，双子叶植物有胚乳（albuminous）种子和单子叶植物有胚乳种子三种不同类型种子的构造。单子叶植物无胚乳种子不太多见，故而从略。裸子植物种子在系统植物学中讨论，也从略。

（1）菜豆 菜豆是双子叶植物无胚乳种子（图 3.2)，种子肾形，外面有一白色或

---

① “epicotyl” 一词在一般教科书上将其译为“上胚轴”。

② “hypocotyl” 一词在一般教科书上将其译为“下胚轴”。

将“epicotyl”一词译为“上胚轴”，“hypocotyl”一词译为“下胚轴”的译法很容易使人产生胚根不是胚轴的一部分的错觉。实际上胚根也是胚轴的一部分。本书将“epicotyl”一词译为“胚芽茎”，将“hypocotyl”一词译为“胚茎”就是为了避免发生这种错觉。

杂色色斑的种皮。在种子凹入的一面有一条疤痕，此为种脐。种脐的一端有一小孔，此为珠孔。另一端有一略微伸长的突起物，此为种脊。靠近种脐一端的种脊上生有一对小瘤形突起物，叫做脊突（strophiole）。将种子置于水中使其膨胀，然后用手挤压，可见有小水珠从珠孔内冒出。

若将种皮剥掉就可以见到胚。胚由两片子叶、胚芽、胚茎和胚根四部分所构成，在菜豆的种子内没有胚乳。菜豆种子的子叶（即豆瓣）甚肥厚，其内贮藏着大量营养物质。胚芽夹在两片肥厚的子叶之间，比较发育。子叶着生处的下面是胚茎，胚茎的下面是胚根，胚根的顶端正对着珠孔。

（2）蓖麻　蓖麻籽是双子叶植物有胚乳种子（图 3.3），种子略为扁长圆形，种皮厚而坚硬，上有黑色斑纹。种皮的一端为一海绵状突起物，叫做种阜（caruncle）。若将种阜移去，可见一圆锥体形的尖端，珠孔即位于此尖端的顶点。种阜的一侧有一小的暗色疤痕，此即种脐。种脐和一条长的棱状突起物连接着，此突起物即为种脊。

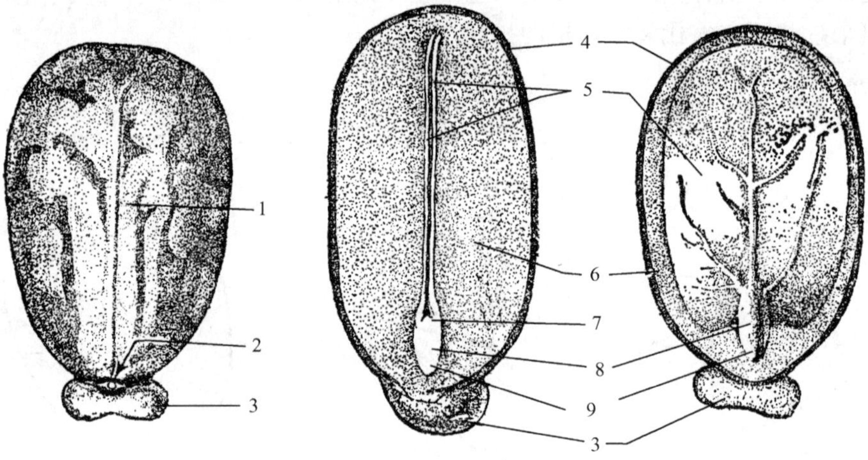

图 3.3　蓖麻种子的构造

左：表面观　中：与子叶面成直角的纵切　右：与子叶面平行的纵切　1. 种脊　2. 种脐　3. 种阜　4. 种皮　5. 子叶　6. 胚乳　7. 胚芽　8. 胚茎　9. 胚根

种皮之内有一层薄膜状构造，它是被挤压毁了的珠心组织的残余。薄膜状构造之内是白色的油质胚乳（oily endosperm），胚乳内埋藏着胚。胚具有两片薄而大的子叶，子叶上有显著的脉纹。胚芽位于两片子叶之间，不甚发育，胚茎和胚根都很短，也不甚发育。

种子萌发时，两片子叶从胚乳组织中吸收营养料，供给胚生长发育的需要。子叶出土后转变为绿色，还能进行一定时期的光合作用，最后萎缩脱落。

（3）小麦　小麦是单子叶植物有胚乳种子（图 3.4）。从植物学的角度来讲，小麦种子并不是真正的种子，它实际上是一种果实。在农业实践上人们经常把那些像种子一样被播种着的果实也称之为种子。

小麦种子略为纺锤形，背面微凸，腹面有一深沟，叫做腹沟（groove）。种子较细的一端（即子房的顶端）有一小丛单细胞表皮毛，叫做冠毛（pappus）。

小麦的果皮和种皮紧密愈合，难以分开。磨制面粉时所除去的麸皮主要就是小麦的果皮和种皮。果皮和种皮之内是白色的粉质胚乳（mealy endosperm），胚乳的最外一层细胞（即邻接种皮的一层细胞）叫做糊粉层（aleurone layer）（图 5.56），糊粉层细胞是活细胞，细胞内含有很多微小的被膜包被着的无定形蛋白质的颗粒，叫做蛋白体（过去叫做糊粉粒）。糊粉层以内的胚乳细胞是死细胞，细胞为大型的薄壁组织细胞，细胞内含有大量造粉体已经消失的淀粉粒和一些微小的蛋白体膜也已经消失的无定形蛋白质的颗粒（此即面粉中的面筋）。

胚位于种子背面的基部，由胚芽、胚茎、胚根和一片叫做盾片的大子叶所构成（图 3.4）。

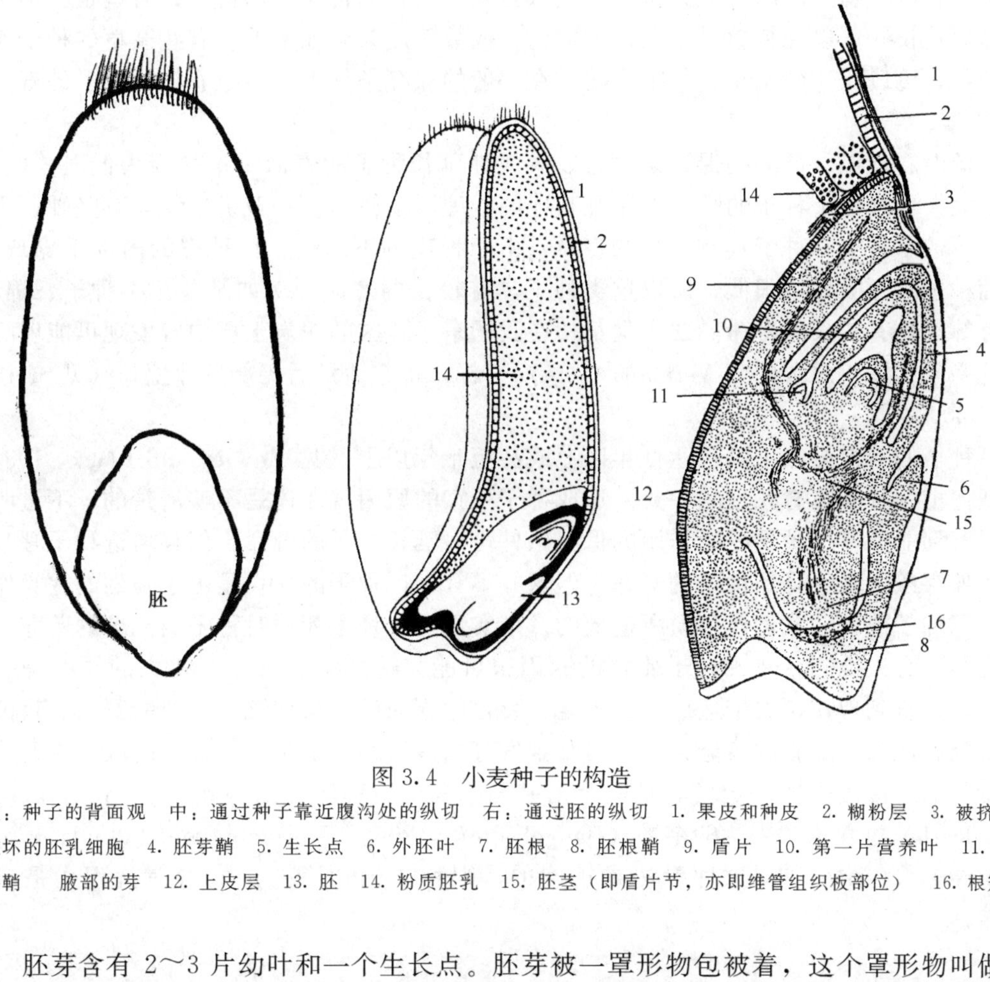

图 3.4 小麦种子的构造

左：种子的背面观 中：通过种子靠近腹沟处的纵切 右：通过胚的纵切 1. 果皮和种皮 2. 糊粉层 3. 被挤压破坏的胚乳细胞 4. 胚芽鞘 5. 生长点 6. 外胚叶 7. 胚根 8. 胚根鞘 9. 盾片 10. 第一片营养叶 11. 胚芽鞘 腋部的芽 12. 上皮层 13. 胚 14. 粉质胚乳 15. 胚茎（即盾片节，亦即维管组织板部位） 16. 根冠

胚芽含有 2～3 片幼叶和一个生长点。胚芽被一罩形物包被着，这个罩形物叫做胚芽鞘（coleoptile）。胚芽鞘具有坚硬的圆锥形顶端，靠近顶端有一窄的裂缝。当胚芽生长时，胚芽鞘先穿出土面，然后顶端的裂缝纵裂，包被在其内的幼叶生长出来。

胚芽的下面为一甚短的胚茎。实际上禾谷类植物并没有一个肉眼可以辨认的胚茎，文献上把盾片着生的部位，即盾片节（scutellar node），亦即维管组织板（vascular plate）部位看成是甚短的胚茎。胚茎的一侧着生盾片，另一侧着生一小型突起物，叫做外胚叶（epiblast）。盾片贴近胚乳，当种子萌发时盾片具有分泌酶与激素并从胚乳中吸收营养物质的机能。外胚叶的起源还不很清楚，有人认为外胚叶是胚根鞘的延伸物，也有人认为它是一片退化了的子叶。

胚茎的下面是胚根，胚根也被一罩形物包被着，这个罩形物叫做胚根鞘（coleorhiza）。种子萌发时，胚根鞘先生出，随后胚根穿破胚根鞘发育成主根。单子叶植物的主根入土没有多久通常就被一些不定根所代替了，但小麦的主根却终生有效。

第二节　种子的寿命

植物种子的寿命（即种子保持其发芽能力的期限）有长有短，因植物种类的不同而不同。有些植物种子的寿命只有数天或数星期之久，如杨树、柳树等；有些植物种子的寿命比较长，可以保持数月之久，如榆树；或数年之久，如南瓜；有些杂草的种子寿命更长些，可以长达数十年，如报春花。在一般的保存条件下，多数农作物种子的寿命为1～3 年。

低温、低氧、低湿的保存条件可以大大地延长种子的寿命。这是因为低温、低氧、低湿大大地降低了种子的呼吸作用和其他的生理活动使然。一般讲来，具有坚硬、不透气、不透水种皮的种子具有较长的寿命。由于种皮的不透性，使种皮的内部干燥缺氧，因而种子的呼吸作用很低，所以这类种子具有较长的寿命。例如某些豆类种子、棉籽、莲籽等都具有较长的寿命。二十世纪初在我国东北地区的泥炭土层中曾发现可能埋藏了长达一千二百年之久的（*Nelumbo nucifera*）籽，将它播种后仍能发芽生长（见 Stern *et al.*，2003）。

种子的寿命虽然可以长达百年以上或甚至千年以上（见 Bewley and Black，1994），但任何植物种子终有死亡的一天。造成种子死亡的原因现在还是不够清楚的，不过明确地了解到能够降低种子呼吸作用的保存条件可以延长种子的寿命，能够增进种子呼吸作用的保存条件则将降低种子的寿命，但这并不等于说种子的死亡是由于强烈的呼吸作用耗尽了种子内的贮藏营养物质所造成的。事实证明，种子死亡时种子内贮藏的营养料并未耗尽。有人推测，造成种子死亡的原因很可能与造成细胞衰老、死亡的原因是一样的，可是直到现在，关于造成细胞衰老、死亡的原因尚未得到统一一致的看法。目前多数研究者认为：细胞的衰老、死亡是细胞发育的最后的一个正常的发育阶段，主要是由于细胞的遗传因素所决定的，是一个由基因编码的“程序性细胞死亡”（programmed cell death）过程依次表达的结果（Dangel *et al.*，2000；Kuriyama and Fukuda，2002；见 Evert，2006）。如果这种看法是正确的，则种子到达了一定的寿命就死亡是自然规律。

第三节　种子的休眠

有些植物的种子自母体脱离后散播至适宜的环境条件下立即可以萌发，如小麦、玉米、豌豆等，但大多数植物的种子自母体脱离后散播至适宜的环境条件下并不能立即萌发。这类种子必须要经过一定的“静止”时期后才能够萌发。这类种子所以不能立即萌发并不是由于外在因素的不适，而是由于种子本身内在的一些因素所造成的。由于种子本身某些内在的因素因而导致种子在适宜的环境条件下不能立即萌发的现象，叫做种子的休眠（dormancy）。

种子休眠时种子内的胚处于不活动状态，没有生长现象。胚虽然没有生长现象，但仍进行着新陈代谢，呼吸作用等重要的生命活动，只不过所进行的速度极为缓慢而已。

在自然界中很多植物种子的休眠时期恰好与不利于幼苗的生长季节是一致的，因而种子的休眠可以使种子避开了不利于幼苗生长的季节萌发，等到有利于幼苗生长的季节到来时，例如春天到来时，这时种子结束了休眠状态，开始萌发。

种子的休眠主要是由于两种不同的内在因素所造成的。一种是种皮的性质，一种是胚的后熟作用（after ripening）。

有些植物的种子具有坚硬的种皮，由于种皮的坚硬阻碍了胚的生长，因而使种子处于休眠状态，如山楂的种子是。也有些植物种子的种皮对于水分具有不可渗透性，由于水分的不能够透入，因而使种子处于休眠状态，如很多豆类植物的种子是。还有少数植物种子的种皮对于水分是可以透入的，但对于溶解在水中的氧却具有不可渗透性（见Noggle and Fritz，1983）。由于氧的不能够透入，因而使种子处于休眠状态，如某些菊科植物（如苍耳属）的种子是。上述这类种子的种皮需要经过微生物的腐烂破坏，或经过机械磨损，或经过动物消化道的消化，或经过寒暑干湿的变化，使种子的种皮破裂或改变了种皮的性质后才能够萌发。用人工方法，例如把碎玻璃片或粗沙和种子混在一起用力搅拌以划破种皮，或用浓硫酸或酒精浸泡种子以改变种皮的透性等也可以解除这类种子的休眠状态。在棉花生产上棉籽在播种前若用浓硫酸浸泡15～16分钟，然后浸入冷水中洗去硫酸，这样就能够促进棉籽的萌发。

有些植物的种子脱离母体后种子内的胚在构造上尚未发育完全（如椰子），或胚在构造上虽已发育完全但在生理上尚未发育成熟（如桃树），这类种子脱离母体后都需要经过一定时间的构造上或生理上的变化，即所谓后熟作用，使种子内的胚完全成熟后才能够萌发。很多植物种子的休眠现象都是由于胚的后熟作用所造成的。

很多在生理上需经后熟作用的种子都要求经受一定时间的低温条件才能够完成其后熟作用。在自然环境下，这类种子的后熟作用的完成必须要经受冬季的低温条件，等到冬去春来时，种子便可以开始萌发。需经低温条件才能完成其后熟作用的种子也可以用层积法（stratification）处理以加速完成其后熟作用。方法是将种子与湿沙分层地铺在木箱中（沙的用量最少应为种子量的3倍），然后将木箱置于0～10℃的温度下过冬，到春天时便可播种。例如一些果树（如桃树、苹果树、梨树等）的种子都是采用这种方法以加速完成其生理上的后熟作用的。

此外，有些植物的种子内含有某种水溶性生长抑制物质，这种生长抑制物质能够抑制种子的萌发，使种子处于休眠状态。这类种子只有经过雨水的淋洗，将种子内的生长抑制物质冲洗去后种子才能够萌发。例如很多沙漠地区生长的短命植物（ephemerals）就具有这类种子。雨水不但冲洗去了种子内的生长抑制物质，同时还保证了幼苗正常生长对于水分的需要。还有些植物的果实内含有某种生长抑制物质，也能够促成种子处于休眠状态。若将这类种子从果实中取出，用水冲洗干净，种子便可萌发，如番茄、西瓜等。

大多数栽培植物的种子在长时期人工选择的情况下失去了休眠现象，因为种子较长时期的休眠对于栽培者来讲是一种很讨厌的事情。

第四节 种子的萌发

当种子解除了休眠状态后，在适宜的环境条件下就开始萌发（germination）。这时种子内的胚由不活动的状态变为活动状态，生长发育长成一株幼苗。种子萌发的适宜条件有三，即足够的水分，足够的氧和适当的温度。

水分所以是种子萌发的条件，因为：① 水是原生质的主要组成成分；② 水是原生质表现其生命活动的必要条件，各种生物化学反应必须在水溶液中进行，水是原生质进行各种生物化学过程的基质；③ 贮藏的营养物质的分解必须要水分；④ 水可以溶解种子内已经分解的营养物质，这些营养物质只有在溶解的状态下才可以运达胚的生长器官，供给胚生长发育的需要；⑤ 水有利于气体的交换，气体不能够直接透过干燥的细胞壁，但当种皮和细胞吸水湿润后，气体（大气中的氧和种子呼吸作用所产生的 CO_2）就可以先溶解在水中，然后借扩散作用进入细胞的内部或透出细胞的外面。

种子萌发时胚开始生长，胚的生长是需要能量的，这种能量的来源就是呼吸作用。因此种子萌发时必须供给足够的氧。播种时必先松土，就是为了满足种子萌发时对氧的需要。

适当的温度对于种子的萌发也非常必要，因为种子萌发时进行强烈的物质分解过程，这种过程是在多种酶的参与下进行的。酶参与的过程是化学反应，反应速度与温度有关。温度低时反应缓慢，温度高时反应增快。不过酶本身是蛋白质，过高的温度将使酶遭到破坏，因而会失去其作用。

种子萌发时对于温度的需要有比较宽的范围。每一种植物种子都有最低、最适和最高三种萌发温度。这三种萌发温度叫做温度三基点（cardinal point of temperature）。低于最低和高于最高的萌发温度种子都不能够萌发。

当我们掌握了种子萌发的最适温度后，就可以选择适当的季节进行播种。播种的早或迟都不能很好地满足种子萌发时对于温度条件的要求，因而影响种子的正常萌发和幼苗的正常生长，从而影响产量。

播种时要充分考虑种子萌发的三个条件，三者缺一不可。墒情不好种子不能很好地萌发，但水分过多就会使土壤中缺氧，同时也降低了地温，这也不利于种子的萌发。种子播种太深虽然土壤的深层水分较多，但因氧的缺乏，或播种太早因而地温过低，这些也都不利于种子的萌发。我国广大农民在其长时期的生产实践中对于如何因地因时地满足种子萌发三条件创造和积累了极为丰富宝贵的经验。

除以上所述种子萌发的三个条件外，有些野生植物的种子萌发时还需要经受一定程度的光照，因此光也是这类植物种子萌发的一个条件，如地黄、欧洲千里光等。这类种子的体型一般地都比较小，因而种子内所贮存的营养物质也比较少。这类种子若在不见光的土壤深层萌发，幼苗的出土必然会因种子内贮藏的营养物质的不足而遇到困难。只有在土壤的表层，即暴露在一定程度的光照条件下，例如整地翻土将其翻至土壤的表层时，这类种子才能够正常萌发，幼苗才能够顺利出土，但也有些植物的种子萌发时是不需要光的，这类种子需要在黑暗中才能够萌发，如番茄、曼陀罗等。大多数植物的种子不论是在光照下或是在黑暗中都可以正常地萌发，照光与否对于这类种子的萌发并没有什么影响。

此外还应当注意的是，播种前还必须先通过发芽试验（seed germination test）检查一下种子的发芽能力。发芽能力高的种子可以播种，低的不要播种。

第五节　种子萌发时的变化

种子萌发时的具体变化因植物种类的不同而有所不同，例如有些种子萌发时子叶能够出土，有的不能够出土，有些种子当子叶内的营养物质耗尽后便萎缩脱落，有的子叶展开后还能够进行一定时期的光合作用等。尽管有这些不同，但任何植物种子萌发时都要经过以下四种最基本的变化。

1）当种子萌发时，原来干燥坚硬的种皮因吸水而软化，胚乳和胚因吸水而膨胀，终于将种皮撑破。种子因吸水而膨胀的力量是很大的，这种力量可以把盛满萌发种子的玻璃瓶涨破。所以在一般情况下种子萌发时不但能够撑破种皮，就是种皮之外再有坚硬的果皮，如胡桃核、杏核等也都会被撑破的。

2）种子萌发时物质的分解过程进行地很强烈。如前所述，种子内贮藏的营物质主要是淀粉、脂肪和蛋白质，这三类物质的构造都很复杂，都是不溶解于水中的物质。这三类物质必须先分解为构造简单，能溶解于水中的物质以后才能够借扩散作用运达胚的生长器官，供给胚生长发育的需要。例如大麦种子萌发时贮藏的淀粉转变为糖，我们只要咀嚼一下发芽的大麦种子就会感觉出糖的甜味。

3）干燥的种子呼吸作用很低，萌发的种子呼吸作用就很强烈。呼吸作用是种子内的有机物质被氧化释放出能量的过程。所释放出能量的一部分用于原生质的各种生命活动，其中最主要的是合成新原生质的活动，剩余的能量则转变为热能散失。若以手插入萌发的种子堆内，强烈的呼吸作用所散失的热能会使手感到发烫。

呼吸作用对农产品——果实、种子和蔬菜等的贮藏保存关系特别重大。贮藏的农产品既不能没有呼吸作用，因而引起农产品的死亡腐烂，也不能使之呼吸强度太大，因而引起农产品有机物质的过分消耗。所以要很好地考虑仓库的设计和管理问题。

4）干燥的种子没有生长现象，萌发了的种子恢复了生长现象。

第六节　幼苗的生长

种子萌发后胚开始生长。由胚长成的幼小植物体叫做幼苗（seedling）。幼苗不能完全经营独立的生活，仍然依靠种子内的贮藏物质作为自己的营养料。因此在农业实践中选用粒大粒重的种子播种以使幼苗生长的肥壮，可以提高作物的产量。

刚刚出现的幼苗具有胚根、胚茎、胚芽和子叶等构造。胚根发育成植物的主根，胚茎发育成植物主茎的一部分（出土种子），胚芽发育成植物的主茎和叶，子叶迟早萎缩脱落。

种子萌发时胚根是最先出现的器官。这一点很重要，因为根的最先出现可以使幼苗固定在土壤中并从土壤中吸收水分和营养料供给幼苗生长发育的需要。

当胚根生长到一定长度后，胚茎开始伸长。胚茎伸长的程度因植物种类的不同而不同，有的伸长较多，有的伸长较少，也有的胚茎并不伸长。由于胚茎的伸长能够把子叶和胚芽托出地面的种子叫做出土种子（epigeal），如菜豆、南瓜、向日葵等都是出土种子（图 3.5）。若胚茎不伸长或伸长地甚少，结果子叶不出土留在地下，胚芽的长出地面是由于胚芽的茎（即胚芽茎）伸长所致，这类种子叫做留土种子（hypogeal），如小麦、玉米、豌豆等都是留土种子（图 3.6）。播种时出土种子不宜播种过深，否则子叶出土困难，留土种子稍深些无妨。在农业实践中，种子能够顺利地尽早萌发，幼苗能够生长地齐、匀、壮是农业丰收的基础。农业实践中的许多措施都是为了达到上述的目的。例如品种的培育，种子的挑选和处理等是为了得到优良健壮的幼苗，水、肥的施用，整地、锄地等是为了给种子的萌发和幼苗的健壮生长提供适宜的条件。

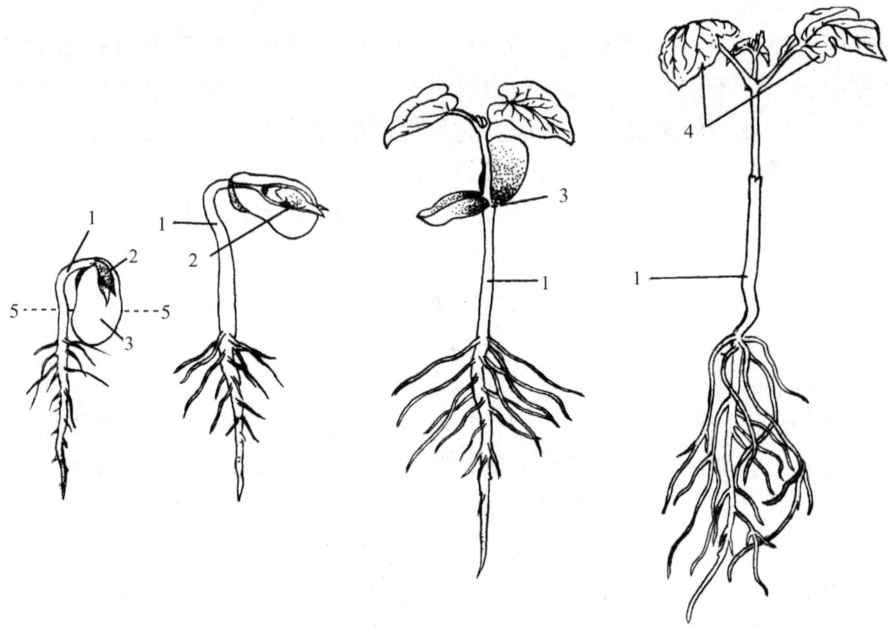

图 3.5　菜豆种子（出土种子）萌发的各个阶段

1. 胚茎　2. 胚芽　3. 子叶　4. 第一对营养叶（单叶、对生）（图中的前两个萌发阶段剥去了一片子叶，以便于显示胚芽）　5. 地平线

幼苗刚刚出现时根和茎之间的界限是难于确定的，一般认为最早出现侧根的部位是根和茎之间的分界线。这个分界线叫做根颈（collar）（图 4.2）。在这个分界线之上认为是胚茎，之下认为是胚根。但若从幼苗的内部构造来看，根颈之上的一部分胚茎可能仍具有根的构造。

兹以菜豆和小麦为例来说明出土种子和留土种子的萌发与幼苗的生长过程。

菜豆种子是双子叶植物无胚乳种子。种子萌发时，胚根穿破珠孔先生长出来。胚根向土壤中生长，形成幼苗的主根。当胚根生长到一定长度后，胚茎开始生长。胚茎生长时，由于胚茎的两侧进行不对称地生长，所以弯曲成钩形突出地面（图 3.5），如此可以保护胚芽和子叶不致因土壤的阻力而遭受损伤。胚茎（或留土种子的胚芽茎）弯曲成

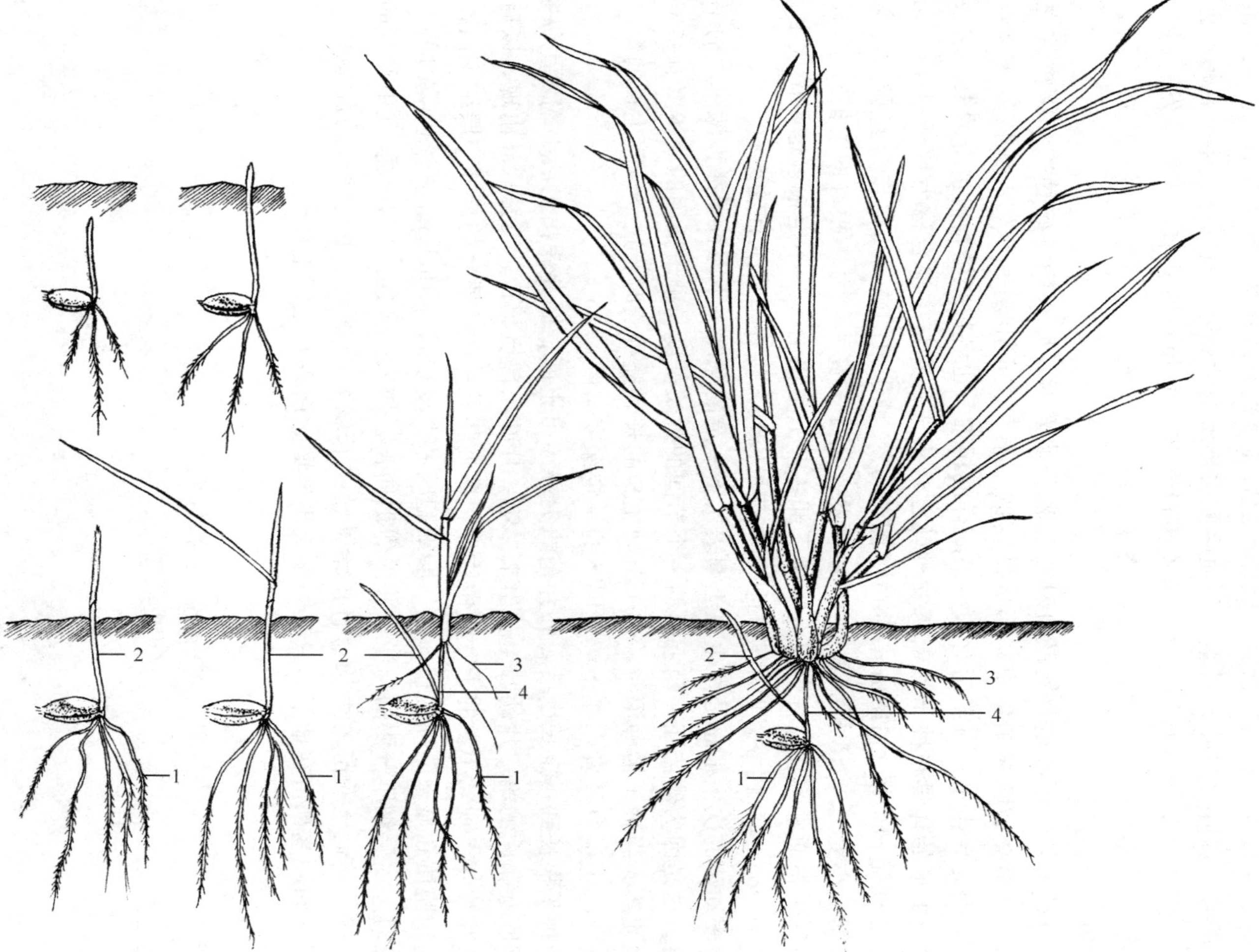

图 3.6 小麦种子(留土种子)萌发的各个阶段,左上方显示胚芽鞘先穿出土面的情况

1. 初生根 2. 胚芽鞘 3. 次生根 4. 胚芽鞘上面的一个节间

钩形突出地面是很多植物幼苗出土的一种共同特性。胚茎出土后伸直，伸直时将两片仍埋在土壤中的肥厚子叶从种皮内抽出，使其露出地面。子叶出土后互相展开并逐渐变为绿色，能够暂时地进行光合作用。当子叶展开后，胚茎停止生长，发育成为主茎的一部分。这时胚芽长大，有两片营养叶展开，随后陆续地有几片营养叶依次长出。菜豆最初长出的两片营养叶（单叶，对生）和随后依次长出的营养叶（复叶，互生）在形态上完全不同（图 3.5），这一特性为许多具有复叶的双子叶植物所共有。当幼苗发育时，子叶内贮藏的营养物质逐渐消耗用尽，终至萎缩脱落。这时年幼的植物体开始了独立生活，结束了幼苗阶段。

小麦种子是单子叶植物有胚乳种子。种子萌发时，胚根鞘突破种皮和果皮首先生出，随后胚根突破胚根鞘生出，形成幼苗的主根。主根出现后不久，从胚茎（即盾片节）的下面先后生出一对或两对和主根同样的粗细，也各被胚根鞘包被着的根，这一对或两对根的原始体早在种子尚未萌发时就已经形成。它与主根合称为种子根（seminal root），也叫做初生根（primary root）（图 3.6）。种子根的数目可以作为鉴别禾谷类作物的依据，小麦为 3～5 根，大麦为 5～8 根，谷子、高粱等为 1 根（即主根）。禾谷类作物的种子根通常不甚发育，以后被从下部茎节上生出的一些不定根（也叫做次生根，secondary root）所代替。但小麦的种子根却可以长久生存，终生有效。

小麦幼苗的次生根总是发生在土壤表层下一定的深度，不因种子播种深浅度的不同而不同。这是因为幼苗胚芽鞘上面的一个节间的生长长度与种子播种的深浅度有一定的相关性使然。当种子播种深时，这个节间生长的长，播种浅时，这个节间生长的短。其结果是使次生根总是发生在土壤表层下的一定深度（图 3.6）。

当种子根长到一定长度后，胚芽鞘的尖端穿出土面，胚芽鞘出土后尖端发生纵裂，包被在胚芽鞘内的第一片幼叶生长出来。第一片叶出现后数日，第二片叶出现，以后陆续地有几片叶出现。小麦的子叶叫做盾片，靠近胚乳一侧的盾片的最外一层细胞内含有浓厚的细胞质和显著的细胞核，这一层细胞叫做上皮层（epithelium）（图 3.4-12）。种子萌发时上皮层细胞分泌酶与激素并强烈地伸长，伸入胚乳的深处吸收胚乳中贮藏的营养料，然后转运至幼苗的生长器官供给幼苗生长发育的需要。小麦种子的胚茎并不伸长，子叶和胚茎都留在地下，只有胚芽长出地面，所以它是留土种子。

第四章 植物营养器官

凡是担负一定生理机能，具有一定形状，由数种植物组织按照一定的排列方式所构成的植物体的组成单位叫做植物器官（plant organ）。植物器官是植物体的形态、构造和功能单位。

植物器官可以分为营养器官（vegetative organ）和繁殖器官（reproductive organ）两大类。根、茎、叶属于营养器官，它与植物的营养有密切的关系。花、果实、种子属于繁殖器官，它具有产生新植物体，保护新植物体，和帮助新植物体散布的作用。概括地讲，植物的营养器官和繁殖器官基本上都是以相同的植物组织但不相同的组织排列方式而形成的。

植物营养器官的生存期和个体的生命同始同终，是植物生命活动过程中最习见的部分。植物繁殖器官在植物体上的存在是有时间性的，它只见于植物的繁殖季节。下面将首先讨论植物的营养器官，随后再讨论植物的繁殖器官。

根

根（root）是植物生长在地下的器官，主要的机能是使植物体固着在土壤中，并从土壤中吸收水分和无机盐类。“根深叶茂”这句话可以说明根在植物生活中的重要作用。

第一节　根的类型和根系

根有不同的类型。按照根发生部位的不同，根可以分为主根（main root）、侧根（lateral root）和不定根（adventitious root）三类。主根是植物最早出现的根，种子萌发时先生出主根，主根是由胚根发展来的。侧根是从主根上生出的分枝。从侧根上也可以生出分枝，从侧根的分枝上还可以生出分枝。主根和各级的侧根共同组成了植物的根系（root system）。不定根不是发生在根部，而是从茎上、胚茎上或叶上生出来的（图4.1），例如柳树的插条上生长的根就是一种不定根。

A　　B

图4.1　不定根

A. 秋海棠叶上生出的不定根与不定芽　B. 玉米下部茎节上生出的不定根（支柱根）

植物的根系有两种类型：一种是主根发育，侧根的长短粗细显著地次于主根，这种根系叫做直根系（tap root system）。直根系入土较深，裸子植物和大多数双子叶植物都具有直根系（图 4.2）。另一种是主根不发育，根系主要是由下部的茎节上生长出来的长短粗细和形状都很相似的不定根所组成的。这种根系叫做须根系（fibrous root system）。须根系入土较浅，很多单子叶植物都具有须根系（图 4.1-B，4.2）。

植物根系钻入土壤的深度与广度因植物种类的不同而不同。有些植物的根系主根比较发育，向着土壤的深处发展，这种根系可以入土很深。例如棉花的主根一般可以深入土层 60 厘米以上，有些品种在灌溉良好的地区可以深达 2 米以上，甚至 3 米。紫苜蓿的主根在排水良好疏松的土壤中可以深入土层 9 米以上，在干旱的气候条件下它可以深达地下水层。也有些植物的根系朝着水平的方向发展，这类植物的主根并不很发达，比较短粗，侧根向四周发展，长度大大超过主根，占有较大的面积。例如某些仙人掌类植物的根系钻入土壤中的深度并不大（6～8 厘米），但其水平方向的长度则可达数米以上，有的甚至可达 15 米，以适应更好地吸收短期内落在土表的雨水。向深处分布的根系叫做深根系（deep root system），向宽处分布的根系叫做浅根系（shallow root system）。通常生长在沙漠或地下水位较低的环境中的植物往往具有深根系（仙人掌类植

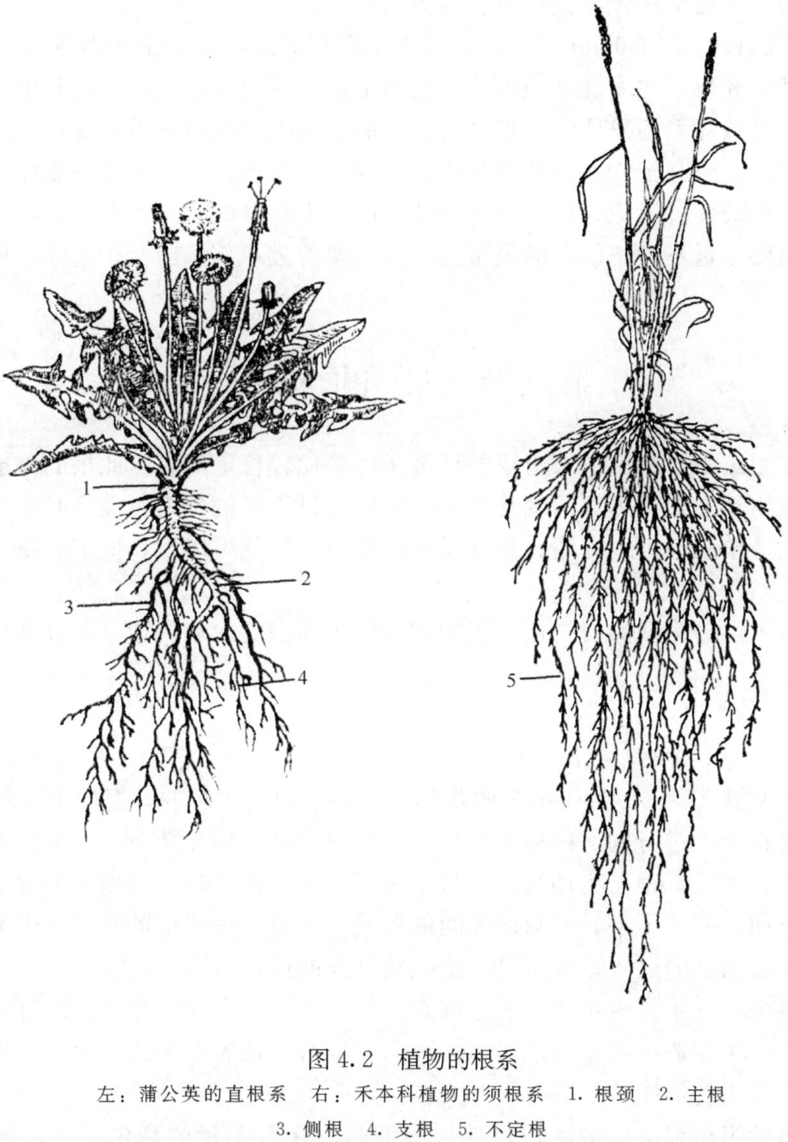

图 4.2　植物的根系

左：蒲公英的直根系　右：禾本科植物的须根系　1. 根颈　2. 主根　3. 侧根　4. 支根　5. 不定根

物例外)，生长在沼泽地区或地下水位较高的环境中的植物往往具有浅根系。根系钻入土壤中的深浅度除决定于植物的种类外，还决定于根系生长的环境条件。例如生长在比较干燥环境条件下的柳树根系入土较深，生长在水边的柳树根系入土较浅。

在林区中的一小块地段上往往生长着很多不同类型的植物。由于这些植物根系钻入土壤中的深度不同，所以它们的根系分布在不同深度的土壤中，形成所谓地下成层现象(under ground stratification)。地下成层现象是很重要的，它保证植物可以从土壤的不同层次中吸收养料。

在排水良好的土壤中，大多数农作物的根系都分布在土壤表层之下 1～2 米的范围内，并不局限在土壤的耕作层中。很多作物的少数根可以入土深达 3 米。树木的根系入土并不是很深的，也就是 1～2 米的深度，入土深达 4 米以上者较为少见，但树木的根系向四周的发展通常却大于其树冠向四周的发展。

植物地上的枝叶系 (shoot system) 完全依靠根系供给水分和矿物质养料，所以植物枝叶系的发展和根系的发展必须保持一定的平衡。通常枝叶系的发展和根系的发展基本上是相等或是枝叶系的发展小于根系的发展的，绝不会超过根系的发展。如果根系受到损伤破坏，就会引起枝叶系的枯萎和死亡，因此在移植植物时必须注意保护根系。假若根系受到损伤破坏，就应当剪去一部分枝叶以减少水分的蒸发。在农业实践上，玉米移植时一方面要尽量不损伤幼苗的根系，一方面要剪去一部分苗叶，这样才可以保证移植成功。

第二节　根的构造

根生活在土壤中，一般讲来土壤的环境条件是比较稳定的，因此根的构造是比较保守的，不像植物地上器官那样的变化多端。所以在讨论根的构造时没有必要将各类种子植物的根的构造单独地分别介绍，只要做概括性地叙述就可以了，但于必要时则指出它们之间的某些差别。

根的构造可以分为根尖的构造、根的初生构造和根的次生构造三部分来讨论。

1. 根尖的构造

愈近根端根愈尖细，通常根端数毫米至数厘米的一段叫做根尖 (root tip) (图 4.3)。根尖很重要，因为根的吸收作用主要是在根尖进行的，根的形状的决定和体长的增长也是在根尖进行的。根据细胞生长发育的程度，根尖从下往上可以划分为三个区：最下端为分生区，稍上为伸长区，最上为成熟区。我们将根尖划分为三个区完全是为了讨论的方便，必须了解，区与区之间的界限并不是十分严格的。这是因为生长发育是一个连续依次渐进的过程，并不是一个截然分开的过程。

根在土壤中向下生长时不断地和土壤发生摩擦，因此在根尖分生区的外面套着一个灰白色的帽形保护构造，叫做根冠 (root cap)。根冠包被着根尖的分生区，具有保护根尖的幼嫩分生组织的机能。

根冠由薄壁组织细胞构成。根冠外层的细胞内含有多量的高尔基体，能够分泌黏液，使根冠的表面变得黏滑，这样就可以减少根向土壤中生长时所发生的摩擦，有利于根向土壤内钻入。虽然如此，根冠外层的细胞仍然是不断地因摩擦而脱落，根尖分生区最顶端的一层细胞进行分裂，增加根冠的内层细胞以补偿外层的损失，所以根冠总是保持着一定的厚度。

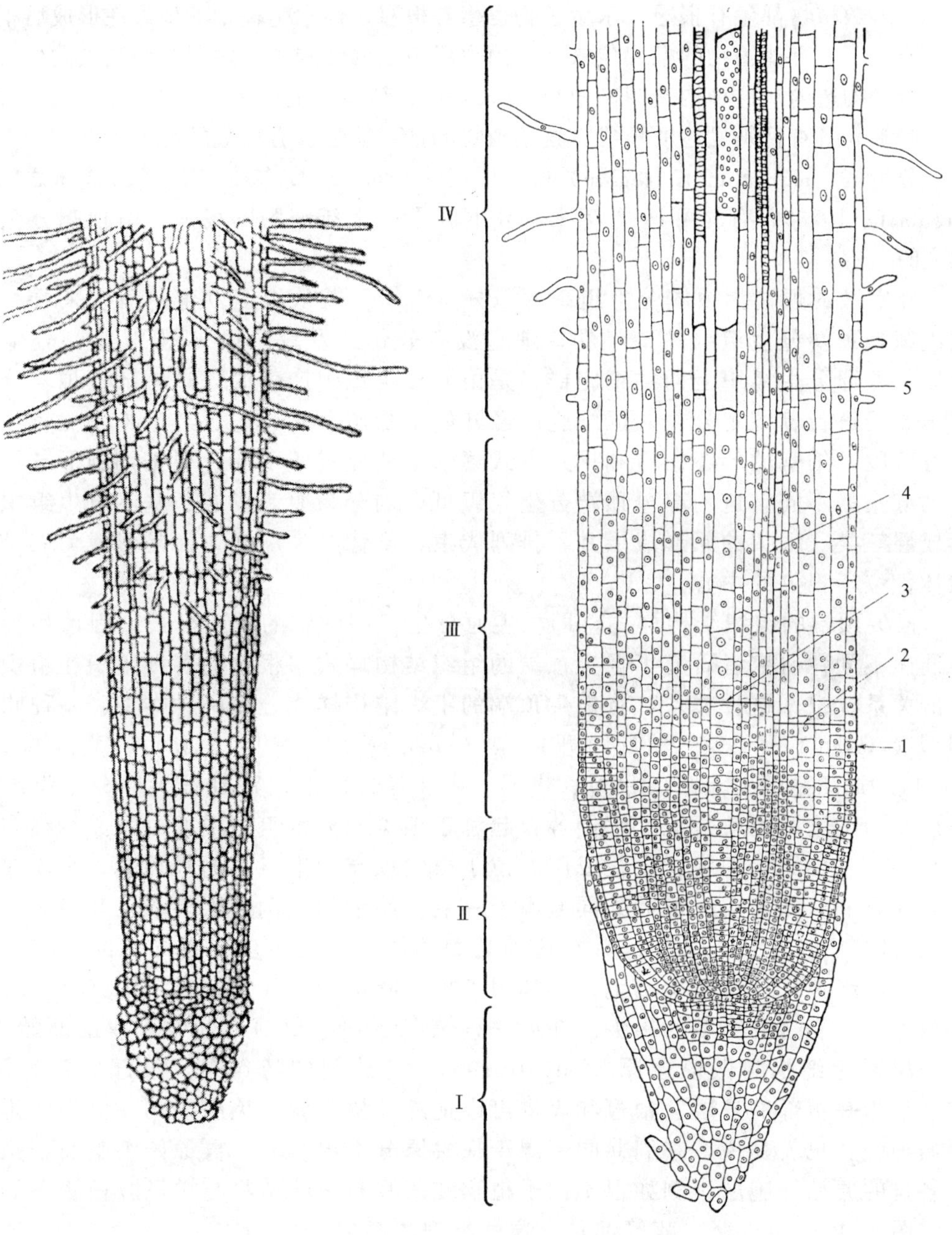

图 4.3　根尖

左：植物根尖的表面观（图解）　右：大麦根尖纵切　Ⅰ. 根冠　Ⅱ. 分生区　Ⅲ. 伸长区　Ⅳ. 成熟区（根毛区）　1. 原表皮层　2. 基本分生组织　3. 原形成层　4. 中柱鞘　5. 内皮层

根冠内部的细胞通常含有可以移动的淀粉粒。若将根尖水平放置，就可以看到根冠细胞内的淀粉粒在重力作用下很快地就沉积到细胞的下方，结果引起了根的向地性反应。切除根冠，根就失去了向地性反应。因此长时期以来认为根冠细胞内的淀粉粒与根的向地性反应有密切的关系（平衡石学说，statolith theory）（见 Pyke，2009）。

大多数植物都生有根冠，水生植物也生有根冠，但水生植物的根冠在形成后很早就退化消失了。有些植物的根尖包被在由内皮层衍生的细胞和一些皮层细胞共同形成的一种根冠状构造内，这种构造叫做根袋（pocket）。某些水生植物（如凤眼蓝属、浮萍属、水鳖属等）具有特别发达的根袋，这类植物的根可能是没有根冠的。

分生区（meristematic region）位于根冠的上面，长度多在 0.3～1.5 毫米之间（见 Greulach，1973），有的可达 3 毫米。分生区是产生新细胞的场所，由顶端分生组织构成的。

分生区的顶端为顶端分生组织的原分生组织。若从组织发育的角度来看，原分生组织是顶端分生组织的最年幼，细胞没有分化的发育阶段（图 2.2）。分生区的后段，即原分生组织上面的细胞群，是由原分生组织产生的，这一部分顶端分生组织虽然仍进行着细胞分裂，但细胞已经开始了初步分化，它已经进入了比较年老的发育阶段，细胞的形态构造和排列方式逐渐地彼此有所不同。根据细胞形态构造和排列方式的不同，这一部分顶端分生组织可以划分为原表皮层、基本分生组织和原形成层三类。根尖的原形成层并不排列成束，不像茎尖那样，而是形成为一个圆柱状体，位于根尖的中心。

根尖顶端的组织结构样式，即根尖原分生组织细胞的排列样式，因植物种类的不同而不同。研究者研究了根尖顶端的组织结构样式与根部的各种组织在组织发生上的关系。根据这种关系，将根尖顶端的组织结构样式分为两种类型：一种叫做封闭型（closed type）；一种叫做开放型（open type）（见 Esau，1977；Dickison，2000）。封闭型的特点是，根冠、皮层、中柱各自可以追踪到根尖原分生组织中的一层原始细胞，也就是说，它们各自起源于根尖原分生组织中的一层原始细胞，因此总共有三层原始细胞，叠置成层，位于根尖顶端分生组织的最顶端。表皮或与根冠是同源的，即表皮与根冠共同起源于一层原始细胞，例如很多双子叶植物，如萝卜属（图 4.4）、芸苔属等都具有这种类型的根尖；或与皮层是同源的，即表皮与皮层共同起源于一层原始细胞，例如很多单子叶植物，如针茅属（图 4.4）、玉米、洋葱等都具有这种类型的根尖。在后一种情况下根冠单独地起源于一层原始细胞，这一层原始细胞叫做根冠原（calyptrogen）。开放型的特点是，根部的各种组织，或者至少是根部的皮层、根冠和表皮可以追踪到根尖原分生组织的一群横向排列的原始细胞，也就是说，它们共同起源于根尖原分生组织的一群原始细胞而不是起源于各自的原始细胞层，例如很多裸子植物和某些双子叶植物与单子叶植物，如云杉属（图 4.4）、向日葵、蒜等都具有这种类型的根尖。

封闭型的根尖表明根部的各种组织可以追踪起源于各自的原始细胞层，这一点与 Hanstein（1868）的组织原学说，即根部的各种组织可以追踪起源于各自的“组织原”的学说基本上是符合的，所以使用 Hanstein 的组织原学说来描述很多被子植物根顶端

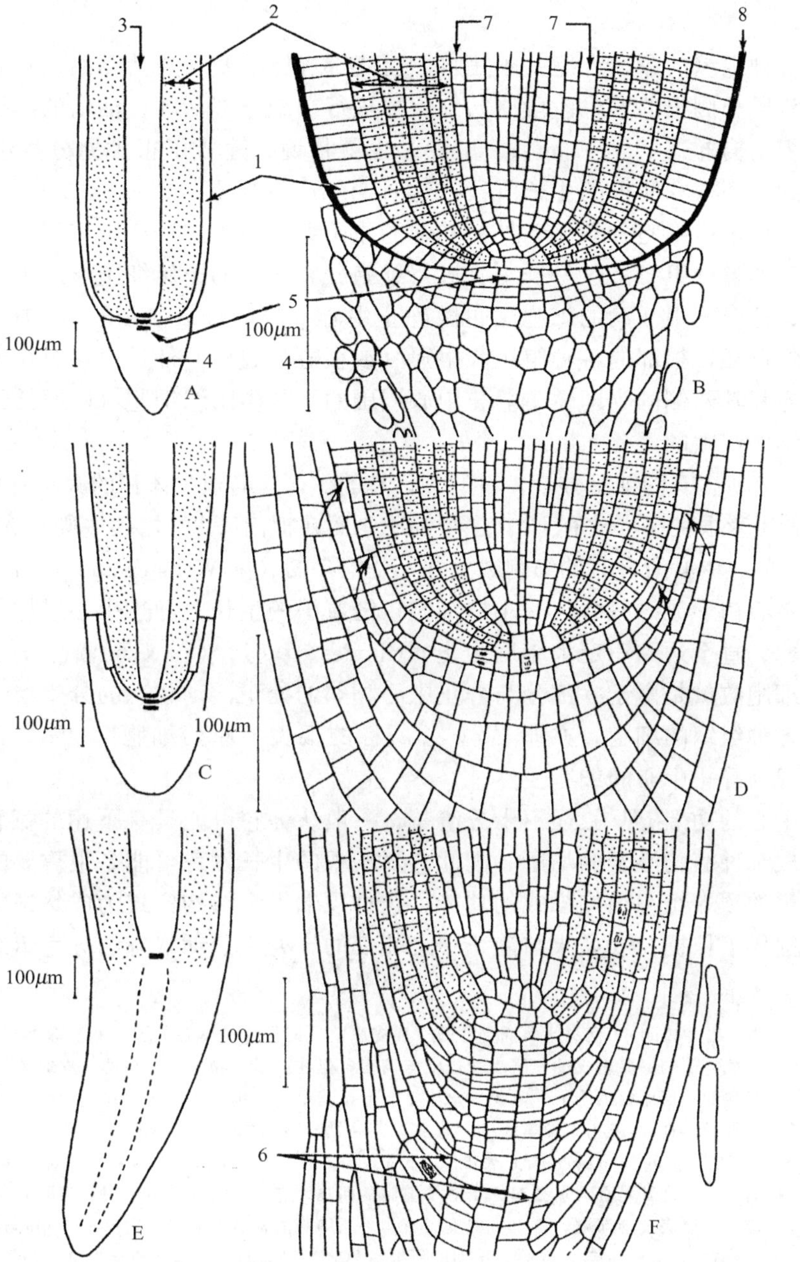

图 4.4　根尖纵切，示顶端构造类型

A，B．针茅属（封闭型），根冠单独地起源于根冠原　C，D．萝卜属（封闭型），根冠与表皮同源，以平周壁（T-分裂，箭头所示）将表皮与根冠分开　E，F．云杉属（开放型），根部各种组织共同起源于一群横向排列的原始细胞　1．原表皮层　2．基本分生组织　3．原形成层　4．根冠　5．根冠原　6．根冠柱（有些植物位于根冠中心的根冠细胞只进行横分裂，没有纵分裂，结果形成许多排列成纵向行列的细胞，这种构造叫做根冠柱）　7．中柱鞘　8．黏质层

的组织结构样式与根部的各种组织在组织发生上的关系基本上还是可以的，因此有时仍被引用[①]

根部各种组织的原始细胞并不是自始至终都进行细胞分裂活动的，只有在种子的胚根的形成阶段和侧根的发生阶段原始细胞才进行细胞分裂活动，活动的结果建成了根尖顶端的组织结构样式（见 Esau，1965a），也就是说，建成了根尖原分生组织细胞的排列样式。到了胚根和侧根的生长阶段，这时期除产生根冠（或根冠与表皮，如萝卜属）的原始细胞仍进行细胞分裂活动外，其他的原始细胞很少进行细胞分裂活动，因此就很少产生根部的各种组织。这一群很少进行细胞分裂活动的原始细胞形成了一个不很活动的细胞区，这个不很活动的细胞区叫做静止中心（quiescent center）（图 4.5）[②]。由于静止中心的形成，根部的各种组织除根冠（或根冠与表皮）外是由在纵切面上位于静止中心的上方和其两侧的（即位于静止中心周围的）分生组织细胞（即原始细胞的衍生细胞）的活动所产生的。

静止中心所含有的细胞数量，有的多，有的少，这与根尖体积的大小有相关关系。例如在最大的玉米根尖中可含有 1000 多个细胞，而在拟南芥[③]的根尖中则只含有 4 个细胞。一般地讲，静止中心所含有的细胞数量并不是很多的（见 Webster and Macleod，1996）。

静止中心初形成时只含有一小群细胞，随着根的生长，静止中心增加其细胞数量以增大其体积，直至达到一定大小后为止（Clowes，1961）（图 4.6）。静止中心之所以能够增加其细胞数量是由于一部分与静止中心相邻的处于活动状态的分生组织细胞（此即产生根部各种组织的细胞，亦即 Clowes 所称的根尖“原始细胞”）停止了细胞分裂活动，转变成为静止中心的细胞使然。

静止中心的功能现在还不十分清楚，一般认为它可能具有下述的五种功能：①它可能是合成某种植物激素的场所，因此它对于根的生长发育可能是很重要的；②它可能具有保持根的顶端组织结构样式的功能，这种顶端组织结构样式为成熟根的组织结构样式的建成提供了依据；③如果与静止中心相邻的，处于活动状态的分生组织细胞（此即

---

① 在此应当指出，Hastein 组织原学说所称的“表皮原”一词指的是单独起源于根、茎顶端的一层原始细胞和将来只发展成为根、茎的一层表皮的一层表面层细胞而言，但在被子植物根内，根的表皮通常是与根冠或是与皮层共同起源于根顶端的一层原始细胞的，除少数水生单子叶植物根外，单独起源于根顶端一层原始细胞的表皮基本上是不存在的，也就说，Hastein 组织原学说的“表皮原”在被子植物的根内基本上是不存在的。还应当指出，不能够将 Hastein 的表皮原（dermaogen）与原表皮层（protoderm）二词等同起来，两者虽然都是根、茎顶端的一层表面层细胞，但后者不考虑其是否为单独起源于原始细胞的问题，它也可能与其他组织有共同的起源，也不考虑其将来是否只发展成为一层表皮的问题，它也可能发展成为多层细胞的构造，如复表皮（multiple epidermis）是。

② 静止中心是 Clowes 1956 年发现的。早期的研究者称之为根的原始细胞和原分生组织的细胞群，Clowes 称之为根的“最小结构中心”（minimal constructional centre）（Clowes，1961）。Clowes 不认为“最小结构中心”是根的原始细胞和原分生组织，原因是在根的生长阶段“最小结构中心”已经基本上停止了细胞分裂活动，转变成为静止中心，因此它就很少产生根部的各种组织。根部的各种组织除根冠（或根冠与表皮）外是由位于静止中心周围的分生组织细胞的活动所产生的。Clowes 认为这些位于静止中心周围的，进行细胞分裂活动的分生组织细胞是根的原始细胞，并认为由这些细胞所构成的组织是根的原分生组织（Clowes，1961）（图 4.5）。Clowes 对于“原始细胞”和“原分生组织”的看法否定了早期的研究者认为根的原始细胞和原分生组织是位于根尖顶端分生组织最顶端的细胞群的传统看法。

③ 拟南芥是近年来研究遗传学和植物器官发育等问题最经常使用的植物。拟南芥的根尖为封闭型（萝卜属型），含有三层原始细胞。在这三层原始细胞中，只有中间一层的中心含有 4 个水平排列的原始细胞转变成为静止中心，其他的上、下两层原始细胞仍处于活动状态，上面的一层产生出根的中柱，下面的一层产生出根的根冠与表皮。

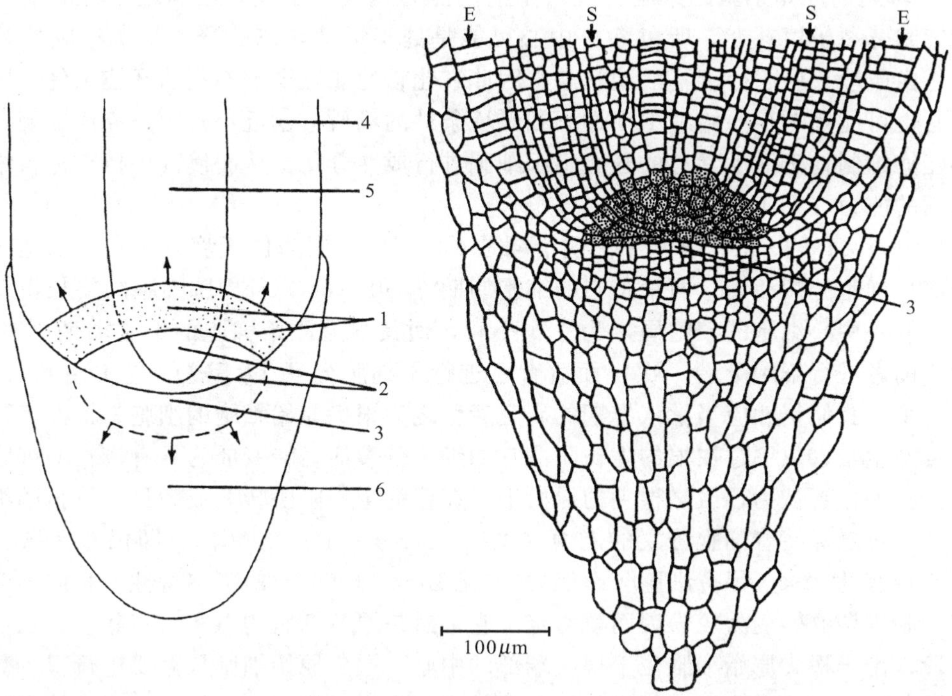

图 4.5　玉米根尖纵切

左：草图，示构造　右：示静止中心（带点的细胞）　E. 表皮　S. 中柱鞘

1. 原分生组织　2. 静止中心　3. 根冠原始细胞　4. 皮层　5. 中柱　6. 根冠

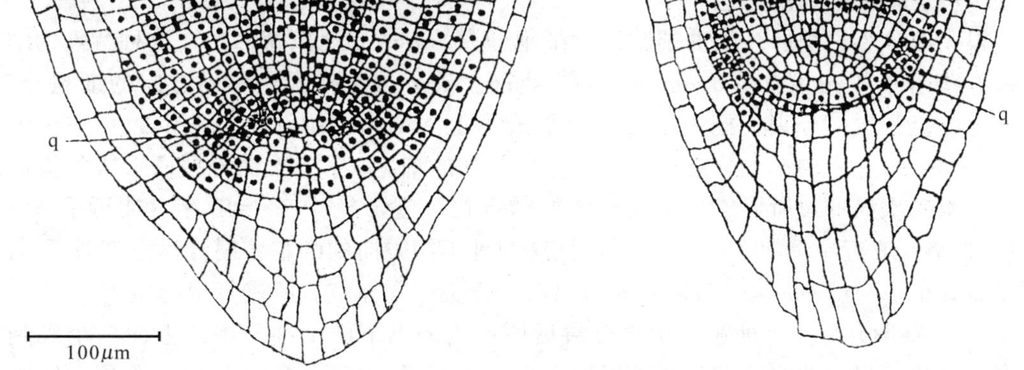

A　　　　B

图 4.6　欧白芥主根根尖纵切，示静止中心的发育

A．5 毫米长的根尖的静止中心含有大约 30 个细胞（图中的无核细胞）

B．50 毫米长的根尖的静止中心含有大约 700 个细胞　q. 静止中心

Clowes 称之为原始细胞的细胞）失去了活动能力或受到了损伤，静止中心的细胞能够恢复细胞分裂予以补充，所以静止中心可能是处于活动状态的分生组织细胞的补充源泉；④由于静止中心处于不活动状态，因此它比较地能够抵抗不利的环境条件，所以静止中心也可能是贮存原始细胞度过不利环境条件的场所；⑤近年来的研究还证明，静止中心能够抑制处于活动状态的分生组织细胞进行成熟分化，从而使其保持着进行细胞分裂活动的能力（见 Dickison，2000）。

Fosket（1994）认为静止中心这个词是不恰当的，因为位于静止中心的细胞实际上并未停止细胞分裂活动，而只是它的细胞周期（cell cycle）较周围细胞的要长得多。例如玉米静止中心细胞的细胞周期为 174 小时，而其根冠原始细胞的细胞周期则只有 12 小时，前者进行细胞分裂一次，而后者已进行了细胞分裂 14.5 次（见 Evert，2006）。这样看来，我们仍然应当承认早期的研究者称之为根尖原始细胞的细胞是根部各种组织的直接产生者，只不过在根的生长阶段它的细胞分裂活动转变成为具有较长的细胞周期而已。本书作者认为，虽然根尖的原始细胞在根的生长阶段转变成为具有较长的细胞周期，但它仍然保持着细胞分裂的能力（见 Leyser and Day，2003），即仍然保持着原始细胞所特有的“永久保持细胞分裂能力”（见 Esau，1965a）的基本特性。我们不应当只因其细胞周期的转变为较长因而就否定了它仍然是原始细胞的事实。实际上，在根的生长阶段，由于根尖原始细胞位于根尖端部的中心，根尖原始细胞只需要进行很少数的细胞分裂，其外周的细胞就必须进行较多次的细胞分裂，否则就不能够使根尖外周体积的增大与根尖中心体积的增大相适应。这正如同我们把一个小型球状体扩大成为一个大型球状体时，球状体表面部位的体积增大要比中心部位的体积增大多得多的道理是相似的。可见在根的生长阶段根尖原始细胞所以需要转变成具有较长的细胞周期的原因是由于根尖原始细胞所处的中心“位置”使然，而并不是因为原始细胞的基本特性发生了什么改变。因此呢，早期的研究者将位于根尖顶端分生组织顶端的细胞群称之为根尖的原始细胞和原分生组织（现下称之为静止中心）是符合根尖构造的实际情况的。由于它的活动，产生出根的初生构造。

根尖原分生组织所产生的细胞进行细胞分裂的方式是比较特殊的，这种特殊的细胞分裂方式叫做 T-分裂（T-division）（图 4.7）。T-分裂包括两次不同方向的细胞分裂，先发生的是一次横分裂，把一个细胞分裂成为上下两个细胞，随后发生的是一次纵分裂，把两个细胞中的一个分裂成为两个纵向并列的细胞。第一次横分裂所形成的横向细胞壁和第二次纵分裂所形成的纵向细胞壁结合在一起形成为一个 T 字（或近乎 Y 字）或倒 T 字（或近乎倒 Y 字）形，所以把这两种不同方向的细胞分裂合称为 T-分裂（体帽学说，body-cap theory，Schüepp，1917）。根尖的本体细胞所进行地为倒 T 字形（或近乎倒 Y 字形）分裂，即第一次横分裂后所产生的上下两个细胞中的上面一个细胞进行了纵分裂；根尖的根冠细胞所进行地则多为 T 字形（或近乎 Y 字形）分裂，即第一次横分裂后所产生的上下两个细胞中的下面一个细胞进行了纵分裂。根尖本体与根冠细胞进行 T-分裂的结果，使一行细胞变成为双行细胞，从而使得根尖本体与根冠得以生长增粗并使后者借此以补偿了根冠外层细胞因摩擦而造成的损失。

分生区的上面是伸长区（region of elongation），长度约为数毫米（通常为 2～5 毫米），较茎尖伸长区的长度短得多。因为根向土壤中生长，受到土壤的阻力很大，所以伸长区不能太长，太长遇到阻力时容易弯曲，这样就会减少根向土壤中钻入的力量。

在根尖的伸长区内液泡增大，因之细胞的体积也随之增大。细胞体积增大时，其长度的增加大于宽度的增加，因而产生一种扩伸力（即涨压，turgor pressure），这种扩伸力推动着根尖向土壤内钻入。

伸长区的前段仍进行着细胞分裂，但细胞分裂的次数从下往上渐上渐少，细胞的体积从下往上却迅速地增大。到了伸长区的后段，细胞分裂已经停止，细胞体积的增大已将近完成。在伸长区的前段除仍进行细胞分裂和细胞体积的迅速增大外，一部分靠外周的原形成层细胞开始了成熟分化。最早从原形成层分化出来的是原生韧皮部的组成成分，原生木质部的组成成分分化地较晚，这些成分通常是在伸长区的后段才开始成熟。在种子植物根内，在横切面上观察时，木质部和韧皮部都是从外向内成熟的。

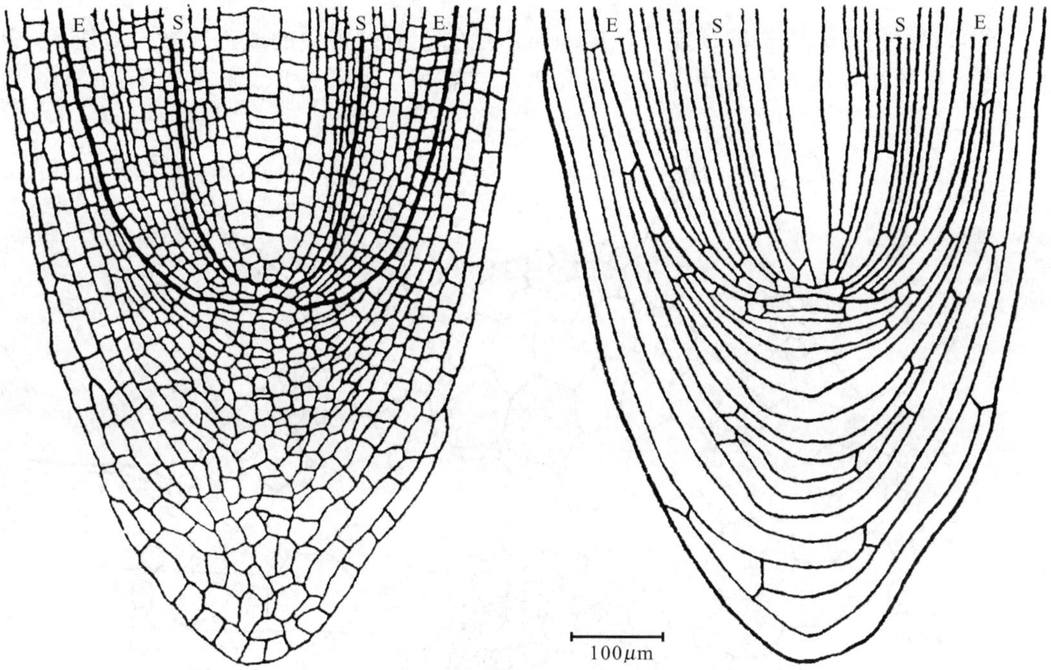

图 4.7　洋葱根尖纵切，示根尖细胞的 T-分裂

E. 表皮层　S. 中柱鞘

由于根尖的伸长区较短，再加上原生木质部中的组成成分是在伸长区的后段（即伸长区的其他成分基本上都已经完成了伸长生长的区段）才开始成熟，所以在根的原生木质部中伸长能力较强的环纹式和螺纹式导管和管胞的含量甚少或者可能没有，并且原生木质部中的导管和管胞也未被伸长区的其他成分扯破压扁。

根尖最早成熟的初生维管组织与根尖的原分生组织二者之间距离的长短与根的生长速率有相关关系，即根的生长速率越大，二者之间的距离越长，反之则越短。同时，根的生长速率和最早成熟的初生维管组织与原分生组织二者之间距离的长短又受根的类型（主根或侧根）、根的发育阶段和环境条件等三种因素的影响。例如大麦不定根的生长速率小于主根的生长速率，已达到发育晚期的主根的生长速率（即已将达到主根最大长度时的生长速率）小于正在发育早期的主根的生长速率。所以大麦根尖最早成熟的原生韧皮部与根尖原分生组织二者之间距离因受以上两种因素的影响，可以从 250 微米到 750 微米，原生木质部可以从 400 微米到 8500 微米。又例如培养用吲哚乙酸（IAA）（环境条件）处理过的豌豆离体根尖，因受 IAA 因素的影响，其最早成熟的原生木质部接近于原分生组织，二者之间的距离很短。这一方面是因为过多的 IAA 抑制了根的伸长生长，另一方面还因为 IAA 加速了木质部的成熟分化使然。

伸长区的上面就是成熟区（region of maturation），长度约为数毫米至数厘米。成熟区的细胞已不再伸长，在这里细胞进行和完成各种不同的成熟变化（分化），最后发展成为各种不同的成熟组织，形成根的初生构造。

2. 根的初生构造

根的初生构造是由根的顶端分生组织所产生的。通过根尖的成熟区做一横切片，可以观察到根的初生构造包括表皮、皮层和中柱三部分（图 4.3-Ⅳ，4.8）。

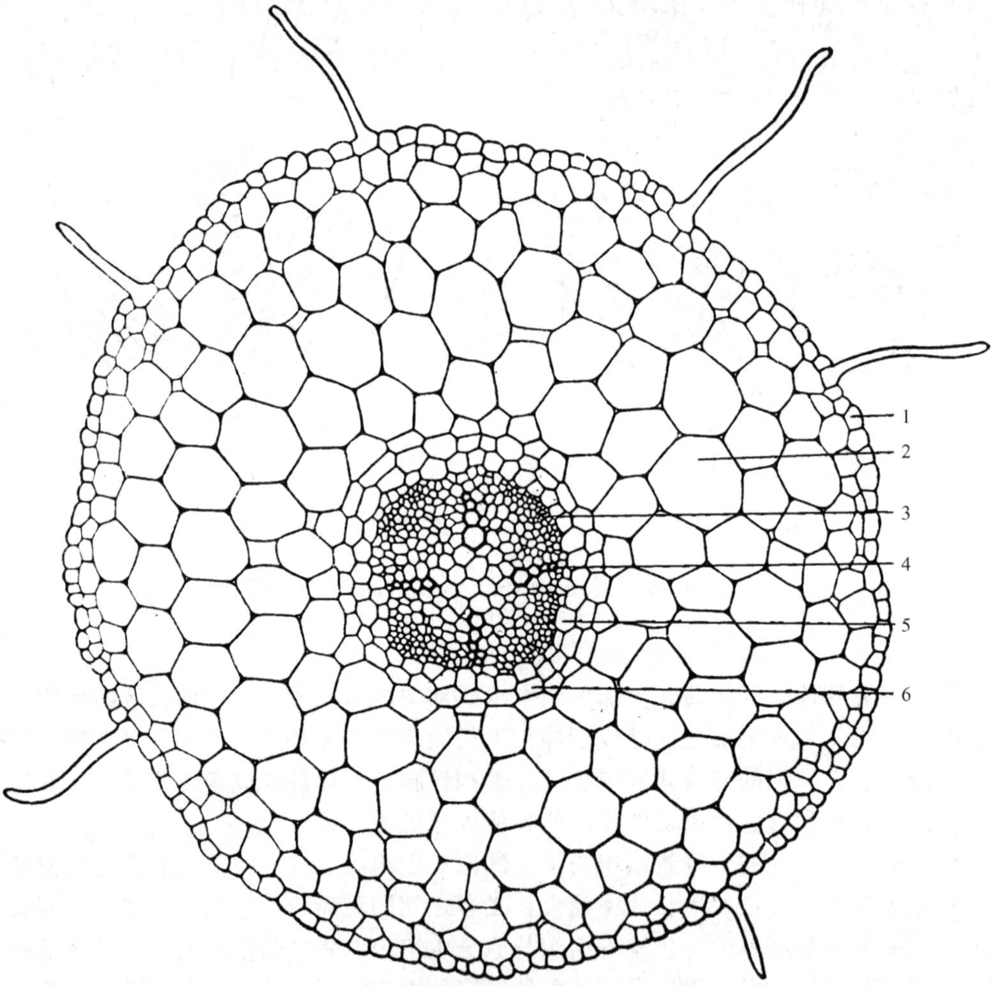

图 4.8　绿豆幼根横切，示双子叶植物根的初生构造

1. 表皮　2. 皮层　3. 初生韧皮部　4. 初生木质部　5. 中柱鞘　6. 内皮层

成熟区最外面的一层细胞叫做表皮（epidermis）。表皮是由原表皮层发展来的。表皮细胞为砖形，细胞排列紧密，没有细胞间隙。根的表皮主要担负着从土壤中吸收水分和溶解在水中的矿物质的机能，这与植物的营养有关，所以在组织分类上将它列为营养组织中的一类，叫做吸收组织（absorptive tissue）。因其生理机能的不同，根表皮在构造上与地上器官的表皮有显著的不同，特点有三：

1）细胞具有纤维素薄壁，外壁不加厚，外壁的外面没有角质层或具有一极薄的角质层，极薄的角质层仍可透进水分，并能防止被微生物所感染。

2）细胞的外表面上生有表皮毛，叫做根毛（root hair），因此根尖的成熟区又叫做根毛区（root hair region）。

3）根表皮上没有气孔（图 4.3）。

根毛只发生在根尖的成熟区，分生区和伸长区都不生长根毛。这一点是很重要的，假如根毛也生长在分生区和伸长区，则根尖向土壤中生长时根毛就会遭受到破坏。另外，在分生区和伸长区根的初生木质部尚未发育或尚未成熟，假如根毛也生长在分生区和伸长区，则根毛所吸收的水分将难以上运。大多数植物都生有根毛，但沉水植物通常没有根毛。根毛生长时钻入土壤颗粒间的缝隙，使根毛长成弯弯曲曲的形状(图 4.9-A)。

根毛多发生于根尖成熟区的前段。根毛形成时，根表皮细胞向外突出，形成一突起物，此突起物的顶端继续向前生长，形成一长度一般为 0.1～1.0 厘米的单细胞管状长毛，此即根毛（图 4.9-A）。当根毛进行长度生长时，顶端聚集着一部分细胞质，各种细胞器（如线粒体、内质网、核糖体和很多的高尔基体等）也都位于根毛的顶端，细胞核也常位于根毛的顶端。当根毛的长度生长停止后，细胞器和细胞核不再聚集在根毛的顶端，根毛和根表皮的细胞质形成贴壁层，中央为一互相沟通的大液泡。

大多数植物只有一部分根表皮细胞生长根毛，其他的根表皮细胞没有生长根毛，这一部分生长根毛的表皮细胞与不生长根毛的表皮细胞在形态构造上通常并没有多少差别，大小基本上是一样的。但也有些植物生长根毛的表皮细胞与不生长根毛的表皮细胞在形态构造上有显著地差异，这类植物的生长根毛的表皮细胞比不生长根毛的表皮细胞要短小得多，它的细胞内含有浓厚的细胞质和一个大的细胞核，它是由原表皮层细胞进行一次不均等的横分裂形成的。这种短小的生长根毛的表皮细胞叫做生毛细胞（trichoblast）。很多单子叶植物的根表皮上具有这种类型的生毛细胞（图 4.9-B）。

根据近年来的研究，发现生长根毛与不生长根毛的两类根表皮细胞在根表皮上有三种基本的排列样式，它们是：① 任何一个新形成的根表皮细胞都可以生长根毛，生长根毛的表皮细胞无规则地排列在不生长根毛的表皮细胞行列中，例如大多数的双子叶植物具有这种排列样式（图 4.9-C 左）；② 原表皮层细胞进行一次不均等的横分裂，产生一个大细胞和一个小细胞，大细胞发育成不生长根毛的表皮细胞，小细胞发育成生毛细胞（trichoblast），生毛细胞排列在不生长根毛的表皮细胞行列中，例如很多单子叶植物具有这种排列样式（图 4.9-B，4.9-C 中）；③ 生长根毛的表皮细胞短些，不生长根毛的表皮细胞长些，生长根毛的表皮细胞与不生长根毛的表皮细胞互相间隔地各自排列成单独的细胞行列，例如十字花科、苋科、紫茉莉科、石竹科、蓼科、杨柳科等十多个科的植物具有这种排列样式（见 Evert，2006）。很多十字花科植物，如拟南芥属，其生长根毛的表皮细胞正对着位于其里面的皮层细胞的纵向垂周壁，不生长根毛的表皮细胞则正对着位于其里面的皮层细胞的纵向平周壁，也就是说，这类植物生长根毛的表皮细胞与不生长根毛的表皮细胞在分化上和位于其里面的皮层细胞还具有一定的位置上的

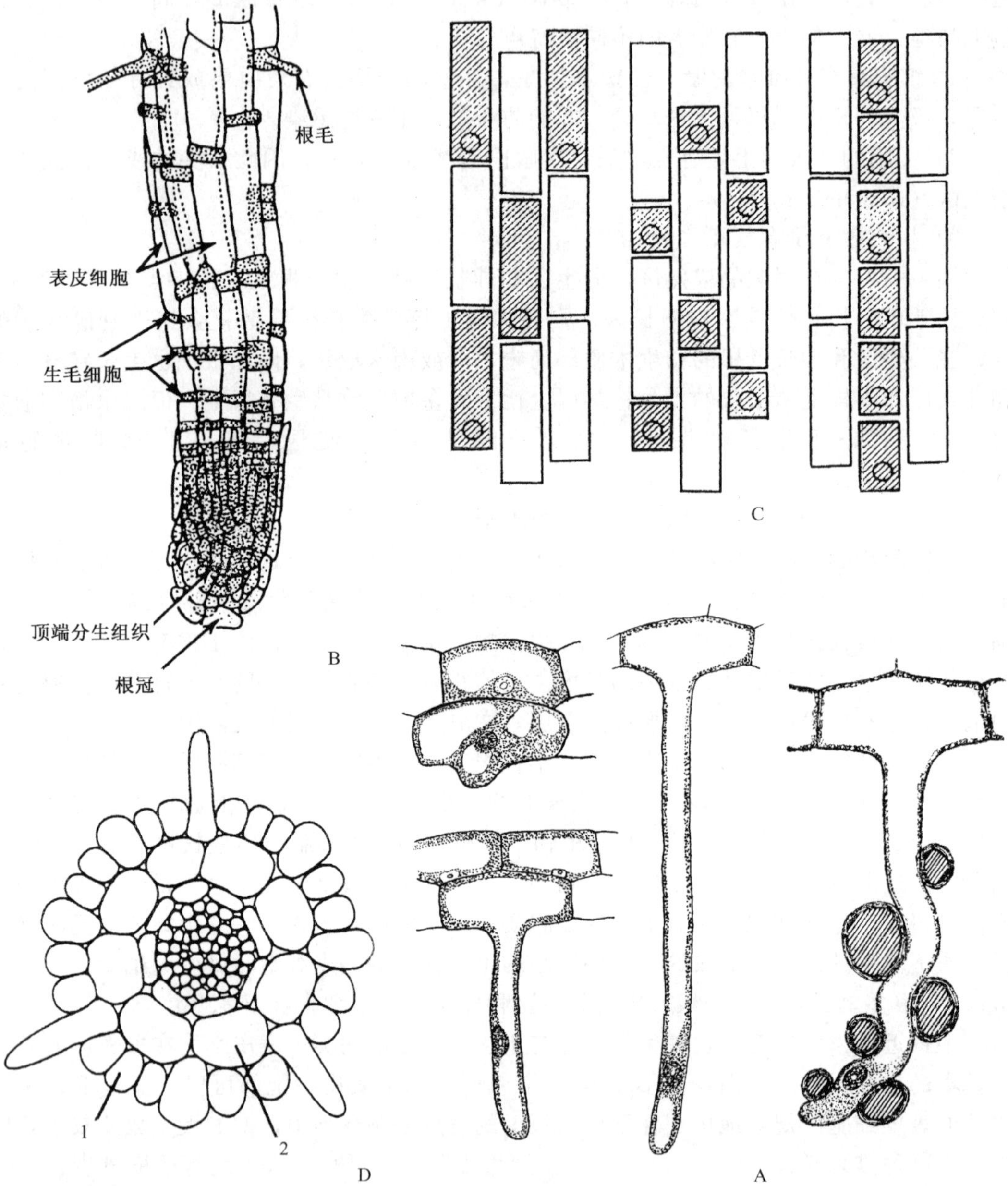

图 4.9　根毛

A. 根毛形成的各个阶段与土壤颗粒附着在根毛上的情况　B. *Anigozanthos* 属植物根尖的表面观，示生毛细胞　C. 生长根毛与不生长根毛的表皮细胞在根表皮上的三种排列样式（图解）（白色细胞代表不生长根毛的表皮细胞，斜线细胞代表生长根毛的表皮细胞，圆圈代表生长根毛的位置）　D. 拟南芥属幼苗根横切（草图），示生长根毛的表皮细胞与皮层细胞在位置上的相关关系，一共有 8 行生长根毛的表皮细胞，但因各行的根毛并不是都生长在同一个水平面上，所以在这个横切面上只看到了 3 根根毛　1. 表皮细胞　2. 皮层细胞

相关关系（图 4.9-C 右，4.9-D）（见 Dickison，2000；Schiefelbein，2000；Evert，2006）。

根毛的主要机能是扩大根的吸收面积，根毛大大地扩大了根的吸收面积，它可以扩大根的吸收面积 3～10 倍，有的甚至可以达到 20 倍！但根毛的寿命一般并不长，通常生活数天就死亡了。随着幼根的向前生长，在新形成的成熟区又长出新的根毛来，这样就促使根的吸收部位不断地与新土壤相接触。

根毛死亡后，根的表皮细胞随之枯萎脱落。但也有很多单子叶植物和一些没有次生生长的双子叶植物的根毛死亡后，根的表皮层并不脱落，可以长久留存。这种表皮层细胞的壁经过了栓质化和木质化（见 Fahn，1990），它形成为根的一层保护构造，终生起着保护作用。

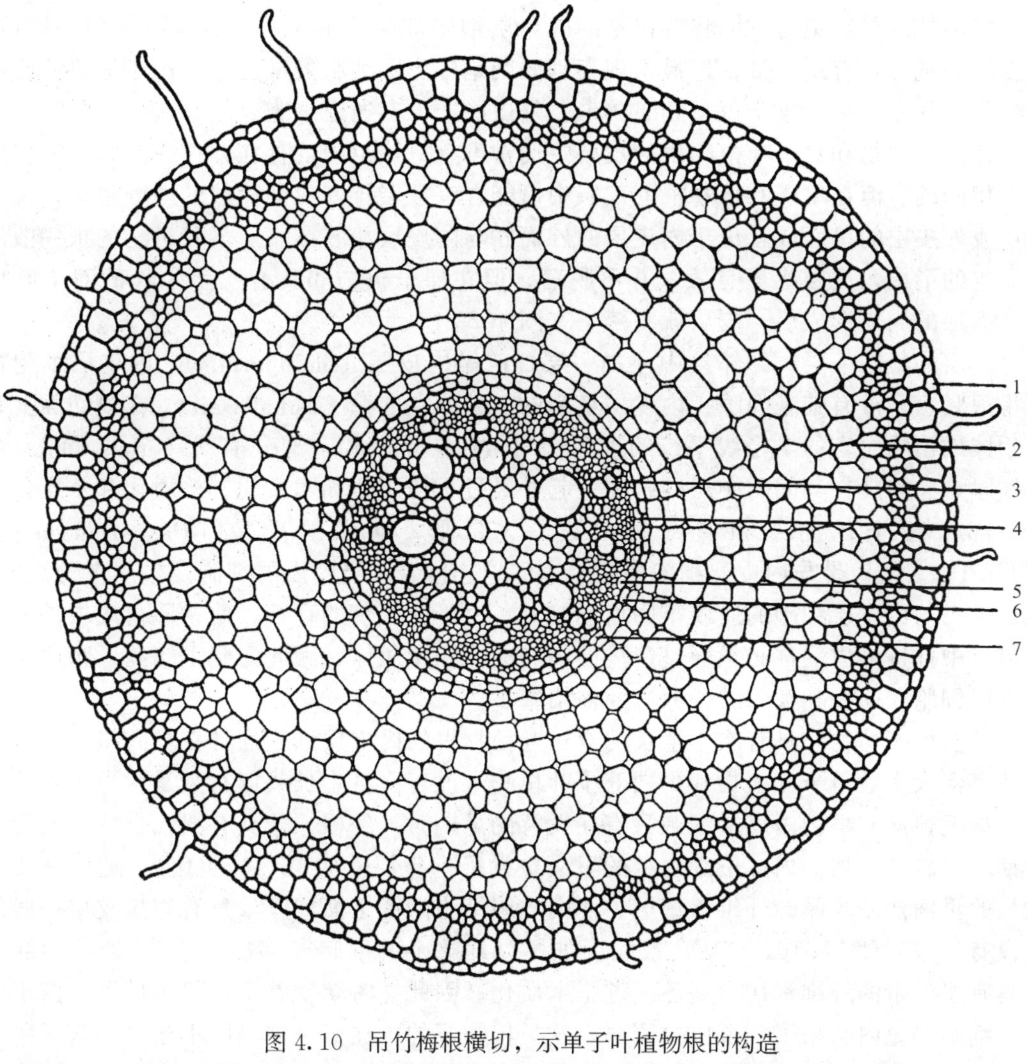

图 4.10　吊竹梅根横切，示单子叶植物根的构造

1. 表皮　2. 皮层（最外一层大型细胞为外皮层）　3. 初生木质部　4. 初生韧皮部　5. 中柱鞘　6. 内皮层　7. 通道细胞

根表皮的里面是皮层（cortex）。皮层是由基本分生组织发展来的。根的皮层在横切面上占有较大的宽度，由多层在横切面上为圆形，在纵切面上为长形的薄壁组织细胞所构成的。皮层细胞具有纤维素薄壁，高度液泡化，细胞内常含有淀粉粒，细胞间具有显著的细胞间隙，以利于通气。有些水生或生长在潮湿环境的植物种类皮层的细胞间隙特别发达，形成为贮藏空气的通气组织（aerenchyma），如水稻。通气组织被视为是一种营养组织，因为空气和食物、水分一样，都是植物的生活所必不可缺少的物质。

很多单子叶植物和某些双子叶植物根的皮层最外面的一至数层细胞的体积往往与相邻的内层皮层细胞的体积不同。这最外面的一至数层皮层细胞叫做外皮层（exodermis）（图 4.10）。外皮层细胞的壁常加厚并经过了栓质化和木质化，细胞排列紧密，没有细胞间隙，成为连续的一层。外皮层细胞成熟地较迟，当根毛死亡后，根的表皮细胞随之枯萎脱落，这时候外皮层细胞才成熟，它形成为根的保护层，终生起着保护作用。

根的外皮层细胞与下面将要讨论的内皮层细胞都是活细胞，两者具有相似的构造，外皮层细胞也具有凯氏带，但最常观察到的则是外皮层细胞的壁已经经过了加厚并经过了栓质化和木质化，难于观察到凯氏带。外皮层上也有通道细胞。

在裸子植物和双子叶植物根的皮层中通常没有机械组织的存在，这一点和茎的皮层是不相同的。但在单子叶植物根的皮层中可能含有数层排列成圆筒状的厚壁组织，位于表皮或外皮层的里面或者位于内皮层的外面并与内皮层相邻接。单子叶植物的根一般没有周皮的形成，皮层终生有效，并不脱落，但在裸子植物和具有次生生长的双子叶植物，当根的周皮形成后，皮层就脱落了（图 4.22-E）。

皮层的最内一层，即邻接中柱的一层，叫做内皮层（endodermis）。内皮层细胞排列得很紧密，没有细胞间隙。内皮层细胞的一部分径向壁（radial wall）（在横切面上和植物体或植物器官的半径线平行的细胞壁叫做径向壁）和一部分横壁（cross wall）微微加厚，它与夹在其间的中层结合在一起并经过了栓质化和木质化，栓质化和木质化的加厚部分位于径向壁和横壁的中央，成带形，叫做凯氏带（Casparian band）（图 4.11）。凯氏带与内皮层细胞的质膜牢固地连接着，当内皮层细胞发生质壁分离时，凯氏带仍与内皮层细胞的质膜牢固地连接着。由于凯氏带的存在，使物质自皮层进入中柱或自中柱进入皮层都必须通过内皮层细胞的活原生质体，因此受到了制约。物质通过内皮层细胞径向壁和横壁的扩散途径被堵塞了。

某些裸子植物和具有次生生长的双子叶植物根的内皮层细胞通常都具有凯氏带这种构造，但大多数单子叶植物和少数双子叶植物（没有次生生长或仅有少量次生生长的种类，如毛茛属）根的内皮层细胞只有在发育的早期时（幼根）才具有凯氏带，至发育的后期时（较老的根）内皮层细胞壁的里面敷贴了一整层栓质层（栓质化），随后又在栓质层的里面敷贴了厚的纤维素壁层，使内皮层细胞的壁五面加厚（只有邻接皮层一面的壁没有加厚）（图 4.10，4.12）或六面加厚（即整个的细胞壁都加厚了）。加厚的部分和具有凯氏带的纤维素初生壁还经过了木质化，因此这时期就看不到凯氏带了。由于内皮层细胞的壁内敷贴了一整层栓质层，这类植物根的中柱似乎被一层不透水的套子所隔开，但实际上并不如此，因为并不是全部内皮层细胞都具有栓质层和五面或六面加厚的壁，通常有一部分内皮层细胞，就是在横切面上靠近木质部束角端的那一部分内皮层细胞，仍具有未栓质化、未加厚、具有凯氏带的初生壁。这一部分内皮层细胞叫做通道细胞（passage cell）（图 4.10，4.12-B）。水和溶解在水中的矿物质通过通道细胞进入中柱。

栓质层和加厚的壁并非在内皮层细胞上同时形成的，栓质化和壁的加厚首先出现在正对着韧皮部束的那一部分内皮层细胞上，然后由此向着两侧发展。正对着木质部束角端的那一部分内皮层细胞并不发生这种变化或发生地较晚，因此这一部分内皮层细胞仍具有未栓质化，未加厚，具有凯氏带的初生壁，此即为通道细胞。但也有些植物，特别是某些单子叶植物，正对着木质部束角端的那一部分内皮层细胞的壁虽然栓质化和壁的加厚发生地较晚，最后还是栓质化和加厚了，这种根就没有可以辨认的通道细胞了，如玉米、石刁柏（图 4.12-C）等。

Clarkson 等（1971）研究了大麦根内皮层通道细胞的作用，认为内皮层的通道细胞是水分和矿质进入中柱的次要途径，内皮层细胞内切向壁（inner tangential wall）内的大量胞间连丝才是水分和矿质进入中柱的主要通道。植物生理学工作者也认为水分和矿质主要是通过内皮层细胞的胞间连丝①穿过栓质层进入到中柱的，并不重视通道细胞的有无和作用（见 Salisbury and Ross，1992）。

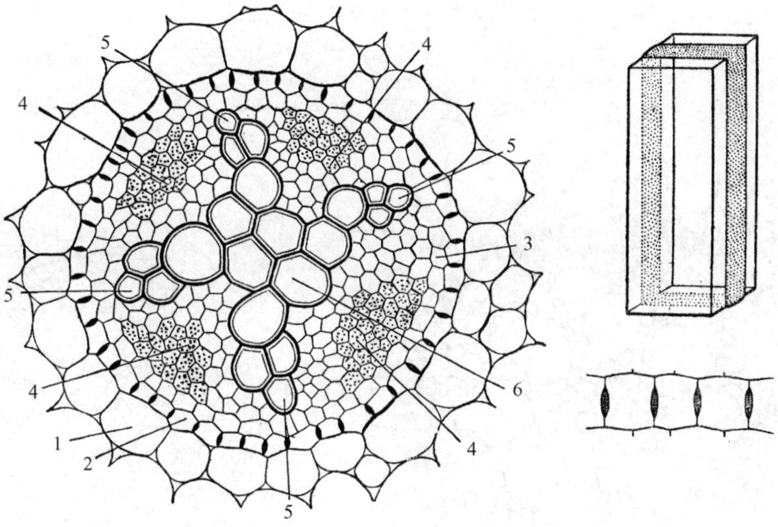

图 4.11　双子叶植物根横切，示中柱与内皮层的构造（模式图）

1. 薄壁组织　2. 内皮层（右图为内皮层细胞的立体图解与横切，示凯氏带）

3. 中柱鞘　4. 初生韧皮部　5. 原生木质部　6. 后生木质部

内皮层以内根的中心部分，总称之为中柱（stele）（图 4.11，4.12）。根的中柱是由原形成层发展来的。在横切面上，根的中柱占有较小的面积，这一点和茎的中柱是不同的。必须了解，中柱指的是内皮层以内的初生构造，并不包括次生构造部分。到了维

---

① 1. 胞间连丝分布在内皮层细胞各面的细胞壁内，只有凯氏带处没有胞间连丝　2. 通道细胞的作用指的是通道细胞提供了水和溶解在水中的矿质穿过通道细胞的切向壁、质膜和原生质体进入到根的中柱内的一种运输途径的作用而言。这种穿过细胞壁、质膜和原生质体的运输途径叫做跨细胞途径（transcellular route）。

管形成层开始活动，次生维管组织大量产生后，初生构造就逐渐地被次生构造所模糊而变为不显著，这时就不应当将初生构造和次生构造混在一起笼统地称为中柱了。

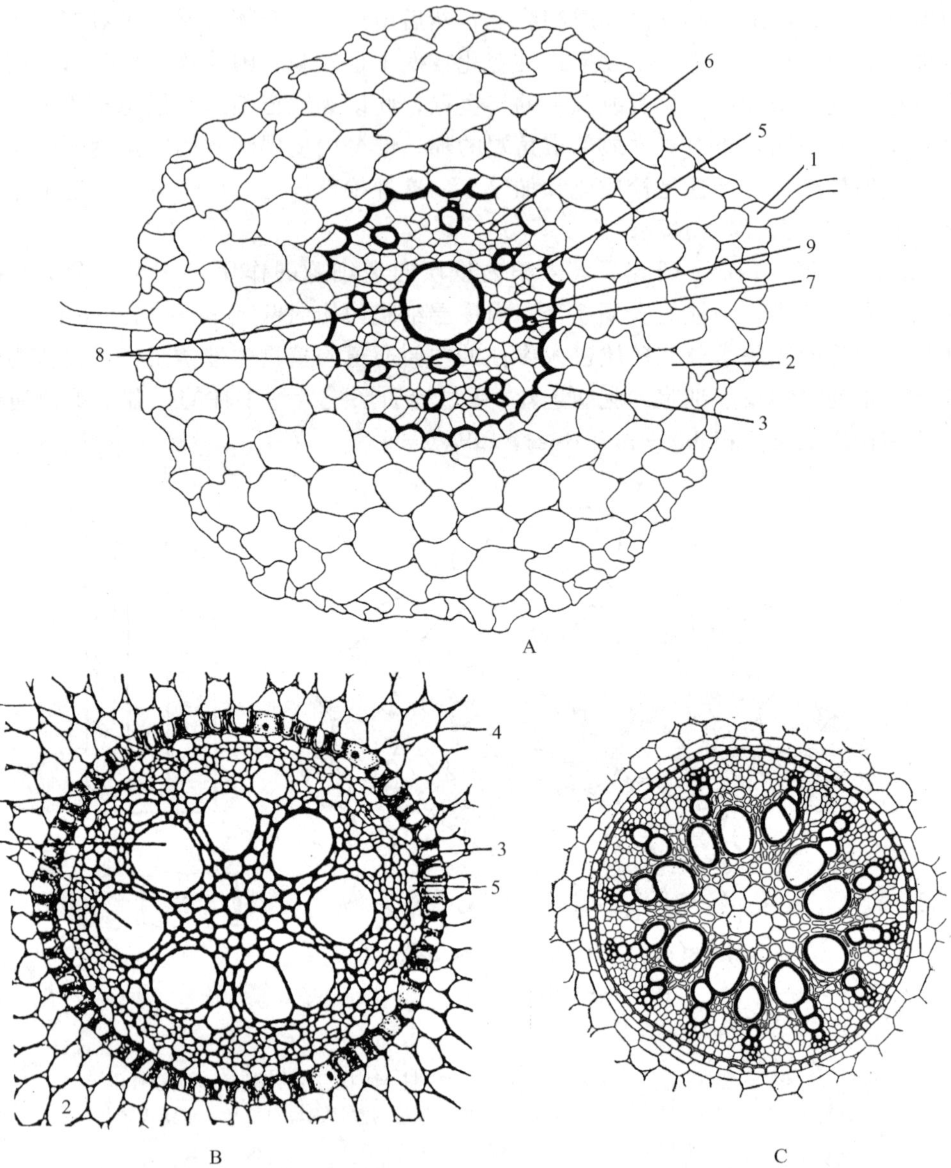

图 4.12　单子叶植物根尖横切，示中柱与内皮层的构造

A. 小麦属（中柱的中心为一大型的孔纹导管）　B. 鸢尾属　C. 石刁柏（注意内皮层没有形成通道细胞）

1. 表皮细胞与根毛　2. 薄壁组织　3. 内皮层　4. 通道细胞　5. 中柱鞘　6. 初生韧皮部　7. 原生木质部　8. 后生木质部　9. 后生木质部薄壁组织

中柱最外面的细胞层，即邻接内皮层的细胞层叫做中柱鞘（pericycle）（图 4.11，4.12）。中柱鞘通常由一层薄壁组织细胞构成，但裸子植物和某些单子叶植物根的中柱鞘则是由多层细胞构成的。中柱鞘细胞的体积较大，分化程度较低，有转变成分生组织的可能性。种子植物的侧根，裸子植物和具有次生生长的双子叶植物根的木栓形成层和

一部分维管形成层都是发生于中柱鞘的。

中柱鞘的里面就是根的维管组织（vascular tissue）。木质部和韧皮部或二者中之一（即木质部和/或韧皮部）都可以称为维管组织。根的木质部和韧皮部不是排列在一条径线上，而是互相间隔地排列着，二者之间有一至数层薄壁组织。木质部和韧皮部的这种排列样式叫做辐射式排列（radial arrangement）（图 4.8，4.10，4.11）。木质部束的辐射式排列可以缩短水分从根毛进入到导水组织中去的距离，因为水分不必经过韧皮部了。

在裸子植物和具有次生生长的双子叶植物根内，中柱鞘和夹在木质部与韧皮部之间的薄壁组织具有产生根的维管形成层的作用。但在单子叶植物和没有次生生长的双子叶植物根内，中柱鞘和夹在木质部与韧皮部之间的薄壁组织最后常常经过了硬化作用，发育成为厚壁的组织。

通常木质部束生达中柱的中心，各木质部束在中柱的中心互相结合成一整体，在这一整体的中央部位有一个或几个大型的导管（图 4.11）。很多单子叶植物和少数的双子叶植物根的木质部束并不生达中柱的中心，因此各木质部束并不在中柱的中心互相结合成一整体。在这种情况下，中柱的中心充满薄壁组织，构成了髓（pith）（图 4.10）。

木质部束的数目因植物种类的不同而不同。萝卜、白菜等都具有两个木质部束，这叫做二原木质部（diarch xylem）。还有三原、四原、五原、六原、七原以至百原的木质部（如某些棕榈科植物）。凡木质部束在六个以上的都叫做多原木质部（polyarch xylem）。单子叶植物多半是多原木质部，通常为 15 ～20 原，罕有少于七原者。裸子植物和双子叶植物多半是 2～6 原的木质部，四原的最为常见，罕有多于六原者。

初生构造的木质部叫做初生木质部。初生木质部包括原生木质部和后生木质部两部分。根的原生木质部在木质部的最外面，后生木质部在原生木质部的里面，在横切面上二者呈径向排列。这就是说，根的木质部是从外向内成熟的。这种木质部成熟的方式叫做外始式（exarch）。若从纵的方向来看，根的初生木质部是向顶成熟的，就是说，根的初生木质部是从根的基部向着根的顶端成熟的。根的初生木质部构造比较简单，组成成分一般是导管和管胞（见 Stern *et al.*，2003），但也有某些单子叶植物根的后生木质部中还含有薄壁组织，如小麦属（图 4.12-A）。在原生木质部中的导管和管胞都较细，多为梯—网纹式，伸长能力较强的环纹式和螺纹式管状分子甚少（见 Eames and MacDaniels，1947）或者可能没有（Esau，1965a）。在后生木质部中的导管和管胞都较粗，多为网纹式和孔纹式。初生构造的韧皮部叫做初生韧皮部。初生韧皮部包括原生韧皮部和后生韧皮部两部分，它也是从外向内从基向顶成熟的。根的初生韧皮部组成成分是筛管、伴细胞和薄壁组织（伴细胞存在于后生韧皮部中，原生韧皮部中有或无），少数种类还含有纤维（原生韧皮部纤维）（图 4.18，4.19）。很多松柏类植物根的初生木质部或初生韧皮部中还含有树脂道。例如很多松科植物根的原生木质部的外端各与一树脂道相邻接（图 4.17），南洋杉科根的初生韧皮部中含有4～5个树脂道。

上面讲过，当木质部束在中柱的中心不互相结合成一整体时，在中柱的中心就有髓的存在。髓是由薄壁组织所构成的，具有贮藏食物的机能。但单子叶植物和少数双子叶植物植物根的髓部则是由厚壁的薄壁组织细胞（即硬化薄壁组织细胞）所构成的，如鸢尾属（图 4.12-B）、柳树等。除单子叶植物和少数双子叶植物外，髓常存在于茎部，根

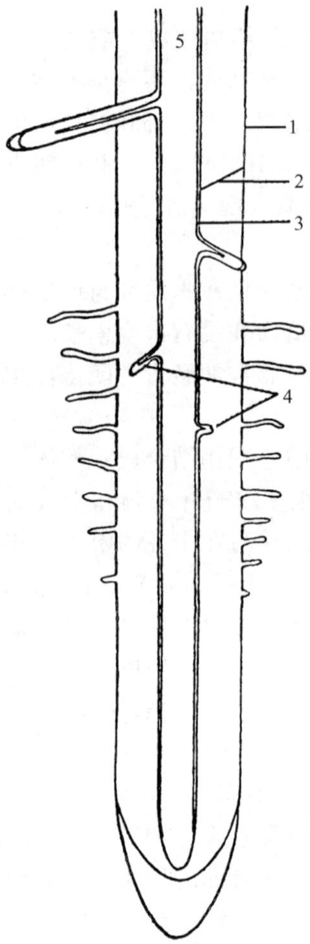

图 4.13 侧根的发生与出现（图解）
1. 表皮 2. 皮层 3. 中柱鞘 4. 侧根 5. 中柱

部很少见到。

从中柱鞘上可以发生侧根。侧根发生于次生活动之前，通常发生在根尖成熟区的稍稍上面一点，但也可能发生在根尖的成熟区。侧根虽然也可能发生在根尖的成熟区，但其最终的出现却在根尖成熟区的上面（图 4.13）。这是因为如果侧根不出现在成熟区的上面而出现在成熟区，则成熟区的根毛将会因侧根的出现而遭受到破坏。

侧根发生时，在中柱鞘一定的部位上有几个细胞经过某些生理上的变化，转变成具有分裂能力的细胞。这些细胞进行切向分裂，经切向分裂所产生的细胞再进行切向分裂与径向分裂，结果形成一向外生长的突起物。随着突起物的向外生长，在突起物的顶端建成了具有一定组织结构样式的原分生组织，在原分生组织的顶端覆有根冠。此具有原分生组织并覆有根冠的突起物就是一个新发生的侧根（图 4.14，4.15）。新发生的侧根穿过皮层，突破表皮，达于根的外面。由于侧根发生于中柱鞘细胞，因而使侧根的维管组织很方便地与主根的维管组织连接起来。

侧根发生于根尖较内部的组织，这叫做内起源的（endogenous）（图 4.15）。多数不定根也是内起源的，多发生于幼茎维管束之间的薄壁组织，或初生韧皮部中的薄壁组织，或老茎靠近形成层部位的射线薄壁组织。但也有少数植物的不定根不是发生于器官的较内部的组织，而是发生于表皮和表皮下面的皮层细胞，即发生于靠近器官表面的组织，这叫做外起源的（exogenous）。

柳属某些种的插条内含有许多不定根的原始体，这类不定根的原始体发生于茎中的叶隙或枝隙的薄壁组织，是内起源的。这类不定根的原始体发生后埋藏在树皮的深层，可以长时期地处于休眠状态。扦插繁殖时插条插入土中后，不定根的原始体迅速生长发育，形成植物的根系。

侧根通常发生在正对着木质部束的那一部分中柱鞘上，但很多单子叶植物（如禾本科植物）的侧根则发生在正对着韧皮部束的那一部分中柱鞘上。根内的木质部束在纵切面上都排列成纵行的行列，所以从根部长出的侧根也都排列成纵行的行列，行列的数目等于木质部束的数目。不过具有二原木质部的根有的生有二直行侧根，正对着木质部束，但也有的生有四直行侧根，每一行侧根发生在正对着木质部束和韧皮部束之间的部位，如萝卜、胡萝卜（图 4.14-D）等。

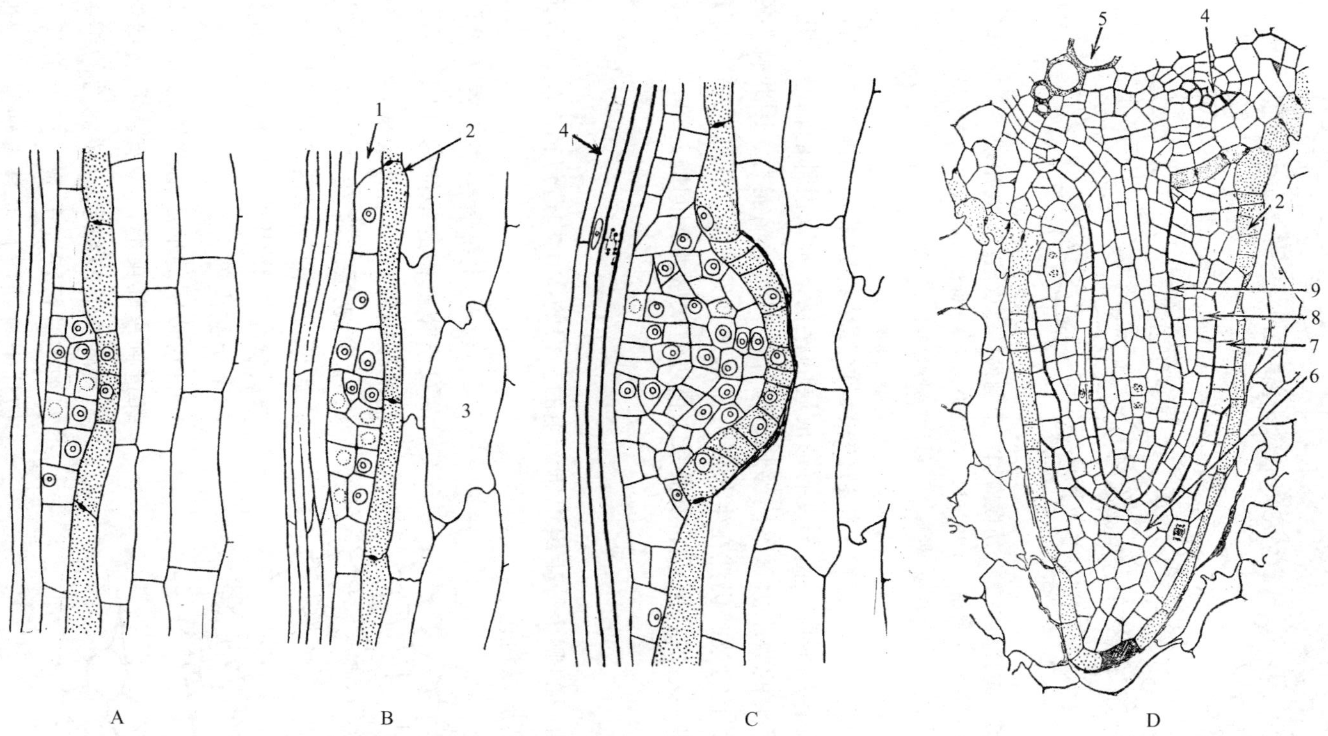

图 4.14　胡萝卜侧根的发生

A. B. C. 主根纵切，示中柱鞘细胞进行分裂，形成侧根的原始体　D. 主根横切，侧根纵切，示尚完全穿过皮层的侧根，侧根的顶端覆有根冠，根冠覆盖着原分生组织　1. 中柱鞘　2. 内皮层　3. 皮层　4. 主根的韧皮部　5. 主根的木质部　6. 侧根的根冠　7. 侧根的原表皮层　8. 侧根的基本分生组织　9. 侧根的原形皮层

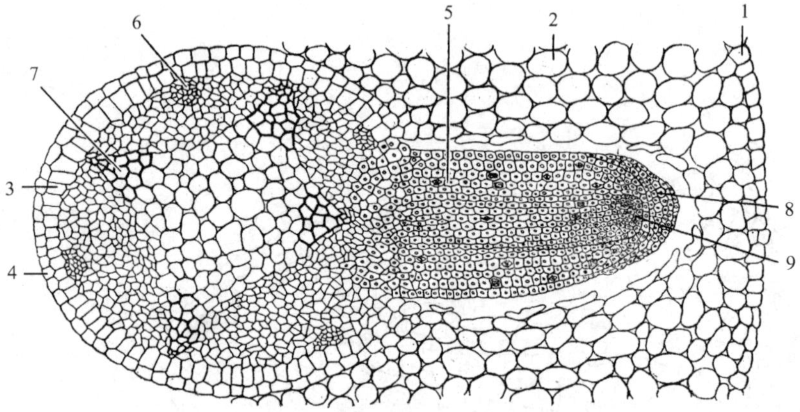

图 4.15 向日葵一部分幼根横切，示侧根穿过皮层，即将出现
1. 表皮 2. 皮层 3. 中柱鞘 4. 内皮层 5. 侧根 6. 初生韧皮部 7. 初生木质部
8. 根冠 9. 原分生组织

大部分单子叶植物终生只具有初生构造的根，这类植物的根是不能够加粗的，因为在它们的维管组织中没有形成层。由于没有形成层的存在，所以根部的输导组织不够发达。在这种情况下，根尖的吸水力量不能够超过输导组织的运输能力，因此就不能够生长太多的侧根。但地面上的枝叶仍然在生长着，需水量日见增加，于是从植物的下部茎节上陆续地生长出许多不定根，形成了须根系，借以解决吸水的问题。

3. 根的次生构造

根的次生构造是由根的侧生分生组织所产生的。根的次生构造包括次生维管组织和周皮两部分，下面分别加以讨论。

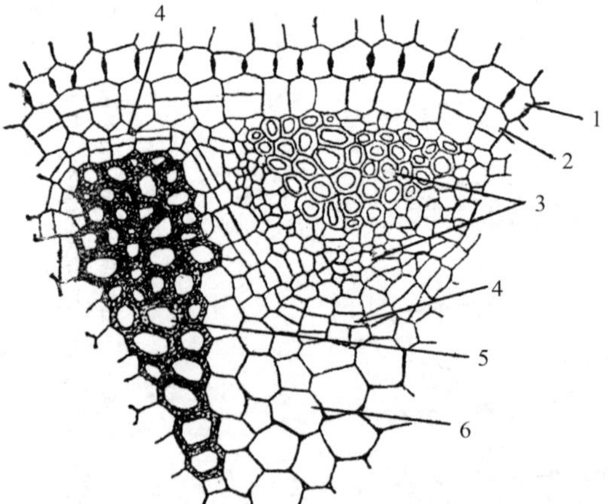

图 4.16 蚕豆一部分幼根横切，示形成层的发生
1. 内皮层 2. 中柱鞘 3. 初生韧皮部（外侧为原生韧皮部纤维） 4. 形成层 5. 初生木质部 6. 薄壁组织

(1) 次生维管组织 裸子植物和很多双子叶植物的根能够加粗，因为在它们的根内形成了维管形成层（简称形成层）。形成层通常在根的初生构造成熟之后形成，形成层活动的结果，产生了根的次生维管组织，即根的次生木质部和次生韧皮部。

形成层的形成是这样的（图 4.16）：邻近韧皮部束的内端有一些薄壁组织细胞转变成具有细胞分裂能力的细胞，这些细胞进行切向分裂，产生出若干在横切片上排列成弧形具有细胞分裂能力的细胞层（弧形细胞层的数目等于韧皮部束的数目）。这些具有细胞分裂能力的弧形细胞层就是最早产生的形成层。

形成层细胞进行切向分裂，向内产生木质部，向外产生韧皮部。形成层所产生的木质部叫做次生木质部（secondary xylem），所产生的韧皮部叫做次生韧皮部（secondary phloem）。同时邻接形成层弧两端的薄壁组织细胞也转变成具有分裂能力的细胞，这些细胞进行近乎径向的分裂，也产生出形成层细胞。这些新产生的形成层细胞与形成层弧连接起来，使形成层弧向两侧增长。这种形成层弧增长的过程沿着木质部束继续向木质部束的角端进行。这时邻接木质部束角端的中柱鞘细胞也恢复细胞分裂能力，进行切向分裂，产生数层细胞，其中靠内方的一层细胞也产生出一层形成层细胞。结果各形成层弧与由中柱鞘细胞所产生的形成层在木质部束的角端互相连接起来（图 4.16），形成一个完整的形成层圈。这个形成层圈在横切面上最初是多角形的（图 4.17，4.18），以后因为形成层圈凹入的部分（即邻近初生韧皮部束内端的部分）产生木质部较凸出的部分为早为快，所以量多，因此将凹入部分的形成层向外推移，结果使形成层圈在横切面上

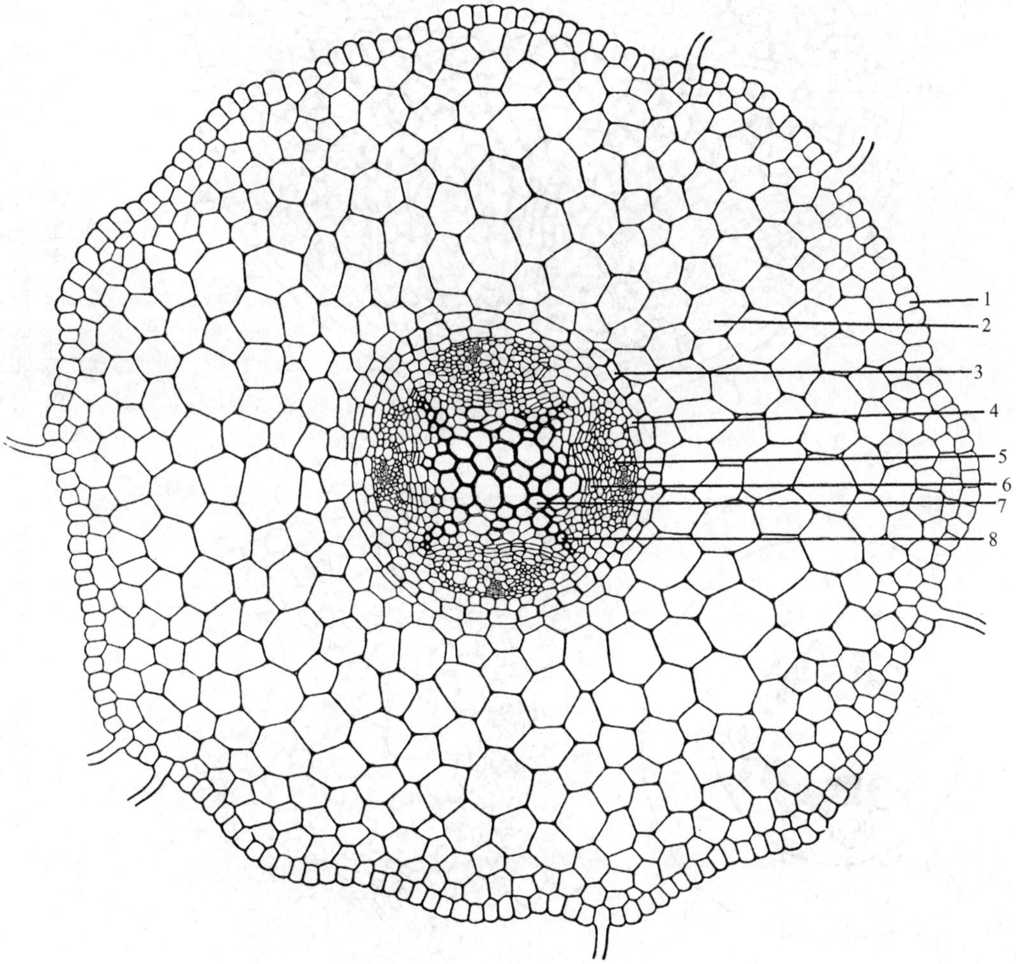

图 4.17　绿豆较老的幼根横切，示构造

1. 表皮　2. 皮层　3. 内皮层　4. 中柱鞘　5. 初生韧皮部（初生韧皮部的外侧为原生韧皮部纤维）

6. 形成层　7. 后生木质部　8. 原生木质部

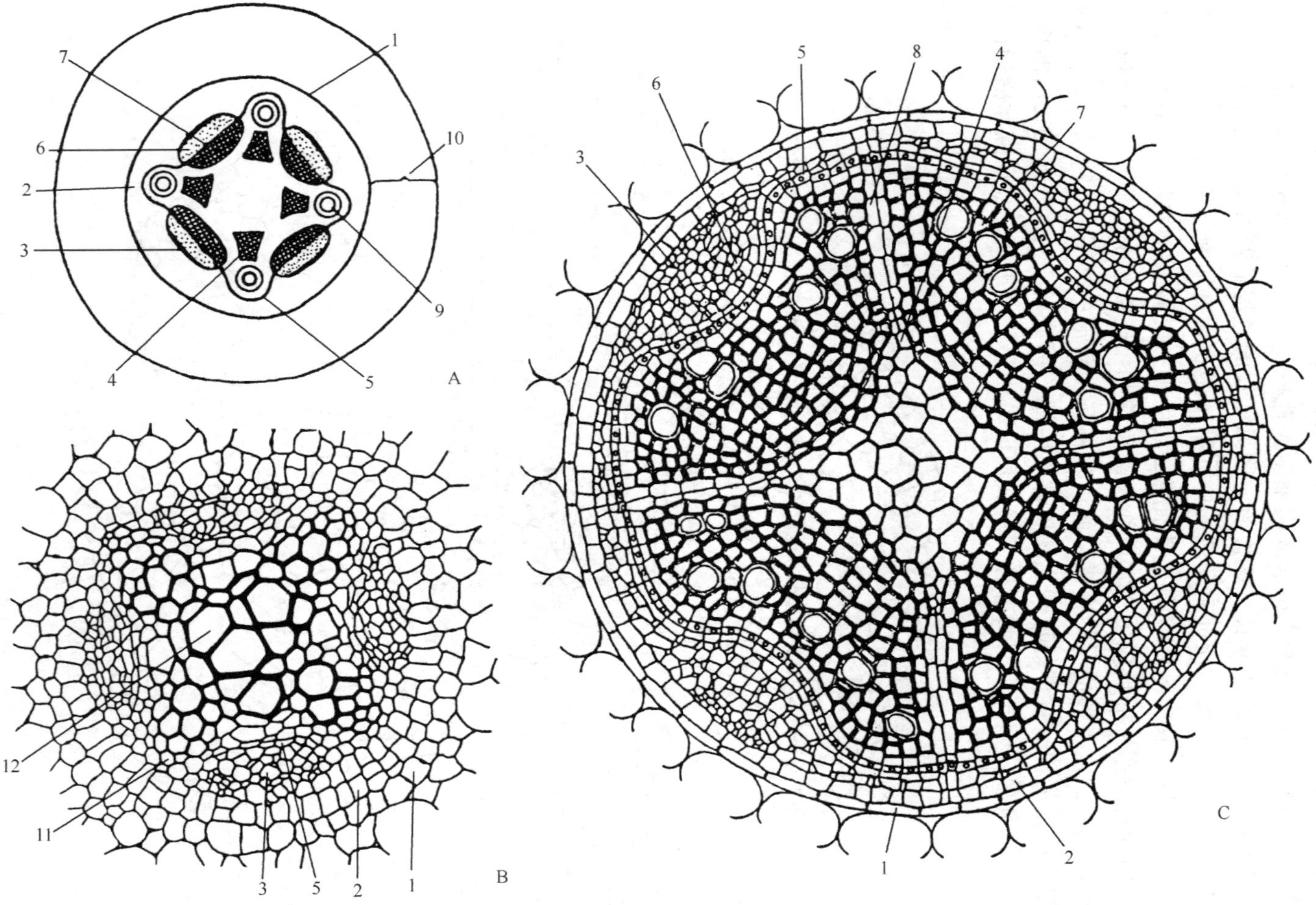

图4.18　根横切，示多角形的形成层

A.地中海松根横切(草图)　B.棉花根横切　C.双子叶植物根横切(模式图)　1.内皮层　2.中柱鞘　3.初生韧皮部　4.初生木质部　5.形成层　6.次生韧皮部　7.次生木质部　8.宽的维管射线　9.树脂道　10.皮层　11.原生木质部　12.后生木质部

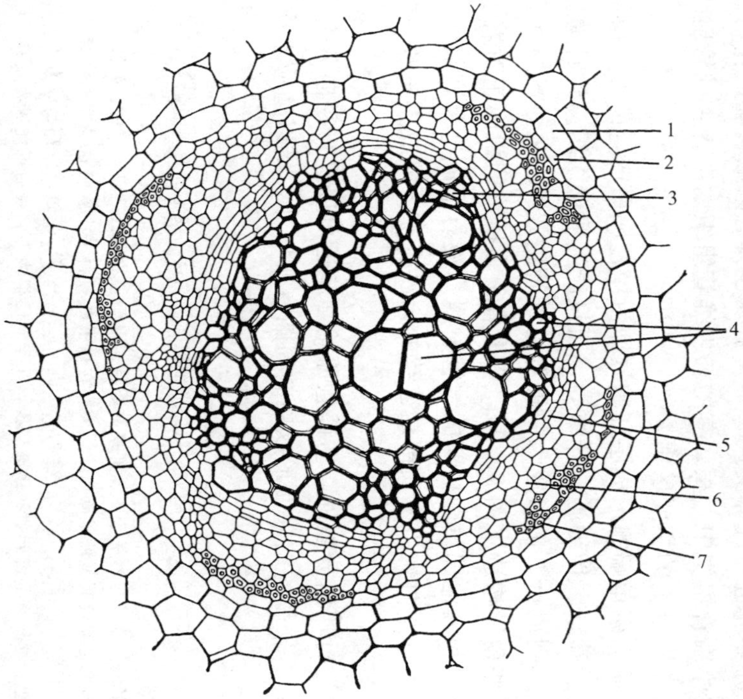

图 4.19　绿豆较老根横切，示构造

1. 内皮层　2. 中柱鞘　3. 次生木质部　4. 初生木质部　5. 形成层　6. 次生韧皮部　7. 原生韧皮部纤维

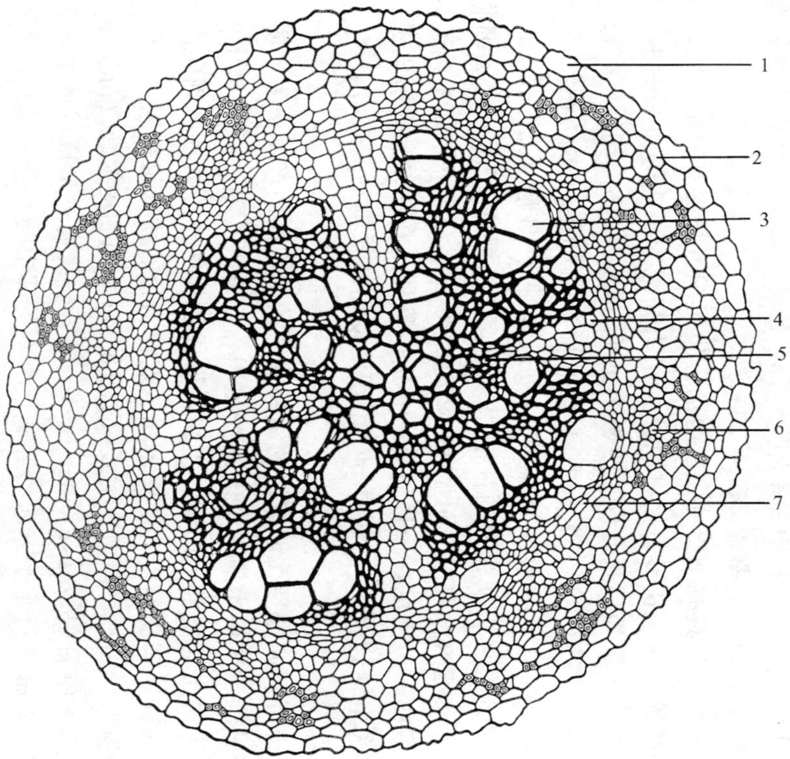

图 4.20　绿豆老根横切，示次生构造

1. 内皮层（内皮层以外的皮层细胞、表皮细胞等已被撑破脱落）　2. 中柱鞘　3. 次生木质部　4. 宽的维管射线　5. 初生木质部　6. 次生韧皮部　7. 形成层

逐渐成为圆形（图 4.19，4.20）。形成层圈成圆形后，各部分形成层细胞的分裂速度趋于一致，因此根的增粗是均匀的（图 4.20，4.22）。

形成层和原分生组织都是具有细胞分裂能力的分生组织，都含有原始细胞，但两者细胞的形态构造却是迥然不同。在形态上，原分生组织细胞为近乎等直径的多面体形，而形成层细胞在横切面上多数为扁长方形，少数为近乎方形，在切向切面上多数为纺锤形，少数为近乎等直径的多面体形。前一种类型的形成层细胞叫做纺锤状原始细胞（fusiform initial），后一种类型的形成层细胞叫做射线原始细胞（ray initial）（图 4.21）[①]。在构造上，原分生组织细胞内的液泡很小很多，不明显，而形成层细胞则含有一个明显的大液泡。细胞内含有一个明显的大液泡是形成层细胞（包括木栓形成层细胞）和原分生组织细胞在构造上的一个最显著的差别。另外，在活动上，形成层活动的结果只是产生组织（次生维管组织），而原分生组织活动的结果则是产生出器官——根、茎、叶。

形成层活动时，进行切向分裂，形成层的纺锤状原始细胞向内产生次生木质部中的导管、管胞、纤维和纵行于次生木质部中的薄壁组织；向外产生次生韧皮部中的筛管、伴细胞、纤维和纵行于次生韧皮部中的薄壁组织。形成层的射线原始细胞则向内外只产生横行于次生木质部和次生韧皮部中的薄壁组织。这种横行的薄壁组织构成了次生木质部和次生韧皮部中的射线（ray），叫做木射线（xylem ray）和韧皮射线（phloem ray）。木射线与韧皮射线合称为维管射线（vascular ray）。维管射线通过形成层使木质部和韧皮部联系起来，使物质能够进行水平方向的运输（将木质部中的水分运送给韧皮部，将韧皮部中的食物运送给木质部），并通过维管射线细胞和形成层细胞间狭窄的细胞间隙，使根的内部得与外界环境进行气体交换。维管射线还具有贮藏食物的作用。维管射线只存在于根、茎的次生维管组织中，根、茎的初生维管组织内没有生维管射线，这一点是初、次生维管组织在构造上的主要区别。

通常正对着木质部束角端的形成层细胞（即由中柱鞘所产生的形成层细胞）向内外不产生导管、管胞、筛管、伴细胞、纤维等，而只产生薄壁组织。这种薄壁组织在根的横切片上沿半径线排列成行，常形成为一种宽的维管射线[②]，这种宽的维管射线将次生木质部分隔成为一些扇形构造（图 4.20）。但也有很多植物的根内正对着木质部束角端的形成层细胞也形成和其他部位同样宽的维管射线，没有形成这种宽的维管射线。在这类植物根的横切片上观察时次生木质部是连续的，没有被分隔成为一些扇形的结构，如番茄、马铃薯等。

形成层细胞除进行切向分裂外，纺锤状原始细胞还可以进行径向分裂或垂周的斜分裂（图 4.21-A，B），分裂的结果使形成层的周圆有所增加，借以适应木质部的增粗。

---

① 射线原始细胞在根的切向切面上排列成一纺锤形细胞群，在这个细胞群的两端各含有一个细胞，中部则含有一至数个细胞不等（图 4.21）。

② 这种宽的维管射线的数目显然等于木质部束的数目，因此它的数目是有一定的。除其宽度较其他的维管射线为宽外，它的长度与高度也都较其他的维管射线为大。在过去的教科书中曾将这种宽的维管射线叫做“髓射线”（medullary ray）、“初生射线”（primary ray）、“主射线”（main ray）等，不过这些都已成为历史名词，现在很少使用了。随着根的次生增粗，这种宽的维管射线逐渐变狭，在年老的根内，它最后可能成为只有一行细胞的宽度。这时期在根的横切片上观察时，它与其他的维管射线就难以区别了（图 4.22-E）。

纺锤状原始细胞的径向分裂是某些较进化的木本植物用以增加其形成层周圆的分裂方式。这类植物的纺锤状原始细胞都比较短，细胞分裂后所产生的新细胞壁（径向壁）将一个纺锤状原始细胞纵分为两个切向并列的子细胞，从而增加了形成层的周圆。

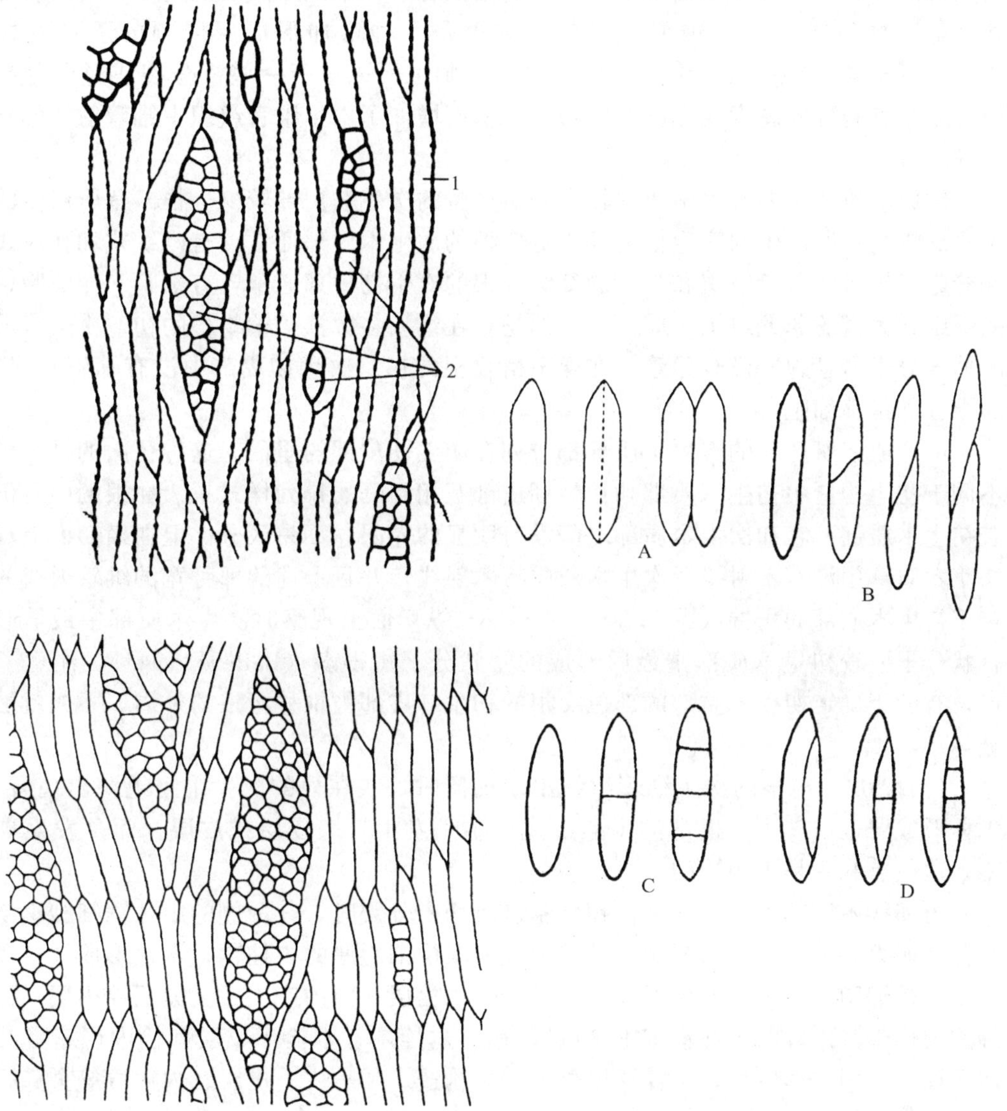

图 4.21　形成层

左：示两种类型的形成层的切向切面观　上：具有垂周斜分裂的形成层（非叠生形成层）　下：具有径向分裂的形成层（叠生形成层）　右：纺锤状原始细胞的几种分裂方式　A. 径向分裂　B. 垂周的斜分裂　C. 横分裂　D. 垂周的侧分裂　1. 纺锤状原始细胞　2. 射线原始细胞

纺锤状原始细胞垂周的斜分裂是大多数木本植物（包括裸子植物）用以增加其形成层周圆的分裂方式。细胞分裂后所产生的两个子细胞相对的顶端各向相反的方向进行顶端侵入生长（即一个子细胞的顶端向下生长，另一个子细胞的顶端则向上生长），结果使两个子细胞也处于切向并列的位置，从而也增加了形成层的周圆。

纺锤状原始细胞还可以进行一些横分裂或垂周的侧分裂（图 4.21-C，D），分裂的结果使形成层中射线原始细胞群的数目有所增加，从而增加了次生维管组织中维管射线的数目。形成层中射线原始细胞群数目的增加也可以增加形成层的周圆，所以纺锤状原始细胞增加射线原始细胞群数目的分裂也是一种增加形成层周圆的重要方式（见 Eames and MacDaniels，1947）。射线原始细胞也可以进行一些横分裂或径向分裂，使射线原始细胞群的高度或宽度有所增加，从而增加了次生维管组织中维管射线的高度或宽度。

形成层所产生的次生木质部较多，所产生的次生韧皮部较少。根、茎所产生的次生木质部较当年所产生的次生韧皮部为宽。根的次生木质部通常含有网纹式和孔纹式导管和管胞，较多的薄壁组织和少量的纤维。根的次生韧皮部通常含有筛管、伴细胞，少量的纤维和大量的薄壁组织。应当注意的是，在绝大多数裸子植物根的初、次生木质部中的输导分子是管胞，没有导管。在裸子植物根的初、次生韧皮部中没有筛管和伴细胞，输导分子是筛细胞。

由形成层所产生的次生木质部都排列在次生韧皮部的里面，这种径向的排列样式已不同于初生构造中初生木质部和初生韧皮部互相间隔的排列样式了。在根的中心仍保持着初生木质部，它和次生木质部之间没有明显的界限，不易区分。但在横切面上观察时初生木质部中没有木射线，次生木质中有木射线，并且上述的那种宽的维管射线的内端止于初生木质部的角端（图 4.20，4.22），在纵切面上观察时次生木质部中最早形成的管状分子要较初生木质部中最后形成的管状分子短得多（Bailey，1944），注意了这三点，有助于确定初生木质部的部位。根的初生韧皮部被推移至根的外周，不久就被压扁破坏了。

（2）周皮　与根的次生维管组织出现的同时，或在根的次生维管组织出现后不久，木栓形成层也出现了。根部的木栓形成层不是发生自表皮层或皮层，而是发生自中柱鞘，这一点和茎是不相同的。

当邻接木质部束角端的中柱鞘细胞进行切向分裂时，其两侧的中柱鞘细胞也恢复细胞分裂能力，也进行切向分裂，结果形成一多层细胞厚的中柱鞘，木栓形成层自较外周的中柱鞘细胞中产生。木栓形成层向外产生木栓层，向内产生一至数层栓内层（栓内层细胞与位于其内方的中柱鞘细胞难以区分）。木栓层、木栓形成层和栓内层三者共同构成了周皮。周皮形成后，木栓层以外的初生构造，如表皮、皮层、内皮层等全部死亡脱落了（图 4.22-E）。

在根的周皮上也有皮孔，但不如茎部周皮上的明显。在年幼的根上皮孔常成对地出现，在每一侧根的两旁各有一个皮孔，但在年老的根上皮孔并没有有规律的分布样式。在肉质主根上皮孔则位于侧根生出的部位，排列成纵行的行列，如萝卜（图 4.23）、胡萝卜等。

在多年生的老根上，也形成落皮层，这时期木栓形成层从次生韧皮部中产生。在这种情况下，中柱鞘、初生韧皮部的残余和一部分靠外周的次生韧皮部也都死亡了。木栓层和这些死亡的细胞层共同构成了落皮层。根部落皮层的表面比较平整，并且厚度也比较薄，因其组成成分多被土壤微生物所腐烂使然。落皮层和形成层以外的次生韧皮部合在一起，包括活的和死的，总称为树皮。

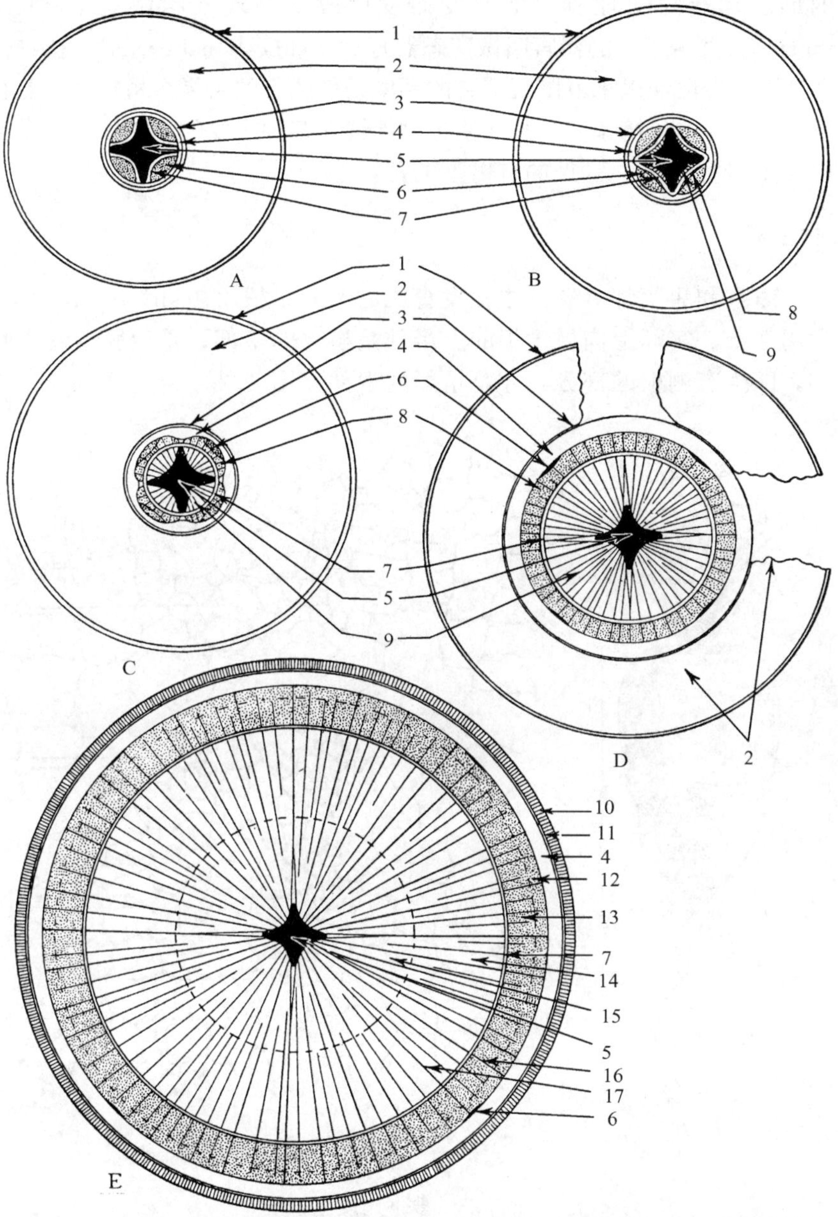

图 4.22　双子叶植物根的横切（图解），示次生增粗的各阶段

1. 表皮　2. 皮层　3. 内皮层　4. 中柱鞘　5. 初生木质部　6. 初生韧皮部　7. 形成层　8. 次生韧皮部　9. 次生木质部　10. 木栓层　11. 木栓形成层　12. 第一年形成的次生韧皮部　13. 第二年形成的次生韧皮部　14. 第二年形成的次生木质部　15. 第一年形成的次生木质部　16. 韧皮射线　17. 木射线

第三节　根的变态

器官的形态构造因生理机能的改变而发生改变的现象叫做变态（modification，metamorphosis）。发生变态的器官叫做变态器官（modificational organ）。植物营养器官的变态是植物对于很多世代以来就围绕着它的环境条件适应的结果。植物营养器官的变态能使植物征服多种多样的环境条件，从而使植物能够在多种多样的环境条件下生存下来。

根可以发生各种变态，常见的有以下七种：

1. 肉质主根

胡萝卜、萝卜和甜菜都具有由主根发育成的肉质主根（fleshy tap root），肉质主根是蔬菜的食用部分。实际上肉质主根的上半部是植物的茎部，是由胚茎发育而成的，只有其下半部，即生有侧根的部分，才是植物的根部（图 4.23）。

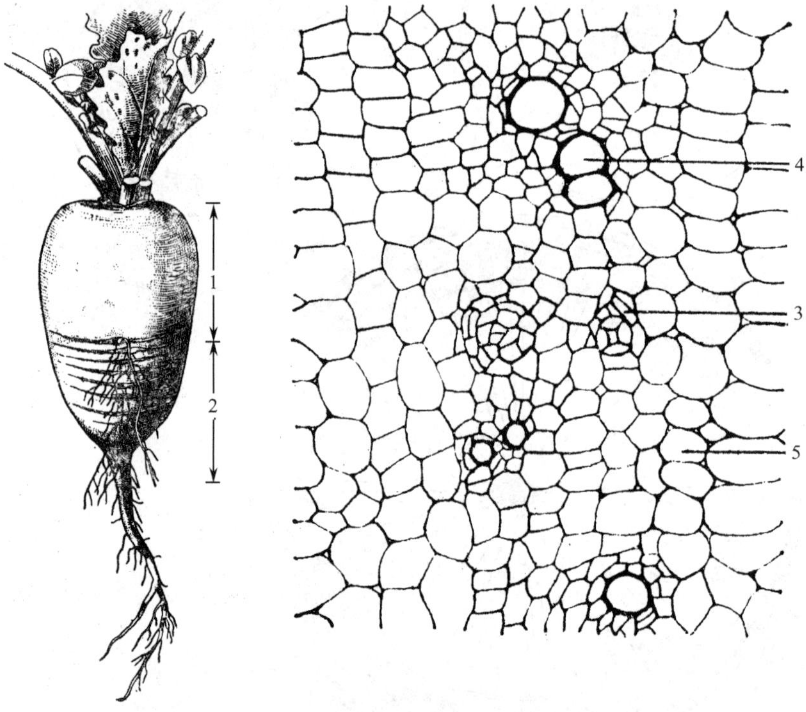

图 4.23　萝卜肉质主根

左：外形　右：一部分肉质根的横切　1. 由胚茎发育成的部分　2. 由胚根发育成的部分（黑色横纹为切向延伸的皮孔）　3. 次生木质部中的薄壁组织细胞所产生的新形成层　4. 导管　5. 次生木质部薄壁组织

胡萝卜肉质主根的次生木质部发育微弱，次生韧皮部发育旺盛，次生韧皮部占据肉质根的大部分。次生韧皮部中含有大量贮藏营养物质的薄壁组织（贮藏组织）。萝卜恰好相反，萝卜肉质主根的次生韧皮部发育微弱，次生木质部发育旺盛，次生木质部占据肉质根的大部分。次生木质部中含有大量贮藏着营养物质的薄壁组织（贮藏组织）。甜菜的肉质主根和胡萝卜、萝卜的不同，甜菜的肉质主根的大部分是由许多圈含有大量薄壁组织的次生维管束圈层和夹在次生维管束圈层之间的薄壁组织圈层构成的。在薄壁组织细胞内含有大量贮藏的营养物质（图 4.24-A）。

胡萝卜肉质主根的次生加粗和一般植物根的次生加粗基本上是一样的，都是由于形成层活动的结果。但萝卜和甜菜肉质主根的次生加粗和一般植物根的次生加粗就不完全一样了，萝卜的肉质主根除进行正常的形成层活动外，在肉质主根的次生木质部中还进行了分散次生生长（diffuse secondary growth）和形成了一些新的形成层，因而增大了萝卜肉质主根的次生加粗。甜菜的肉质主根也进行正常的形成层活动，但正常形成层活动的期限比

A　　B

图 4.24　肉质主根横切，示构造

A. 甜菜肉质主根横切　根的中部为正常的初生和次生维管组织，初、次生维管组织之外为由陆续形成的新形成层所产生的 4 圈次生维管束圈层和夹在次生维管束圈层之间的由中柱鞘细胞层所产生的薄壁组织圈层　B. 萝卜肉质主根横切　根的次生木质部发育旺盛，在次生木质中含有大量的薄壁组织和少量的导管

较短，不久便停止了活动。随后，从多层细胞厚的中柱鞘中陆续地自内向外产生出许多圈新的形成层圈层（多层细胞厚的中柱鞘是由中柱鞘细胞进行切向分裂形成的）。由于这些新形成层圈层和夹在这些新形成层圈层之间的中柱鞘细胞层的分裂活动，产生出许多圈含有大量薄壁组织的次生维管束圈层和夹在维管束圈层间的薄壁组织圈层，这使得甜菜的肉主根变得很肥大图 4.24-A（见 Eames and MacDeniels，1947；Beck，2005）。

下面简略地介绍一下萝卜肉质主根的发育情况。

萝卜的肉质主根发育时，形成层向外产生少量的次生韧皮部，向内产生大量的次生木质部。次生木质部中含有少量导管和大量薄壁组织。次生木质部中的薄壁组织进行细胞分裂（分散次生生长），继续增加薄壁组织的含量。在进行分裂的薄壁组织中出现了一些半月形或圆圈形的新形成层（Hayward，1938）（图 4.23）。新形成层进行活动，产生由木质部与韧皮部组成的束。由于形成层、薄壁组织和新形成层的共同活动，使得萝卜的次生木质部变得很粗大（图 4.24-B）。

2. 块根

块根（tuber）多半是由不定根发育成的，它的主要机能也是贮藏营养物质，如甘薯、大丽菊等都生有块状的块根（图 4.25）。

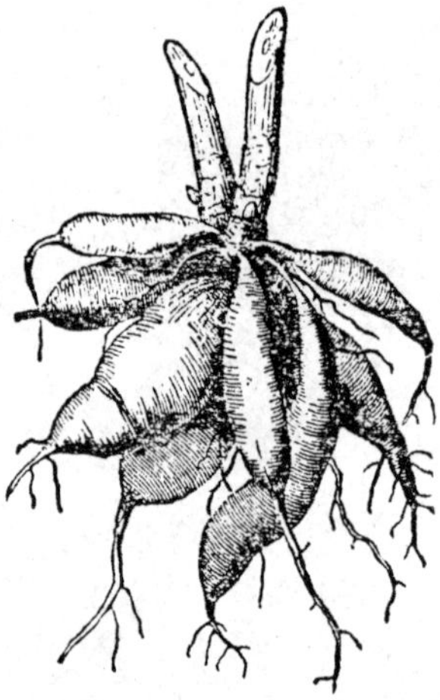

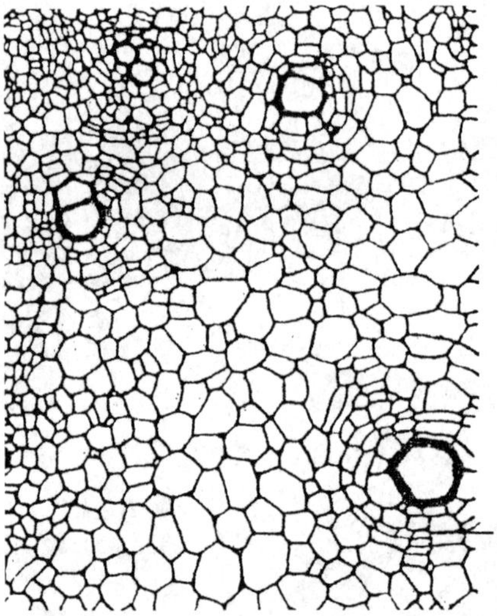

图 4.25 块根

左：大丽菊的块根 右：甘薯一部分块根的横切，示导管和导管群周围新形成层的发生

甘薯块根初生和次生木质部的构造和一般双子叶植物的相同，只不过次生木质部中的薄壁组织特别发育[①]。由于薄壁组织的特别发育，次生木质部中的导管和导管群被薄壁组织所隔开，星散地分布在次生木质部中。当块根进一步发育时，次生木质部中被隔开的导管和导管群的周围陆续地发生一圈新形成层（图 4.25），新形成层向着导管和导

① Fahn（1990）引述甘薯块根的初生和次生木质部中含有大量的薄壁组织，但本书作者在甘薯块根的初生木质部（典型的四原或五原木质部）的切片标本中并没有观察到薄壁组织。

管群产生含有少量管状分子和多量薄壁组织的木质部，背着导管和导管群产生含有少量筛管、乳汁管和多量薄壁组织的韧皮部。由于形成层与这些新形成层的共同活动，结果形成了肥大的含有大量薄壁组织（贮藏组织）的块根。

3. 支柱根

玉米下部茎节上生出的不定根具有支柱机能（图 4.1），可以支持植物体直立不倒。我国广东、福建一带生长的榕树从树枝上生出一些不定根垂直向下生长，到达地面后钻入土壤内形成树冠强有力的支柱。像这类具有支柱机能的不定根都叫做支柱根（prop root）。

4. 攀缘根

凌霄花和常春藤都是攀缘植物，其茎细而长，不能够独自直立，必须依附墙壁或其他植物体才能够直立。在这类植物的茎上生出许多很短的不定根，叫做攀缘根（climbing root）（图 4.26）。攀缘根能够分泌一种黏液，碰着墙壁或其他植物体就黏着其上，借以使自身攀附直立。

图 4.26　常春藤的攀缘根

5. 气生根

热带森林中有很多附生在树木上的兰科植物，从它们的茎上生出很多不定根，叫做气生根（aerial root）（图 4.27）。气生根包被在一种叫做根被（velamen）（图 4.28）的死组织内。根被是由原表皮层细胞进行数次切向分裂而形成的。从组织发生的角度来看，根被与表皮是同源的。根被细胞的壁具有次生加厚的条纹，细胞排列紧密，成熟后死亡。过去曾认为根被细胞具有吸收水分的能力，每当降雨时，根被细胞吸足了水分（见 Rudall，1992），用以供给植物平时生活的需要。但近年来认为根被包被着根，它可能具有防止根部丢失水分的作用。

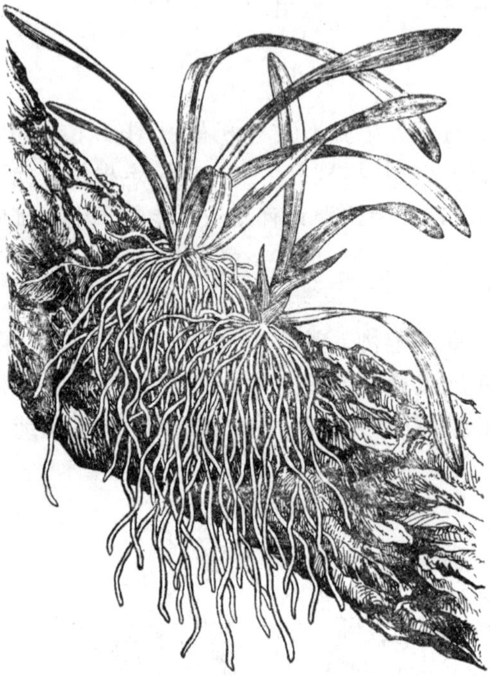

图 4.27　一种兰科植物(*Angraecum zalcatun*)的气生根

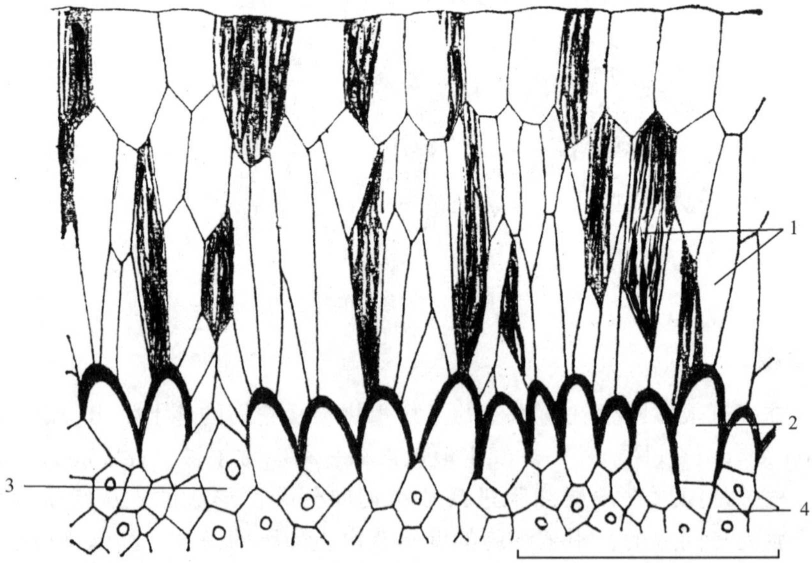

图 4.28　一种兰科植物的根被

1. 根被细胞　2. 外皮层　3. 通道细胞　4. 皮层细胞

6. 吸器

有少数双子叶植物营寄生生活，在这类植物的茎上生有很多钉状的不定根，这种不定根叫做吸器（haustorium）（图 4.29）。吸器钻入寄主茎中，与茎的韧皮部和木质部接触，吸取寄主的营养物质以维持其本身的生活。缠绕在大豆茎上的菟丝子就是一种具有吸器的寄生植物，它对大豆的危害性甚大，必须拔除以防蔓延。

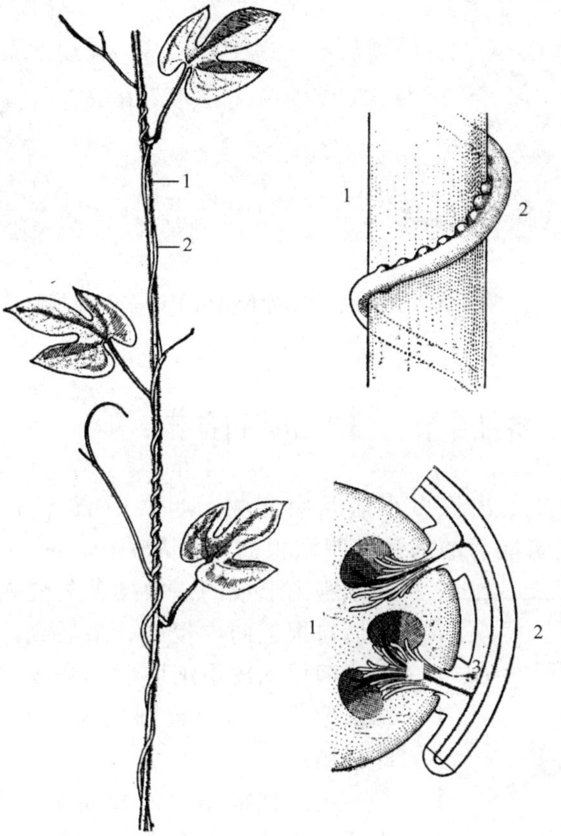

图 4.29　菟丝子茎，示吸器

1. 寄主　2. 菟丝子茎　3. 吸器（图解）

7. 呼吸根

根和植物的其他器官一样，必须进行气体交换。生活在普通土壤中的根可以顺利地进行气体交换，因为普通土壤颗粒间都含有大量的空气。但生活在热带沿海沼泽地区的植物根部淹埋在淤泥里，通气甚感困难，因此生长在这种地区的某类植物的一部分根能够从土壤里垂直向上生长，挺入空气中。这种挺入空气中的根叫做呼吸根（pneumatophore）。空气可以通过呼吸根表面的皮孔和呼吸根内部的海绵状通气组织输送到地下根，供给地下根进行呼吸作用的需要。分布在我国福建、广东一带的杯萼海桑就生有这种呼吸根（图 4.30）。

图 4.30　杯萼海桑，示在主干的周围生出了许多呼吸根

第四节　根瘤与菌根

很多豆科植物的根部产生出许多小瘤状突起物，叫做根瘤（root nodule）（图 4.31）。根瘤是一种具有固氮能力的细菌（叫做根瘤菌，*Rhizobium* spp.）侵入根的皮层细胞内形成的。根瘤菌先侵入幼嫩的根毛内，然后自根毛向内侵入，最后到达根的皮层细胞。根瘤菌侵入皮层细胞后刺激皮层细胞进行分裂，结果形成一球形或圆柱体形的瘤状突起物，此即根瘤。

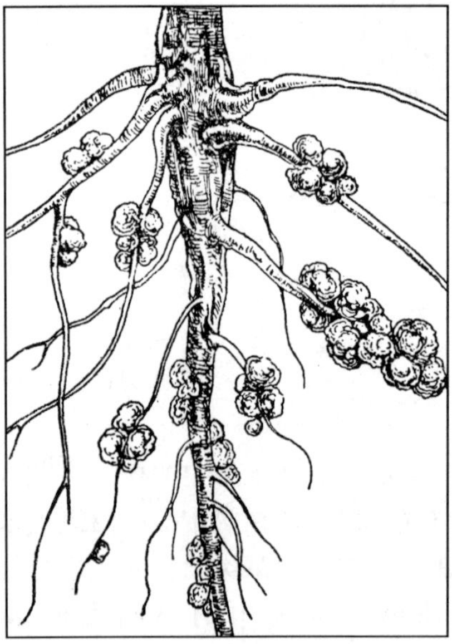

图 4.31　豆科植物的根瘤

生活在根瘤内的根瘤菌完全依靠植物供给生活所必需的营养物质以维持其生活，但根瘤菌能够将空气中游离的氮固定成为植物可以利用的含氮物质（这叫做固氮作用，nitrogen fixation），供给植物合成蛋白质或其他含氮化合物时的需要。这样，绿色植物和非绿色植物之间建立了一种共生（symbiosis）关系。所谓共生关系，就是两种生物有机体密切共居，彼此互有利益各得其所的现象。

根瘤菌固氮作用所制造的含氮物质的一部分还可以从植物的根部分泌到土壤中，能被其他植物所利用。实践证明，豆类植物与谷类植物（如豇豆与玉米）间作可以提高谷类植物的产量，其原因就是因为豆类植物增加了土壤的含氮量的缘故。我国广大农民曾积累了许多间作方面的宝贵经验并创作了许多优良的间作方法。

除豆科植物外，还有些木本双子叶植物的根部也常与一种具有固氮能力的细菌（如Frankia spp.）共生，形成根瘤。例如桦木科的桤木属，杨梅科的杨梅属，鼠李科的Ceanothus属等。

除根瘤菌外植物的根还经常与土壤中的真菌结合在一起，形成一种菌与根的结合体，这叫做菌根（mycorrhiza）。

大多数陆生种子植物都具有菌根。菌根在地球上出现得很早，最早的化石植物都具有菌根。菌根的出现对于早期植物适应陆地生活的成功可能充当了重要角色。

根据真菌与植物根部皮层细胞之间的关系，菌根可以分为两种主要类型：一类叫做内生菌根（endomycorrhiza），一类叫做外生菌根（ectomycorrhiza）。

（1）内生菌根　如果真菌的菌丝在幼根的表面不显著，但菌丝侵入根的皮层细胞之内（图4.32），这种根在外表上和正常的根并没有什么差别，只有颜色上较暗一些，这叫做内生菌根。内生菌根是最普遍的菌根类型，约有20万种植物具有内生菌根，如兰科、杜鹃花科植物等多具有内生菌根。

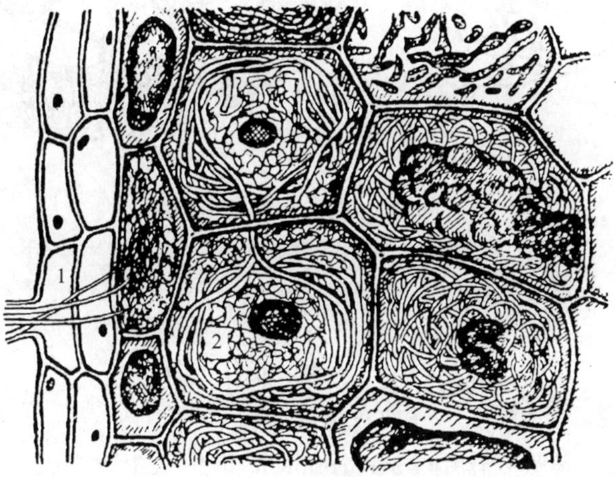

图4.32　二叶舌唇兰一部分幼根横切，示内生菌根

真菌菌丝通过根毛侵入根的皮层细胞内　1. 根毛细胞　2. 皮层细胞

（2）外生菌根　如果真菌的一部分菌丝包被在幼根的表面，形成了一个菌丝套子；一部分菌丝侵入根的皮层内，但只在皮层细胞之间紧密交织并不侵入皮层细胞的内部，这叫做外生菌根（图4.33）。外生菌根常呈灰白色，短而粗，通常为二叉式分枝，根毛稀少或者没有，根被菌丝套子包被着，不直接与土壤相接触。外生菌根不很普遍，约有数千种植物具有外生菌根。很多温带地区的森林树种，如松柏类（特别是松属）、栎属、栗属、桦木属等多具有外生菌根。

菌根中的真菌与植物是共生的。真菌自土壤中吸收水分和矿质养料（特别是磷酸盐）供给植物，植物提供碳水化合物、氨基酸、维生素和其他有机物质等供给真菌。真菌除形成菌根的菌丝外，其余的大部分菌丝都分布在土壤中，在土壤中蔓延较广，具有较大的吸收表面，因而真菌的吸收效率远较植物的根部为强。据估计，生有菌根的松属植物较之未生菌根者其吸收表面要大数倍。某些松属植物能够生活在含水量较低的砂质土壤上，这与其菌根的作用是分不开的。因此，在不含菌类的土壤上造林时必须要考虑菌类的接种问题。

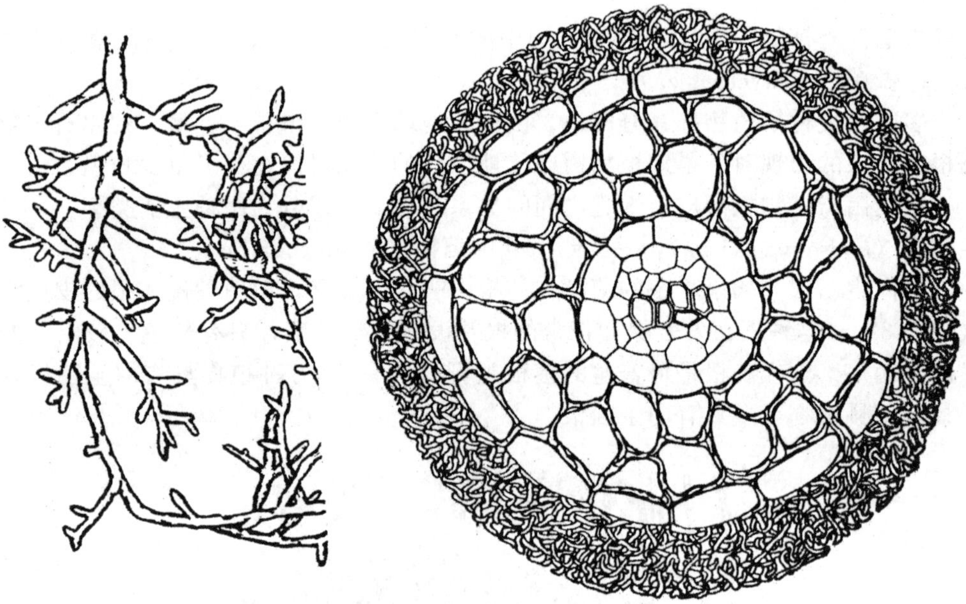

图 4.33　白云杉的外生菌根

左：菌根外形　右：菌根横切，示菌丝分布在皮层细胞之间，未进入皮层细胞之内

第五节　根 的 功 能

根的主要功能之一是吸收作用（absorption），即根从土壤中吸收水分和溶解在水中的矿物质的作用。吸收作用主要是由根尖，特别是根毛区，这一短短的部位担任的，根尖以上的部分由于周皮的形成或是由于外皮层细胞壁的栓质化，基本上已失去了吸收的机能。

根自土壤中吸水是任何人所熟知的现象。但是土壤中的水分是如何被吸入根内去的呢？关于这个问题的解答就比较复杂了。试验证明，根部有两种不同的吸水方式：一种方式的吸水动力产生于根部，叫做根部主动地吸水（active absorption）；一种方式的吸水动力产生于叶部，叫做根部被动地吸水（passive absorption）。

根部主动地吸水对于植物的吸水并不发生很大的作用，它只是对于那些蒸腾作用不太强烈很年幼的植物的吸水才具有一定的作用。根部以这种方式吸水时，水分自外向根毛透入，水分透入根毛细胞后经过根的皮层细胞，依次向内传递，最后到达根的导管中。水分所以能自根外进入导管的原因是受渗透作用的规律所支配的。所以导管水溶液与土壤水溶液水势（water potential）的差度是根部主动吸水的动力。

在根内，由于凯氏带的存在，水分到达内皮层后必须经过内皮层细胞的原生质体才能够进入中柱，因此，在根的渗透系统中，根的内皮层细胞被认为是起了分别透性膜

（半透性膜）的作用。

根部被动地吸水是植物最主要的吸水方式，它产生在植物的叶进行蒸腾作用的时候。当叶进行蒸腾作用时，叶不断地向空气中大量蒸发水分，与气室和细胞间隙相邻的叶肉细胞中的水分首先蒸发。叶肉细胞失水后降低了水势，从相邻的叶肉细胞中吸水，相邻叶肉细胞失水后也降低了水势，也从与其相邻的叶肉细胞中吸水，依次类推，最后使与叶脉的导管相邻的叶肉细胞从导管中吸水。水分子在导管中是一根连续不断的水柱，叶肉细胞从导管吸水的结果使水柱向上提升，这种提升力量从水柱的顶端传递到下端，使与根部导管相邻的中柱鞘细胞中的水分被吸入导管。中柱鞘细胞失水后从皮层细胞中吸水，皮层细胞失水后从根毛细胞中吸水，最后使根毛细胞从土壤中吸水。

实际上，由于水分子间内聚力（即水分子间彼此互相吸引的力量）和水分子与导管壁和细胞壁分子间附着力（即水分子与导管壁和细胞壁分子间彼此互相吸引的力量）的存在，因而使水分子从叶肉细胞到根毛细胞形成为一个连续不间断的水分子路径。叶肉细胞因蒸腾作用而降低的水势，通过这一连续不间断的水分子路径一直传递到根毛细胞，最后使根毛细胞从土壤中吸水。

水分自土壤透进根毛细胞内有两种透进途径：一种透进途径是经过根毛细胞壁内纤丝间的间隙和质膜脂类双分子层分子间的间隙透进的，另一种透进途径是经过根毛细胞壁内纤丝间的间隙和质膜上一种叫做水孔蛋白（aqaporin）的微细管道透进的。水孔蛋白是镶嵌在质膜和液泡膜上的一种内在蛋白质，这种内在蛋白质的中心有一条直径略大于水分子的微细管道，水分子能够快速地通过这一管道透进或透出细胞和液泡。水孔蛋白普遍分布在质膜和液泡膜上，便于水分的快速透进或透出。试验证明，根毛细胞质膜上水孔蛋白的管道是水分自土壤透进根毛细胞内的主要透进途径。

水分自土壤透进根的内部或自叶的内部蒸发到空气中去有三种运输途径：一种运输途径是经过相邻原生质体之间的胞间连丝，这叫做共质途径（symplastic route）；一种运输途径是经过相邻细胞之间的细胞壁和细胞间隙①，这叫做离质途径（apoplastic route），还有一种运输途径是经过相邻细胞的细胞壁、质膜和原生质体，这叫做跨细胞途径（transcellular route）。试验证明，离质的运输途径是水分进出根与叶的主要运输途径，共质的和跨细胞的运输途径是次要的运输途径，这是因为后两者的阻力较前者的阻力大得多的缘故。不过，水分经离质的运输途径到达内皮层后必须经过内皮层细胞的原生质体才能够进入中柱。

矿质主要是从土壤溶液中吸收的。通常只有离解为离子态（阳离子或阴离子）的矿质元素才能够被植物的根部细胞所吸收。

植物根部细胞是如何吸收矿质的呢？人们有很长一段时间认为矿质的吸收是借物质的扩散作用来完成的，也就是说，矿质进入根部细胞内是因为它在土壤中的浓度大于根部细胞内的浓度，所以矿质从细胞外向细胞内扩散。但是扩散作用不能够解释矿质为什么会在根的皮层细胞内吸收积累而不扩散出去的问题。实际上，确实是有一部分矿质是借物质的扩散作用（包括简单的扩散作用，simple diffusion 与协助的扩散作用，facili-

---

① 经过相邻细胞之间的细胞间隙一语在这里指的是经过相邻细胞围绕着细胞间隙的细胞壁的外表面上所吸附着的水膜而言。

tated diffusion)① 进入根部细胞内的，但土壤中植物生活所必需的矿质的浓度常较根部细胞内的浓度为低，在这种情况下，根部细胞是不可能借扩散作用吸进这些矿质的，所以扩散作用并不是根部吸收矿质的惟一方法。除扩散作用外，根部细胞主要是利用水解ATP所释放的能量，通过镶嵌在质膜上的某种运输蛋白②（transport protein）（即镶嵌在质膜上的某种内在蛋白质）所参与的一种逆着矿质浓度的“运输作用”来吸收矿质元素的。

矿质自土壤中吸进根内后，目前认为主要是通过共质途径进入到根内部的（见 Raven *et al.*，2005；Beck，2005）。通过共质途径时，离子态的矿质元素首先由镶嵌在根毛细胞质膜上的某种运输蛋白逆着矿质的浓度运进根毛细胞内，然后经过根毛细胞、皮层细胞、内皮层细胞、中柱鞘细胞的原生质体之间的胞间连丝依次地扩散到根的中柱，最后再经过中柱鞘细胞的分泌作用将矿质分泌到导管中（见 Raven *et al.*，2005）。概括地讲，矿质从土壤中进入到根的导管中需要经过三个步骤：①穿过根毛细胞的质膜进入到根毛细胞内；②通过根毛细胞、皮层细胞、内皮层细胞、中柱鞘细胞的原生质体之间的胞间连丝扩散到根的中柱鞘细胞内；③穿过中柱鞘细胞的质膜分泌到导管中。也就是说，矿质从土壤进入到根的导管中需要穿过质膜两次（跨细胞途径运输）和一次共质途径的运输，其中两次穿过质膜的运输是逆着矿质浓度，需要消耗能量的运输。矿质进入导管中后随导管的蒸腾液流一同上升，迅速地分布到植物体的各部分。

根另外的一个主要机能就是固着作用（anchorage）。植物体地上部分挺立在空气中经常受到风雨和其他机械力量的打击，若不是根将植物体牢牢地固着在土壤中，则植物体的地上部分将会摔倒。此外，根部还具有物质运输（根尖以上的部分）、营养物质的贮藏（根内薄壁组织的含量较多）和某些重要有机物质（如谷胺酰氨、植物激素等）合成的机能。

---

① 简单的扩散作用与协助的扩散作用都是物质从高浓度向低浓度扩散的扩散作用。两者所不同的是，简单的扩散作用是物质可以直接地穿过质膜进入到细胞内部的扩散作用，而协助的扩散作用则是物质必须借助于镶嵌在质膜上的运输蛋白（transport protein）的协助才能够进入到细胞内部的扩散作用。质膜上具有协助扩散作用的运输蛋白有两类：一类叫做管道蛋白（它是镶嵌在质膜上的一种内在蛋白质），管道蛋白形成了一种穿过质膜并充满水液的管道，物质能够通过这种管道进入到细胞的内部；另一类叫做载体蛋白（它也是镶嵌在质膜上的一种内在蛋白质），物质能够与载体蛋白结合在一起，借助于它的“带领”进入到细胞的内部。

② 离子态的矿质元素是不能够直接穿过质膜的脂类双分子层的，它必须借助于镶嵌在质膜上的某种内在蛋白质的协助才能够进入到细胞的内部或排出到细胞的外面。这种能够协助把矿质运进或运出细胞的内在蛋白质叫做运输蛋白（transport protein）。质膜上的运输蛋白分为三类，一类叫做管道蛋白（channels），一类叫做载体蛋白（carriers），还有一类叫做泵蛋白（pumps）（见 Taij and Zeiger，2002）。管道蛋白和载体蛋白能够协助矿质通过扩散作用顺着矿质的浓度（即从高浓度到低浓度）将矿质运进或运出细胞，而泵蛋白则能够利用水解ATP所释放的能量逆着矿质的浓度（即从低浓度到高浓度）将矿质运进或运出细胞。在植物细胞内，最重要的泵蛋白叫做质子泵（proton pump），质子泵利用水解ATP所释放的能量将细胞内的质子（H^+）运出细胞，使膜（质膜）外质子的浓度高于膜内质子的浓度，使膜外的电势为正值，膜内的电势为负值，结果形成了膜内外的电化学势梯度（electrochemical potential gradient），从而形成了一种将矿质运进或运出细胞的驱动力（proton motive force）。在根部，根毛细胞的质膜上含有上述的各类运输蛋白，但植物生活所必需的矿质在土壤中的浓度常较在根细胞内的浓度为低，因此矿质主要是依靠根毛细胞质膜上的质子泵所提供的驱动力将质膜外土壤中的矿质（例如钾离子）逆着矿质的浓度通过质膜上管道蛋白的管道运进根毛细胞内的（见 Rost et al.，2006）。

茎

茎（stem）的主要机能是运输和支持。茎将根吸收的水分和矿物质养料运输到叶，又将叶制造的有机物质运输到根、花、果实和种子。茎支持着全部枝叶，使其展露在空间。它担负着全部枝叶的重量，又要抵抗风、雨、雪等加到植物体上的压力。冬季落雪后，树木枝条上的积雪往往将枝条压弯，但并未折断，这说明茎的支持机能是十分显然的。

第一节　茎的形态和芽

茎的形状是非常多样性的，有三棱柱体形的、四棱柱体形的、多棱柱体形的，扁平体形的等等，但一般而论，植物的茎多为圆柱体形。圆柱体形可以降低植物体的表面面积和体积二者之间的比植，比植的降低能够降低植物体水分的丢失。茎的大小也有很大的差别，最高大的茎可以高达100米以上，但也有非常短小的茎，短小到看起来好像是没有茎一样，例如蒲公英和车前的茎就是这样的。

茎的性质常因植物种类的不同而不同，有的较为柔软，有的颇为坚硬。在植物学上常根据茎的性质将植物分为草本植物（herbaceous plant）和木本植物（woody plant）两大类。

草本植物茎内含有少量的坚硬（木质化）成分，茎的支持力量不大，所以植物体的高度一般都在3米以下。植物死亡后茎杆多倒伏。

木本植物茎内含有大量的坚硬（木质化）成分，茎的支持力量很大，所以能长成高大的植物体。植物死亡后茎杆仍然直立。

木本植物又因茎杆的形态而分为乔木（tree）和灌木（shrub）两类。凡具有一个显著主干的木本植物叫做乔木，如柳树、杨树、榆树等。凡没有主干或主干不显著，分枝差不多从地面就开始的木本植物叫做灌木，如丁香、蔷薇（*Rosa* spp.）等。

草本植物有一年生的，如玉米、高粱等，有二年生的，如白菜、萝卜等，有多年生的，如蒲公英、百合等。木本植物的寿命比较长，都是多年生的[①]。在植物学上，常根据植物寿命的长短将植物分为一年生植物（annuals）、二年生植物（biennials）和多年生植物（perennials）三类。

一年生植物的寿命只有一年或甚至不到一年，有的只有几个星期，开花结果后植物

① 从植物进化的角度来看，木本植物较为原始，草本植物较为进化。这是因为木本植物的寿命较长，开花结果的年龄较迟，一般为数年，有的甚至二三十年才能达到开花结果年龄。在木本植物从幼年到达开花结果年龄的这一段较长的时期内，草本植物很可能就已经繁殖了许多代，这大大地增加了植物的变异性，从而使植物的进化成为可能。同时，由于许多代繁殖的结果，个体的数量随之增多，从而使植物的广泛传播成为可能。另外，开花年龄较迟就意味着在植物尚未达到其开花年龄之前的这一段较长的时期内有遭遇到不利环境条件的袭击而死亡的危险，而很多草本植物能够在短短的时期内完成了其生活史，避开了不利的环境条件，从而保证了植物种族的延续和繁荣。

死去。二年生植物的寿命有两年，这类植物在生活的第一年进行营养器官的生长以积累营养物质，到了第二年开花结果后植物死去。多年生植物的寿命都在二年以上。草本多年生植物的地上器官到冬季死去，以其地下器官（如根状茎、鳞茎等）越过冬天。木本植物的地上器官冬季并不死亡，以落叶现象越过冬天。

茎的生长习性（habit）（即茎的生长方式）因植物种类的不同而不同。有匍匐的（creeping）（茎平卧在地面上，茎上产生不定根的茎，如草莓）（图 4.34），平卧的（procumbent）（茎平卧在地面上，茎上不产生不定根的茎，如蒺藜），攀缘的（climbing）（利用变态器官攀缘于其他植物体或物体上的茎，如葡萄）（图 4.35），缠绕的（twining）（利用植物体的本身缠绕在其他植物体或物体上的茎，如牵牛花）（图 4.36）等，但多数种子植物的茎都是直立的（erect），即茎杆直立在地面上。

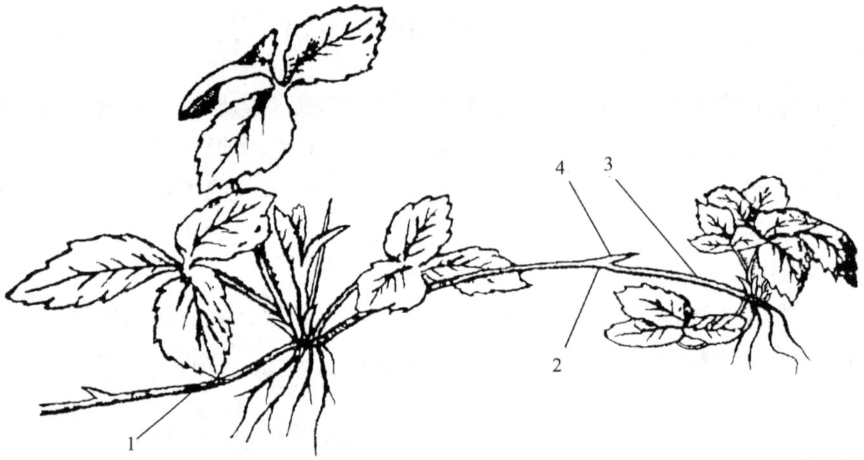

图 4.34 草莓的匍匐茎

1. 匍匐茎 2. 节 3. 节间 4. 鳞叶

凡具有攀缘茎和缠绕茎的植物，不论是草本的或木本的，都叫做藤本植物（liana）。草本的如黄瓜、菜豆等，木本的如葡萄、紫藤等。

茎上生长着叶子，茎与叶合称为枝叶（shoot）。茎上着生叶子的部位叫做节（node），节与节之间的部位叫做节间（internode）（图 4.34）。有些植物的节特别明显，如玉米、甘蔗的节微微有一些膨大，莲的节特别缢缩等，但多数植物的节只有在叶子着生的部位才微微有一些膨大，因此这类植物的节与节间从外形上看不出明显的区别。各种植物节间的长短也很不同，有的很长，如南瓜的节间可以长达数十厘米，有的很短，短到难以令人辨认的程度，如蒲公英的节间还不到 1 毫米长，在这种情况下，叶子簇生在极短的茎上。

某些树木，特别是某些果树，生有节间长短不同的两种枝（图 4.37）。节间长的枝叫做长枝（long shoot），节间短的枝叫做短枝（spur shoot）。短枝着生在长枝上。松属具有长短两种枝，松属短枝的基部着生几片鳞片状叶，端部通常簇生 2、3、或 5 片针形叶。这种短枝从外观上看不像是枝，好像是一束针形叶簇生在长枝上一样。果树的短枝生花结果，所以在果树园艺上又叫做果枝（fruit spur），如苹果树、梨树等。

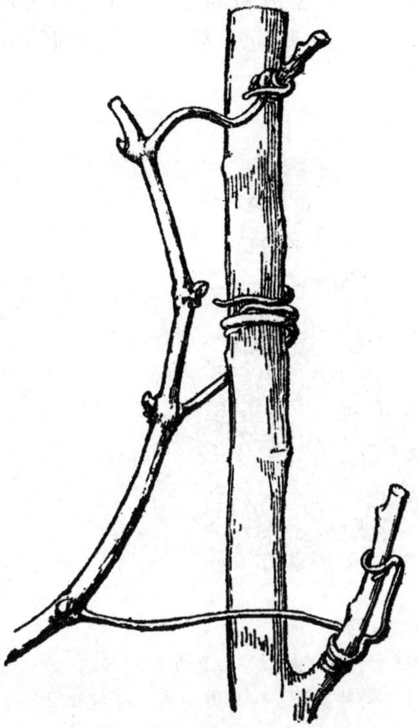

图 4.35　葡萄的攀缘茎

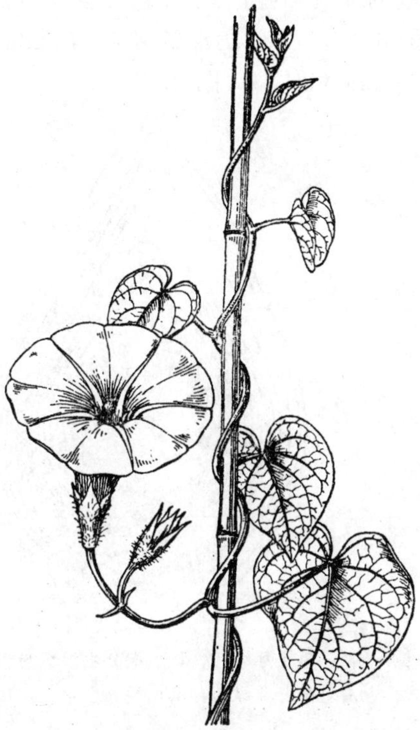

图 4.36　圆叶牵牛的缠绕茎

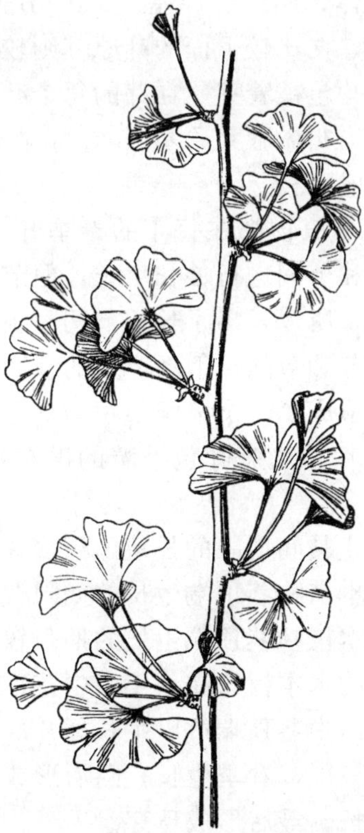

图 4.37　银杏的长枝与短枝

茎的顶端和叶的腋部生长着芽（bud）。芽就是一个包被着许多大小不同的幼叶，节间非常短，没有发育的枝叶（undeveloped shoot）。或者说，芽就是一个胚性枝叶（embryonic shoot）（图 4.38，4.45A）。

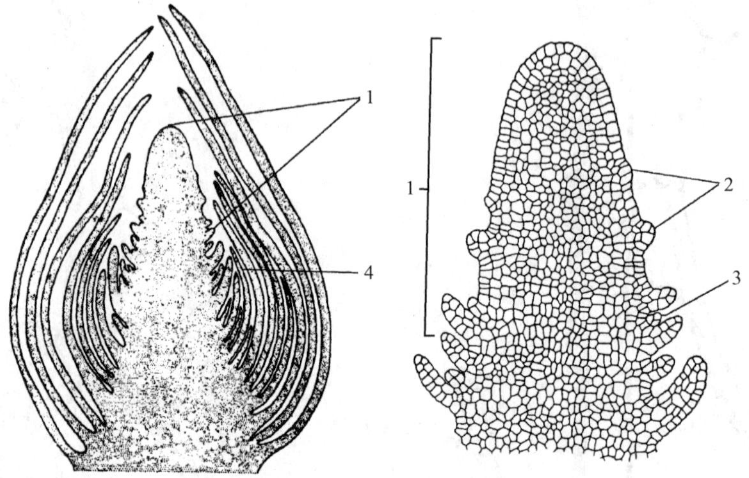

图 4.38 一种水生植物的芽

左：整个芽纵切，示顶端分生组织与当年产生的尚未进行伸长生长的节与节间

右：部分芽纵切，示顶端分生组织 1. 顶端分生组织 2. 叶原基 3. 腋芽原基 4. 幼叶

芽的顶端是顶端分生组织的原分生组织，在原分生组织的下面生有很多排列紧密的小型突出物，它们是叶的原始体，叫做叶原基（leaf primordium）。叶原基将来发展成叶。芽最上面的叶原基都很小，在比较下面的叶原基则较大，在更下面的叶原基已经发育成幼小的叶了，这些幼小的叶包被着芽。在芽的每个叶原基的腋部生有另外一种小型突出物，它们是腋芽的原始体，叫做腋芽原基（axillary bud primordium）。腋芽原基将来发展成腋芽，腋芽展开后长成侧枝。

一般生长在温带地区的木本植物都在每年的春季开始生长。当生长开始时，芽展开，芽内上一年已经形成的节和节间进行伸长生长，但节的伸长生长甚少，节间的伸长生长较节的伸长生长显著得多，所以长出了长的节间。稍后，茎顶端的分生生长（细胞分裂）也开始进行，产生新的节和节间。但新产生的节和节间通常在当年并不进行伸长生长，结果在当年枝的顶端就形成了一个节间很短，具有很多叶原基和腋芽原基，并被许多大小不同的幼叶和几片鳞片状变态叶包被着的没有发育的枝叶，这就是顶芽（图 4.45B）。

茎顶端的生长从开始到停止其间期限的长短因植物种类的不同有所不同。多数草本植物和某些热带、亚热带的木本植物茎顶端生长的期限较长，在一年当中可以有好几个月。多数温带和寒冷地区的木本植物茎顶端生长的期限较短，在一年当中往往只有春季三五个星期的时间。温带生长的木本植物在一年当中茎顶端通常只生长一次，但某些热带、亚热带的木本植物在一年当中茎顶端可以生长好几次。例如在我国海南岛生长的橡胶树在一年当中茎顶端生长有三次，春季生长，随后形成春芽，春芽到夏季又生长，随后形成夏芽，夏芽到秋季又生长，最后形成秋芽。

芽在茎上着生的部位有所不同。根据这一点，芽可以分为顶芽（terminal bud）、腋芽（axillary bud）、副芽（accessory bud）和不定芽（adventitious bud）四类。生长在茎顶端的芽叫做顶芽，顶芽的生长可以增加茎的体长。生长在叶腋（即叶与茎之间的夹角）的芽叫做腋芽①，腋芽的生长可以增加茎的分枝。有些植物在腋芽的上面或其两旁也生长着芽，生长在腋芽的上面或其两旁的芽叫做副芽（图 4.39），如刺槐树腋芽的上面生有一个副芽，皂荚树腋芽的上面生有两个副芽，杏树腋芽的两旁各生有一个副芽，副芽的生长，形成花。副芽多见于木本植物，草本植物中少见。顶芽、腋芽和副芽在植物体上都有固定的生长部位，另外还有一种芽在植物体上没有固定的生长部位，它可以生长在根上，茎上，胚茎上和叶上，这种芽叫做不定芽（图 4.1）。例如树木砍伐后在树桩伤面的四周生长出的很多芽就是不定芽。

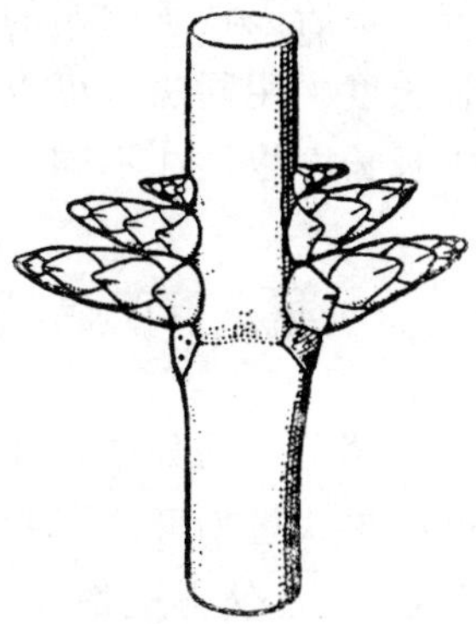

图 4.39　一种忍冬属植物（*Lonicera xylosleum*）的部分冬枝，示与腋芽排列成一直行的副芽

根据芽的本性，即根据芽将来长成的器官，芽又可以分为叶芽（leaf bud）、花芽（flower bud）和混合芽（mixed bud）三类。叶芽将来长成枝和叶，即枝叶（shoot）。花芽将来长成花或花序。混合芽将来长成枝叶和花或花序。

多数温带木本植物芽的外面常被一些坚硬的褐色鳞片状变态叶包被着，这种鳞片状变态叶叫做芽鳞（bud scale）。芽鳞有保护芽不过多蒸发水分和免受机械伤害的作用。具有芽鳞保护着的芽叫做鳞芽（scaly bud）（图 4.39，4.41，4.42，4.43），没有芽鳞保护着的芽叫做裸芽（naked bud）。多数温带木本植物的芽都是鳞芽，只有少数温带树种具有裸芽，如枫杨。多数草本植物的芽都是裸芽。

各种芽在冬季都进入休眠状态，休眠状态就是一种完全停止生长的状态。等到春季到来时芽开始展开，不过并不是植物体上所有的全部芽都在春季展开，只有顶芽和顶芽下面的几个腋芽才展开。这种展开的腋芽叫做活动芽（active bud），其余靠下部的腋芽并不展开，仍然处于休眠状态。这种长时期处于休眠状态的腋芽叫做休眠芽（dormant bud）。

植物的顶芽有优先利用营养料和抑制腋芽发育的作用。这种现象叫做顶端优势（apical dominance）。有意思的是，越靠下部的腋芽受到顶芽的抑制作用越强，越靠上部的腋芽受到顶芽的抑制作用越弱。所以在春天只有顶芽和顶芽下面的几个腋芽才展开，其余靠下部的腋芽都处于休眠状态。若摘除了顶芽就可以促使下部休眠的腋芽展开，因此在果树园艺方面时常利用这种特性将果树的顶芽摘去（摘心）借以达到改变树形、增加产量和便于管理的目的。在农业实践上打顶摘心也有重大的意义。利用打顶摘心可以促使棉花果枝发育而获得丰产。

茎的顶芽在春季展开时，包被着顶芽的芽鳞脱落。芽鳞脱落后所遗留下的痕迹叫做芽鳞痕（scale scar）。芽鳞痕紧密地排列着，形成一圈（图 4.42，4.43）。芽鳞痕可以

① 有些植物芽的基部与叶的基部之间的茎组织进行强烈地居间生长，结果使得本来着生在叶腋部位的腋芽上移，离开了叶腋部位，例如某些茄科植物（如茄子、龙葵等）就有这种情况。

保持数年，最后因枝条增粗的影响而消失。若在冬季观察芽鳞痕的位置就可以确定当年枝的生长长度。用同法也可以测定前一年枝的生长长度。由于各年的气候条件不同，枝的各年生长长度也往往不同。

第二节　茎的分枝与禾本科植物的分蘖

植物按照一定的分枝方式进行分枝（branching）。分枝是植物的基本特性之一。由于分枝的结果，植物形成了发达的枝叶系（shoot system）（一个植物体上的全部枝叶叫做枝叶系），这使得植物体吸收光能和 CO_2 的面积大大地增加了。概括地讲，植物界有三种分枝方式：一种叫做二叉分枝式（dichotomous branching），一种叫做总状分枝式（racemose branching），一种叫做聚伞状分枝式（cymose branching）。

1. 二叉分枝式

植物体分枝时，茎顶端的生长点均分为二，朝着两个方向发展，各长成一个新枝。新枝生长到一定阶段后亦以同样的方式进行分枝，如此重复进行，结果形成一鹿角形植

图 4.40　一种蕨类植物（*Psilotum triquetrum*）的二叉分枝式

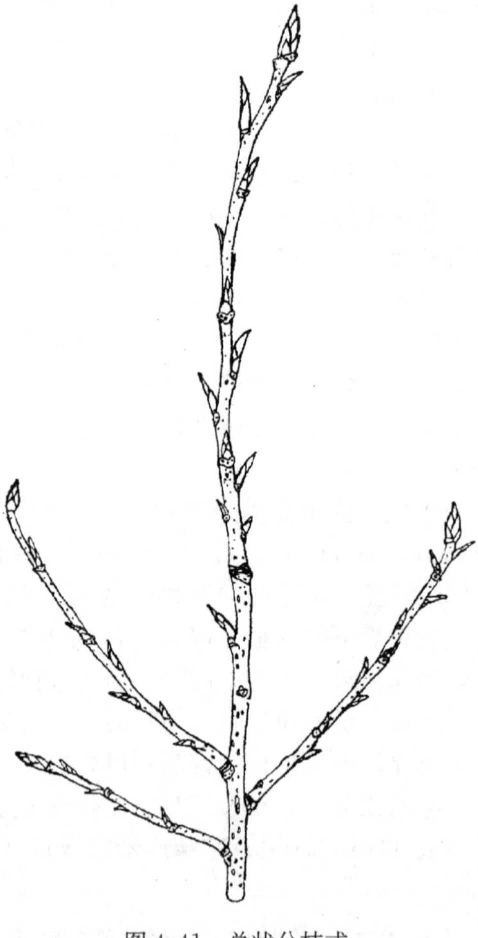

图 4.41　总状分枝式

物体。这种分枝方式叫做二叉分枝式（图 4.40）。二叉分枝式极少见于种子植物，多发现于蕨类、苔藓类和很多藻类植物。

2. 总状分枝式

如果植物体有一个主轴，主轴顶端的顶芽不死亡，年年向上生长。顶芽下面的腋芽陆续展开依次发展成侧枝，侧枝比主轴细得多。侧枝也以同样的方式进行分枝，结果形成一尖塔形或圆锥体形的植物体。这种分枝方式叫做总状分枝式（图 4.41）。很多裸子植物（如银杏、侧柏、圆柏等）和很多草本植物都具有总状分枝式。

3. 聚伞状分枝式

如果主轴顶端的顶芽停止生长死亡脱落，或展开后生长地极为缓慢，最后停止生长，或转变成花芽，开花结果后脱落，在上述各种情况下，顶芽下面的腋芽展开发展成侧枝。到一定阶段后侧枝的顶芽又复停止生长再为新的腋芽所代替，如此重复不已。这种分枝方式叫做聚伞状分枝式。

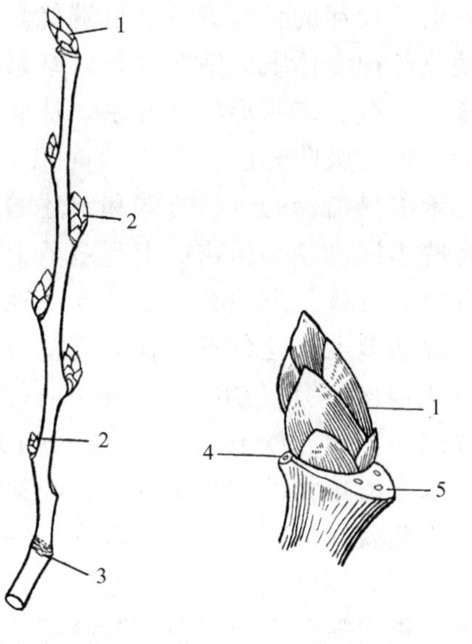

图 4.42　聚伞状分枝式

左：榆树的单出聚伞状分枝式　右：榆枝顶端的放大

1. 由腋芽发育成的顶芽　2. 腋芽　3. 芽鳞痕

4. 顶芽痕　5. 叶痕

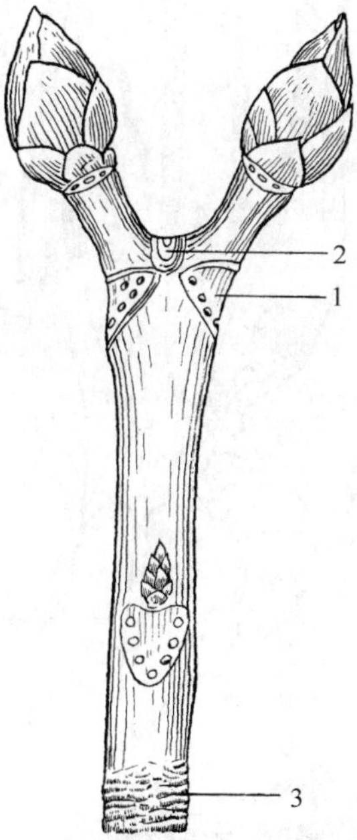

图 4.43　七叶树属的二出聚伞状分枝式

1. 叶痕　2. 花序痕　3. 芽鳞痕

若顶芽下面只有一个腋芽发展成侧枝，这叫做单出聚伞状分枝式（uniparous branching），如番茄、马铃薯、榆树（图 4.42）、桃树以及大多数落叶乔木和灌木等都具有单出聚伞状分枝式。若顶芽下面有两个对生的腋芽发展成两个对生的侧枝，这叫做二出聚伞状分枝式（biparous branching），如丁香树、七叶树属（图 4.43）、泡桐树和很多石竹科植物等都具有二出聚伞状分枝式。

泡桐树生长迅速材质好，制做的民族乐器音质好，是优良树种之一。但该树种具有二出聚伞状分枝的特性，苗木顶端的顶芽枯死，顶芽下面的两个腋芽生长发育长成侧枝。由于顶芽的枯死，所以树干低矮，致使木材的使用价值降低。河南省科技人员采用各种人工接干法使泡桐树低干变高干，克服了泡桐树低干的最大缺陷。

植物进行单出聚伞状分枝时，新生侧枝的生长力很强，它连接在主轴的顶端继续沿着主轴原来生长的方向生长，形成新的主轴。原来的顶芽死亡脱落，或发育成细弱的轴偏向一旁，倒好像是侧枝一样（但与叶对生）。翌年，新生的侧枝又连接在头一年侧枝所形成的主轴的顶端，继续向前生长，又形成新的主轴，以后年年如此。但必须了解，以此种方式所形成的主轴并非原来的主轴，它是由许多陆续生长的侧枝连接而形成的主轴。以此种方式所形成的主轴叫做合轴（sympodium）。

棉花的分枝方式比较特殊，它是一种混合分枝式（mixed branching）。棉花的主轴和侧枝（包括营养枝和果枝）形成一种分枝方式，为总状分枝式；果枝进行另一种分枝方式，为单出聚伞状分枝式。所以说棉花的分枝方式是一种混合分枝式（mixed branching），即由两种不同的分枝方式组合成的分枝方式。

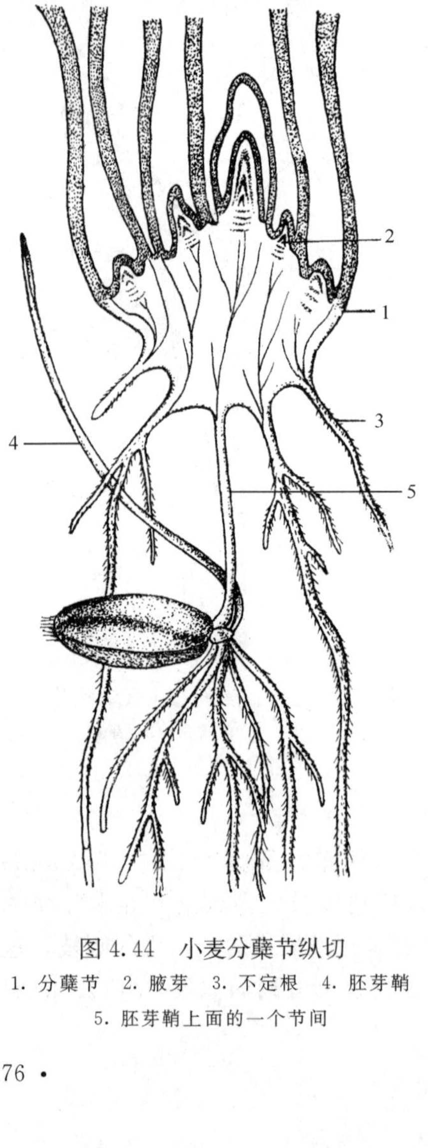

图 4.44　小麦分蘖节纵切

1. 分蘖节　2. 腋芽　3. 不定根　4. 胚芽鞘

5. 胚芽鞘上面的一个节间

单出聚伞状分枝式是较进化的分枝方式。由于顶芽的枯死失去了顶端优势，因而促使下部很多休眠的腋芽展开，结果形成一种枝叶繁茂、扩张形的枝叶系，从而大大地扩大了植物吸收光能与 CO_2 的面积。

禾本科植物的分枝方式和上述的分枝方式有些不同。这类植物的上部茎节上很少发生分枝，分枝只发生在接近地面或地面以下的下部茎节上。这种发生在下部茎节上的分枝方式叫做分蘖（tiller）（图 4.44）。发生分蘖的节叫做分蘖节（tillering node）。

禾本科植物的种子萌发后，胚芽向上生长，不久就在幼苗的基部出现了一些紧挨在一起的节，即分蘖节。从分蘖节上先生出许多不定根，随后在分蘖节的叶腋部位生出分枝。分枝的基部又形成分蘖节，分枝的分蘖节上又生出不定根和分枝。这样的过程可以重复进行几次，结果形成很多丛生在一起的地上枝。地上枝的多少对于禾谷类作物的产量很有关系，枝少会减产，枝过多又不能保证全部果穗都发育成熟。在农业实践上可以利用科学的耕作技术控制分枝的数目，使其既不过多也不过少。土壤肥力、光照、温度、土壤水分和通气状况等是影响分蘖多少的主要条件，因此，对这些条件的合理使用是控制分蘖数目的主要手段。

我国广大农民对于小麦丰产的经验证明，依靠主茎争取分蘖是获得小麦高产的有效途径。没有足够的主茎穗就不能获得高产，但光靠主茎不争取分蘖成穗也不能获得高产。因此，在争取主茎穗的基础上获得一定数量的分蘖穗是获得小麦高产的主要方法。

第三节 双子叶植物茎的构造

双子叶植物茎的构造可以分为茎尖的构造，茎的初生构造，茎的次生构造和茎的异常次生构造四部分来讨论。

1. 茎尖的构造

茎的尖端叫做茎尖（stem tip）（图 4.45A）。茎尖很重要，因为茎的形状的决定[①]和体长的增长是在茎尖进行的。根据细胞生长发育的程度，茎尖和根尖一样，自其顶端向下也可以划分为三个区：最上端为分生区，稍下为伸长区，最下为成熟区[②]。

虽然茎尖和根尖都可以划分为分生区、伸长区、成熟区三个区，但茎尖和根尖是有区别的。首先，茎尖的顶端分生组织位于真正的顶端，而根尖的顶端分生组织为根冠所覆盖着，并非位于真正的顶端。其次，茎尖的顶端因有叶的原始体的发生，因而使得茎尖顶端的大小和形状因叶的原始体的发生而有周期性的改变（叶的原始体即将发生但尚未出现时茎尖的顶端最大，叶的原始体出现后茎尖的顶端变小，图 2.6-B，下一个叶的原始体即将发生时茎尖的顶端又恢复为最大，如此重复，这是一种周期性的改变），根尖无侧生器官的发生（根的侧生器官发生在成熟区以上），所以根尖顶端的大小和形状并不发生周期性的改变，再次，茎尖具有节与节间的区分，节的伸长生长甚少，节间的伸长生长较节的伸长生长显著得多，因此茎尖的伸长生长不是均匀一致的。根尖无节与节间的区分，根尖的伸长生长从下往上是一个连续的过程，因此根尖的伸长生长是均匀一致的。

茎尖的端部为分生区，分生区是产生新细胞的场所，它是由顶端分生组织构成的。茎尖分生区的长度因植物种类的不同而有所不同。例如某些水生植物茎的顶端分生组织较陆生植物的长得多，因而其分生区也长得多。这类植物茎尖的顶端与最年幼的叶的原始体之间有一定的距离（图 4.38），所以其茎尖顶端的大小和形状不因叶的原始体的发生而有周期性的改变。

分生区的顶端为顶端分生组织的原分生组织。茎尖的原分生组织为一群最年幼没有分化的细胞，由于它的活动，产生出茎的初生构造。分生区的后段，即原分生组织下面

---

① 大多数种子植物的茎尖为圆锥—圆柱体形。按照传统看法，茎尖（或根尖）的形状主要是由于茎尖（或根尖）的分生组织细胞具有不同的细胞分裂方向和不同的细胞分裂频率所决定的（各向异速生长现象，anisotropic growth）。

② 植物体长增长时，草本植物茎尖的端部迅速地形成了一些排列十分紧密的节与节间（木本植则是在上一年的体长增长时形成了这些排列十分紧密的节与节间）（图 4.45B），这些排列十分紧密的节与节间按照形成的先后，依次地差不多是同时地开始进行生长（主要是进行节间细胞的伸长生长），结果在茎尖形成了一些同时进行伸长生长的区段，此即茎尖的伸长区。茎尖的伸长区由于含有一些同时进行伸长生长的区段，因此在构造上与根尖的伸长区是有所不同的。很多教科书讨论茎尖构造时，不把茎尖划分为分生区、伸长区、成熟区三个区，原因就是因为在茎尖不像根尖那样只含有一个伸长区段而是含有几个同时进行伸长生长的区段。本书作者认为，根尖和茎尖的伸长区在构造上虽然有所不同，但实际上这两个区段都是植物体长增长的主要区段。植物体长的增长主要是通过这两个区段的细胞进行体积的伸长增大来完成的。所以本书仍将茎尖划分为分生区、伸长区、成熟区三个区来讨论。

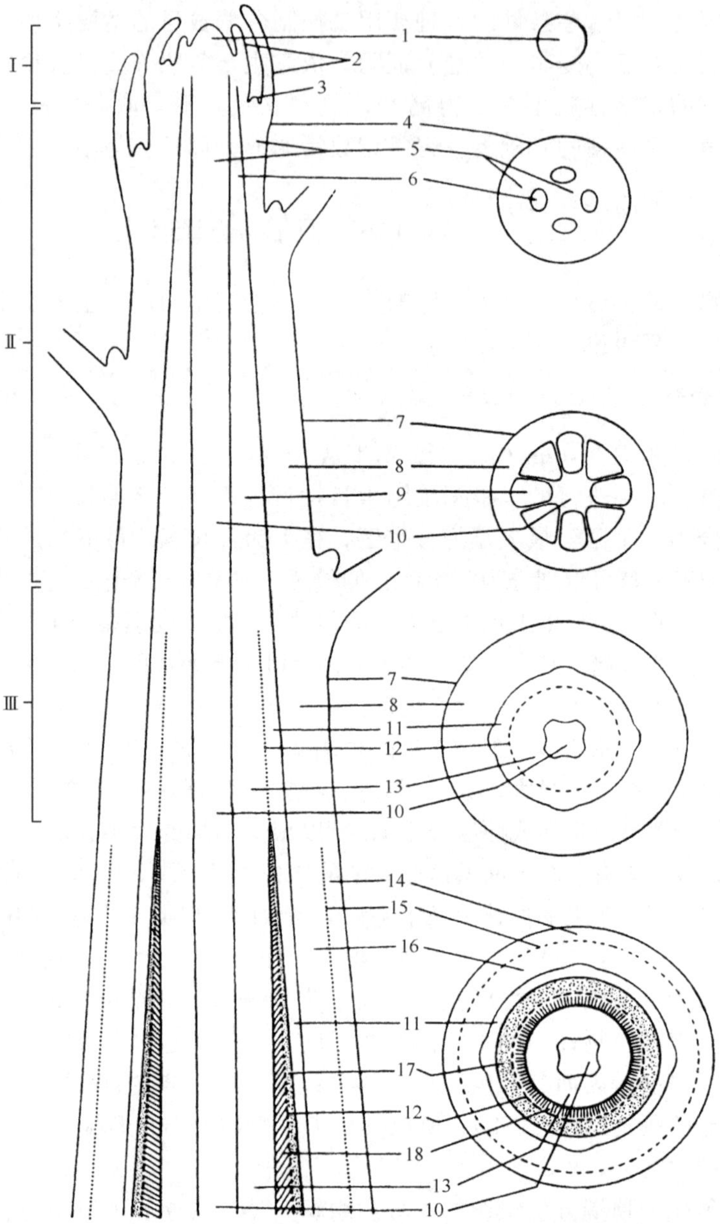

图 4.45A 一年生木本双子叶植物茎的纵横切（图解），示木本植物茎的初生生长与次生生长（本图略去叶迹和叶隙等构造）

Ⅰ. 分生区 Ⅱ. 伸长区（在伸长区的前段，原形成层最外层和最内层的细胞已经开始了成熟分化，发育成为最早形成的初生韧皮部和初生木质部的组成成分，图中并未绘出，伸长区内含有成熟组织，这一情况可以说明伸长区并不是由模式的分生组织所构成的） Ⅲ. 成熟区（在成熟区，形成层细胞和其他成熟区的细胞进行和完成成熟分比。当成熟区的后生木质部完成其成熟分化后，这时期形成层细胞也发育成熟了，此后，形成层从下往上开始进行活动，产生茎的次生维管组织，进行茎的次生生长） 1. 顶端分生组织 2. 叶原基 3. 腋芽原基 4. 原表皮层 5. 基本分生组织 6. 原形成层束 7. 表皮 8. 皮层 9. 筒状原形成层（由于在原形成束之间形成了一些新束，使排列成束状的原形成层成为筒状） 10. 髓 11. 初生韧皮部 12. 形成层 13. 初生木质部 14. 木栓层 15. 木栓形成层 16. 栓内层与皮层 17. 次生韧皮部 18. 次生木质部

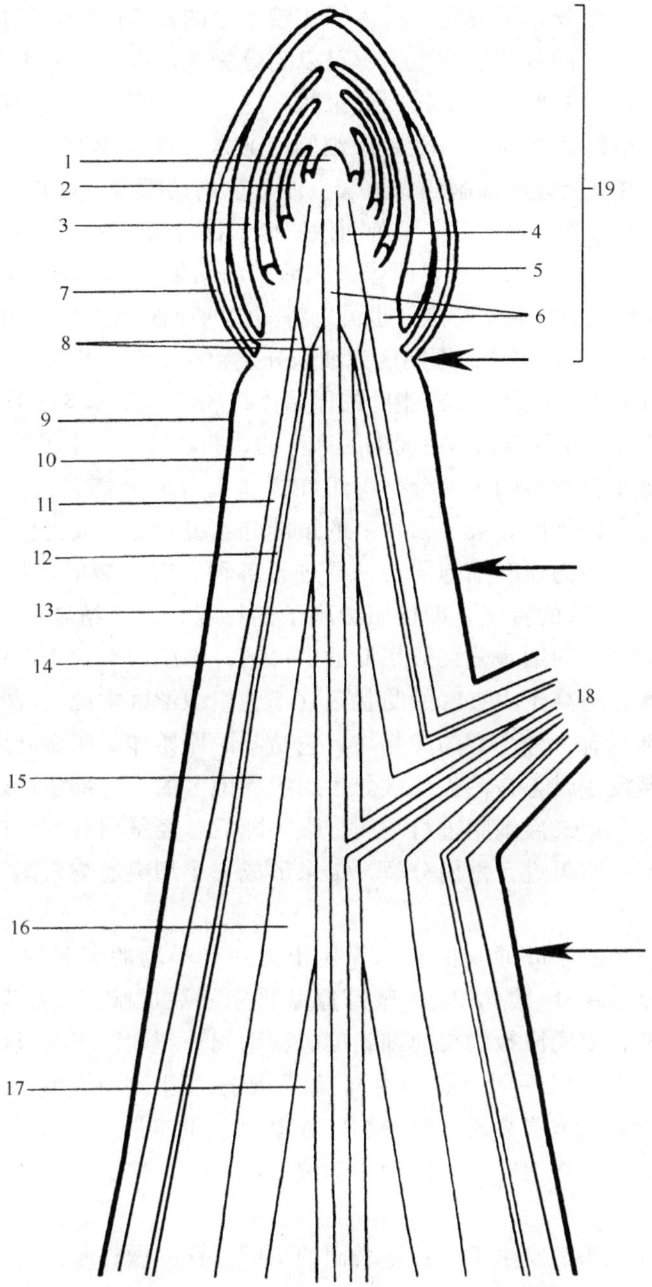

图4.45B　三年生木本双子叶植物茎纵切（图解），示木本植物茎将进入休眠状态时的构造（茎的顶端形成为顶芽，顶芽以下的部分发育成为成熟组织）

1. 顶端分生组织　2. 叶原基和腋芽原基　3. 幼叶　4. 原形成层束　5. 原表皮层　6. 基本分生组织　7. 芽鳞　8. 初生维管组织　9. 周皮　10. 皮层　11. 初生韧皮部和次生韧皮部（初生韧皮部通常被挤压破坏消失，次生韧皮部的含量也不多，这是因为其每年的产量较少同时还受到次生木质部增粗的挤压而变扁的缘故）　12. 形成层（形成层为一层从茎的基部到端部连续着的侧生分生组织，它每年所产生的次生维管组织也是一层从茎的基部到端部连续着的构造）　13. 初生木质部　14. 髓　15. 第三年形成的次生木质部　16. 第二年形成的次生木质部　17. 第一年形成的次生木质部　18. 侧枝　19. 顶芽（箭头表示顶芽在每年春季展开后所遗留下来的芽鳞痕的位置，根据芽鳞痕的位置可以确定茎在每年的生长长度）

的顶端分生组织，细胞开始了分化，进入了比较年老的发育阶段，根据细胞形态构造和排列方式的不同，这一部分顶端分生组织可以划分为原表皮层、基本分生组织和原形成层三种分生组织。茎尖的原形成层排列成束状，这一点和根尖是不相同的。

茎尖顶端分生组织最外面的一至数层细胞（通常为两层细胞，称为 L1 层和 L2 层）只进行垂周分裂，这一至数层细胞叫做原套。原套以内的部分，即被原套包被着的部分，细胞进行各种方向的分裂，这一部分细胞叫做原体（称为 L3 层）（p. 63 脚注）。原套细胞活动的结果增加了茎表面层的面积，原体细胞活动的结果增加了茎中心柱的体积。另外，根据茎尖顶端分生组织的细胞学特点，也可以将茎尖的顶端分生组织划分为细胞分裂频率低的中央区①，细胞分裂频率高的周围区和细胞分裂频率低于周围区，但高于中央区的肋状区三种细胞组织学区。周围区是产生叶的原始体的场所（图 2.6）。茎的表皮层、皮层、原形成层，可能还有一部分髓也是由周围区产生的，肋状区只产生了髓。

概括地讲，被子植物茎的顶端分生组织在构造上有两个特点：一个是分层的特点，即按照细胞分裂方向的不同，被子植物茎的顶端分生组织分化成为两种不同的层，即一层只进行垂周方向分裂的原套细胞层和一层进行各种方向分裂的原体细胞层（原套-原体学说）；另一个是分区的特点，即按照细胞学的特点，被子植物茎的顶端分生组织分化成为三种不同的区，即细胞分裂频率低的中央区，细胞分裂频率高的周围区和细胞分裂频率低于周围区，但高于中央区的肋状区（细胞组织学区学说）（图 2.6）。

在茎尖的端部生有一种小型的突起物，它是叶的原始体，叫做叶原基。叶原基将来发展成叶。叶原基发生时，在茎尖顶端分生组织周围区的一定部位，通常是茎尖表面层细胞里面的第一层和第二层细胞进行平周分裂，随后，经平周分裂所产生的细胞层和位于其外方的表面层细胞再进行垂周分裂，结果形成一小型突起物（图 2.5，2.6，4.45），这就是叶原基。

通常在第二或第三个叶原基的腋部又生出另一种小型的突起物，它是腋芽的原始体，叫做腋芽原基（图 4.45A，B）。腋芽原基将来发展成腋芽。腋芽原基发生时，在茎尖叶原基的腋部，不同层数的表面细胞层进行垂周分裂和位于其里面的数层细胞进行各种方向的分裂（有的以平周分裂为主），结果形成一小型突起物，这就是腋芽原基。参加腋芽原基发生的细胞层数通常比参加叶原基发生的细胞层数要多一些，也就是说，腋芽原基发生的部位通常比叶原基发生的部位要深一些。这一点是腋芽原基和叶原基在发生上的区别。

叶原基和腋芽原基都发生于靠近茎表面的组织，这叫做外起源的（exogenous）。这与侧根的发生部位是不相同的。根和茎侧生器官发生部位的不同是根和茎的一个十分显著的区别。不定芽也多是外起源的，但从根部长出的不定芽则多发生于根内的中柱鞘或韧皮部的射线薄壁组织，是内起源的（endogenous）。

分生区的下面是伸长区。茎尖的伸长区较长，一般长达数厘米或更长，包括数个节

① 大多数种子植物茎的顶端分生组织为圆锥体形，位于圆锥体顶端的中央区只需要进行较少的细胞分裂，位于圆锥体周围的周围区就必须进行较多的细胞分裂。如果中央区的细胞也进行较多的细胞分裂，则将不可能保持茎的顶端分生组织为圆锥体的形状了。本书作者认为，茎尖中央区的细胞所以只需要进行较少的细胞分裂和根尖“静止中心”的细胞必须要具有较长的细胞周期的原因基本上是一样的，都是由于所处的位置使然。

和节间。草本植物具有明显的伸长区，木本植物的伸长区只有在植物茎尖进行伸长生长的时期才是明显的，到了茎尖的伸长生长停止后，茎尖的顶端分生组织、叶原基、腋芽原基、幼叶、芽鳞等共同形成了顶芽，顶芽以下的部分转变成了成熟组织，这时期就没有可以辨认的伸长区了（图 4.45B）。

在伸长区，每个节间的原表皮层、基本分生组织和原形成层还继续进行细胞分裂，不过细胞分裂的次数，从上往下渐下渐少，到了节间的基部，通常已经停止了细胞分裂（某些禾本草类植物例外）（见 Leyser and Day，2003）。节间细胞的分裂增加了节间长度，但每个节间长度的增长主要是依靠节间细胞逐渐地进行细胞体积的伸长增大（细胞的体积从上往下渐下渐大）来完成的（某些禾本草类植物例外）。伸长区含有数个同时进行伸长增长的节间，先形成的节间先增长，所以靠近茎尖基部的节间较靠近茎尖端部的节间要长些。

茎尖（或根尖）伸长区的大多数细胞都是一些处于尚未完全分化，尚未发育成熟的组织。这一区段的细胞虽然仍有细胞分裂，但主要是进行细胞体积的增大。这一区段的细胞既不是模式的分生组织，也不是模式的成熟组织，它是从分生组织到成熟组织的一个过渡（发育）阶段。这一区段的细胞虽然仍被称为原表皮层、基本分生组织和原形成层三种分生组织，但不应再将其视为是茎尖（或根尖）顶端分生组织（或初生分生组织）的组成部分了。

在伸长区的前段，原形成层细胞除进行细胞分裂和体积的增长外，同时有一部分原形成层细胞已经开始了成熟变化。原形成层最外周的细胞成熟地最早，形成了原生韧皮部，原形成层最内周的细胞随后开始成熟，形成了原生木质部。在种子植物茎内，木质部是从内向外成熟的。这种木质部成熟的方式叫做外始式。

当原生韧皮部和原生木质部已经成熟后，伸长区的其他成分还未成熟，仍在继续生长，因此使原生韧皮部和原生木质部中的一些组成成分被扯破压扁。扯破了的原生韧皮部中的组成成分（筛管）溶解消失，扯破了的原生木质部中的组成成分还可以看到一些已经破坏的环纹导管、环纹管胞和螺纹导管、螺纹管胞的残迹（图 2.55）。

在很多双子叶植物茎内，当原生韧皮部中的筛管溶解消失后，原生韧皮部中的纤维原始体仍然继续发育，最后发育成为原生韧皮部纤维，此即文献中所称的“中鞘柱纤维”（图 4.46）。

茎尖的原形成层在基本分生组织内呈束状排列，在横切片上原形成层束排列成一个不连续的圆环。原形成层束与原形成层束之间的距离因植物种类的不同有大有小，因而束与束之间的区域可宽可窄。有很多植物种类（特别是木本植物）原形成层束之间的距离非常之小，因而束间区域非常之狭窄，狭窄到难以辨认的程度。这类植物的原形成层似乎不是排列成束状，好像是排列成圆筒状一样。在横切片上它们的原形成层束不是形成一个不连续的圆环，而却形成一个近乎连续的圆环，如椴树（图 4.49 左)、烟草等。

伸长区的下面就是成熟区。在成熟区，细胞体积的生长基本上已经停止，细胞进行和完成各种不同的成熟变化（分化），发展成各种不同的成熟组织，形成为茎的初生构造（图 4.46）。木本植物茎尖的伸长生长停止得比较早，当木本植物茎尖的伸长生长停止后，其端部形成为顶芽，其下部转变成为成熟组织，这时期在茎的尖端就没有分生区、伸长区、成熟区等构造了（图 4.45B）。

2. 茎的初生构造

茎的初生构造是由茎的顶端分生组织所产生的。通过茎尖的成熟区做一横切片，可以观察到茎的初生构造包括表皮、皮层和中柱三部分（图 4.45A-Ⅲ，4.46，4.47，4.48，4.49 左）。

茎最外面的一层细胞叫做表皮，表皮是从原表皮层发展来的。茎的表皮细胞一般是活细胞，多为砖形，排列紧密，没有细胞间隙。表皮细胞的外壁常加厚并经过了角质化。在表皮细胞外壁的外面还有一层角质层。有些植物角质层的外面还覆盖着一层蜡层。在茎的表皮上分布着一些气孔，有的还生有表皮毛。表皮毛的类型因植物种类的不同而不同。

茎表皮细胞的一个特点是能够进行有限度的细胞分裂。当茎干生长增粗时，表皮细胞能够进行切向延伸和迟缓地径向分裂，借以增加其周圆，以适应茎干的增粗。例如很多草本植物茎的表皮是，特别是某些周皮迟生的木本植物，如樟树、桉属等表皮的这一特点表现得特为明显。

表皮层之内是皮层。皮层是从基本分生组织发展来的。皮层在横切面上占有较小的宽度，这一点和根是不同的。很多植物种类的皮层只由数层到多层排列疏松的薄壁组织细胞所构成，如棉花、天竺葵等，但也有很多植物种类的皮层中除含有薄壁组织外还含有机械组织。机械组织通常是厚角组织。厚角组织可聚集成束，分布在茎的棱角处，如薄荷、南瓜（图 4.47，4.48）等，也可形成一个连续的圆环，位于皮层的外周，邻接着表皮层，如接骨木、椴树（图 2.28，4.49，4.50）等。很多植物种类的皮层中还含有石细胞，石细胞通常是单个地或成堆地分布在皮层中，如杨树。也有些植物种类的皮层中还含有纤维，纤维多是成束地分布在皮层中，如探春（*Jasminum* sp.）。靠外周的皮层细胞内常含有叶绿体，能够进行光合作用并使幼茎成为绿色。皮层细胞内还常含有淀粉粒、鞣质、草酸钙结晶体等。

在前面讨论根的构造时，曾讲到根的皮层最里面的一层细胞，即与中柱相邻接的一层细胞，叫做内皮层。典型的内皮层细胞的一部分径向壁和一部分横壁加厚并经过了栓质化和木质化，栓质化和木质化的加厚部分位于径向壁和横壁的中央，呈带形，叫做凯氏带。必须了解，典型的具有凯氏带的内皮层主要存在于根部，茎内甚为少见。只有某些草本植物（如向日葵，图 4.46）和某些水生植物（如金鱼藻）的茎内与某些草本植物的根状茎内（如五福花）才具有这种典型的内皮层。在大多数双子叶植物，特别是木本植物的茎内这种典型的内皮层并不存在，可能是由于演化的原因它已经退化消失了（见 Eames and MacDaniels，1947）。但在很多双子叶植物的幼茎内，皮层最里面的一层细胞，即在部位上与内皮层相当的一层细胞，其细胞内含有较多的淀粉粒，这一层细胞叫做淀粉鞘（srarch sheath）（图 1.4-B）。按照平衡石学说，淀粉鞘细胞内的淀粉粒与茎的负向地性反应有密切关系（见 Pyke，2009）。

有的研究者认为在双子叶植物茎内，不论凯氏带有或无，只要是位于皮层和中柱之间的一层具有形态构造特征的细胞，例如细胞内含有淀粉粒（淀粉鞘）或细胞体积的大小、细胞壁的厚度与化学性质（如栓质化和木质化）等与内外相邻的细胞不同，这一层具有形态构造特征的细胞都可以称之为内皮层（见 Metcalfe and Chalk，1979）。对于内皮层的这种看法可以认为是广义的内皮层的看法。广义的内皮层，即具有形态构造特征

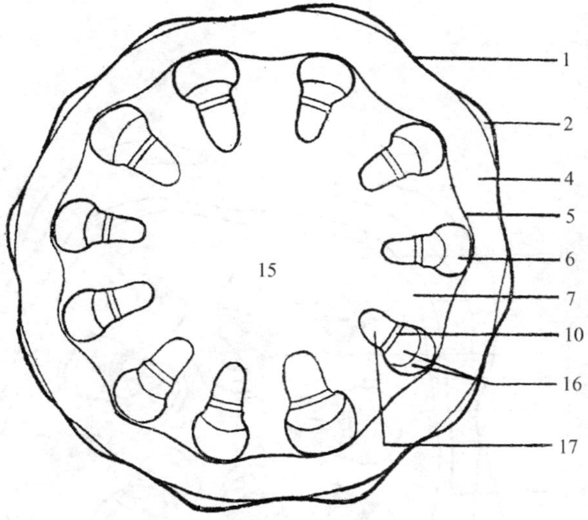

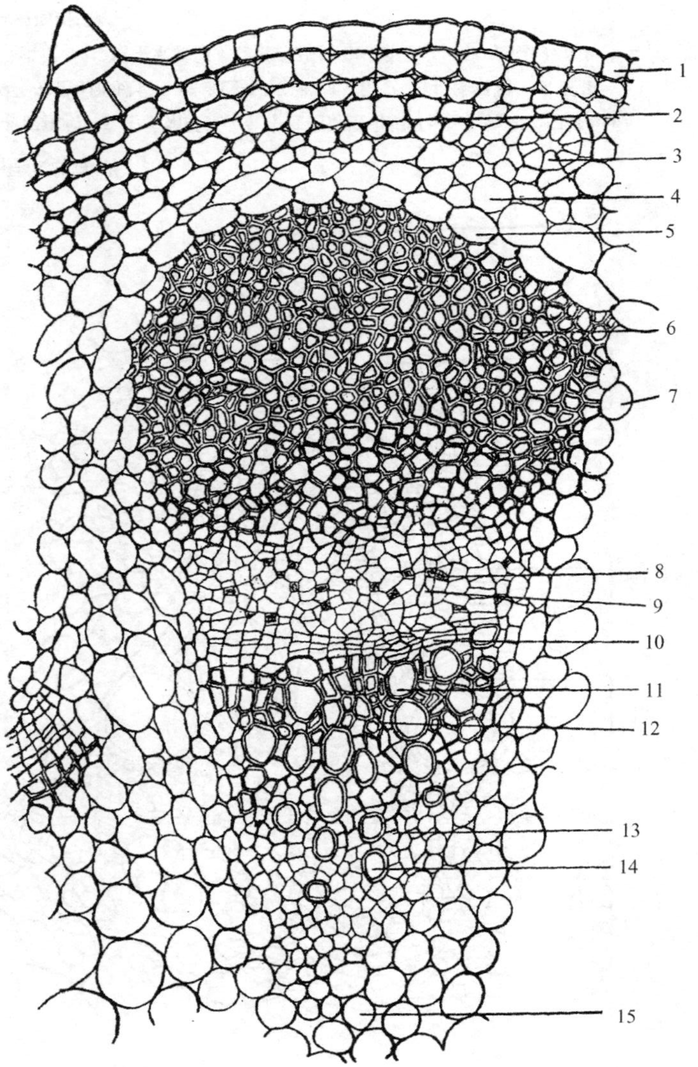

图 4.46　向日葵茎横切

左：草图　右：一部分草图的放大　1. 表皮　2. 厚角组织　3. 分泌道　4. 薄壁组织　5. 内皮层（具有凯氏带）　6. 原生韧皮部纤维　7. 髓射线　8. 后生韧皮部中的伴细胞　9. 后生韧皮部中的筛管　10. 形成层　11. 后生木质中部的导管　12. 后生木质部中的管胞　13. 原生木质部中的薄壁组织　14. 原生木质部中的导管　15. 髓　16. 初生韧皮部　17. 初生木质部

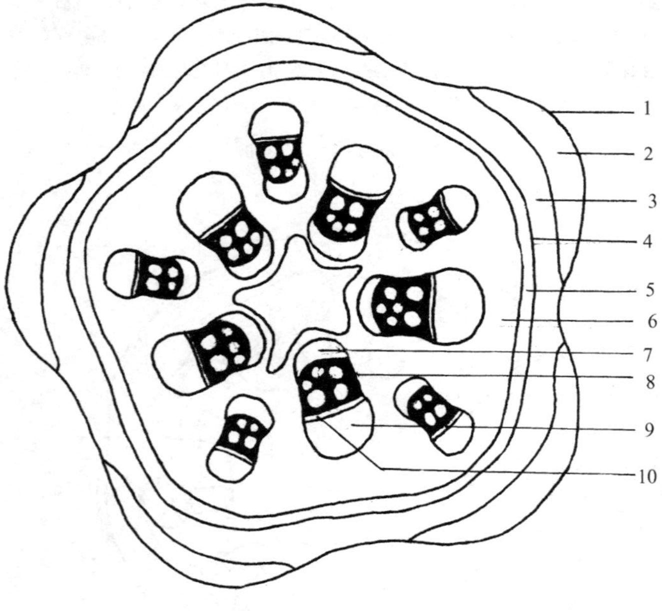

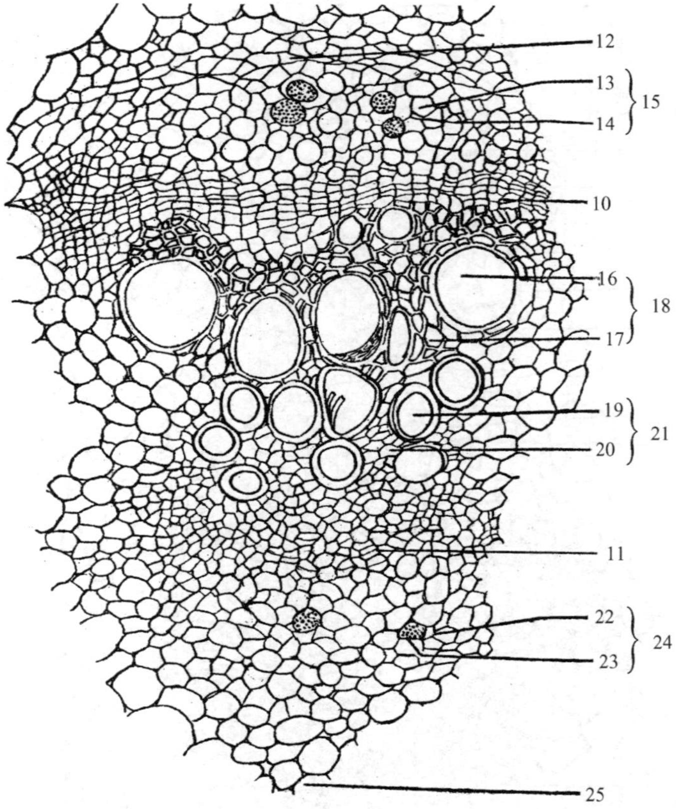

图 4.47　南瓜茎横切

左：草图　右：双韧维管束横切　1. 表皮　2. 厚角组织　3. 薄壁组织　4. 淀粉鞘　5. 中柱鞘纤维　6. 中柱鞘薄壁组织（5 与 6 合称为中柱鞘）　7(24). 内生韧皮部　8. 初生木质部　9. 外生韧皮部　10. 形成层　11. 发育不完全的形成层　12. 原生韧皮部　13. 筛管　14. 伴细胞　15. 后生韧皮部　16. 网纹导管　17. 管胞　18. 后生木质部　19. 螺纹导管　20. 薄壁组织　21. 原生木质部　22. 伴细胞　23. 筛管　24(7). 内生韧皮部　25. 未被破坏的髓部薄壁组织

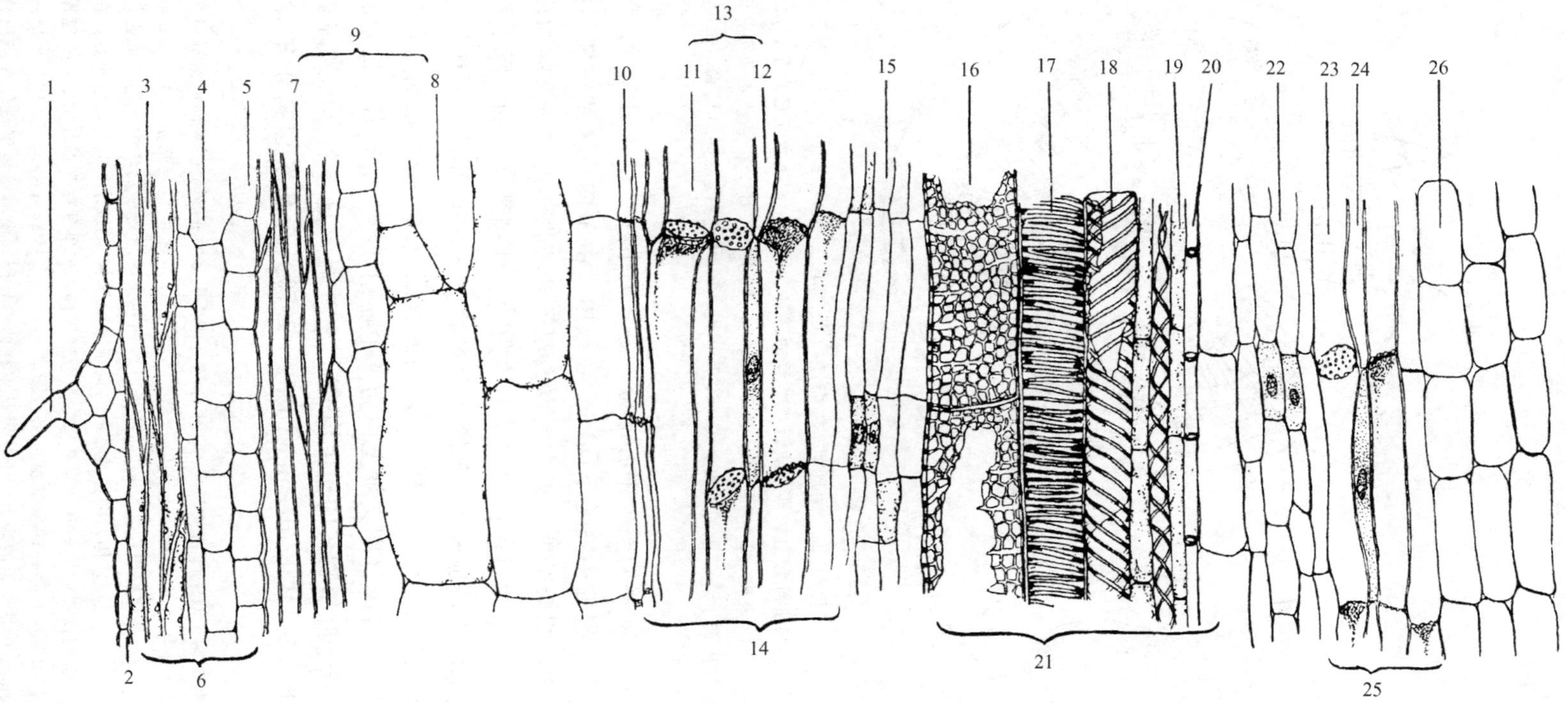

图 4.48　南瓜茎纵切

1. 表皮毛　2. 表皮　3. 厚角组织　4. 薄壁组织　5. 淀粉鞘　6. 皮层　7. 中柱鞘纤维　8. 中柱鞘薄壁组织　9. 中柱鞘　10. 原生韧皮部　11. 筛管　12. 伴细胞　13. 后生韧皮部　14. 外生韧皮部　15. 形成层　16. 网纹导管　17. 梯纹导管　18. 螺纹导管　19. 薄壁组织　20. 环纹导管　21. 初生木质部　22. 发育不完全的形成层　23. 筛管　24. 伴细胞　25. 内生韧皮部　26. 未被破坏的髓部薄壁组织

的内皮层，在双子叶植物茎内比较普遍，狭义的内皮层，即具有凯氏带的内皮层，在双子叶植物茎内是甚为少见的。

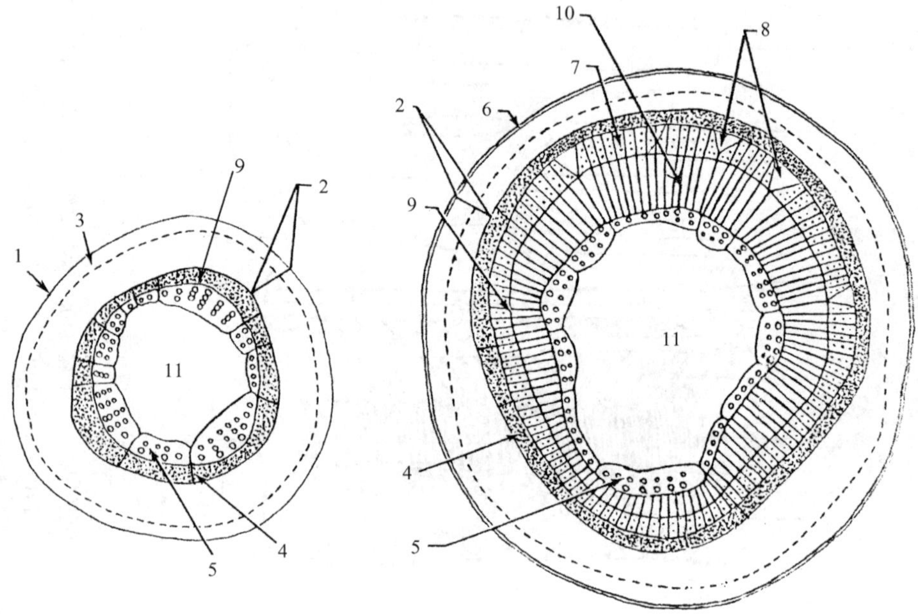

图 4.49　椴树属茎横切（草图）

左：茎的次生生长尚未开始，初生维管组织排列成近乎连续的圆环状　右：次生生长已发生，次生维管组织排列成连续的圆环状　1. 表皮　2. 皮层　3. 厚角组织　4. 初生韧皮部　5. 初生木质部　6. 木栓层　7. 次生韧皮部　8. 扩张的韧皮射线　9. 形成层　10. 次生木质部　11. 髓

皮层以内的初生构造，即茎的整个中心部分，是茎的中柱。在横切片上，茎的中柱占有较大的面积，这一点和根的中柱是不同的。在根内，由于内皮层和中柱鞘的存在，因而使根的中柱与根的皮层界限分明。但在大多数双子叶植物茎内，典型的内皮层与不属于韧皮部单独存在的中柱鞘并不存在。文献上称为“中柱鞘纤维”的实际上是从原形成层发展来的原生韧皮部的组成成分①。既然在大多数双子叶植物茎内没有典型的内皮层与单独存在的中柱鞘，这就使得茎的中柱与皮层的界限难以划分，特别是当茎的初生韧皮部中不含有原生韧皮部纤维（即文献上称为“中柱鞘纤维”的）时，二者的界限就更难划分。因此在讨论双子叶植物茎的初生构造时，“中柱”这一名称已为许多教科书所舍弃。本书从习惯上（见 Metcalfe and Chalk，1979）与系统植物学的角度（见

① 虽然从组织发生的研究证明了双子叶植物茎内的“中柱鞘纤维”大多数是原生韧皮部的组成成分，但由于这一成分与其两侧相邻接的成分连接成为一种在系统植物解剖学上比较可靠的鉴定构造（Metcalfe and Chalk，1950，1979），所以“中柱鞘”“中柱鞘厚壁组织”“中柱鞘纤维”各词在系统植物解剖学中并不考虑它们的组织发生问题（Metcalfe and Chalk，1950，1979），作为纯描述性的名词仍被继续保留使用。应当指出的是，在少数双子叶植物（如葫芦属、马兜铃属）茎的皮层的里面有一圈在发生上与韧皮部无关单独存在的纤维层，在这圈纤维层的里面还有一圈在发生上与韧皮部无关单独存在的薄壁组织层（图 4.47，48），Van Tieghem（1882）把这两层组织合称为中柱鞘。按照 Van Tieghem 中柱学说的观点，中柱鞘是中柱的最外层，由薄壁组织或厚壁组织构成的，或由二者共同构成的。

Ridge，2002）考虑，仍将茎的初生构造分为表皮、皮层和中柱三部分，但必须了解，在双子叶植物的茎内中柱与皮层的界限是很不明显的，并且还必须注意到，“中柱”这一名词的最初创建者认为中柱鞘是中柱的最外层构造，但在大多数双子叶植物茎内，如上所述，并没有中柱鞘这种构造，因此，本书在此所称的“中柱”和中柱这一名词的最初创建者所称的“中柱”在构造上并不是完全相同的。本书在此所称的“中柱”在构造上只包括初生维管组织、髓射线和髓三部分，没有中柱鞘（见 Stern *et al.*，2003）。

初生维管组织是茎的中柱的最外层，它是从原形成层发展来的。它与皮层的界限不很明显，有时很难划分二者的界限。有很多植物种类茎尖的原形成层排列成束间区域比较宽的束，所以由它发展成的初生维管组也都排列成束间区域比较宽的束（图 4.46，4.47）。这种排列成束状的初生维管组织叫做维管束。但也有很多植物种类（特别是木本植物）茎尖的原形成层排列成近似圆筒状，在横切面上形成一个差不多连续的圆环，这种排列样式的原形成层将来发展成的初生维管组织也排列成近似圆筒状，在横切面上也形成一个差不多连续的圆环。在这种情况下，茎内就没有明显的维管束构造了（图 4.49 左）。

双子叶植物茎中的维管束是由木质部、束中形成层和韧皮部三部分所构成的，是无限维管束（open bundle）。多数双子叶植物茎中的维管束是外韧维管束（collateral bundle）。外韧维管束的木质部和韧皮部排列在一条径线上，韧皮部在木质部的外面。但也有些植物种类茎中的维管束在木质部的里外两面都有韧皮部，这种类型的维管束叫做双韧维管束（bicollateral bundle），如葫芦科、茄科植物等（图 4.47，4.48）。

初生构造的木质部叫做初生木质部，初生木质部包括原生木质部和后生木质部两部分。原生木质部在木质部的最里面，后生木质部在原生木质部的外面，初生木质部是从内向外成熟的（内始式）。若从纵的方向来看，茎的初生木质部是向着上下两个方向成熟的（见 Esau，1965b，1977）。在叶的基部或者叶的基部下面的叶迹的某一点上初生木质部最先成熟，然后由此向着叶的顶端和茎的基部成熟，即向顶的（acropetal）（从基部向顶端）和向基的（basipetal）（从顶端向基部）成熟。向顶成熟的初生木质部进入到叶中，形成了叶的中脉的初生木质部；向基成熟的初生木质部则与茎内的一根较老的维管束连接起来（见 Esau，1977；Fahn，1990）。茎的初生木质部通常含有导管、管胞和薄壁组织，有的种类还含有纤维（后生木质部纤维）。原生木质部中薄壁组织的含量较多，分布在导管和管胞的周围，或是像射线一样，在横切片上排列成径向行列。后生木质部中薄壁组织的分布样式与原生木质部中的分布样式相同，或是分布在导管和管胞的周围，或是像射线一样排列成径向的行列。原生木质部中的导管、管胞为环纹式和螺纹式，后生木质部中的则为网纹式和孔纹式的。梯纹式导管和管胞有人认为是一种过渡类型，位于原生木质部和后生木质部之间（图 4.48），但也有人认为它是后生木质部中最早出现的输导成分。初生构造的韧皮部叫做初生韧皮部，初生韧皮部包括原生韧皮部和后生韧皮部两部分，它是从外向内从基向顶成熟的，即原生韧皮部位于后生韧皮部的外面和上面。但在双韧维管束中木质部里面的韧皮部（双韧维管束木质部里面的韧皮部叫做内生韧皮部，internal phloem，木质部外面的叫做外生韧皮部，external phloem）则是自内向外从基向顶成熟的，即原生韧皮部位于后生韧皮部的里面和上面。总之，在横切片上，初生韧皮部总是朝着木质部的方向成熟的。茎的初生韧皮部通常含有筛管、伴细胞（原生韧皮部中伴细胞有或无）和薄壁组织，有很多植物种类还含有纤维（原生韧皮部纤维）。在横切片上，筛管单个地或是成群地分布在薄壁组织中。原生韧皮部中含有的筛管细而长，当原生韧皮部中的筛管死亡失效后，很多植物种类原生韧皮部中含有的纤维原始体继续发育，发育成原生韧皮部纤维（此即文献上的“中柱鞘纤维”）；后生韧皮部中的筛管比较粗，一般不含有纤维（图 4.46，4.48）。麻类植物的韧皮纤维（原生韧皮部纤维）可用以制造夏布、麻布、麻袋、麻绳等。

维管束和维管束之间的束间区域为薄壁组织。这种夹在维管束之间，由髓部直达皮层的薄壁组织叫做髓射线（pith ray）（图 4.46）。髓射线是从原形成层束之间的基本分生组织发展来的，它使茎的髓部和皮层连系起来。当茎中的初生维管组织排列成分离的维管束时，髓射线是容易识别的，但当茎中的初生维管组织排列成近似圆筒状时，髓射线就比较难于辨认了（图 4.49）。

初生维管组织的里面是髓，它位于茎的中心部分，是从原形成层以内的基本分生组织发展来的。髓通常由排列疏松的薄壁组织细胞所构成，但也有些植物的髓内含有经过了木质化的厚壁的薄壁组织细胞（即硬化薄壁组织细胞），有些植物的髓内还含有石细胞。有些植物的髓部靠外周的细胞较内部的细胞小些，这些小细胞排列地较紧密，细胞的寿命较长，细胞具有较厚的壁，细胞内常含有鞣质，它形成为髓的一个明显的周围区，叫做环髓带（perimedullary zone），如椴树（图 4.50）。

髓部细胞可能是生活着的，但有些植物种类的髓部细胞是死亡的。生活着的髓部细胞具有贮藏食物的机能，死亡的髓部细胞的细胞腔内若充满空气就形成了白色的瓤，如向日葵、接骨木等。还有些植物髓部的一部分细胞死亡破坏，另一部分细胞虽然是死亡了，但并未破坏。这一部分未破坏的死亡细胞（石细胞）形成片状的隔膜，把髓隔成为许多节。像这样的髓叫做隔膜髓（diaphragmed pith），如胡桃属。很多草本植物具有空心的茎，这是因为这类植物的髓部细胞成熟地较早，因而被那些仍在生长着的细胞拉扯破了，所以成了空心的茎。

髓部一旦成熟后其形状和大小通常就不会再有任何改变了。木本植物的髓部包被在当年形成的次生木质部之内，这层经过了木质化的次生木质部的包被是相当坚硬的，它能够抵抗由于树木以后的次生增粗所产生的挤压力量，从而能使树木的髓部免受或少受次生增粗挤压力量的影响而变形。因此老树干的髓部和其幼枝已经成熟的髓部具有基本上相同的形态构造，只不过老树干的髓部细胞通常都是死亡的而已，但也有些老树干的髓部因受次生木质部扩大的挤压而变了形的。

茎的中柱和根的中柱在构造上有许多的不同点，其中两个主要的不同点是：① 茎的中柱的中心有髓，根的中柱的中心通常没有髓；②在横切面上茎的中柱所占的面积较大，根的中柱所占的面积较小。茎和根的中柱在构造上所形成的这种不同点是与它们所担负的机械机能的不同联系着的。茎的机械机能主要是抵抗因外力（如风力）而引起的左右前后摇摆的力量，因此茎具有直径较大的中柱，茎中柱的中心有髓，机械成分（包括机械组织和管状分子）分布在茎的外周。机械成分的这种分布样式可以使用较少量的材料而发挥茎对于摇摆力量最大的抵抗能力[①]。根生在土壤中，不可能受到摇摆力量，

① 茎因受外力而发生摇摆弯曲时，茎的外周所受力的负担最大，茎的中心所受力的负担最小。

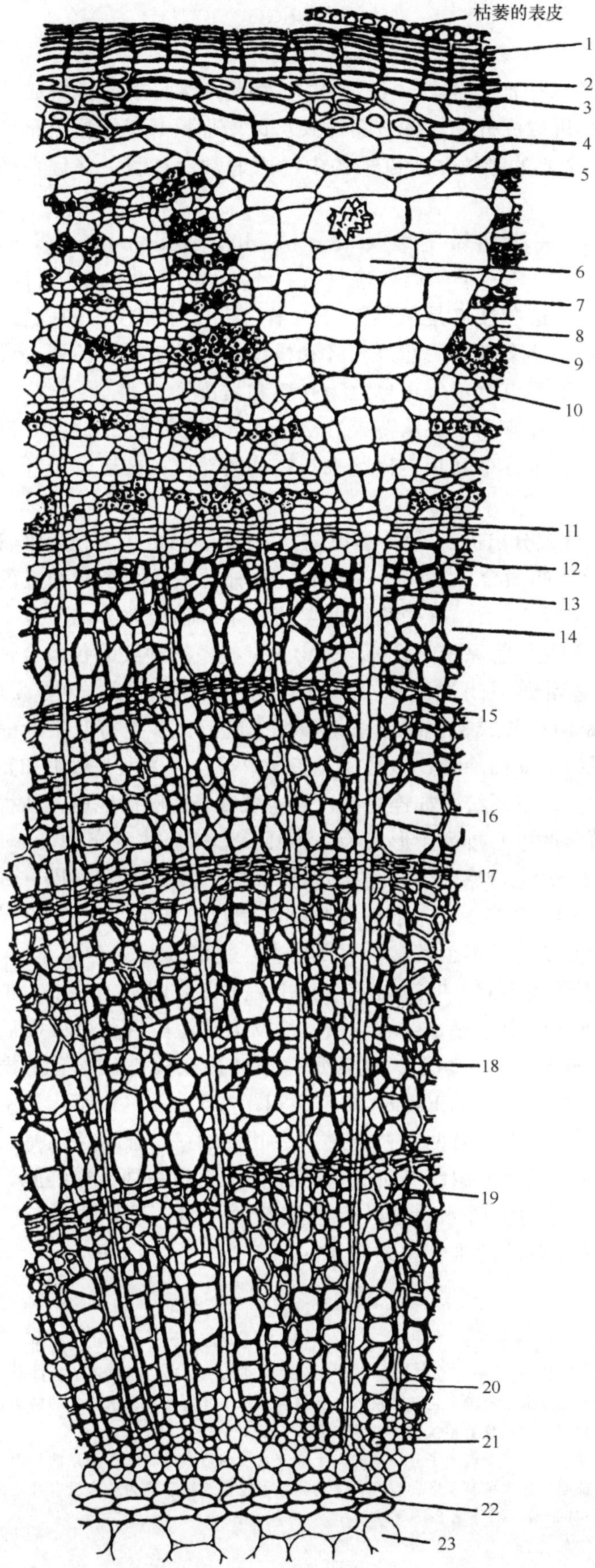

图 4.50　四年生椴树茎横切

1. 木栓层　2. 木栓形成层　3. 栓内层　4. 厚角组织　5. 薄壁组织　6. 扩张的韧皮射线(有一细胞内含有一草酸钙结晶体)　7. 韧皮纤维　8. 伴细胞　9. 筛管　10. 韧皮薄壁组织　11. 形成层　12. 木薄壁组织　13. 木纤维(纤维管胞)　14. 导管　15. 第三年的晚材　16. 第三年的早材　17. 第二年的晚材　18. 第二年的早材　19. 次生木质部　20. 后生木质部　21. 原生木质部　22. 环髓带(髓)　23. 薄壁组织(髓)

它的机械机能主要是抵抗因茎的摇摆而产生的“拉”“拔”力量。因此根的机械成分分布在根的中心，像一根绳似的。机械成分的这种分布样式可以增加根对于拉拔力量的抵抗能力①。由于机械成分分布在中心的缘故，所以根的中柱内通常没有髓，并且在横切面上所占的面积较小。

茎中的维管束可分为三类：一类叫做茎束（stem bundle，cauline bundle，axial bundle），一类叫做叶迹（leaf trace），一类叫做枝迹（branch trace）。茎束是纵行于茎内并不进入叶和枝中的维管束；叶迹和枝迹是从茎束分出最后进入叶和枝中的维管束。必须了解，叶迹和枝迹指的只是自茎束分出后在进入叶和枝以前仍处于茎中的那一段维管束而言，已经进入叶和枝中的维管束就不应再称之为叶迹和枝迹了。

节是叶和枝的着生部位，也是叶迹和枝迹从茎束分出进入叶和枝中的部位。叶迹和枝迹使茎中的维管束与叶和枝中的维管束互相连接起来。在节的部位，枝迹位于叶迹的稍上方，二者非常靠近。

在种子植物茎内，茎束与从茎束分出进入叶中的叶迹合在一起，形成了茎初生维管系统的一种构造单位，这种构造单位叫做合轴（sympodium）。合轴的数目因植物种类的不同而不同，但通常多为 5 条、8 条或 13 条。有些植物种类的各条合轴彼此分离，互不相连，这叫做开放式（open type）初生维管系统（图 4.51-A）。有些植物种类的各条合轴互相连合，形成一种网状构造，这叫做关闭式（closed type）初生维管系统②（图 2.57，4.51-B）。关闭式初生维管系统是由开放式初生维管系统演化来的。很多生有互生叶序的植物种类具有开放式初生维管系统，如白冷杉、金露梅、灰绿藜等；很多生有对生和轮生叶序的植物种类则具有关闭式初生维管系统，如连香树、假木贼属等。概括地讲，在种子植物茎内，初生维管系统围绕着茎的中心排列，形成为一种圆筒形的合轴系统③（a cylindrical system of sympodia）。在横切片上观察时，初生维管系统的维管束排列成一圈，其中有些是茎束，有些是叶迹（见 Beck，2005）（一般的切片标本制片时枝仍处于腋芽阶段，枝迹则处于原形成层束阶段，故在切片标本上常常看不到枝迹）（图 4.52）。

叶迹的长度因植物种类的不同而不同，叶迹自茎束分出后可以立即进入叶中，也可以延伸越过一至多个节间后再进入叶中（见 Esau，1977）。枝迹较短，自茎束分出后立即进入叶中（见 Eames and MacDaniels，1947）。通常每一条叶迹或枝迹只含有一根维管束，但也有的含有一根以上的维管束（见 Esau，1977）（图 4.52-C）。一片叶子中可能有一至数条叶迹进入，但一侧枝中则只有两条枝迹进入。叶迹的一个显著特点是，在节的部位，叶迹木质部和韧皮部中的薄壁组织细胞具有传递壁，它是一种传递细胞，具有将管状分子和筛管分子中所携带的溶质侧向地转运给腋芽的作用。另外，在节的部位，在横切面上观察时叶迹较茎中其他的维管束要粗大些。

---

① 根因茎的摇摆而受到的拉拔力量并不是各侧同等大小的，而是忽而这一侧大些，另一侧小些，忽而另一侧大些，这一侧小些。在这种情况下，若根的机械成分分布在外周，那它将会陆续地从一侧到一侧单独地被拉断。

② 关闭式维管系统的每条叶迹通常连接着两条合轴，也就是说，这类植物的每条叶迹通常是从相邻的两条合轴分出的两条叶迹的互相连合而形成的。这使得关闭式维管系统成为网状（图 2.57，4.51-B）。

③ 茎的初生维管系统形成为一种合轴系统的情况说明了叶与茎的初生维管系统的形成是有密切关系的。但这并不意味着茎内没有自己的维管组织。试验证明，如果抑制了叶的发育，茎的初生维管系统则形成为一个没有叶迹的连续的圆柱状体（a continuous column without leaf traces）（见 Esau，1977）。

叶迹进入叶的部位的上方为一薄壁组织区域，此区域叫做叶隙（leaf gap）[①]（图 4.51，4.52）。在枝迹进入枝的部位的上方也同样出现一薄壁组织区域，此区域叫做枝隙（branch gap）。枝隙与叶隙常互相连接起来，形成一公共的隙（图 4.52-D）。

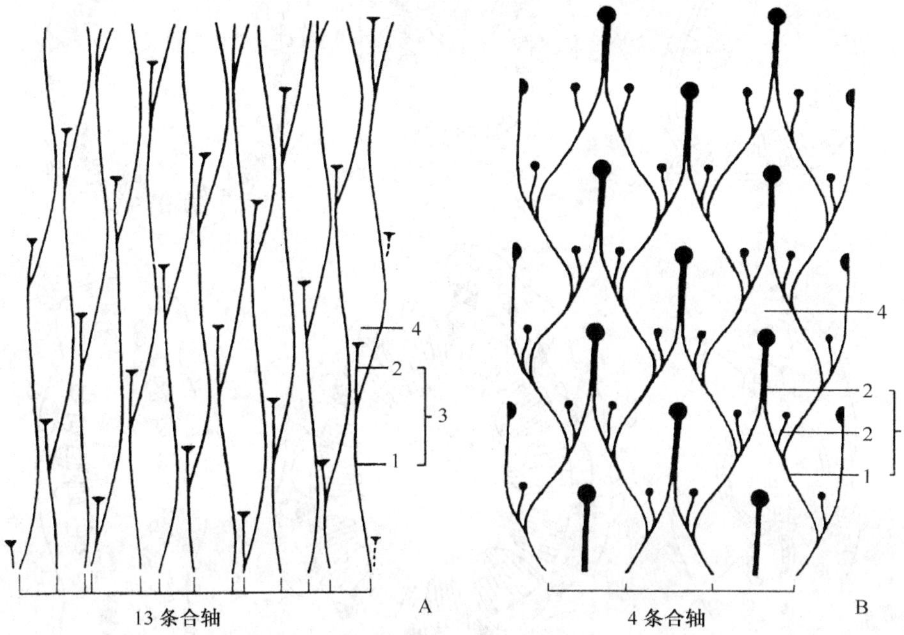

图 4.51　开放式维管系统与关闭式维管系统

A．白冷杉一部分初生维管系统的纵切铺平（图解），示开放式维管系统，图中的黑三角代表叶迹进入叶中的部位，共有 13 条合轴，叶序为互生叶序，5/13 型　B．连香树一部分初生维管系统的纵切铺平（图解），示关闭式维管系统，图中的大型黑圆点代表中迹进入叶中的部位，小型黑圆点代表侧迹进入叶中的部位，中迹是由相邻两条合轴分出的叶迹互相的连合而形成的，侧迹则是由叶迹分出的分枝形成的，共有 4 条合轴，叶序为对生叶序（互生对生型），四直列型　1. 茎束　2. 叶迹　3. 合轴　4. 叶隙

叶迹和叶隙的数目也因植物种类的不同而不同，这个数目是节的解剖构造的一个很重要的特征，具有分类学和系统演化的意义。在节的部位，可有一条、三条或数条叶迹，可有一个、三个或数个叶隙。若有一个叶隙时则称为单隙节（unilacunar node），三个叶隙则称为三隙节（trilacunar node），数个叶隙则称为多隙节（multilacunar node）（图 4.52）。大多数双子叶植物为三隙节，多隙节较为少见。大多数维管植物的每一叶隙对着一条叶迹，可也有些植物种类具有单隙节，但是对着两条叶迹（图 4.52-F）。在某些原始的被子植物和某些化石裸子植物中发现了单隙节对着两条叶迹的种类，因此认为二叶迹单隙节（two-trace unilacunar node）是节的解剖构造的原始类型（见

① 根据近年来的研究，认为叶隙只存在于某些蕨类植物的茎内（见 Beck，2005），在种子植物茎中所称的叶隙，实际上是位于维管束间的薄壁组织区（图 4.51-A），并非真正的叶隙。因此，叶隙一词在一些最近出版的教科书中已不再使用而改用叶迹隙（leaf trace gap，leaf trace lacunae）或束间区（interfascicular region）一词了（见 Raven *et al.*，2005；Beck，2005；Evert，2006）。本书将叶隙一词作为纯描述性的名词仍继续使用，这只是为了讲述的方便，但它已无任何系统演化方面的意义了（p. 226）。

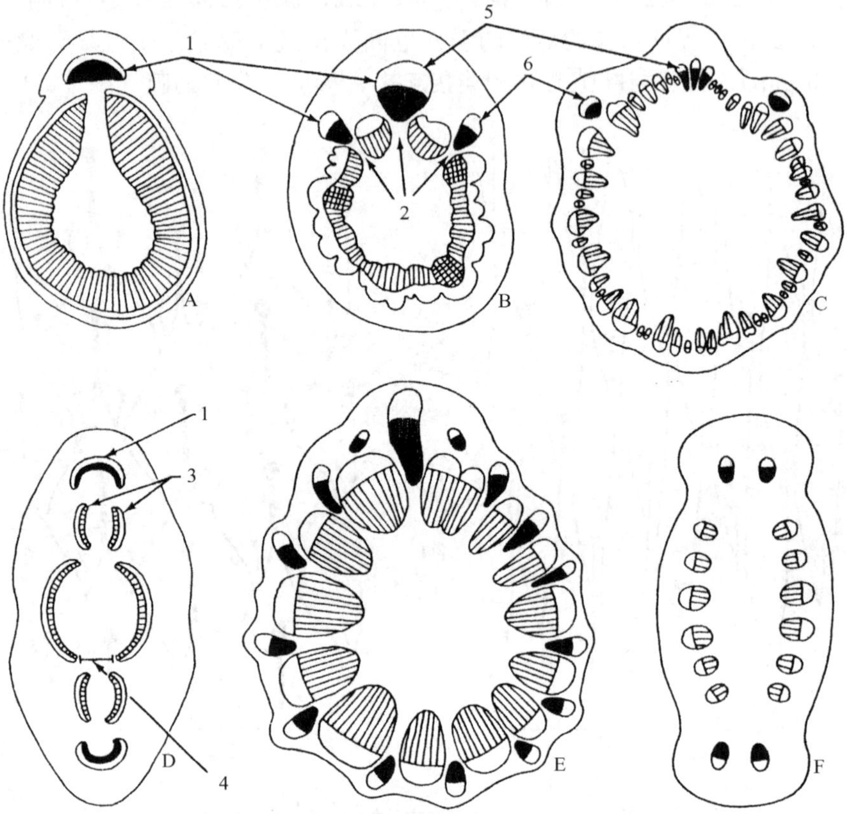

图 4.52 茎节的横切，示节部构造（草图）

A．绣线菊属的单隙节 B．柳属的三隙节 C．芸苔属的三隙节，中部的叶迹（主脉）由三根维管来构成 D．婆婆纳属的单隙节（对生叶） E．酸模属的多隙节 F．大青属的二迹—单隙节（对生叶） 1．叶迹 2．叶隙 3．枝迹 4．叶隙与枝隙连合成的公共隙 5．中脉（叶迹） 6．侧脉（叶迹） 图中木质部绘为黑色的表示叶迹

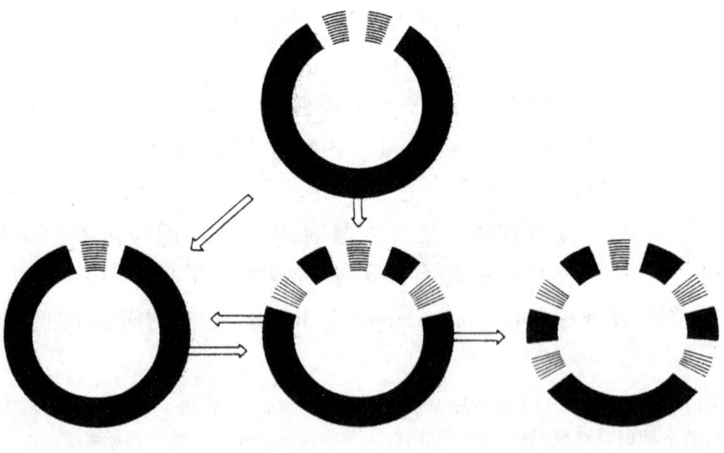

图 4.53 双子叶植物二迹—单隙节的可能演化途径（图解）

Fahn，1990）（图 4.53），过去很长时期认为三叶迹三隙节是节的解剖构造的原始类型（见 Eames，1961）。节的解剖构造在系统植物解剖学中占有很重要的地位，在分类鉴定方面也具有一定的意义，但到目前为止，对木本植物节的解剖构造研究得较多，对草本植物节的解剖构造研究得较少。

节的解剖构造通常与叶的有无托叶或叶鞘有一定的相关性。三隙节多为具有托叶的植物，多隙节则多为具有叶鞘的植物，如伞形科植物是。

在节的部位，由于叶迹和枝迹的分出，使节的维管组织的排列样式与节间的排列样式有所不同。又由于节与节间的伸长生长差别很大，这使得节部细胞，特别是节部的皮层细胞和髓细胞的体长生长较节间细胞的为短。另外，由于节部的伸长生长甚少，因而可能使节部管状分子的次生壁没有环纹式和螺纹式的（见 Esau，1965b）。

3. 茎的次生构造

茎的次生构造是由茎的侧生分生组织所产生的。茎的次生构造包括次生维管组织和周皮两部分，下面分别加以讨论。

（1）次生维管组织　当双子叶植物茎的原形成束发展成为维管束时，在维管束中保留下来一层具有细胞分裂能力的原形成层束细胞，这一层原形成层束细胞发育成为维管形成层（简称形成层）。由于这种形成层位于维管束中，所以又叫做束中形成层（intrafascicular cambium）。实际上束中形成层与原形成层是同一种分生组织在茎的不同部位的两种不同的发育阶段。若从分生组织起源的角度来看，束中形成层应属于初生分生组织一类，但茎的次生维管组织由之产生，因此束中形成层被视为是一类次生分生组织。束中形成层在第一个生长季的后生木质部开始成熟时开始形成，至初生维管组织成熟之后形成层也发育成熟。此后形成层开始活动。活动的结果产生了茎的次生维管组织——次生木质部和次生韧皮部。

形成层所产生的细胞并不是直接就发育成次生木质部和次生韧皮部的成熟细胞的，它还经过一两次细胞分裂后才开始成熟变化。所以在形成层活动期间在木质部和韧皮部之间往往可以看到几层形成层状的细胞（图 4.50）。但必须了解，其中只有一层细胞才是形成层细胞，其余的都是形成层或其子细胞所产生出来的细胞层。

当束中形成层已经进行活动时，位于维管束与维管束之间的一些薄壁组织细胞恢复了细胞分裂能力（脱分化），也产生出一层维管形成层，由于这种形成层位于维管束间，所以又叫做束间形成层（interfascicular cambium）（图 4.54，4.55）。若从分生组织起源的角度来看，束间形成层应属于次生分生组织一类。束间形成层和束中形成层连接起来，在横切片上形成一个连续的形成层圈。束间形成层向内，向外产生次生维管组织，所以茎的初生维管组织虽然是束状的，但其次生维管组织则是圆筒状的（如蓖麻、向日葵等）。很多植物的初生维管组织排列成近似圆筒状，在横切片上形成一个差不多连续的圆环。这类植物有草本的，如烟草、天竺葵等，也有木本的，如椴树、桃树等，但总的来说，木本的多些。这类植物的束间形成层是很难辨认的。在这种情况下，这类植物的初生维管组织是圆筒状的（近似），次生维管组织也是圆筒状的（图 4.49，4.50）。藤本植物的束间形成层向内外不产生维管组织，只产生薄壁组织，形成次生的髓射线，如葡萄树、马兜铃等。在这类植物的茎内维管束只有径向地增长而没有切向地加宽，束间区域始终保持着相当宽度，所以在这类植物的茎内始终具有独立分离的维管束。有些草本植物的束间形成层的活动方式比较特别，这类植物的束间形成层向内产生多量子细胞，向外只产生少量子细胞，位于内方的子细胞发育成为纤维或厚壁的薄壁组织（即硬化薄壁组织，sclerified parenchyma），位于外方的子细胞发育成为少量的次生韧皮部，例如某些唇形科和伞形科植物以及某些豆科植物，如紫苜蓿、紫云英等都是这样的。少数草本植物，例如某些葫芦科及某些罂粟科植物，没有束间形成层的形成，这类植物只有束中形成层向内外产生较少量的次生维管组织。还有少数草本植物的维管束中没有形成层，它的维管束和单子叶植物的一样，也是有限维管束，因此在这类植物的茎内就没有次生维管组织的产生，如毛茛、莲等。

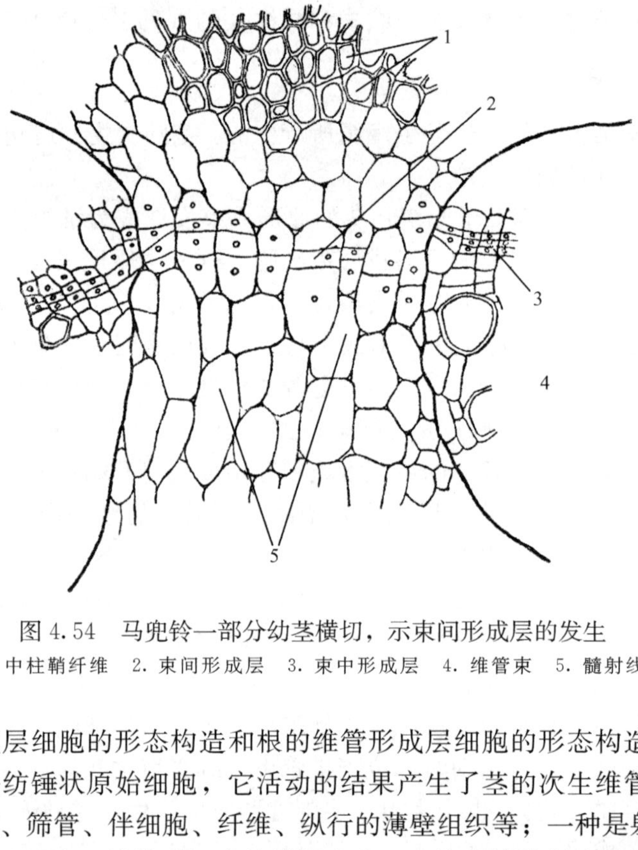

图 4.54　马兜铃一部分幼茎横切，示束间形成层的发生

1. 中柱鞘纤维　2. 束间形成层　3. 束中形成层　4. 维管束　5. 髓射线

茎的维管形成层细胞的形态构造和根的维管形成层细胞的形态构造是相同的，也有两种类型。一种是纺锤状原始细胞，它活动的结果产生了茎的次生维管组织中的纵行成分——导管、管胞、筛管、伴细胞、纤维、纵行的薄壁组织等；一种是射线原始细胞，它活动的结果产生了茎的次生维管组织中的横行成分，即构成维管射线的薄壁组织。

形成层细胞主要进行地是切向分裂。每次分裂后所产生的两个子细胞中的一个仍然是保留在某一特定位置，即与韧皮部和木质部保持着某一特定的相对距离（proper relative distance）的形成层原始细胞，另一个则分化成为次生维管组织的母细胞。如果靠里面的一个子细胞保留为形成层的原始细胞，靠外面的一个子细胞就分化成为次生韧皮部的母细胞；如果靠外面的一个子细胞保留为形成层的原始细胞，靠里面的一个子细胞就分化成为次生木质部的母细胞。通常总是产生次生木质部的母细胞多，产生次生韧皮部的母细胞少，所以木本茎的大部分是由次生木质部构成的，次生木质部与次生韧皮部二者在量上的比例一般为 4∶1。

形成层细胞除进行切向分裂外，纺锤状原始细胞还进行径向分裂或垂周的斜分裂，借以增加形成层的周圆，以适应木质部的增粗。

纺锤状原始细胞进行径向分裂所产生的细胞几乎并不进行伸长生长，仍然保持着纺锤状原始细胞原有的长度。这类纺锤状原始细胞都比较短，在茎的切向切面观察时，由于重复地进行径向分裂的结果，这类纺锤状原始细胞排列成水平的层（图 4.21 左下）。这种纺锤状原始细胞排列成水平层的形成层叫做叠生形成层（storied cambium）。将来由叠生形成层所产生的次生构造，除其中具有顶端侵入生长的成分（如管胞、纤维）外，其他全部或一部分成分也都将是或多或少地排列成水平的层（图 4.75 右），也就是说，也都将是或多或少地叠生的。

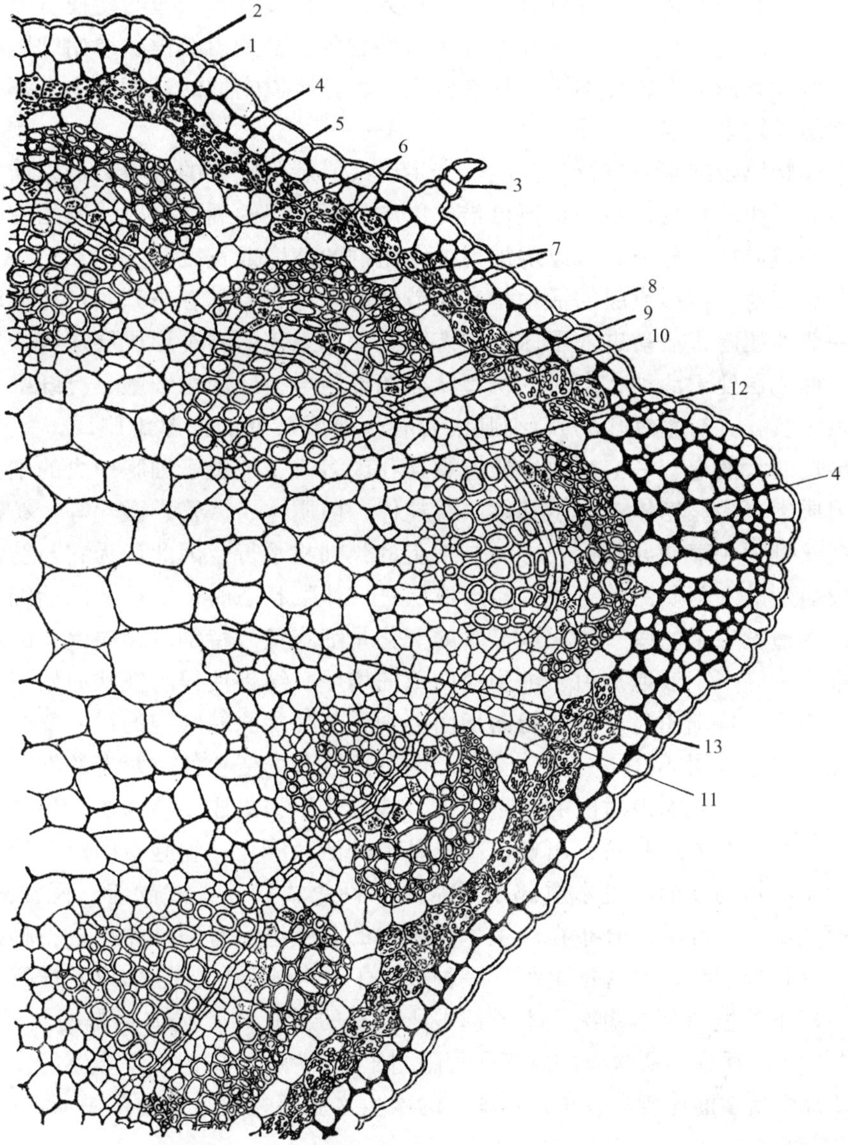

图 4.55 紫苜蓿茎横切

1. 角质层 2. 表皮 3. 表皮毛 4. 厚角组织 5. 薄壁组织 6. 淀粉鞘 7. 原生韧皮部纤维 8. 后生韧皮部 9. 束中形成层 10. 初生木质部 11. 束间形成层 12. 髓射线 13. 髓

纺锤状原始细胞垂周的斜分裂所产生的细胞都进行顶端侵入生长，这类纺锤状原始细胞都比较长，其端部互相重叠。在茎的切向切面观察时，由于进行顶端侵入生长的结果，这类纺锤状原始细胞不排列成水平的层（图 4.21 左上）。这种纺锤状原始细胞不排列成水平层的形成层叫做非叠生形成层（nonstoried cambium）。将来由非叠生形成层所产生的次生构造，其组成成分也都将是非叠生的。

若从进化的角度来看，纺锤状原始细胞的长度从长变短是演化的趋势（Bailey，1923）。因此，非叠生形成层较为原始，叠生形成层更为进化。在木材构造方面，叠生木材较非叠生木材更为进化，这是因为叠生木材是由短的形成层细胞（叠生形成层）所产生的。在此顺便指出，导管分子与筛管分子的长度从长变短与纺锤状原始细胞在进化上的从长变短是一致的，因为导管分子与筛管分子都是由纺锤状原始细胞所产生的，它们产生后没有协同生长也不进行顶端侵入生长，所以它们的长度基本上都是由纺锤状原始细胞的长短来决定的。

纺锤状原始细胞还进行一些能够产生射线原始细胞群的分裂，借以增加次生维管组织中维管射线的数目，另外，还可借此以增加形成层的周圆。射线原始细胞也可以进行一些横分裂或径向分裂，借以增加射线细胞群的高度或宽度。

在温带地区，形成层的活动是有季节性的。形成层于春季开始进行活动，到了夏末秋末一般地便停止活动进入了休眠状态，直等到来年的春季形成层才再恢复活动。

当形成层处于活动状态时，纺锤状原始细胞与射线原始细胞具有纤维素薄壁，壁上具有很多纹孔（初生纹孔场），细胞内含有一薄层贴壁的浓厚细胞质，一个被一些原生质丝穿过的大液泡，一个被原生质丝悬挂在或多或少地位于细胞中央的细胞核，还含有粗面内质肉、多核糖体、高尔基体、线粒体、前质体、微管、微丝等。纺锤状原始细胞内的微丝排列成束状，其排列方向与细胞的长轴相平行，因此认为它与纺锤状原始细胞内比较强烈的细胞质流动有关。当形成层进入休眠状态时，纺锤状原始细胞与射线原始细胞的构造发生了一些变化。最显著的变化是细胞壁（特别是径向壁）的增厚和大液泡的分裂成为许多小液泡。由于细胞径向壁的增厚，结果使得纺锤状原始细胞径向壁上纹孔的凹陷变得特别明显。若在切向切面上观察纺锤状原始细胞的径向壁时，壁呈现为一串念珠状构造（图 4.21 左上）。除以上两种最显著的变化外，两者的细胞构造还发生了其他的变化，如光面内质网的含量增多，核糖体不聚集成多核糖体，呈游离状态，贮藏的营养物质（淀粉或脂肪）出现，高尔基体的活动停止，细胞质的流动停止等。

双子叶植物茎的次生木质部中通常含有网纹式和孔纹式导管，网纹式和孔纹式管胞，薄壁组织和纤维。分布在次生木质部中的薄壁组织有两种类型：一种按垂直方向排列的，这构成了纵行的薄壁组织；一种按水平方向排列的，这构成了横行的木射线薄壁组织。双子叶植物草本茎次生木质部中所含有的导管和管胞多半是网纹式和孔纹式的。木本茎次生木质部中所含有的导管和管胞①则全部为孔纹式的。草本茎的次生木质部在整个木质部中所占的比例常较小，木本茎的次生木质部在整个木质部中所占的比例则甚大，

① 在木本双子叶植物的次生木质部中管胞并不是普遍存在的组成成分（见 Jane，1970）。必须注意的是，不要把在木本植物次生木质部中普遍存在的纤维管胞（fiber tracheid）误认为是管胞。在植物解剖学中，纤维管胞是木纤维中的一种，它是从管胞发展到韧型纤维的一种过渡类型，往往与管胞是很难区分的。

这是因为草本茎形成层的活动一般只限于一个生长季或甚而短于一个生长季的缘故。

双子叶植物茎的次生韧皮部中通常含有筛管、伴细胞、薄壁组织和纤维。分布在次生韧皮部中的薄壁组织也有两种类型：一种按垂直方向排列的，这构成了纵行的薄壁组织；一种按水平方向排列的，这构成了横行的韧皮射线薄壁组织（图 4.50）。草本茎的次生韧皮部在整个韧皮部中所占的比例也较小，但在木本茎中，因为每年产生一圈次生韧皮部，所以次生韧皮部显著。

若与根比较，在茎的次生木质部和次生韧皮部中纤维的含量较多，薄壁组织的含量较少。应当注意的是，在茎和根的初生、次生木质部中的各种组成成分通常都是木质化了的，而韧皮部则不然。在茎和根的初生、次生韧皮部中只有韧皮纤维通常经过不同程度的木质化，其他各种组成成分都没有木质化。但在已经失去了输导功能的次生韧皮部中，韧皮薄壁组织细胞和韧皮射线薄壁组织细胞都可能经过了硬化作用和木质化。

双子叶植物木本茎次生木质部的构造

双子叶植物木本茎次生木质部的构造（即木材的构造，包括组成成分和组成成分的含量以及组成成分的分布样式等）因植物种类的不同而有所不同。可以从木材三切面，即横切面（cross section）、径向切面（radial section）与切向切面（tangential section）三个切面上来研究其构造（图 4.56，4.57）。

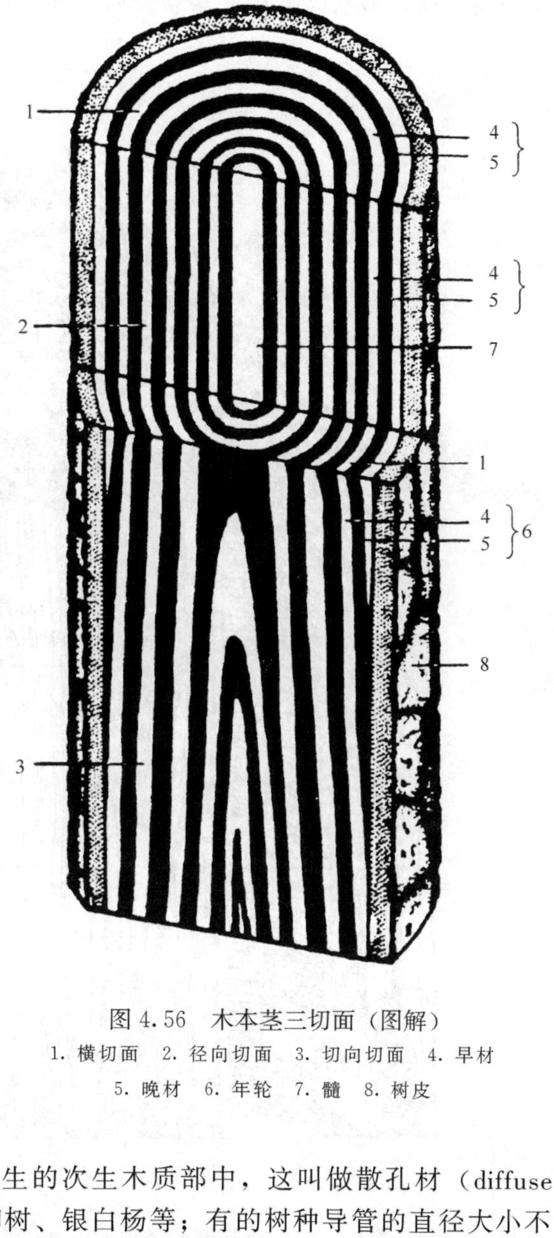

图 4.56　木本茎三切面（图解）

1. 横切面　2. 径向切面　3. 切向切面　4. 早材　5. 晚材　6. 年轮　7. 髓　8. 树皮

在木材的横切面上，即横切茎的纵轴的切面上，可以看到一些同心的圈层，这叫做年轮（annual ring）。若在显微镜下观察时，可以看到许多大小不同的圆孔，这叫做管孔（pore）。管孔就是导管的横切面观。导管在次生木质部中的含量很多，它有不同的分布样式。有的树种导管的直径大小相等，均匀地分布在每年所产生的次生木质部中，这叫做散孔材（diffuse porus wood），如美加甜桦（图 4.58）、柳树、银白杨等；有的树种导管的直径大小不等，大者只分布在早材中，这叫做环孔材（ring porus wood），如美国白蜡树（图 4.59）、刺槐、榆属等。根据测量，环孔材的导管长度较散孔材的导管长度为长，因之水分运输的速度较散孔材的速度快十倍！在木材的横切面上，还可以看到一些薄壁组织，分布在次生木质部中纵行的薄壁组织叫做木薄壁组织（wood parenchyma），也叫做轴薄壁组织（axial parenchyma）。木薄壁组织在木本双子叶植物的次生木质部中差不多全都含有，但其含量则因树种的不同而不同，有的多，有的少。木薄壁组织具有不同的分布样式，有的与导管相邻接，这叫做傍管薄壁组织（paratracheal parenchyma）；有的与导管相隔离，这叫做离管薄壁组织（apotracheal parenchyma）。木薄壁组织的分布样式是木材鉴定的一个重要依据。木薄壁组织具有贮藏食物的机能，细胞内常含有淀粉粒或脂肪，或有时其内积聚着鞣质。在木材的横切面上，还可以看到许多细胞壁厚，

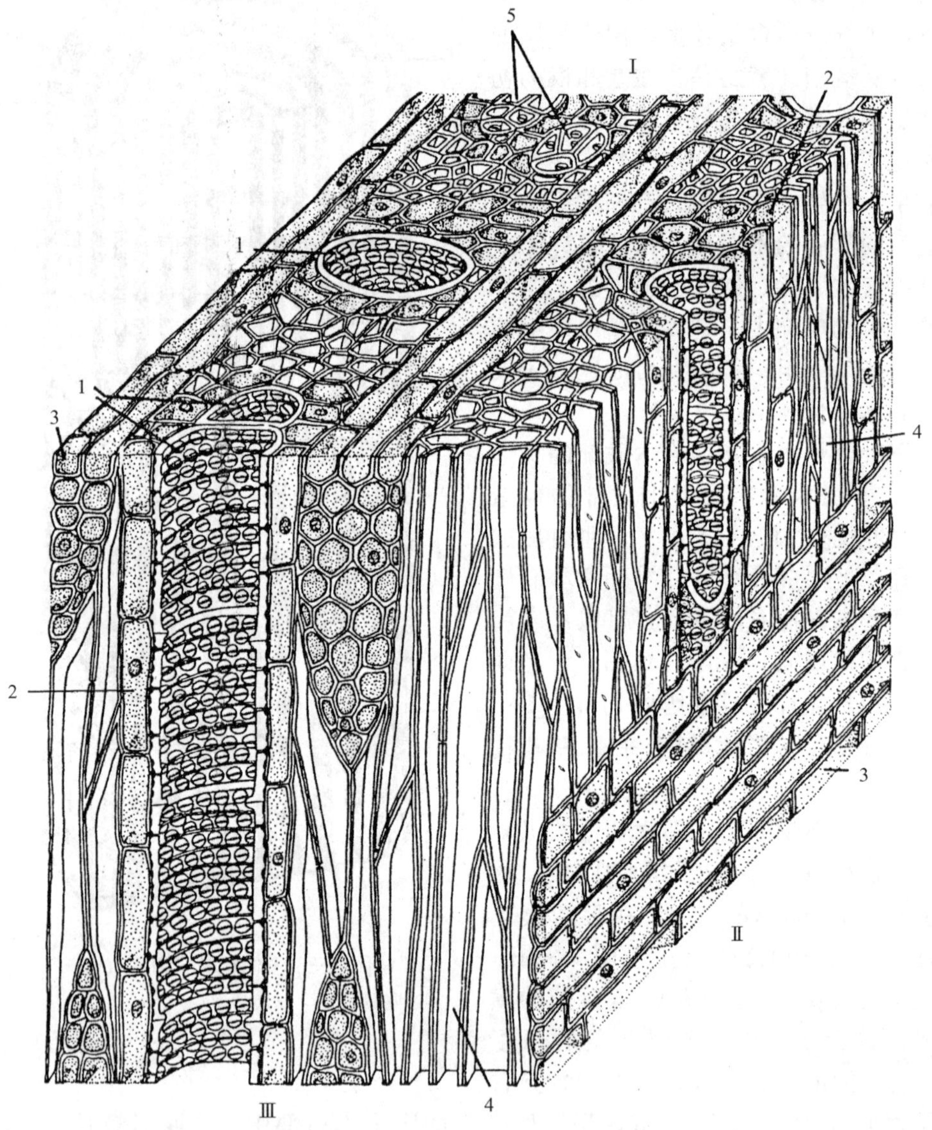

图 4.57　西亚紫荆木材三切面，示双子叶植物木本茎次生木质部的构造

Ⅰ. 横切面　Ⅱ. 径向切面　Ⅲ. 切向切面　1. 具有螺纹加厚的孔纹导管　2. 木薄壁组织　3. 木射线（木射线的上下边缘各为一行直立射线细胞，其他的细胞为横卧射线细胞）　4. 木纤维（注意木纤维壁上分布着少数倾斜的缝隙状纹孔）　5. 小型导管

图 4.58　美加甜桦木材横切，示散孔材

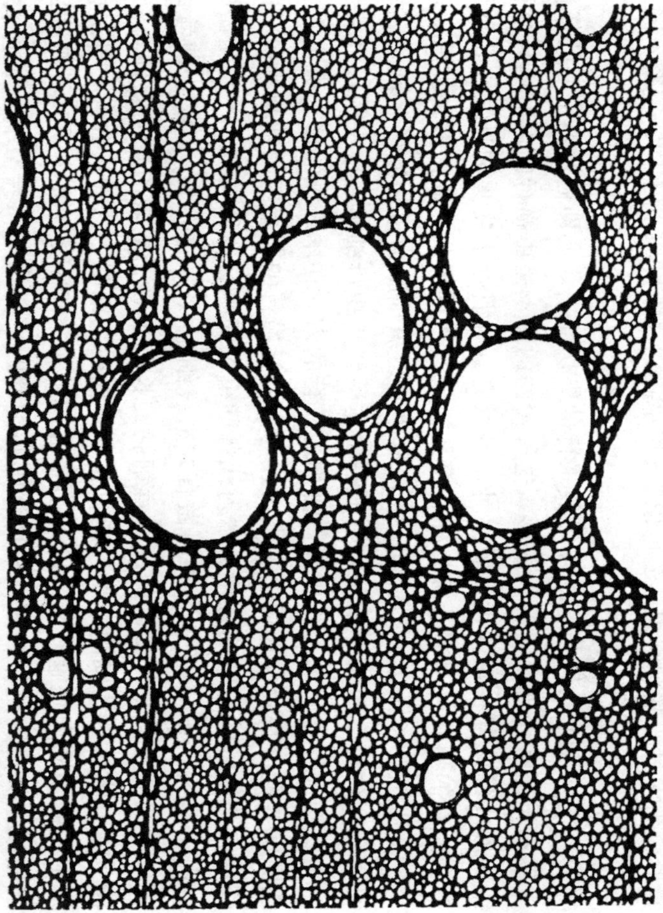

图 4.59　美国白蜡树木材横切，示环孔材

细胞腔狭小的纤维，分布在木质部中的纤维叫做木纤维（wood fiber）。木纤维的含量较多，通常形成为木材的基础组织。还可以看到一些辐射排列、长短不同、宽窄不同的木射线。

在木材的径向切面上，即与茎的半径线平行的纵切面上，亦即通过茎中心的任何纵切面上，次生木质部常表现出美丽的图形。这种美丽的图形是由横行的木射线与纵行的年轮分界线所形成的。若在显微镜下观察时，可以看到导管壁上密集的具缘纹孔，导管分子穿孔板表面观的形状（单穿孔板、梯状穿孔板或其他的形状）和许多种类壁上的螺纹加厚[①]。还可以看到木薄壁组织和木纤维，木薄壁组织细胞为短长方形，排列成纵行的行列，每一行列含有2至多个细胞，它们是由木薄壁组织母细胞经过一些横分裂形成的。木纤维为长纺锤形，端部互相重叠，排列成纵行的束。在木纤维的壁上可以看到少数倾斜的缝隙状纹孔。在径向切面上，木射线为由多行横行的薄壁组织细胞所构成的横行行列，其走向与导管的纵轴成直角。木射线薄壁组织细胞有两种类型：一种叫做横卧射线细胞（procument ray cell）；一种叫做直立射线细胞（upright ray cell）。前者细胞的长轴平行于射线的走向，即横卧的；后者细胞的长轴垂直于射线的走向，即直立的。木射线可能只含有横卧射线细胞，也可能只含有直立射线细胞，这种只含有一种射线细胞类型的木射线叫做同型细胞射线（homocellular ray），木射线也可能同时含有横卧和直立两种射线细胞类型，这种含有两种射线细胞类型的木射线叫做异型细胞射线（heterocellular ray）（见 Esau，1977）（图 4.57）。在异型细胞射线中，直立射线细胞通常分布在射线的上下边缘，多为一行单细胞的行列，但也有的可为多行单细胞的行列，如构骨叶冬青。

在木材的切向切面上，即与茎的半径线相垂直的纵切面上，亦即不通过茎中心的任何纵切面上，年轮被切成许多倒 V 形或倒 U 形的波纹（图 4.56-3），套在一起甚为美观。若在显微镜下观察时，可以较好地看到导管壁上密集的具缘纹孔的排列样式（即纹孔式，pitting），为互列纹孔式（alternate pitting）（图 4.57）、对列纹孔式（opposite pitting）或梯状纹孔式（scalariform pitting）（图 4.60-A）。还可以看到导管分子穿孔板的切面观为倾斜的或水平的和许多种类壁上的螺纹加厚。在切向切面上，木薄壁组织与木纤维细胞的形态、构造和细胞的排列样式等与径向切面上所看到的相同。在切向切面上，木射线多为纺锤形，两端各为一个细胞，中部则为一至数个细胞不等。木射线的高度与宽度因树种的不同而有很大的差别。

在木材的切向切面上，还可以看到次生木质部中有无叠生成分的存在，特别是当木射线叠生时，叠生构造较为明显（图 4.75 右）。

如上所述，在木本茎的横切面上可以看到一些同心的圈层。每一个圈层各代表植物在一年生长中所产生的次生木质部。植物在一年生长中所产生的次生木质部叫做年轮（annual ring）。生长在温代地区的树种一般都有年轮（图 4.50，4.56）。

年轮是由于形成层的活动有周期性的变化而形成的。在春季时形成层细胞分裂得

---

① 在木本茎的管状分子或木纤维的次生壁层的里面，许多树种还形成了一层螺纹样式加厚的壁层，这一层螺纹样式加厚的壁层叫做螺纹加厚（spiral thickening）。也有时将这一层螺纹样式加厚的壁层叫做三生壁（tertiary wall）。

快，所产生的导管和管胞生长得也快，这些导管和管胞的体积较大，壁较薄，颜色较浅。到了初夏以后形成层细胞分裂得慢了，所产生的导管和管胞生长得也慢了，这些导管和管胞的体积较小，壁较厚，颜色较深。形成层春季活动所产生的次生木质部叫做早材（early wood），初夏以后所产生的次生木质部叫做晚材（late wood）。早材和晚材共同构成了植物的年轮。

形成层的活动所以具有周期性变化的原因是因为一年当中的季节有变化的缘故。在春季和初夏时植物生长新的枝叶需要大量水分，所以这时形成层细胞分裂得快，产生薄壁、口径大、生长快的导管和管胞，以利输导。到了初夏以后植物一般不再生长新枝叶了，这时很需要增强茎的支持能力，所以这时形成层细胞分裂得慢，产生厚壁、口径小、生长慢的导管和管胞（图 4.50），以利支持。

在一年当中的早材和晚材并没有明显的分界线，可是一个年轮的晚材与下一个年轮的早材之间却有明显的分界线。根据年轮的分界线常可以计算出植物的年龄，并且在植物生活的不同年代里，由于各年气候条件的不同（主要是降雨量多少的不同），所以年轮的宽狭度也就不同。根据年轮的宽狭度可以推算出在植物生活的不同年代里，某一年的气候是干旱的？还是湿润的①。

生长在热带多雨地区的木本植物由于在一年当中气候雨量等条件相差不大，没有明显的季节性变化，因此形成层的活动也就没有明显的周期性变化，所以年轮不明显或甚而有些种类就没有年轮。这类植物的形成层全年都在进行活动，不停歇地产生次生木质部和次生韧皮部，不停歇地增粗（Fahn，1900）。

在某些树种茎干的横切面上，次生木质部从颜色上可以区分为两个明显部分。靠近形成层的部分颜色较浅，这叫做边材（sap wood），茎中心的部分颜色较深，这叫做心材（heart wood）。心材是由边材转变成的。由边材转变成心材时，导管和管胞失去导水作用，在它们的壁内，有的还在腔内，渗入了一些复杂的有机物质，如鞣质、树脂、树胶、挥发油、有色物质等。有些树种的导管或管胞腔内还充满了由相邻的木薄壁组织细胞或木射线薄壁组织细胞的次生壁之内最后产生的一层未经木质化的薄的壁层穿过纹孔向导管或管胞的腔内生长所形成的一种囊状体构造，这种囊状体构造叫做侵填体（tylosis）（见 Beck，2005；Evert，2006）（图 4.60-C）。侵填体内也含有鞣质、树脂树胶、挥发油、有色物质等。由边材转变成心材后薄壁组织细胞（木薄壁组织细胞和木射线薄壁组织细胞）也都死亡了。死亡的薄壁组织细胞的壁内，有的还在腔内也渗入了上述的复杂物质。由于这些复杂物质在心材内积聚的结果，使心材的颜色加深，坚硬性和耐腐性增强（因为某些积聚物质对于真菌是有毒害的）。

边材与心材的含量因树种和树龄的不同而不同。一般讲来，幼龄树木边材的含量较多，心材的含量较少；老龄树木心材的含量较多，边材的含量较少。边材具有输导水分和贮藏食物（木薄壁组织和木射线薄壁组织）的作用，由边材转变成心材后，木质部失去了输导水分和贮藏食物的作用，它好像是转变成为堆积代谢活动所产生的废料的库房

---

① 有时由于气候条件的不正常或受到虫害的袭击等原因抑制了木质部的正常生长，过早地出现了晚材。此后条件改变又恢复了正常生长，结果形成一圈假年轮（false annual ring）。假年轮晚材的外边缘界线不很明显，借此可以识别（图 4.60-B）。植物能够在一个生长季内形成一圈或一圈以上的假年轮，因此利用年轮来计算植物的年龄时必须要注意到是否有假年轮的存在。

了。心材的形成可能是植物从其生长区运走代谢废料（包括一些有毒物质）的一种方法。

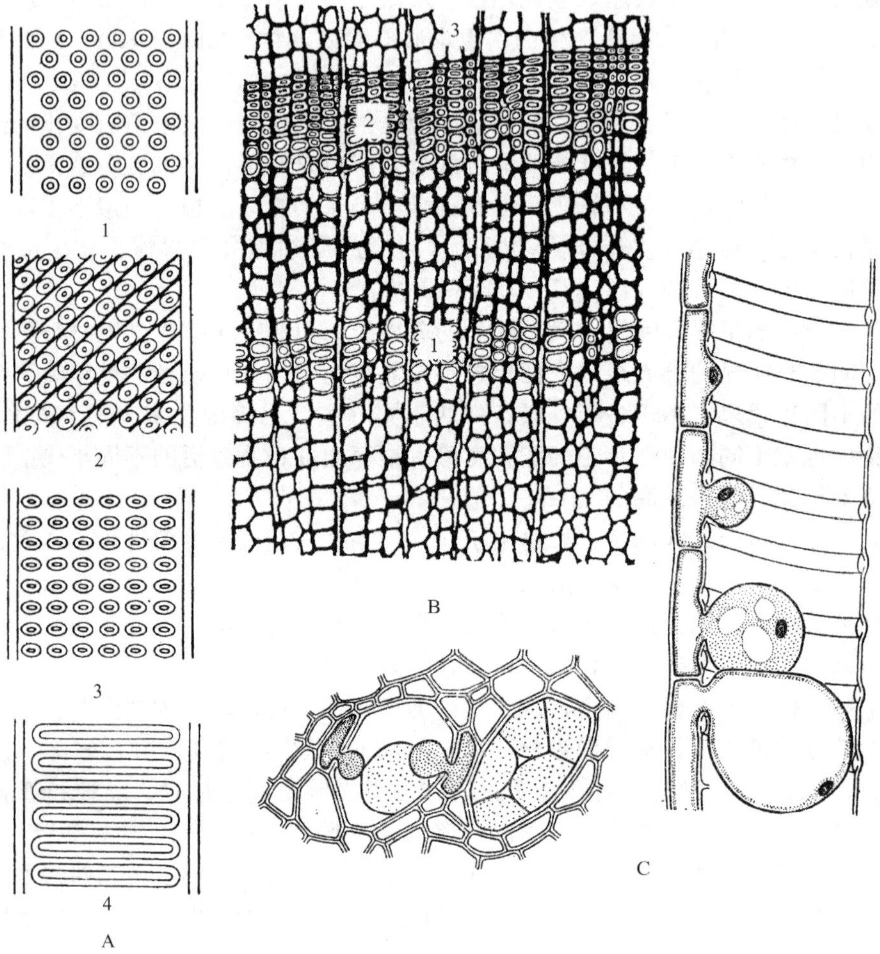

图 4.60　纹孔式、假年轮、导管侵填体的形成

A. 导管纹孔式（图解）　1、2. 互列纹孔式（纹孔排列成斜向的行列，上下相邻的纹孔互相间隔地排列着，这是一种最普通的纹孔式）（斜线为螺纹加厚）　3. 对列纹孔式（纹孔排列成水平的行列，上下相邻的纹孔对生）　4. 梯状纹孔式（纹孔显著地横向伸长，上下相邻的纹孔排列成梯形）　B. 落羽松的假年轮　1. 管胞的壁增厚，形成假年轮的晚材，注意假年轮的外边界线不明显　2. 真正的晚材，其外边界线明显　3. 下一年的早材　C. 刺槐导管侵填体形成的各个阶段　左：横切面　右：纵切面

有些树种（如柳树、杨树、椴树等）在心材的形成过程中只是细胞死了，干了，但并没有沉积上述的各种复杂的有机物质，因此在这类树木茎干的横切面上从颜色上没有心材和边材的区分。这类树干的中心有的是中空的，这是由于被真菌的所感染使然。有些树种（如乌木、红木、胡桃木等）的心材色泽美观，坚硬耐磨，可制精美的器具。

研究木材构造（木材解剖学，wood anatomy）可以帮助我们鉴定树种和确定植物的亲缘关系。另外，木材构造（如导管的分布样式，纤维含量的多少，纤维直径的大小，纤维壁的厚度以及其端部的重叠程度等）与木材性能的优劣有直接关系。下面我们简略地介绍一下研究木材构造的主要依据，以便了解一些鉴定木材和描述木材的基本知识。

导管 环孔材，或散孔材，或二者的中间类型；管孔（角形，或圆形，切向直径 μm，壁的厚度 μm，在横切片上单个地分布，或排列成短的径向行列，或成堆地分布，每平方毫米的数目）；导管分子长度 mm；穿孔板类型（梯状穿孔板，或单穿孔板，或为其他形状，若为梯状穿孔板，应注意穿孔板倾斜程度的大小与穿孔条数目的多少）；有无螺纹加厚，有无侵填体；管间纹孔的排列样式（互列式，或对列式，或梯状）。

管胞 无或有；若有，其形状、大小和其排列样式与小导管相似（维管管胞），或排列在大型导管的周围（环管管胞）。

木薄壁组织 离管薄壁组织（在横切片上单个无规则地分布在木纤维中，或细胞形成短的或长的切向或斜向的条层分布在木纤维中，或细胞分布在每一年轮的开始和/或结尾，形成边缘薄壁组织带，marginal paienchyma band）；傍管薄壁组织（在横切片上只有少数细胞与管孔相邻接，或细胞围绕着管孔形成一个不完整或完整的鞘，或完整鞘的两侧切向延伸成翼，或翼与其两侧的翼切向地连接起来形成或多或少地包被着管孔的切向带）；细胞内有无结晶体，或有无其他内含物。

木射线 单列，或多列，或单列与多列同时存在；同型细胞射线，或异型细胞射线；射线宽度、高度 μm，细胞内有无结晶体或其他内含物。

木纤维 纤维管胞，或韧型纤维，或二者同时存在；有无螺纹加厚；有无分隔纤维；纤维长度 mm，直径 μm，壁的厚度 μm。

叠生构造 有无叠生构造，若有，只有木薄壁组织叠生，或只有导管分子叠生，或只有木射线叠生，或全部分子叠生。

木材构造对于研究和确定植物亲缘关系具有重要的意义。大量的研究工作证明，导管分子是从细而长、多角形和具有梯状纹孔式的管胞演化来的。在其漫长的演化过程中，管胞端部重叠衔接处的梯状纹孔逐渐失去了纹孔膜，逐渐演化成为具有梯状穿孔的导管分子。此后，导管分子从细而长到粗而短，从多角形到圆筒形，从梯状穿孔板到单穿孔板。穿孔板的倾斜度从大到小，穿孔条的数目从多到少。管间纹孔对从梯状到对生，从对生到互生。伴随着导管分子的演化，次生木质部中的其他成分也发生了变化，木薄壁组织从离管到傍管，木纤维的纹孔缘从大到小，从有到无，从管胞状纤维到韧型纤维。木射线从异型细胞射线到同型细胞射线等。

20 世纪的植物分类学分为两大学派，一派主张葇荑花序类植物（包括杨柳科、山毛榉科等科植物）为最原始的被子植物；另一派则主张毛茛类植物（包括毛茛科、木兰科等科植物）为最原始的被子植物。木材解剖学方面的研究工作支持了后者的观点。这是因为毛茛类植物具有相当长的导管分子，管孔细小，角形，穿孔板主要为梯状，侧壁上的纹孔多为梯状或对列式，木薄壁组织离管，木射线基本上为异型细胞射线，木纤维的具缘纹孔通常是明显的，这些性状都是一些比较原始的性状；而葇荑花序类植物则具有相当短的导管分子，管孔粗大，圆形，穿孔板趋向为单穿孔板，侧壁上的纹孔从对列式到互列式，木薄壁组织傍管，木射线趋向为同型细胞射线，木纤维的具缘纹孔细小或转变成为单纹孔，这些性状都是一些比较进化的性状。

双子叶植物木本茎次生韧皮部的构造 双子叶植物木本茎次生韧皮部的厚度远不如次生木质部的厚度大，这一方面因为形成层每年向内所产生次生木质部的组成成分多于向外产生次生韧皮部的组成成分，另一方面还因为到了一定年龄的树木，老的次生韧皮部转变成落皮层陆续地脱落了，因此次生韧皮部虽然年年增加，但也不会有很大的厚度。

双子叶植物木本茎次生韧皮部中筛管（带伴细胞）的含量和其他成分比较起来并不算太多。在横切片上观察时筛管常为多角形，在纵切片上则为伸长形，其侧壁上可以看到许多筛域。在径向切片上可以看到筛板的表面观，在切向切片上可以看到筛板的切面观（图 4.61）。筛管也有不同的分布样式，在横切片上，有些树种的筛管排列成短的切向条层，如北美鹅掌楸（图 4.61），有的排列成径向行列，如风箱树属，也有的与分布在韧皮部中纵行的薄壁组织（分布在次生韧皮部中纵行的薄壁组织叫做韧皮薄壁组织，phloem parenchyma）不很规律地混杂在一起，如美国白蜡树，还有的与分布在韧皮部中的韧皮薄壁组织聚集成小堆，被分布在韧皮部中的大量纤维（分布在韧皮部中的纤维叫做韧皮纤维，phloem fiber）围绕着的，如山核桃属。在永久制片上筛管染色较淡，可能借此将筛管分子与其相邻的含有较浓厚细胞质的薄壁组织细胞（染色较深）区别开来。

筛管的有效期限很短，大多数木本双子叶植物筛管的有效期限也就是一年，少数为两年（如葡萄属）或数年（如椴属）。筛管失效后，次生韧皮部失去输导功能。失去输导功能的次生韧皮部叫做无功能韧皮部（nonfunctional phloem）。

在无功能韧皮部中，筛管（带伴细胞）虽然是死亡失效了，但次生韧皮部中的薄壁组织（包括韧皮薄壁组织和韧皮射线薄壁组织）仍然是生活着的，仍然具有贮藏食物（如淀粉）和聚集其他物质（如鞣质、草酸钙结晶体等）的功能，因此将这部分韧皮部称之为“无功能”是不恰当的。在最近出版的教科书中已将其改称为“不输导韧皮部”（nonconducting phloem）（Evert，2006），不主张继续使用“无功能韧皮部”一词了。

韧皮薄壁组织是木本双子叶植物次生韧皮部中恒定的组成成分，细胞为短长方形，排列成 2 至多个细胞的纵向行列。韧皮薄壁组织也有不同的分布样式。有的在横切片上排列成短的切向条层，有的呈径向行列，与筛管的切向条层或径向行列间隔地排列着，也有的和筛管无规律地混杂在一起，也有的和筛管聚集成小堆，被大量的纤维围绕着。韧皮薄壁组织主要的机能是贮藏食物，细胞内常含有淀粉、鞣质、结晶体等。在无功能韧皮部中，它也可能经过了硬化作用发育成为硬化细胞（石细胞）。

韧皮纤维是木本双子叶植物次生韧皮部中最显眼的组成成分，因树种的不同其含量不同，有的含量较多有的较少，甚而有的没有，如夏蜡梅（Calycanlhus spp.），其分布样式也不相同。在横切片上，有形成数个细胞宽的切向条层并与筛管和薄壁组织的切向条层互相间隔地排列着的，如北美鹅掌楸（图 4.61）也有单个星散地分布着的，如凌霄花，也有围绕着聚集成一堆的筛管和薄壁组织的。由于韧皮纤维不同的分布样式，使不同树种的次生韧皮部在横切片上呈现出显著不同的外观，因而具有一定的分类鉴定意义。韧皮纤维具有机械支持和保护韧皮部内的柔软组织（筛管）不被挤破压扁的作用。一般树木的次生韧皮部纤维都不太长，所以不能用作纺织原料，但可用作造纸原料，例如构树的次生韧皮部纤维是制造桑皮纸的原料。

度，但有些树种由于靠外周的韧皮射线薄壁组织细胞的径向分裂和切向延伸而变为较宽

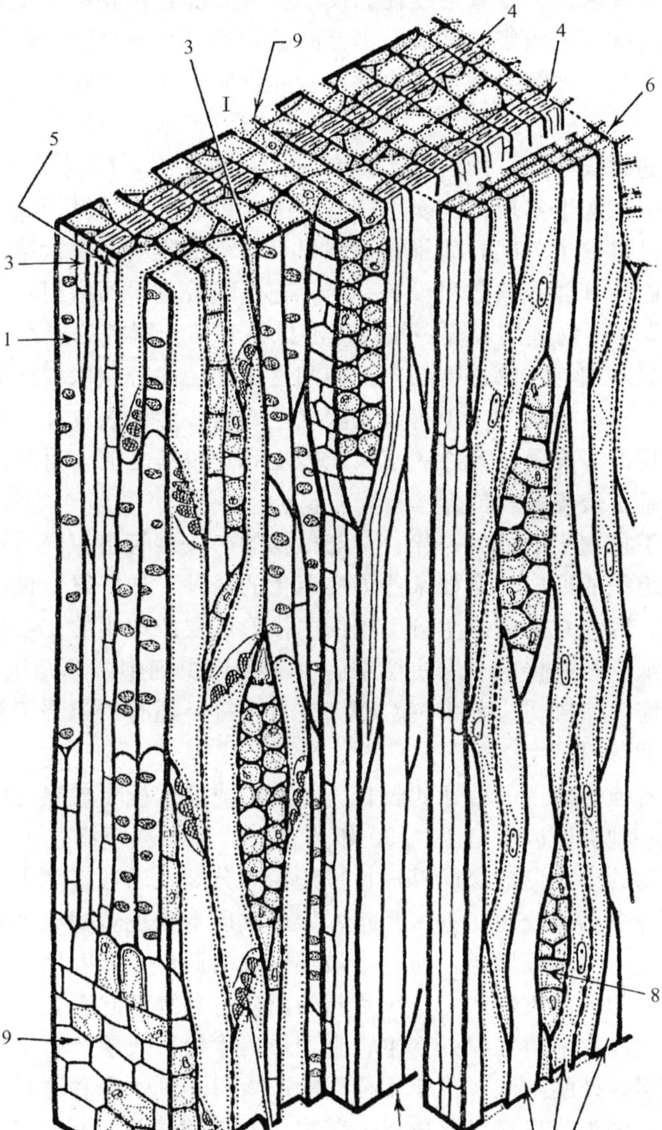

图 4.61　北美鹅掌楸次生韧皮部三切面，示双子叶植物木本茎次生韧皮部的构造

Ⅰ. 横切面　Ⅱ. 径向切面　Ⅲ. 切向切面　1. 筛管　2. 筛板　3. 伴细胞　4. 韧皮纤维　5. 韧皮薄壁组织　6. 形成层　7. 纺锤状原始细胞　8. 射线原始细胞　9. 韧皮射线（注意射线的上下边缘各为一行直立射线细胞，其他的为横卧射线细胞）

(图 4.50)，借以适应树干的增粗。在无功能韧皮部中，有时韧皮射线薄壁组织细胞也可能经过硬化作用发育成为硬化细胞（石细胞）。

韧皮射线和木射线通过形成层连接起来，形成维管射线。维管射线只存在于次生维管组织中，初生维管组织中没有维管射线。这一点是根和茎的初生维管组织和次生维管组织在构造上的主要区别。维管射线使韧皮部和木质部互相联系，使物质能够进行水平方向的运输。又因维管射线细胞间具有细胞间隙，通过这些细胞间隙茎的内部才能与外界环境进行气体交换。维管射线细胞内含有营养物质，所以维管射线又是营养物质的贮存场所。

维管射线和髓射线不同，两者的区别有三点：第一点，髓射线自髓部延伸到皮层，而维管射线只局限在次生木质部和次生韧皮部中；第二点，从纵切面上看，髓射线自节延伸至节，可以经过数个节间，而维管射线只有数个细胞的高度；第三点，髓射线的数目是有一定的，而维管射线的数目没有一定，它是随着茎干的增粗年年增加的。

(2) 周皮　草本植物茎的表皮一般地能够保持到植物器官的死亡。当这类植物的茎干次生增粗时，表皮细胞能够进行切向延伸和迟缓地径向分裂以增加表皮的周圆，借以适应茎干的增粗。木本植物的茎干可以无限度地增粗，然而表皮并不能随之无限度地生长，所以木本植物的表皮最终死亡脱落。在表皮死亡脱落之前，另外产生一种新的次生保护组织周皮代替了表皮的机能。

周皮常产生于植物生活的第一年，常与植物的次生维管组织同时形成，但也有的可能迟于次生维管组织的形成，例如某些周皮迟生的树种，如桉属、樟树、槭属等。周皮是次生保护构造，因为它是由侧生分生组织木栓形成层所产生的。多数植物的木栓形成层起源于与表皮细胞相邻接的一层皮层细胞（薄壁组织细胞或厚角组织细胞），但也有的起源于表皮细胞，如柳树、苹果树、欧洲夹竹桃等，还有的起源于初生韧皮部中的薄壁组织细胞，如葡萄树。

有些植物的木栓形成层的寿命比较长，最初形成的木栓形成层可以保持很多年，如杨树和桃属的某些种类可以保持 20～30 年，也有的种类甚至终生不失去其效能，如木栓栎。这些类植物的木栓形成层能够进行一些径向分裂，以适应茎干的增粗。但多数植物木栓形成层的寿命都比较短，不多几年木栓形成层本身也转变成木栓组织了。在这种情况下，由于茎内部的继续增粗，所以在最早形成的周皮上就发生了许多纵的裂缝。裂缝发生后，在裂缝的下面重新产生一小片新的周皮将裂缝补起来，破一块补一块，如此重复进行，因此周皮愈来愈在深处产生，直到最后木栓形成层产生于次生韧皮部中。这时处在木栓形成层以外的细胞，由于木栓层的产生得不到水分和养料，再加上挤压，都死亡了。这些死亡的细胞形成了落皮层。落皮层和形成层以外的次生韧皮部合在一起，叫做树皮。

有些树种的落皮层呈鳞片状脱落，这叫做鳞片状树皮（scaly bark），如悬铃木属。有些树种的落皮层呈筒状脱落，这叫做环状树皮（ring bark），如白桦、葡萄属、忍冬属等。环状树皮比较少见，最初形成的木栓形成层位于茎的较深处并且以后所形成的木栓形成层为圆筒状的树种才具有环状树皮。有的环状树皮发生纵裂，因而使落皮层呈长带状脱落，如葡萄树。也有很多树种的落皮层黏着在树干上并不脱落，由于树干的增粗，将树皮撑破成许多纵行的沟纹，如柳树、榆树等。

落皮层脱落的原因通常是由于在周皮的木栓层中夹有薄壁的拟木栓细胞层或夹有薄壁的木栓层细胞层（如白桦），当树皮因湿度变化而涨缩时，落皮层就从周皮的这些薄弱层处脱落下来。也有些树种的落皮层可能从次生韧皮部中的薄壁组织处脱落下来，如桉属是。

以上介绍了双子叶植物茎的一般构造。多数双子叶植物草本茎和木本茎在构造上并没有很根本的差别，所以没有单独地分别介绍。但应当注意二者之间有以下的三点区别：

1）草本茎的大部分，甚至全部（如毛茛、莲等）都是初生组织，次生维管组织的含量甚少；木本茎的初生组织的含量较少，茎的次生维管组织，特别是次生木质部的含量甚多。这是因为木本茎的形成层活动都多于一个生长季的缘故。

2）草本茎的初生维管组织有排列成束状的，也有排列成近似圆筒状的，但以排列成束状的居多；木本茎的初生维管组织也有排列成束状的，如悬铃木属、接骨木属等，但大多数都是排列成近似圆筒状的。

3）草本茎的表皮一般终生有效，形成周皮的种类较少；木本茎一般都形成周皮，表皮最终死亡脱落。

4. 茎的异常次生构造

大多数双子叶植物茎的次生生长是由于形成层进行正常活动的结果。所谓正常活动，指的是形成层向内产生较多量的次生木质部，向外产生较少量的次生韧皮部而言。但也有少数双子叶植物茎的次生生长偏离了正常的活动方式，因而出现了一些异常的次生构造（anomalous secondary structure）。

双子叶植物茎的异常次生构造是多种多样的，多数是植物对于特殊的生理机能或不同的生长习性（habit）或生境（habitat）的一种适应性构造，有的构造很复杂，也有的可做为整个科（family）的特征，例如藜科和苋科植物的茎内通常都含有许多同心的次生维管束圈层。概括地讲，双子叶植物茎的异常次生构造一般是由于形成层的不同部位的异常活动或者是由于产生出新的附加形成层所形成的。下面扼要地介绍几种双子叶植物茎的异常次生构造。

1）有些藤本植物种类的形成层向里外两侧停止了活动，只向左右两侧产生次生木质部，结果使茎长成为扁平的带状，如羊蹄甲（*Bauhinia* sp.）（见 Metcalfe，1983）（图 4.62-A）。

2）有些植物种类茎的次生生长最初是正常的，不久后，有 4 个部位的形成层仍进行正常的双向活动，即向内产生多量的次生木质部，向外产生少量的次生韧皮部，另外有 4 个部位的形成层的活动则变成了单向活动，变为异常，即停止向内产生次生木质部，只向外产生多量的次生韧皮部。这两种活动不同的形成层互相间隔地排列着。由于这两种活动不同的形成层进行活动的结果，使茎的次生木质部形成了 4 个棱，成为十字形，棱与棱之间是填满次生韧皮部的 4 个沟（图 4.62-B）。这类植物茎的形成层断裂成为不连续的切向条层，双向活动的形成层位于 4 个棱的顶部，单向活动的形成层则位于 4 个沟的基部。有的种类始终保持着这种最初形成的 4 个沟，不再产生新沟。也有的种类在以后的生长过程中，棱顶部的一部分双向活动的形成层陆续地转变成为单向活动的形成层，这种单向形成层活动的结果，产生出一些新沟。每次都有 4 个棱同时产生新沟。所以陆续产生的沟的数目依次为 8、12、16、20 个或更多。在与棱的顶部发生形成层转向的同时，棱顶部的一侧或两侧双向活动的形成层也陆续地转变成为单向活动的形成层，这种单向形成层活动的结果，使沟的顶部切向加宽。在这类植物老茎的横切面

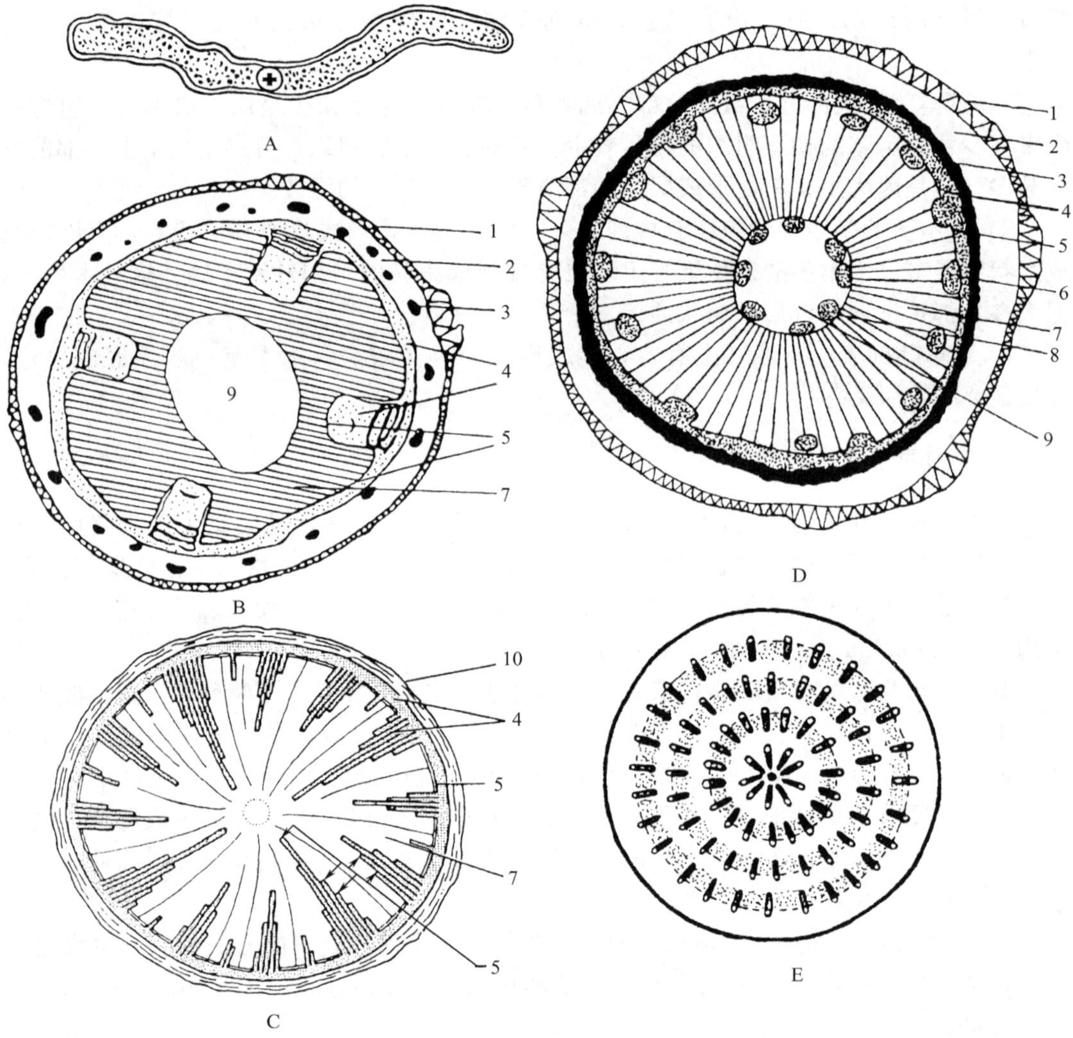

图 4.62 茎的异常次生构造

A. 一种羊蹄甲属植物(*Bauhinia* sp.)茎横切(草图),示带状茎(黑十字代表髓,围绕着髓的空白部分代表构造比较紧密的木质部) B. 一种紫葳科植物幼茎横切(草图),示具有 4 个棱与 4 个沟的异常次生构造(沟内的切向线条代表韧皮纤维,沟内两侧的裂缝是因为位于沟基部的形成层所产生的次生韧皮部的被向外推移而形成的) C. 一种紫葳科植物老茎横切(草图),示具有 20 个棱与 20 个沟的异常次生构造 D. 马钱子(*Strychnos nux-vomica*)幼茎横切(草图),示内函韧皮部 E. 一种藜科植物茎横切(草图),示异常的次生维管束圈层(维管束间的点点部分代表厚壁组织,空白部分代表薄壁组织,中心的黑色圆点代表髓) 1. 木栓层 2. 皮层 3. 厚壁组织 4. 次生韧皮部 5. 形成层(图 C 中带箭头的 5 表示单向活动的形成层) 6. 内函韧皮部 7. 次生木质部 8. 内生韧皮部 9. 髓 10. 落皮层

上次生木质部由原来幼茎的十字形转变成为星形，沟内的次生韧皮部则呈台阶形（图 4.62-C）。例如紫葳科的某些藤本种类具有这种异常的次生构造，还有其他科的一些藤本种类也具有与此相类似的异常次生构造。

3）有些植物种类的形成层除向内产生次生木质部外，还间断地向内产生一些次生韧皮部的束。在横切面上观察时，可见这类植物茎的次生木质部中包埋着一些次生韧皮部束，如风车子属（*Combretum*）。也有些植物种类的一部分形成层细胞停止了向内产生次生木质部的活动，但并未停止向外产生次生韧皮部的活动。这一部分形成层细胞向外所产生的次生韧皮部陷入了由于形成层未向内产生次生木质部所形成的凹陷之内。以后从陷入凹陷内的韧皮部的外方产生出新的形成层，新形成层与在横切面上位于其两侧的旧形成层连接起来，各进行正常活动，向内产生次生木质部，向外产生次生韧皮部，结果将陷入凹陷之内的次生韧皮部束也包埋在次生木质部之中，如马前属（*Strychnos*）（图 4.62-D）（见 Philipson，1990）。以上所叙述的这种包埋在次生木质部中的次生韧皮部束叫做内函韧皮部（included phloem），也可以叫做木间韧皮部（interxylary phloem）。

4）有些植物种类初生维管束中的形成层不久便停止了活动，随后在初生维管束的外方出现了一新的形成层圈层。通常新形成层圈层的某些部位向内产生次生木质部，向外产生次生韧皮部，另外一些部位则向内产生次生厚壁组织，向外产生次生薄壁组织。也有的种类向内、向外只产生次生薄壁组织或向内、向外只产生次生厚壁组织的，这种次生的薄壁组织与厚壁组织叫做接合组织（conjunctive tissue）。接合组织位于新形成层所产生的次生木质部与次生韧皮部的两侧，将次生木质部与次生韧皮部隔离成束，结果在茎内形成了一圈新的次生维管束圈层。新形成层圈层的活动期限并不长，不久便为在新维管束圈层外方出现的另一新的形成层圈层所代替，结果在茎内又形成了一圈新的次生维管束圈层，如此重复多次，因而在这类植物的茎内从内向外陆续地形成了许多圈同心的次生维管束圈层。例如很多藜科、苋科和紫茉莉科以及其他一些科的植物具有这种异常的次生构造（见 Philipson，1990）（图 4.62-E）。这种异常的次生构造在双子叶植物的根内也是比较常见的，如甜菜的肉质主根是。

5）无患子科的某些藤本种类在生活的前五六年具有正常的次生生长。五六年以后在茎的皮层内陆续地出现了一些新的形成层圈层。每一新形成层圈层包围着一些皮层细胞，向内产生次生木质部，向外产生次生韧皮部，结果在这类藤本植物的茎内形成了几个包围着一些皮层细胞的次生维管组织筒。这些次生维管组织筒位于中央维管组织筒的周围。在横切面上观察时，这类藤本植物的茎好像是由几个茎连合在一起的一样（图 4.63）。这类藤本茎柔韧可曲，因而能更好地适应于缠绕在其他植物体上的生长习性。

异常的次生构造不仅是发生在茎内，根内也有发生异常次生构造的，例如甜菜、甘薯、萝卜等膨大的肉质根都是由异常的次生构造所构成的。

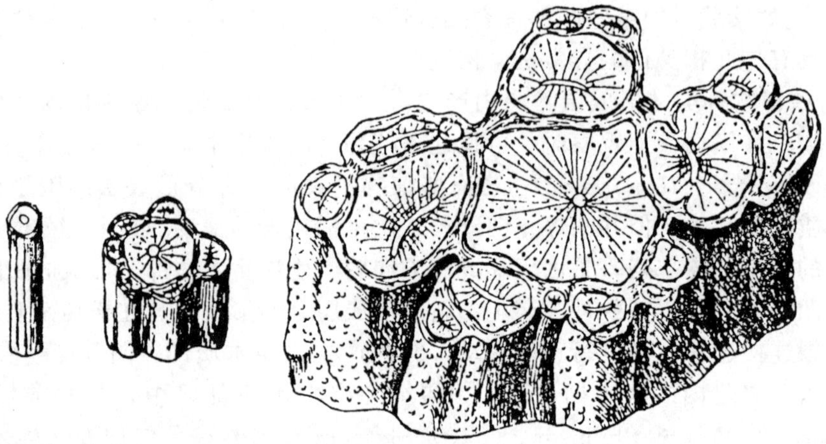

图 4.63　一种无患子科植物（*Thinouia ventricosa*）茎的表面观与切面观，示茎的异常次生构造发育的三个阶段

第四节　单子叶植物茎的构造

多数单子叶植物都是草本植物。茎的表皮终生有效，没有周皮的形成。表皮之内通常为数层厚壁的组织，厚壁的组织之内为薄壁组织，薄壁组织内分布着维管束。

在单子叶植物幼苗的茎内，和双子叶植物一样，只含有少数维管束，排列成圈形。随着幼苗茎的增粗，维管束的数量增多。到了成年阶段，观察茎的横切片时可以看到茎内含有很多维管束，散乱地分布着，不排列成圈形①。由于维管束不排列成圈形，因而使得茎内没有明显的皮层，髓射线和髓等构造。

很多单子叶植物，特别是比较大型的种类，如棕榈，棕竹等，茎内的维管束（茎束）可以分为大、中、小三类，这三类维管束分别称为大束（major bundle）、中束（intermediate bundle）和小束（minor bundle）（图 4.64）。这三类维管束都在一定的间隔分出叶迹进入叶中，所不同的是，大束上下相邻两叶迹的分出点之间的距离较长，中、小束的距离比较短。也就是说，大束最长，中束次之，小束最短。大束的数量较少，中、小束的数量比较多。大束和中、小束都是从茎的外周倾斜地（即螺旋地）弯向茎的中心，大束可弯达茎的中心，中、小束弯不到茎的中心。当大、中、小束各弯达茎内的一定深度后，从茎的中心突然弯向茎的外周，在靠近叶的着生部位分出叶迹和桥束（bridge bundle）。叶迹进入叶中，桥束横向地与相邻的茎维管束连接起来（图 4.64-5），大、中、小束则从茎的外周再次弯向茎的中心，然后再次弯向茎的外周。这样的过程从茎的基部直到茎的顶端重复地进行着，所以在这类植物的茎内维管束的路程是沿着一条

① 也有某些单子叶植物茎中的维管束是排列成圈形的，若排列成圈形时，通常排列成 2 圈，或 2 圈以上，排列成 1 圈的情况少见，如某些禾本草类植物是（见 Dickison，2000）。

具有波状起伏的螺旋线进行的（见 Fahn，1900；Beck，2005）。由于茎内的维管束都从茎的外周向茎内弯入一定的深度，因此在茎的横切片观察时，维管束散乱地分布着，不排列成圈形。但如果大束向茎内弯入得较浅，到不了茎的中心，则维管束排列成圈形。

单子叶植物的叶中都进入多条叶迹，单子叶植物的每条叶迹多是由许多根维管束构成的，因此在单子叶植物的茎内维管束的含量是很多的。维管束多分布在茎的外周，中心较少，这是因为茎的外周含有大、中、小束和叶迹等多种维管束，而在茎的中心则只含有大束一种维管束使然。分布在茎外周的维管束都比较地细小，分布在茎中心的维管束都比较地粗大，这是因为在茎的外周大、中、小束都进行了叶迹的分出，因而使大、中、小束和叶迹都变得细小了些。

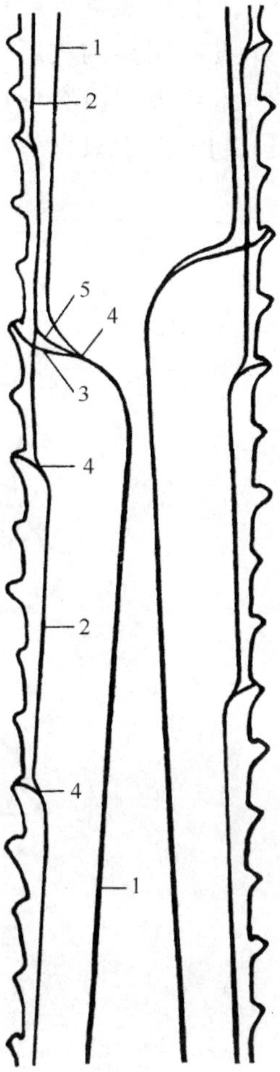

图 4.64　单子叶植物茎中维管束的分布（图解）

1. 大束　2. 小束　3. 叶迹　4. 叶迹分出点　5. 桥束（本图只绘出一条桥束，实际上大、中、小束都分出桥束将其与相邻的维管束横向地连接起来，本图未绘出中束与维管束在茎内的螺旋线形路程）

单子叶植物茎的维管束都是外韧有限维管束，维管束只含有初生木质部和初生韧皮部两部分，没有形成层。在横切片上观察时，初生木质部中的后生木质部具有不同的排列样式，但以玉米茎中的排列样式较为普遍。现以玉米茎的维管束（图 4.65）为例来说明单子叶植物茎维管束的构造。玉米茎的维管束被一圈由厚壁组织（纤维）所构成的鞘包被着，这个鞘叫做束鞘（bundle sheath）。维管束的内方是初生木质部，初生木质部通常含有 3～4 个显著的导管，在横切面上排列成 Y 形。Y 形的下半部是原生木质部，含有 1～2 个较小的环纹或螺纹导管和少量的薄壁组织。小导管的内方为一空腔，这个空腔是由于原生木质部中最早发生的一个环纹导管的破坏而形成的。在空腔内有时还可以看到这个已经破坏了的环纹导管的一些环。空腔被周围的薄壁组织围绕着，沿着维管束延伸，形成茎内的气道（air passage）（也叫做原生木质部腔隙，protoxylem lacunae）。很多单子叶植物的茎内都具有这种气道。Y 形的上半部是后生木质部，后生木质部含有两个大型的孔纹导管，分布在后生木质部的两旁，一边一个。两个大导管之间分布着一些管胞。

初生木质部的外面是初生韧皮部。初生韧皮部的原生韧皮部位于初生韧皮部的外方，但已被挤压破坏，有时还可以看到一些残留的遗骸。初生韧皮部的后生韧皮部是韧皮部的有效部分，它只含有筛管和伴细胞两种组成成分，没有其他的成分。

根据以上的叙述，可以概括地说，单子叶植物茎的构造和双子叶植物茎的构造有以下四点主要的区别：

1）维管束通常分散地分布在茎中，不排列成圈形。

2）没有明显的皮层、髓射线和髓等构造。

3）维管束中没有形成层，是有限维管束。

4）韧皮部中只含有筛管和伴细胞，通常没有其他的成分的存在。

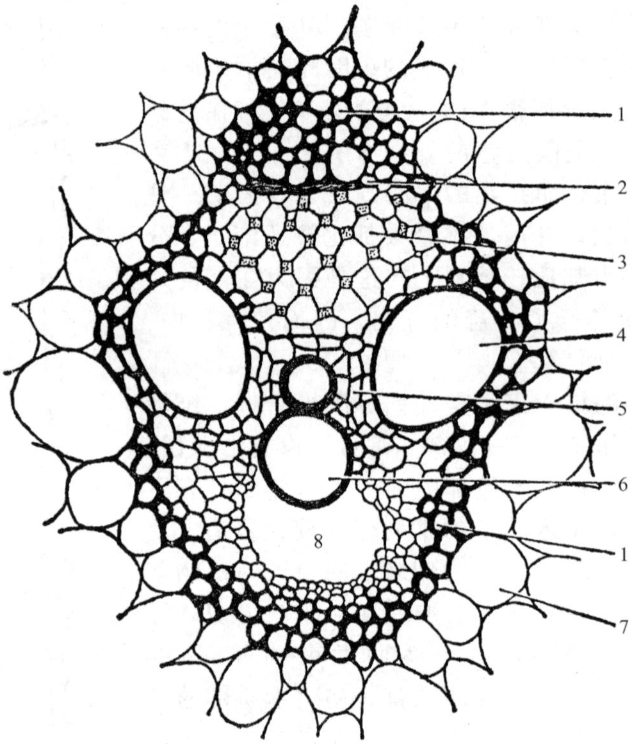

图 4.65 玉米茎维管束横切，示有限维管束的构造

1. 厚壁组织鞘（束鞘） 2. 原生韧皮部残余 3. 后生韧皮部
4. 后生木质部 5. 管胞 6. 原生木质部 7. 薄壁组织
8. 空腔（气道）

单子叶植物的维管束中没有形成层，因此很多单子叶植物的茎干增粗很少或者并不增粗，所以很多单子叶植物都是细小的草本植物。但也有很多单子叶植物的茎干（如棕榈、椰子、玉米等）能够增粗，这类植物茎干的增粗并不是由于形成层的活动，而是由于茎尖的近顶端部位有几层靠外周的细胞层进行平周分裂和茎内的薄壁组织细胞进行较长时期的细胞分裂（分散次生生长）以及由这些分裂所产生的子细胞进行体积生长增大的结果。茎尖近顶端部位的这几层靠外周具有分裂能力的细胞层叫做初生加厚分生组织(primary thickening meristem)。初生加厚分生组织为伞形（图 4.66），它由顶端分生组织所产生并与顶端分生组织相连续。由于它的活动使茎尖的近顶端部位进行增粗，因此这使得这类单子叶植物茎干的上下两端的粗细大体上相等，这一特点是这类单子叶植物茎与双子叶植物茎在外形上的不同之点。初生加厚分生组织在茎尖的近顶端部位活动

得最强烈，到了茎尖的伸长区，它的活动从上往下逐渐地减少，到了茎尖的成熟区，它一般地已停止了活动，分化成为茎的成熟组织。

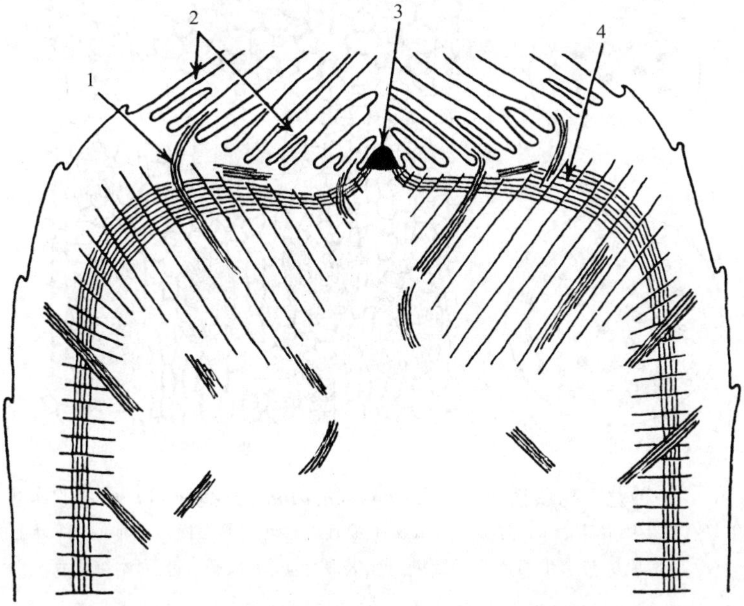

图 4.66　单子叶植物茎尖纵切（草图），示初生加厚分生组织

1. 原形成层束　2. 叶的基部　3. 顶端分生组织　4. 初生加厚分生组织

如上所述，虽然有很多单子叶植物的茎干也能够进行增粗，但因维管束中没有形成层，所以单子叶植物的茎干并不能够无限度地增粗。不过也有少数单子叶植物的初生加厚分生组织在茎尖的成熟区并没有失去活动能力（见 Cronquist，1982；Demason，1994；Beck，2005），它形成了一种单子叶植物所特有的侧生分生组织，叫做次生加厚分生组织（secondary thickening meristem）。次生加厚分生组织与初生加厚分生组织可以认为是同一种分生组织在茎的不同部位的两种不同的发育阶段（Rudall，1991，1992；见 Dickison，2000）。由于次生加厚分生组织的活动，茎干能够进行次生增粗。次生加厚分生组织含有数层形成层状细胞，所以也叫做形成层。虽然也叫做形成层，但这种形成层在起源、形态构造与活动情况等方面与典型的形成层迥然是不同的。例如百合科的芦荟、朱蕉、凤尾兰、龙血树等都具有这种次生加厚分生组织。

龙血树属茎进行次生增粗时，形成层（次生加厚分生组织）细胞进行切向分裂，先向内产生细胞，稍后，也向外产生细胞。向内产生的细胞数量多，向外产生的细胞数量少。向内产生的一部分细胞发育成为次生维管束，一部分细胞发育成为次生薄壁组织。次生维管束略呈径向排列（图 4.67），分布在次生的薄壁组织中。向外产生的少量细胞发育成为径向排列的次生薄壁组织。龙血树属茎的初生维管束是外韧型的，而形成层所产生的次生维管束则是周木型的（图 4.67）[①]，其木质部中的管状分子都是管胞，没有导管，并且形成层位于维管束的外面，不在维管束中。这些特点都是与双子叶植物的维管束所不同的。

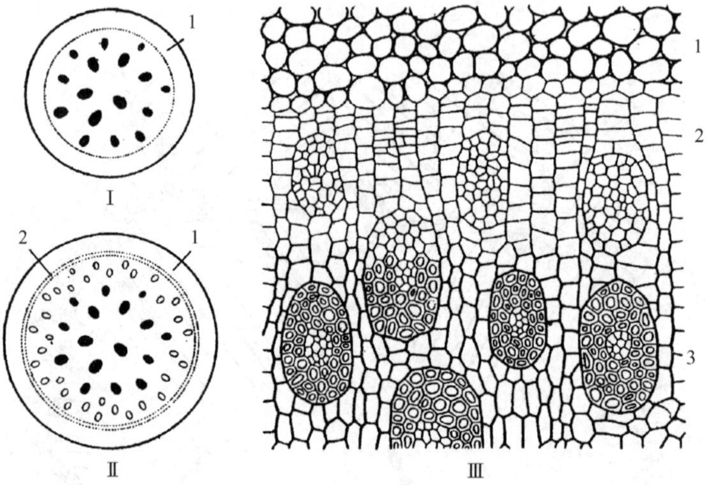

图 4.67　一种龙血树属植物（*Dracaena marginata*）茎横切，示茎的次生增粗

Ⅰ. 茎中只有初生维管束　Ⅱ. 茎中已形成次生维管束（外周的白圈）　Ⅲ. 一部分茎的横切，示形成层与次生的周木维管束　1. 皮层　2. 形成层　3. 周木维管束

禾本科植物是一大类单子叶植物。禾本科植物茎的维管束通常有两种分布样式：一种样式是维管束排列成里外两圈，靠外面的一圈维管束较小，靠里面的一圈维管束较大，如小麦、大麦、水稻等；另一种样式是维管束分散地分布在茎中，不排列成圈形，如玉米、高粱、甘蔗等。

维管束排列成两圈的种类（图 4.68）的构造是：茎的最外一层为表皮，表皮层之内为厚壁组织（纤维）层。厚壁组织层之内为薄壁组织层，薄壁组织层之内为一大空腔（空心的秆能以较少量的物质材料发挥最大的机械效能）。在厚壁组织层内分布着一圈较小的维管束和一圈绿色组织束（即含有叶绿体的薄壁组织束）。绿色组织束直接与表皮层相邻接并与较小的维管束互相间隔地排列着。在薄壁组织层内分布着一圈较大的维管束。有些水生的种类（如水稻）在薄壁组织层内还分布着一圈气腔（通气组织），气腔位于两圈维管束之间。

维管束分散地分布在茎中的种类（图 4.69）的构造是：茎的表皮层之内为数层厚壁的薄壁组织（即硬化薄壁组织），硬化薄壁组织之内为薄壁组织，薄壁组织之内分布着分散排列的维管束。维管束有大小两种，小者分布在茎的外周，排列较紧密，大者分布在茎的中心，排列较疏松。

---

① 韧皮部在中心，木质部成圆筒状围绕着韧皮部，二者之间没有形成层，这种类型的维管束叫做周木维管束（amphivasal bundle）。周木维管束常见于单子叶植物的一些科中，但在少数双子叶植物的茎中也有存在。

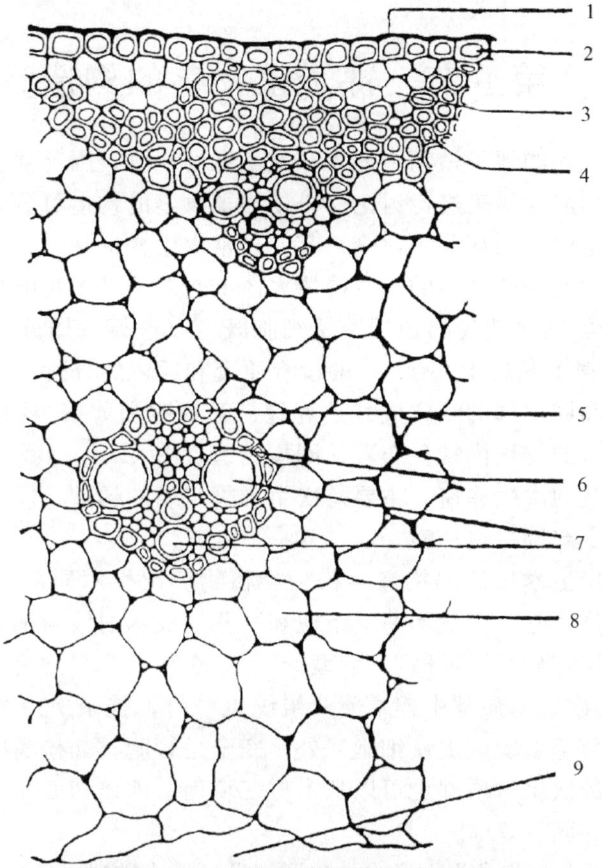

图 4.68　一部分小麦茎横切，示构造

1. 角质层　2. 表皮　3. 绿色组织束（直接与表皮层相邻接，与绿色组织束互相间隔排列的较小维管束未与表皮层邻接）　4. 纤维　5. 束鞘　6. 初生韧皮部　7. 初生木质部　8. 薄壁组织　9. 大空腔

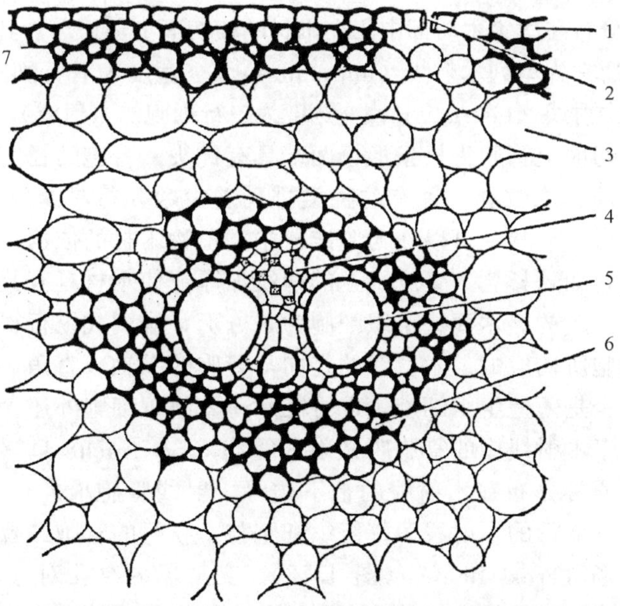

图 4.69　一部分玉米茎横切，示构造

1. 表皮　2. 气孔　3. 薄壁组织　4. 初生韧皮部　5. 初生木质部　6. 厚壁组织鞘（束鞘）　7. 硬化薄壁组织

第五节　裸子植物茎的构造

松柏类植物为现存的裸子植物中最大和最常见的一群，因此裸子植物茎的构造可以用松柏类植物茎的构造为代表进行讨论。松柏类植物茎的构造可分为茎尖的构造，茎的初生构造和茎的次生构造三部分来讨论，茎的异常次生构造从略。

松柏类植物茎尖的构造和茎的初生构造大体上与双子叶植物的相似，两者主要的不同点有三：① 松柏类植物茎尖的顶端原始细胞既可以进行垂周分裂，又可以进行平周分裂（见 Biswas and Johri，1997），一般没有原套和原体的分化；②松柏类植物茎的初生维管束中木质部和韧皮部的组成成分是管胞、筛细胞和薄壁组织，没有导管、筛管、伴细胞和纤维；③茎的皮层内常分布着一圈树脂道（图 4.70）。我们在下面只重点地介绍一下松柏类植物茎的次生构造，主要是次生维管组织的构造，周皮和树皮的构造与双子叶植物的没有多少差别，也从略。

松柏类植物茎次生木质部的构造　松柏类植物茎次生木质部的结构均匀，构造简单，一般只含有大量管胞，少量木薄壁组织和一些构成木射线与围绕着树脂道的薄壁组织（上皮细胞），没有典型的木纤维（韧型纤维），在晚材中只含有管胞状纤维（纤维管胞）。有不少种类的次生木质部中连木薄壁组织也没有，整个次生木质部除构成木射线与围绕着树脂道的薄壁组织（上皮细胞）外，完全是管胞，如松属即是。

松柏类植物茎的次生木质部也可以从木材三切面，即横切面、径向切面和切向切面三个切面上来讨论（图 4.71）。

在木材的横切面上管胞常为方形或多角形，沿半径线排列成整齐的行列，没有细胞间隙。木薄壁组织细胞为扁长方形或略为圆形，通常具有较管胞略薄的壁，细胞内常含有暗色的内含物，可能是树脂，因此又称为树脂细胞（resin cell）。木薄壁组织细胞的数量不多，大多是星散地分布在次生木质部中。在木材的横切面上还可以看到长短不同辐射排列的木射线，木射线通常为单列木射线（uniserate ray）（宽度为一行细胞的木射线），只有少数种类含有二列木射线（biseriate ray）（宽度为二行细胞的木射线），如北美红杉。

在木材的径向切面上管胞为长条形，两端具有钝头。管胞的径向壁上通常排列着一直行表面观为圆形的具缘纹孔，也有的种类排列着少数几行具缘纹孔。具缘纹孔的大小、纹孔缘与纹孔口的形状，可以作为鉴定松柏类植物木材的依据。少数种类管胞的壁上还具有螺纹加厚，如云杉属。管胞壁上的螺纹加厚能使木材具有共振效应，小提琴就是用红云杉的木材制造的。木薄壁组织细胞为长方形，排列成纵行行列。木射线是由数行横行的长方形细胞所构成的。木射线的走向与管胞的纵轴成直角。横行于木射线中的长方形细胞可能完全是薄壁组织细胞，也可能除薄壁组织细胞外还含有一种横行的长方形管胞。这种横行于木射线中的管胞叫做射线管胞（ray tracheid）（图 4.71）。射线管胞为一行或数行，通常分布在木射线的上下边缘，射线管胞横向运输的效果可能会高些。在径向切面上一横行的木射线薄壁组织细胞与一纵行的管胞二者相交所形成的一长方形区域叫做交叉场（cross field）（图 4.72）。交叉场内纹孔对（半缘纹孔对）的大小、数目与分布样式，以及纹孔缘的宽窄，纹孔口的形状等可以作为鉴定松柏类植物木材的重要依据（图 4.73）。

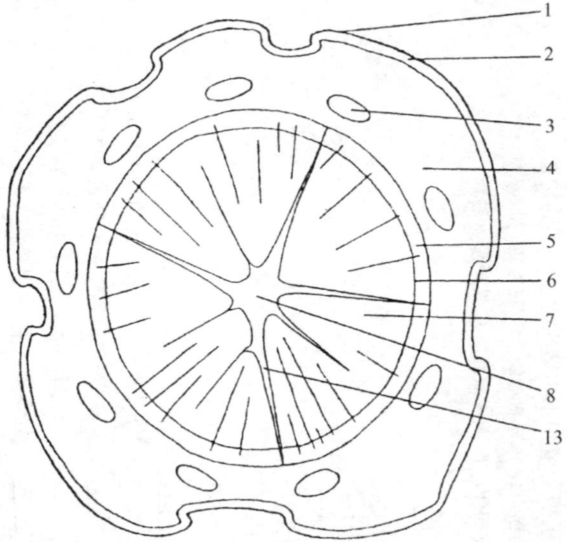

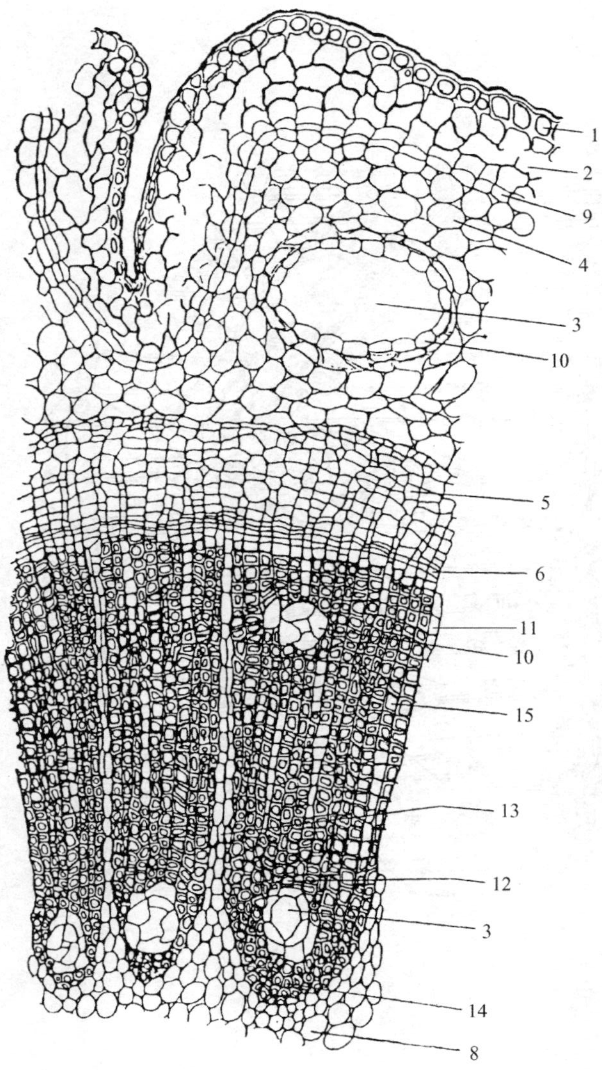

图 4.70　一年生松属茎横切

左：草图　右：一部分草图的放大　1.表皮　2.木栓层　3.树脂道　4.皮层　5.韧皮部　6.形成层　7.木质部　8.髓　9.木栓形成层　10.上皮细胞(包被在木质部上皮细胞外的鞘细胞有些已破坏消失)　11.单列木射线　12.后生木质部　13.髓射线　14.原生木质部　15.次生木质部

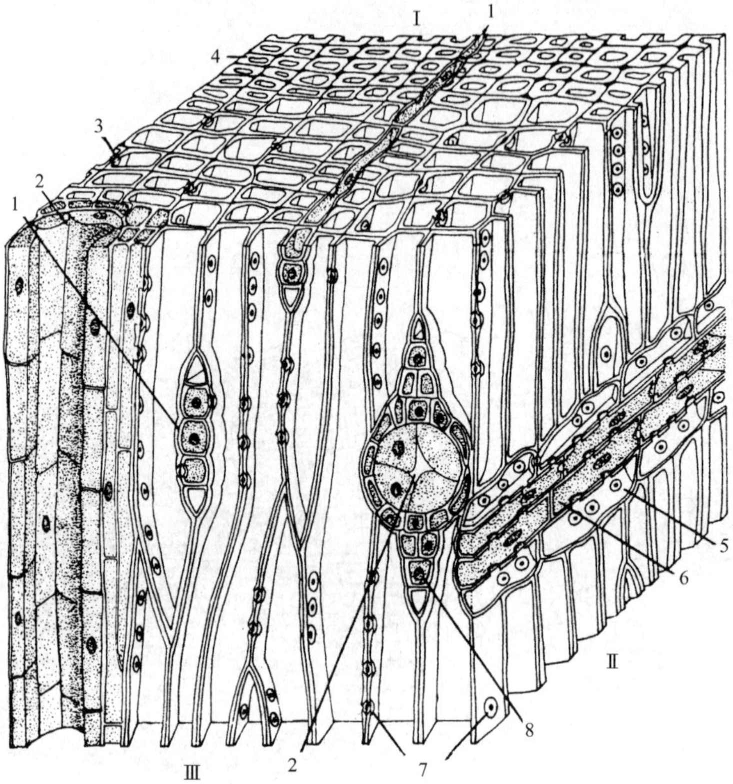

图 4.71　地中海松木材三切面，示裸子植物木本茎次生木质部的构造

Ⅰ. 横切面　Ⅱ. 径向切面　Ⅲ. 切向切面　1. 单列木射线　2. 树脂道　3. 早材　4. 晚材　5. 射线管胞　6. 射线薄壁组织　7. 具缘纹孔　8. 纺锤形木射线

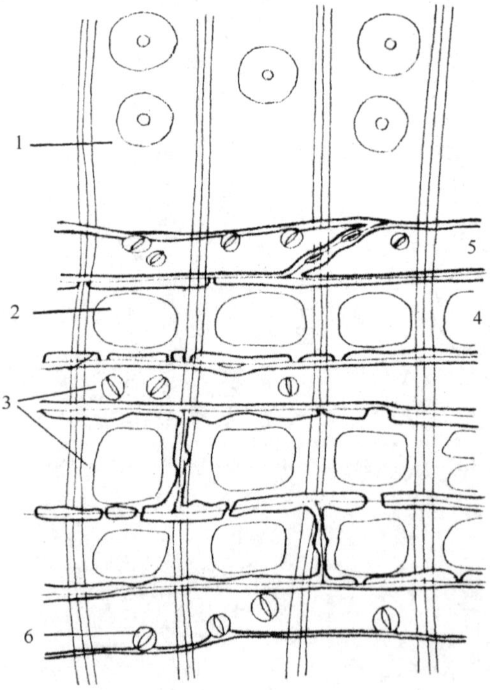

图 4.72　一种松属植物（*Pinus excelsa*）部分次生木质部的径向切面，示交叉场内的窗型纹孔

1. 管胞　2. 窗型纹孔　3. 交叉场　4. 射线薄壁组织细胞　5. 射线管胞　6. 松型纹孔

在木材的切向切面上可以看到纵向衔接的管胞。管胞的两端为凿形，分布在管胞径向壁上的具缘纹孔对被切成透镜形。少数种类管胞的壁上还可以看到螺纹加厚。木薄壁组织细胞的形状和细胞的排列样式与径向切面的相同。夹在管胞行列间的木射线也可以看得很清楚，木射线为与管胞的纵轴相平行的一单行细胞。

很多松柏类植物的木材中含有树脂道（resin canal）（分泌道）。有些树脂道的外面包被着一层薄壁的上皮细胞（ epithelial cell），上皮细胞的外面还包被着一层或几层薄壁组织细胞，叫做鞘细胞（sheath cell）。有些鞘细胞的寿命不长，不久便破坏死亡，如松属（图 2.52，4.70）。也有些树脂道的上皮细胞具有木质化的厚壁，这类上皮细胞的大多数在其形成的当年就死去，因之其树脂的产量不高，如云杉属（图 4.74 左）。树脂道可纵行于管胞行列间，亦可横行于木射线中。在后一种情况下，由于树脂道的存在，使单列的木射线在切向切面上观察时为纺锤形，两头细，中部宽，中部含有树脂道（图 4.71 -8）。松柏类植物的次生木质部也形成年轮、心材和边材等。在松柏类植物次生木质部的心材内，薄壁的上皮细胞常向树脂道的腔道内扩张，将树脂道堵塞，形成一种构造，叫做拟侵填体（tylosoid）。

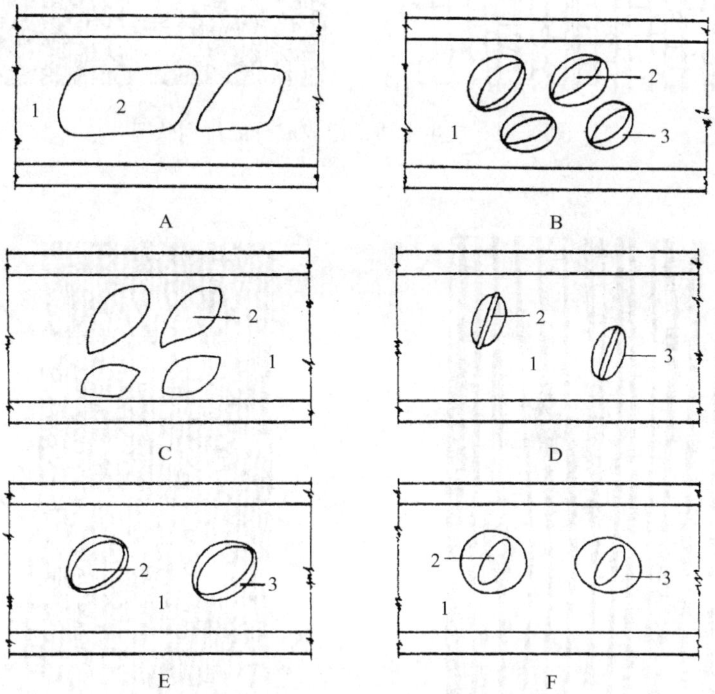

图 4.73　松柏类木材交叉场内半缘纹孔对类型

A. 窗型（纹孔对形大，纹孔缘甚狭窄，不明显，纹孔口甚宽大，某些松属植物具有这种类型的纹孔对）　B、C. 松型（较窗形纹孔对小，数量多，纹孔缘明显，如 B，或不明显，如 C，很多松属植物具有这种类型的纹孔对）　D. 云杉型（纹孔对形小，常为椭圆形，纹孔口狭细，云杉属、落叶松属、黄杉属植物具有这种类型的纹孔对）　E. 落羽松型（纹孔缘狭窄，纹孔口广椭圆形到圆形，宽大，落羽松属、红杉属、冷杉属、崖柏属植物具有这种类型的纹孔对）　F. 柏木型（纹孔缘宽，纹孔口椭圆形，扁柏属、刺柏属、紫杉属植物具有这种类型的纹孔对）1. 交叉场　2. 纹孔口　3. 纹孔缘

总起来讲，松柏类植物茎的次生木质部和双子叶植物茎的次生木质部在构造上有四

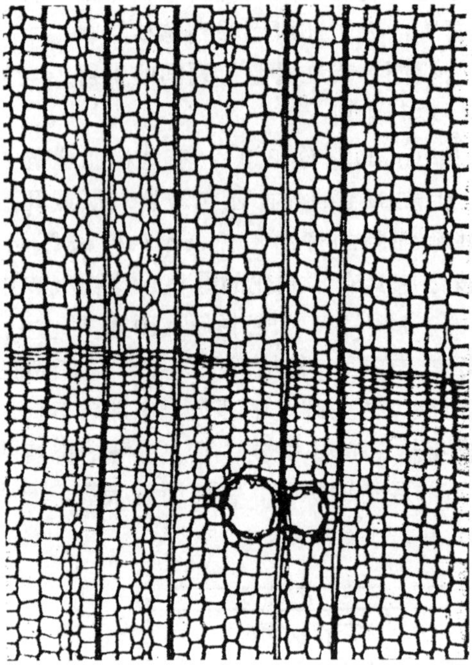
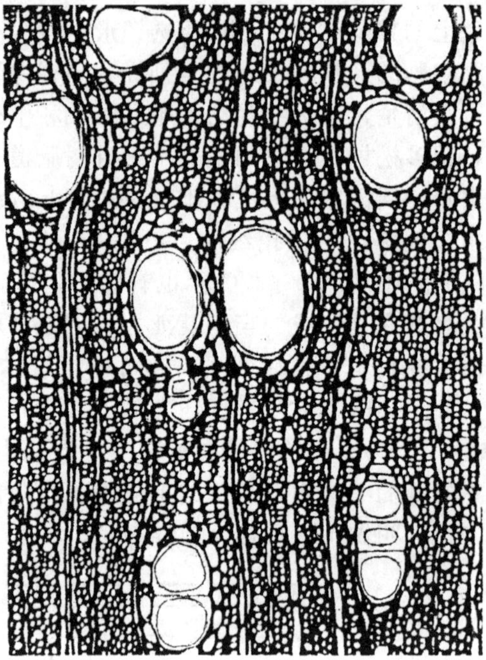

图 4.74　次生木质部组成成分的排列状况
左：恩氏云杉　右：美洲柿

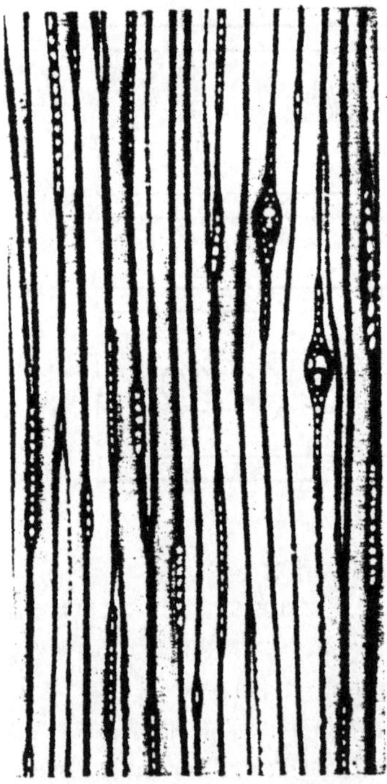
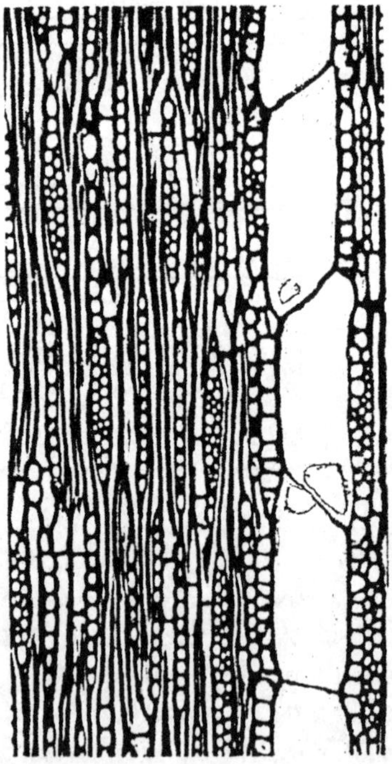

图 4.75　次生木质部木射线类型
左：恩氏云杉（单列木射线）　右：美洲柿（单列、二列、多列木射线同时存在，注意木射线、导管分子、木薄壁组织均为叠生）

点主要的区别：第一点，松柏类植物的茎中没有导管，双子叶植物的茎中绝大多数含有导管；第二点，松柏类植物茎的次生木质部组成成分简单，双子叶植物茎的次生木质部组成成分复杂；第三点，松柏类植物茎中管胞的切向直径大致相等，因此管胞排列成整齐的径向行列，双子叶植物茎中导管的粗细不等，并且较次生木质部中其他的成分粗大得多，由于导管的粗细不等和过分膨大，因而将次生木质部中的成分挤乱，不排列成整齐的径向行列（图 4.74）；第四点，松柏类植物茎的次生木质部中除少数种类含有二列木射线外，大多数种类只含有单列木射线，双子叶植物茎的次生木质部中除有些种类仅含有单列木射线或多列木射线外，通常是单列木射线与多列木射线（multiseriate ray）（宽度为多行细胞的木射线）同时存在（图 4.75）。

松柏类植物茎次生韧皮部的构造 某些松柏类植物茎的次生韧皮部中只含有筛细胞、韧皮薄壁组织和韧皮射线薄壁组织三种组成成分，但也有些种类还含有韧皮纤维（图 4.76），有些种类还含有围绕着树脂道的薄壁组织（上皮细胞）。松柏类植物茎的次生韧皮部中没有筛管和伴细胞。

筛细胞的含量较多，是次生韧皮部的主要组成成分。在横切面上观察时，筛细胞排列成整齐的径向行列；在纵切面上观察时，筛细胞为伸长形，其长度较其宽度大几十倍到百余倍，可达 1 毫米以上。上下筛细胞的端部重叠在一起，连接成纵行行列。在筛细胞的径向壁上分布着很多筛域，特别是上下筛细胞端部的重叠处筛域更多。筛域的筛孔细小，大小都是一样的。韧皮薄壁组织的含量较少，在横切面上韧皮薄壁组织细胞单个地或数个聚集在一起星散地分布在次生韧皮部中，也有的排列成单列不连续的切向条层分布在次生韧皮部中。在纵切面上可以看到韧皮薄壁组织细胞为短长方形，排列成纵行行列，平行于筛细胞。除韧皮薄壁组织中的蛋白细胞外，韧皮薄壁组织细胞具有贮藏食物（主要是淀粉）的机能，有时其内积聚着树脂或鞣质。蛋白细胞内没有贮藏的淀粉，同时细胞的染色也较深，这两点可以使韧皮部中的蛋白细胞与韧皮薄壁组织细胞区别开来。也有些种类的次生韧皮部中还含有韧皮纤维，若含有韧皮纤维时，韧皮纤维在横切面上总是排列成单列的切向条层，与单列的筛细胞条层和单列的韧皮薄壁组织条层按照纤维层—筛细胞层—韧皮薄壁组织层—筛细胞层—纤维层的径向互相间隔的排列顺序依次排列，并按此进行重复，如柏科植物是（图 4.76）。

在松柏类植物茎的次生韧皮部中分布着很多韧皮射线，韧皮射线和木射线通过形成层连接起来，形成维管射线。韧皮射线通常是单列的，由横行的韧皮射线薄壁组织细胞构成，有些种类的韧皮射线中还含有蛋白细胞。若含有蛋白细胞时，蛋白细胞排列成一行或两行，分布在韧皮射线的上下边缘。有些松柏类植物茎的次生韧皮部中还含有树脂道。树脂道可纵行于次生韧皮部和横行于韧皮射线中，亦可只横行于韧皮射线中，如松属是。在后一种情况下，韧皮部中没有纵行的树脂道。

在无功能韧皮部中，筛细胞和蛋白细胞（包括韧皮薄壁组织和韧皮射线中的蛋白细胞）死亡破坏，但韧皮薄壁组织和韧皮射线薄壁组织细胞仍然是生活着的。在不含纤维的无功能韧皮部中，由于筛细胞的死亡破坏，因而使韧皮部扭曲变形，结果使韧皮射线在横切面上变成为波浪形，如松属是。

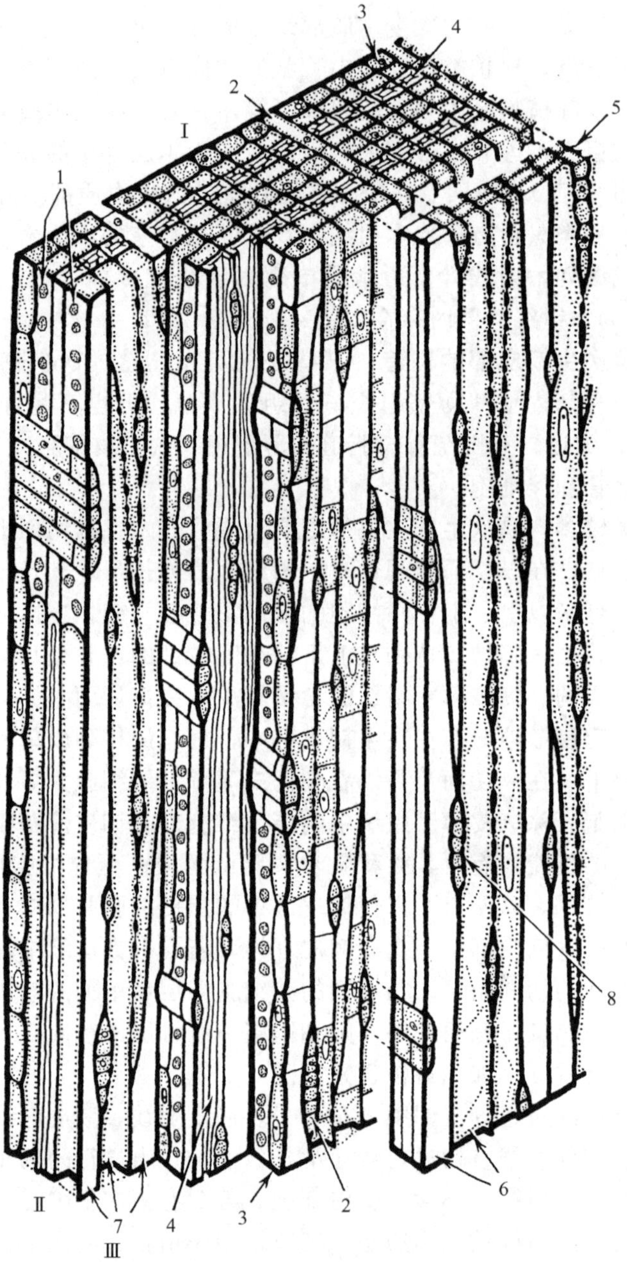

图 4.76　北美崖柏次生韧皮部三切面，示裸子植物木本茎次生韧皮部的构造

Ⅰ. 横切面　Ⅱ. 径向切面　Ⅲ. 切向切面　1. 筛域　2. 韧皮射线　3. 韧皮薄壁组织　4. 韧皮纤维　5. 形成层　6. 纺锤状原始细胞　7. 筛细胞　8. 射线原始细胞

第六节　反　应　木

反应木（reaction wood）是倾斜着生长的茎或侧枝所具有的一种异常的次生构造。

这类茎或侧枝的形成层进行异常活动，向一侧产生较多量的次生木质部，向其他各侧只产生较少量的次生木质部，结果在茎或侧枝的横切面上形成了离心的次生木质部。这种离心的次生木质部叫做反应木。反应木的形成是倾斜着生长的茎或侧枝对于重力作用的一种反应，它抵制重力下坠的作用，使倾斜着生长的茎或侧枝逐渐地转变成为直向生长。

松柏类植物倾斜的茎或侧枝下侧的形成层进行异常活动，产生出较多量的次生木质部，反应木形成于茎或侧枝的下侧，这叫做压缩木（compression wood）（图4.77）。双子叶植物倾斜的茎或侧枝上侧的形成层进行异常活动，产生出较多量的次生木质部，反应木形成于茎或侧枝的上侧，这叫做伸张木（tension wood）。

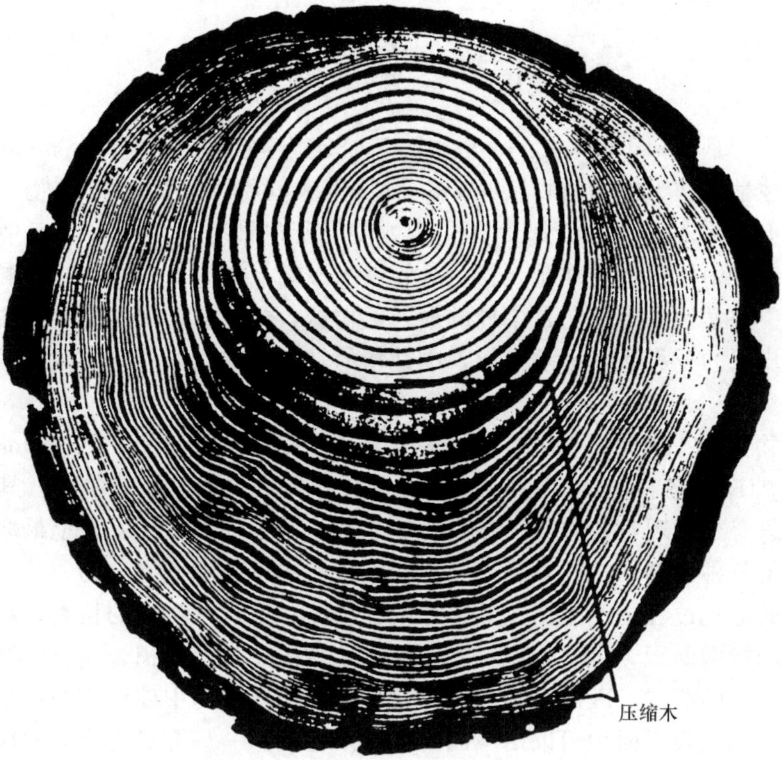

图4.77　反应木

松树（Pinus sp.）压缩木横切，示位于茎下侧的离心的次生木质部

压缩木含有体长较短，细胞壁较厚，木质化程度较高，在横切面上为圆形的管胞，管胞间具有细胞间隙。在化学组成上，压缩木的木质含量较多，纤维素的含量较少。由于压缩木的形成产生了一种扩张力，这种扩张力（推力）将倾斜着生长的茎或侧枝逐渐地推成为直向生长。

伸张木含有少量较细的导管和数量较多细胞壁较厚的胶质纤维（gelatinous fiber）。胶质纤维是伸张木的一个重要识别特征，它主要分布在伸张木中，也分布在伸张木的次生韧皮部中，在某些正常生长的根、茎、叶的木质部和韧皮部中也有胶质纤维的分布。胶质纤维不是木纤维，也不属于木质部外纤维，它是纤维中的另一种类型，它主要的特点是其次生壁的最内层是由一层未经木质化含有多量酸性多糖类物质和大量纤维素的胶质层

(gelatinous layer) 所构成的。胶质层具有吸湿性，能吸收多量的水，在干燥情况下，胶质层与位于其处层的次生壁层分离开来。伸张木在化学组成上与压缩木相反，它的纤维素含量较多，木质的含量较少。有的研究者（Fisher and Stevenson，1981）认为在胶质纤维的发育过程中进行纵向收缩，因而产生一种纵向收缩力，这种纵向收缩的力（拉力）将倾斜着生长的茎或侧枝逐渐地拉成为直向生长（见 Evert，2006）。

如上所述，反应木的解剖构造与化学组成和正常的木材是不同的，因此，湿度的变化能引起反应木发生与正常木材不同的膨胀和收缩。在含有反应木的木材进行干燥处理时，木材会扭曲变形，失去了使用价值。另外，在含有伸张木的木材进行锯割时，在其纵锯面上胶质纤维造成毛面。

第七节　中柱的概念

中柱这个词是樊梯干（van Tieghem）于 1886 年发表中柱学说（stelar theory）时使用的。中柱学说认为维管植物（vascular plants）（蕨类植物和种子植物）根和茎的初生构造基本上是相似的，二者都含有一个被皮层所包被着的中心柱，即中柱（stele）。按照中柱学说，中柱包括中柱鞘，初生维管组织，髓（如果是有的话）和髓射线四部分构造。按照中柱学说，中柱鞘是中柱的最外层构造，内皮层是皮层的最内层构造，这二者是中柱和皮层的分界线。必须了解，中柱指的是内皮层以内的初生构造，并不包括次生构造部分。

维管植物的中柱有不同的类型。最简单的一种叫做单中柱（haplostele）（图 4.78-1），单中柱没有髓，木质部为一实心的圆柱状体，位于中柱的中心，其外包被着一圈韧皮部。只有少数现存的蕨类植物具有单中柱。单中柱是系统发育上最原始的中柱类型，所有其他各种类型的中柱都是直接地或间接地由单中柱发展来的。

在植物的进化过程中产生出比较粗大的植物体。随着植物体的粗大，必须增加木质部与活组织的接触面积，也就是说，必须增加木质部的表面面积，只有这样才能够更好地适应植物生活的需要。因此增加木质部的表面面积就成为中柱演化的一个基本方向。

增加木质部的表面面积可以由不同的方式来完成。一种方式是改变木质部原来的形状，使原来为平整圆柱状体的木质部变成为周围具有纵向突出的棱角的圆柱状体或变成为数片纵向平行排列但彼此有连接的片状体。这样就形成了在横切片上呈星形或平行带状的木质部，韧皮部位于各星线或平行带之间。前者叫做星状中柱（actinostele）（图 4.78-2），后者叫做编织中柱（plectostele）（图 4.78-3）。某些蕨类植物的茎具有星状中柱，也有些蕨类植物的茎具有编织中柱。蕨类植物和种子植物的根通常具有星状中柱。

在系统植物学中，凡是实心的中柱，即中柱的中心充满维管组织没有髓的中柱，都叫做原生中柱（protostele）。上面所介绍的单中柱、星状中柱、编织中柱等都属于原生中柱，其中以单中柱最为原始。

另一种增加木质部的表面面积的方式是在单中柱的中心出现了髓，使得原来为实心的木质部变成为空心圆筒状的木质部。这样就形成了在横切片上呈圆环状的木质部，这叫做管状中柱（siphonostele）。管状中柱又有两种类型：一种是木质部的内外两面各有一圈韧皮部邻接着，这叫做双韧管状中柱（amphiphloic siphonostele）（图 4.78-4）；另一种是仅在木质部的外面有一圈韧皮部邻接着，这叫做外韧管状中柱（ectophloic siphonostele）（图 4.78-6）。某些蕨类植物的茎具有双韧管状中柱，也有些蕨类植物的茎具有外韧管状中柱。管状中柱除增加了木质部的表面面积外，它还增加了茎的机械支持能力。随着植物体的粗大，增加茎的机械支持能力（即茎的中柱由小型的，实心的圆柱

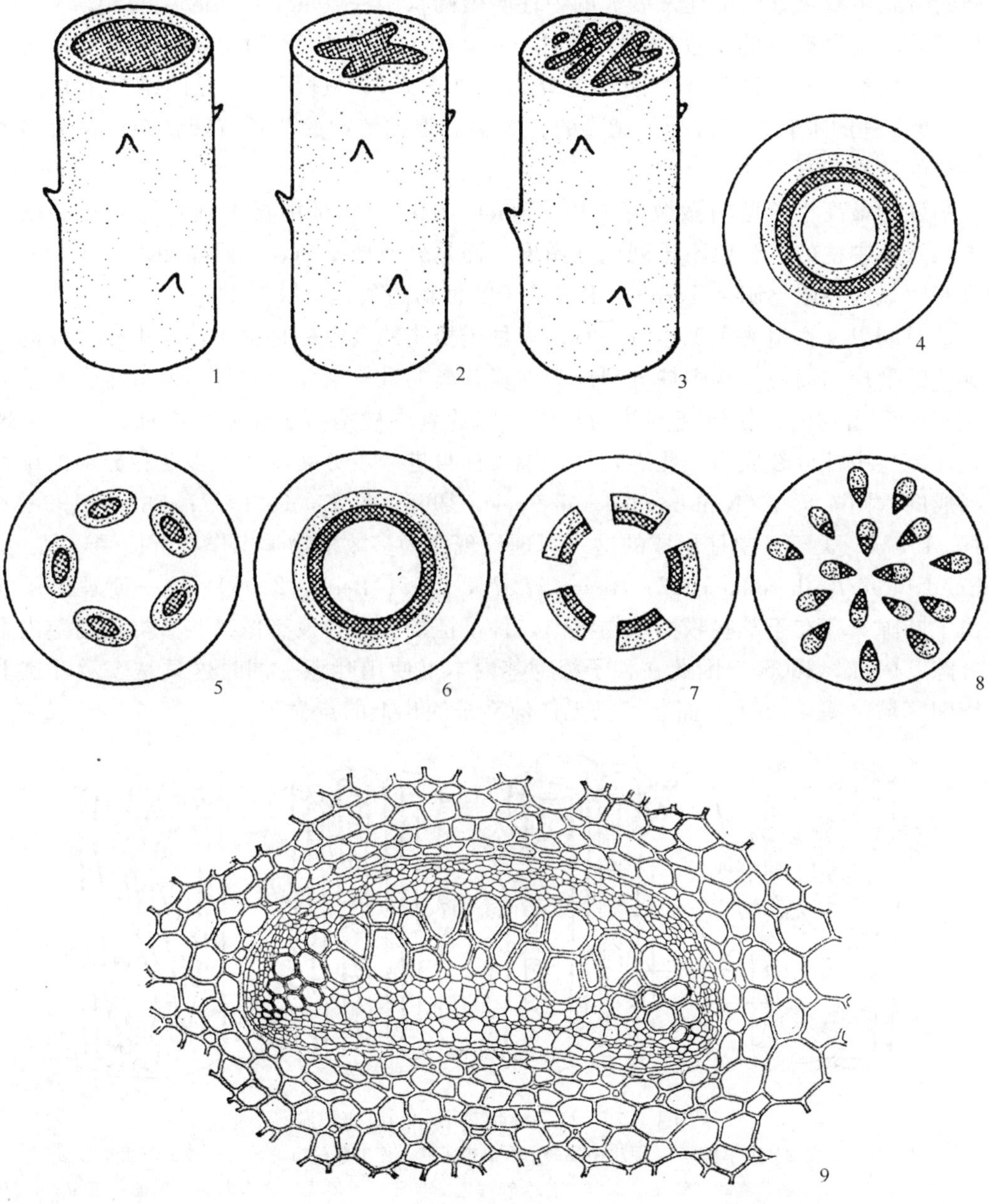

图 4.78　中柱类型（图解）与周韧维管束

1. 单中柱　2. 星状中柱　3. 编织中柱　4. 双韧管状中柱　5. 网状中柱　6. 外韧管状中柱　7. 真中柱　8. 散生中柱　1～3 为原生中柱的立体模型，只绘出韧皮部与木质部，未表示表皮与皮层　4～8 为茎的横切面，叉线表示木质部，点点表示韧皮部　9. 一种蕨类植物（*Davallia solida*）茎中的周韧维管束

状体变成为大型的，空心的管状体）也是中柱演化的另一个基本方向（见 Niklas，1997）。

还有一种增加木质部表面面积的方式是在管状中柱上出现了增大的叶隙和形成了许多与叶迹无关的穿孔（perforation）。由于叶隙的增大和穿孔的形成，使得原来完整的管状中柱破裂成为网状的，网眼内充满薄壁组织，这也增加了木质部的表面面积。按照这样的方式由双韧管状中柱发展成的中柱叫做网状中柱（dictyostele）（图 4.78-5），由外韧管状中柱发展成的中柱叫做真中柱（eustele）（图 4.78-7）。在横切面上，网状中柱和真中柱都形成了排列成圆圈形的分离的维管束，不过网状中柱的维管束是周韧型的①，真中柱的维管束通常是外韧型的。大多数蕨类植物的茎具有网状中柱，大多数种子植物的茎具有真中柱。

中柱的最高级类型叫做散生中柱（atactostele），它是由真中柱发展来的。在横切片上，散生中柱的维管束不排列成圆圈形，而是分散地排列着，因而使得中柱和皮层之间没有明显的界限（图 4.78-8）。很多单子叶植物的茎具有散生中柱。

长时期以来，植物学工作者一直认为种子植物的真中柱是由于管状中柱叶隙的增大和穿孔的形成因而使管状中柱分裂成为许多分离的维管束而形成的，但近年来对于现代和化石维管植物的比较研究则认为种子植物的真中柱是由于在原生中柱的中心出现了髓，使原生中柱分裂成为一些维管柱，维管柱再进一步分裂成为许多互相分离的维管束而形成的（图 4.79）（Namboodiri and Beck，1968；见 Esau，1977；Fhan，1990；Niklas，1997）。关于真中柱形成的这一新理论现已为多数植物学工作者所接受（见 Beck，Schmid，and Rothwell，1982；Raven *et al.*，2005；Beck，2005）。这一新理论还同时提出了叶隙只存在于某些蕨类植物茎内，种子植物茎内并没有像某些蕨类植物茎内那样的叶隙（Beck，2005）。因此在种子植物茎内本书使用叶隙一词时这只是表示叶迹上方的束间区域（图 4.79-D）而已，已无任何系统演化上的意义了。

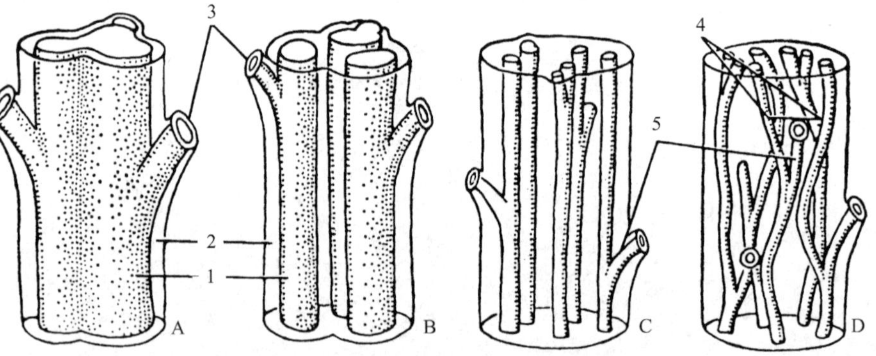

图 4.79　裸子植物真中柱的可能起源

A. 具有三棱的原生中柱　B. 原生中柱的中心出现了髓，由于髓的出现，使三棱的原生中柱分裂成为三根互相分离的维管柱　C、D. 各维管柱进一步分裂，形成了许多互相分离的维管束，即形成了真中柱，被子植物真中柱的形成过程与上述的裸子植物真中柱的形成过程是相似的

1. 中柱　2. 皮层　3. 附属物（叶或叶的前身）　4. 叶隙　5. 叶迹

① 木质部在中心，韧皮部成圆筒状围绕着木质部，二者之间没有形成层，这种类型的维管束叫做周韧维管束（amphicribral bundle）（图 4.78-9）。周韧维管束多见于某些蕨类植物的根状茎中，但在少数水生被子植物的茎和很多双子叶植物的花丝中也有存在。

樊梯干的中柱学说推动了对于维管植物初生维管系统的研究工作。多数植物学工作者认为应用中柱学说的论点来研究维管植物初生维管系统的演化与分类是有价值的，中柱学说已为多数植物学工作者所接受。但由于在种子植物茎内通常并没有典型的内皮层和非韧皮部起源的中柱鞘的存在，这使得中柱学说的论点与种子植物茎的初生构造并不符合，并使得种子植物茎的中柱与皮层的界限难以划分，因此中柱学说在种子植物茎内的应用遇到了困难。另外，中柱学说认为叶迹是从茎的初生维管系统中分出的分枝，是茎的维管系统的附属部分，而有的研究者则认为茎中的所有维管束都是叶迹，叶迹是茎的初生维管系统的构造单位。这些研究者对于叶迹与茎的初生维管系统的关系的看法与中柱学说的看法是不同的。上述的这些问题曾引起了中柱学说是否是正确的争论。本书作者认为，现已承认种子植物茎内的初生维管系统是一合轴系统，合轴系统对于叶迹与茎的初生维管系统的关系的看法与中柱学说的看法是一致的。那么，应该怎样解释在低等维管植物（蕨类植物）的根、茎内和在种子植物的根内都具有界限分明的中柱，而在大多数种子植物的茎内中柱却没有了分明的界限呢？这是一个需要进行研究解释的问题。按照 Eames（1961）的意见，认为种子植物茎内的中柱鞘和内皮层正处在退化消失的过程中。如果 Eames 的这种看法是正确的，则在种子植物的茎内没有一个界限分明的中柱是中柱鞘和内皮层退化消失的必然结果。

第八节　茎和根构造上的区别

大多数研究者认为种子植物的根是由茎演化而来的（见 Beck，2005），因此茎和根的构造大体上是相似的。例如茎和根的顶端都有一个生长点，即顶端分生组织，初生构造都有一个被皮层包被着的中心柱，即中柱，次生构造都包括次生维管组织和周皮两部分等，但茎和根在构造上也有许多的不同点。下面谈一谈茎和根在构造上的主要不同点。

茎有节与节间的区分，根没有节与节间的区分。根的顶端为根冠覆盖着，茎的顶端没有和根冠相类似的构造。茎的顶端分生组织位于真正的顶端，根的顶端分生组织是位于近顶端的，不是真正的顶端。根尖的原始细胞与根部的各种组织在发生上常有直接的关系，茎尖的原始细胞与茎部的各种组织在发生上，除茎尖原套的 L1 层肯定地要发展为茎的表皮层外，并没有直接的关系。茎尖的原形成层排列成束状，根尖的原形成层排列成圆柱状体。茎尖的伸长区较长，根尖的伸长区较短。由于茎尖的伸长区较长，所以在此区最早成熟的木质部（原生木质部）的组成成分含有伸长能力较强的环纹式和螺纹式管状分子（导管和管胞）；由于根尖的伸长区较短，所以在此区最早成熟的木质部（原生木质部）的组成成分无需乎多少伸长，因此管状分子可能没有环纹式和螺纹式的。茎的表皮单独地起源于茎尖最外的一层原始细胞，而根的表皮通常是与根冠或是与皮层共同地起源于根尖的一层原始细胞。茎的表皮层上分布着气孔，根的表皮层上没有气孔。茎的皮层较狭，根的皮层较宽。茎的皮层内常含有机械组织，根的皮层内多无机械组织。茎内很少有典型的内皮层（具凯氏带的）的存在，而根内几乎都有典型的内皮层。茎内的“中柱鞘纤维”实际上是初生韧皮部的组成成分，并不是一种单独存在的构造，根内的中柱鞘则是一种韧皮部外单独存在的构造。茎的中柱在横切面上占有较大的面积，根的中柱在横切面上所占的面积较小。茎内一般含有外韧或双韧维管束，根内则是木质部束和韧皮部束互相间隔地排列着，没有由木质部和韧皮部径向结合在一起的维管束。茎内初生木质部的分化为内始式，根内初生木质部的分化则为外始式。茎内有髓，根内通常无髓。茎的节和节间在构造上是有区别的，根无节和节间之分，所以在构造上是一致的。叶原基与腋芽原基发生于茎的顶端分生组织，并且都是外起源的，侧根通常发生在根的成熟区以上的中柱鞘，不是发生于根的顶端分生组织，并且是内起源的。在茎内形成层发生于维管束中和束间区域，在根内形成层发生于韧皮部束内端的薄壁组织细胞和正对着木质部束角端的中柱鞘细胞。茎的次生木质部和次生韧皮部中薄壁组织的含量较少，纤维的含量较多，根的次生木质部和次生韧皮部中薄壁组织的含量则较多，纤维的含量则较少。这是因为根生在土壤中，无需乎太大的机械支持，所以纤维的含量减少，贮藏食物的薄壁组织（贮藏组织）的含量增多。茎内的导管较小，并且大小常不一致，有些导管大，有些导管小，根内的导管较大，并且大小比较一致。导管的直径大有利于输导，但茎常因外力（如风力）而摇摆，如果导管的直径过大，则导管内的水柱因处于紧张状态易因茎的摇摆而断裂，并且导管的直径过大也不利于茎的机械支持，所以茎内的导管较小。茎内的年轮明显，根内的年轮不如茎中那样明显，这可能是与土壤中的季节性变化较为和缓有关。茎中的木栓形成层多发生自皮层的外层细胞，根中的木栓形成层则发生自中柱鞘细胞。茎上的落皮层较厚，常凹凸不平，根上的落皮层外表比较平整，并且较薄，因受土壤微生物的破坏使然。

第九节　过　渡　区

植物幼苗根部上方的初生维管组织通过胚茎伸入子叶，形成了子叶内的中脉。因为子叶内的初生维管组织是外韧式的，而根内的初生维管组织是辐射式排列的，所以根内的初生维管组织在通过胚茎时，在构造上需要发生一些转变才可以形成为子叶内的外韧式中脉。现以甜菜幼苗为例来说明从根到子叶内初生维管组织在构造上发生转变的过程(图 4.80-Ⅰ)。

甜菜幼苗的根具有一根二原型的初生木质部和两根初生韧皮部束。初生韧皮部束位于二原型初生木质部的两侧。在幼苗胚茎的下部做一横切片可以看到二原型的初生木质部从中部被薄壁组织（此即髓）所隔开，成为两根初生木质部束（图 4.80 -B)。再往胚茎的上边一点，两根初生木质部束的后生木质部各纵裂为二并向两旁旋转，同时两根初生韧皮部束也各一分为二并各与一向两旁旋转的后生木质部相连接。到了胚茎的上部，纵裂为二的后生木质部继续向两旁旋转。到了胚茎的最上部和子叶的叶柄中后生木质部向两旁旋转的角度已经超过了 180 度（即纵裂为二的后生木质部之间的夹角已经超过了 180 度）（图 4.80-D，E，F)。到了子叶的叶片内，纵裂为二的后生木质部已经旋转了 360 度（即纵裂为二的后生木质部之间的夹角等于 360 度)。在这里，纵裂为二的后生木质部重新愈合在一起。位于后生木质部外方的两根初生韧皮部束也随同后生木质部的愈合而愈合在一起，结果形成了一根外韧维管束，此即子叶内的中脉（Esau，1965a)。

甜菜幼苗茎中最早分化出来的两根维管束（即最早分化出来的两片营养叶的叶迹）

是外韧式的。它们通过胚茎向下延伸一直进入到根内[①]。当它们通过胚茎时，与胚茎中的子叶迹互相间隔地排列着，当它们进入根内时，分别位于二原型初生木质部的两侧与两根初生韧皮部束的内方。在根内，这两根外韧维管束与根内的维管组织连接起来，木质部与木质部相连接，韧皮部与韧皮部相连接。

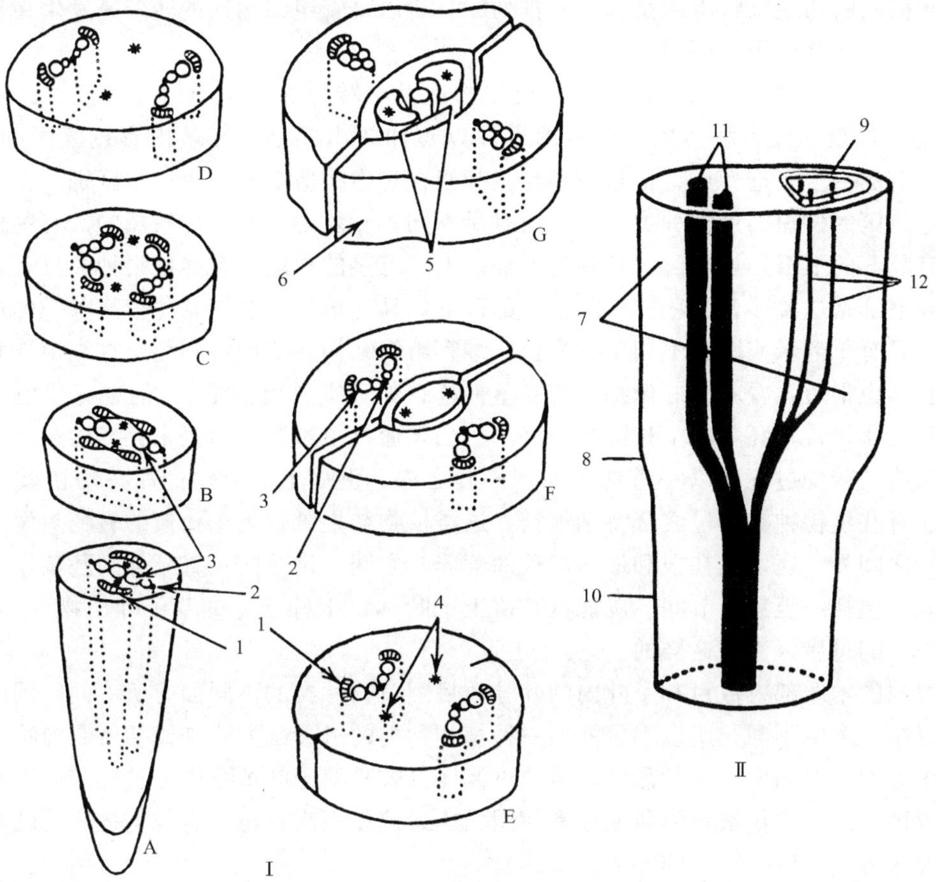

图 4.80　过渡区

Ⅰ. 甜菜幼苗过渡区连续横切，示过渡区构造（图解）　1. 韧皮部　2. 原生木质部　3. 后生木质部　4. 胚芽两片营养叶的叶迹　5. 胚芽　6. 子叶　Ⅱ. 一种丝兰属植物（*Yucca whipplei*）幼苗的子叶节，示单子叶植物不对称的过渡区（图解）　7. 子叶叶鞘　8. 子叶节　9. 胚芽的第一片营养叶　10. 胚茎（根和子叶间维管组织构造的转变始于胚茎的下部，完成于胚茎的端部，形成了两根外韧维管束，此即子叶内最早发生的两根叶脉，根和第一片营养叶间维管组织构造的转变也是始于胚茎的下部，完成转变后形成了第一片营养叶内最早发生的三根叶脉）　11. 子叶内最早发生的两根叶脉　12. 第一片营养叶内最早发生的三根叶脉（现仍处于原形成束的发育阶段）

从以上的例子可以看出，在甜菜幼苗茎中最早分化出来的两根外韧维管束与根内的

① 维管组织“通过胚茎伸入子叶”（p. 228），“并向两旁旋转”（p. 228），“向下延伸，一直进入到根内”（p. 229），以及“叶迹自茎束分出后可以立即进入叶中”（p. 190）等说法完全是为了讲解上的方便。实际上维管组织并没有真正地“通过”，“旋转”，或“进入”某种器官中，而是在幼嫩的生长器官中维管组织是由一种未成熟的组织（原形成层）在一定的部位经过一定的成熟变化（分化）发展而成的。

维管组织是直接地连接起来的，它们之间并不发生维管组织构造上的转变，因为在它们的连接处根的韧皮部与茎维管束中的韧皮部是紧密相邻的，根的木质部与茎维管束中的木质部也是紧密相邻的，所以连接起来很方便。但是甜菜根内的初生维管组织在根的上方通过胚茎伸入子叶之内形成了子叶内的中脉，因为子叶内的初生维管组织是外韧式的，而根内的初生维管组织是辐射式排列的，所以维管组织构造的转变是发生在根和子叶之间，即胚茎和子叶柄内。

在胚和幼苗的胚茎内，初生维管组织构造发生转变的部位叫做过渡区（transition region）。过渡区位于胚茎内，但有的也可以延伸超出胚茎。胚茎内有过渡区的存在，这是胚茎的一个构造特点，也是胚茎与茎和根在初生构造上的一个根本区别。

过渡区的长短因植物种类的不同而有所不同，一般地讲都是比较短的。有些植物种类只有胚茎的下部是过渡区，胚茎的下部以上具有茎的构造；有些植物种类只有胚茎的中部或上部是过渡区，胚茎的中部或上部以下仍具有根的构造；有些植物种类的过渡区很短，只有1毫米或者还不到1毫米长，维管组织结构转变地特别陡，这类植物胚和幼苗的胚茎也很短，看起来好像是没有胚茎一样，如禾本科植物是①。但也有些植物种类的过渡区比较长，胚茎的全长都是过渡区。如果通过了过渡区但仍未完成构造转变的种类，构造的转变过程可以一直地延伸到子叶之内，例如上面所讲的甜菜幼苗就是这样的。还有些植物种类的过渡区特别地长，这类植物初生维管组织构造的转变除发生在根和子叶之间外，还发生在根和最初出现的营养叶之间，过渡区一直延伸到胚茎以上的胚芽茎内，包括一至数个节间。例如具有留土子叶（留土种子）的双子叶植物（如豌豆、蚕豆等）的过渡区都是这样的。

根内的木质部束数目和子叶内的叶脉数目因植物种类的不同而有所不同，因此过渡区的复杂程度也不同，所以不可能用一种植物种类的过渡区方式来概括所有植物种类的过渡区方式。上面所介绍的甜菜幼苗的过渡区方式是双子叶植物中一种比较简单和常见的过渡区方式。近年来科学研究经常使用的模式植物拟南芥也具有与上述甜菜幼苗相同的过渡区方式（Busse and Evert，1999）。

单子叶植物的过渡区方式与双子叶植物的不同，因为单子叶植物的幼苗只具有一片子叶，所以一部分维管组织构造的转变发生在根和这一片子叶之间，另一部分维管组织构造的转变则发生在根和第一片营养叶之间，因此过渡区具有不对称的构造（图 4.80-Ⅱ，见 Esau，1965b）。裸子植物的过渡区方式与双子叶植物的相同，维管组织构造的转变也是发生在根和子叶之间，但由于裸子植物幼苗子叶的数目常在二片以上，所以过渡区方式比较复杂一些。

很多教科书对过渡区的讨论称为“根—茎过渡”（Eames and MacDaniels，1947），给人以初生维管组织构造的转变发生在根和茎之间的印象。事实上，除某些植物（如留土子叶植物）外，说初生维管组织构造的转变发生在根和茎之间是不够恰当的。在讨论

① 禾本科植物的胚茎很短，有时会误认为禾本科植物的胚和幼苗没有胚茎。实际上，一切具有根和枝叶（shoot）的胚和幼苗在根和枝叶之间都必须有一个从辐射式排列的维管组织结构转变成为外韧式排列的维管组织结构的过渡区。如上所述，过渡区位于胚和幼苗的胚茎内，所以胚和幼苗都有胚茎，禾本科植物也并不例外。但禾本科植物的胚茎和过渡区都很短，维管组织结构的转变特别陡，必须使用显微镜才可以看到（Eames，1961）。

植物的过渡区时，最好避免使用“根和茎间初生维管组织构造发生转变”一语而使用“根和枝叶间初生维管组织构造发生转变”一语比较恰当。在以上所讲甜菜幼苗的例子中，枝叶指的是胚茎和子叶。胚茎可以认为是植物生活中最早的茎，子叶可以认为是植物生活中最早的叶。

第十节　茎的变态

多年生草本植物的茎常生在地下，植物借助于这种地下茎渡过不良的冬季气候。地下茎常发生各种变态，用以贮藏大量营养物质，供给来年植物萌芽生长时的需要。地下变态茎可以分为根状茎（rhizome）、块茎（stem tuber）、球茎（corm）、鳞茎（bulb）四类。

1. 根状茎

匍匐在地下一定深度的茎叫做根状茎（图 4.81）。成年状态的根状茎上没有主根，

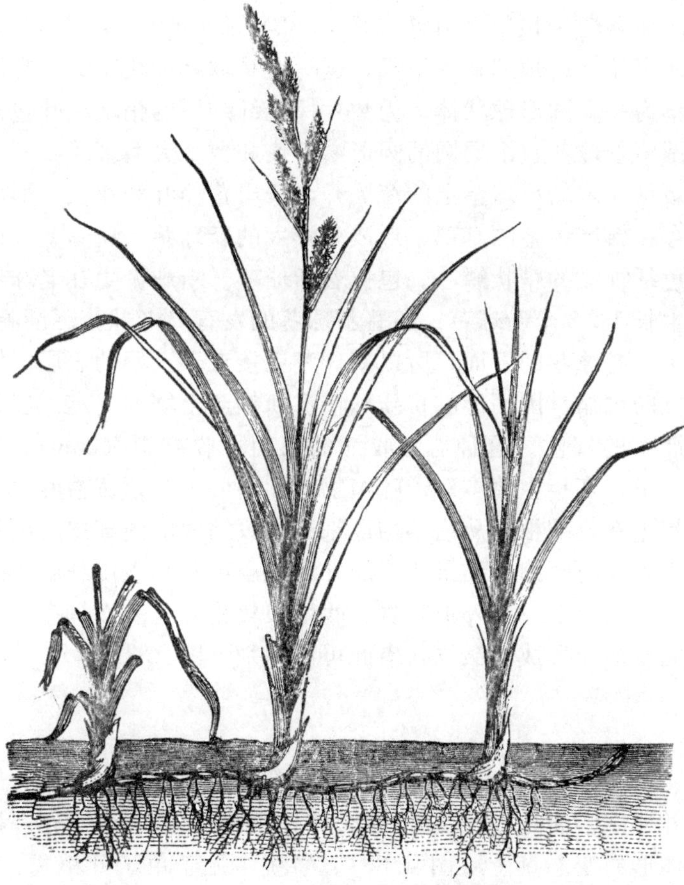

图 4.81　薹草属的根状茎

茎的节上生有许多不定根。根状茎和根很相似，但二者有根本的区别。例如根状茎的顶端生有顶芽，茎上有节与节间，节上常着生有无色或褐色的退化叶，叫做鳞叶（scale leaf）[①]，鳞叶的腋部生有腋芽，腋芽展开后发育成地上枝或地下枝（根状茎）等，根则并不具备这些特点。不过也有例外的情况，例如薯蓣（俗称为山药）的根状茎的顶端没有顶芽，茎上没有节和节间，也没有鳞叶或鳞叶痕，也没有腋芽，它的外形像是根，但它是从胚的胚茎发育而成的（见 Yamaguchi，1983），含有分散分布的维管束，所以它是变态的茎，不是根。

根状茎有不同的形状，有的节间较长，如芦苇，有的节间短而肥厚，如姜。通常根状茎的长度与其粗度成反比，即节间愈长根状茎愈细，反之愈粗。多数根状茎内贮藏着大量营养物质，日常食用的藕粉就是用莲的根状茎（即莲菜）制成的。很多药用植物的药用部分也常是植物的根状茎。

2. 球茎

球茎为圆球形或扁圆球形的肉质地下茎。很多鸢尾科和百合科的植物生有球茎。常见的观赏植物唐菖蒲和药用植物番红花（图 4.82）都生有球茎。球茎是由植物主茎的基部膨大而成，非由枝茎的顶端膨大而成，这一点是球茎和块茎的基本区别。

唐菖蒲的球茎为一扁圆形球状体，为数片棕色纤维质的鞘状鳞叶包被着。若将鳞叶剥去，可见数个围绕着球茎整个周圆的圆形鳞叶痕和数个大型腋芽。

球茎在春季栽培，栽培后球茎上的芽展开，长出营养叶和花枝，形成新苗。营养叶所制造的食物贮存在新苗主茎的基部，形成一膨大的新球茎。新球茎长成后，营养叶的基部转变成为棕色纤维质的鞘状鳞叶，包被着新球茎。新球茎生在老球茎的上面，在一个老球茎上可以生长 1～3 个新球茎。随着新球茎的发育，老球茎逐渐萎缩。

因为新球茎生在老球茎的上面，所以新球茎更接近于土壤的表层。但新球茎的一部分根能够在纵的方向收缩，因而能够将新球茎重新拉至土壤的一定深度，从而保证了球茎能够越过冬季严寒的气候。这种能够收缩的根叫做收缩根（contractile root）。收缩根的分布很广泛，很多多年生草本双子叶植物（如蒲公英、紫苜蓿等）和具有球茎与鳞茎的单子叶植物都生有收缩根。从内部构造来看，收缩根的内部皮层细胞在发育的一定阶段进行径向扩张和纵向收缩，结果使根的外部皮层细胞和表皮细胞等因内部皮层细胞的纵向收缩变短而扭曲变形；从外形来看，收缩根较粗并且表面具有由于外部皮层细胞和表皮细胞的扭曲变形而形成的皱纹，借此可以识别（图 4.82）。

3. 鳞茎

鳞茎、块茎、球茎都是贮藏食物的变态器官，但后两者的肉质膨大部分是茎，前者的肉质膨大部分并非茎，而是一种变态的叶，叫做鳞叶。鳞叶着生在一种节间非常短的半圆球形或圆锥体形的变态茎上（图 4.83）。鳞茎多见于单子叶植物，如百合、洋葱、蒜等都生有鳞茎，双子叶植物中少见生有鳞茎者。

---

① 任何干燥薄膜质的退化叶都叫做鳞叶，前面讲过的芽鳞也是一种鳞叶，但洋葱、百合等的肉质变态叶也叫做鳞叶。

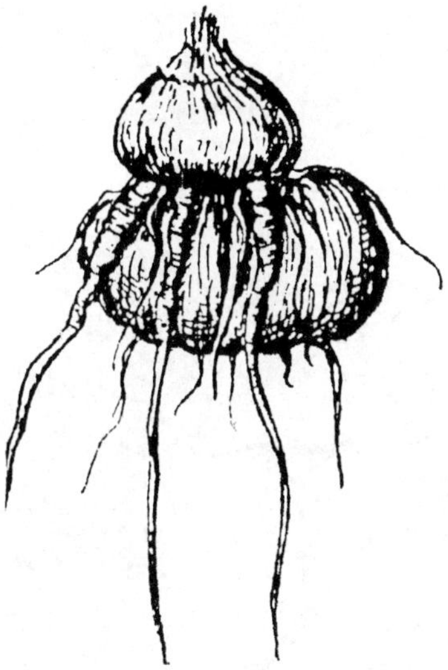

图 4.82　番红花的球茎，示收缩根

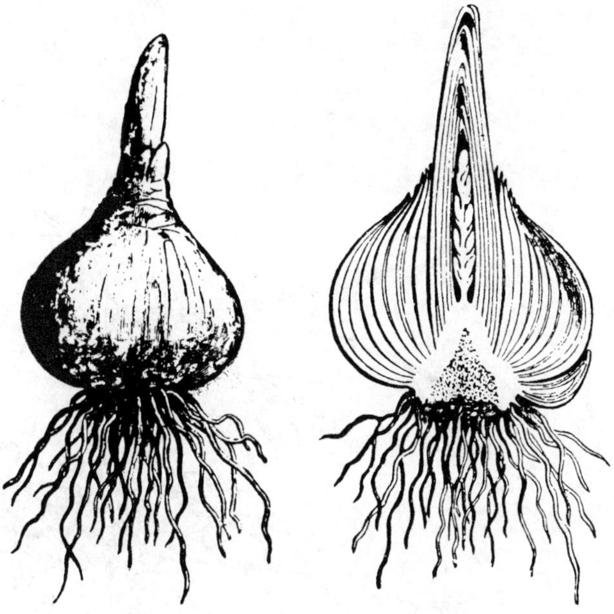

图 4.83　风信子的鳞茎
左：外观　右：纵切

洋葱头与大蒜头都是鳞茎，二者的主要区别是，前者的肉质膨大部分是鳞叶，腋芽不甚发育，后者的肉质膨大部分是腋芽（即大蒜瓣），鳞叶长成后干燥薄膜质，包被着腋芽。

4. 块茎

块茎为短而肥大的肉质地下茎，节间非常短，形成于地下枝的顶端，如马铃薯、荸荠、菊芋（洋姜）等。

马铃薯生长到夏末时地面下植株基部的腋芽开始发育，形成为地下枝。地下枝长到一定长度后，顶端膨大形成块茎（图 4.84）。块茎的顶端生有顶芽，顶芽的下面块茎的周围有很多凹陷，叫做芽眼（eye）。芽眼内通常生有三个芽，将来只有当中的一个芽发育，两侧者为休眠芽。在每一个芽眼的下面有一片很早就已经脱落了的鳞叶的叶痕。

马铃薯块茎长成后包被在块茎外面的表皮层细胞死亡脱落，由数层木栓层细胞构成的周皮执行保护的机能。若将长成的马铃薯做横切片观察时，可见最外为数层木栓层细胞，木栓层之内为皮层，皮层之内为外生韧皮部，外生韧皮部之内为木质部束，木质部束之内为内生韧皮部，最中心是髓。内生韧皮部中的薄壁组织特别发达，形成为块茎的主要食用部分（图 4.85）。

上面所介绍的都是地下变态茎，地上茎也时常发生变态。常见的地上变态茎有卷须（stem tendril）、枝刺（stem thorn）、叶状枝（phylloclade）等三类。

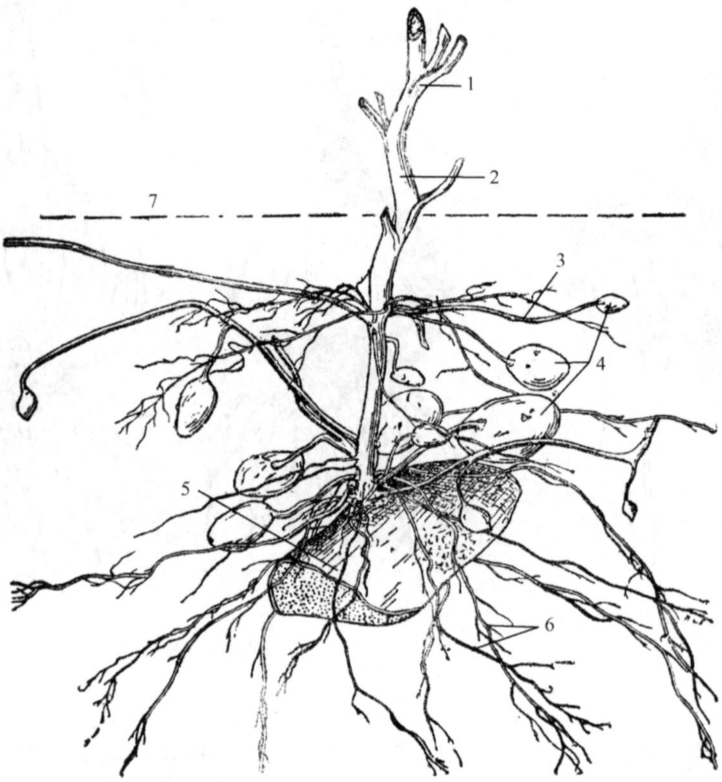

图 4.84　马铃薯一部分植株，示块茎的形成

1. 下延的叶基　2. 地上茎　3. 地下枝　4. 块茎　5. 种薯　6. 根　7. 地平线

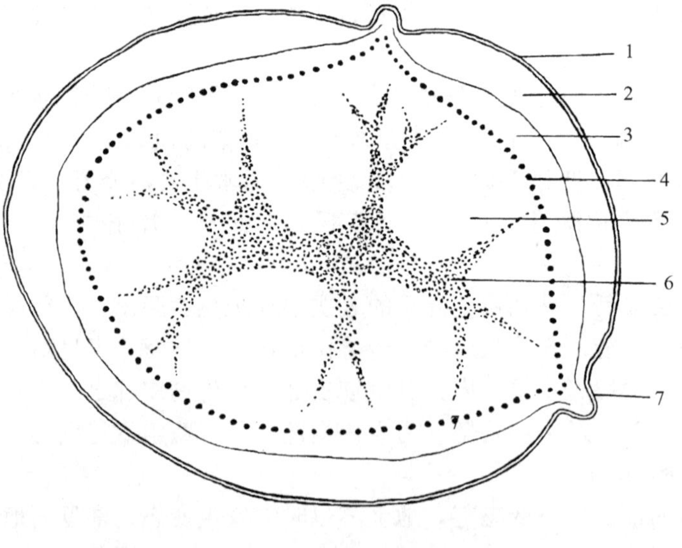

图 4.85　马铃薯块茎横切（草图）

1. 木栓层　2. 皮层　3. 外生韧皮部　4. 木质部束　5. 内生韧皮部　6. 髓　7. 芽

5. 卷须

攀缘植物的茎细而长直立不起来，这类植物的一部分茎往往变态成卷须（图 4.86）攀缘在附近的植物体或物体上，借以帮助茎的直立。例如葡萄树生有与叶对生的卷须，这是由茎变态成卷须的最常见的例子（图 4.35）。

6. 枝刺

茎可以变态成刺状物，叫做枝刺（图 4.87）。石榴、山楂、皂荚树等都生有枝刺。枝刺具有保护植物体免被动物侵害的作用。

卷须和刺状物可能是由茎变态成的，也可能是从叶变态而来。区别卷须和刺状物究竟是何者的变态，主要是根据它们在茎上着生的部位，有时也可以根据卷须和刺状物上有无节与节间来区分。如果卷须和刺状物着生在枝条的顶端或叶的腋部（叶脱落后留有叶痕）或与叶对生，或者卷须和刺状物上有节与节间，像这类的卷须和刺状物都是茎的变态。

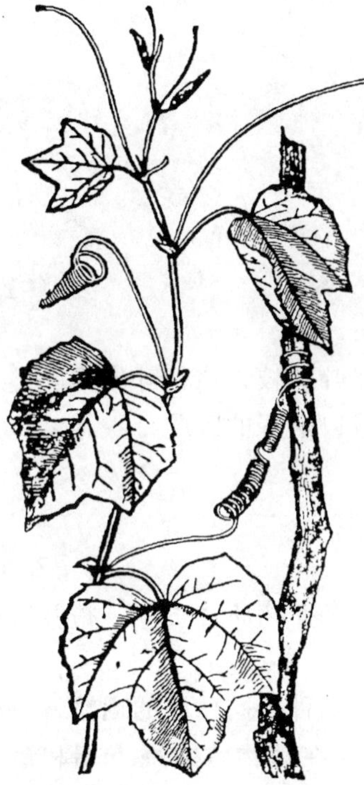

图 4.86　一种西番莲属植物（*Passiflora* sp.）的枝卷须

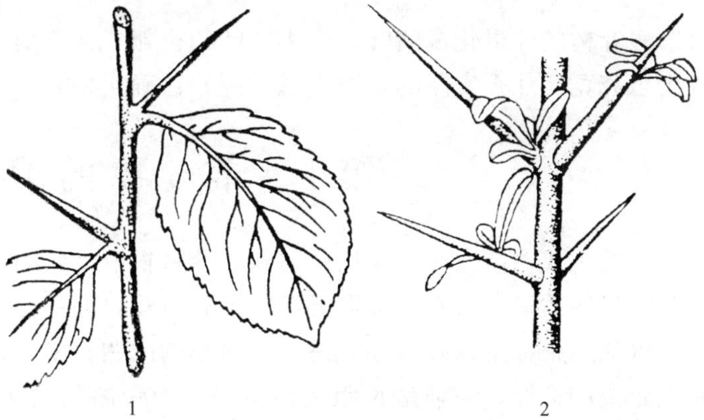

图 4.87　枝刺

1. 山楂　2. 石榴

7. 叶状枝

有些植物的叶非常退化，失去了叶的机能，茎变态成叶的形状，执行叶的机能，这类变态茎叫做叶状枝。例如天门冬、天冬草、假叶树等都生有叶状枝。

假叶树的叶状枝看起来和普通的叶并没有什么很大的差别，只是到了夏季开花时，从叶状枝的近乎中部生出鳞片状苞片，在鳞片状苞片的腋部生出花来，因而证明了它是变态的茎而不是叶（图 4.88）。

图 4.88　假叶树的叶状枝

1. 鳞叶　2. 叶状枝　3. 花　4. 鳞片状苞片　5. 浆果

假叶树的叶退化成鳞叶，失去了叶的机能，而茎变态成叶状枝，执行叶的机能。这种变态究竟有什么实际的生物学意义呢？这确实还是一个难以解释的问题。

第十一节　茎的功能

茎的主要功能之一是物质的运输，茎将根所吸收的水分和矿物质运达叶，将叶所制造的有机物质运达根和其他需要或贮藏有机物质的部位。

水流从根部运达叶部并不是一个简单的问题，中间包括两种不同性质的运输。一种是短距离的运输，一种是长距离的运输。短距离的运输发生在植物体的最下端和最上端，即从根毛细胞到根的导管间和从叶的叶脉到叶肉细胞间。短距离的运输是活细胞间的运输，这种运输可以用扩散作用、渗透作用来解释。长距离的运输发生在植物体的上下两端之间，有些树木高达数十米或百米以上，因此必须有一种使水流上升的动力，这种动力必须胜过水流上升时所产生的水柱重力和水柱在导管内上升时所遇到的阻力，只有这样，长距离的运输才是可能的。

在早春植物的蒸腾作用不太强烈时，植物的根部能够产生 1～2 个大气压（1 标准大气压＝1.01325 巴）的根压，根压压送着水流上升（根部借渗透作用压送着水流沿着导管上升的力量叫做根压）。不过 1～2 个大气压的根压只能够将水流压升 10～20 米的高度（未将水流在导管内上升时所遇到的阻力计算在内）（根据物理学的测量，1个大气压只能使水柱升高10米），但有些树木高达五六十米甚至百米以上，如果只依靠根压显然是不能够解决水流在这些高大的植物体内的上升问题的。并且当夏季植物蒸发水分最多的时候，这时植物的根压最小或甚而等于零，可见根压并不是水流上升的主要动力。

植物的叶都进行水分的蒸发，这叫做植物的蒸腾作用（transpiration）。当植物的叶进行蒸腾作用时，与气室和细胞间隙相邻的叶肉细胞的水分首先蒸发，叶肉细胞失水后，就向相邻的细胞吸水，相邻细胞失水后又向相邻的细胞吸水，依次类推，最后使与叶脉的导管相邻的叶肉细胞从导管中吸水。叶肉细胞从叶脉的导管中吸水的力量才是水流上升的主要动力。

叶肉细胞从叶脉的导管中吸水的力量到底有多大呢？是否可以提升数十米甚至100多米高的水柱呢？这么高的水柱是否会因水柱重力的关系而发生中断呢？关于第一个问题，根据测量，乔木叶肉细胞因蒸腾作用失水，其水势可降低到－30个大气压左右，这就意味着叶肉细胞的吸水力可达30个大气压左右，这么高的吸水力可以使水柱升高300米上下（未将水流在导管内上升时所遇到的阻力计算在内），而一般的树木也不过只有十几到20多米的高度。关于第二个问题，也有人做过测量，证明水分子间的内聚力是很大的，约在300个大气压以上，而100米高的水柱重力也不过只等于10个大气压而已，所以水柱绝没有断裂的危险。

叶所制造的有机物质必须运输到需要或贮藏它的部位中去。有机物质被运输的一个主要条件就是它必须先分解为较简单的，能够溶解于水中的物质后才可以被运走。

关于植物体内有机物质的运输问题到目前为止还没有得到完全令人满意的解释。过去曾认为单纯的扩散作用是有机物质运输的主要动力。就是说，有机物质从浓度较高的细胞，即制造有机物质的细胞，借扩散作用经过筛管扩散到浓度较低的，也就是消耗有机物质的细胞中去。但是在扩散作用过程中物质的移动速度是非常慢的，有人做过试验，证明在绝对静止的水中1毫克的蔗糖从10%的蔗糖溶液扩散到水中每移动1米的距离就需要两年零七个月的时间，溶解的蛋白质则需要整整的十四年！实际上，有机物质在植物体内的运输速度是十分快的。有人做过试验，证明糖在棉花筛管中的运输速度比在静水中的扩散速度可大至4万倍！模式的每小时可达50-100厘米。可见单纯地用扩散作用来解释有机物质在植物体内的运输是行不通的。实际上，有机物质借扩散作用的运输只限于细胞间很短距离的运输，一般只能到微米的量度级，也就是说只有数个细胞的距离。有机物质在筛管内的运输是长距离的运输，这种运输是不可能单纯地用扩散作用来解释的。

究竟有机物质在筛管内长距离运输的动力是什么呢？植物学工作者对于这个问题曾发表了一些见解不同的学说，其中以压力流动学说（pressure flow hypothesis）为多数研究者所接受（见 Taiz and Zeiger，2002）。这个学说认为筛管两端的涨压有所不同，一端的较高（因有机物质的输入提高了吸水力吸水的结果），另一端的较低（因有机物质的输出降低了吸水力失水的结果），由于筛管两端涨压的不同，因而将携带着有机物质的液流从筛管涨压较高的一端集体地压送至涨压较低的一端（集体流动，mass flow），从而将有机物质从筛管的一端运送到另一端，然后从筛管中输出，转运给消耗有机物质或贮存有机物质的细胞。在此顺便指出，水分和矿质是在死的导管中运输的，而有机物质的运送则是在活的筛管中进行。十分显然，后者的运输阻力要比前者大得多。为什么筛管不是死的空管子呢？这是因为有机物质是以筛管分子的涨压为动力而运送的，如果筛管也是死的空管子，那就会失去了涨压，因此也就会失去了运送有机物质的动力了。

支持作用也是茎的一个主要机能。分布在茎中的机械组织担负着茎的主要支持作用。当然，分布在茎中的其他种组织也有不同程度的支持作用。茎又是贮藏食物的场所，分布在茎中的薄壁组织都具有贮藏食物的机能。某些变态茎（如根状茎、块茎、球茎等）更是特化成专门贮藏食物的器官，在这些变态的器官内都含有大量贮藏营养物质的薄壁组织（贮藏组织）。

叶

叶（leaf）的主要机能是进行光合作用（photosynthesis）、蒸腾作用（transpiration）和气体交换作用（gas exchange）。光合作用是绿色植物制造有机物质的作用。可以说，整个动物界和人类都是直接地或间接地依靠绿色植物光合作用所制造的有机物质而生活的。蒸腾作用是植物根部吸水的主要动力，蒸腾作用还可以降低叶片的温度，使叶子在强烈的阳光下不致因受热而灼伤。气体交换作用是植物与周围环境间进行气体交换（O_2 与 CO_2 的吸进和释出）的作用。十分显然，气体交换作用对于植物的生活与植物的光合作用都是很重要的。

第一节　叶的组成部分及其形态

叶是着生在茎上的侧生器官，是从变扁的侧枝系统演化而来的，是变态的茎（见 Beck，2005）。一片长成的叶在外形上可以区分为三部分，即叶片（leaf blade）、叶柄（petiole）和托叶（stipule）（图 4.89）。但也有很多植物的叶没有托叶，也有些植物的叶没有叶柄，叶片直接着生在茎上，还有些植物的叶甚至没有叶片，只有一扁化的叶柄着生在茎上，例如生长在我国台湾省的台湾相思树就是这样的（图 4.133）。

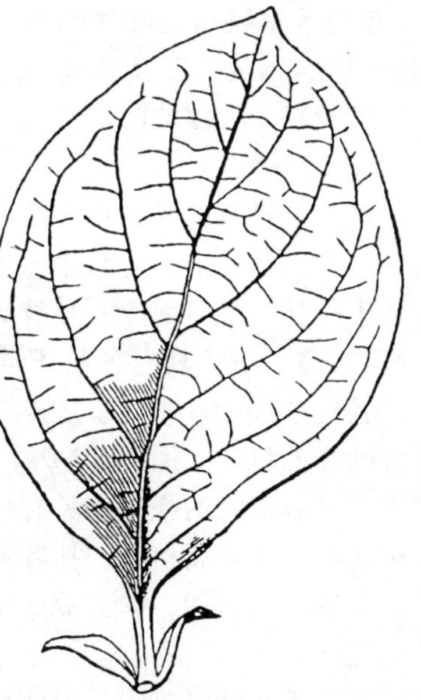

图 4.89　榅桲叶，示叶片、叶柄和托叶

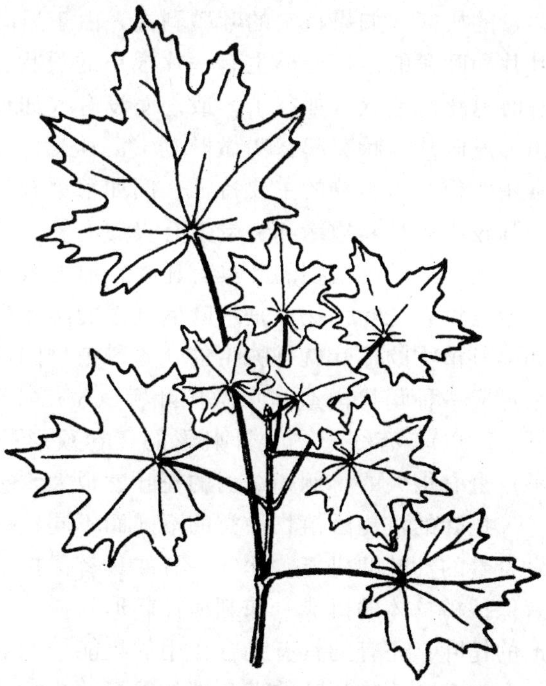

图 4.90　一种槭属植物的枝叶，示叶镶嵌

叶片大多是一片薄薄的扁平体，具有较大的表面面积。叶片所以是薄的，因为这样可以使叶肉细胞和叶表面的距离缩短，以利于气体的交换和光能的吸收。叶片的表面面积所以是大的，因为这样可以扩大叶片与外界环境的接触面。叶片的这些性状都是植物在其漫长的生活过程中适应的结果。

叶柄有各种各样的形状，但通常多为上表面略有凹槽的柄状体。有些植物叶柄的基部微微有些膨大，此膨大部分叫做叶枕（pulvinus），也有些植物叶柄的两侧各生有一条狭窄的叶片状构造，这叫做叶翅（wing）。叶柄的形状（如圆柱形、扁形、有无凹槽等）、长短、颜色、毛茸，以及有无叶枕、叶翅和腺体等都可作为识别植物种类的依据。

叶柄是茎和叶之间物质交流的通道，它同时又支持着叶片使其处于互不遮荫的位置。例如元宝槭排列在同一个侧枝上的叶具有长短不同的叶柄，靠近侧枝基部的叶柄最长，靠近侧枝端部的叶柄最短（图 4.90）。由于叶柄的长短不同因而使叶片互不遮荫。葡萄树和爬山虎的叶柄可以发生扭转，结果也能使叶片处于互不遮荫的位置。种植甘薯时必须经常翻动枝叶使其不产生不定根，以免块根过多养分分散不能集中至少数块根中。甘薯的枝叶经过翻动后叶片倾斜杂乱，但不需一二日的时间通过叶柄的扭转又可使各个叶片朝向光照。

叶排列的结果使每个叶片彼此互不遮荫的现象叫做叶镶嵌（leaf mosaic）。叶镶嵌现象对于植物的生活显然是有利的。

很多双子叶植物的叶都具有叶柄，多数单子叶植物的叶都没有叶柄。没有叶柄的叶叫做无柄叶（sessile leaf）。如果无柄叶的基部或叶柄的基部（如伞形科植物）包围着茎，形成一种鞘状构造，这叫做叶鞘（leaf sheath）（图 4.91）。多数单子叶植物的叶都具有叶鞘。禾本科植物的叶鞘具有保护茎的居间分生组织和增强居间分生组织机械支持力量的机能。如果将它的叶鞘剥去，由于居间分生组织的嫩弱茎将摔倒。禾本科植物的叶片和叶鞘的连接处还生有一片很小的膜状突起，叫做叶舌（ligule）（图 4.91）。叶舌有时退化成毛状（如谷子）或甚而没有（如稗子）。有些禾本科植物叶片的基部向外伸出形成两片耳状突起，叫做叶耳（auricle）。叶舌和叶耳的有无，以及其大小和形状等常用作识别禾本草的主要特征。例如水稻有叶舌，稗子没有，大麦的叶耳较大，小麦的叶耳较小并且其边缘和尖端生有表皮毛。

很多双子叶植物的叶具有托叶，但多数合瓣花植物的叶没有托叶。单子叶植物的叶一般也没有托叶。托叶是从叶柄基部的两侧生出的一对附属物，但也有腋生的托叶，例如蓼科植物的托叶就是腋生的。蓼科植物的这一对腋生的托叶绕茎而生并且彼此连接起来形成一种鞘状构造，叫做托叶鞘（ocrea）（图 4.92-1）。托叶具有各种不同的形状（图 4.92），有线形的，针刺形的，卷须形的等等，但通常多为小叶形。托叶都很小，不过也有很大的，例如豌豆的托叶就很大，它执行着叶片的机能（图 4.92-2）。

托叶的机能因植物种类的不同而不同，一般讲来，多数植物的托叶都具有保护正在发育着的幼叶的机能。此外，有的具有保护幼芽的机能，如木兰属植物的托叶；有的具有保护植物体的机能，如刺槐针刺形的托叶；有的具有攀缘的机能，如菝葜属植物卷须形的托叶；还有的具有光合作用的机能，如豌豆的大托叶。

大多数植物托叶的寿命都是很短的，往往叶子长成后不久就脱落了。因此在观察某种植物有无托叶时，一定要注意到托叶的早落性。不要把有托叶但已脱落的植物粗心地认为是无托叶的植物。

叶可以分为单叶（simple leaf）和复叶（compound leaf）两类。单叶只含有一片叶片，这片叶片可以进行不同程度的分裂，但所分裂的深度并不足以使各个裂片成为互相分离的叶状体。复叶含有 3 片或 3 片以上的叶状体。复叶是从单叶演化来的，当单叶的叶片分裂为互相分离的叶状体时，这就形成了复叶。组成复叶的每一片叶状体叫做小叶片（leaflet）。

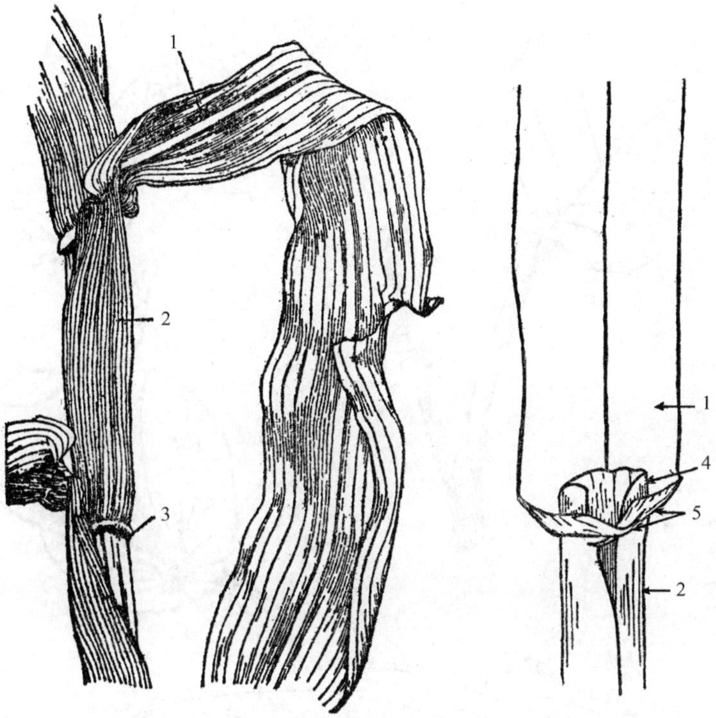

图 4.91　叶鞘

左：玉米叶　右：大麦叶　1. 叶片　2. 叶鞘　3. 节　4. 叶舌　5. 叶耳

很多双子叶植物具有复叶，单子叶植物多具有单叶，具有复叶的种类比较少见。复叶的形成对于植物的生活是有利的，因为在一般植物的叶片内并没有很发达的机械组织，假若叶片生长的过大而不分裂成小叶片的话，那就很容易被风雨所损伤，同时也容易使下部的叶片受到遮荫。

复叶又可分为三出复叶、掌状复叶和羽状复叶三类（图 4.93）。如果复叶是由三片小叶片组成的，这叫做三出复叶（ternately compound leaf），如大豆；如果小叶片在 3 片以上，每一小叶片都着生在叶柄的顶端，排列成掌状，这叫做掌状复叶（palmately compound leaf），如大麻；如果各小叶片平行地排列在叶轴（rachis）（相当于单叶的中脉）的两侧成羽毛状，这叫做羽状复叶（pinnately compound leaf），如刺槐、香椿等。羽状复叶的顶端只有一片小叶片的，叫做奇数羽状复叶（odd-pinnately compound leaf），有两片小叶片的，叫做偶数羽状复叶（even-pinnately compound leaf）。如果羽状复叶的小叶片也形成复叶（即叶轴进行一次分枝后再发生小叶片），这叫做二回羽状复叶（bipinnately compound leaf），如合欢。还有些植物具有三回羽状复叶（tripinnately compound leaf）（即叶轴分枝两次后再发生小叶片），如南天竹、唐松草等。羽状复叶的小叶片都排列在一个平面上，叶轴的顶端没有顶芽，各小叶片的腋部也没有腋芽。注意了这些特点就不会把羽状复叶的一片小叶片误认为是一片单叶了。

图 4.92　各种形状的托叶

1. 一种蓼科植物的托叶鞘　2. 豌豆的大托叶　3. 一种菝葜属植物（*Smilax leucophylla*）的卷须形托叶　4. 刺槐的针刺形托叶

叶在茎上有一定的排列方式，叶在茎上的排列方式叫做叶序（phyllotaxy）。叶序有三类：一类是每一茎节上只着生一片叶子，这叫做互生（alternate）叶序；一类是每一茎节上着生两片相对而生的叶子，这叫做对生（opposite）叶序；还有一类是每一茎节上着生 3 片或 3 片以上的叶子，这些叶绕茎而生，这叫做轮生（whorled）叶序。在上述的三类叶序中以互生叶序最为常见。

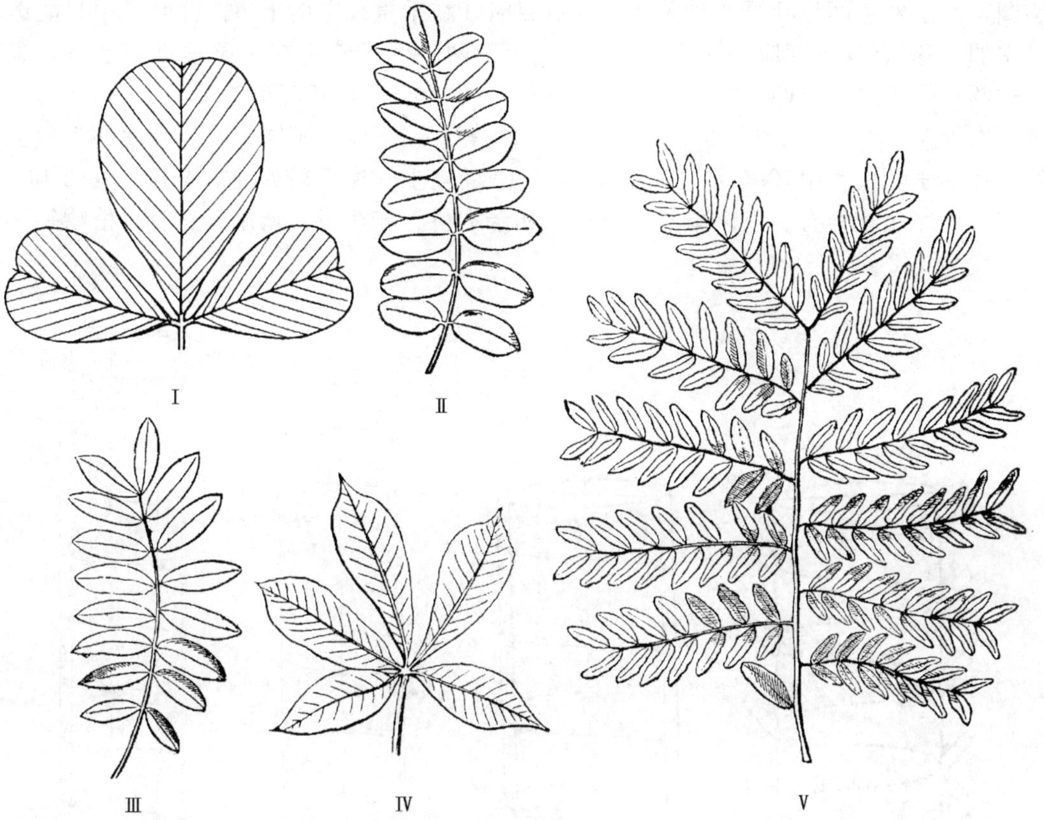

图 4.93　复叶类型

Ⅰ. 三出复叶　Ⅱ. 奇数羽状复叶　Ⅲ. 偶数羽状复叶　Ⅳ. 掌状复叶　Ⅴ. 二回偶数羽状复叶

对生叶序又有两种不同的类型：一种是对生的叶在茎上排列成二直列，这叫做叠生对生的（opposite superposed）；一种是对生的叶在茎上排列成四直列，这叫做互生对生的（opposite decussate）。

互生叶序也有不同的类型。如果用一条细线把互生叶的着生点一个挨着一个地连接起来，这样就可以连接成一条螺旋线（图 4.94），这条螺旋线叫做发生螺旋线（ontogenetic spiral，genetic spiral），也叫做斜列线（parastichy）。发生螺旋线可以说明互生叶是螺旋式地排列在茎上的。这种螺旋式排列的任何上下相邻两片叶子的中线（即从叶片的基部到叶片的顶端将叶纵分为相等两半的一条线）的水平投影所形成的夹角，叫做开度（angle of divergence）。亦可设想有二垂直平面，每一垂直平面各通过任何上下相邻两片叶子中的一片的中线和茎的中心，这样，二垂直平面在茎的中心相切，相切后二垂直平面所形成的夹角就叫做开度。开度以其所对着的弧的长度为整个圆周长度的几分之几来表示。例如当某上下相邻两片叶子的开度为 180°时，180°所对着的弧的长度为整个圆周长度的 1/2，所以其开度就用 1/2 来表示。计算开度时以着生在一条垂直线上的上下两片叶子之间的螺旋圈数作为分子，以着生在此螺旋圈数上的叶子的数目作为分母，所得到的分数就是此互生叶序的开度。例如当某上下两片叶子着生在一条垂直线上时（这条垂直线叫做直列线 orthostichy）（图 4.94），假若在这两片叶子之间有一个螺旋圈，其上着生两片叶子（计算叶子的数目时，在垂直线上的上下两片叶子中只能选算其中的一片），其开度应为 1/2。又如当某上下两片叶子着生在一条垂直线上时，假若在这两片叶子之间有两个螺旋圈，其上着生 5 片叶子，其开度应为 2/5（图 4.94）。开度可以为 1/2，1/3，2/5，3/8，5/13，13/34 等。因开度的不同，互生叶序的类型也不同。在双子叶植物中开度为 2/5、3/8 和 5/13 的互生叶序比较常见，开度为 1/2 和 1/3 的互生叶序比较稀有。很多单子叶植物（如禾本科、莎草科、鸢尾科、兰科植物等）具有开度为 1/2 或 1/3 的互生叶序。

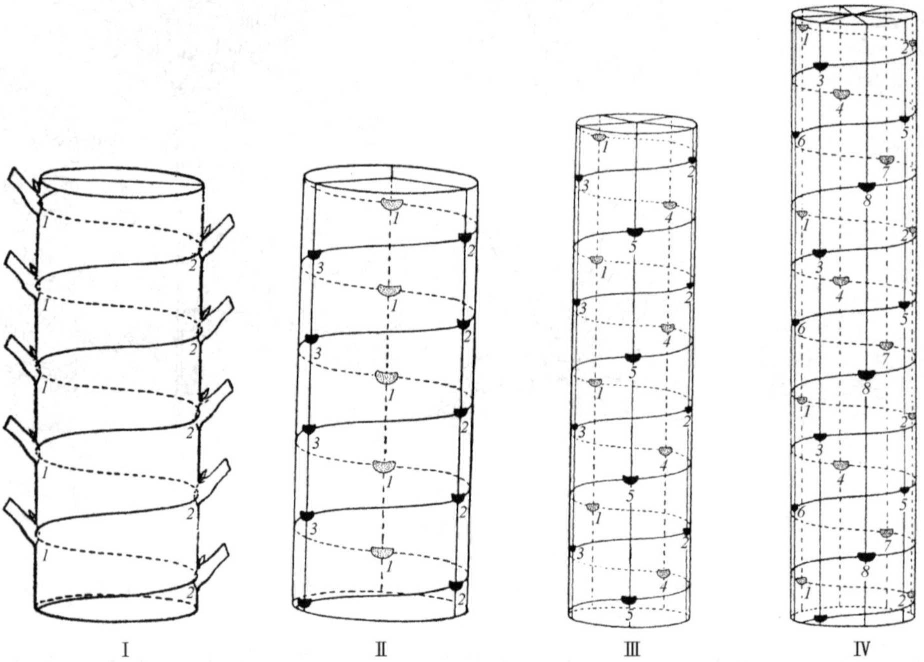

图 4.94　互生叶序类型

Ⅰ. $\frac{1}{2}$型　Ⅱ. $\frac{1}{3}$型　Ⅲ. $\frac{2}{5}$型　Ⅳ. $\frac{3}{8}$型

不同的互生叶序类型其茎内的初生维管系统的结构样式是互不相同的。互生叶序类型与其茎内初生维管系统的结构样式之间有着一定的相关关系。概括地讲，叶序越密（即叶序开度的分子和分母越大），茎内维管束的数目越多。此外，叶迹越长和进入叶中的叶迹数越多，茎内的维管束的数目也越多。在过去和现在有的研究者做过这方面的研究工作。

一般而论，每一种植物都具有一定的叶序类型，但有时也有例外的情形。例如在向日葵的茎上着生在茎下部的叶通常为对生叶序，着生在茎上部的叶则为互生叶序。有些草本植物的茎非常短（即茎的节间非常短），叶子簇生在地面上，这形成所谓莲座状

（rosette）叶序，如车前、蒲公英（图 4.2 左）等。

叶片的形状和大小，叶缘的形状，叶片的分裂程度和叶脉的分布样式等因植物种类的不同而不同。这些不同点在植物分类学上鉴定到种时具有很大意义，因此对于叶片的形态有必要做一些扼要地介绍。

根据叶片的长度与宽度的比值，叶片的形状可以分为线形（linear）（长度约为宽度的 10 倍以上，叶缘平行或近乎平行），披针形（lanceolate）（长度约为宽度的 3 倍或更多，中部以下最宽，渐上渐狭），倒披针形（oblanceolate）（即倒转的披针形，长度约为宽度的 3 倍或更多，中部以上最宽，以下渐狭），长圆形（oblong）（长度约为宽度的 2～3 倍，叶缘近乎平行），卵形（ovate）（长度约为宽度的 2 倍或更少，中部以下最宽，以上渐狭），倒卵形（obovate）（即倒转的卵形，长度约为宽度的 2 倍或更少，中部以上最宽，以下渐狭），椭圆形（elliptic）（长度约为宽度的 2 倍或更少，中部较宽，两端较狭且为等圆），圆形（orbicular）（长宽相等）（图 4.95）等。此外，还有鳞片形（scale）、针形（needle）、剑形（ensiform）、圆柱形（terete）等，这些都是比较特殊形状的叶，是根据其外形定名的，不考虑其长宽度的比值。

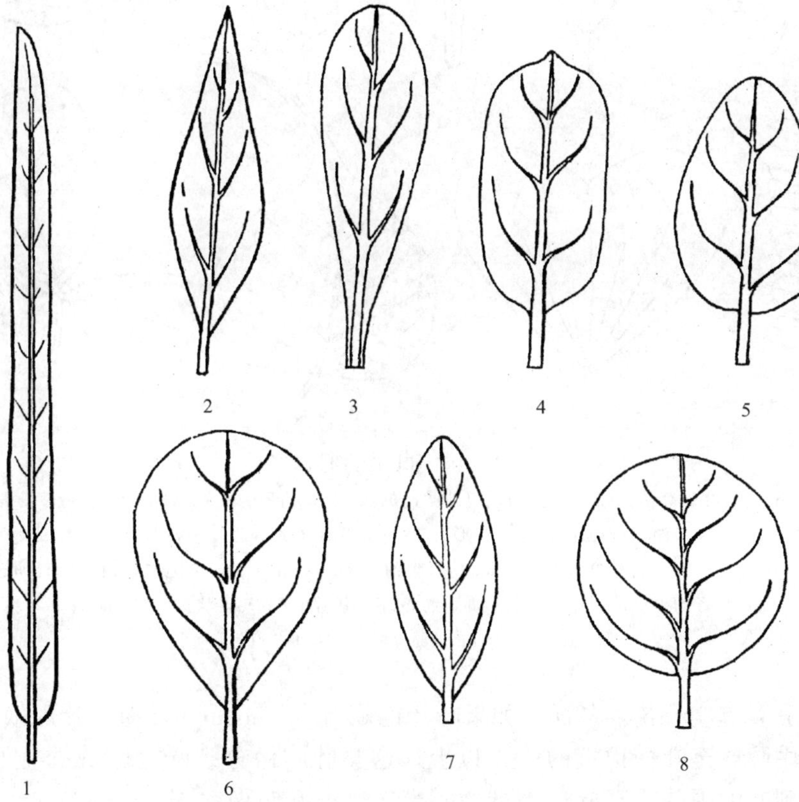

图 4.95　叶片的形状

1. 线形　2. 披针形　3. 倒披针形　4. 长圆形　5. 卵形　6. 倒卵形　7. 椭圆形　8. 圆形

叶片的顶端有不同的形状，叶片的基部也有不同的形状，图 4.96，4.97 列举了几种比较常见的叶尖和叶片基部的形状。

叶片的边缘叫做叶缘（leaf margin）。常见的叶缘形状有全缘的（entire）（叶缘平整没有齿），锯齿缘的（serrate）（叶缘具有尖锐的齿，齿两面的长度不等，后一面较前一面的长些，所以齿端向前），重锯齿缘的（double serrate）（锯齿缘的每一个齿上又有一个小锯齿），牙齿缘的（dentate）（叶缘具有尖锐的齿，齿两面的长度近乎相等，所以齿端向外），钝齿缘的（crenate）（叶缘的齿钝形），刺缘的（spinose）（锯齿缘的每一个齿针刺状），浅波缘的（undulate）（叶缘具有较浅的波纹），深波缘的（sinuate）（叶缘具有较深的波纹），具缺刻的（incised）（叶缘切刻成参差不齐的尖锐裂片，凸出和凹入的程度较大而且深，形成明显的缺口）（图 4.98）等。

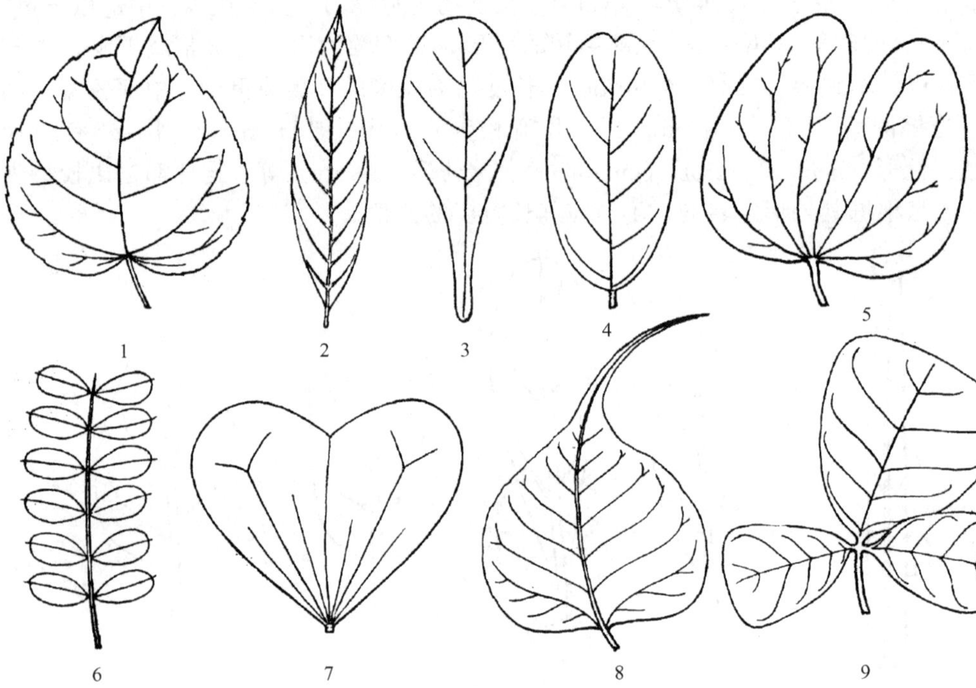

图 4.96　叶尖的形状

1. 急尖的（acute）（叶尖突然尖锐而有直的或向外微凸的边）　2. 渐尖的（acuminate）（叶尖逐渐尖锐而有向内微凹的边）　3. 钝形的（obtuse）（叶尖钝形）　4. 微凹的（retuse）（叶尖的中央微微凹入）　5. 微缺的（emarginate）（叶尖凹入的程度较深）　6. 具短尖的（mucronate）（叶尖钝形，由中脉延伸于外形成一短尖头）　7. 倒心脏形的（obcordate）（叶尖如倒置心脏的基部）　8. 尾状的（caudate）（叶尖延长如尾）　9. 截形的（truncate）（叶尖多少成一直线）

叶片的分裂程度有各种各样。如果叶片的缺刻（incision）（即叶片的缺口）较深，超过到叶的中脉或至叶柄顶端的 1/4 以上，这类叶叫做分裂叶（lobing）。如果分裂叶的缺刻尚未到叶的中脉或至叶柄顶端的一半，这类叶叫做浅裂（lobed）叶。如果缺刻几乎到达叶的中脉或叶柄的顶端，这类叶叫做深裂（parted）叶。如果缺刻已到达叶的中脉或叶柄的顶端，这类叶叫做全裂（divided）叶（图 4.99）。

叶片的缺刻可能是三出的（ternate）（裂片呈三出排列），掌状的（palmate）（裂片呈掌状排列），羽状的（pinnate）（裂片呈羽状排列），因此叶片的分裂又可分为三出浅裂的（trilobed），三出深裂的（triparted），三出全裂的（tridivided），掌状浅裂的

(palmately lobed)，掌状深裂的（palmately parted)，掌状全裂的（palmately divided)，羽状浅裂的（pinnately lobed)，羽状深裂的（pinnately parted)，羽状全裂的（pinnately divided)（图 4.99）等。

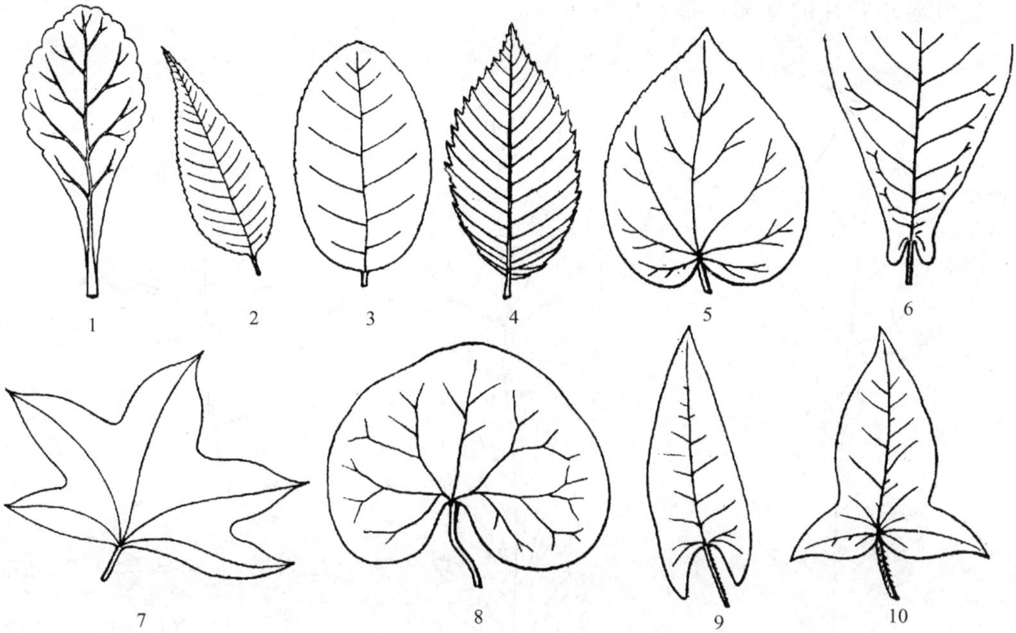

图 4.97 叶片基部的形状

1. 渐狭的（attenuate)（叶片基部渐尖而有向内微凹的边） 2. 急尖的（acute)（叶片基部突然尖锐而有直的或向外微凸的边） 3. 钝形的（obtuse)（叶片基部钝形） 4. 斜形的（oblique)（叶片基部的两侧不对称） 5. 心脏形的(cordate)(叶片基部如心脏的基部) 6. 耳形的(auriculate)(叶片基部的两侧呈耳垂状) 7. 截形的(truncate)(叶片基部多少呈一直线) 8. 肾形的(reniform)(叶片基部如肾脏的基部) 9. 箭形的(sagittate)(叶片基部如箭头的基部) 10. 戟形的(hastate)(叶片基部如箭头的基部但上跷)

图 4.98 叶缘的类型

1. 全缘的 2. 锯齿缘的 3. 重锯齿缘的 4. 牙齿缘的 5. 钝齿缘的 6. 浅波缘的 7. 深波缘的 8. 具缺刻的

有些全裂叶看起来很像复叶，难以将两者区分。通常我们可以根据下述的三点来辨认它们：①全裂叶的裂片无柄，复叶的小叶片通常有柄；② 全裂叶各裂片的形状彼此不同，复叶各小叶片的形状彼此基本上相同；③ 全裂叶各裂片的基部都是互相连续着的，复叶各小叶片的基部都是互相分离开的。

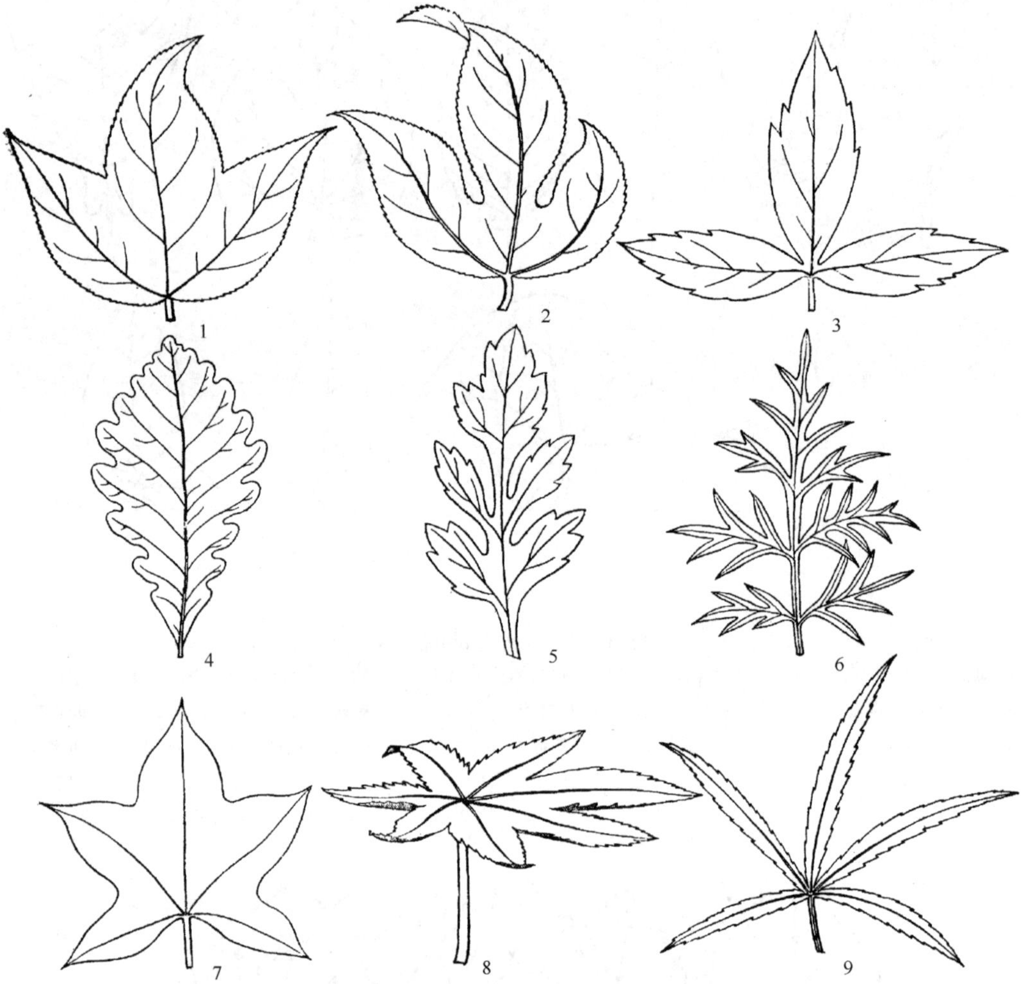

图 4.99 叶片分裂程度

1. 三出浅裂 2. 三出深裂 3. 三出全裂 4. 羽状浅裂 5. 羽状深裂 6. 羽状全裂 7. 掌状浅裂 8. 掌状深裂 9. 掌状全裂

在一片叶子上很容易看到叶脉，特别是在叶子的背面大型叶脉都凸出来形成肋(rib)，更是清楚易见。叶脉在叶片中的分布样式叫做脉序（venation）。脉序可分为三种类型，即分叉脉序（dichotomous venation）、平行脉序（parallel venation）和网状脉序（netted venation）。

分叉脉序 分叉脉序只见于蕨类植物和少数的种子植物。这类脉序的每一条叶脉都进行分叉，一条叶脉可以有 2～3 级的分叉，例如常见的银杏树就具有这种类型的脉序(图 4.100)。

平行脉序　平行脉序是单子叶植物的脉序类型。这类脉序有一条中脉（主脉），或无中脉但有数条较粗大的脉。中脉或较粗大的脉的两侧又有数条较细小的脉，各脉互相平行或接近于平行，各平行脉之间有许多细小的横行脉将各平行脉连接起来，例如小麦、水稻、玉米等，以及其他的大多数单子叶植物都具有这种类型的脉序（图 4.101）。

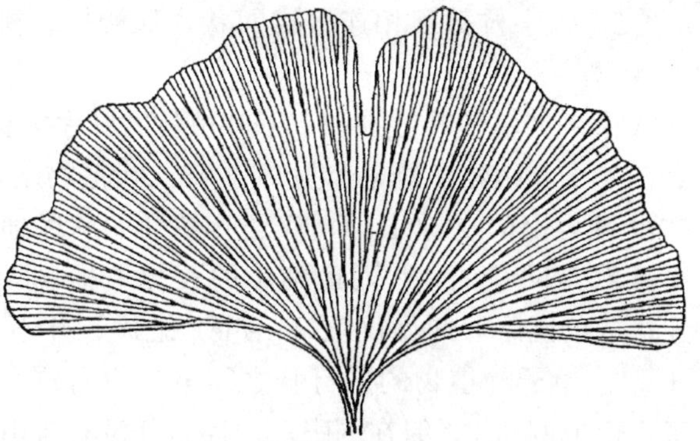

图 4.100　银杏叶的分叉脉序

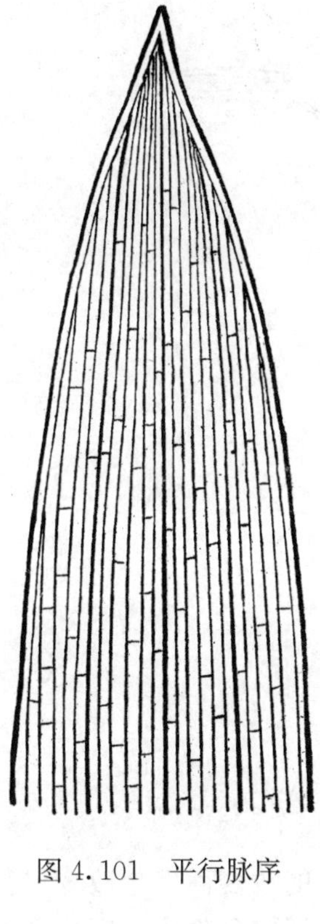

图 4.101　平行脉序

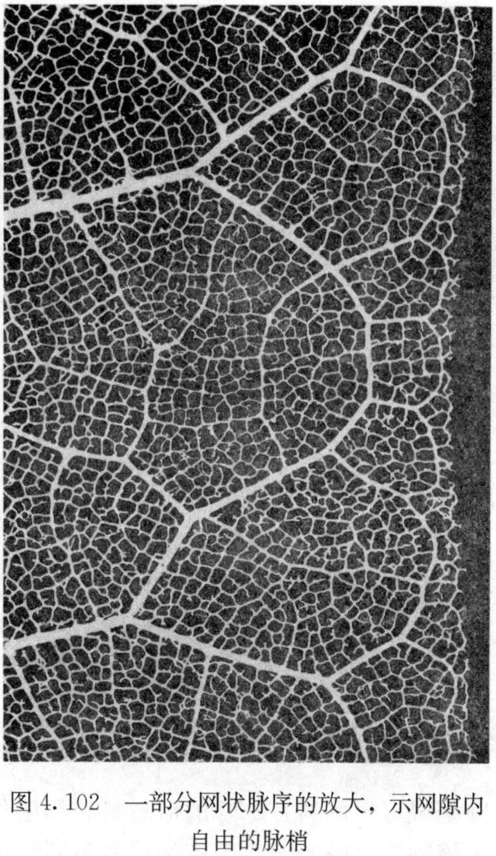

图 4.102　一部分网状脉序的放大，示网隙内自由的脉梢

网状脉序　网状脉序是双子叶植物的脉序类型。这类脉序类型的主要特点是叶脉的小分枝互相连接成网状（图 4.102）。网状脉序又有两种：一种叫做掌状网脉（palmately veined），一种叫做羽状网脉（pinnately veined）。掌状网脉多见于具有掌状分裂的叶

片。这类叶片具有数条从叶片的基部就分出的较粗大的叶脉，每一条叶脉进入一个裂片，然后从每条叶脉上分出数条枝脉，枝脉上又分出更细小的枝脉，小枝脉互相连接成网状，如棉花、葡萄树等。羽状网脉是大多数双子叶植物的脉序类型。这种网状脉序在叶片的当中有一条粗大的中脉（主脉），自中脉分出许多条枝脉，排列成羽毛状，枝脉上又分出许多更细小的枝脉，小枝脉互相连接成网状，如柳树、桃树，以及大多数双子叶植物都具有这种脉序类型。

按照叶脉分布的样式来讲，单子叶植物和双子叶植物的脉序类型是不同的，二者有两点主要的区别：第一点，单子叶植物多具平行脉序，双子叶植物多具网状脉序；第二点，单子叶植物的脉序通常没有自由的支脉末梢，双子叶植物的脉序通常具有自由的支脉末梢。双子叶植物的脉序虽然是网状的，然而最细小的枝脉末梢（叫做脉梢，vein ending）伸入最细小枝脉互相连接成的网眼（叫做网隙，areole）之内，并不与其他的叶脉相连接，所以是自由的（图 4.102）。单子叶植物的平行脉之间虽然也有许多横行的细小叶脉将各平行脉横向地连接起来，也成网状①，但在网眼之内通常并没有自由的脉梢（图 4.101）。

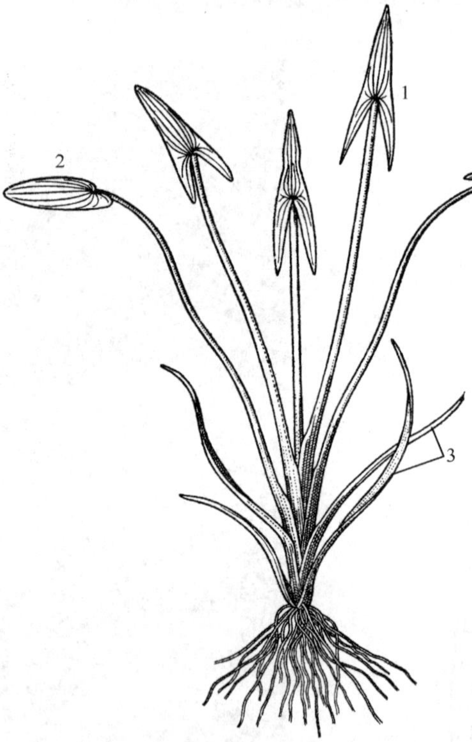

图 4.103　慈姑，示异形叶性

1. 挺立在空气中的叶　2. 浮在水面的叶　3. 沉在水中的叶

叶是最可塑的器官，叶的形态最容易随外界环境条件的改变而发生改变。甚至生长在一个植物体上的叶子，因植物体的不同部位处于不同的环境条件中，叶也会发生形态

---

① 单子叶植物的平行脉序虽然也连接成网状，但是这种网状构造用肉眼一般是观察不到的，必须使用显微镜才能看到。

上的改变。例如慈姑沉在水中的叶呈带形，浮在水面上的叶呈卵形，挺立在空气中的叶则为戟形（图 4.103）。除慈姑外，还有许多植物在同一个植物体上也生长着不同形态的叶，例如在圆柏植物体的某些枝上生长着针形叶，而在另外一些枝上则生长着鳞片状叶。圆柏营养叶的形态的不同不是由于环境条件的不同所造成的，而是因为圆柏具有这种遗传本性。在植物学上，凡是在同一个植物体上生长着不同形态营养叶（foliage leaf）的现象，叫做异形叶性（heterophylly）。

第二节　叶的形成过程

叶从茎尖上的叶原基发展而成。叶原基发生时，按照不同的叶序类型，在茎尖顶端分生组织周围区的一定部位，通常是周围区表面层细胞里面的 1 至数层（大多是表面层里面的第一层和第二两层）局部的周围区细胞进行平周分裂，经平周分裂所产生的细胞和位于这些细胞层外面的表面层细胞再进行垂周分裂，结果形成一小突起物，此即叶原基。叶原基的顶端为顶端分生组织，顶端分生组织进行活动，使叶原基生长（项端生长）（图 4.104-A，-B）。叶原基进行顶端生长的时间是相当短暂的，一般当叶原基长至 2～3 毫米或有的甚至短于 1 毫米的长度时就停止了顶端生长，随即进行通体生长（居间生长）。叶原基进行顶端生长与居间生长的结果增加了叶原基的长度。与叶原基长度增加的同时，在叶原基近轴面（即叶原基的上表面）的里面出现了一层形成层区状的分生组织，叫做近轴分生组织（adaxial meristem）。近轴分生组织进行平周分裂，增加了叶原基的粗度（图 4.104-D）。

在叶原基生长的早期（一般短于 1 毫米的长度时），叶原基的两侧出现了两条棱，每一条棱的边缘都是由分生组织所构成的（图 4.104-C）。这种位于叶原基边缘的分生组织叫做边缘分生组织（marginal meristem）。边缘分生组织通常含有两层细胞，外面一层，里面一层。边缘分生组织进行垂周分裂，使叶原基向两侧生长，同时，边缘分生组织的内层还进行一些平周分裂和其他方向的分裂，使叶原基的细胞层数有所增加。由于叶原基的居间生长与边缘分生组织的活动，使叶原基长成为具有一定大小，一定形状，和一定细胞层数的扁平体，形成为幼叶。这时期幼叶的构造是：最外一层为原表皮层，原表皮层之内为数层细胞厚的基本分生组织，基本分生组织之内分布着原形成层束。在幼叶的形成程中，通常其基部并无边缘生长，但进行居间生长，结果就形成了幼叶的叶柄，如果边缘分生组织的分裂活动并非全部一致的，有的部位活动多，有的部位活动少，结果就形成了不同程度的分裂叶，如果边缘分生组织的本身并非连续的，有的部位有，有的部位无，结果就形成了复叶。

一般来讲，边缘分生组织的活动时间也是相当短暂的，当幼叶长至一定的大小后，幼叶内已无边缘分生组织的存在，但这时期幼叶的各层细胞仍在进行着细胞分裂，大多数的细胞分裂都是垂周的①，所产生的细胞各进行细胞体积的增大，借以增加幼叶的长度与宽度（即增加幼叶的面积）（居间生长）。长度与宽度的增加在幼叶的不同部位并不

---

① 幼叶内的基本分生组织细胞排列成平行的层，它只进行垂周分裂（图 4.105-A），分裂的结果使幼叶的面积有所增加但厚度并没有增加，因而形成一种平板状构造，所以叶内的基本分生组织又叫做板状分生组织（plate meristem）。

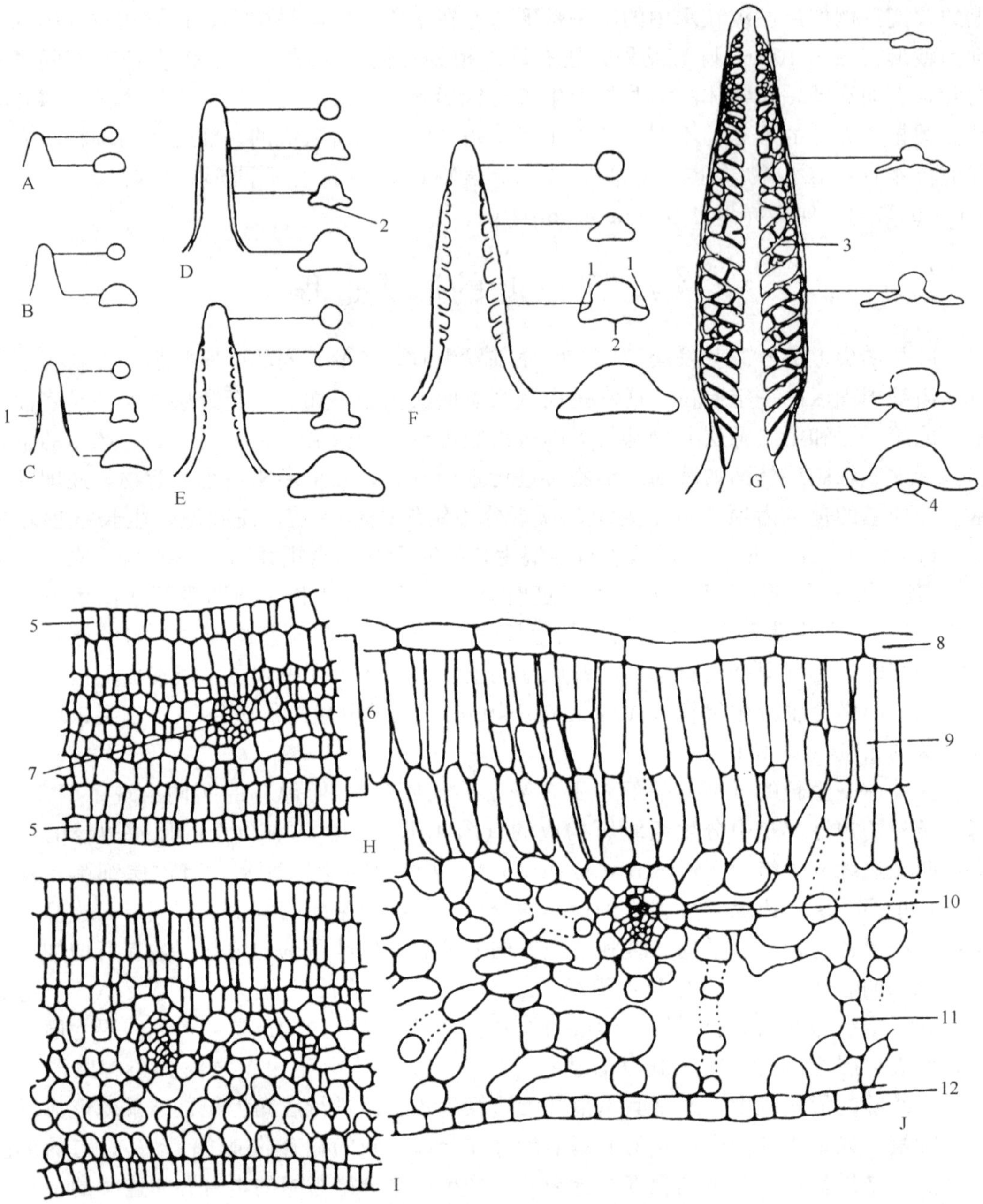

图 4.104　烟草叶的形成过程与梨属叶肉组织的分化

A-G. 烟草叶原基的纵、横切，示叶的形成过程 A-B. 叶原基进行顶端生长 C. 边缘分生组织出现 D. 近轴分生组织出现 E. F. 叶原基较老的发育阶段 G. 脉序系统已经出现 H-J. 梨属叶横切示叶肉组织的分化 H. 发育成栅栏薄壁组织的细胞进行垂周分裂，发育成海绵薄壁组织的细胞也进行垂周分裂但次数较少，因而细胞仍保持为等直径的形状，局部的细胞经过各种方向的分裂形成原形成束 I. 发育成栅栏薄壁组织的细胞仍有垂周分裂，发育成海绵棉壁组织的细胞已停止垂周分裂，互相分离，形成细胞间隙，又分化出来一较小的原形成束 J. 栅栏薄壁组织的细胞停止分裂，互相分离，叶肉组织发育成熟　1. 边缘分生组织　2. 近轴分生组织　3. 原形成层束　4. 腋芽原基　5. 原表皮层　6. 基本分生组织　7. 原形成束　8. 上表皮　9. 栅栏薄壁组织　10. 叶脉　11. 海绵壁组织　12. 下表皮

相同，有的部位增加的多，有的部位增加的少，结果就形成了具有一定形状和一定大小的叶，所形成的叶的形状可能与幼叶的形状相同，但较多的可能与之并不不相同。最后，各层细胞经过成熟分化，原表皮层发展成叶的表皮，基本分生组织发展成叶肉，原形成层束发展成叶脉，长成一片成熟的叶。

很多双子叶植物的叶具有托叶。托叶发生时，在叶原基基部的两侧各生出一小型突起物，此为托叶原基（stipule primordium），托叶原基发育成为托叶。

以上所叙述的是一年生草本双子叶植物叶的形成过程。这类植物的叶从叶原基的出现到成熟叶的形成是一个连续的过程。但一般生长在温带地区的木本双子叶植物的幼叶在形成的当年进入休眠状态，构成了芽。等到来年春季芽苞开放时，幼叶的各层细胞普遍进行生长（进行少数的垂周分裂，主要是进行细胞体积的增大），增加幼叶的长度与宽度，并经成熟分化，长成为一片成熟的叶（图 4.104h-j）。

单子叶植物叶的形成过程以禾草类植物叶的研究较多，禾草类植物的叶可分为叶片和叶鞘两部分，叶鞘包被着茎，叶片和叶鞘相连，展露在空间。

禾草类植物叶发生时，在茎尖顶端分生组织的一定部位，局部的原套细胞进行平周分裂（图 4.105-A）（禾本科植物的原套含有 1～2 层细胞，若为 2 层细胞时，一般是里

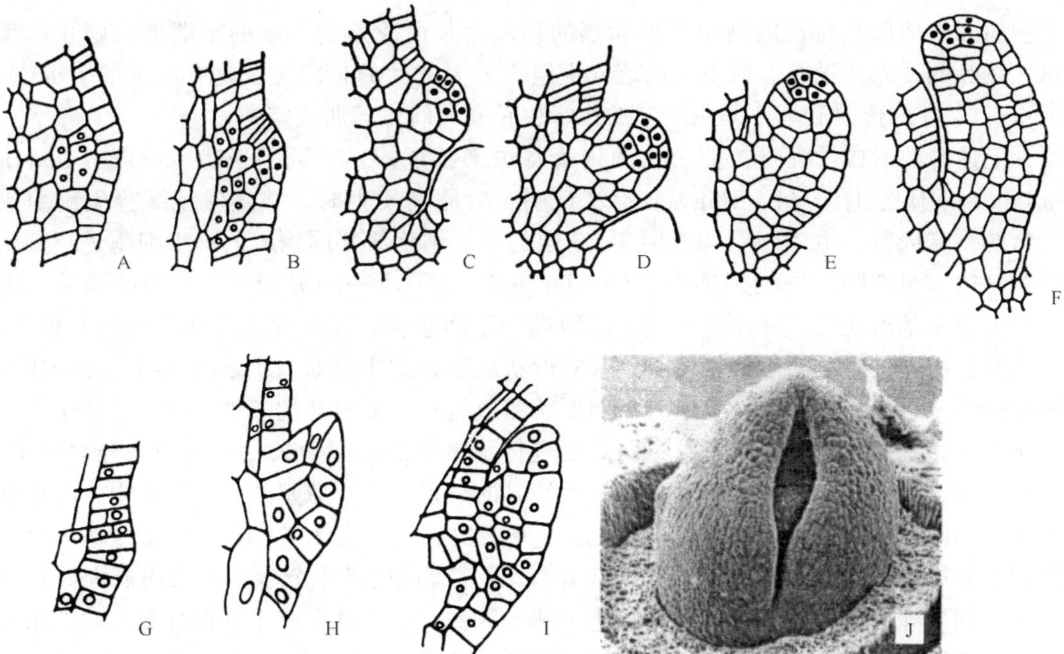

图 4.105　禾草类植物叶的形成过程

A-F. 大麦叶原基纵切，示叶原基的发育　B. 表面层里面的第一层细胞（圆圈）进行平周分裂　C. 表面层细胞（圆点）进行平周分裂　D-F. 叶原基进行生长　G-I. 水稻叶鞘纵切。示叶鞘的发育　J. 大麦的一部分茎尖，示兜袋形叶原基包被着茎尖的顶端分生组织

面的一层先分裂，外面的后分裂），形成一半月形突起物，此即叶原基。叶原基出现后同时进行顶端生长与较快的边缘生长，形成一兜袋形（hood-shaped）构造，将茎尖的顶端分生组织包被起来（图 4.105-J）。由于叶原基的同时进行顶端生长与边缘生长，因而使叶原基较早地形成为扁平体形，这一点与双子叶植物叶的发生是不相同的。叶原基顶端生长的时间是短暂的，不久即停止。这时期在叶原基近轴而的一部分原表皮层细胞进行平周分裂，形成一小突起物，小突物起向两侧延伸，直达叶原基的边缘，此即叶舌（图 4.105-I）。叶舌将叶原基分成为叶片和叶鞘上下两部分。

当叶原基的顶端生长停止后，叶原基的居间生长和边缘生长并未停止，仍在进行。叶原基的居间生长使叶片和叶鞘的长度增长，叶片宽度的增长则是由于边缘分生组织和板状分生组织的共同活动来完成的，但叶鞘宽度的增长则主要是由于边缘分生组织的活动和其衍生细胞体积的扩大的结果，在叶鞘内没有板状分生组织的存在。叶鞘包被着茎尖，其两边在茎尖的另一面互相搭连，但并未愈合，如水稻、玉米等。

叶片的生长早于叶鞘的生长。当叶片完成其长度生长后，叶鞘长度的生长尚未完成，因此在叶鞘的基部仍有居间生长和居间分生组织的存在，如水稻、小麦等。

叶的生长和根、茎的生长不同。根和茎的顶端生长停止地较晚，并且保留下来顶端分生组织，因此根和茎的长度生长是无限度的（indeterminate），根和茎的形状（辐射对称的圆柱体形）与长短是由于根和茎的顶端生长所决定的。叶的顶端生长停止地很早，在叶的顶端并没有保留下来顶端分生组织，因此叶的长度生长是有限度的（determinate），叶的形状和大小是由于叶的边缘生长和居间生长所决定的。

上述叶的形成过程是按照公认的传统看法来叙述的，但近年来遗传镶嵌（genetic mosaic）的研究工作（Poethig，1984）证明：叶原基发生时，在茎尖顶端分生组织周围区的一定部位，由 L1 层、L2 层和 L3 层的一些细胞所共同构成的一组细胞进行细胞分裂（这一组细胞叫做创始细胞，founder cells），形成一小突起物，此即叶原基（图 2.6）。叶原基出现后，叶原基细胞普遍地进行居间生长，使叶原基的体长增长，稍后，叶原基的两侧进行居间生长，使叶原基的形状从原来的木钉状（peg shaped）转变成为扁平体形，再后，叶原基发育成为不同形状的成熟叶。成熟叶的多种多样的形状主要是由于在叶原基的不同发育阶段，不同部位进行了不同的居间生长（包括细胞分裂频率，分裂方向，持续时间，和细胞体积的扩大等）的结果。在叶原基的发育过程中，叶原基的上下两面是由 L1 层发育成的原表皮层，原表皮层之内是由 L2 层发育成的基本分生组织的外层，基本分生组织外层之内是由 L3 层发育成的基本分生组织的内层和原形成层束。如果叶原基两侧的居间生长并非全部一致的，结果就形成了各种分裂叶，如果叶原基的两侧的居间生长并非连续的，结果就形成了复叶。

如上所述，根据近年来的研究工作证明了叶的形状是叶原基在不同的发育阶段，不同的部位进行了不同的居间生长的结果，也就是说，叶的形状是由于叶原基的居间生长所决定的，并不支持叶原基内有顶端分生组织与边缘分生组织存在的传统看法。这一新观点得到了多数研究者的承认（见 Dickison，2000；Srivastava，2001；Leyser and Day，2003；Raven *et al*；2005；Roberts，2007），但也有的研究者则仍然支持传统的看法（见 Beck，2005）。

第三节 叶的构造

一般植物的叶都是向水平的方向生长的，这类叶的上下两面受光不同，因此在构造上有背面和腹面的区别。背面指的是背光的一面，即叶的下表面；腹面指的是向光的一面，即叶的上表面。在构造上具有背腹面区别的叶叫做背腹叶（dorsi-ventral leaf）（图4.106）。大部分双子叶植物和一小部分单子叶植物（如百合、香蕉等）具有背腹叶构造①。有些植物的叶处于或多或少地直立或倒挂悬垂的位置，不处于水平方向，也有些植物生长在强光干旱条件下（例如沙漠），叶的下表面为强烈的反射光所照射，在以上的各种情况下，叶的两面受光相差不多，像这一类植物的叶在构造上就没有背腹面的区别了。在构造上没有背腹面区别的叶叫做等面叶（isobilateral leaf）②。本文所讨论的是背腹叶的构造，即大部分双子叶植物叶的构造，但于必要时则指出单子叶植物的叶（大多数没有背腹面的区别）与双子叶植物的叶在构造上的某些差别。

背腹叶的构造可以分为叶片的构造和叶柄的构造两部分来讨论，托叶的寿命不长或者有的没有，故而从略。

1. 叶片的构造

叶片是由表皮、叶肉和叶脉三种不同类型的组织所构成的（图4.106，4.107，4.108）。表皮是覆盖在叶片上下表面的一层表皮细胞。表皮是从原表皮层发展来的。双子叶植物叶的表皮细胞多为具有波纹边缘的不规则扁平体（图2.8，4.106，4.110），单子叶植物叶的表皮细胞则多为长方形的扁平体。表皮细胞排列紧密，没有细胞间隙。表皮细胞一般是活细胞，外壁加厚并经过了角质化，外壁的外面还覆盖着一层角质层。上表面的角质层厚些，下表面的角质层薄些。

叶表皮上分布着很多气孔，这是叶表皮和其他器官表皮的主要区别。气孔一般分布在叶的上下两面，但下表皮上多些，上表皮上甚少或者甚而没有。这是因为叶子的下表面的温度较上表面的低些，气孔的这种分布样式可以减少水分从气孔的蒸发（见Dickison，2000；Rost *et al*.，2006）。这种分布样式也可能还具有防止大气中的尘埃或雨露点滴堵塞气孔的作用。双子叶植物的叶一般都宽而短，在这类植物的叶中气孔呈散乱的

---

① 这里顺便指出，在背腹叶的形成过程中，由于叶原基向两侧增长，因此，叶是由叶原基的上下两面（即近轴面，adaxial side和远轴面，abaxial side）各向两侧的扩张而形成的，所以背腹叶又叫做二面叶（bifaicial leaf）。某些单子叶植物和某些旱生的双子叶植物在叶的形成过程中叶原基向两侧的增长受到了抑制，但其近轴面或远轴面的径向生长却大大地增强，结果形成了一种径向变扁的剑形叶，如菖蒲、鸢尾等，或是形成了一种在横切面上为圆形的圆柱形叶，如猪毛菜（图4.127）、洋葱等。因为这类叶只是由叶原基的一面（近轴面或远轴面）的径向生长而形成的，所以这类叶叫做单面叶（unificial leaf）（见Esau，1977；Beck，2005）。

② 很多等面叶的上下两面都含有栅栏薄壁组织，栅栏薄壁组织之间夹有一薄层海绵薄壁组织。这类叶的上下两面在构造上是一样的，没有背腹面的区别，所以叫做等面叶，如灰毛滨藜（图4.125）、某些蒿属植物等。大部分单子叶植物与一部分双子叶植物（如石竹属）的叶内没有明显的栅栏薄壁组织和海绵薄壁组织的分化，整个的叶肉细胞或多或少地是同形的（图4.118，4.119），因此这类叶的上下两面在构造上也都是一样的，也没有背腹面的区别，所以这类叶认为是一种等面叶。另外，单面叶的两面在构造上也是一样的，也没有背腹面的区别，所以这类叶也认为是一种等面叶（见Esau，1977），其中为圆柱形的，在分类学上又称之为圆柱叶（terete leaf）（图4.127）（见 Metcalfe and Chalk，1979；1983）。

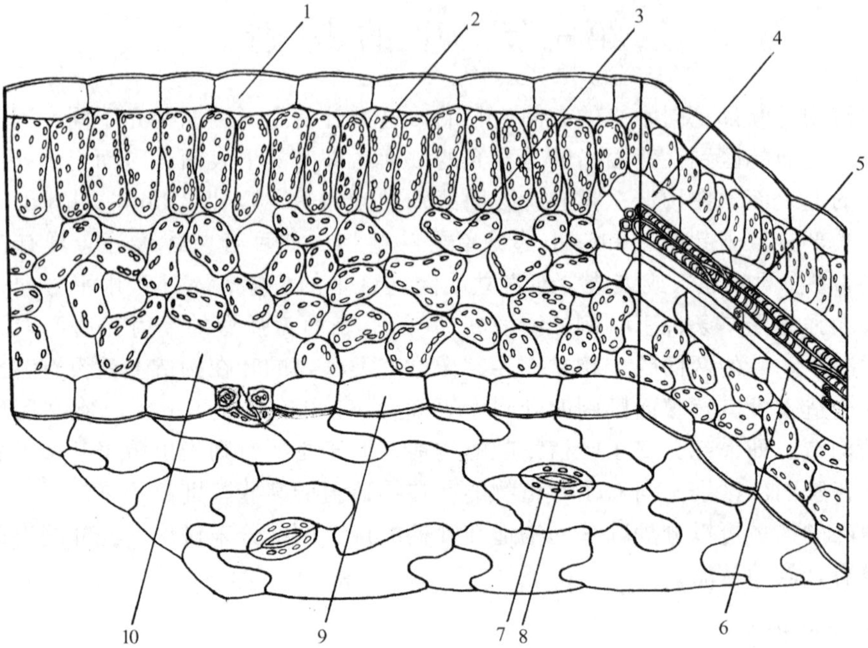

图 4.106　向日葵叶表面观与切面观

1. 上表皮　2. 栅栏薄壁组织　3. 海绵薄壁组织　4. 束鞘　5. 木质部　6. 韧皮部　7. 保卫细胞　8. 气孔缝隙　9. 下表皮　10. 气腔

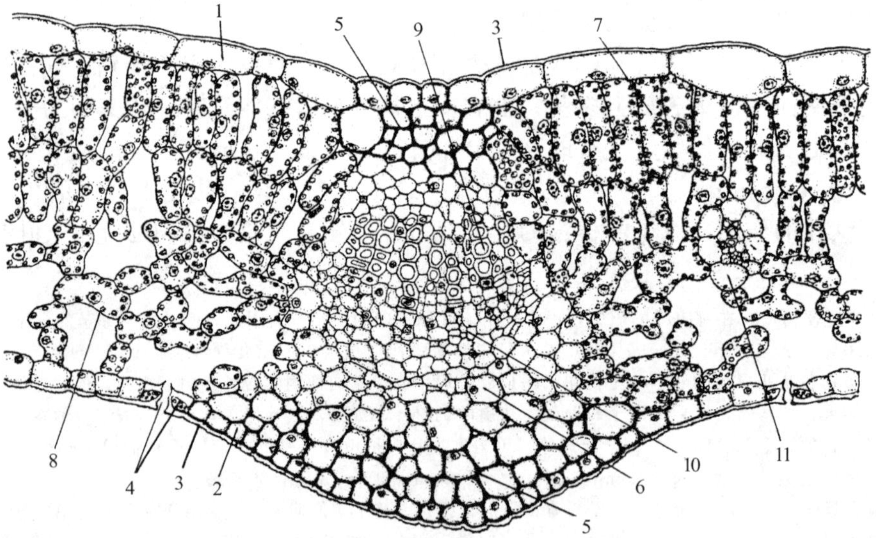

图 4.107　西洋丁香叶过中脉横切

1. 上表皮　2. 下表皮　3. 角质层　4. 气孔　5. 厚角组织　6. 薄壁组织　7. 栅栏薄壁组织　8. 海绵薄壁组织　9. 木质部　10. 韧皮部　11. 束鞘

状态分布着，并无一定的顺序。单子叶植物的叶大多狭而长，在这类植物的叶中气孔排列成纵行行列，平行于叶的长轴。气孔可与表皮细胞处在同一水平上，亦可高出或低于叶的表面。

叶的上下表皮上，特别是下表皮上，常生有各种不同类型的表皮毛。表皮毛的类型和疏密因植物种类的不同而各异，具有一定的分类学意义。有些表皮毛具有分泌机能，按照机能来讲，这类表皮毛叫做腺毛。

上下表皮层以内的薄壁组织叫做叶肉（mesophyll）。叶肉是从基本分生组织发展来的。邻接上表皮的叶肉组织是由一些或多或少地长圆柱体形的薄壁组织细胞所构成的，它们在叶的横切片上排列地较为紧密，像栅栏一样垂直于叶的上表皮，所以叫做栅栏薄壁组织（palisade parenchyma）（图 4.106，4.107，4.108）。栅栏薄壁组织细胞垂直于

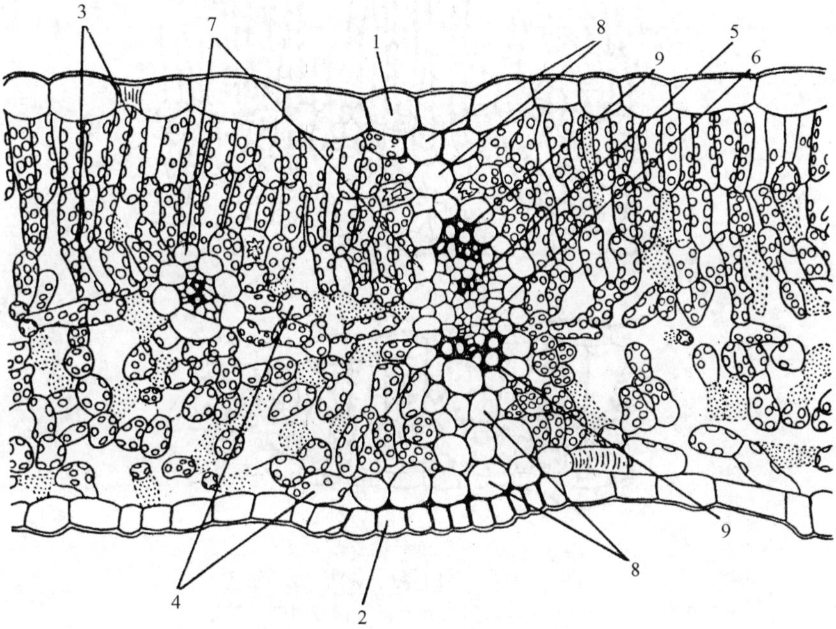

图 4.108　梨属叶横切

1. 上表皮　2. 下表皮　3. 栅栏薄壁组织　4. 海绵薄壁组织　5. 木质部　6. 韧皮部　7. 束鞘　8. 束鞘延伸　9. 纤维

叶的上表皮的排列样式能够使光线垂直地，即高强度地透进细胞内，同时，栅栏薄壁组织细胞的栅栏状排列样式还能够使细胞在一定的空间内排列得更多些，另外，狭长的栅栏状细胞还可以增加叶绿体在细胞内的排列面积。上述的所有这些特点都有利于光能的吸收。单子叶植物的栅栏薄壁组织细胞的长度常较双子叶植物的短些，因此在单子叶植物的叶中常无像双子叶植物叶中那样典型的栅栏薄壁组织的分化，或者根本就没有栅栏薄壁组织的存在（等面叶）。栅栏薄壁组织的主要机能是进行光合作用，光合作用就是利用光能把 CO_2 和水合成为有机物质的作用，所以栅栏薄壁组织是一种营养组织，这种营养组织叫做同化组织（assimilatory tissue）。

栅栏薄壁组织多为一层、二层或者三层细胞，不过也有含有很多层细胞的。若为多

层细胞时，通常是最外层细胞的体长最长，最内层细胞的体长最短。栅栏薄壁组织细胞的发育程度和细胞的层数主要决定于光照强度的强弱。例如在一棵树上，由于树冠的外部和内部光照强度的不同，树冠外部的叶具有发育良好的栅栏薄壁组织（阳性叶，sun leaf），而树冠内部的叶则具有比较不发育的栅栏薄壁组织（阴性叶，shade leaf）[①]（图4.109）。生长在强光下和山的南坡（阳坡）的植物（阳地植物，sun plant）栅栏薄壁组织细胞的层数较多，反之较少或甚而没有。例如生长在森林下面阴暗处（阴地植物，shade plant）或浸沉在水中的植物就没有发育良好的栅栏薄壁组织，叶肉仅由海绵薄壁组织状的组织所构成的（图 4.128）。

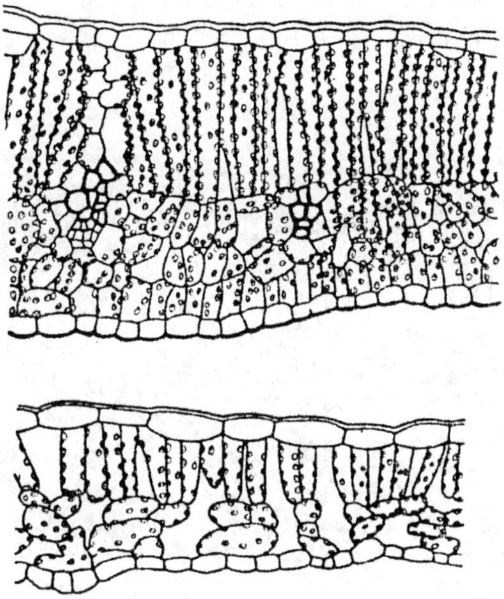

图 4.109　银白槭叶横切，示构造

上：树冠外部的阳性叶　下：树冠内部的阴性叶

由于栅栏薄壁组织细胞排列地较紧密，特别是在制造叶的切片标本时，叶的横切片标本一般都切得比较厚，所以在叶的横切片上常常观察到栅栏薄壁组织细胞排列得很紧密，细胞间隙不显著的情况。但在叶的平皮切片（即与叶的表面平行的切片）上观察时，可以见到栅栏薄壁组织细胞间互不接触或仅有轻微地接触，因而细胞具有较多的自由面（即细胞具有较多的互不接触的面）与叶内的细胞间隙系统相接触，所以栅栏薄壁组织仍具有发育良好的细胞间隙（图 4.110）。栅栏薄壁组织具有发育良好的细胞间隙是很重要的，因为发育良好的细胞间隙能够保证了栅栏薄壁组织细胞进行光合作用时对于大量气体交换的需要。

栅栏薄壁组织细胞内含有很多叶绿体，叶绿体紧贴着细胞壁排列成一层。叶绿体在

---

① 阳性叶与阴性叶还具有一些其他的不同点，例如阳性叶的叶片较小，叶片厚度较大，叶色较深，表皮毛较多，角质层较厚，气孔数量多，叶脉较密等，而阴性叶的叶片比较大，叶片比较薄，叶色比较浅，表皮毛比较少，角质层比较薄，细胞间隙较为发达等。

栅栏薄壁组织细胞内可以移动它的位置，当光线微弱时叶绿体排列在细胞上方的横壁处，当光线强烈时叶绿体移至细胞的侧壁处。这也是植物的一种适应现象，因为强烈的光照能够破坏叶绿素的分子结构。

邻接下表皮的叶肉组织是由一些很不规则或近乎等直径的含有较少量叶绿体的薄壁组织细胞所构成的。它们排列地疏松，互相连接成网状，像海绵一样，所以叫做海绵薄壁组织（spongy parenchyma）。海绵薄壁组织的厚度常较栅栏薄壁组织的厚度大，然而其细胞的数量因为排列疏松反而较栅栏薄壁组织细胞的数量少。由于海绵薄壁组织细胞的数量较少并且细胞内所含的叶绿体又不多，因此叶子上表面的颜色深些，下表面的颜色浅些。又因为海绵薄壁组织细胞排列疏松，所以叶子的下表皮较上表皮容易撕下来。

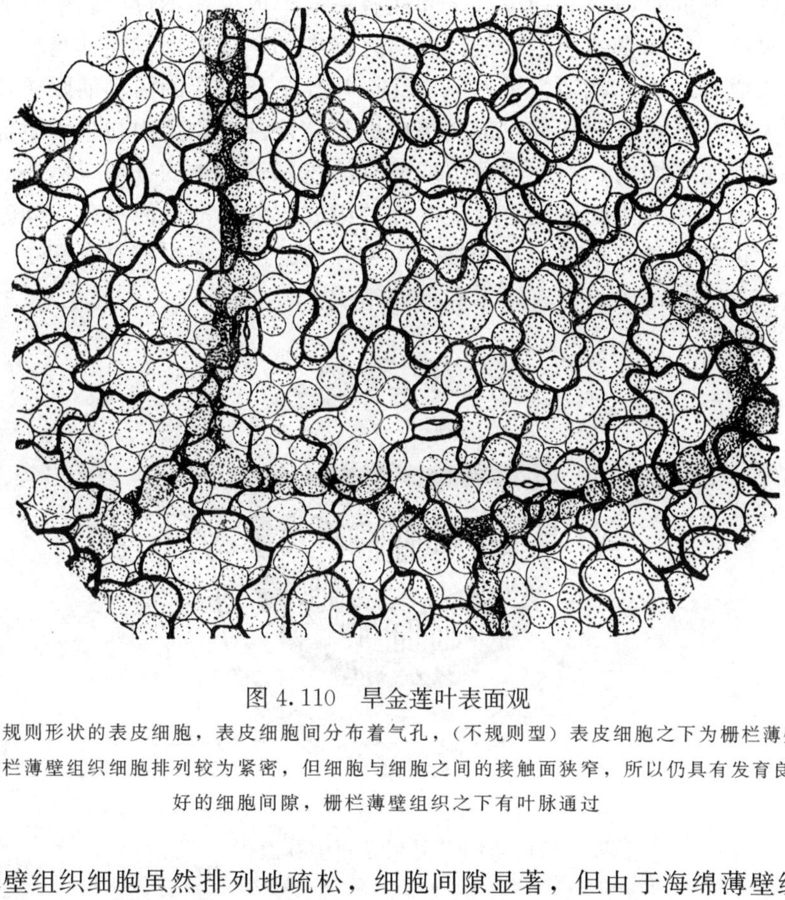

图 4.110　旱金莲叶表面观

粗线示不规则形状的表皮细胞，表皮细胞间分布着气孔，（不规则型）表皮细胞之下为栅栏薄壁组织，栅栏薄壁组织细胞排列较为紧密，但细胞与细胞之间的接触面狭窄，所以仍具有发育良好的细胞间隙，栅栏薄壁组织之下有叶脉通过

海绵薄壁组织细胞虽然排列地疏松，细胞间隙显著，但由于海绵薄壁组织细胞相互之间的接触面较大，细胞的自由面较小，因而使得海绵薄壁组织与叶内的细胞间隙系统的接触面小于栅栏薄壁组织。根据研究，单位体积的栅栏薄壁组织与细胞间隙系统的接触面大于单位体积的海绵薄壁组织的接触面 1.6～3.5 倍（见 Esau，1965a），可见海绵薄壁组织与细胞间隙系统的接触面较栅栏薄壁组织的小得多。栅栏薄壁组织与细胞间隙系统的接触面虽然大，但因其排列地较为紧密，因而其细胞间隙则较海绵薄壁组织的小得多。细胞间隙小因而能够使叶片的受光面排列更多的栅栏薄壁组织细胞，这样有利于更多地吸收光能。

海绵薄壁组织也能够进行光合作用，但进行的程度弱于栅栏薄壁组织。这是因为海绵薄壁组织细胞内所含的叶绿体较少，与细胞间隙系统的接触面积较小，并且所受到的阳光强度也弱于栅栏薄壁组织的缘故。光合作用是海绵薄壁组织第二机能，气体交换与蒸腾作用才是海绵薄壁组织的主要机能。

叶片内含有维管束，叶片内的维管束叫做叶脉（vein）。叶脉是从原形成束发展来的。叶脉的构造因其大小的不同而不同。中脉（midrib）（叶片中央的一条粗大的叶脉，也叫做主脉）由1至数根维管束所构成，是向顶成熟的，即向着叶片的顶部成熟的。自中脉分出的各级枝脉一般地只含有一根维管束，这一根维管束的大小与各级枝脉的大小相对应，即枝脉越大维管束也越大，枝脉越小维管束也越小。叶脉维管束包括木质部和韧皮部两部分，木质部在上面，韧皮部在木质部的下面，是外韧维管束。双子叶植物叶的中脉和大型叶脉的木质部和韧皮部之间还有一层形成层，不过叶脉中形成层活动的期限都很短，只产生很少量的次生木质部和次生韧皮部，以后形成层本身转变成木质部或韧皮部的组成成分，因而就消失了，但常绿树叶脉中形成层的活动期限要长些。

中脉和大型叶脉木质部和韧皮部的组成成分与该种植物茎中初生木质部和韧皮部的组成成分基本上是相同的，只不过各组成成分的体积较茎中的小些，木质部中的管状分子有伸长能力的多些。当叶脉变小时，叶脉的组成成分逐渐地简单化，同时各组成成分的数量和粗度也都在逐渐地减少和变细。小型叶脉的木质部中只含有螺纹导管、螺纹管胞和薄壁组织，韧皮部中只含有筛管和薄壁组织。

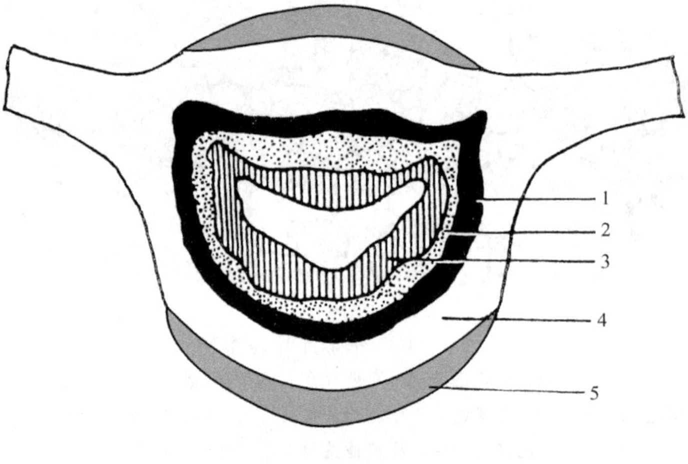

图4.111 胡桃属小叶片过中脉横切（草图）

1. 厚壁组织 2. 韧皮部 3. 木质部 4. 薄壁组织 5. 厚角组织

中脉和大型叶脉为多层细胞厚的含有少量叶绿体的薄壁组织细胞包被着，在叶的背面形成一突出物，叫做肋（rib）。包被中脉和大型叶脉的薄壁组织的上下两方常分布着一些排列成束状的机械组织（双子叶植物多为厚角组织，单子叶植物则为厚壁组织），机械组织排列成上下两堆（下面的一堆大些），直接与叶的上下表皮层连接着（图4.107，4.111）。很多植物的中脉和大型叶脉还被一圈由多层细胞厚的厚壁组织（常为纤维）（有的为厚角组织，如大多数十字花科植物）所构成的一个鞘包被着（图4.111，4.112），通常鞘的上下两方较厚，其他方较薄（图4.112）。也有的机械组织不形成鞘，只分布在叶脉的上下两方，并且下方较厚，或者只分布在下方。随着叶脉的变细，包被着叶脉的薄壁组织和机械组织（如果有的话）的细胞层数或数量逐渐减少，到了小型叶脉，有的机械组织消失了（图 4.108，4.113），通常就剩下了一层薄壁组织包被着叶脉，这一层薄壁组织叫做束鞘（bundle sheath）。

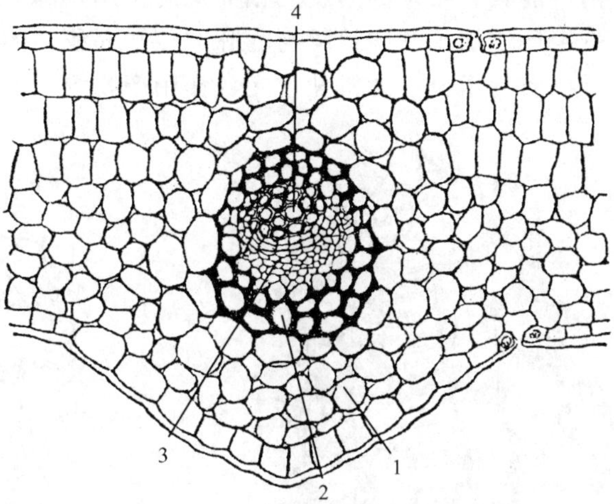

图 4.112　独行菜叶过中脉横切

1. 薄壁组织　2. 厚角组织　3. 韧皮部　4. 木质部

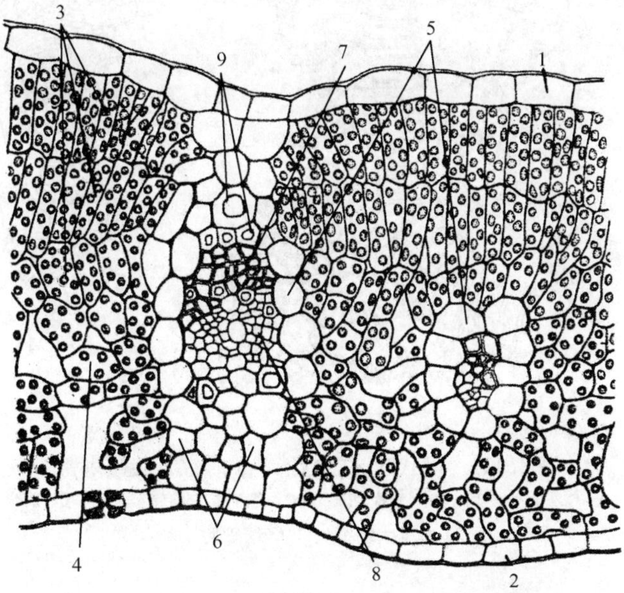

图 4.113　苹果叶横切，示束鞘与束鞘延伸

1. 上表皮　2. 下表皮　3. 栅栏薄壁组织　4. 海绵薄壁组织　5. 束鞘　6. 束鞘延伸　7. 木质部　8. 韧皮部　9. 厚壁组织（纤维）

双子叶植物的中、小型叶脉和最小型叶脉的脉梢通常都被一层由薄壁组织细胞所构成的束鞘包被着（图 4.106，107，108，4.113，4.114）。束鞘细胞排列紧密，细胞为

长方形，细胞的纵长与叶脉延伸的方向相平行，细胞内含有或多或少的叶绿体或者没有叶绿体（图 4.114）。有些植物的束鞘细胞还具有凯氏带或栓质层，与根的内皮层构造相似。束鞘包被着中、小型叶脉和脉梢，因此使叶脉的维管组织不直接与叶肉组织相接触，也不直接暴露在叶肉细胞的细胞间隙中。这使得物质的进出叶脉的维管组织都必须通过束鞘，从而使束鞘可能具有与根的内皮层相类似的作用，即对于物质进出维管组织的制约作用。另外，束鞘还增加了叶肉组织与叶脉的接触面积，因而有利于叶肉组织与叶的维管组织之间进行物质（水分、无机盐、光合作用产物等）的交换。

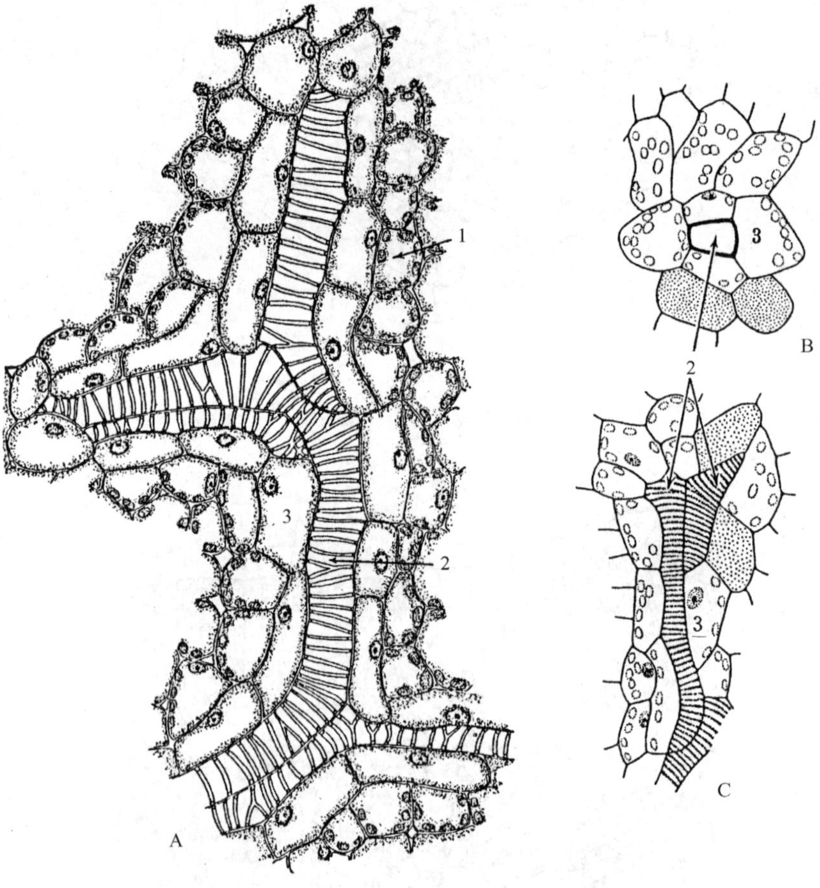

图 4.114　网状叶脉的脉梢，示螺纹管胞与束鞘

A.C. 为平皮切　B. 为横切　B.C. 细胞内的点点表示单宁物质

1. 海绵薄壁组织　2. 螺纹管胞　3. 束鞘

如上所述，双子叶植物的束鞘通常是由薄壁组织细胞构成的，但也有些双子叶植物的束鞘则是由厚壁组织细胞所构成，如野牧丹属是。

很多双子叶植物中型叶脉束鞘的上下两方没有叶肉组织，在这里常分布着一些细胞内没有叶绿体的薄壁组织，一般是上方分布得较少，下方分布地较多。分布在这里的组织是束鞘向上下两方的延伸（图 4.108，4.113），这种束鞘的延伸部分叫做束鞘延伸(bundle sheath extension)。束鞘延伸细胞与构成束鞘的细胞是相似的，束鞘通常是由薄壁组织构成的，则其延伸通常也是由与束鞘相似的薄壁组织构成，若束鞘为厚壁组织，则其延伸也为与束鞘相似的厚壁组织。束鞘延伸与叶片的上下表皮层连结起来，它具有将叶脉中的水流输导至叶片的表皮层中去的作用，还具有机械支持的机能。

束鞘延伸的有无与叶片内叶脉的分布密度有关，这是因为表皮层细胞间具有较大的侧向接触面，因而表皮细胞能将束鞘延伸运送来的水流进行水平方向的运送，从而代替了一部分叶脉水平方向运输的作用，因此具有束鞘延伸的叶脉，叶脉的分布密度较稀，不具有的则较密。

单子叶植物的叶中也具有束鞘与束鞘延伸，特别是在禾本科植物的叶中束鞘普遍存在。禾本科植物叶的束鞘是由一层或两层细胞构成的，若为一层细胞时，这一层细胞是薄壁的，若为两层细胞时，外面的一层是薄壁的，里面的一层是厚壁的。

小型叶脉包埋在叶肉组织中，分布在栅栏薄壁组织和海绵薄壁组织之间，即二者的交界处。它与叶肉组织相靠近，但由于束鞘的存在，并不直接与叶肉组织相接触（图4.106、4.107、108、4.115）。很多草本双子叶植物小型叶脉木质部的薄壁组织细胞和

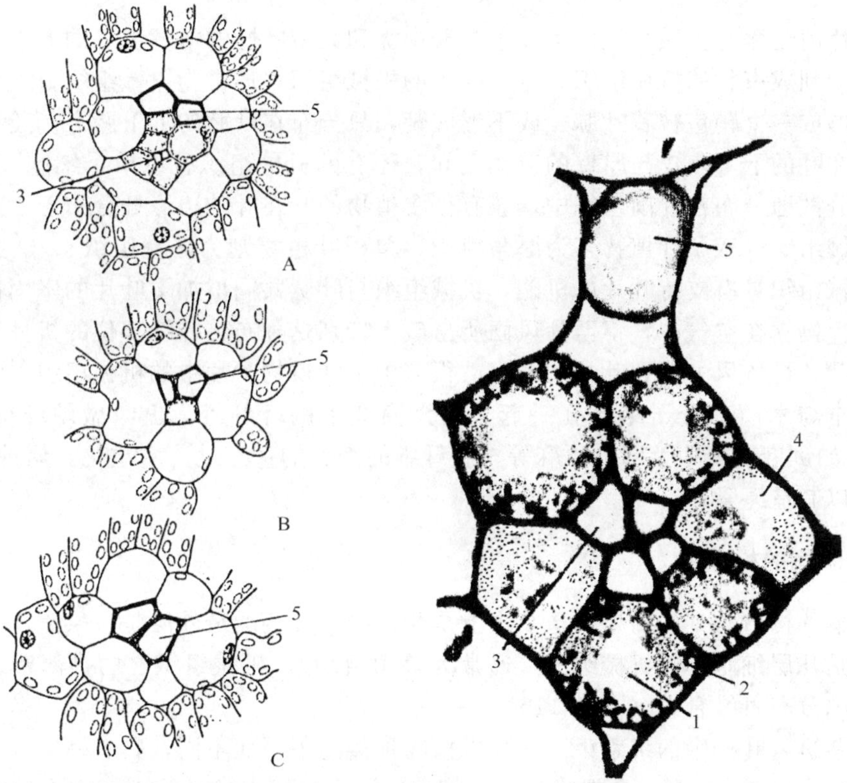

图4.115　小型叶脉横切，示构造

左：桃叶　A. 叶脉的韧皮部中含有两个细小的筛管分子和几个薄壁组织细胞（伴细胞与韧皮薄壁组织细胞）　B. 韧皮部中含有一个薄壁组织细胞　C. 韧皮部消失了，只剩下了含有两个管状分子的木质部（脉梢尖端）右：一种茜草科植物（*Sherardia arvensis*）叶，示粗大并具有传递壁的传递细胞　1. 传递细胞（伴细胞）　2. 传递壁　3. 筛管分子　4. 薄壁组织细胞　5. 管状分子

韧皮部的薄壁组织细胞①的一个突出的特点是有许多处局部的细胞壁向细胞腔内突出生长，形成很多长短不同的突起，这些突起大大地增加了细胞壁与原生质体的接触面积，从而大大地增加了物质进入或离开细胞的途径。具有这种突起的薄壁组织细胞叫做传递细胞（图 4.115 右）（Gunning *et al.*，1968）。小型叶脉木质部中的传递细胞具有接受管状分子中所携带的水分和矿质并将它转运给叶肉细胞的机能；韧皮部中的传递细胞则具有接受栅栏薄壁组织光合作用的产物并将它转运到筛管中去的机能。

在最小型的叶脉中木质部中的导管和薄壁组织消失了，韧皮部中的筛管也消失了，在木质部中只剩下了管胞，在韧皮部中可能只剩下了一个薄壁组织细胞（图 4.115-B)。到了最小型叶脉的脉梢，韧皮部往往也消失了，通常只剩下一两个螺纹管胞。这一两个螺纹管胞仍被一层由薄壁组织细胞所构成的束鞘包被着（图 4.114，4.115-C)。束鞘紧贴着管胞，束鞘除了向叶肉组织传送管胞中的水分和矿质外，还具有接受栅栏薄壁组织光合作用的产物并将它沿着束鞘细胞转运到小型叶脉韧皮部的筛管中去或将它传送给最小型叶脉韧皮部中的薄壁组织细胞最后再转运到小型叶脉韧皮部的筛管中去的机能。

叶片内还含有机械组织。例如包被着中脉和大型叶脉的薄壁组织的上下两方常分布着一些排列成束状的机械组织。也有些叶的机械组织（通常为厚壁组织，也有的为厚角组织）形成一个鞘包被着叶脉，或不形成鞘，只分布在叶脉的上下两方。还有的机械组织分布在叶的上下表皮与厚壁的束鞘之间，还有的机械组织就以单个细胞（硬化细胞）的状态分散地分布在叶肉组织中，还有很多植物的叶在叶的边缘处分布着一些排列成束状的机械组织（双子叶植物多为厚角组织，单子叶植物则为厚壁组织)。这些分布在叶内的机械组织具有支持叶片的机能，机械组织与叶脉共同增加了叶片的坚固性质，能支持着叶片挺立在空气中，不至为风雨所击破，特别是分布在叶缘部位的机械组织大大地增加了叶片抵抗风力撕裂叶片的能力。很多单子叶植物叶片中的机械组织（纤维）特别发达，常与木质部分子结合在一起，成为商业上的叶纤维，也叫做硬纤维（hard fibers)，如剑麻、新西兰麻、蕉麻等。硬纤维的细胞的壁经过了木质化，质地比较粗糙，只可用以制造绳索。

2. 叶柄的构造

叶柄的构造与茎的初生构造基本上是相似的。叶柄的最外层是一层表皮，表皮层之内一般是几层细胞厚的机械组织（通常为厚角组织)，机械组织之内是薄壁组织，薄壁组织之内分布着维管束（图 4.116)。

自茎进入叶柄中的维管束的数目因植物种类的不同而不同，具有一定的分类鉴定意义。通常自茎进入 1 根、3 根或数根维管束。进入叶柄中的维管束（进入叶柄中的维管束不能再称为叶迹了）可以原数不变地延伸至叶片内，也可以分裂成更多的束或合成为

---

① 小型叶脉韧皮部中的薄壁组织细胞包括伴细胞和韧皮薄壁组织细胞两种类型的细胞，二者视其起源而区分。若薄壁组织细胞与筛管分子是同源的，此即为伴细胞，否则就是韧皮薄壁组织细胞。虽然在植物体的其他部位筛管分子的直径都较与其相伴随的伴细胞的直径为大，但在双子叶植物小型叶脉中伴细胞的直径则常较与其相伴随的筛管分子的直径粗大得多（图 4.115)，在观察制片标本时要特别注意到这一点。伴细胞直径的变大增大了细胞的面积，从而有利于伴细胞担负接受和转运叶肉细胞光合产物的功能。

一束后再延伸至叶片内。因此在观察叶柄的构造时应从基部、中部、端部三个部位取材观察。从三个部位取材观察是比较费时的，通常只从叶柄的最端部（即叶柄与叶片基部的连接处）取材观察就可以了，必要时再辅以从叶柄基部的取材观察。

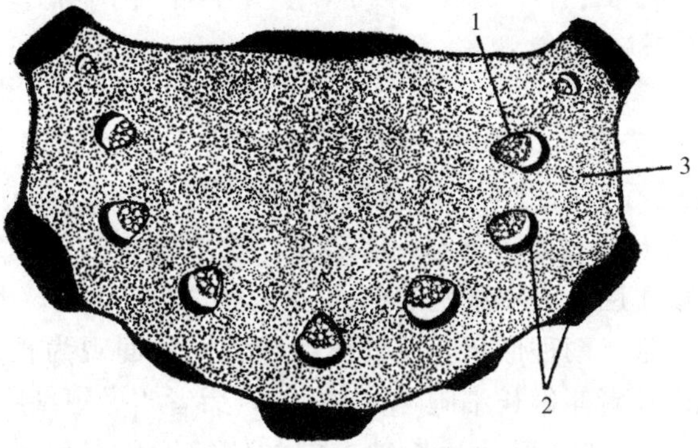

图 4.116　甜菜叶柄横切（草图）
1. 维管束　2. 机械组织　3. 薄壁组织

维管束在叶柄中的排列方式也因植物种类的不同而有所不同，也具有一定的分类鉴定意义。在横切片上维管束通常排列成半圆形或圆形。若为半圆形时则开口朝上，这样有利于叶柄的支持机能。如果只有一根维管束进入叶柄或维管束在叶柄中合成为一根时，这一根维管束在横切片上仍为半圆形，但亦可为圆形。单子叶植物的叶多数是分化成叶片和叶鞘两部分，一般是没有叶柄的，但也有些单子叶植物具有叶柄，如马蹄莲、玉簪等。进入单子叶植物叶柄中维管束的数目较之进入双子叶植物叶柄中的数目要多得多，有的可达 30～40 根。单子叶植物叶柄中的维管束通常是分散地分布着，不排列成半圆形或圆形。

双子叶植物叶柄中的维管束包括木质部、韧皮部、形成层三部分，木质部在上面，韧皮部在下面，形成层在二者的中间（图 4.116）。叶柄中的形成层也只有短时期的活动，只形成很少量的次生维管组织。叶柄中木质部和韧皮部的组成成分和该种植物茎中初生木质部和初生韧皮部的组成成分基本上是相同的，只不过各组成成分的体积较茎中的小一些，于此不再重复了。

很多植物种类在叶柄韧皮部的外方还分布着机械组织（纤维）。分布在这里的机械组织直接与韧皮部相邻接，在横切片上，有排列成束状的，也有排列成圆环状的。

有些植物（特别是某些豆科植物）的叶柄和/或小叶柄的基部微微有些膨大，此膨大部分叫做叶枕。叶枕与叶和/或小叶片的开闭运动有关。例如合欢树的叶为羽状复叶，叶柄和小叶柄具有叶枕。叶枕内含有大量的薄壁组织，中心为维管组织。由于叶枕内薄壁组织的含量较大，故而叶枕较为膨大。在光照条件下，小叶柄叶枕的近轴面的薄壁组织细胞的涨压高，细胞膨胀，远轴面的薄壁组织细胞的涨压低，细胞收缩，因而使小叶片向外打开；在黑暗条件下，小叶柄叶枕的近轴面的薄壁组织细胞的涨压低，细胞收缩，远轴面的薄壁组织细胞的涨压高，细胞膨胀，因而使小叶片向上合拢，小叶片关闭。合欢树小叶片的昼开夜闭现象，叫做感夜运动（nyctinastic movement）。叶枕上下相对两面薄壁组织细胞涨压的高低是受钾元素的渗入或渗出所决定的，钾元素渗入，细胞吸水涨压高，钾元素渗出，细胞失水涨压低。

第四节　禾本科植物叶的构造

禾本科植物的叶大多是无柄叶，一般是由叶片和叶鞘两部分所构成的（图 4.91）。叶片的构造比叶鞘的构造复杂，因此在植物学研究方面叶片的构造比叶鞘的构造重要。本文只对叶片的构造进行一些讨论，叶鞘的构造从略。

禾本科植物叶片的上下表面覆盖着一层表皮，表皮细胞的外壁加厚并经过了角质化，外壁的外面还有一层角质层。表皮细胞的壁通常还经过了硅质化，因而触手有粗糙感，如水稻、小麦等。表皮细胞有两种形状：一种体型较大，表面观为长方形；一种体型较小，表面观为近似正方形。前者叫做长细胞（long cell），后者叫做短细胞（short cell）。长细胞是表皮的主要组成成分，其沿着叶片长轴方向的侧壁通常是波纹状的。分布在脉间区（intercostal zone）的长细胞一般比较粗些，分布在叶脉上下两方的长细胞比较细些（图 4.117）。短细胞又有两种类型：一种是死细胞，细胞腔内充满一硅质体，这叫做硅质细胞（silica cell）。硅质细胞内的硅质体有不同的形状，具有一定的鉴定和分类学意义。另一种是活细胞（见 Evert，2006），细胞壁还经过了栓质化，这叫做木栓细胞（cork cell）。硅质细胞和木栓细胞常成对地或单独地分布在叶脉上下两方长细胞的行列中（图 4.117）。由于叶的表皮细胞都顺着叶子的长轴排列成纵行行列，所以禾本科植物的叶片很容易从纵的方向撕破。

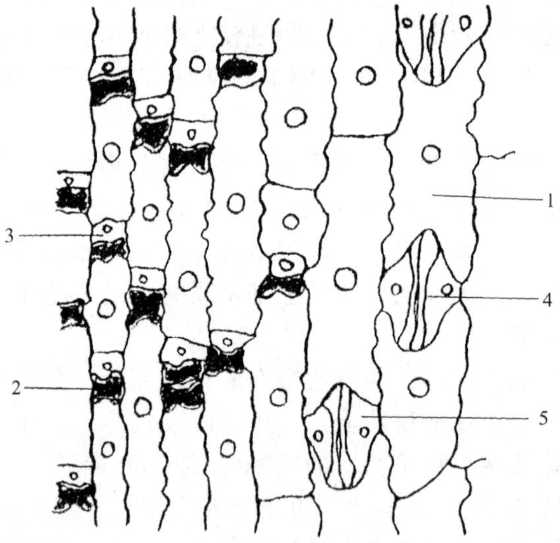

图 4.117　一部分玉米叶下表皮的表面观

1. 脉间区长细胞　2. 硅质细胞（细胞内充满一个大硅质体）
3. 木栓细胞　4. 保卫细胞　5. 副卫细胞

在叶片上表皮的脉间区有一些长细胞的内壁在横切片上凸进叶肉组织之内，这种细胞的体积很大，叫做泡状细胞（bulliform cell）（图 4.118，4.119）。通常认为泡状细胞在天气干旱时失去水分体积收缩，因而使叶片向上卷成管形，借以减少水分的蒸发。不过也有人并不同意这种看法（Metcalfe，1960）。那么泡状细胞的功能是什么呢？硅质细胞和木栓细胞的功能又是什么呢？这些问题直到现在也未得到令人满意的解释。

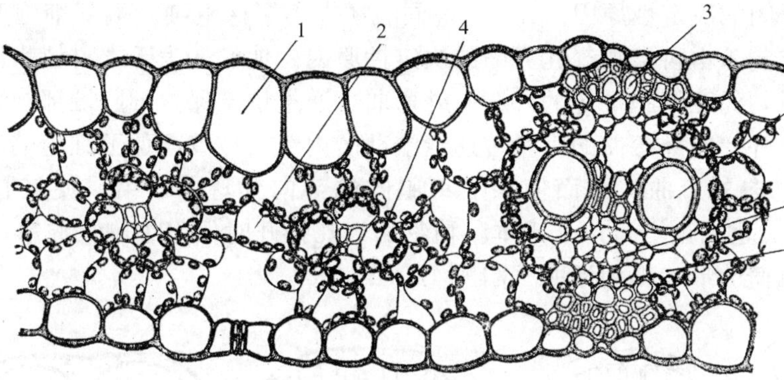

图 4.118　玉米叶横切

1. 泡状细胞　2. 叶肉组织　3. 纤维　4. 束鞘　5. 木质部　6. 韧皮部

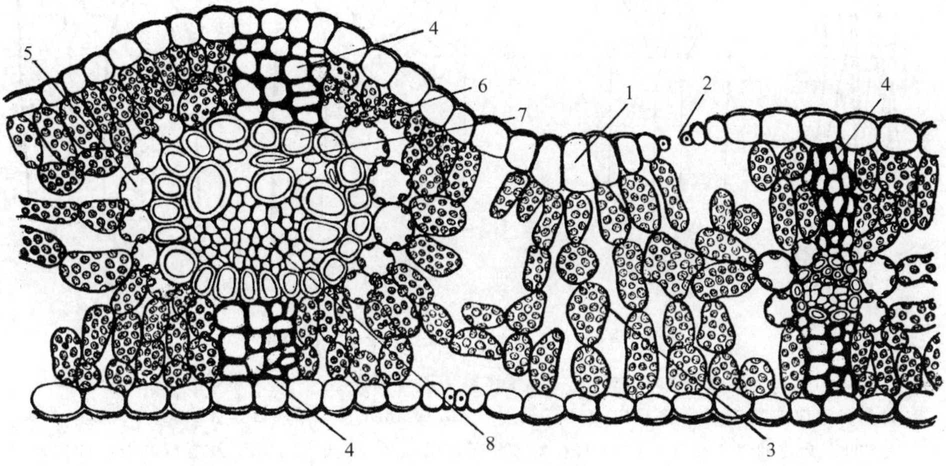

图 4.119　小麦叶横切

1. 泡状细胞　2. 气孔　3. 叶肉组织　4. 纤维　5. 外束鞘　6. 内束鞘　7. 木质部　8. 韧皮部

气孔分布在叶表皮脉间区长细胞的行列中（图 4.117）。多数植物种类叶片的上下两面都有气孔，但也有些种类（主要是旱生植物）的气孔只分布在叶片的上表面，下表面没有气孔。这类植物的叶片在天气干旱时能向上卷成管形，将气孔卷入管内，借以减少水分的蒸发。

气孔缝隙的两侧有一对保卫细胞围绕着，每一保卫细胞的外侧邻接着一个小型的表皮细胞，叫做副卫细胞（subsidiary cell）。禾本科植物保卫细胞的形态构造和一般植物的不同，不是半月形，而是铁哑铃形，两端膨大中部细长（图 4.120），膨大的端部细胞壁较薄，内含叶绿体，细长的中部细胞壁较厚，不含叶绿体。细胞核也是铁哑铃形的，两端膨大，中部线形，膨大的端部位于细胞的两端，线形的中部则位于细胞的两端之间。当一对保卫细胞的端部因吸水而膨大时，中部的壁互相分离，于是气孔就张开了，当一对保卫细胞的端部因失水而收缩时，中部的壁互相靠拢，于是气孔就关闭了。

本书在第二章中介绍了 Aylor 等（1973）认为保卫细胞壁微纤丝的径向排列是控制一般植物气孔开闭的决定性原因。Aylor 等同时还提出了保卫细胞端部细胞壁微纤丝的径向排列也是控制禾本科植物气孔开闭的决定性原因。他们认为禾本科植物保卫细胞的端部吸水膨胀时，保卫细胞端部的外壁向外弯曲，通过位于保卫细胞端部外壁径向排列的微纤丝将端部外壁向外弯曲的力量传递给端部的内壁，拉着与保卫细胞端部的共有壁相邻接的内壁也向外弯曲，因而使保卫细胞的端部向外弯曲，结果使气孔张开（图 4.120-Ⅱ，-Ⅲ）。这一论点可以从禾本科植物的气孔张开时保卫细胞从原来的铁哑铃形改变成为电话听筒的形状得到证明（图 4.120-Ⅳ）。

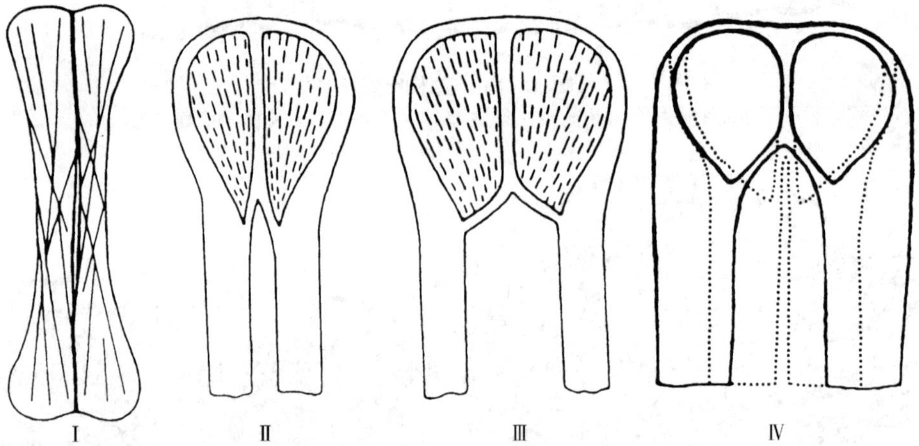

图 4.120 禾本科植物气孔张开的机理

Ⅰ. 气孔关闭时的状态（草图），示保卫细胞壁微纤丝的排列样式 Ⅱ. 气孔近乎关闭时的状态（图解），示保卫细胞端部细胞壁径向排列（辐射排列）的微纤丝 Ⅲ. 气孔张开时的状态（图解） Ⅳ. 玉米叶下表皮的气孔（草图），示气孔的开与闭，粗线示开，虚线示闭，注意气孔开与闭时保卫细胞形状的变化（禾本科植物与一般植物气孔张开的机理是一样的，决定性因素都是微纤丝的径向排列，所不同的是，一般植物的气孔张开时保卫细胞的中部和端部同时都向外弯曲，而禾本科植物的气孔张开时，只有保卫细胞的端部—壁薄而软—向外弯曲，中部—壁厚而硬—没有弯曲，这一点是使一般植物的气孔与禾本科植物的气孔张开后保卫细胞的形状一个成为比较弯曲的半月形，一个成为电话听筒形的根本原因）

禾本科植物的叶表皮上常生有单细胞或二细胞的表皮毛。表皮毛分布在叶脉上下两方长细胞的行列中。单细胞的表皮毛较长，二细胞的表皮毛较短。有些单细胞表皮毛的基部膨大顶端尖锐，具有木质化的厚壁，这叫做刺毛（prickle hair）。

从组织发生的角度来看，表皮毛、硅质细胞、木栓细胞、保卫细胞等都是由表皮细胞的短细胞发育成的。

禾本科植物的叶肉细胞一般都是近乎等直径的薄壁组织细胞，没有栅栏薄壁组织和海绵薄壁组织的分化。这类叶在构造上上下两面是一样的，没有背腹面的区别（等面叶）。但也有些禾本科植物在叶的上表皮或上下表皮之内有一层排列比较整齐不很典型的栅栏薄壁组织。很多热带起源的禾本科植物的叶肉细胞围绕着束鞘细胞，呈辐射状排列，形成一种叫做花环结构（Kranz structure）的构造。

禾本科植物的叶脉都是平行的，除有些种类的主脉（如玉米）含有多根维管束外，一般是每一条叶脉只含有一根维管束。这一根维管束与叶脉的大小相对应，即叶脉大维管束也大，叶脉小维管束也小。维管束的构造与茎中维管束的构造相同，含有初生木质部和初生韧皮部两部分，没有形成层。连接平行脉为网状构造的横脉也含有一根维管束，这一根维管束可能只含有一单行管状分子和一单行筛管分子（带伴细胞），构造比较简单。

叶脉的周围有一层或两层细胞围绕着，形成叶脉的鞘，此为束鞘。束鞘若为一层细胞时，这一层细胞是含有叶绿体的薄壁组织细胞，如玉米、高粱、谷子等（图 4.118）。若为两层细胞时，外面的一层细胞体型较大，是薄壁组织细胞，细胞内含有叶绿体；里面的一层细胞体型较小，细胞壁较厚并经过了栓质化，细胞内不含叶绿体或只含少量的叶绿体，如小麦、大麦、水稻等（图 4.119，4.121）。围绕着叶脉的束鞘细胞的解剖构造与亚显微构造（即在电子显微镜下的构造）因植物种类的不同而不同。根据这种构造上的不同，可以将禾本科植物和其他一些科的植物分为两类：一类是光合效率高的四碳植物；一类是光合效率低的三碳植物[①]。

禾本科植物的叶内常含有很发达的机械组织——纤维。纤维通常分布在大型和中型叶脉的上下两方，排列成束状。在横切片上观察时，纤维束的外端和叶的上下表皮连接着（图 4.118，4.119，4.121），内端和叶脉束鞘的上下两方连接着，纤维束与叶脉连接成为工字形。这种在横切片上呈工字形的结构样式能以最少量的材料发挥最大的机械效能。当叶脉逐渐变细时，分布在叶脉上下两方的纤维的数量逐渐减少，到了小型叶脉可能只分布在叶脉的下方，或者上下两方都没有了，同时输导组织的数量也在逐渐地减少。也有些禾本科植物在叶的上下表皮之内分布着许多排列成束状的纤维，在横切片上观察时，这种排列成束状的纤维直接和叶的上下表皮连接着并正对着叶脉的上下两方但并不和叶脉相接触。此外，在叶片的边缘处也常分布着一些排列成束状的纤维。叶脉和所有这些在叶片内排列成束状的纤维共同增加了叶片的坚固性质，从而保证了叶片不致为风雨所撕破。

我们在上面谈到根据叶脉束鞘细胞的解剖构造与亚显微构造的不同，将禾本科和其他一些科的植物分为四碳植物与三碳植物两类，下面介绍一下这两类植物叶脉的束鞘细胞在解剖构造与亚显微构造上的不同。

1）四碳植物的叶肉细胞围绕着中小型叶脉的束鞘细胞，长轴垂直于束鞘，呈辐射状排列。在叶的横切片上叶肉细胞常为栅栏形，一层或两层，它和束鞘细胞包被着叶脉，形成同心的圈层，这种同心的圈层构造叫做花环结构（图 4.121）（近年来将这种构造改称为花环综合体，kranz syndrome）。三碳植物没有这样的构造。花环结构的形

① 某些热带起源的植物（如玉米、高粱、甘蔗等）在强光高温条件下光合效率比一般植物高得多，后来发现这些热带起源的植物光合作用的最初产物是含有四个碳原子的四碳化合物（草酰乙酸），而一般植物光合作用的最初产物则是含有三个碳原子的三碳化合物（磷酸甘油酸）。因此，前者被称为四碳（C_4）植物（C_4 plants），后者被称为三碳（C_3）植物（C_3 plants）。很多热带起源的禾本科植物是四碳植物，还有其他一些科（如莎草科、藜科、苋科等）也含有少数的四碳植物种类。

成说明四碳植物的叶肉细胞与束鞘细胞之间的关系比三碳植物的更为紧密。

2）四碳植物的束鞘细胞大形，细胞内（束鞘若为两层细胞时，指外面的一层细胞而言，以下同）含有多量的叶绿体，并且叶绿体的体积比叶肉细胞内的大，颜色也较深，线粒体与过氧物酶体的含量也较多。而三碳植物的束鞘细胞内则含有少量和体积比叶肉细胞内较小的叶绿体，细胞器的含量也较少，因此在低倍显微镜下观察时三碳植物的束鞘细胞是比较透明的。

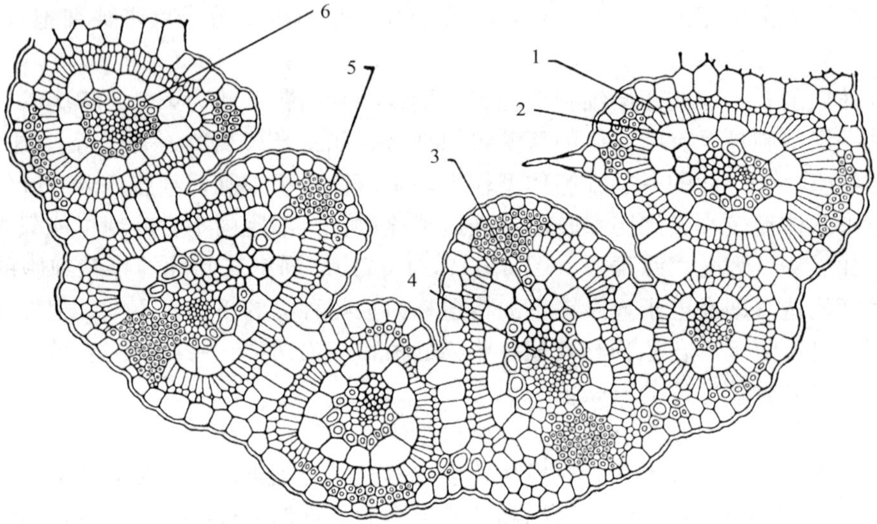

图 4.121　一种垂穗草属植物（*Bouteloua breviseta*）叶横切，示四碳植物叶的花环结构

1. 叶肉细胞　2. 外束鞘　3. 木质部　4. 韧皮部　5. 纤维　6. 内束鞘

3）四碳植物叶肉细胞内的叶绿体含有明显的基粒类囊体和间质类囊体，但束鞘细胞内的叶绿体常无基粒类囊体，只含有间质类囊体。这叫做叶绿体的二型现象（dimorphism of chloroplast）。而三碳植物的叶肉和束鞘细胞内都含有界限分明的基粒类囊体和间质类囊体，无叶绿体的二型现象。

4）四碳植物叶内的大部分过氧物酶体都分布在束鞘细胞内，而三碳植物叶内的过氧物酶体则普遍地分布在束鞘和叶肉细胞内。由于过氧物酶体是光呼吸（photorespiration）的场所，因此三碳植物的光呼吸较四碳植物的高。光呼吸有什么功能还不很清楚，但光呼吸消耗了光合作用过程中的某些中间产物，因而降低了光合产量，并且光呼吸所释出的能量均以热能散失，没有产生细胞生命活动所需要的化学能。若单从“节约”的观点来看，可以说光呼吸是一种浪费。

5）四碳植物叶肉细胞和束鞘细胞的叶绿体的内表面都含有周质网（peripheral reticulum）（图 1.11），这是四碳植物的一个共同的特征，而三碳植物种类并不全都含有周质网。周质网是从包被着叶绿体的双层薄膜的内层薄膜上向间质内生出的许多连接成网状的小管，这种网状小管叫做周质网。周质网可能与叶绿体和细胞质二者之间的物质输导有关。

6）四碳植物叶相邻两个叶脉之间的距离比较近，只有 2～4 个细胞的距离，而三碳植物叶相邻两个叶脉之间的距离比较远，多于 4 个细胞（图 4.118，4.119），脉间距离的远近影响叶肉细胞光合产物运出的速度，近则快，远则慢，因此四碳植物的光合产物较三碳植物的运出快而安全。

农业实践证明，四碳植物在光合作用中将 CO_2 固定为有机物质的效率比三碳植物高。例如玉米、高粱、甘蔗等的光合效率要比三碳植物小麦、水稻、棉花等高出 2～3 倍。所以发生这种差别的原因是因为四碳植物的叶肉细胞固定 CO_2 的效率高，并且能在热带干旱缺水，光照强度很强，温度很高的情况下进行 CO_2 的固定作用，同时四碳植物的光呼吸又较三碳植物的为低的结果。因此，若能将三碳类作物改变成为四碳类作物便可以大大提高作物的产量。

第五节　裸子植物叶的构造

裸子植物的叶对于环境条件的反应并不是很敏感的，因此在形态构造上不如被子植物叶那样的多样性。现以松属叶为代表来说明裸子植物中最大和最常见的一群——松柏类植物叶的构造。

松属叶是针形的，在横切面上为半圆形、圆形或三角形。叶的最外层为一层表皮细胞，表皮细胞的壁普遍地特别加厚并经过了木质化（见 Evert，2006）。由于细胞壁普遍地特别加厚，致使表皮细胞的腔很狭小。在表皮细胞外壁的外面还堆积着一层角质层（图 4.122，4.123）。

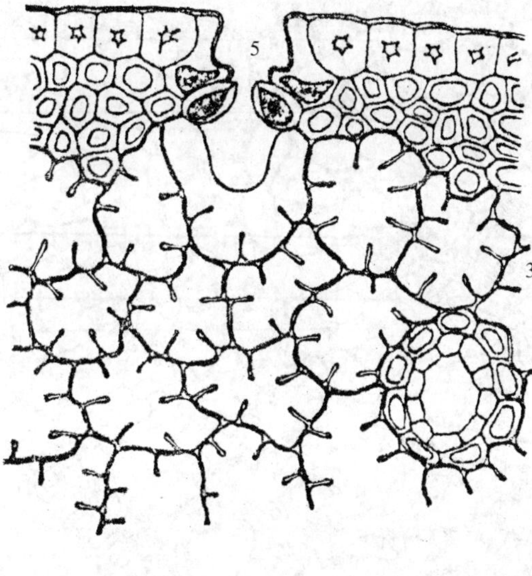

图 4.122　欧洲黑松叶横切，示叶肉细胞壁的皱褶

1. 表皮　2. 下皮层　3. 叶肉　4. 树脂道　5. 下陷的气孔形成的腔

表皮层上分布着一些纵行排列的气孔，气孔陷入四周表皮细胞之下很深，保卫细胞和拱盖着保卫细胞的副卫细胞形成一种陷腔，保卫细胞好像是悬挂在陷腔两侧的副卫细胞的下面一样（图 4.122，4.123）。下陷的腔内充满由保卫细胞和副卫细胞所分泌的蜡质，形成一种有孔的塞状构造，叫做气孔塞（stomatal plug），气孔塞的功能还不很清楚，可能具有减少水分蒸发的作用（见 Evert，2006）。

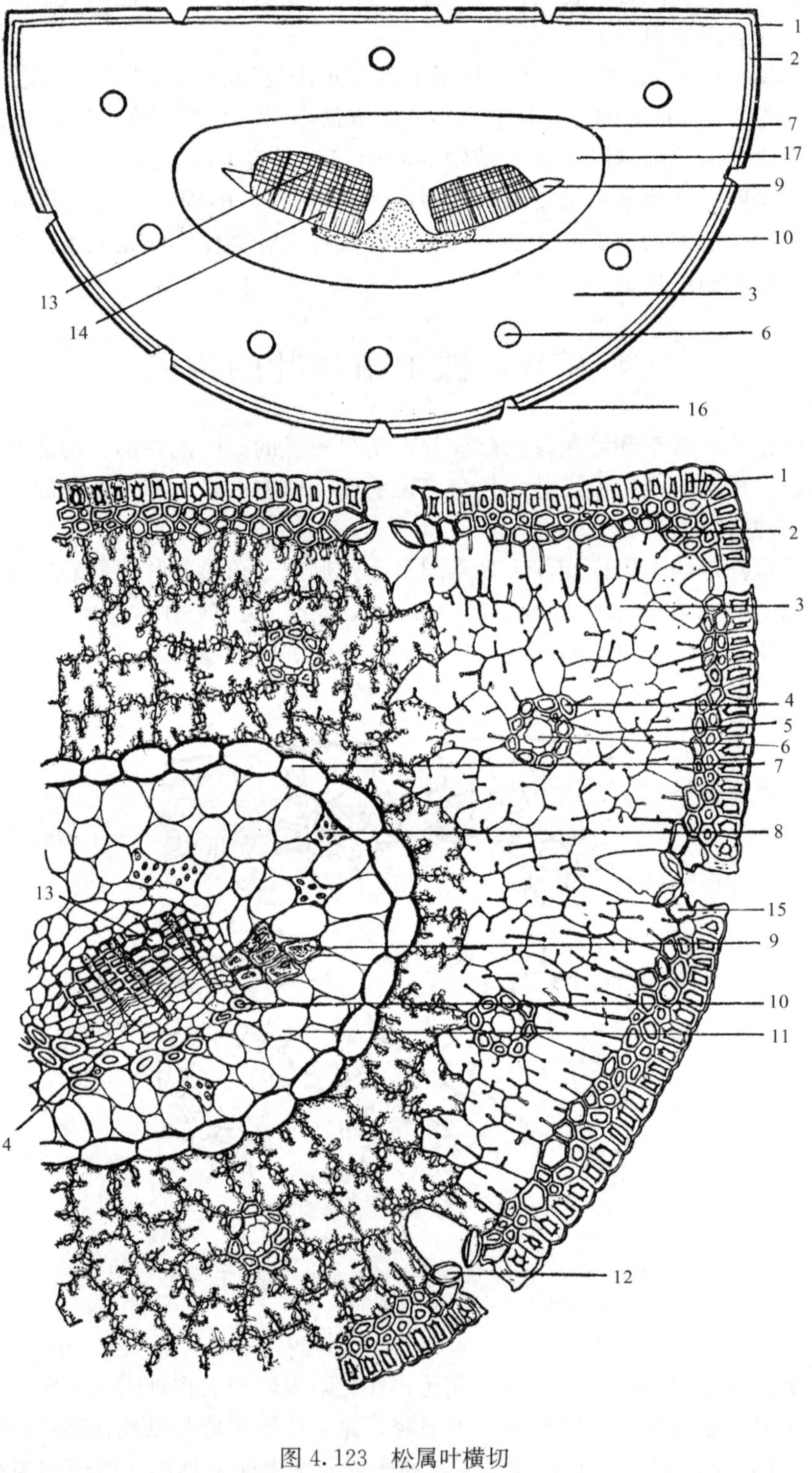

图 4.123 松属叶横切

上：草图 下：一部分草图的放大 1. 表皮 2. 下皮层 3. 叶肉 4. 厚壁组织鞘 5. 上皮细胞 6. 树脂道 7. 内皮层 8. 管胞状细胞 9. 蛋白细胞 10. 厚壁组织 11. 薄壁组织 12. 保卫细胞 13. 木质部 14. 韧皮部 15. 副卫细胞 16. 下陷的气孔 17. 转输组织

表皮层的里面是 1 至数层木质化的纤维状硬化薄壁组织细胞，叫做下皮层。下皮层除具有防止水分蒸发的机能外，它还能使松属叶具有坚固的性质。

下皮层的里面是叶肉，叶肉没有栅栏薄壁组织和海绵薄壁组织的分化。叶肉细胞的构造和一般叶肉细胞的构造不同，细胞壁在许多处向细胞腔内凹陷，形成很多突入细胞内部的皱褶（图 4.123）。这些皱褶大大地增加了叶绿体在细胞内排列的面积，从而增加了光合作用的面积。在叶肉组织中含有两个或两个以上分布位置不同的树脂道（见 Biswas and Johri，1997），树脂道的腔由一层上皮细胞围绕着，上皮细胞的外面还有一层具有木质化厚壁的厚壁组织所构成的一个鞘包被着。

叶肉细胞的里面有一层细胞壁比较厚并经过了木质化的细胞，此为内皮层。据说在发育的早期内皮层细胞的壁上是有凯氏带的，但电子显微镜的观察却证明了内皮层细胞的壁上并没有凯氏带（见 Fahn，1990）。内皮层存在于很多裸子植物的叶内，但在裸子植物的茎内却没有内皮层的存在。

内皮层的里面有几层细胞，叫做转输组织（transfusion tissue）。转输组织是由三种类型的细胞所构成的：一种类型的细胞是死细胞，细胞无内含物，细胞的壁稍加厚并经过轻微木质化，壁上具有具缘纹孔，这种类型的细胞叫做管胞状细胞（tracheidal cell）；一种类型的细胞是活的薄壁组织细胞，细胞内含有鞣质、树脂，有时还有淀粉，管胞状细胞零散地分布在这种类型的薄壁组织细胞之间；还一种类型的细胞也是活的薄壁组织细胞，细胞内含有浓厚的细胞质，成堆地分布在韧皮部的一侧，这种类型的细胞叫做蛋白细胞（albuminous cell）。转输组织的机能还不十分清楚，它可能具有将维管束木质部运输来的水分和矿质通过转输组织的管胞状细胞运送给叶肉，将叶肉光合作用的产物通过转输组织的薄壁组织细胞运送给维管束的韧皮部的作用。叶内具有转输组织是裸子植物叶的一个共同特征。

转输组织的里面含有 1～2 根外韧维管束。维管束主要是由初生木质部（大部分是后生木质部）和初生韧皮部所构成，次生维管组织的含量不多。（松属叶的形成层第一年后仍有活动，能使维管出略有增粗）。初生木质部的组成成分是管胞和薄壁组织，两者间隔地排列着，形成整齐的径向行列。初生韧皮部的组成成分是筛细胞和薄壁组织，两者也排列成互相间隔地径向行列，在薄壁组织细胞行列中含有细胞质浓厚的蛋白细胞。在韧皮部的外方还常分布着一些厚壁组织。

上述松属叶的构造特征在许多其他松柏类植物的叶中也可以见到，只不过常有一些量上的差别，例如下皮层细胞的层数，树脂道的数目及其分布位置，转输组织的含量与排列方式等都可能因属种的不同而不同。但大多数松柏类植物的叶内并不含有具皱褶的叶肉细胞，也有些松柏类植物的叶内具有栅栏薄壁组织与海绵薄壁组织的分化。这两点是与松属叶在构造上的不同点。

第六节　旱生植物叶的构造

根据植物与水分的关系可以将地球上的植物种类分为三种类型，即旱生植物（xerophyte）、中生植物（mesophyte）和水生植物（hydrophyte）。旱生植物指的是生长在气候干燥，土壤中水分缺乏，例如沙漠地区的植物。水生植物指的是生长在水中的植物。中生植物则是介乎在上述两种极端类型之间的一种中间类型，指的是生长在气候温和，土壤湿度适中，例如温带地区的植物。大多数植物都是中生植物。这三种类型的植物的根、茎、叶在其形态构造方面各有其特征，但以叶的特征最为显著，因此常以叶的形态构造特征作为各种环境条件的指示特征。我们在上面所讨论的关叶的形态构造特征主要是关于中生植物叶的形态构造特征，下面我们将讨论一下关于旱生植物叶和水生植物叶的形态构造特征。

旱生植物叶在形态构造方面有许多特征，主要的特征有：

1）旱生植物叶的表皮细胞一般地都比较小，细胞壁（特别是外壁）常增厚，外壁经过了强烈角质化，外壁的外面常有一层厚的角质层，角质层的外面还常堆积着一层蜡层。

2）旱生植物叶的上下表皮上常分布着密生的表皮毛。有些旱生植物叶的表皮毛是死亡的，死亡的表皮毛的腔内充满空气，呈现白色，能够反射光线，因而具有防止叶片温度增高的作用。有些旱生植物叶的死亡表皮毛的柄细胞或基细胞的整个细胞壁完全角质化，从而堵塞了水分从叶内通过表皮毛细胞的壁向外扩散的途径（Fahn，1986）。分布在这种表皮毛下面的气孔正如同分布在一些毛状遮盖物的下面一样，因而可以减少水分从气孔的蒸发（Fahn，1986）[①]。

---

① 密生的表皮毛能阻碍叶表面空气的流动，还可以阻碍水分从气孔的蒸发，因此，长时期以来人们认为旱生植物叶上密生的表皮毛具有降低叶的水分蒸发量的功能。但 Johnson（1975）列举了一些试验证明某些生有密生表皮毛的植物其水分的蒸发量反而比生有较少表皮毛的植物更高些，因此，他不同意旱生植物叶上密生的表皮毛具有降低叶的水分蒸发量的看法。实际上，叶内的水分是可以通过离质的和共质的扩散途径（apoplastic and symplastic diffusion route）从表皮毛蒸发出去的。水分通过密生的（因而是具有很大蒸发表面的）表皮毛的蒸发量很可能会多于因气孔被表皮毛的遮盖从而所减少的水分蒸发量，所以生有密生表皮毛的植物可能会比生有较少表皮毛的植物的水分蒸发量更高些。

Fahn（1986）观察了12种旱生植物叶的表皮毛，发现其柄细胞（stalk cell）或基细胞（basal cell）的壁完全经过了角质化（即整个的细胞壁都经过了角质化）。他认为这种表皮毛死亡后失去了离质的和共质的扩散途径，它遮盖着气孔，因而能够降低叶的水分蒸发量。但 Fahn 只观察了12种旱生植物叶，所以 Fahn（1990）只认为“很多”旱生植物叶的表皮毛的柄细胞或基细胞的壁完全经过了角质化，他并没有认为表皮毛的柄细胞或基细胞壁的完全角质化是“所有”旱生植物叶的一个共同特征。如果某种旱生植物叶的表皮毛的柄细胞或基细胞的壁没有完全角质化，水分便可以通过这种表皮毛的细胞壁蒸发出去（离质的扩散途径）。由于离质扩散途径水分蒸发的速度远比共质扩散途径水分蒸发的速度大得多（这是因为共质扩散途径的阻力大大地高于离质扩散途径的阻力的缘故），所以即便是死亡的表皮毛（即失去了共质扩散途径的表皮毛），由于它的遮盖仍然会提高了叶的水分蒸发量。然而，如果某种旱生植物叶的表皮毛的柄细胞或基细胞的壁完全角质化了，虽然是生活着的表皮毛，由于共质扩散途径水分的蒸发速度小，因而水分通过这种表皮毛的蒸发量可能会少于因气孔的被遮盖从而所减少的水分蒸发量，所以由于这种生活着的表皮毛的遮盖反而也可能会降低叶的水分蒸发量。

这样看来，关于旱生植物叶密生的表皮毛的遮盖究竟是提高了还是降低了叶的水分蒸发量的问题应该是根据表皮毛本身的水分蒸发量是否是大于或小于因表皮毛的遮盖从而所减少的叶的水分蒸发量来决定的，也就是说，主要是应该根据表皮毛离质扩散途径的有无来决定的。因此说，我们对于旱生植物叶表皮毛的遮盖究竟是提高了还是降低了叶的水分蒸发量的问题不能够一概而论。

那么，在干旱地区那些提高了叶的水分蒸发量的密生表皮毛对于植物的生活有什么适应意义呢？是否是植物借此以降低体温从而避免了植物体的被灼伤呢？也就是说，是否是密生的表皮毛对于那些“对缺水比较敏感的旱生植物”具有降低叶的水分蒸发量的功能（抗旱性功能），而对于那些“对高温比较敏感的旱生植物”则具有提高叶的水分蒸发量的功能（抗热性功能）呢？这是一个很需要进行研究的问题。

【资料】人们在很久以前就直观（觉）地提出了旱生植物叶上密生的表皮毛具有降低叶的水分蒸发量的作用。

3）旱生植物叶的气孔通常只分布在叶的下表面，并且多下陷至叶表皮之下，这样可以减少水分自气孔的蒸发。有些种类，如夹竹桃，在叶的下表面形成许多杯形凹陷，凹陷内丛生着表皮毛，表皮毛之间分布着气孔，由于凹陷处的蒸汽压较高，因此可以降低叶片内部与叶片外部（即凹陷处）的蒸汽压差度，这样就可以更加有效地减少水分自气孔的蒸发（图 4.124）。也有些旱生植物叶的气孔只分布在叶的上表面（某些禾本科植物），这类植物的叶片在天气干旱时能向上卷成管形，借以减少水分的蒸发。

4）旱生植物叶气孔的数量往往比较高（即单位面积上气孔的数目比较多）。气孔的数量多有利于 CO_2 的吸进，在水分供应比较充分的季节，有利于光合作用的进行。等到干旱季节到来时，植物通过落叶或气孔的关闭（有些旱生植物叶的气孔能够较长时期地关闭起来），借以减少水分的蒸发。

5）很多旱生植物叶的上下表皮层之内含有 1 至数层没有叶绿体的细胞层，这些细胞层叫做下皮层①（hypodermis）（图 4.124）。下皮层细胞的体积比表皮细胞的大，一般是薄壁的，但也有厚壁的下皮层。薄壁的下皮层细胞具有贮藏水分的机能，如无花果属、秋海棠属等（图 2.26），厚壁的下皮层细胞的壁还可能经过了木质化，具有支持叶片和防止水分蒸发的机能，如松属（图 4.122）。另外，下皮层还具有遮光的作用。

6）旱生植物叶的叶肉组织排列地比较紧密，细胞间隙较小，栅栏薄壁组织特别发达，常为两层或多层，并且有些种类在叶的上下两面都有。海绵薄壁组织不发达，厚度减少，有些种类只含有一薄层，位于上下两面的栅栏薄壁组织之间（等面叶）（图 4.124，4.125）。也有的种类根本就没有海绵薄壁组织，整个的叶肉完全是由栅栏薄壁组织所构成的，如赤桉、*Sphaeralcea incana*（图 4.126）等。

但因缺乏精确的试验数据，这种看法遭到了 Jonhon（1975）的强烈反对。Jonhon 认为这种看法是"目的论"。Esau（1977）认为这个问题尚未得到一致的试验结果。Metcalfe（1983）同意 Jonhon 的意见，承认旱生植物叶上的表皮毛没有降低叶的水分蒸发量的作用。Fahn（1986）观察了 12 种旱生植物叶的表皮毛，发现其柄细胞或基细胞的壁完全经过了角质化，他认为这类死亡表皮毛的遮盖能够降低叶的水分蒸发量。刘穆（1992，未发表）根据表皮毛的死活和有无离质的扩散途径，将旱生植物叶上密生的表皮毛分成为 4 种类型，他认为因表皮毛类型的不同，对于水分蒸发量的作用也不同，不能够一概而论。Beck（2005）认为死亡的密生表皮毛的遮盖可能具有降低叶的水分蒸发量的作用，但他承认尚缺乏试验上的证据。目前很多教科书再次提出表皮毛具有降低植物水分蒸发量的作用（见 Dickison，2000；Raven and Johnson，2002；Stern *et al.*，2003；Leck and Evans，2005；Raven *et al.*，2005；Beck，2005），但都未能提出有力的试验数据。本书作者认为，旱生植物叶上密生的表皮毛对于植物叶的水分蒸发量到底具有什么作用？这一老早就直观（觉）地认为没有问题的问题很需要利用现代生物学的新方法、新技术取得试验上的数据来证明。

① 凡位于器官的表皮层之内并与位于其内方的细胞层在形态构造和生理机能上有所区别的细胞层（一层或数层）都可以称为下皮层。下皮层一词在叶内普遍应用，在其他器官内使用较少。下皮层可能起源于原表皮层，也可能起源于基本分生组织，起源于原表皮层的下皮层与表皮层是同源的，二者合称为复表皮（multiple epidermis）。复表皮只有表面的一层细胞具有表皮的构造特征。前面讲过的气生根的根被实际上就是一种复表皮。

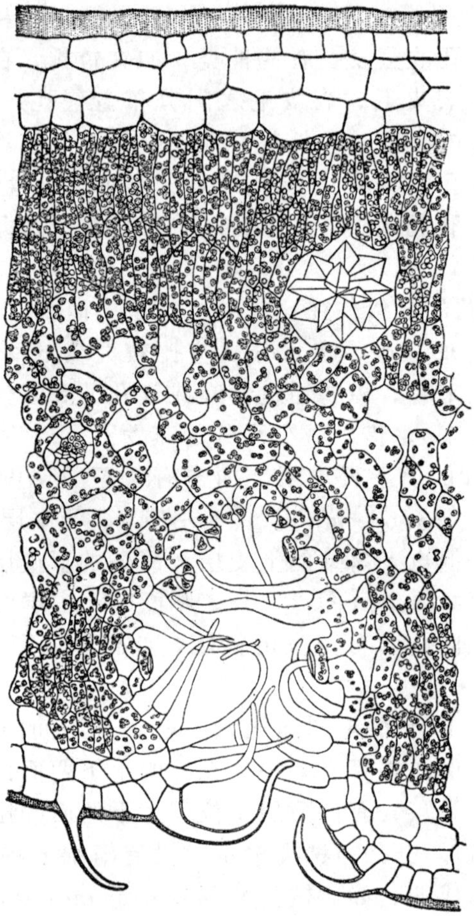

图 4.124　欧洲夹竹桃叶横切，示一种旱生植物叶的构造

具有较厚的角质层（角质膜），具有下皮层，气孔位于下陷的洼内并被表皮毛遮盖着，栅栏薄壁组织发达，上下两面都有，形成等面叶

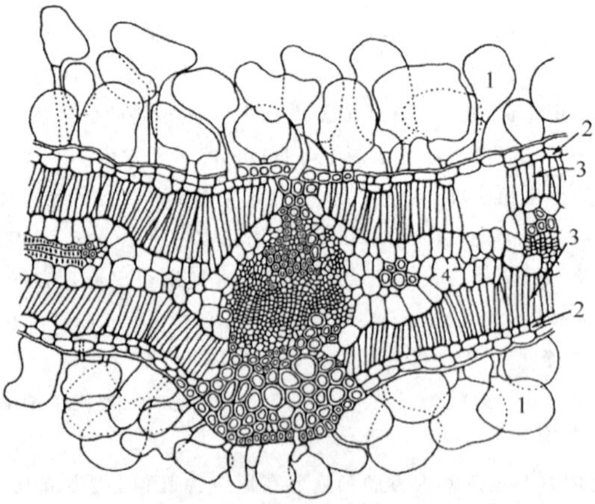

图 4.125　灰毛滨藜叶横切，示等面叶的构造

1. 泡状腺毛　2. 下皮层　3. 栅栏薄壁组织　4. 海绵薄壁组织

7）由于旱生植物叶内栅栏薄壁组织的特别发达，海绵薄壁组织不发达，因而使叶肉细胞间的侧向接触面大大地减少（这是因为栅栏薄壁组织细胞间的侧向接触面少于海绵薄壁组织细胞间的侧向接触面的缘故），这就降低了叶片内的物质在水平方向的运输能力，因而叶内的输导组织（叶脉）特别地发达，形成网隙较小的密网，纵横于叶片之内，借以解决物质在叶片内水平方向的运输问题。概括地讲，叶脉的密度与栅栏薄壁组织和海绵薄壁组织的发达程度有一定的相关性，即栅栏薄壁组织越发达叶脉越密，海绵薄壁组织越发达叶脉越疏。

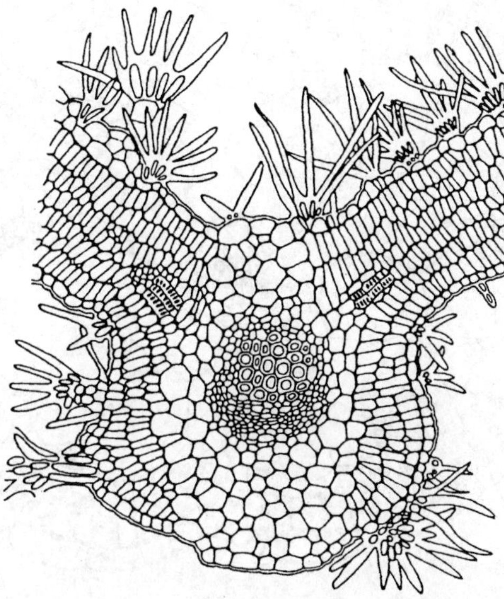

图 4.126　一种锦葵科植物（*Sphaeralcea incana*）叶横切，示一种旱生植物叶的构造

叶肉完全是由栅栏薄壁组织所构成的

8）有些旱生植物叶的机械组织（厚壁组织）特别发达。机械组织或是成片或是成束地分布在表皮层（或下皮层）和叶肉之间，或是围绕着叶脉，形成叶脉的鞘（通常是鞘的上下两方较厚，其他方较薄），或是单个地分散地分布在叶肉组织中（硬化细胞）（图 2.29-E）。机械组织具有支持着叶片使其在非常缺水的情况下仍然不会萎缩变形的作用，从而保证了叶肉组织不因叶的失水萎缩变形而受到伤害。另外，成片或是成束地分布在表皮层（或下皮层）和叶肉之间的机械组织似乎是一些局部的帐幕一样，因而还具有防止水分蒸发和遮光的作用。

9）有些旱生植物的叶肉质化，形成肉质叶（succlent leaf）（图 4.127）。肉质叶具有厚的角质层，叶内含有大量贮藏水分的薄壁组织。这种贮藏水分的薄壁组织叫做贮水组织。贮水组织的细胞体积较大，壁较薄，细胞质成贴壁层，中央为一大液泡。中央大液泡的细胞液内含有黏质，黏质具有增加细胞吸水和保持水分的作用，如景天属、芦荟属等。在降雨的季节贮水组织贮满水分以备干旱时的需要。

肉质叶是减少水分蒸发面积的一种形态，因为肉质叶的厚度较一般叶的厚度大得多，因此肉质叶与同体积的一般叶相比，具有较小的表面面积，所以其水分蒸发量较同体积的一般叶的水分蒸发量要小些。另外，很多肉质叶的光合作用途径与一般植物叶的不同，由于光合作用途径的不同，这类肉质叶的气孔在夜间开放，在日间关闭。气孔的日间关闭大大地减少了水分从气孔的蒸发。

有些肉质叶形成时叶向两侧的生长受到了抑制，但叶的下表面（远轴面）却特别发达（单面叶），结果形成在横切面上为圆形的圆柱形叶，在分类学上这种叶叫做圆柱叶(terete leaf)（图 4.127）。

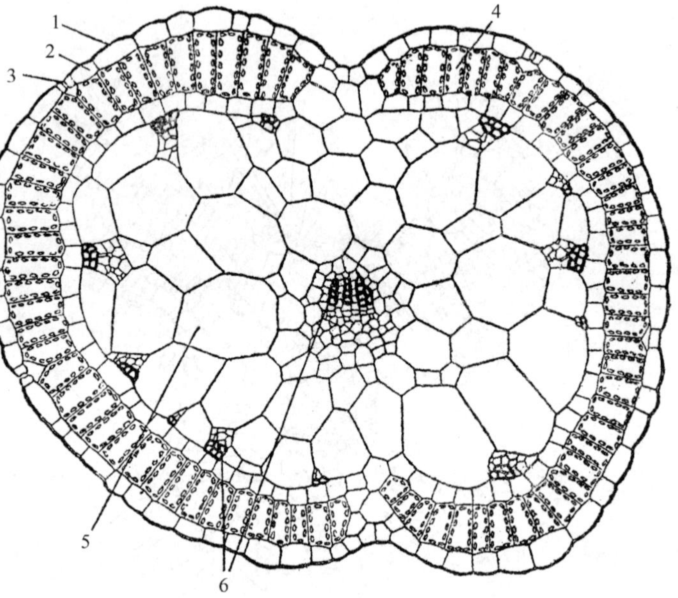

图 4.127　一种猪毛菜属植物（*Salsola pestifer*）叶横切，示圆柱叶的构造
1. 角质层　2. 表皮　3. 气孔　4. 栅栏薄壁组织　5. 贮水组织　6. 叶脉

10) 有些旱生植物叶的边缘下卷，下卷的边缘使叶的下表面好像是位于一种凹陷中，这与气孔的下陷具有相类似的作用，也可以减少水分自气孔的蒸发。

11) 很多旱生植物的叶片强烈地缩小，形成刺形（如仙人掌）、针形（如松属）、鳞片形（如柏木属）等。这样就可以大大地减少了叶片的蒸发面积，从而减少了水分的蒸发量。

综上所述，旱生植物叶表现在形态构造方面的特征是多种多样的，不同的旱生植物能以不同的特征适应干旱的环境条件。但总的来说，旱生植物叶有一个比较普遍的共同特征，这个特征是：叶表面面积与叶体积二者之比的比值都比较低。也就是说，同体积的叶，旱生植物叶具有较小的蒸发表面。上面所讲到的旱生植物叶在形态构造方面所发生的许多种改变，例如叶形小，肉质叶，叶肉组织排列紧密，栅栏薄壁组织与输导组织特别发达等等，所有这些改变几乎都是与减少叶的蒸发表面有关系的一些改变。

旱生植物叶通常总是某几种旱生特征互相配合在一起以发挥最大的抗旱作用。例如前面讲过的松属叶就是由几种适应干旱的形态构造（如针形叶，表皮细胞的壁特别加厚并经过了强烈的木质化，气孔下陷，具有下皮层等）配合在一起以发挥抗旱作用的。松属是一种冬季不落叶的常绿树，由于冬季干寒，根系吸水困难，为了减少水分的蒸发量，所以松属叶具有适应干旱的形态构造。

第七节　水生植物叶的构造

整个植物体或部分植物体浸沉在水中的植物叫做水生植物（hydrophytes）。整个植物体浸沉在水中的植物叫做沉水植物（submerged plants）。沉水植物的植物体全部被水所包围，没有防止水分蒸发的必要，因此这类植物的叶表皮细胞的外壁不加厚，也未经角质化，角质层很薄或者根本没有，没有表皮毛，也没有气孔，气体的交换是通过表皮细胞的壁进行的。由于水中的光线不足，所以叶表皮细胞内常含有叶绿体，这样就能更好地吸收和利用光能（图 4.128）。

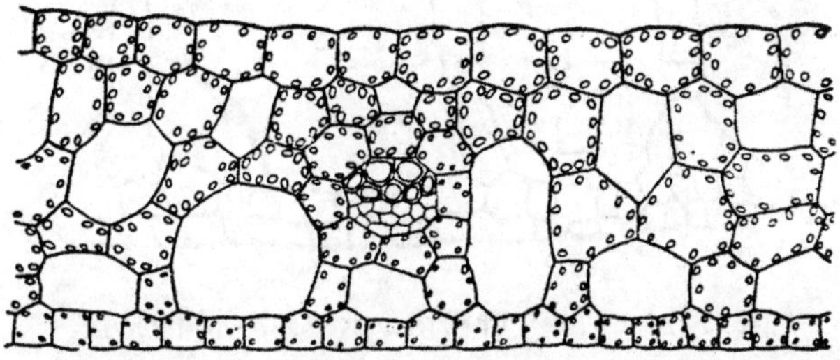

图 4.128　眼子菜属叶横切，示一种沉水植物叶的构造
表皮细胞内含有叶绿体，没有角质层和气孔，叶肉是由数层海绵薄壁组织状的组织所构成的，叶内含有大气腔

沉水植物的叶肉组织不发达，叶片很薄。因为水中光照强度较弱，所以叶肉没有栅栏薄壁组织的分化，整个的叶肉是由海绵薄壁组织状的组织所构成的。叶肉组织的细胞间隙很发达，常形成为许多大的气腔（air cavity），气腔内充满贮藏的空气，形成了通气组织（aerenchyma）。由于气腔内充满空气和水的浮力作用，叶片不需要机械组织的支持就可以浮漂起来，因此机械组织很不发达或者没有。维管束中的木质部也很不发达，有些种类的木质部甚至完全退化，因为生活在水中的植物对于水分的运输并不是一个重要的问题。但维管束中的韧皮部则发育地比较正常，这是因为水生植物对于光合作用产物的运输也和陆生植物同样的重要。

沉水植物的叶片常高度分裂，形成线形裂片，这是因为水中缺乏空气和矿质养料，高度分裂可以增加叶的吸收表面。但单子叶植物的叶常为带形，少有分裂者。

总的来说，沉水植物叶的表面面积与叶体积二者之比的比值比较高，这一点是沉水植物叶与旱生植物叶的一个根本的不同点。

还有一类水生植物的叶漂浮在水面，如睡莲、芡实等（图 4.129）。这类植物叶的上表面直接承受阳光的照射，但其下表面却浸沉在水中。这类植物叶的上表面具有厚的角质层，数层排列紧密的栅栏薄壁组织，叶肉内含有单个分布的机械组织（硬化细胞）等对于干旱适应的构造，但其下表面却具有薄的角质层，没有气孔并具有非常发达的通气组织等对于水生适应的构造。一片叶片的上下两面竟然朝着两个极端相反的方向发展，这确实地表现了植物的叶在解剖构造方面一种十分惊人的适应性！

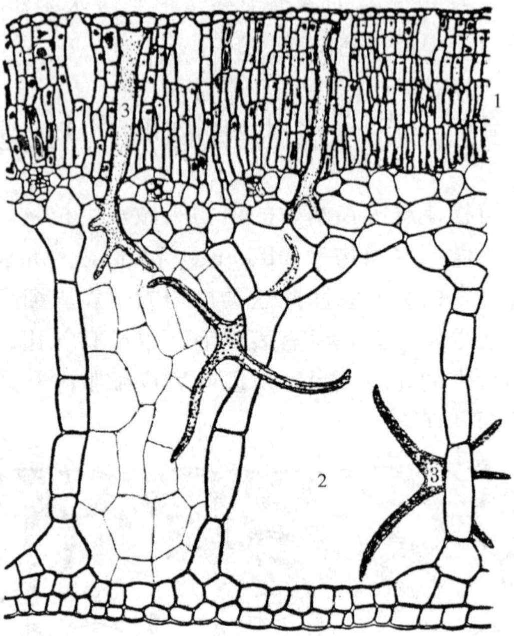

图 4.129　白睡莲叶横切，示一种浮水叶的构造
1. 栅栏薄壁组织　2. 气腔　3. 硬化细胞

第八节　落　　叶

很多木本植物叶的生存期只有一个生长季，叶在春、夏季生长，到了秋、冬季死亡脱落。叶自植物体上脱落下来的现象叫做落叶（leaf fall）（图 4.130）。落叶现象是植物度过不良季节的一种适应形式。也有很多木本植物，如冬青树、松属等，到了冬季不落叶。这类植物叶的生存期超过一年以上，普通都在 2～5 年左右。冬季不落叶的木本植物叫做常绿树（evergreen）。实际上常绿树也并非不落叶，只是不在同时落叶。

叶在脱落之前其生理机能发生很大的变化，叶的代谢活动降低了，叶的光合作用衰落了，叶内的碳水化合物与含氮物质运走了，叶绿体内的叶绿素分解破坏，只剩下了叶黄素类和胡萝卜素类二类色素。我们常见树木的叶子到了秋天都变为黄色就是因为叶绿素的分解破坏，因而显露出来其他二类色素的颜色使然。也有些植物的叶在落叶前产生花青素，使叶子变为红色，成为观赏的红叶，如枫香树（*Liquidambar formosana*）、槭树（*Acer* sp.）、黄栌（*Cotinus coggygria*）等。

落叶树叶柄的基部有一狭的离区（abscission zone）。从外表上看，在叶柄基部有一浅的凹槽（图 4.130-A），或虽无凹槽而此处的表皮常形成为一条具有不同颜色的窄带，这里就是离区。从内部构造上看，离区内的维管组织通常集中在叶柄的中心，机械组织较不发达或者没有。

落叶前数日在离区内形成了离层（abscission layer）和保护层（protection layer）（图 4.130）。离层是由通过几次细胞分裂所产生的数层与叶柄上下表面相垂直的（即横切叶柄的）小型薄壁组织细胞所构成的。保护层位于离层的下面，是由数层细胞壁经过了栓质化和木质化的薄壁组织细胞所构成的。落叶时，离层细胞间的中层溶解消失，使离层细胞互相分离。由于离区的维管组织集中在中心，机械组织的含量较少或者没有，所以遇有微风叶子就从离层处断落。落叶后保护层保护着伤口使不致蒸发过多的水分，不致为微生物所感染。在保护层的下面迟早还形成周皮，所形成的周皮和茎的周皮连接起来。也有些植物种类在其叶柄的基部并无离区的形成，这类植物凋萎的叶可能附着在植物体上迟迟不落。

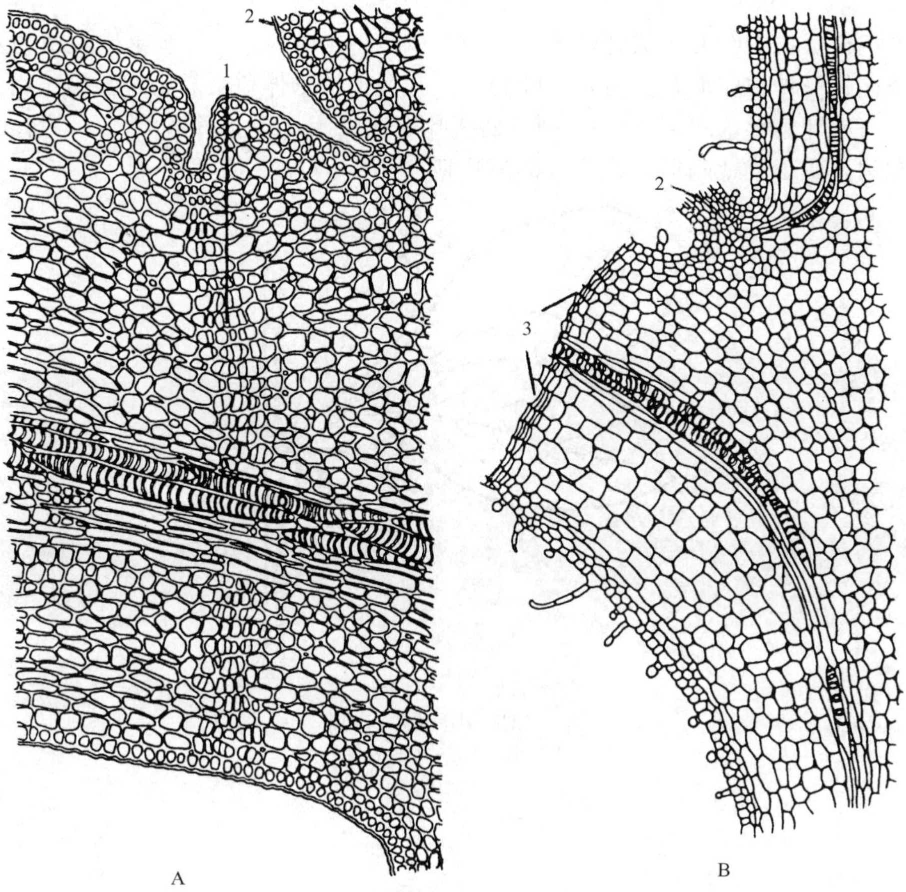

图 4.130　落叶

A. 樱桃属叶基纵切，示离层的形成　B. 鞘蕊花属落叶后的茎—叶基纵切，示保护层的形成

1. 离层　2. 腋芽　3. 保护层

叶子脱落后，留在茎上的痕迹叫做叶痕（leaf scar）（图 4.42，4.43）。叶痕内通常有几个小斑点，这是由茎入叶的维管束的痕迹，叫做束痕（bundle scar）。叶痕的形状和大小、束痕的数目以及排列方式等各树种互不相同，根据这些性状可以鉴定冬季落叶的树木。

在自然界中，受精作用后花被的脱落，未能坐果的花的脱落，果实成熟后果实的脱落，树木因枝叶的过分繁密而发生的自然稀疏现象，以及农业生产和果树园艺等方面由于各种原因所引起的落花落果等现象都与植物的落叶现象相类似，也都是在器官的脱落部位形成了离区（层），使之从母体上脱落下来。

第九节　叶的变态

叶的可塑性是很大的，它是植物器官中最容易因环境因素的不同而发生形态构造改变的器官，因此叶的变态是多种多样的。下面只介绍几种比较特殊的变态叶。

1. 叶刺

仙人掌科植物的叶变态成针刺形，叫做叶刺（leaf thorn）。叶刺是这类植物对于干旱环境条件的一种适应形式。另外，叶刺还具有保护植物体免被动物吞食的作用。小檗属的叶变态成针刺形（图 4.131），刺槐的托叶变态成针刺形（图 4.92-4），枸骨叶缘的齿特别发达，变态成针刺形，这些也都是叶刺。

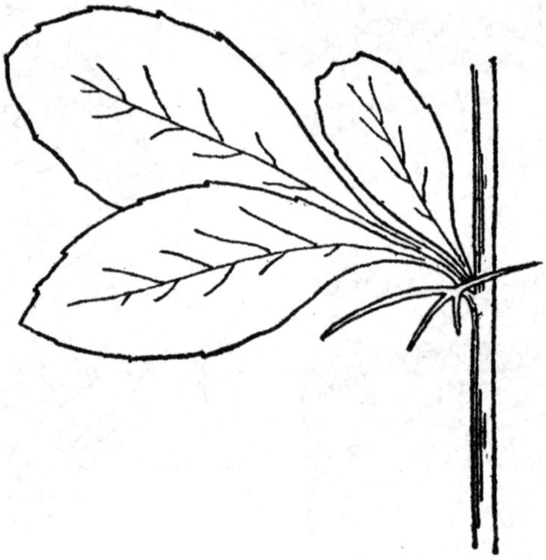

图 4.131　小檗属的叶刺

叶刺的腋部生有短枝

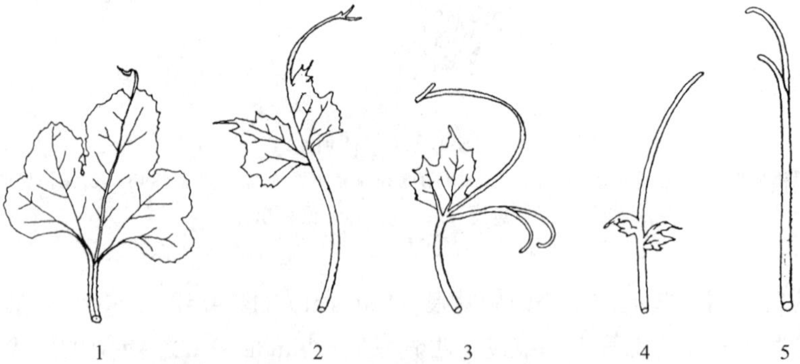

图 4.132　西葫芦的叶卷须

1～4. 示从叶到卷须的过渡类型；5. 卷须

2. 卷须

某些攀缘植物的叶片或托叶或复叶的一部分小叶片能够变态成卷须（leaf tendril），卷须攀缘在附近植物体或物体上借以使自身直立起来。如中草药菝葜（土伏苓）是托叶变态成卷须（图 4.92-3），豌豆是复叶顶端的一部分小叶片变态成为须（图 4.92-2）。西葫芦是整个的叶片变态成为卷须（图 4.132）。

3. 叶状柄

在我国广东、福建、海南岛、台湾等地生长的台湾相思树叶的叶片退化，叶柄扁化成叶片状，这叫做叶状柄（phyllode）（图 4.133），叶状柄执行叶片的机能。叶状柄的表面不朝向阳光，它的边缘朝向阳光，这样就可以避免阳光的直射，使这类植物可以适应生活在热带、亚热带干旱缺雨的地区。

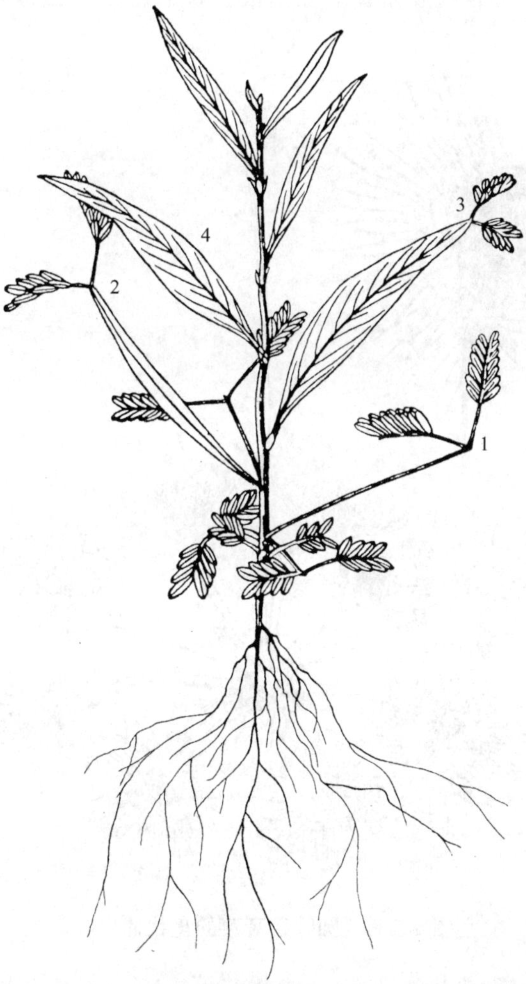

图 4.133　一种金合欢属植物幼苗，示叶状柄的发育过程

1. 二回羽状复叶　2. 二回羽状复叶的叶柄开始扁化，小叶片开始退化

3. 叶柄的扁化加大，小叶片的退化加重　4. 叶柄扁化成叶状柄，小叶片消失

4. 捕虫叶

沼泽地区[①]被水浸透，缺乏空气，死亡的植物遗体未被分解，堆积成泥炭。在这种地区植物生活所必需的矿质养料（特别是硝酸盐类）非常缺乏，但有一类叫做食虫植物（insectivorous plants）的植物能够生活在这种地区。食虫植物生有一种特殊的变态叶能捕捉小动物，并且还能分泌消化液把捕捉的小动物分解消化然后加以吸收，以获取所缺乏的氮元素。这种能够捕捉小动物的变态叶叫做捕虫叶（insect catching leaf）。

在我国西南、台湾等地区生长的茅膏菜（*Drosera* spp.）具有捕虫叶（图 4.134）。茅膏菜的捕虫叶具有一长柄，叶片近乎圆盘形，在叶片的上表面和叶片的边缘处生有很多通常为红色，顶端膨大具柄的腺毛，边缘处腺毛的柄最长，愈近中心愈短。腺毛能够分泌一种有光泽的黏液和一种消化酶，还具有吸收消化产物的功能。昆虫被这种有光泽的黏液引诱来往叶片上一落就被黏着了。当被黏着的昆虫尽力挣扎时，边缘处的腺毛都

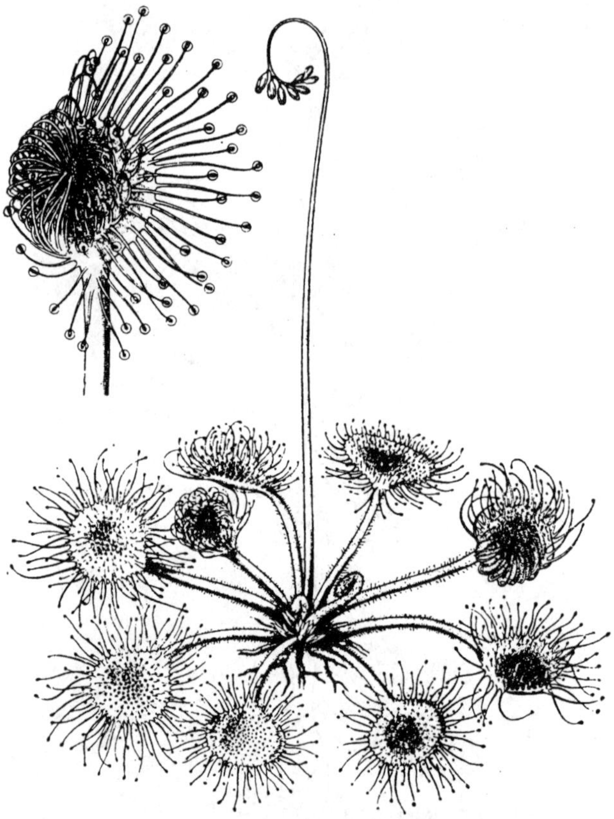

图 4.134　圆叶茅膏菜的盘状捕虫叶

① 沼泽是指地表上极其潮湿的地段，其上生有特殊的沼泽植物并有泥炭的堆积。如果没有泥炭的堆积而只是强烈的充水地段，不能称为沼泽。

迅速地弯向昆虫把昆虫包住，腺毛随即分泌消化酶把被捕获的牺牲品分解消化，然后吸收。

狸藻是一种生长在池沼中的沉水植物，也具有捕虫叶（图 4.135）。狸藻的捕虫叶为羽状全裂叶，大多数裂片为线形，但有少数裂片变态成为一种椭圆形的小囊状体，此小囊状体就是它的捕虫结构。

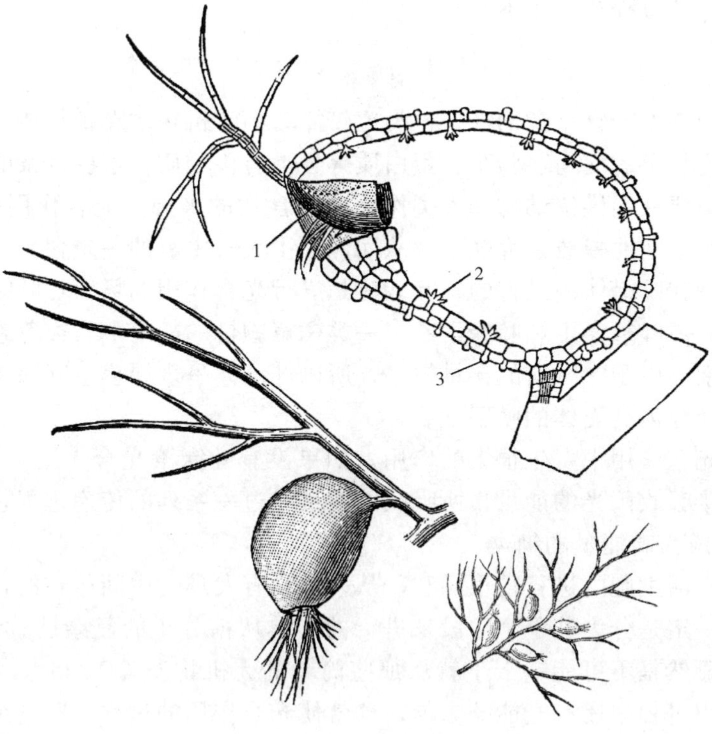

图 4.135　狸藻的囊状捕虫叶

1. 活瓣　2. 内壁上的腺毛　3. 外壁上的腺毛

囊状体的囊口上生有数根具有分枝和有感觉性的表皮毛，囊口上还生有一个盖，叫做活瓣（valve）。活瓣只能向内开，不能向外开，活瓣具有关闭囊口的作用。在囊状体的内壁和外壁上生有很多腺毛。

当囊状体的囊口为活瓣所关闭后，囊状体内的一部分水分通过外壁上的腺毛排至囊外。因为囊状体的囊口已为活瓣所关闭，囊外的水分不能进入，所以囊状体的体积因失水而缩小，结果使囊状体处于一种紧缩状态。当水中的小动物触着囊口具有感觉性的表皮毛时，囊口的活瓣突然向内张开。由于囊状体处于紧缩状态中，所以当活瓣突然向内张开时，囊状体的体积因恢复原状而迅速扩大，使水和小动物一起被吸入囊状体内，这时囊状体又为囊口的活瓣所关闭。进入囊状体的小动物在囊状体内游泳一个时期后死亡，最后被囊状体内壁上的腺毛所分泌的消化液分解消化，然后吸收。

当囊状体的囊口为活瓣所关闭后，囊状体的体积因排水而缩小，又处于紧缩状态。直等到小动物再触及囊口的表皮毛，活瓣突然向内张开，水和小动物一起被吸入囊状体内后，囊状体才能恢复原来的体积。

第十节 叶的功能

叶的主要机能之一是进行光合作用（photosynthesis）。绿色自养植物能够利用阳光的光能把 CO_2 和 H_2O 合成为有机物质，这个作用就叫做光合作用。光合作用的总结果可以用下列的化学方程式表示出来：

$$6CO_2+6H_2O \xrightarrow[\text{叶绿素}]{\text{光}} C_6H_{12}O_6+6O_2\uparrow$$

光合作用的基本产物是葡萄糖，这类比较简单的有机物质在植物体内经过一些复杂的变化形成更为复杂的淀粉、脂肪、蛋白质等各类有机物质。这些复杂的有机物质除供给植物自身的需要外还供给动物和人类作为他们食物的来源。光合作用的副产品是氧，这种副产品陆续不断地释放至大气中，从而保证了大气中氧的一定含量。

光合作用是在叶绿体内进行的，叶绿体是进行光合作用的场所。叶绿体内含有两种绿颜色的色素——叶绿素甲和叶绿素乙，一类橘黄颜色的胡萝卜素类色素和一类黄颜色的叶黄素类色素，由于叶绿素的含量较多，所以叶绿体呈现绿色。叶绿体内所含有的各种色素分布在叶绿体类囊体的膜层上。

叶绿素在光合作用中发生很大的作用，如果没有叶绿素光合作用是不能够进行的。叶绿素能够直接吸收阳光的能量，所吸收的能量经过一系列的传递过程，最后用于将低能量的 CO_2 合成为高能量的糖类。

光合作用在活细胞内进行得很顺利，从来也没有发现过中间产物的积存。但毫无疑问，光合作用一定是分为若干个阶段来进行的，单从糖分子的复杂性就说明了这一点。复杂的糖分子显然是不可能一下子就从那些简单的无机物质 CO_2 和水产生出来的。同时，在光合作用过程中还有光能的参与，这就使光合作用的过程更要复杂些。

上面讲过，光合作用的总结果可用一个化学方程式表示出来，但是这个化学方程式只能告诉我们光合作用的最初原料是什么，最后的产物又是什么，并没有告诉我们这个反应的中间过程是什么。多年来科学工作者对于光合作用的中间过程问题一直都在努力地探讨着，我国科学工作者在这一方面也做了许多工作。20 世纪初期有人（Blackmann，1905）做过一个试验，发现光合作用过程最少应包括两种性质不同的反应：一种反应需要光，这种反应必须在光下进行，这是一种光化学反应，其反应速度与光强度有关，与温度高低无关；另一种反应不直接需要光，这种反应是一种纯粹的化学反应，其反应速度与温度高低有关，与光强度无关。前一种反应叫做光反应（light reaction）；后一种反应叫做暗反应（dark reaction）。光反应是将光能转变成为化学能的反应，也就是形成 ATP 和 $NADPH_2$ 的反应；暗反应则是利用光反应所形成的化学能将 CO_2 与水合成为糖的反应。

近年来发现参与暗反应的许多种酶都需要先被光激活后才能够有效地担负它们的功能。这说明了暗反应虽然并不直接需要光，但它仍然是间接地需要光的。因此，通常只有在日间光照条件下暗反应才能够正常地进行活动，所以有人认为“暗反应”一词是不够恰当的，可能发生误导。

虽然光合作用包括光反应与暗反应两种反应是明确了，但是这两种反应的详细过程至今还未完全了解。20世纪中期以后，科学工作者在这方面做了许多有益的试验，证明：在光反应中有两种不同的色素系统共同参加反应，这两种色素系统各含有大约300个叶绿素分子和一些胡萝卜素类与叶黄素类分子，二者所不同的是，其中一种色素系统中含有一对特殊的叶绿素甲分子[①]（Karp，2005），这一对特殊的叶绿素甲分子对于波长为700纳米的光吸收的最多（即其吸收高峰为700纳米的光），因此叫做叶绿素700；另一种色素系统中也含有一对特殊叶绿素甲分子（见Karp，2005），这一对特殊的叶绿素甲分子对于波长为680纳米的光吸收的最多（即其吸收高峰为680纳米的光），因此叫做叶绿素680。含有叶绿素700的色素系统叫做光系统Ⅰ（photosystem Ⅰ），简称PSⅠ；含有叶绿素680的色素系统叫做光系统Ⅱ（photosystem Ⅱ），简称PSⅡ。光系统Ⅰ和光系统Ⅱ是光合作用的功能单位（functional units）。在一个叶绿体内平均可能含有二百万个光系统（见Öpik and Rolfe，2005）。

光系统Ⅰ和光系统Ⅱ所含的各种色素具有吸收光能并将所吸收的光能传递给叶绿素700和叶绿素680的功能，其作用与收音机天线的作用相似，故称为天线色素（antenna pigments）。叶绿素700和叶绿素680具有接受天线色素所传递来的光能和引起最初的光化学反应的功能，故称为作用中心色素（reaction center pigments）。天线色素和作用中心色素分布在叶绿体类囊体膜层上的内在蛋白质内，蛋白质将各种色素分子按照互相间一定的距离和一定的排列方向组合在一起，形成为一种色素—蛋白质复合体（pigment-protein complex）。色素—蛋白质复合体有利于天线色素对光能的吸收和传递，也有利于作用中心对电子的接收和传递。概括地讲，光系统Ⅰ与光系统Ⅱ都是由天线色素—蛋白质复合体和少量内层的天线色素与作用中心色素—蛋白质复合体二者所共同组成的一种位于叶绿体类囊体膜上的大型色素—蛋白质复合体（large pigment-protein complex）。

光系统Ⅰ色素—蛋白质复合体与光系统Ⅱ色素—蛋白质复合体在蛋白质组成（protein composition）和总的结构（overall architecture）上彼此是相似的（见Karp，2005），在功能上彼此也是相似的，但只有光系统Ⅱ色素—蛋白质复合体能够引起水的光分解和形成类囊体膜内外的质子梯度，只有光系统Ⅰ色素—蛋白质复合体能够将携带激发态能量（excitation energy）的电子传递给光系统最后的电子接受体辅酶Ⅱ（简称NADP，或$NADP^+$），使辅酶Ⅱ还原成为被还原的辅酶Ⅱ（简称$NADPH_2$，或NADPH）。这两点是这两种光系统在功能上的主要不同点。

光反应是在叶绿体的类囊体膜上进行的。在光反应中，光系统Ⅰ与光系统Ⅱ是同时吸收光能和同时进行工作的，但为了讲解的方便，我们先从光系统Ⅱ说起。

当光系统Ⅱ的叶绿素680接受了天线色素传递来的光能后，从其一对分子的一个分子中激发出一个携带激发态能量的电子，这个电子被光系统Ⅱ的第一个电子接受体（electron acceptor）所接受（这是光系统Ⅱ与光系统Ⅰ的最初的也是惟一的光化学反应，是将光能转变成化学能的反应，这是使电荷分离的反应，也是引起电子传递的反应），

① 两个叶绿素甲分子互相紧密地接触，形成一对特殊的叶绿素甲分子，这一对特殊的叶绿素甲分子称为叶绿素甲二聚体（chlorophyll a dimer）。在光反应中，从叶绿素甲二聚体的一个叶绿素甲分子中激发出一个携带着激发态能量的电子。

第一个电子接受体接受电子后，又将这个电子传递给第二个电子接受体，第二个电子接受体接受电子后，又将这个电子传递给第三个电子接受体，电子沿着一系列位于类囊体膜上的由电子接受体所组成的电子传递链（electron transport chain）进行传递，这个电子最后传递给光系统Ⅰ的叶绿素 700^+，被叶绿素 700^+ 所接受。

叶绿素 680 失去一个电子后变成为一个带正电荷的叶绿素 680^+，带正电荷的叶绿素 680^+ 极易与带负电荷的电子接受体发生反应，但电子在电子传递链上的传递速度是非常迅速的，因此使带正电荷的叶绿素 680^+ 与带负电荷的电子接受体迅速地隔离开来，从而避免了它们的发生反应。

在光系统Ⅱ电子传递链传递电子的过程中，其中有一种叫做细胞色素复合体（cytochrome b_6/f complex）的大型的电子接受体，这种大型的电子接受体除具有接受和传递其前的电子接受体所传递来的电子的功能外，它还担负着质子泵的作用，它利用电子携带的激发态能量逆着质子浓度将间质内的质子跨膜（across the thylakoid membrane）泵入类囊体腔内。由于水的光分解所产生的质子也是积聚在类囊体腔内，这使得类囊体腔内的质子浓度高于间质内的浓度，形成了类囊体膜内外质子浓度的不同，因而形成了类囊体膜内外的电化学势梯度，结果促成了 ATP 的形成。ATP 的形成将电子所携带的激发态能量贮存在 ATP 中。

叶绿素 680 失去电子后变成为叶绿素 680^+，叶绿素 680^+ 是一种很强的氧化剂，能从水分子中夺取电子，从而引起了水的光分解（photolysis）并释出氧（$H_2O \rightarrow 2H^+ + 2e^- + 1/2O_2 \uparrow$）（见 Lodish *et al.*，2004；Karp，2005）。水是光合作用电子的源泉，是光合作用最初的电子供体（primary electron donor）。

当光系统Ⅱ接受光能时，光系统Ⅰ也同时接受了光能。光系统Ⅰ的叶绿素 700 也从其一对分子的一个分子中激发出一个携带着激发态能量的电子，这个电子被光系统Ⅰ的第一个电子接受体所接受，然后经过由少数电子接受体所组成的电子传递链的传递，最后将电子传递给光系统最后的电子接受体 NADP，使 NADP 被还原成为 $NADPH_2$。$NADPH_2$ 的形成将电子所携带的激发态能量贮存在 $NADPH_2$ 中。贮存在 ATP 与 $NADPH_2$ 中的化学能在光合作用的暗反应中被用于将低能量的 CO_2 合成为高能量的糖。叶绿素 700 失去电子后接受了从叶绿素 680 传递来的电子。

光系统Ⅰ与光系统Ⅱ在位置上是互相分离的。光系统Ⅱ主要是位于基粒类囊体堆积面（即基粒类囊体互相相邻面）的膜层上，而光系统Ⅰ则几乎完全是位于间质类囊体和基粒的上下两面与侧面的膜层上。两种光系统在位置上的互相分离的意义目前还不十分清楚，但这可以说明过去的研究者所提出的两种光系统的化学计量 1 比 1 的假设是不存在的（见 Taiz and Zeiger，2002）。现已证明，光系统Ⅱ的含量是多于光系统Ⅰ的含量的，二者之比可能为 1.5 比 1。

由于光系统Ⅰ与光系统Ⅱ在位置上的互相分离，二者的电子传递链是借助于光系统Ⅱ电子传递链中的另一种能够移动的电子接受体在类囊体腔内的来回移动把二者连接起来的。这种能够在类囊体腔内来回移动的电子接受体位于细胞色素复合体之后，是光系统Ⅱ电子传递链中最末端的一个电子接受体，它是类囊体膜内表面上（即与类囊体腔相邻接的表面上）的一种外在蛋白质，它在互相沟通的类囊体腔内从光系统Ⅱ到光系统Ⅰ进行穿梭式地来回移动，把光系统Ⅱ与光系统Ⅰ的电子传递链连接起来，也就是说，把光系统Ⅱ与光系统Ⅰ连接起来，从而把所携带的电子从光系统Ⅱ传递给光系统Ⅰ的叶绿素 700^+。

暗反应是在叶绿体的间质内进行的。在暗反应中，$NADPH_2$ 中的氢传递给 CO_2，CO_2 与氢结合形成糖。试验证明，游离的 CO_2 是不能够直接与氢结合的，CO_2 与氢结合之前首先必须先与一种五碳化合物（二磷酸核酮糖）发生反应形成磷酸甘油酸后才能够与氢结合。所形成的磷酸甘油酸（此即三碳植物光合作用中最初所产生的含有三个碳原子的三碳化合物）接受了贮存在 ATP 中的能量，还接受了 $NADPH_2$ 中的氢和贮存在 $NADPH_2$ 能量，经过一系列的反应形成二磷酸果糖，二磷酸果糖脱去磷酸根形成葡萄糖（或果糖）。葡萄糖与果糖形成蔗糖，蔗糖通过韧皮部运走，或葡萄糖与葡萄糖结合成淀粉暂时地贮存在叶绿体中。概括地讲，光合作用是利用光能使水被氧化释出氧，CO_2 接受了光能和氢被还原形成糖的一种非常复杂的生物氧化还原过程，包括光反应和暗反应两种反应，我们可以用以下的图解表示出来。

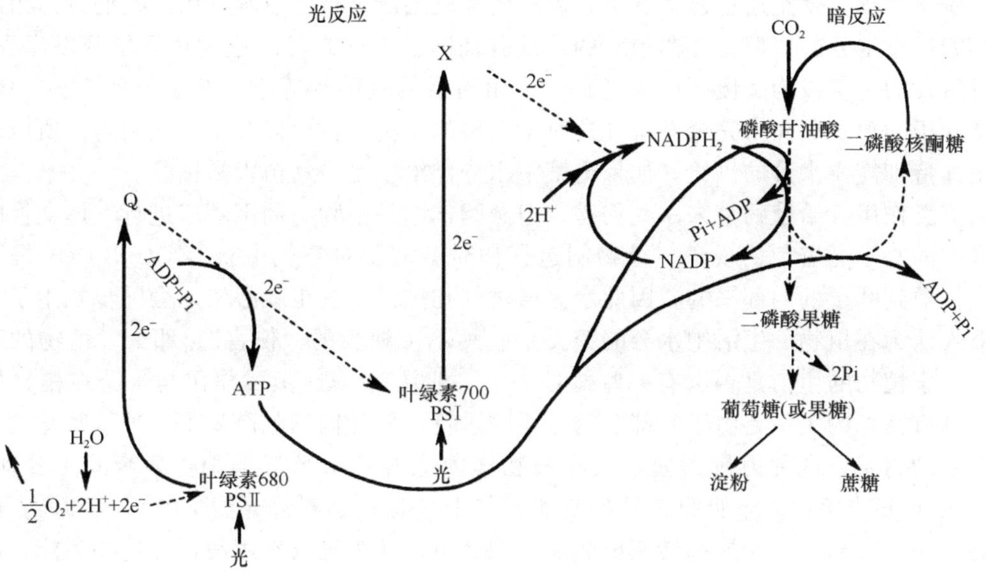

图 4.136　光合作用（图解）

Q　表示叶绿素 680 的第一个电子接受体	ADP　表示腺苷二磷酸
X　表示叶绿素 700 的第一个电子接受体	ATP　表示腺苷三磷酸
e^-　表示携带激发态能量的电子	NADP　表示辅酶Ⅱ
- - -　表示省略了的中间过程	$NADPH_2$　表示被还原的辅酶Ⅱ
	Pi　表示磷酸

叶的另一个主要机能是进行蒸腾作用（transpiration）。在植物的生活中，植物需要从土壤中吸收大量的水分以维持其正常的生命活动。实际上，植物所吸收来的水分只有很少量是用来制造食物的，大部分的水分（90%以上）都是通过植物的叶表面蒸发到空气中去了。水分的蒸发过程，即水分由液态变为气态扩散到空气中去的过程，原本是一种纯粹的物理学过程，但由于植物的蒸发表面——叶表皮和叶肉细胞是活的，所以水分自植物体内蒸发到空气中去的过程就不应当完全理解为是一种纯粹的物理学过程了，而

应当理解为是一种生理学的过程。这种生理学的水分蒸发过程叫做植物的蒸腾作用。

植物体暴露在空气中的部分都可以进行蒸腾作用，不过植物叶部的蒸腾作用远较其他部位的蒸腾作用为强。叶的上下表皮上分布着很多气孔，蒸腾作用主要是通过这些气孔进行的。通过气孔的蒸腾作用叫做气孔蒸腾（stomatal transpiration）。

气孔两旁的保卫细胞有控制气孔开闭的作用。在光照条件下，保卫细胞内有钾离子（K^+）的积累。钾离子溶解在细胞液中，因此降低了保卫细胞的水势，从而就增加了保卫细胞吸水的能力，所以使保卫细胞从相邻的表皮细胞中吸水。当保卫细胞吸水膨胀时，由于保卫细胞壁纤维素微纤丝的径向排列，因此使保卫细胞的弯曲度增大（Aylor *et al*., 1973），保卫细胞的弯曲度增大后气孔就张开了。在夜间，保卫细胞内积累的钾离子被运走，于是保卫细胞的水势增加，使细胞失去水分，因此保卫细胞的体积缩小恢复了原来的形状，这时气孔就关闭了。

植物除了进行气孔蒸腾外，还能进行一种角质层蒸腾（cuticular transpiration）。所谓角质层蒸腾，就是通过遮盖着植物表皮的角质层所进行的蒸腾作用。我们讲过角质层是不能透过水分的，但这并非绝对的。试验证明，水分是可以透过角质层蒸发出去的，不过蒸发的速度极为缓慢而已。老龄叶子角质层的蒸腾约等于气孔蒸腾的1%～10%，幼龄叶子的角质层尚未完全发育，这时角质层的蒸腾往往可以等于气孔蒸腾。所以幼龄的植株特别需要水分的供给，如果土壤中水分供给不足，幼苗极易枯萎。

蒸腾作用会给植物带来一些伤害，但蒸腾作用是植物与周围环境进行气体交换时同时发生的必不可避免的现象。植物制造食物时就需要自空气中获得CO_2，CO_2是通过气孔扩散到叶子的内部来的，因此水分通过气孔扩散出去也就必然地会同步发生了。所以有人认为在植物的生活中水分的蒸发是一种不可缺少的"伤害"。那么，植物的蒸腾作用对于植物的生活是否也有一些益处呢？一般认为：① 蒸腾作用与水分在植物体内的上升有密切的关系，由于叶部蒸腾作用的进行，使叶肉细胞产生了一种从叶脉的导管中吸水的力量，这种力量是使水流在植物体内上升几十米甚至100多米的主要动力。② 叶子在日光曝晒之下吸收大量的光能，其中只有一小部分光能（0.1%～3%）用于光合作用，大部分的光能都转变成热能，因此可以认为蒸腾作用消耗了这些热能，以降低叶片的温度，从而避免了原生质体因叶片的过度发热而死亡。③ 蒸腾作用过程中所产生的蒸腾液流携带着根部所吸收的矿质一同上升，因此蒸腾作用可以使矿质在植物体内迅速地分布。

叶除进行光合作用和蒸腾作用外，叶还具有另外一种主要的机能，这就是气体交换作用（gas exchange）。虽然植物体的根和茎与其他暴露在空气中的部分（花、果实、种子等）都能够进行气体交换作用，但在日间进行光合作用时大量地吸进CO_2与大量地释出氧，这种气体交换作用主要是通过叶表面上的气孔来进行的。

我们在上面介绍了种子植物营养器官——根、茎、叶的形态构造，关于种子植物营养器官的形态构造至此基本上已经介绍完毕了。下面我们还要再用一点篇幅简略地介绍一下种子植物营养器官形态构造发展的一个基本规律及其在人类经济生活中的重要地位。

如上所述，叶的主要机能之一是进行光合作用。由于进行光合作用需要光能和一部分来自空气中的原料CO_2，因此叶片形成为薄薄的扁平体形，这种形状有利于叶肉细胞对光能和CO_2的吸收。叶片的内部具有很多细胞间隙，这种构造有利于气体的交换。

这说明了植物营养器官的形态构造与其所担负的生理机能之间有着很密切的配合关系。有些植物的叶或茎具有攀缘机能，因此这类植物的叶或茎变态成卷须，借以帮助植物体攀缘在其他植物体或物体上。卷须不但是在外形上不像叶或茎了，就是在其内部构造方面也和叶或茎有了很大的差别。这说明了植物营养器官的生理机能改变之后，它的形态构造也随之而改变。由此我们可以得出结论，植物营养器官的生理机能和形态构造是互相密切地配合着、联系着和制约着的，它们是协调一致的，也就是说它们是统一的。

在某种特定的环境条件下植物的营养器官担负着某种一定的生理机能，因此也就形成与这种生理机能相适应的某种形态构造。例如生长在干旱缺雨沙漠地区的仙人掌类植物由于适应干旱缺雨的环境条件，叶变态成针刺形以减少水分的蒸发，茎担负着光合作用的机能，变态成扁平体形以利于光合作用的进行。这说明了植物营养器官的生理机能和形态构造与其外界的环境条件也是协调一致的。由此我们又可以得出结论，植物有机体与其外界的环境条件是统一的。

总的来说，植物营养器官形态构造发展的一个最根本的规律是，植物营养器官必须遵循着形态构造和生理机能相统一并与其外界环境条件相统一的方向而发展。这是植物在其漫长的历史发展过程中对于围绕着它的外界环境条件适应的必然结果。

植物的营养器官在人类经济生活中占有很重要的地位。蔬菜的可食用部分都是植物的营养器官。甘薯的块根、马铃薯的块茎是变态的植物营养器官。各种木料也是植物的营养器官。很多植物的营养器官能产生工业上的各种原料，如纺织原料、编织原料、造纸原料、制糖原料以及化工原料等。还有很多植物的营养器官含有植物碱，可用在医药方面。茶叶和烟草是人们喜好的饮料和嗜好品。此外，牲畜的饲料、蚕的饲料等也都是植物的营养器官。可以说，在我们的日常生活中我们是离不开植物的营养器官的。

第五章　植物繁殖器官

植物生长发育到了一定阶段就开始进行繁殖。繁殖就是产生与自己相似的个体过程。繁殖是生物有机体的重要特性之一，就其意义来讲，繁殖是生物延续和繁荣种族的必要手段。

植物寿命虽有长短的不同，但任何一种植物终有衰老和死亡的一天。衰老和死亡是不可避免的，这是生物发育的自然途径，但由于生物具有繁殖的特性，从而保证了植物种族的生命得以在地球上延续和繁荣。

植物的繁殖是借助于植物的繁殖器官来完成的，花、果实、种子是植物的繁殖器官。下面我们将要讨论植物的繁殖器官，并将以较多的篇幅来介绍一下被子植物的有性繁殖过程。关于种子的形态构造和类型等问题已在第三章中作了介绍，不再重复。

花

花（flower）是被子植物的繁殖器官，是植物产生雌、雄性生殖细胞的场所，是植物进行受精作用的场所，也是植物形成果实和种子的场所。花的形态构造还是被子植物进行系统分类和识别鉴定的主要依据。

很多植物的花芳香美丽，装饰着广阔的大地，给人以真、善、美的感受。我国名花牡丹曾有“花开花落二十日，一城之人皆若狂”的诗句以咏其美。花有雅趣，深受人们的喜爱。另外，还有很多植物的花在香料工业、食品工业和医药等方面具有一定的经济价值。

第一节　花的概念、发生和类型

自从德国大诗人哥德（1790）的“植物的变态”学说（Metamorphose der Pflanzen）发表以来，植物学家认为花是一种变态的枝叶（modified shoot），由一种变态的茎和几种变态的叶所组成的。变态的茎分为两部分：一圆柱形柄状体部分，叫做花梗（pedicel），花梗的顶端微微有一些膨大部分，叫做花托（receptacle）。变态的叶有四种，即花萼（calyx）、花冠（corolla）、雄蕊群（androecium）和心皮群（gynoecium）①。这四种变态的叶紧密地着生在花托上，形成了花（图 5.1，5.2）②。

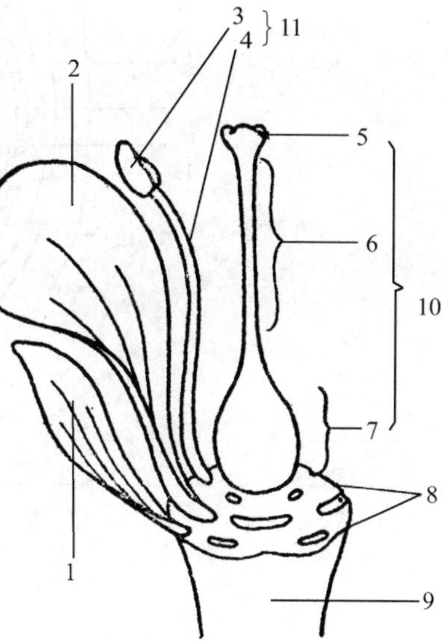

图 5.1　花的构造（模式图）

1. 萼片　2. 花瓣　3. 花药　4. 花丝　5. 柱头　6. 花柱　7. 子房　8. 花托　9. 花梗　10. 雌蕊　11. 雄蕊

花萼是花的最外轮，花冠是花的第二轮，雄蕊群位于花冠之内，心皮群位于花的中心。心皮群形成为 1 至数个或多个基部膨大内部有腔室的囊状体构造，这种囊状体构造叫做雌蕊（pistil）。

花可形成于茎的顶端，也可自叶的腋部发生。在前一种情况下，茎的顶端分生组织经过了一系

① 在我国许多教科书中将“gynoecium”一词译为“雌蕊群”，这种译法可能是以“雌蕊（pistil）是 gynoecium 的单位”（见 Eames，1961；Bailey，1949）这个定义为依据的。但雌蕊有单雌蕊与复雌蕊的区别，所以这个定义与相应的译法有时会造成学习上的一些困惑。本书以“心皮（carpel）是 gynoecium 的单位”（见 Eames，1961；Hickey and King，1981）这个定义为依据，将“gynoecium”一词译为心皮群（胡先骕，1958），这种译法似乎较为恰当些。

② 花是变态的枝叶和萼片、花瓣、雄蕊、心皮是变态的叶的说法完全是为了讲解上的方便。实际上，枝叶和叶并没有直接发展成花和花的组成部分，花和花的组成部分可能是和枝叶与叶是同源的，即它们可能是从共同的枝叶性和叶性祖先平行发展而来的。

列生理上和形态构造上的变化，其中央区的细胞分裂频率增高，细胞的体积变小，细胞质变浓，染色变深，变得与周围区的细胞没有什么差别，并与周围区的细胞共同形成了一个包被，叫做套层（mantle）；其肋状区的细胞停止了细胞分裂，细胞的体积变大，液泡化程度增高，染色变浅，形成了一个被套层包被着的核心，叫做心体（core）。由于套层的细胞分裂多数是垂周的，而心体又失去了细胞分裂能力，结果使得顶端分生组织变得宽大与扁平（图 5.3-A），从而便于花的各组成部分的发生。此时茎的顶端分生组织的细胞组织学区消失了。

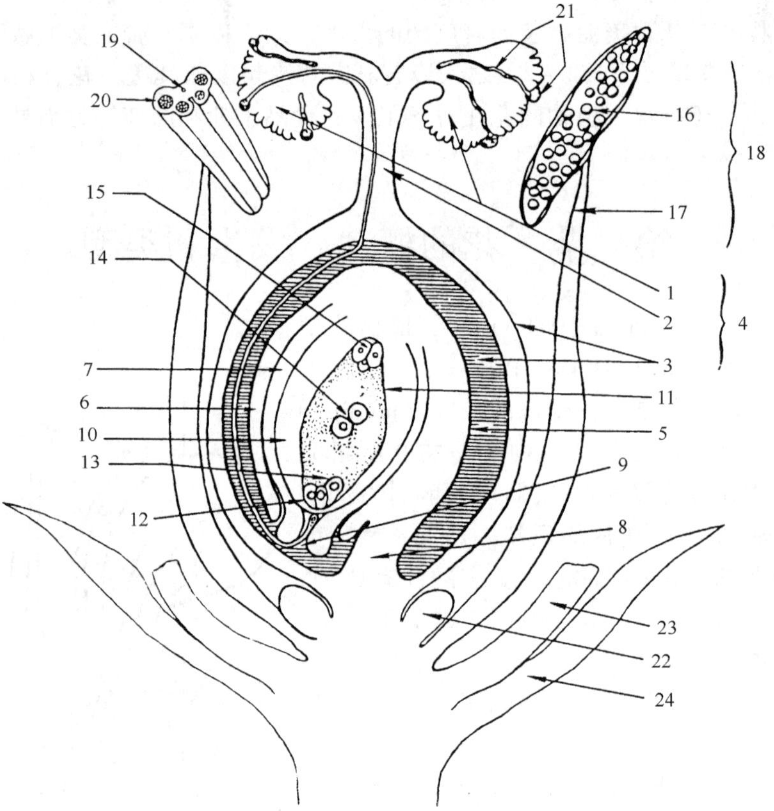

图 5.2　花的纵切（模式图）

1. 柱头　2. 花柱　3. 子房（与子房室）　4. 雌蕊　5. 胚珠　6. 外珠被　7. 内珠被　8. 珠柄　9. 珠孔　10. 珠心　11. 胚囊　12. 助细胞　13. 卵细胞　14. 二极核　15. 反足细胞　16. 花药　17. 花丝　18. 雄蕊　19. 药隔　20. 花粉囊　21. 萌发的花粉粒和花粉管　22. 蜜腺　23. 花瓣　24. 萼片

茎的顶端分生组织经过了上述的变化后，由营养生长的顶端分生组织（vegetative apical meristem）转变成为生殖生长的顶端分生组织（reproductive apical meristem）。这时期茎的顶端分生组织不再产生营养叶了，而改变为产生花的各组成部分，也就是说，茎的顶端分生组织由叶芽原基（leaf bud primordium）转变成了花芽原基（flower bud primordium）。

花的各组成部分（即花的各种器官）发生时，自花芽原基先后生出一些螺旋状或轮

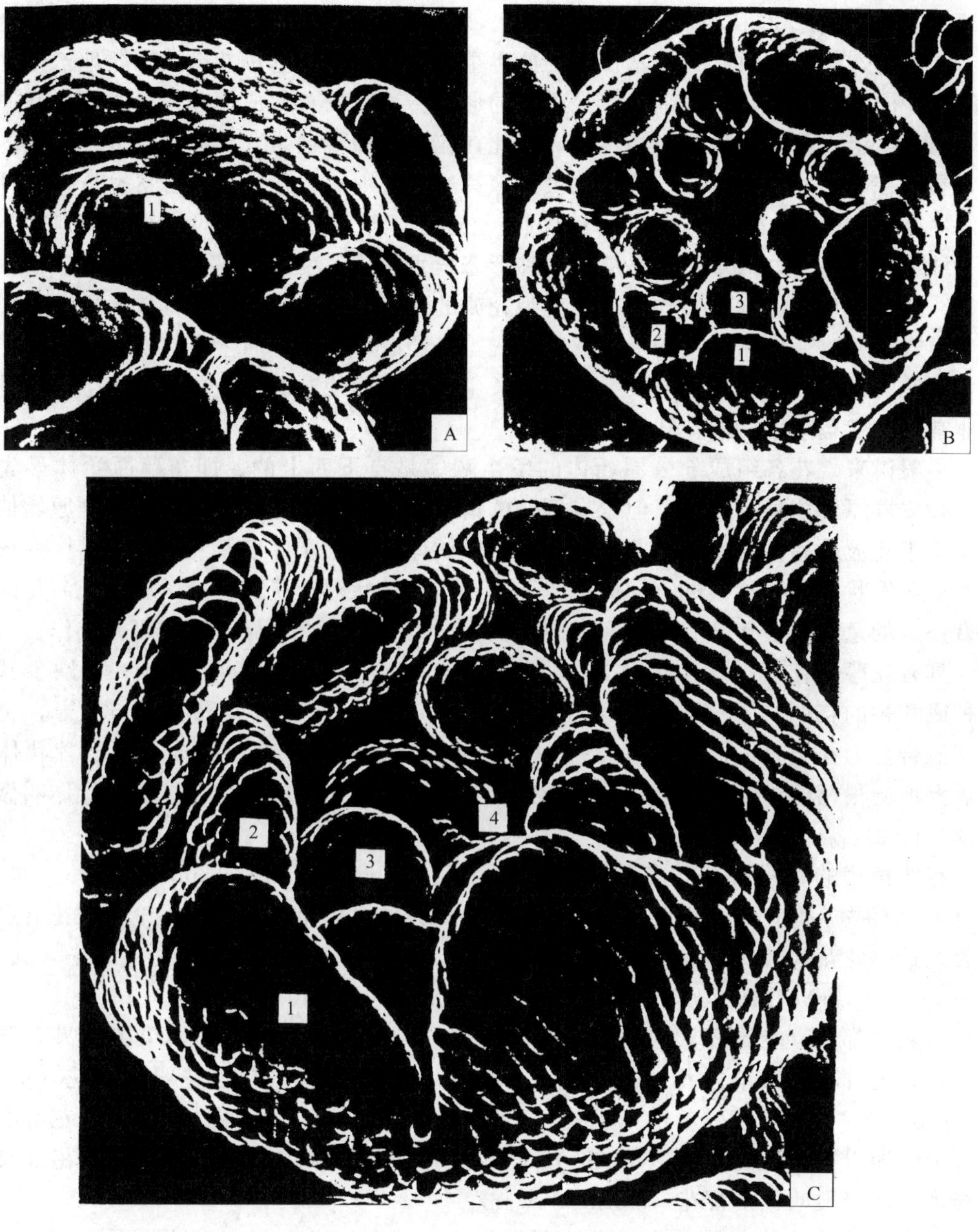

图 5.3　鞘蕊花属花芽的发育

A. 花芽原基顶端的分生组织变得宽大扁平，基部最先出现了 5 个萼片原始体（左下方为一发育较老的花芽原基）　B. 随后出现了 5 个与萼片原始体互相间隔排列的花瓣原始体，接着又出现了 4 个与花瓣原始体互相间隔排列的雄蕊原始体（“缺失”一个雄蕊原始体）　C. 在花芽原基的中心最后出现了由两个心皮连合形成的复雌蕊原始体，花芽原基顶端的分生组织转变成为雌蕊原始体，因此在花芽的顶端没有顶端分生组织的存留　1. 萼片原始体　2. 花瓣原始体　3. 雄蕊原始体　4. 雌蕊原始体

状排列的小型突起物，这些小型突起物就是花的各组成部分的原始体，它们将来发展成花萼、花冠、雄蕊群和心皮群等（图 5.3）。花各组成部分的发生大体上同于叶的发生，所不同的是，叶发生时叶芽原基顶端的分生组织并不消失，它仍然继续不断地产生叶的原始体，同时在叶原基的腋部有腋芽原基的形成，而花的各组成部分发生时，花芽原基顶端的分生组织最后转变成为心皮群，因此在花芽的顶端通常并没有顶端分生组织的存留，同时在花的各组成部分的腋部也没有腋芽原基的形成。另外，叶的发生是某一种形态发生样式（morphogenetic pattern）的重复过程，而花的各组成部分的发生则并不是某一种形态发生样式的重复，是从某一种形态发生样式改变成为另一种形态发生样式的过程，即从萼片的形态发生样式改变成为花瓣的形态发生样式，又改变成为雄蕊的形态发生样式，又改变成为心皮的形态发生样式等，还有，叶发生时茎具有明显的节间伸长生长，花的各组成部分发生时没有节间伸长生长，因而使花的各组成部分着生在一种节间非常短的变态茎上，即花托上。

一般讲来，花各组成部分原始体的发生顺序是自下而上的，即花萼原始体最先发生，心皮群原始体最后发生，但也有例外的情形，例如油菜花雄蕊群和心皮群原始体的发生早于花冠原始体的发生。花各组成部分原始体的发生顺序以及发生时原始体的形状和大小等性状因植物种类的不同而有所不同，这些性状对于研究分类学和系统演化问题具有一定的意义，近年来有的研究者利用扫描电镜在这一方面做了许多研究工作。

具有花萼、花冠、雄蕊群和心皮群的花叫做完全花（complete flower），缺少其中一种或几种的花叫做不完全花（incomplete flower）。多数花都具有花萼与花冠，花萼与花冠合称为花被（perianth）。花被是被子植物花的特点。有时组成花被的片状体在外表上彼此很相似，没有花萼与花冠的区分。在这种情况下，组成花被的片状体叫做花被片（tepal）。

有些植物的花只有一轮花被，这叫做单被花（monochlamydeous flower），如桑、大麻等。有些单被花具有鲜艳颜色，如荞麦、威灵仙（中草药）等。不论单被花有颜色与否，这一轮花被被认为是花萼。还有些植物的花没有花被，这叫做无被花（achlamydeous flower），无被花多半是风媒植物花，如杨树、榆树等。

多数花都具有雌雄蕊，这种花叫做两性花（bisexual flower）。如果花内只有雌蕊或雄蕊，这种花叫做单性花（unisexual flower）。只有雌蕊的单性花叫做雌花（pistillate flower），只有雄蕊的单性花叫做雄花（staminate flower）。两性花和单性花都有繁殖能力，所以又叫做能育花（fertile flower）。有些花雌雄蕊都退化了，这种花没有繁殖能力，所以又叫做不育花（sterile flower）。

如果两种单性花（雌花和雄花）同时生在一个植株上，这叫做雌雄同株的（monoecious），如黄瓜、玉米等。两种单性花不生在一个植株上，这叫做雌雄异株的（dioecious），如柳树、杨树等。两种单性花和两性花同时生在一个植株上，这叫做杂性同株的（polygamous），如皂荚树。一种单性花（雌花或雄花）和两性花同时生在一个植株上，这叫做杂性异株的（polygamodioecious），如臭椿树。

花的各轮可以螺旋式地排列在花托上，也就是说，花各轮的组成部分按顺序地发生在一个比一个高的水平上，这叫做旋生花（spiral flower），很多木兰科植物的花都是旋生花。花的各轮也可以成轮地排列在花托上，也就是说，花各轮的组成部分发生在同一个或接近于同一个水平上，这叫做轮生花（cyclic flower），大多数植物的花都是轮生花。另外还有一种半轮生花（hemicyclic flower），这类花的花被为轮生式排列，雌雄蕊则为螺旋式排列，例如某些毛茛科植物的花就是半轮生花。

花也和植物的其他器官一样，具有对称现象（symmetry）。所谓对称现象就是生物有机体各种器官能被切成为相等和互为镜像的两半（即每一半是另一半的镜像）的性质，也就是生物有机体各种器官在形状上的一种规整性。植物的花有两种对称样式：一种是辐射对称（radial symmetry），另一种是两侧对称（bilateral symmetry）。如果通过植物花的中心可以做出3个或3个以上的平面，每一个平面（叫做对称面）都能将植物的花平分为完全相等和互为镜像的（即对称的）两半，这种花叫做辐射对称花（图5.6）。很多植物的花都是辐射对称花。如果通过植物花的中心只可以做出一个平面将植物的花平分为完全相等和互为镜像的两半，这种花叫做两侧对称花（图5.6）。豆类植物的花都是两侧对称花。还有一种不对称的花（asymmetrical flower），就是不可能有任何一个平面将这种花平分为完全相等和互为镜像的两半，例如秋海棠的花就是不对称的花。

雌、雄蕊是花的主要组成部分，它们与植物的繁殖有直接的关系。花萼和花冠是花的次要组成部分，它们与植物的繁殖没有直接的关系，只有间接的关系，就是说，花萼和花冠在花未开放之前具有保护花内的雌、雄蕊的作用，在花已开放之后，花冠和花瓣状萼片具有招引昆虫代为散布花粉的作用。

第二节　花组成部分的形态构造

1. 花梗与花托

花和茎相连的一圆柱形柄状体叫做花梗（图5.1）。多数植物的花都具有花梗，但也有无梗的花，如小麦的花。开花结果后，花梗发育成果实的柄，叫做果柄（fruit stalk）。

花梗内部的构造和茎的初生构造是相同的，也包括表皮、皮层、中柱三部分。中柱内维管组织的排列样式也是与茎内基本上相同的，有排列成束状的，也有排列成近似圆筒状的。当花梗发育成果柄后，有的还可以产生出次生的构造，如南瓜的果柄是。

花梗的顶端微微有一些膨大的部分叫做花托（图5.1）。花托是一种节间非常短的变态茎，是花各组成部分的着生之处。花各组成部分可以螺旋式地着生在花托上，也可以成轮地着生在花托上。花托有各种各样的形状，有圆柱体形的，半球形的，平顶形的，甚至还有凹形的或杯形的等。凹形和杯形的花托是由于花托四周边缘的向上生长而形成的。

一般植物的花托都比较短，但也有些植物具有比较长的花托。在这种长花托上节与节间十分明显，例如醉蝶花（*Cleome spinosa*）的花就是这样的。醉蝶花的花冠与雄蕊群间和雄蕊群与心皮群间的节间都比较长，看起来和普通的茎一样，所以说花梗与花托是从茎演化来的，是变态的茎。

2. 花萼

花萼是花的最外一轮，通常是由3、4、5片萼片（sepal）所组成的（图5.1，

5.2)。多数花的萼片都是绿色，不过也有些花的萼片具有鲜艳颜色。这种具有鲜艳颜色的萼片叫做花瓣状萼片（petaloid sepal）。很多单被花都具有花瓣状萼片。

萼片有各种各样的形状，但一般多为叶片形。萼片可能彼此互相分离，也可能彼此或多或少地连合起来。或多或少地连合起来的萼片叫做合萼花萼（synsepalous calyx）。有些植物的萼片（或花瓣）上生有一种管状附属物，叫做距（spur），距内贮有蜜汁，蜜汁具有招引昆虫代为传粉的作用，如旱金莲、凤仙花、翠雀属等。

萼片不但在外形上很像叶子，在内部构造上也有很多和叶相同之点。萼片的上下表面是表皮层，表皮层上分布着气孔，有的还生有表皮毛。表皮层之内是由含有叶绿体的薄壁组织细胞所构成的叶肉。叶肉细胞排列疏松，一般没有栅栏薄壁组织和海绵薄壁组织的分化。萼片之内通常含有3根从花托分入的维管束，中部一根，两旁各一根，维管束有分枝。萼片内一般没有机械组织。

花未开放以前，花萼有保护花内的繁殖器官免受机械伤害、雨水淋洗和过分干燥等作用，花开放以后，有些植物的花萼（花瓣状萼片）还具有招引昆虫的作用。

花萼一般是在花谢以后就脱落了，但也有些植物的花萼在花谢后并不脱落，仍然保留在果实上保护着幼果。这种花萼叫做宿存萼（persistent calyx）。例如茄子和柿子的果实上都有宿存萼。

3. 花冠

花冠在花萼之内，是花的第二轮，通常是由3、4、5片带有鲜艳颜色的花瓣（petal）所组成的（图5.1，5.2），但也有些植物的花冠退化，花内没有花瓣，这类花叫做无瓣（apetalous）花。无瓣花的萼片常为花瓣状（花瓣状萼片）。

花瓣的形状也是多种多样的，但通常多为大于萼片的叶状扁平体形。有些植物的花瓣连合成两组，呈上下两唇形。下唇向外平伸，很便于昆虫的落脚，因而有助于昆虫的采访和传粉。花瓣上常生有不同形状的附属物，有毛状的，有管状的，有片状的等。毛状的附属物较为少见，管状的附属物叫做距，距内贮有蜜汁。片状的附属物通常排列成整齐的一轮，形成一种构造，叫做副花冠（corona）。水仙花的副花冠黄色，连合成杯状，位于花冠筒的入口处，甚为美观。

花瓣的构造比较简单。花瓣的上下表面覆有表皮层，表皮层细胞的壁一般地都比较薄，外壁的外面覆有一薄的角质层，侧壁（垂周壁）多为波纹状。表皮层上分布着少量气孔，气孔通常已无开闭的机能。很多植物花瓣的上表皮细胞向外生出乳头状突起，经光线照射后能够使花瓣呈现出丝绒光泽。表皮层之内为由数层排列疏松或紧密的薄壁组织细胞所构成的叶肉（图5.4），叶肉没有栅栏薄壁组织和海绵薄壁组织的分化。花瓣内的维管组织不很发达，通常只含有一根自花托分入的维管束，维管束有分枝，分枝常为二叉式的。花瓣内一般也没有机械组织。

花瓣的颜色是由于花瓣的上表皮细胞和叶肉细胞的细胞液内溶有色素或细胞内含有有色体或二者同时存在而造成的。细胞液内的色素主要是花青素，可使花瓣带有红、紫、蓝等颜色，有色体可使花瓣带有黄、橙黄等颜色。白色花瓣并非含有白色色素，其所以为白色是因为在这种花瓣的叶肉细胞间隙内充满了空气，因而反射出白色光线，这和水的泡沫为白色的道理是相同的。若将花瓣捣碎驱出了细胞间隙内的空气，这时花瓣就变成为无色透明的了。

一般昼间开放的花常具有红、紫、蓝、黄等颜色，这些美丽的色彩能够招引蜜蜂、蝴蝶等昆虫前来采访。夜间开放的花多为白色，这种颜色只有夜出的蛾类才能够识别。由于花瓣和萼片的表皮细胞和表皮细胞下面的细胞层能够分泌一种有香味的物质（主要是挥发油），使花产生出各种的香味，昆虫能于数里之外循着香味的来源飞向花朵。

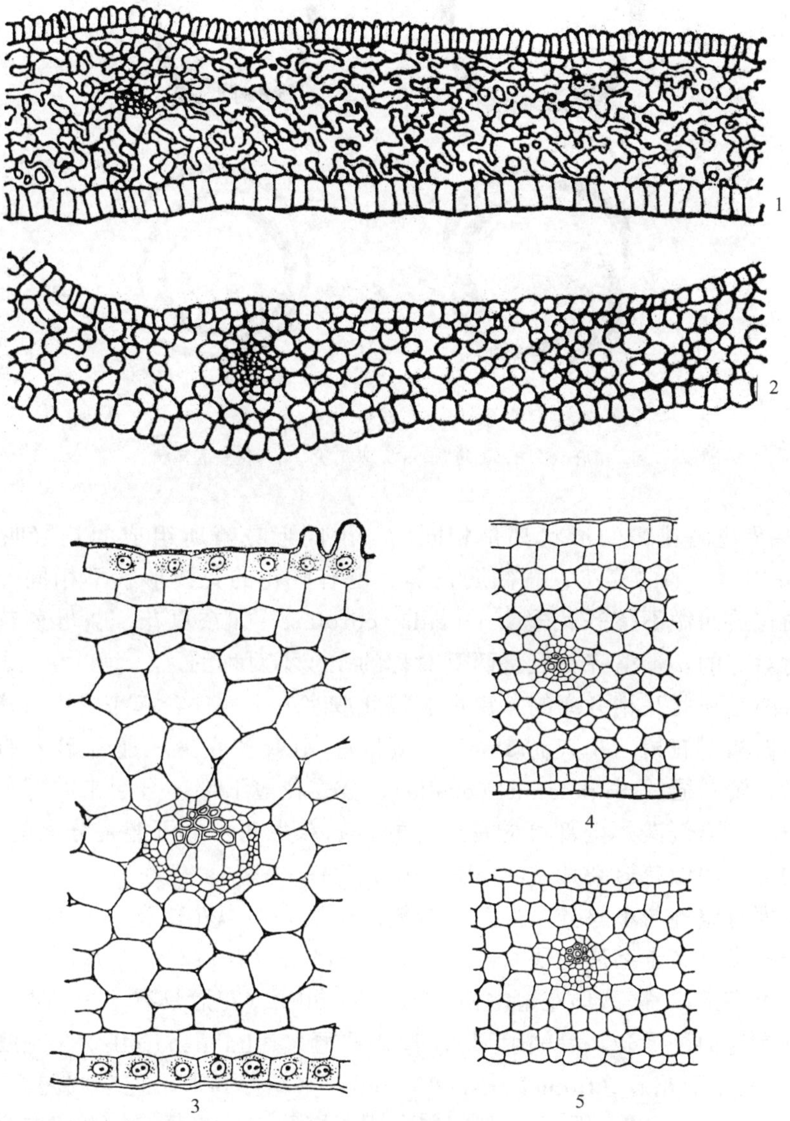

图 5.4　花瓣横切

1. 蔷薇属花瓣　2. 岩须属花瓣　3. 晚香玉花瓣　4. 番木瓜花瓣　5. 建兰花瓣

花瓣在花芽内有不同的排列方式。花瓣在花芽内的排列方式叫做花被卷叠式（aestivation）。花被卷叠式基本上有三种：一种叫做镊合状（valvate），即花瓣的边缘彼此靠近，但互不遮盖，排列成一圈；一种叫做旋转状（convolute），即花瓣的一边覆盖着相邻花瓣的一边，而其另一边则为另一相邻花瓣的一边所覆盖；还有一种叫做覆瓦状(imbricate)，覆瓦状排列和旋转状排列基本上相似，但覆瓦状有一片花瓣完全在外，另有一片花瓣完全在内，或有两片花瓣完全在外，另有两片花瓣完全在内（图 5.5）。

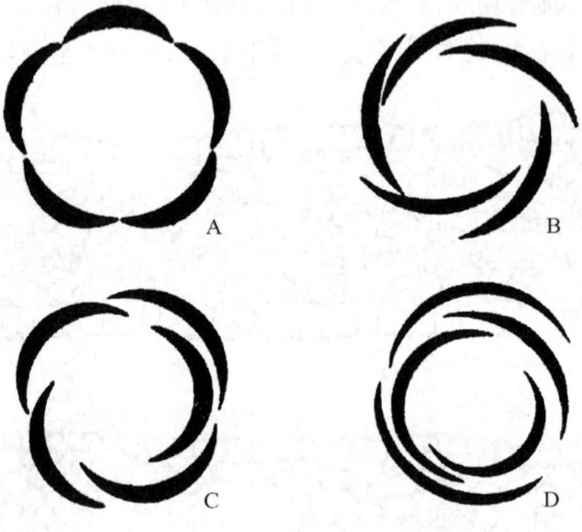

图 5.5 花被卷叠式

A. 镊合状 B. 旋转状 C. 覆瓦状 D. 双盖覆瓦状

通常一朵花内花瓣的形状都是相同的，由同形花瓣所组成的花冠叫做整齐花冠(regular corolla)，如白菜花、蔷薇属花等。也有些花的花瓣形状不相同，由不同形花瓣所组成的花冠叫做不整齐花冠（irregular corolla)，如蚕豆花、益母草花等。整齐花冠都是辐射对称的，不整齐花冠是两侧对称的，或不对称的。

花瓣可能是彼此互相分离的，也可能彼此或多或少地连合起来。由分离的花瓣所组成的花冠叫做离瓣花冠（polypetalous corolla)，由或多或少地连合起来的花瓣所组成的花冠叫做合瓣花冠（synpetalous corolla)。合瓣花冠下部连合起来的部分叫做花冠筒(corolla tube)。合瓣花冠上部可能是连合的，如牵牛花，也可能是分离的，如丁香花，上部分离的部分叫做花冠裂片（corolla lobe)。

由于花冠有整齐与不整齐、离瓣与合瓣的区别，所以花冠有不同的类型（图 5.6）。最常见的花冠类型有十字形花冠（cruciform corolla)（花冠具有 4 片同形互相分离的花瓣，排列成十字形)，蔷薇形花冠（roseform corolla)（花冠具有 5 片同形互相分离的花瓣，花瓣整齐地向外展开，呈辐射形)，管状花冠（tubular corolla)（花瓣同形，连合成直管形)，漏斗形花冠（funnel shaped corolla)（花瓣同形，连合成漏斗形)，舌形花冠（ligulate corolla)（花瓣同形，基部连合成一短管——花冠筒，上部连合成向一侧展开的舌形)，蝶形花冠（papilionaceous corolla)（花瓣分离，不同形，有旗瓣、翼瓣、龙骨瓣之分)，二唇形花冠（bilabiate corolla)（花瓣不同形，连合成上下两唇）等。

4. 雄蕊群

花冠之内为雄蕊群，是由 1 至无定数个雄蕊（stamen）所组成的（图 5.1，5.2)。雄蕊的数目因植物种类的不同而不同，但通常多为 3、4、5 个或其二倍，排列成 1～2 轮。

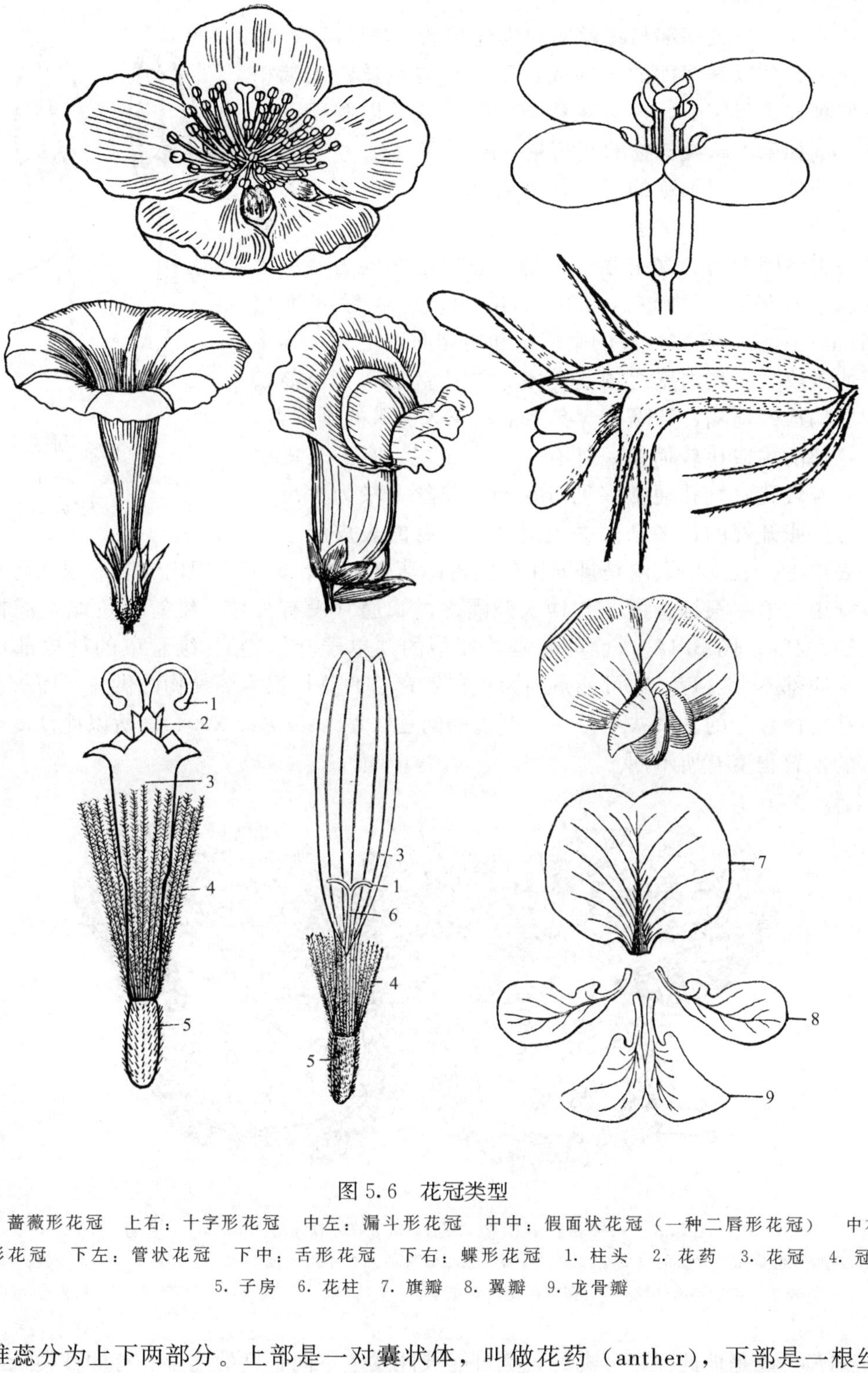

图 5.6 花冠类型

上左：蔷薇形花冠　上右：十字形花冠　中左：漏斗形花冠　中中：假面状花冠（一种二唇形花冠）　中右：二唇形花冠　下左：管状花冠　下中：舌形花冠　下右：蝶形花冠　1. 柱头　2. 花药　3. 花冠　4. 冠毛　5. 子房　6. 花柱　7. 旗瓣　8. 翼瓣　9. 龙骨瓣

雄蕊分为上下两部分。上部是一对囊状体，叫做花药（anther），下部是一根丝状体，叫做花丝（filament）（图 5.7）。囊状体之间的组织叫做药隔（connective），药隔把花药的一对囊状体连接起来。囊状体内的腔室叫做药室（anther chamber），药室内充满花粉（pollen）。

花药通常以其基部与花丝的顶端连接着（图 5.7），但也有很多花药以其背面的中部或近乎中部与花丝的顶端相连，使雄蕊成丁字形，这类花药能够随风摆动以利于花粉散播，例如禾本草类植物的花药是（图 5.21-F）。

花药外有一层细胞的形状很扁或细胞已经破坏了的表皮层（图 5.8）。很多花药的表皮层上分布着气孔，气孔通常已失去关闭能力，多是张开着的。表皮层之内为一层大型细胞，叫做药室内壁（endothecium），也叫做纤维层（fibrous layer）。药室内壁的垂周壁和内切向壁上具有许多加厚的条纹。药室内壁之内是药室，二药室之间为由薄壁组织所构成的药隔，药隔内含有一根从花丝伸入的维管束。

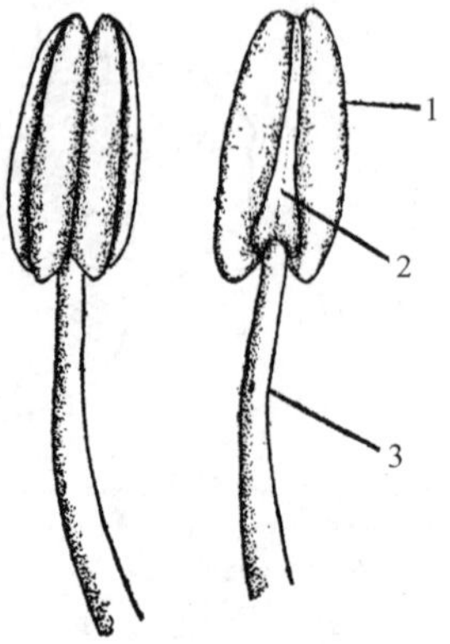

图 5.7 雄蕊

左：正面观 右：背面观

1. 花药 2. 药隔 3. 花丝

花丝的构造比较简单，外有一层表皮层，有的表皮层上分布着气孔（气孔通常多见于花药，花丝上较为少见），气孔常是张开着的，多已失去关闭机能。有的表皮层上还生有表皮毛。表皮层之内是排列比较紧密的薄壁组织，薄壁组织内含有一根从花托分入的维管束，这一根维管束一直伸入药隔之内，通常没有分枝。维管束可能是周韧型的（双子叶植物，图 5.14），也可能是外韧型的（单子叶植物）。维管束的韧皮部比较发达，木质部不太发育，这可能是因为正在发育着的花粉很需要食物的供应，而雄蕊包被在花芽之内水分的丢失并不是一个严重的问题（见 Lersten，2004），所以使韧皮部与木质部的发育程度有所不同。

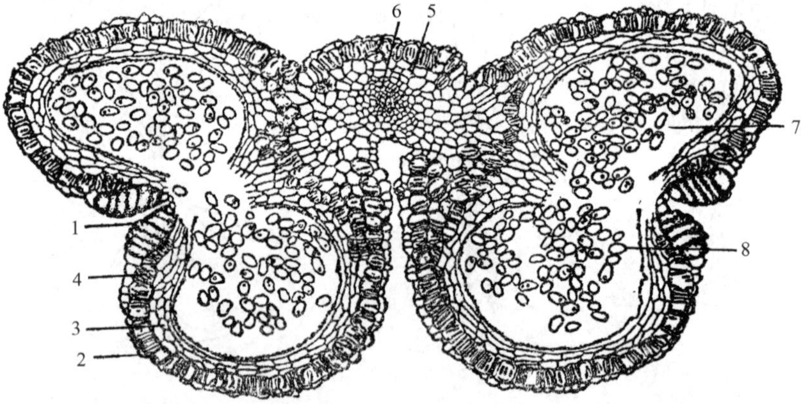

图 5.8 一种百合属植物（*Lilium philadelphicum*）花药横切

1. 唇细胞（这是几个大型的表皮层细胞，与唇细胞相邻接的几个小型表皮细胞为裂口细胞） 2. 已经破坏了的表皮层细胞 3. 中层 4. 药室内壁（纤维层） 5. 药隔 6. 维管束 7. 药室 8. 花粉粒

雄蕊可能是彼此互相分离的，也可能彼此发生不同程度的连合。有的种类雄蕊的花丝互相连合起来，花药仍是分离的，也有的种类雄蕊的花丝是分离的，花药互相连合起来（图 5.9）。如果雄蕊的花丝全部连合起来形成管状，花药互相分离，这叫做单体雄

蕊（monoadelphous stamen），如棉花；如果雄蕊的花丝连合成两组，花药互相分离，这叫做二体雄蕊（diadelphous stamen），如大豆、荷包牡丹等；如果雄蕊的花丝连合成两组以上，花药互相分离，这叫做多体雄蕊（polyadelphous stamen），如贯叶金丝桃；如果雄蕊的花丝互相分离，花药互相连合起来，这叫做聚药雄蕊（syngenesious stamen），如向日葵。

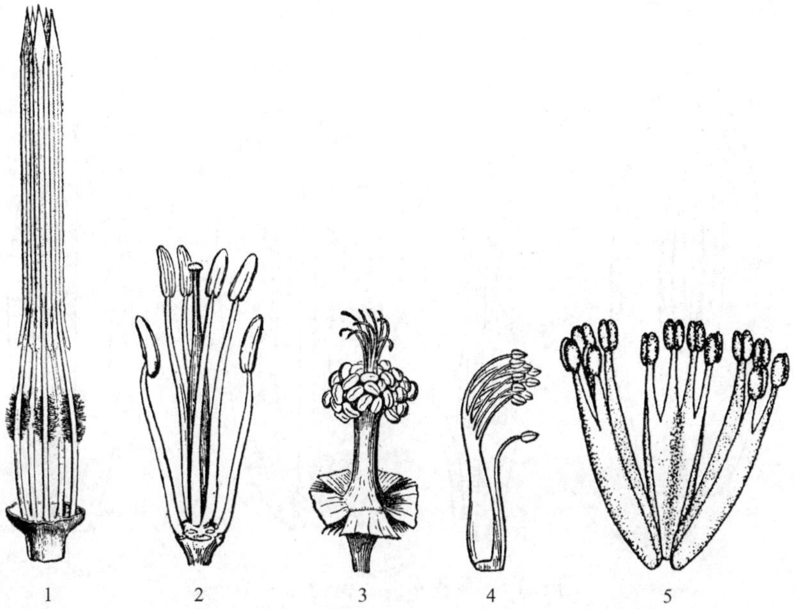

图 5.9 雄蕊类型

1. 聚药雄蕊 2. 四强雄蕊 3. 单体雄蕊 4. 二体雄蕊 5. 多体雄蕊

有些植物的雄蕊彼此并不互相连合，但和花的其他轮连合在一起。花的不同轮连合在一起的现象叫做贴生（adnate）。雄蕊可以贴生在花萼上，这叫做花萼着生的（episepalous），这种贴生现象只发生在没有花冠的花内，如紫茉莉；也可以贴生在花冠上，这叫做花冠着生的（epipetalous），花冠着生是最常见的雄蕊贴生现象，如曼陀罗；还可以贴生在雌蕊上，这叫做雌雄蕊合体的（gynandrous）。只有少数几科的植物（如马兜铃科、萝藦科、兰科等）具有雌雄蕊合体现象。马兜铃科植物雌雄蕊合体后所形成构造叫做合蕊柱（gynostemium），萝藦科叫做合蕊冠（gynostegium），兰科叫做蕊柱（column），也叫做合蕊柱。

一般植物雄蕊的长短都是相等的，但也有雄蕊长短不等的花。例如唇形科植物的花具有 4 个雄蕊，其中 2 长 2 短，这叫做二强雄蕊（didynamous stamen），十字花科植物具有 6 个雄蕊，其中 4 长 2 短，这叫做四强雄蕊（tetradynamous stamen）（图 5.9）。

萼片和花瓣都是变态的叶，说它们是变态的叶还是容易令人信服的，因为它们在外形上是很像叶子的。但雄蕊在外形上很不像叶子了，如何说明它也是变态的叶呢？事实上明显地分化成花药、药隔和花丝的雄蕊看起来确实是很不像叶子了，但在某些原始的被子植物中雄蕊没有花药、药隔和花丝的分化，整个雄蕊为一扁平的叶状体，花粉囊着生在叶状体的表面，这类植物的雄蕊看起来就很像叶子了，例如某些木兰目植物就具有这样的雄蕊（图 5.10）。

在人工栽培的条件下时常发生雄蕊转变成为花瓣的现象，例如野生的玫瑰花只有五片花瓣，而栽培的玫瑰花则有很多片花瓣。这些多出来的花瓣是由雄蕊转变来的。凡是花瓣的数目比正常的花多的花都叫做重瓣花（double flower）。重瓣花多出来的花瓣大多数是由雄蕊转变来的，不过有些花的苞片或花被片也可以转变成花瓣，也形成为重瓣花，例如芍药、荷花玉兰等。

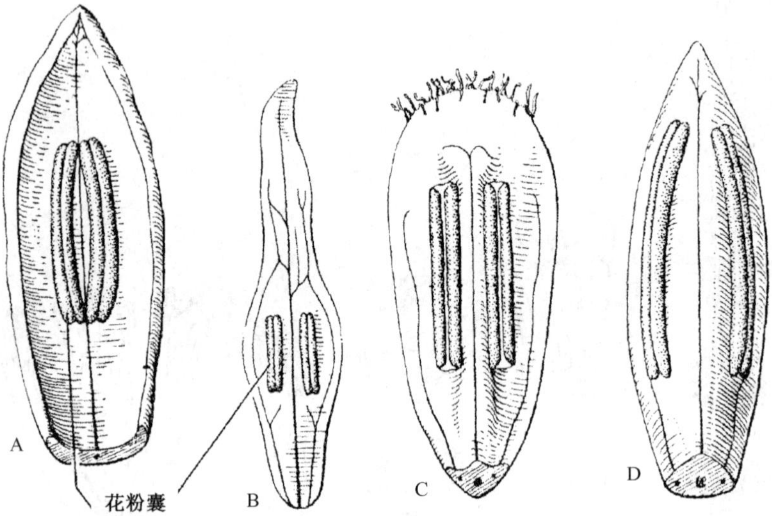

图 5.10　某些木兰目植物的原始雄蕊

A. *Austrobaileya maculata*　B. *Himmantandra taccata*　C. *Degeneria vitiensis*　D. *Magnolia maingayi*

5. 心皮群

心皮群位于花的中心部位，是由 1 至无定数个称为心皮（carpel）的变态叶所组成的。在长时期的历史发展过程中，一个心皮向内折合或数个心皮同时各向内折合，其侧面又互相连合，或数个心皮的边缘互相连合，结果形成一基部膨大内部有腔室的囊状体构造，这叫做雌蕊（pistil）（图 5.11，5.1，5.2）。雌蕊是被子植物花的一个显著的特点。

由一个心皮向内折合所形成的雌蕊叫做单雌蕊（simple pistil），单雌蕊又叫做离心皮雌蕊（apocarpous pistil）（图 5.11-1）。由两个或两个以上的心皮互相连合所形成的雌蕊叫做复雌蕊（compound pistil），复雌蕊又叫做合心皮雌蕊（syncarpous pistil）（图 5.11-2，-3）。一朵花内可能生有 1 至无定数个单雌蕊，但是一朵花内只能生有一个复雌蕊。一个复雌蕊就是一个心皮群，因为它是由两个或两个以上的心皮互相连合所组成的。如果一朵花内只生有一个单雌蕊，这一个单雌蕊也代表一个心皮群，因为它是由含有多个单雌蕊的心皮群或只含有一个合心皮雌蕊（复雌蕊）的心皮群退化而来的（见 Bhattacharyya and Johri，1998）。

心皮也是一种变态的叶，这一点可以用豌豆花的雌蕊来说明。豌豆花的雌蕊是由一个心皮所构成的，这一个心皮的形状大体上和叶的形状相似，只不过在心皮的历史发展过程中沿着心皮的中脉向内折合起来（心皮对折论，concept of conduplicate carpel，

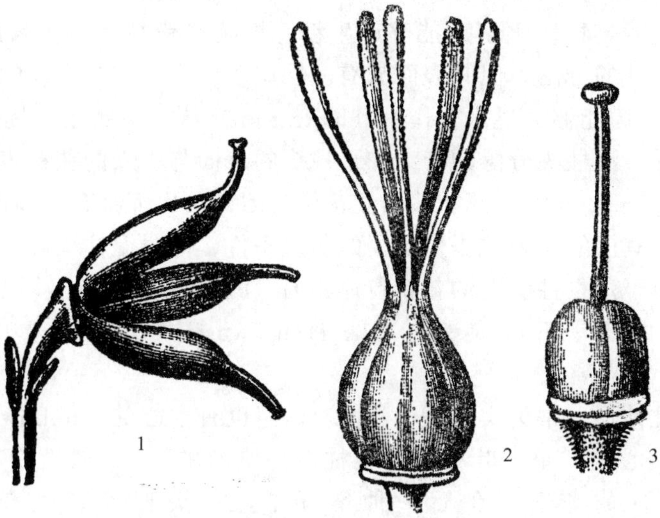

图 5.11　雌蕊类型

1. 离心皮雌蕊　2. 柱头与花柱分离的合心皮雌蕊

3. 柱头、花柱、子房都连合起来的合心皮雌蕊

[illegible] 1951)，所以豌豆花的雌蕊看起来只像半个叶子（图 5.12）。

雌蕊很像一个颈部细长的花瓶，基部膨大的部分叫做子房（ovary），子房上面的柱状体部分叫做花柱（style），花柱的顶端略微有些膨大的部分叫做柱头（stigma）（图 5.1，5.2，5.11）。子房与柱头是雌蕊的主要构造，二者与植物的繁殖有密切的关系。花柱能将柱头高高举起，以利于柱头完成其受粉作用，但它并不是植物的繁殖所必须要的构造。

柱头有各种各样的形状，有圆头形的，二裂的，羽毛状的等等。玉米的柱头为须状，长可达 75 厘米。柱头的表面常生有表皮毛或乳头状突起，以便于承受和“捕捉”花粉。有的柱头能够分泌一种液汁，有的则无此分泌。能够分泌液汁的柱头叫做湿柱头（wet stigma），如茄科、豆科植物等，无此分泌的叫做干柱头（dry stigma），如禾本科、十字花科植物等。湿柱头分泌的液汁中所含有的物质与各种物质的含量因植物种类的不同而有所不同，但主要的含有物质是脂类和酚类物质，另外还含有少量的糖类、氨

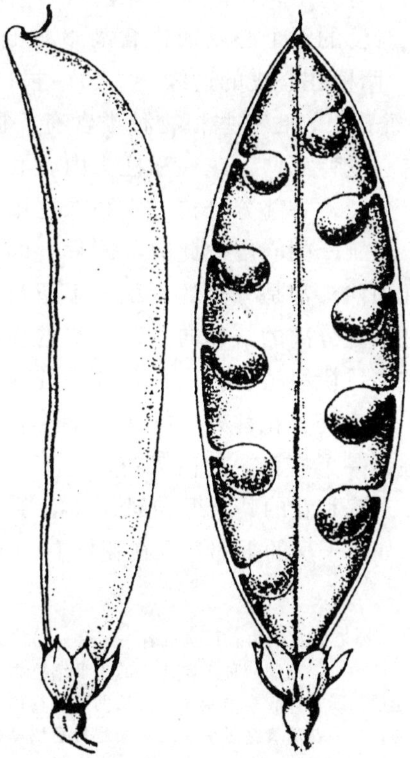

图 5.12　已接近成熟的豌豆花雌蕊

示心皮是变态叶

基酸、蛋白质等。脂类物质覆盖着柱头，可能具有与蜡层相似的作用，即具有防止水分蒸发的作用。某些酚类物质水解后能够产生糖，糖是花粉粒萌发生长所必需的营养物质。干柱头虽无液汁的分泌，但其表面却有一层位于柱头角质层之外的蛋白质膜，叫做表膜（pellicle），表膜能够通过水化作用（hydration）从柱头吸水，提供花粉粒萌发所必需的水分。另外，湿柱头分泌的液汁和干柱头的表面与干燥的花粉表面所发生的静电吸引作用（见 Sharma，2009）都能够黏住花粉。因此，也都具有“捕捉”花粉的功能。

柱头能为落于其上的花粉粒提供必要的萌发条件，同时湿柱头液汁中的蛋白质和干柱头表面的表膜对于落在柱头上的花粉粒还具有“识别”作用，能够识别落在柱头上的花粉粒是可接受的还是不可接受的（见 Maheswari Devi *et al.*，1995；Raghavan，2000）。

花柱多为圆柱体形，常为实心的（solid），但也有空心的（hollow）花柱。双子叶植物的花柱多为实心的，单子叶植物的花柱多为空心的①。一般植物花的雌蕊都有花柱，但也有无花柱的雌蕊。在后一种情况下，柱头直接着生在子房上，如罂粟(图 5.52-6)。

子房为一膨大的囊状体，内、外表面覆盖着一层表皮，表皮层上分布着表皮毛和一些气孔。分布在内表皮层上的气孔并无任何机能，只不过是一些演化的遗迹。分布在柑橘类果实内表皮层上的表皮毛在果实形成时肉质化，成为果实的可食部分。内外表皮层之间为薄壁组织，薄壁组织内含有自花托分入的维管束。

雌蕊的每个心皮通常含有 3 根自花托分入的维管束，1 根在心皮的中部（心皮背束），两根在心皮的边缘（一边一根，心皮腹束），但也有些植物种类每个心皮内只含有 1 根维管束，也有些植物种类含有 5 根维管束，还有些植物种类含有多根维管束。通常只有心皮背束伸入花柱和柱头内，心皮腹束一般止于子房端部，未进入花柱。心皮腹束生出分枝，一部分分枝进入胚珠之中。

复雌蕊的心皮彼此有不同程度的连合（图 5.11-2，3），有的只在子房处连合起来，花柱和柱头都是分离的，如王不留行（中草药），有的在子房处和花柱处连合起来，只有柱头是分离的，如向日葵，有的在花柱处和柱头处连合起来，只有子房是分离的，如某些夹竹桃科植物，或只在柱头处连合起来，子房和花柱都是分离的，如马利筋，也有的在子房处、花柱处、柱头处都连合起来了，在这种情况下，雌蕊具有一个子房，一个花柱，一个柱头，如白菜花。

子房和花的其余组成部分（花萼、花冠、雄蕊群）的相对位置因植物种类的不同而不同。如果子房的基部着生在花托上，花的其余组成部分都着生在子房的下面，这一类的子

---

① 空心花柱的内表面覆盖着一层有分泌能力的腺表皮，将来花粉管穿过这层腺表皮细胞的分泌物到达子房。实心花柱的中心充满一种纵向伸长的长形细胞群，这叫做引导组织（transmitting tissue）。引导组织细胞含有浓厚的细胞质、线粒体、高尔基体、内质网、核糖体等，细胞的纵向细胞壁或中层特别地增厚或其细胞之间充满一种胞间物质，将来花粉管穿过引导组织细胞特别增厚的细胞壁或中层或胞间物质到达子房（见 Cresti *et al.*，1992）。但也有人认为空心花柱的腺表皮也是一种引导组织，因此，引导组织有两种类型：一种是空心花柱的腺表皮，另一种是实心花柱的长形细胞群（见 Lersten，2004）。这两种类型的引导组织都担负着引导花粉管从柱头到达子房和供给花粉管生长所必需的营养料的作用。另外，引导组织也可能还担负着分泌某种抑制物质的功能，这种抑制物质能够抑制雌蕊“不可接受的花粉”生出的花粉管继续生长的作用。

房叫做上位子房（superior ovary），这一类的花叫做下位花（hypogynous flower），如白菜花、亚麻花等。另一种情况是子房的基部着生在花筒（即花萼、花冠和雄蕊群的基部互相愈合所形成的一种筒状构造）或凹入的花托内，花的其余组成部分着生在花筒或凹入花托的边缘，这一类的子房仍然叫做上位子房，这一类的花叫做周位花（perigynous flower），如桃花、樱桃花等。如果子房的下半部埋入花筒或凹入的花托内并与之相愈合，子房的上半部是裸露的，花的其余组成部分着生在花筒或凹入花托的边缘，围绕着子房，这一类的子房叫做半下位子房（half inferior ovary），这一类的花也叫做周位花，如马齿苋花、太平花等。如果整个子房都埋入花筒或凹入的花托内并与之相愈合①，花的其余组成部分都着生在子房的上面，这一类的子房叫做下位子房（inferior ovary），这一类的花叫做上位花（epigynous flower），如向日葵花、乌饭树属花等（图 5.13）。

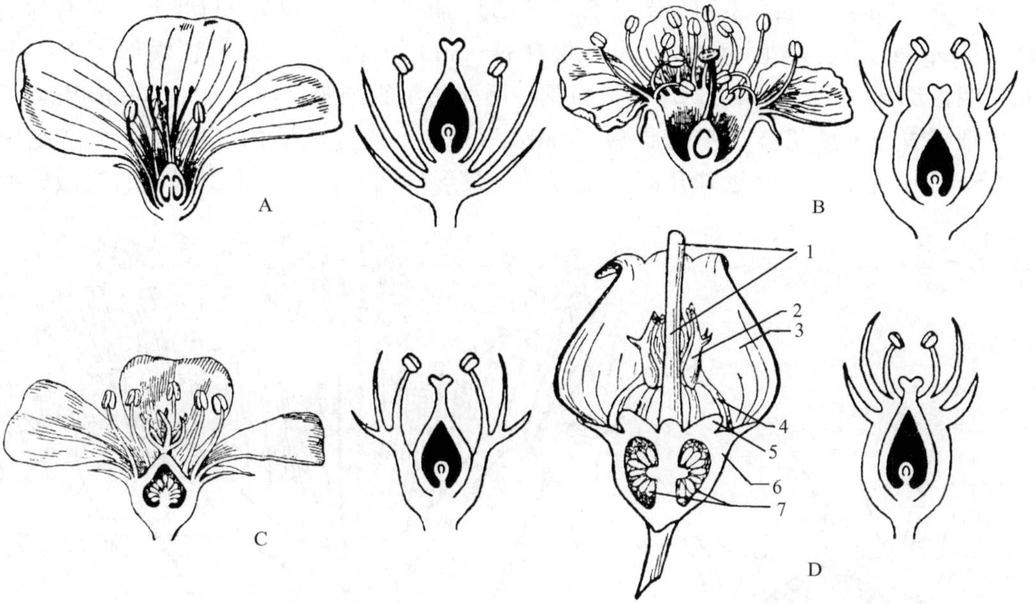

图 5.13　花内子房的各种位置（左侧为花的纵切，右侧为花的图解）

A. 亚麻花，示上位子房下位花　B. 樱桃花，示上位子房周位花　C. 马齿苋花，示半下位子房周位花　D. 乌饭树属花，示下位子房上位花　1. 柱头与花柱　2. 花药　3. 花冠筒　4. 花丝　5. 蜜腺　6. 花筒　7. 胚珠

子房内的腔室叫做子房室（locule）（图 5.2）。子房可能是一室的（unilocular），也可能是多室的（multilocular）。单雌蕊子房是一室的，复雌蕊子房有一室的，也有多室的。一室的复雌蕊子房是由于各个心皮在心皮的边缘处互相连合而形成的（图 5.16-F），多室的复雌蕊子房是由于各个心皮都向内折合，同时各个心皮的侧壁又互相连合而形成的。

① 关于半下位子房和下位子房究竟是与花筒或凹入的花托相愈合的问题很久以来就在植物学文献中展开讨论。很多研究（主要是花部解剖构造方面的研究）查明与子房相愈合的并不是凹入的花托，而是花筒。只有少数几科植物（如檀香科、腊梅科、仙人掌科、苦杏科等）与子房相愈合的才是凹入的花托。在这类植物花的纵切片上观察时，可见一些分布在花的较内部的维管束不是韧皮部排列在木质部的外面，而是韧皮部排列在木质部的里面。维管组织所以发生这种位置上的颠倒乃是由于花托的四周边缘向上生长形成凹入的花托时，维管束弯曲成拱形向花托的边缘内伸入所造成的（图 5.14）。

在后一种情况下，折合在一起的心皮边缘相遇于子房的中心，形成了子房室内的中轴(图 5.16-C)，连合在一起的相邻心皮的侧壁形成了分隔子房为多室的隔膜（septum）。当心皮的边缘在子房的中心相遇形成子房室内的中轴时，心皮边缘的维管束都聚集在子房室的中心，在横切片上观察时，可以看到心皮边缘维管束的木质部在外韧皮部在内的排列样式，这刚好与心皮中部维管束的木质部在内韧皮部在外的排列样式是相反的。这种情况的所以发生是由于心皮的向内折合使心皮边缘的维管束旋转了 180°所造成的。

在子房室内发育着 1 至多数胚珠（ovule)(图 5.2)，胚珠将来发育成种子。胚珠常为卵形，具有一纤细的柄，叫做珠柄（funiculus），胚珠以珠柄着生在子房室内的胎座上。胚珠外有两层或一层由数层薄壁组织细胞所构成的一种包被，叫做珠被（integument）。若为两层珠被时，外面的一层叫做外珠被（outer integument），里面的一层叫做内珠被（inner integument)(图 5.2，5.7-D)。离瓣花植物和单子叶植物多具有两层珠被（bitegmic），合瓣花植物多具有一层珠被（unitegmic）。珠被的顶端保留着一个管孔，叫做珠孔（micropyle）。珠被之内是一团薄壁组织细胞，叫做珠心（nucellus）。珠心内埋藏着一个囊状体，叫做胚囊（embryo sac）。发育成熟的胚囊由 7 个细胞构成(图 5.27)，它们是：靠近珠孔的一端有 3 个梨形的细胞，一个体积稍大的叫做卵细胞

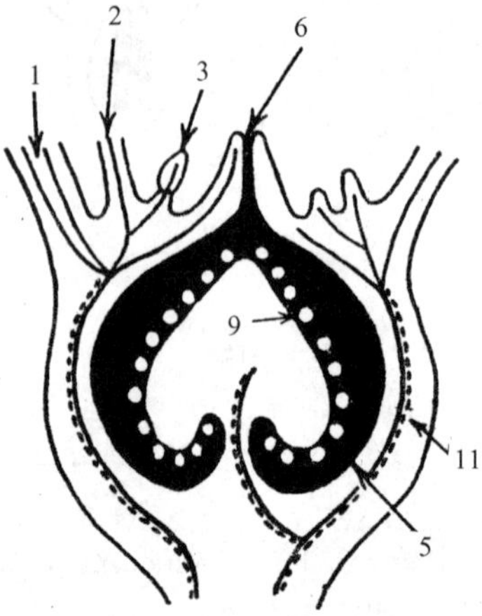

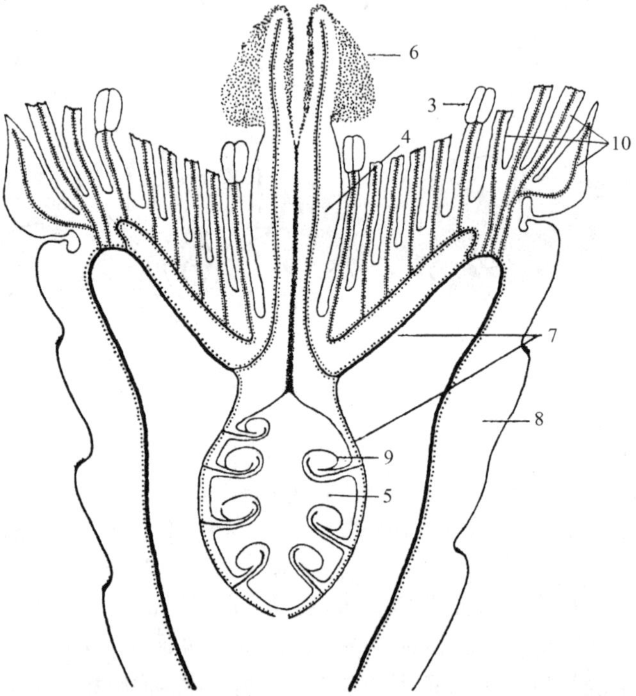

图 5.14　关于与下位子房愈合的是花筒或花托的解释

（黑线表示木质部，虚线表示韧皮部）

左：一种水繁缕属植物（*Samolus floribundus*）花的纵切，示子房与花筒相愈合（这种解释是由于花筒内含有正常的韧皮部在外木质部在内的维管束而证明的）　右：仙人掌花的纵切，示子房与凹入的花托相愈合（这种解释是由于花托内反弯的维管束的韧皮部在内木质部在外而证明的，花上部的维管束为周韧维管束）　1. 萼片　2. 花瓣　3. 雄蕊　4. 花柱　5. 子房室　6. 柱头　7. 反弯的维管束　8. 花托组织　9. 胚珠　10. 花被片　11. 花筒

(egg cell)，两个体积稍小的叫做助细胞（synergid），卵细胞与两个助细胞合在一起叫做卵器（egg apparatus）。远离珠孔的一端也有 3 个细胞，叫做反足细胞（antipodal cell）。中央有一个含有一中央大液泡的大型细胞，叫做中央细胞（central cell）。中央细胞内含有两个细胞核，这两个细胞核叫做极核（polar nucleus）。在胚珠的基部，珠被、珠心和珠柄三者汇合在一起，难以分清彼此的界限，此处叫做合点（chalaza）（图 5.27-D）。

胚珠内含有一根从胎座分入的维管束，这一根维管束通常是心皮边缘维管束（心皮腹束）的分枝，它经过胎座和珠柄进入胚珠后止于合点处，但也有的经过合点后进行分枝，然后进入珠被内的。

在胚珠的外表面（即外珠被与珠柄的外表面）有一层角质层覆盖着。在外珠被的内表面和内珠被的外表面，在内珠被的内表面和珠心的外表面，也都各有一层角质层覆盖着。所以具有两层珠被的胚珠共有三层角质层覆盖着——外面一层，中间一层，里面一层。中间的一层和里面的一层都是由两层角质层愈合在一起形成的。具有一层珠被的胚珠只具有里外两层角质层，没有中间的一层。当胚珠发育成为种子后，珠被与珠心组织可能或多或少地被破坏吸收，但覆盖着它们的角质层往往仍然存留着（图 5.56）。这种存留在种子内的角质层对于水分具有很大程度的不可透过性，因而使种子处于休眠状态。休眠状态可以使种子避免在不利于幼苗生长的环境条件下萌发。

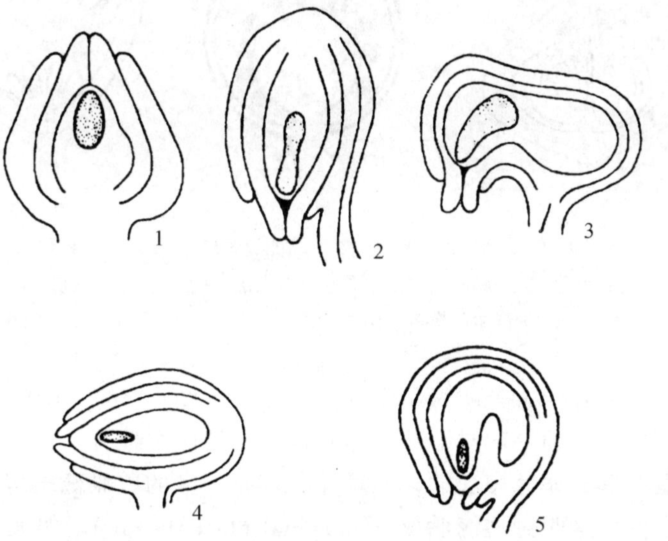

图 5.15　胚珠类型

1. 直生胚珠　2. 倒生胚珠　3. 弯生胚珠　4. 横生胚珠　5. 曲生胚珠

胚珠有不同的类型（图 5.15）。如果胚珠直立，珠孔向上，这叫做直生胚珠（orthotropous ovule），蓼科植物具有直生胚珠。如果胚珠倒生，珠孔向下，这叫做倒生胚珠（anatropous ovule），大多数植物具有倒生胚珠。倒生胚珠的一部分珠被与珠柄相愈合形成棱状的脊。倒生胚珠的珠孔挨近胎座，便于沿着子房内壁和胎座表面生长的花粉管进入珠孔到达胚囊。在直生胚珠与倒生胚珠之间还形成了三种不同弯曲程度的中间类型胚珠，叫做弯生胚珠（campylotropous ovule）（胚珠向一侧弯曲，呈肾形，珠孔与珠柄不在一条直线上，如小麦、蚕豆等），横生胚珠（hemiantropous ovule）（胚珠向一侧弯曲 90 度，胚珠与珠柄垂直，如毛茛、报春花等）和曲生胚珠（amphitropous ovule）（胚珠强烈弯曲，珠心和胚囊弯曲成马蹄形，如荠菜、泽泻等）（见 Bhojwani and Bhatnagar，1978）。直生胚珠和倒生胚珠的珠孔与合点都在一条垂直线上，三种不同弯曲程度的中间类型胚珠则不然，它们的珠孔与合点不在一条垂直线上。这一点是直生胚珠、倒生胚珠与三种不同弯曲程度的中间类型胚珠的不同之点。

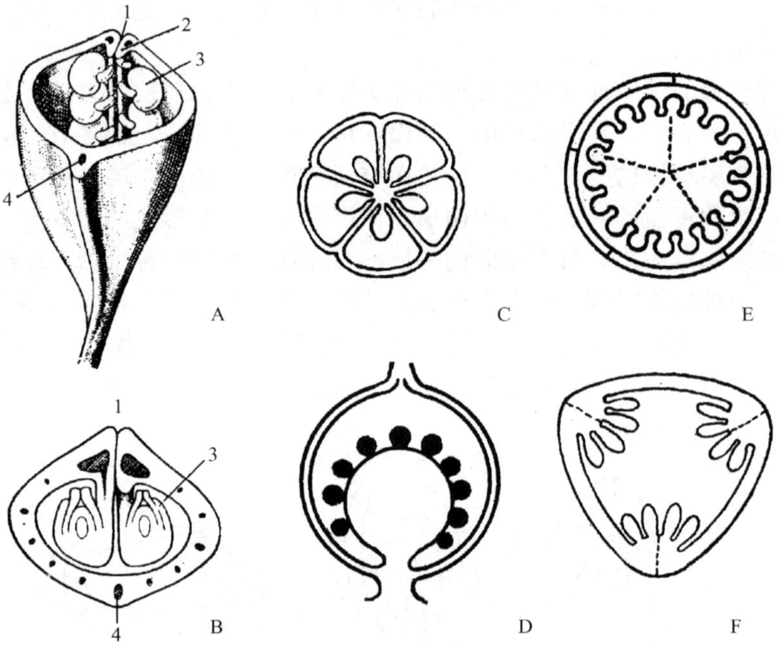

图 5.16　胎座类型

A. 边缘胎座　B. 边缘胎座横切　C. 中轴胎座横切　D. 特立中央胎座纵切　E. 特立中央胎座横切　F. 侧膜胎座横切　1. 腹缝线　2. 胎座　3. 胚珠　4. 背缝线

胚珠在子房室内着生之处叫做胎座（placenta）（图 5.16）。胎座一般都发生在心皮边缘的连合处，但心皮的基部与端部也是时常发生胎座的地方。胎座通常都向子房室内微微突出，但也有形成显著突起的，如番茄。具有一室的单雌蕊子房，如果胎座发生在心皮边缘的连合处，这叫做边缘胎座（marginal placentation），如大豆。具有一室的单雌蕊或复雌蕊子房，如果胎座发生在子房室的基部，胎座上通常只着生一个胚珠，这叫做基生胎座（basal placentation），如毛茛、向日葵等。具有多室的复雌蕊子房，如果胎座发生在子房室内的中轴上，这叫做中轴胎座（axile placentation），如棉花、柑橘等。具有一室的复雌蕊子房，如果胎座发生在独立于子房室中央的半截轴上，这叫做特立中央胎座（free central placentation），如石竹花、王不留行等。特立中央胎座一般是由于中轴胎座的室间隔膜和中轴的上半截的消失而形成的。具有一室的复雌蕊子房，如果胎座发生在心皮边缘的互相连合处，这叫做侧膜胎座（parietal placentation），如柳树、仙人掌等。

构成复雌蕊的心皮数目通常是不难确定的，可以根据以下四点中的一点或其中的几点作为确定心皮数目的依据：① 柱头数，② 花柱数，③ 子房室数，④ 胎座数。在大多数的情况下柱头数，花柱数，子房室数和胎座数是等于心皮的数目的。

上面介绍了花的各组成部分的形态构造。从上面的一些介绍中可以看出我们是接受了花是一种变态的枝叶，萼片、花瓣、雄蕊、心皮等都是变态的叶的这种观点的。因此，我们就应当承认凡是具有与叶更相近似的组成部分的花就是比较原始的花，反之就是比较进化的花。一般地讲，叶是互相分离的，彼此的大小是相等的，数目是很多的，通常是螺旋式地排列在茎上的（互生叶序），如果花的组成部分具有这些属于叶的性状，那么这种花在系统地位上就是比较原始的花，如果花的组成部分和这些叶的性状相距甚远，那么这种花在系统地位上就是比较进化的花。根据这一标准，花的演化趋势可以归纳为以下七点：

1）花各组成部分的个数多而无定数是原始性状，演化的趋势是从多到少，从无定数到有定数。轮生花各轮组成部分的个数叫做花基数（number of floral parts）。双子叶植物的花基数多数为 5，少数为 4，也有为 2 的；单子叶植物的花基数通常为 3。雄蕊的个数常为花基数的二倍，排列成两轮。心皮的个数常较花基数为少，这是心皮群退化的结果。

2）花各轮组成部分螺旋式地排列是原始性状，演化的趋势是从螺旋式排列到轮生式排列，从旋生花到轮生花。旋生花的组成部分多而无定数，可排列到 15～16 层！轮生花的组成部分少而有定数，一般排列成 5 轮，即萼片 1 轮，花瓣 1 轮，雄蕊 2 轮，心皮 1 轮。在轮生花中，各轮的组成部分常与上一轮和下一轮的组成部分互相间隔地排列着。

3）花具有长圆柱体形的花托是原始性状，因为长圆柱体形的花托与茎更为近似。演化的趋势是从长到短，从圆柱状体到半球形体。花托从长到短是花的各轮组成部分的个数减少的必然结果。

4）花各轮组成部分分离（即萼片分离、花瓣分离、雄蕊分离、心皮分离）是原始性状，演化的趋势是各轮组成部分从分离到部分连合，最后到全部连合。

5）上位子房下位花是原始性状，演化的趋势是从上位子房下位花到半下位子房周位花，最后到下位子房上位花。下位的子房包被在花筒或花托之内，因此就更加完善地保护着生长在子房室内的胚珠，使它不致被传粉的昆虫所吞食。

6）辐射对称花是原始性状，演化的趋势是从辐射对称到两侧对称。两侧对称花在形状和构造上都更适合于昆虫传粉。

7）完全花和两性花是原始性状，演化的趋势是从完全花到不完全花，从两性花到单性花。

花的各种演化趋势的形成是植物对于传粉作用，繁殖器官的保护作用以及对于果实和种子的散布作用等长时期适应的结果。例如蒲公英果实上的降落伞状的冠毛（图 5.6 下左，5.59）是一种适应借风力散布果实的结构，它是从花萼演化而来的。

虽然植物营养器官形态构造方面的有关论证也可以作为被子植物系统分类和识别鉴定的依据，但由于营养器官的可塑性与易变性都较繁殖器官为强，所以直到现在为止，植物繁殖器官的形态构造，特别是花的外部形态，仍然是被子植物系统分类和识别鉴定的主要依据（见 Stuessy，1990）。

花的外部形态虽然是被子植物系统分类和识别鉴定的主要依据，但花的内部构造，特别是花的维管系统的构造（例如维管束的数目、路程等），对于研究被子植物的系统分类也具有一定的意义。这是因为花的维管系统的演化速度通常迟于其所进入的花的各组成部分的演化速度，也就是说，花的维管系统较其所进入的各组成部分更为保守。因此，研究花的维管系统的构造可以帮助我们确定花的各组成部分原有的一些性状，这些原有的性状由于演化的原因可能现在已经变为模糊不清或者已经退化消失了，若能根据花的维管系统构造的研究确定了这些已经变为模糊不清或者已经退化消失了的原有的性状，将有助于我们推测植物的亲缘关系。例如唇形科植物的花为二唇形花冠，有些种类的上唇含有一片花冠裂片，下唇含有三片花冠裂片（图 5.6 中右）。若从花的外部形态来看，这类花好像是由四片连合在一起的花瓣所组成的，但从花的内部构造来看，下唇的三片花冠裂片内各含有一根维管束，而上唇的一片花冠裂片内则含有两根维管束。花冠上唇的一片花冠裂片内含有两根维管束可以说明这一片花冠裂片是由于原有的两片花瓣的连合在一起而形成的。这两片原有的花瓣虽然现在已经连合在一起形成一片花冠裂片了，但花瓣内的维管束（通常每一花瓣内只含有一根维管束）在演化上较为保守，现在仍然尚未连合，结果使花冠上唇的这一片花冠裂片内含有两根维管束。因此我们可以推测，唇形科植物的祖先是具有 5 片花瓣的。

第三节　花　　序

花可以单独地着生在茎的顶端或叶的腋部，但通常多聚生在主茎或侧枝的顶部。聚生着很多花的主茎或侧枝叫做花序（inflorescence）。花聚生成花序有利于招引昆虫传粉。

花序可形成于茎的顶端或叶的腋部，其发生的情况与花的发生情况是相同的，只不过花序发生时，所形成的花芽将来展开后不是花而是花序。花序上也生有叶，花着生在花序上叶的腋部。但花序上的叶较普通的叶小些，常为鳞片状，这是一种变态的叶，叫做苞片（bract）。花序的轴（即着生花的轴）叫做花序轴（rachis）。花序轴以下的部分，即花序的柄部，叫做花序梗（peduncle）。

花序有不同的类型，但基本上可以分为两大类。一类叫做无限花序（indefinite inflorescence），也叫做总状类花序（racemose inflorescence）；一类叫做有限花序（definite inflorescence），也叫做聚伞类花序（cymose inflorescence）。

无限花序的花序轴的顶端并不立即发育成花，仍保持着生长和产生侧生花的能力。花开放的顺序从侧面看是自下而上，从上面看是自外而内。也就是说，最下面和最外轮的花先成熟先开放，最上面和最内轮的花后成熟后开放。有限花序的情况与此刚好相反，有限花序花序轴的顶端不久就发育成一朵顶生花，因此失去了生长的能力。顶生花的下面生出 1～2 或几个侧花序，侧花序轴的顶端不久也发育成一朵顶生花，在这朵顶生花的下面又生出 1～2 或几个侧花序，如此重复。花开放的顺序从侧面看是自上而下，从上面看是自内而外。也就是说，最上面和最内轮的花先成熟先开放，最下面和最外轮的花后成熟后开放。

无限花序可再分为八类，有限花序可再分为三类，下面分别地进行一些讨论。

1. 无限花序

根据无限花序花序轴的长短，花梗的长短和有无，无限花序又可以分为总状花序（raceme）、穗状花序（spike）、葇荑花序（catkin）、肉穗花序（spadix）、圆锥花序（panicle）、伞房花序（corymb）、伞形花序（umbel）和头状花序（head）八类（图5.17）。

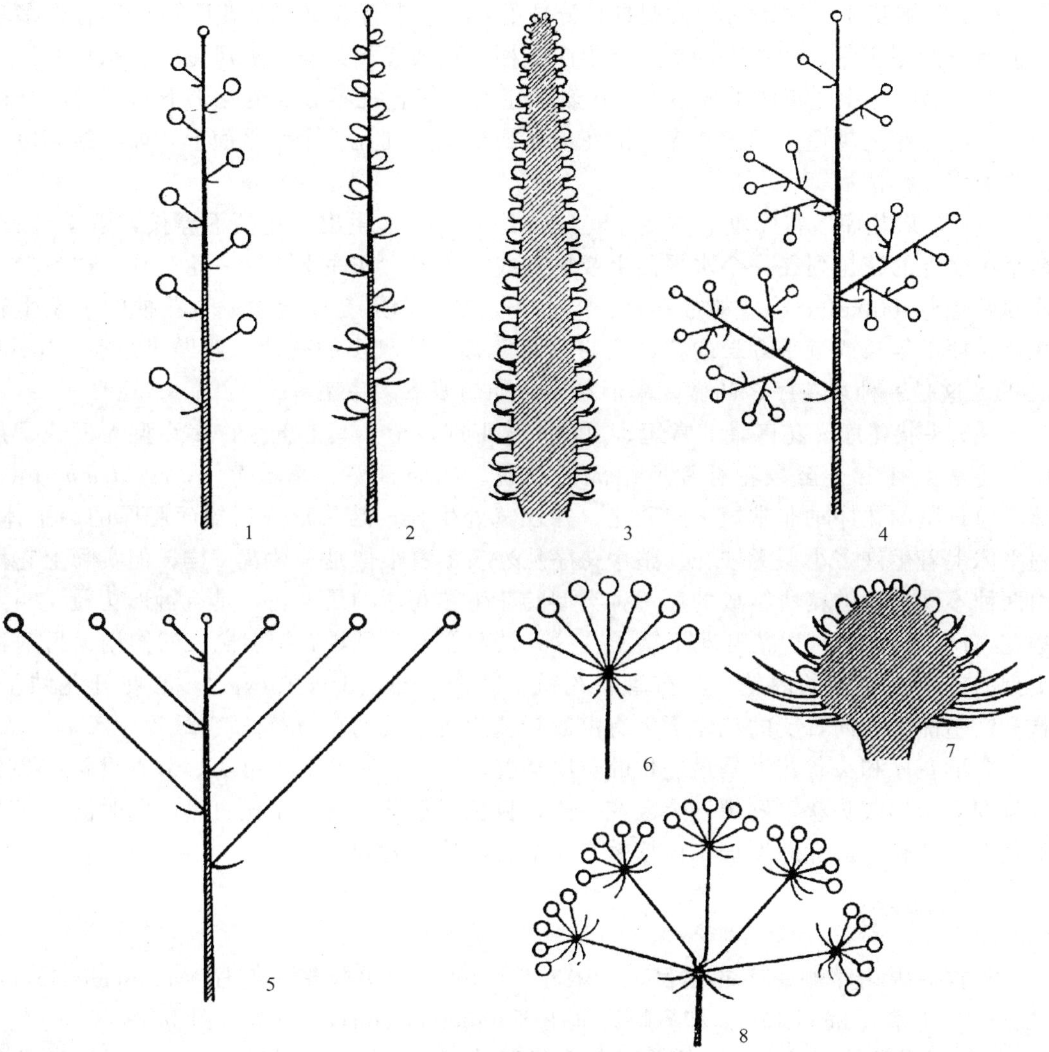

图 5.17 无限花序类型

1. 总状花序 2. 穗状花序 3. 肉穗花序 4. 圆锥花序 5. 伞房花序 6. 伞形花序 7. 头状花序 8. 复伞形花序

(1) 总状花序 花序轴较长，花序轴上生有很多花梗等长的花，如萝卜、油菜等。

(2) 穗状花序 花序轴较长，花序轴上生有很多无梗的花，如车前、月见草等。

(3) 葇荑花序　这是一种变态的穗状花序，主要的特点有四：①花序上只发育着一种单性无梗花——雄花或雌花；②花为无被花或单被花；③雄花序轴柔软，花序常下垂；④开花后整个雄花序脱落，如杨树、柳树、栎树等。

(4) 肉穗花序　这也是一种变态的穗状花序，主要的特点有三：①花序轴肉质化；②通常两种单性无梗花（雄花和雌花）同时着生在一个花序上；③花序被一大型的苞片或多或少地包被着，这个大型苞片叫做佛焰苞（spathe）。佛焰苞绿色，但也有白色的，如马蹄莲。

(5) 圆锥花序　这是一种大型具有分枝的花序。花序轴较长，花序轴上生有许多花序梗等长的侧花序，侧花序轴上生有很多花梗等长或无梗的花，如凤尾兰、水稻等。

(6) 伞房花序　花序轴较短，花序轴上生有许多花梗不等长的花，下部花的花梗最长，越向上花梗越短，因此花序上的花或多或少地排列在一个水平面上，如绣线菊以及某些十字花科植物等。

(7) 伞形花序　花序轴非常短，花好像是从一点上生出，花梗不等长或近乎等长，整个花序上的花排列在一个水平面上或排列成圆顶形。花序下生有一轮苞片，这一轮苞片叫做总苞（involucre），如常春藤、人参等。如果伞形花序上每一个花梗的顶端生有几朵花梗不等长或近乎等长的花，花的下面生有一轮较小的苞片（叫做小总苞，involucel），这是一种复花序，叫做复伞形花序，如胡萝卜、芹菜等。

(8) 头状花序　花序轴非常短，成扁平体形或球形，其上着生许多小型无梗花，花序下通常生有由 1 至数轮苞片所组成的总苞，如向日葵、车轴草（*Trifolium* spp.）等。向日葵的花序轴非常短，肉质化，并往宽处生长，结果形成一短而肥厚的扁平体，扁平体上着生许多小型无梗花。整个花序从外表上看很像是一朵花一样，但实际上它是由两种不同类型的花所组成的。一种类型的花生在花序的最外轮，具有舌形花冠，叫做边花（ray flower），边花开花不结子，没有繁殖能力，只具有招引昆虫的作用；另一种类型的花生在花序的内轮，具有管状花冠，叫做心花（disk flower），心花开花结子，具有繁殖能力。向日葵的花序下生有由数轮苞片所组成的总苞。

伞形花序和头状花序是最进化的花序类型，因为：①花的体型小，节省材料；②小花排列成伞形或头状，好像一朵大花一样，目标甚显著；③一个昆虫可以同时向花序上的很多花传粉，大大地增加了传粉效率并节省了传粉时间。

2. 有限花序

根据有限花序侧花序的数目，有限花序又可分为单歧聚伞花序（monochasium），二歧聚伞花序（dichasium）和多歧聚伞花序（pleiochasium）三类（图 5.18）。

(1) 单歧聚伞花序　单歧聚伞花序多见于单子叶植物，双子叶植物中少见。这类花序在顶生花的下面只发生一个侧花序，在这个侧花序的顶端发育着一朵顶生花，在这朵顶生花的下面又发生一个侧花序，侧花序的顶端又发育着一朵顶生花，如此重复。例如唐菖蒲和附地菜的花序都是单歧聚伞花序。单歧聚伞花序初形成时多为螺旋形或曲折形（图 5.18-1，2），以后由于各个侧花序的向上生长，花序就逐渐变为直立的了。但是必须注意，这种直立花序的主轴实际上是由许多个侧花序互相连接起来而形成的（合轴）。直立的单歧聚伞花序看起来和总状花序很相似，两者的区别只在于前者的花和苞片是对生的，后者的苞片却生在花的基部，即花着生在苞片的腋部。但当苞片不存在时，两者就难以区分了。

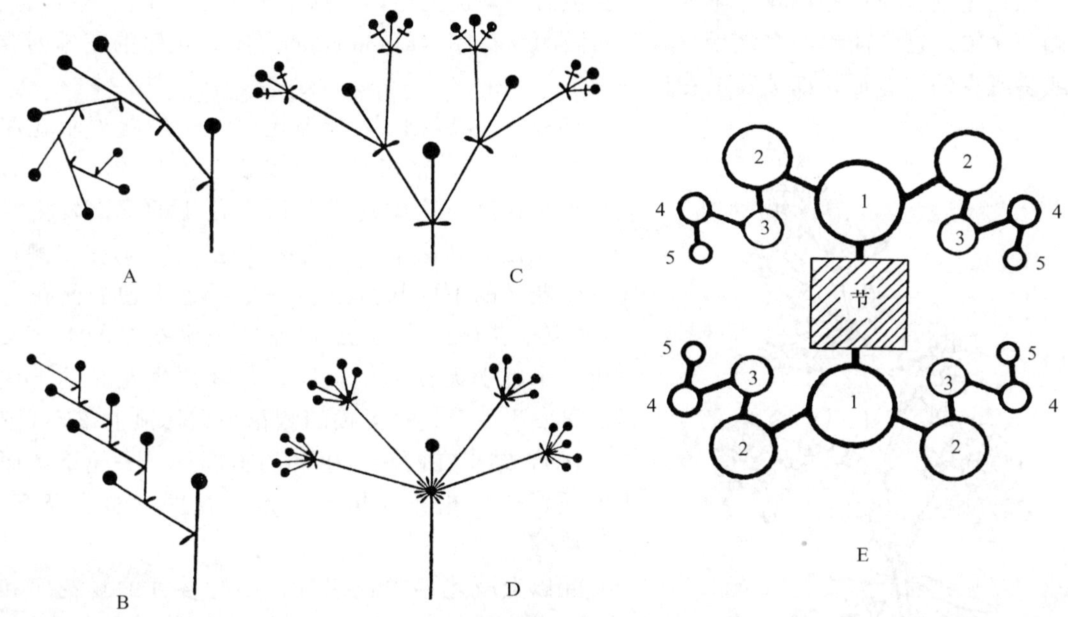

图 5.18　有限花序类型（图解）

A．蝎尾状单歧聚伞花序　B．螺状单歧聚伞花序　C．二歧聚伞花序　D．多歧聚伞花序
E. 轮状聚伞花序　1～5. 表示按顺序发生的各级侧花序轴的顶生花

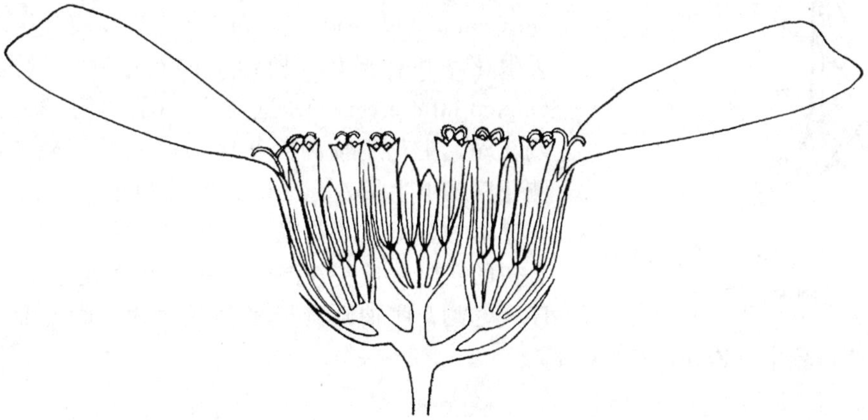

图 5.19　合苞菊的复头状花序

（2）二歧聚伞花序　二歧聚伞花序只见于生有对生叶的植物。这类花序在顶生花的下面发生两个侧花序，侧花序对生。侧花序又以同样的方式进行分枝，如大叶黄杨的花序是。

（3）多歧聚伞花序　多歧聚伞花序也只见于生有对生叶的植物，这类花序比较少见。在这类花序顶生花的下面发生两个以上的侧花序，侧花序轮生，侧花序又以同样的方式进行分枝，如柏大戟、泽漆的花序是。如果这类花序第一级顶生花的下面发生很多个侧花序轴，在这些侧花序轴的顶端各生有一朵顶生花，在这朵顶生花的下面不再发生侧花序轴，这类简单的多歧聚伞花序叫做团伞花序（glomerule）。团伞花序的花排列成或多或少的圆球形，如荚蒾的花序是。

还有一类特殊的聚伞类花序叫做轮状聚伞花序（verticillaster），很多唇形科植物对生叶的腋部生有轮状聚伞花序。这类花序在顶生花 1 的下面发生两个近乎无梗的侧花序（二歧聚伞花序式），在二侧花序顶生花 2 的下面却只发生一个近乎无梗的侧花序（单歧聚伞花序式），在此侧花序顶生花 3 的下面又发生一个近乎无梗的侧花序，在其顶生花 4 的下面最后再发生一个近乎无梗的侧花序和其顶生花 5（图 5.18-E），结果在两片对生叶的腋部形成一轮绕茎而生的花，这一轮花即是轮状聚伞花序，如夏至草，益母草等。

图 5.20　丁香的混合花序（聚伞圆锥花序）

除以上所述各类花序外，还有各种的复花序和各种的混合花序。凡是由两种相同类型的花序所组成的花序就叫做复花序（compound inflorescence），如复总状花序（compound raceme）（凤尾兰）（这是一种圆锥花序），复穗状花序（compound spike）（小麦），复伞形花序（compound umbel）（胡萝卜），复头状花序（compound head）（合苞菊）（图 5.19）等。凡是由无限花序和有限花序所组成的花序就叫做混合花序（mixed inflorescence）。这类花序的主花序轴上生长着侧花序，主花序轴和侧花序形成一种无限花序形式；侧花序轴上生长着花，侧花序轴和花则形成一种有限花序形式，即无限花序轴上生出有限花序轴。例如丁香树的花序就是一种混合花序，其主花序轴为总状花序式，侧花序轴则为聚伞类花序式（图 5.20）。这种混合花序叫做聚伞圆锥花序（thyrse）。

第四节　禾本科植物的花

很多重要的粮食作物都是禾本科植物，因此对于禾本科植物花的构造在此有必要做一些简要的介绍。

禾本科植物的花小而不显著，花序也比较复杂。我们可以用小麦的花序为例来说明。小麦穗就是小麦的花序。一个小麦穗是由许多个无梗的小穗（spikelet）组成的，每个小穗又由数朵无梗的小花（floret）组成。所以一个小麦穗是一个复穗状花序（图 5.21-B）。

在小麦穗的花序轴上（即小麦穗的主轴上）着生10～20个小穗，排列在花序轴的两侧。在每个小穗轴（rachilla）上着生3～7朵无梗的小花，排列在小穗轴的两侧。一般只有着生在小穗轴基部的两三朵小花是能育花，能够开花结实，着生在小穗轴顶部的数朵小花是不育花，不能够开花结实。

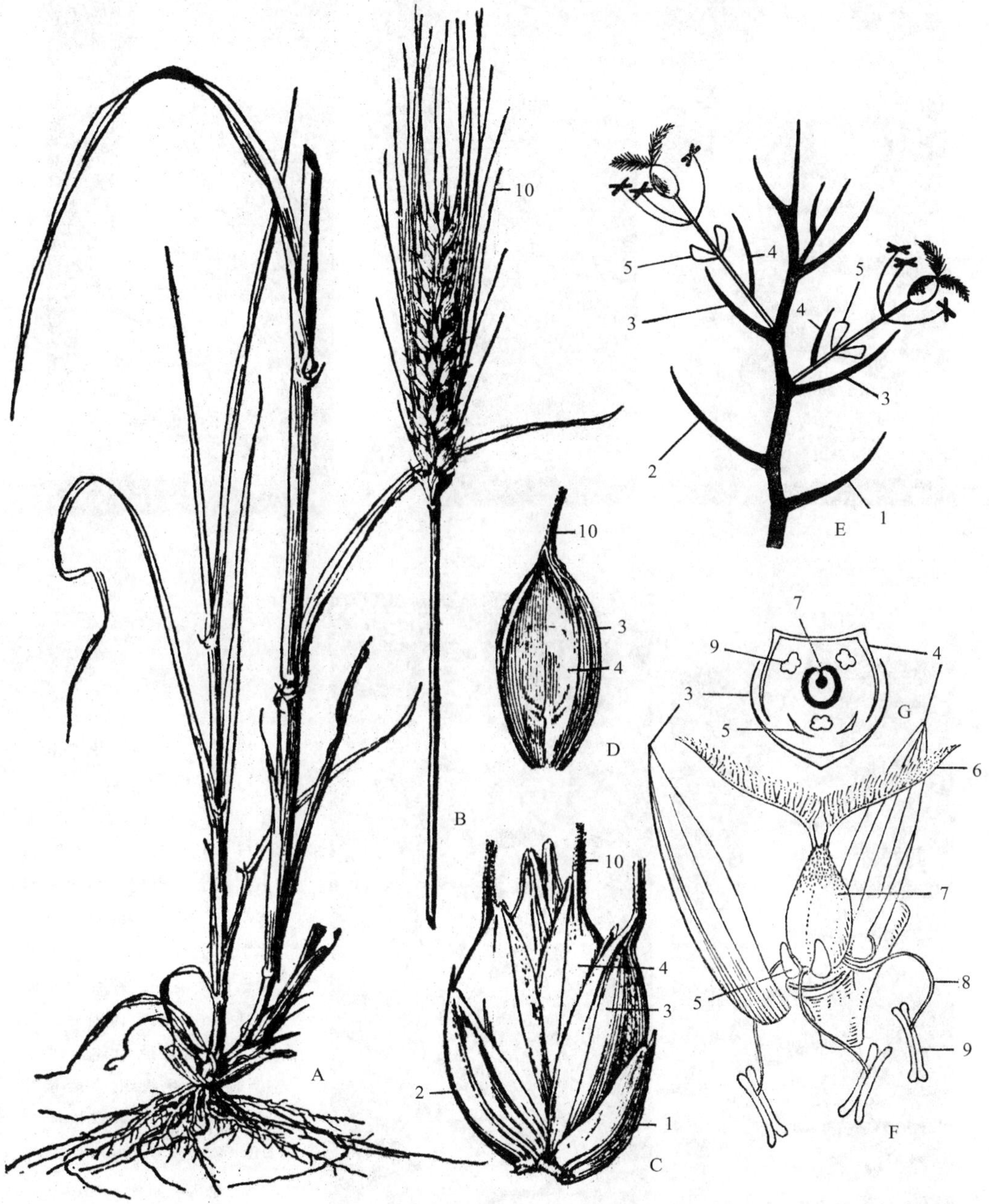

图5.21　禾本科植物花的构造

A. 一部分小麦植株　B. 具芒的复穗状花序　C. 一个小穗　D. 一朵小花　E. 禾本科植物小穗的构造　F. 禾本科植物小花的构造　G. 禾本科植物小花的横切(E～G为图解)　1. 第一颖片　2. 第二颖片　3. 外稃　4. 内稃　5. 浆片　6. 羽状柱头　7. 子房　8. 花丝　9. 花药　10. 芒

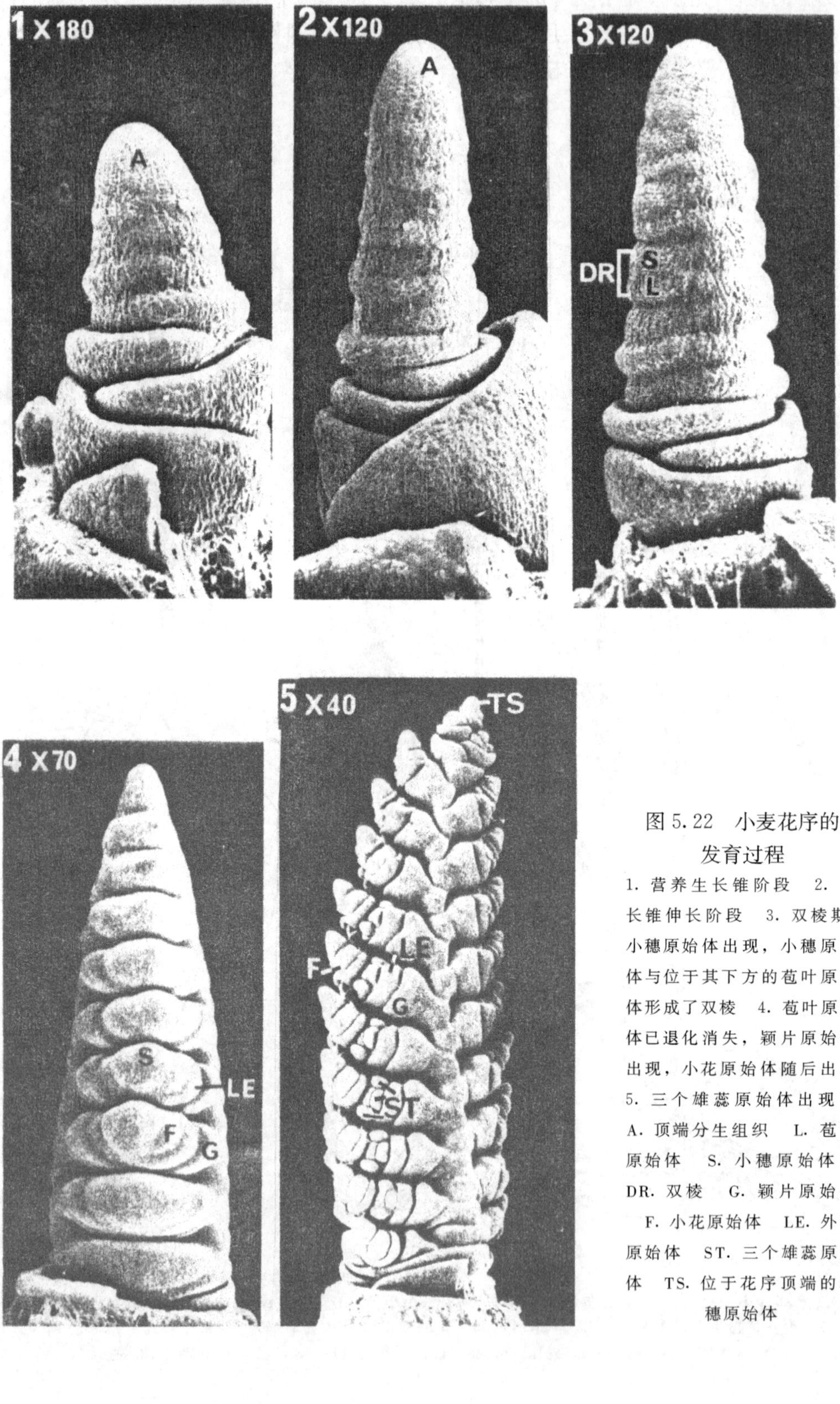

图 5.22 小麦花序的发育过程

1. 营养生长锥阶段 2. 生长锥伸长阶段 3. 双棱期，小穗原始体出现，小穗原始体与位于其下方的苞叶原始体形成了双棱 4. 苞叶原始体已退化消失，颖片原始体出现，小花原始体随后出现 5. 三个雄蕊原始体出现

A. 顶端分生组织 L. 苞叶原始体 S. 小穗原始体 DR. 双棱 G. 颖片原始体 F. 小花原始体 LE. 外稃原始体 ST. 三个雄蕊原始体 TS. 位于花序顶端的小穗原始体

每个小穗的基部着生两片大而坚硬的苞片，叫做颖片（glume）。靠下在外的一片叫做第一颖片，靠上在内的一片叫做第二颖片，颖片包被着小穗（图 5.21-C，-E）。小穗上的每一朵小花都有两片鳞片包被着。在外的一片叫做外稃（lemma），外稃通常厚而坚硬，中脉显著，常伸出成芒（awn），外稃相当于小花的一片苞片。在内的一片，即和外稃相对的一片，叫做内稃（palea），内稃为一透明的膜质鳞片，有两条主脉，内稃相当于小花的第一轮花被的两片连合在一起的花被片。外稃基部的里面生有两片微小的薄片，叫做浆片（lodicule），浆片相当于小花的第二轮花被的两片非常退化的花被片（见 Cronquist，1981）。到了开花时，由于浆片的吸水膨胀，使内、外稃被撑开，这时柱头与花丝伸长，使柱头与花药露出花外。在花的中心有 3 个雄蕊和 1 个复雌蕊，复雌蕊具二短花柱和二羽毛状柱头，子房上位，一室，室内着生一弯生胚珠（图 5.21-F）。生在小穗轴顶部的小花只有内、外稃，没有雌雄蕊，所以都是不育花。

小麦等谷类作物花序的形成在农业生产上叫做幼穗分化。小麦播种出土后，经过一定时期的营养生长，随即转入幼穗分化阶段。这时期茎的生长锥[①]从半圆球形生长成为伸长形。小穗原始体不久在伸长的生长锥的两侧出现，随后小花原始体在小穗原始体上出现，最后形成小花（图 5.22）。十分显然，幼穗分化期所形成的小穗数和小花数的多少直接影响小麦的产量。在农业生产上水肥供应充分及时（冬灌，早春追施氮肥，春灌等）可以使小穗数和小花数增多，从而提高小麦产量。如果水肥供应不充分，特别是在小花形成的后期若缺了水，能使基部或端部的小穗成为不育的，并且使中部小穗上的能育花数也会减少，从而会降低产量。

第五节　被子植物的有性繁殖过程

植物经过了一系列的生长发育过程，从营养期进入繁殖期。这时期在植物茎的顶端或叶的腋部，形成了花芽原基。花芽原基形成后，随即发育成为花芽，然后经过开花、传粉和受精作用，最后形成果实和种子，完成了植物的有性繁殖过程。下面我们将扼要地介绍一下这个过程。

1. 花粉囊的发育和花粉的形成

雄蕊在花芽中最初出现时是一微小的突起的，叫做雄蕊原始体（stamen primordium）。雄蕊原始体的大部分将来发育成花药，当花药的发育完成或接近完成时，雄蕊原始体的基部进行迅速的居间生长，发育成花丝。

年幼的花药外有一层表皮，表皮层之内充满一团薄壁组织细胞（图 5.23-A）。稍后，在横切片上观察时可见在花药四个角部表皮层的下面发育着数个（在纵切片上观察时为数行）切向排列，细胞内含有浓厚细胞质和显著细胞核的大型细胞，这叫做孢原细胞

---

① 根尖和茎尖的顶端分生组织都或多或少地为圆锥体形，因此称之为生长锥。本书将生长锥与生长点二词视为同义词使用。

(archesporial cell)[①]（图 5.23-B）。孢原细胞进行切向分裂，产生里外两层细胞。外面的一层细胞叫做初生周缘细胞（primary parietal cell），里面的一层细胞叫做初生造孢细

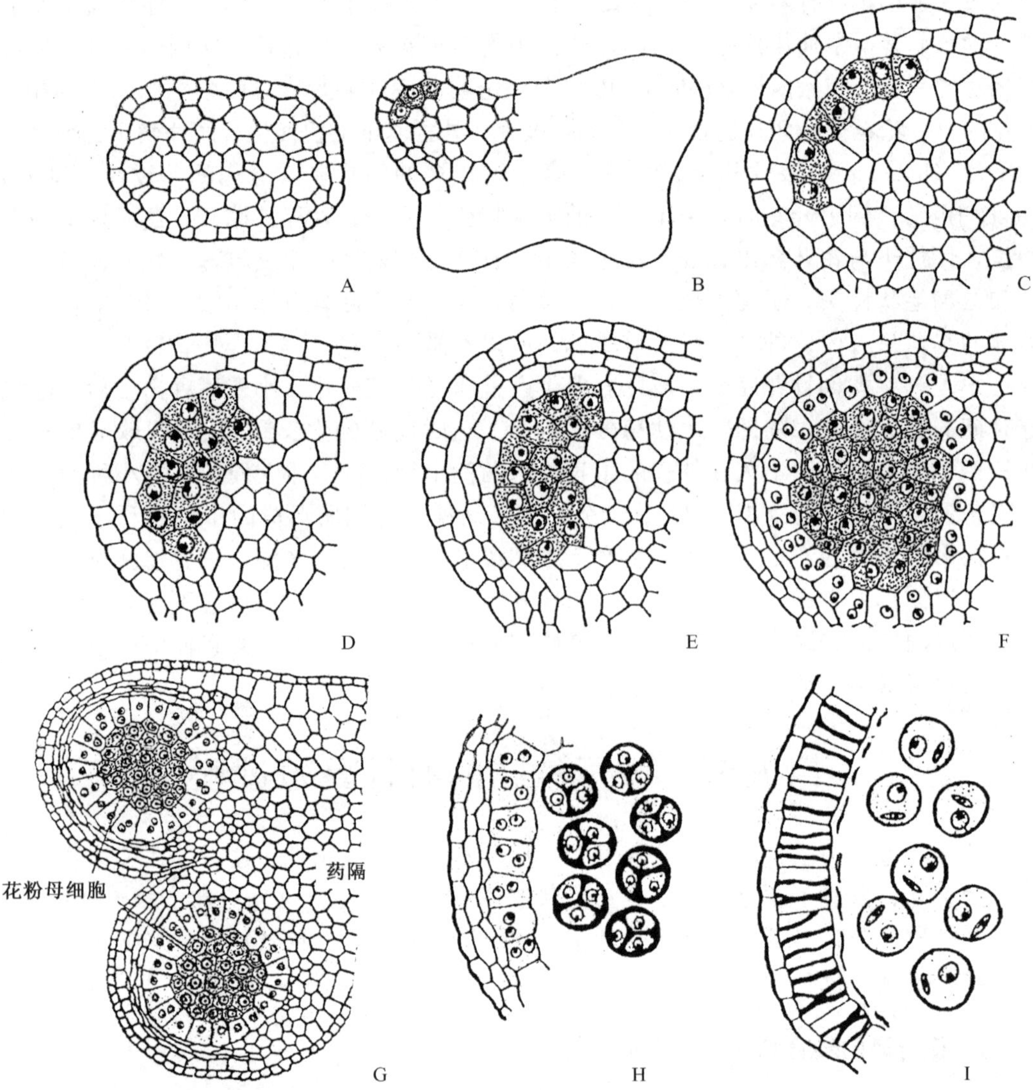

图 5.23　花粉囊的发育和花粉的形成

A. 年幼花药横切　B. 孢原细胞出现　C. 孢原细胞进行切向分裂，产生初生周缘细胞与初生造孢细胞，D，E. 初生周缘细胞与初生造孢细胞进行分裂，产生周缘细胞层与花粉母细胞　F. 花粉囊形成　G. $\frac{1}{2}$花药横切，示减数分裂开始前花药的构造，自外向内：表皮层，药室内壁，中层（G 图将中层绘为三层细胞，D，E，F，H 各图则将中层绘为一层细胞），绒毡层，花粉母细胞　H. 减数分裂后形成四个花粉细胞（小孢子）　I. 成熟的花粉粒（二细胞花粉）

---

① 也有一些植物在花药的四个角部只发育着一直行孢原细胞，因此在花药的横切片上观察时，在花药的四个角部的表皮层的下面只有一个孢原细胞，如某些仙人掌科、菊科、葫芦科、锦葵科中的植物是。

胞（primary sporogenous cell）（图 5.23-C）。初生周缘细胞进行切向分裂和径向分裂，通常产生 3～5 层周缘细胞层（Maheshwari，1950）。周缘细胞层将来发育成为花粉囊的壁层。初生造孢细胞也进行分裂数次，形成许多多边形细胞，叫做花粉母细胞（pollen mother cell）（图 5.23-E，- F）。也有些植物的初生造孢细胞不进行细胞分裂，直接就发育成为花粉母细胞，如树棉（*Gossypium arboreum*）是。花粉母细胞又叫做小孢子母细胞（microspore mother cell）。

随着花药的生长，花药的体积增大。这时期在花药的横切片上观察时，可见在花药的四个角部各形成了一个囊状体构造，这叫做花粉囊（pollen sac）。花粉囊又叫做小孢子囊（microsporangium）。花药内通常含有四个花粉囊，位于花药的两侧，一边一对。但也有少数植物种类的花药内只含有两个花粉囊，位于花药的两侧，一边一个，如棉花是。两对花粉囊之间发育着药隔组织。花粉囊内充满许多多边形细胞，此即花粉母细胞（图 5.23-G）。这时期花药的构造是：花药的最外层为一表皮层，表皮层之内为由周缘细胞层发育成的花粉囊的壁层。表皮层与花粉囊的壁层一起共同构成了花药的壁层。花粉囊壁层最外方的一层比较大型的细胞叫做药室内壁（endothecium），药室内壁之内是1～3 层细胞内含有丰富营养物质的扁形细胞，叫做中层（middle layer），中层之内是一层细胞内含有浓厚细胞质和细胞核进行了多倍体化并经常为二核或多核（见 Sharma，2009）的大型细胞，叫做绒毡层（tapetum）（图 5.23-F，-G，-H），绒毡层是花粉囊壁层的最内层。绒毡层之内是许多多边形的花粉母细胞。花粉母细胞具有纤维素薄壁，细胞内含有浓厚的细胞质和显著的细胞核（图 5.23，5.24-A）。花粉囊内花粉母细胞的数量因植物种类的不同而有很大的不同，有的一个花粉囊内只含有一直行也就是十多个细胞，如莴苣，有的一个花粉囊内可含有数千个细胞，如百合。

药室内壁细胞通常只围绕在花粉囊的外侧，绒毡层细胞则完整地围绕着花粉囊（图 5.23-F，-G）。绒毡层细胞通常来源于初生周缘细胞，但也有少数植物种类向着药室内壁一侧的绒毡层细胞来源自初生周缘细胞，向着药隔一侧的绒毡层细胞则是由与花粉母细胞相邻接的药隔薄壁组织细胞经过分化形成的。

绒毡层有两种类型：一种叫做分泌绒毡层（secretory tapetum）；一种叫做变形绒毡层（amoeboid tapetum）。分泌绒毡层是比较多见的，大多数双子叶植物都具有这种类型的绒毡层。这种绒毡层在花粉的整个发育过程中始终保持着最初原来的位置和完整的细胞构造，一直到花粉完全发育成熟之后才破坏消失。变形绒毡层多见于单子叶植物，这种绒毡层在花粉母细胞进行减数分裂之前或在花粉母细胞进行减数分裂之后的花粉的不同发育阶段，其细胞的径向壁和内切向壁破坏消失，原生质体逸出并移动至花粉囊内，各原生质体在花粉囊内融合为一个原生质整体，包被着花粉母细胞或不同发育阶段的花粉细胞，最后被正在发育着的花粉所吸收。

绒毡层细胞具有向花粉囊内传送营养料和构成花粉外壁的孢粉质与具有识别能力的蛋白质等作用。因此绒毡层的正常发育对于花粉的发育和花粉外壁的形成与花粉的“识别反应”都是十分必要的。如果绒毡层发育不正常，将会形成不育的花粉。

当花药生长发育到一定阶段后，花粉囊内的花粉母细胞同时（也有不同时的）开始进行减数分裂。当花粉母细胞开始进行减数分裂时，在花粉母细胞的质膜与纤维素壁之间沉积胼胝质（callose），形成一厚的胼胝质壁层，这时期花粉母细胞原有的纤维素壁层破坏消失。胼胝质壁最初形成时并不是完整的一层，而是在许多处有孔洞的。这些孔洞成为相邻花粉母细胞间细胞质的通道（图 5.24-B）。通过这些细胞质通道，花粉囊内花粉母细胞的细胞质连接成为一个整体，使得花粉母细胞之间的物质交换得以迅速进行。当花粉母细胞的减数分裂进行到减数分裂Ⅱ以前的一定阶段后，胼胝质壁形成为完整的一层，这时期将花粉母细胞间的细胞质通道完全切断。胼胝质是一种多糖类化合物，大多数化合物的分子是不能够透过胼胝质的，所以胼胝质壁层的包被使得花粉母细胞与周围的母体组织隔离开来。花粉母细胞的被隔离是很必要的，因为减数分裂过程是花粉母细胞从双倍体期（diplophase）转变成为单倍体期（haplophase）花粉细胞的过程，这种转变过程必须在不受周围的母体组织（双倍体组织）的影响下，即必须在一定的隔离条件下才能够正常地进行，否则将形成不育的花粉（见 Shivanna and Johri，1985；lersten，2004）。

图 5.24　花粉囊横切

A. 减数分裂前花粉母细胞具有纤维素薄壁　B. 减数分裂开始后花粉母细胞被厚的胼胝质壁包被着，通过壁上的孔洞（细胞质通道）相邻花粉母细胞互相沟通　C. 减数分裂完成后四个花粉细胞（小孢子）被共同的与各自产生的胼胝质壁包被着，互相隔离

花粉母细胞经过减数分裂形成四个花粉细胞（图 5.23-H，5.24-C，5.25），花粉细胞又叫做小孢子（microspore）。双子叶植物花粉母细胞的减数分裂过程只进行一次胞质分裂，单子叶植物花粉母细胞的减数分裂过程则进行两次胞质分裂，前者的胞质分裂样式叫做同时型胞质分裂（simultaneous cytokinesis），后者的胞质分裂样式叫做连续型胞质分裂（successive cytokinesis），前者所形成的四个花粉细胞主要排列成四面体形（tetrahedral）（图 5.24-C，5.25-A），后者所形成四个花粉细胞主要排列成四角形（tetragonal），即四个花粉细胞排列在一个平面上（图 1.39）。经过减数分裂所形成的四个花粉细胞除为花粉母细胞原有的胼胝质壁所包被外，它们还各自产生自己的胼胝质壁，因而将花粉细胞彼此也互相隔离开来（图 5.23-H，5.24-C，5.25-6）。花粉细胞的互相隔离也是很必要的，它使花粉细胞进行单倍体期的形态发生时不受任何其他花粉细胞和母体的干扰。花粉细胞被胼胝质壁所包被与隔离的时间一般是短暂的，当绒毡层细胞开始产生孢粉质时，这时期胼胝质壁逐渐溶解消失，使各个花粉细胞彼此互相分离开来（图 5.25-B）。

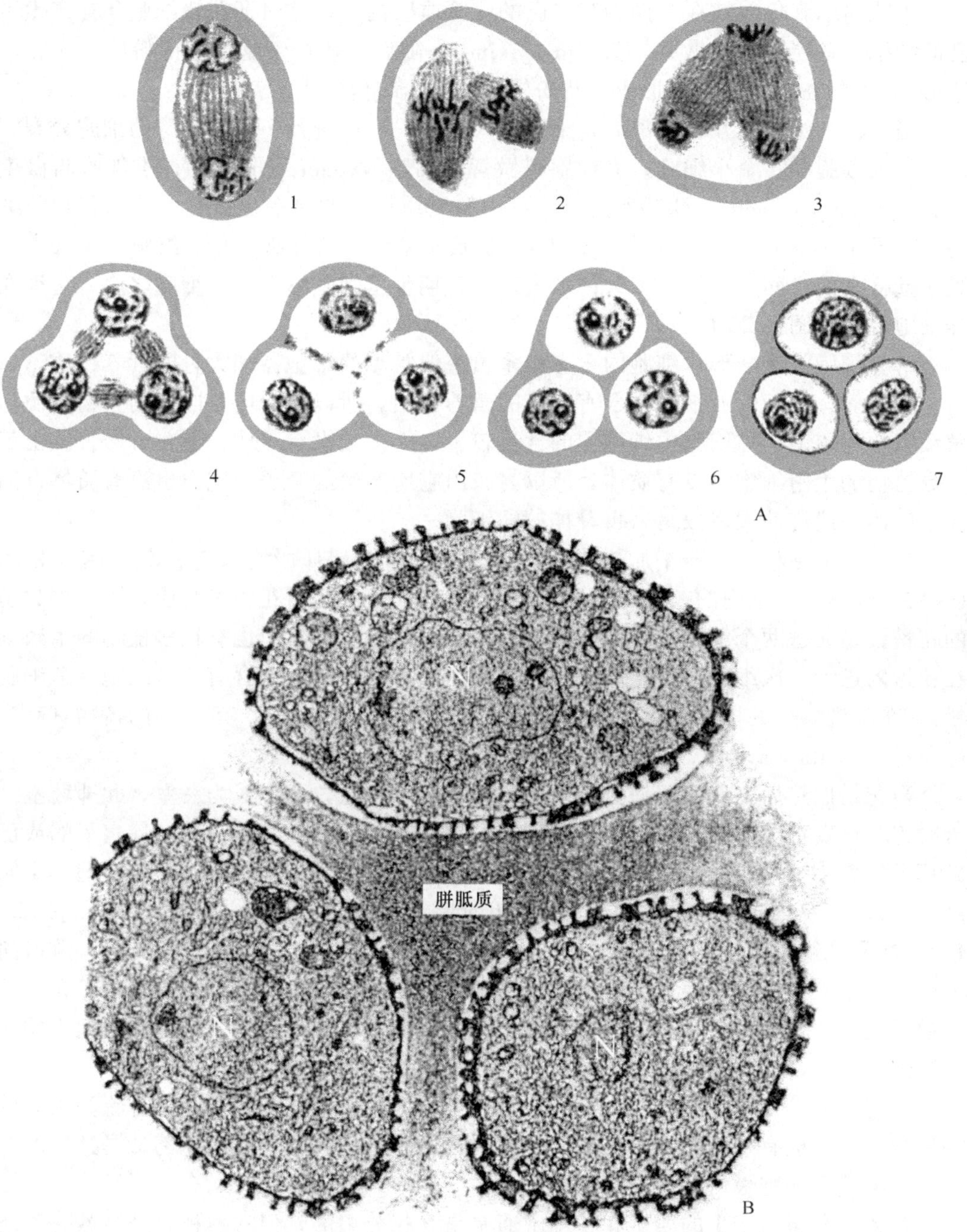

图 5.25　花粉的形成

A. 双子叶植物花粉母细胞的减数分裂（图解），示胞质分裂　1. 减数分裂Ⅰ的后期　2. 减数分裂Ⅱ的中期　3. 减数分裂Ⅱ的后期　4. 减数分裂Ⅱ的末期　5. 胞质分裂开始　6. 胞质分裂已经完成，形成四个花粉细胞，花粉细胞包被在共同的与各自新产生的胼胝质壁内　7. 花粉细胞已经产生各自的具有基本结构的壁层（黑线表示）　B. 一种芸苔属植物（*Brassica napus*）的四个花粉细胞，示包被着花粉细胞的胼胝质壁从外向内逐渐地溶解消失，注意这时期花粉细胞外壁的基本结构样式已经形成

当花粉细胞仍包被在共同的和自己的胼胝质壁内时，这时期花粉细胞各自产生了自己的纤维素壁层，这叫做原外壁（primexine）。随后，花粉细胞产生孢粉质（sporopollenin），沉积在原外壁上，形成了花粉外壁的基本结构样式。

当花粉细胞彼此互相分离后，细胞增大体积，随后进行一次不均等的细胞分裂，产生一个大细胞和一个小细胞。大细胞叫做营养细胞（vegetative cell），小细胞叫做生殖细胞（generative cell）。生殖细胞被一层由胼胝质构成的薄壁包被着，贴靠着营养细胞的壁（见 Lersten，2004）（图 5.33-B）。胼胝质壁将生殖细胞与营养细胞隔离开来。胼胝质壁存在的时间并不长，不久便消失，这时期生殖细胞移至营养细胞之内，包埋在营养细胞之中（图 5.23-I）。

营养细胞常为球形，细胞内含有较多量一般常见的细胞器和大量的营养物质，如淀粉、脂肪等。由于营养细胞内含有大量的营养物质，所以花粉也是昆虫的食物来源。生殖细胞常为透镜形，细胞内细胞器的含量较少，大多数没有质体，但含有微管。由于大多数植物的生殖细胞内没有质体，所以将来由它所产生的精子细胞内也没有质体，因而导致质体的遗传性大多数是来自母体的卵细胞。

当生殖细胞移至营养细胞之内后，这时期只有两层质膜将其与营养细胞互相隔开（一层质膜是生殖细胞的，一层质膜是营养细胞的），到这时花粉发育成熟了。多数植物的花粉就是在这两个细胞（二细胞花粉）的阶段散布出来。但也有很多植物的生殖细胞在花粉内进行一次细胞分裂，形成两个精子，因此花粉散布时含有 3 个细胞（三细胞花粉）。在已观察过的植物中大约有 75％的植物具有二细胞花粉，有 25％的植物具有三细胞花粉（见 Raghavan，2000）①。

当花粉成熟后，花药每一侧的两个花粉囊互相打通，各形成为一室，此即药室。到这时花药也发育成熟了。成熟了的花药的构造是：花药的外层是一层被撑扁了的或已经破坏了的表皮细胞层，表皮层之内是一层径向伸长的大型细胞，此为药室内壁（也叫做纤维层），药室内壁细胞的垂周壁和内切向壁上具有许多次生加厚的条纹（图 5.23-I）②，加厚条纹可能还经过了木质化。垂周壁上的加厚条纹都垂直于表皮层，内切向壁上的加厚条纹则平行于表皮层。药室内壁细胞壁上的加厚条纹发育地比较晚，在花粉将要散播之前才发育完全。药室内壁之内为药室，药室内充满花粉。二药室之间为构成药隔的薄壁组织，在药隔薄壁组织内含有一根从花丝伸入的维管束（图 5.8）。

在花药的发育过程中，中层细胞通常很早就被挤压破坏，其细胞内含物为邻近的细胞所吸收。但也有些植物的中层最后可以保存下来，例如百合属的花药就是这样的（图 5.8）。绒毡层细胞最后都被破坏吸收。

经减数分裂所产生的四个花粉细胞通常是互相分离的，但有些植物经减数分裂所产生的四个花粉细胞始终都不分离开来，就以粘连在一起的状态散播，这种粘连在一起的

---

① 很多教科书上将一个细胞和 2～3 个细胞的花粉统称为花粉（pollen），但按照 Eames（1961）的意见，将 1 个细胞的花粉称为小孢子（microspore），将 2-3 个细胞的花粉称为花粉粒（pollen grain）。

② 在药隔表皮层下面的一层细胞的垂周壁与内切向壁上也可能具有与药室内壁细胞壁上相类似的加厚条纹，只有在花药的两侧，两条凹陷的部位才没有这种具有加厚条纹的细胞（图 5.8）。在这里有几个大型的表皮细胞，叫做唇细胞（lip cell），唇细胞靠近凹陷顶端的一侧邻接着几个特别小的小型表皮细胞，叫做裂口细胞（stomium cell），将来花药开裂时，花药的裂口就是发生在裂口细胞处。

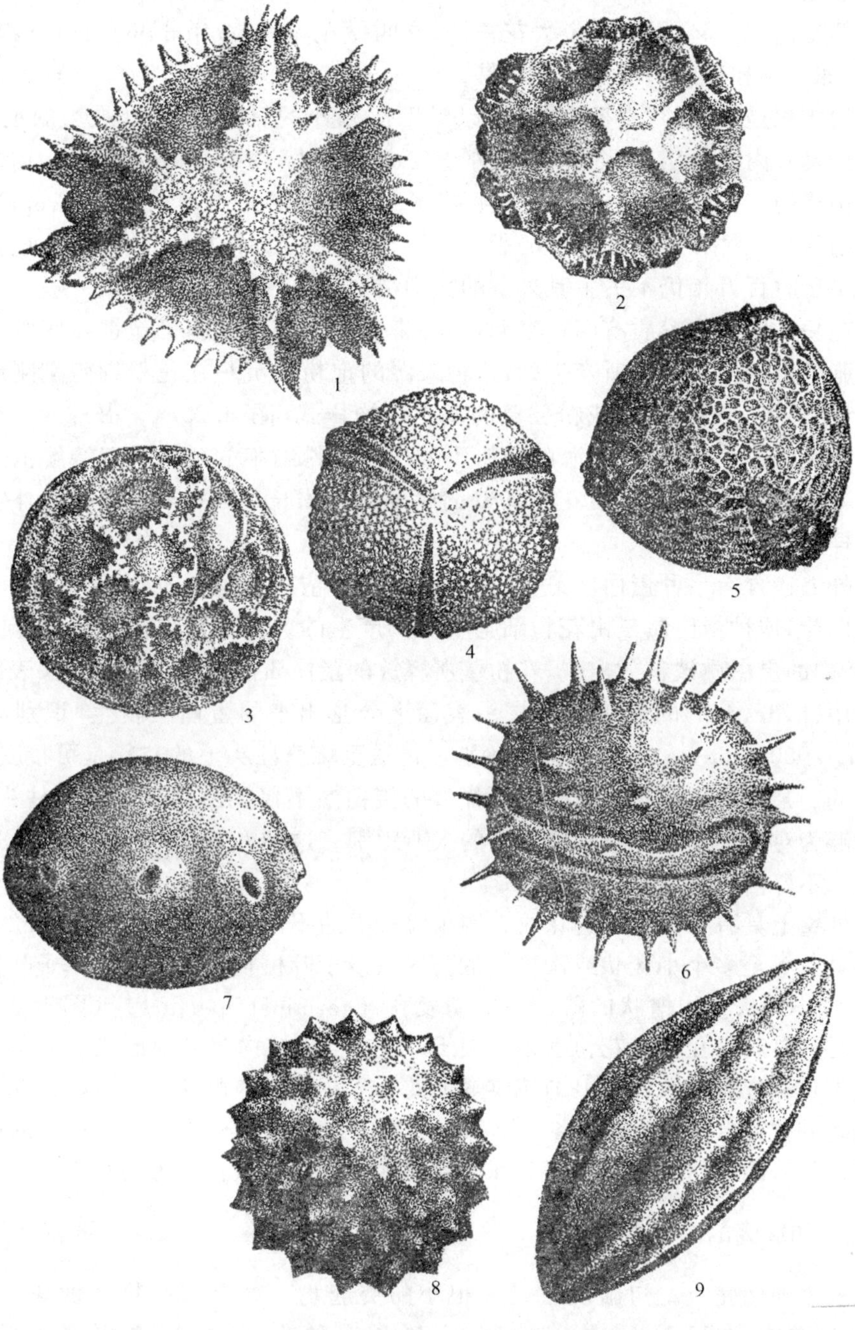

图 5.26　各种形态的花粉

1. 草地波罗门参(*Tragopogon pratensis*)　2. 一种菊科植物(*Stokesia laevis*)　3. 火炭母(*Polygonum chinensis*)　4. 美国水青冈(*Fagus grandifolia*)　5. 爆竹柳(*Salix fragilis*)　6. 一种睡莲属植物(*Nymphaea advena*)　7. 黑胡桃(*Juglans nigra*)　8. 三裂叶豚草(*Ambrosia trifida*)　9. 一种麻黄属植物(*Ephedra glauca*)

花粉叫做复花粉(compound pollen),如杜鹃花科植物的花粉是。还有些植物整个花药内的花粉全部粘连在一起,形成一个大花粉块,这叫做花粉块(pollinium),花粉以花粉块的状态散播,如兰科和萝藦科植物的花粉是。

花粉的体积是很小的,直径多在25～50微米,最小的只有5微米,最大的也不过300微米。花粉具有内外两层壁(图5.33),外壁(exine)先生,内壁(intine)后生。内壁主要是由纤维素构成的,它直接包被着花粉原生质体。外壁主要是由孢粉质(sporopollenin)所构成。孢粉质是一种和角质相类似的脂类物质,具有很强的抵抗腐蚀的能力,能使花粉埋藏在泥炭中历时百万年仍不失去其外壁的微细结构。

构成花粉外壁的孢粉质有两种来源:一种来源是当花粉细胞仍包被在胼胝质壁内时由花粉细胞各自的原生质体所产生的,这种来源的孢粉质沉积在花粉细胞刚刚形成的纤维素壁层(原外壁)上,形成了花粉外壁的基本结构样式(图5.25-A,-B);另一种来源是由绒毡层细胞所产生的,这种来源的孢粉质沉积在花粉细胞的胼胝质壁溶解消失后花粉外壁的基本结构样式的外面,使花粉外壁的厚度有所增长,但并未改变花粉外壁原有的基本结构样式。

花粉外壁还含有一种蛋白质,这种蛋白质是由绒毡层细胞所产生的。花粉内壁也含有一种蛋白质,这种蛋白质是由花粉细胞本身所产生的。当花粉被传送至雌蕊的柱头上后,花粉壁内的蛋白质被释放出来,花粉壁所释放的蛋白质能够与雌蕊干柱头表面上的经过水化作用(hydration)的表膜或湿柱头表面上分泌出来的蛋白质发生"识别反应"(见Raghavan, 2000;Sharma,2009),借以鉴别被传送至雌蕊柱头上的花粉是可接受的,还是不可接受的。某些风媒植物花粉外壁所释放的蛋白质不仅能够为花的雌蕊柱头所识别,而且也能够为对这种蛋白质有敏感反应的人所识别。这种人患有花粉过敏症,这是一种遗传疾病,不好治。

花粉外壁上具有各种各样的花纹,因植物种类的不同而大有不同(图5.26)。花粉外壁上还具有1至多个小孔状或沟槽状的薄区(双子叶植物多为3个,单子叶植物多为1个),这种小孔状或沟槽状的薄区叫做萌发孔(germinal aperture)(图5.26-4,-7)。花粉发芽时,自萌发孔生出花粉管来(图5.33)。各种植物花粉的形状、大小,萌发孔的形状、数目和位置以及外壁上的花纹等彼此各不相同,因此往往可以根据花粉的形态来鉴定植物的种类(图5.26)。各地层和泥炭层中常常保留有古代植物花粉的遗留,根据这些遗留下来的花粉可以推断当时在该地层和泥炭层中生长的植物种类。

2. 胚珠和胚囊的发育

胚珠发生在胎座上,初出现时是一很小的突起物,这个突起物叫做珠心(nucellus)。珠心增大体积并从珠心的基部生出一种保护珠心的构造,叫做珠被(integument)。珠被通常有两层,外层的叫做外珠被(outer integument),内层的叫做内珠被(inner integument)。一般是内珠被先生(图5.27-A),外珠被后生,但也有外珠被先生,内珠被后生的,如棉花是。内、外珠被向上生长,将珠心包被起来,形成胚珠(图5.27,5.28)。在胚珠的顶部珠被并未完全愈合,留下一个小孔,叫做珠孔(micropyle)。但也有些植物的珠被在珠心的顶部完全愈合,未留下小孔,这类植物的胚珠是无珠孔的。

当胚珠还在幼小时，珠心外覆有一层表皮细胞，表皮层之内是一团薄壁组织细胞。稍后，靠近珠孔一端的表皮层下面通常发育着一个含有浓厚细胞质和显著细胞核的大型细胞，这叫做孢原细胞（archesporal cell）（图 5.29）。孢原细胞进行切向分裂，形成里外两个细胞。外面的一个细胞体型较小，叫做初生周缘细胞，里面的一个细胞体型较大，叫做初生造孢细胞。初生周缘细胞进行少数切向分裂和径向分裂，形成数层周缘细胞层（图 5.29）。也有的初生周缘细胞并不进行细胞分裂，保留在一个细胞的阶段上。还有的珠心顶端的表皮层细胞也进行切向分裂，所产生的细胞单独地或与初生周缘细胞

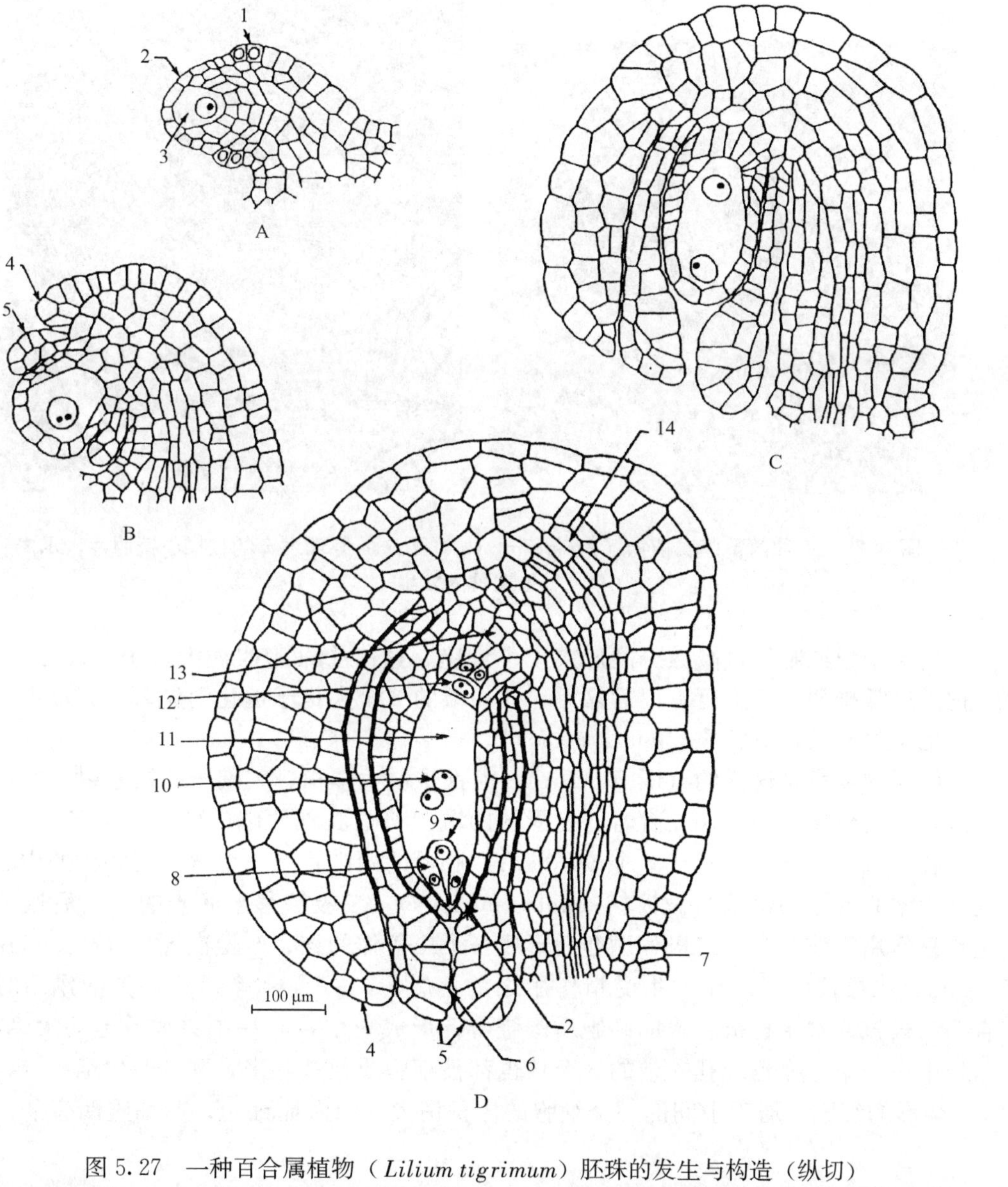

图 5.27　一种百合属植物（*Lilium tigrimum*）胚珠的发生与构造（纵切）

A. 内珠被开始发生　B. 外珠被开始发生　C. 由于珠柄不对称的生长，使胚珠倒转　D. 发育成熟的胚珠

1. 内珠被原始体　2. 珠心表皮层　3. 由孢原细胞直接发育成的大孢子母细胞　4. 外珠被　5. 内珠被　6. 珠孔　7. 珠柄　8. 助细胞　9. 卵细胞　10. 极核　11. 中央细胞　12. 反足细胞　13. 合点　14. 原形成层束

所产生的细胞共同地形成为周缘细胞层。初生造孢细胞通常并不进行细胞分裂，它直接发育成为一个大型细胞，叫做大孢子母细胞（megaspore mother cell）（图 5.29）。大孢子母细胞包被在珠心表皮层和不同层数的周缘细胞层之内，位于珠心的较深处。这种类型的胚珠叫做具厚珠心的（crassinucellate）。大部分合瓣花植物的孢原细胞并不进行细胞分裂，孢原细胞直接发育成为一个大孢子母细胞（图 5.27，5.31，5.32）。这类胚珠的大孢子母细胞只被一层珠心表皮层包被着，位于珠心的外层，这种类型的胚珠叫做具薄珠心的（tenuinucellate）。

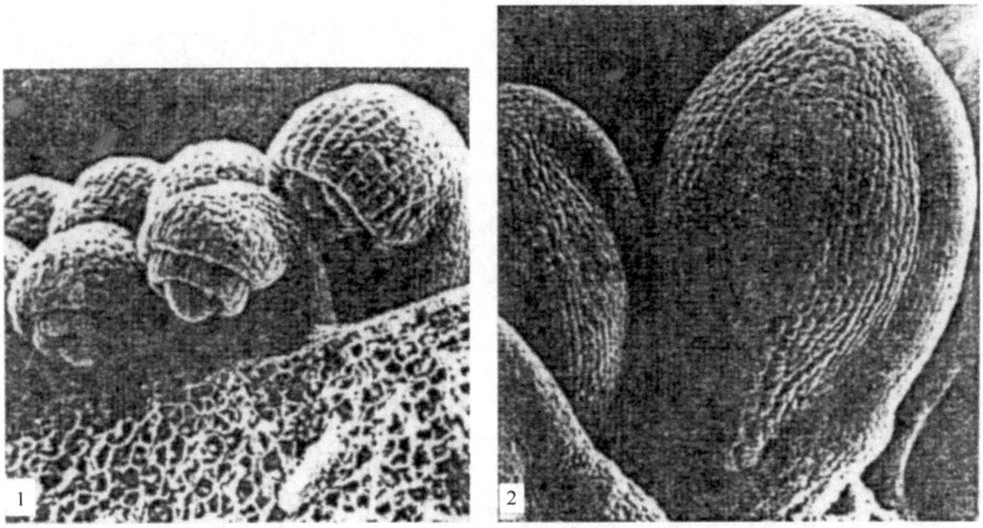

图 5.28　一种西番莲属植物（*Passiflora verspitilio*）胚珠发育的扫描电镜照片，示内外珠被的发生

大孢子母细胞经过减数分裂形成 4 个细胞，这 4 个细胞叫做大孢子（megaspore）。大孢子通常排列成一直行，以后靠近珠孔一端的 3 个大孢子退化消失，只有最里面的一个大孢子生长发育成胚囊（embryo sac）①。

胚囊的发育是这样的（图 5.30-A）：大孢子增大体积，大孢子的核分裂一次形成两个核，这两个核移向正在发育着的胚囊的两端。移至胚囊两端的两个核又各分裂两次，每端各形成 4 个核，共形成 8 个核。随后，胚囊的两端各有一个核移向胚囊的中心，移至胚囊中心的这两个核叫做极核（polar nucleus）。二极核移至胚囊的中心后通常在发生受精作用之前融合，二极核融合后形成一个二倍体的核，叫做次生核（secondary nucleus），二极核也可以在发生受精作用之前不融合，一直要等到发生受精作用时才融合。二极核或次生核被胚囊的细胞质围绕着，形成一个含有一中央大液泡的大型细胞，叫做中央细胞。靠近珠孔一端的 3 个核也都被细胞质包被起来，并各产生细胞壁，形成 3 个梨形的细胞。居于中间的一个细胞的体积稍大，叫做卵细胞，卵细胞两旁的两个细

① 近年来发现大孢子母细胞和由大孢子母细胞所产生的 4 个大孢子也被胼胝质壁短时期地包被着与隔离着（胼胝质壁从大孢子母细胞开始进行减数分裂时形成，到最里面的一个大孢子发育成熟后消失）（见 Porceddu *et al.*，1999；Lersten，2004）。这和花粉母细胞和花粉细胞发育时被胼胝质壁所包被与隔离的情况是相似的。这一发现也可以证明进行减数分裂时胼胝质壁的包被与隔离是完全必要的。

胞的体积稍小，叫做助细胞。卵细胞和助细胞合在一起，叫做卵器。胚囊的另一端的3个核也都各被细胞质包被起来，各产生细胞壁，也形成3个细胞，叫做反足细胞。卵器和反足细胞都包埋在中央细胞之内，位于中央细胞的两端。胚囊发育至此完全成熟了。成熟的胚囊占据了珠心的大部分体积，一共含有7个细胞8个核：一个卵细胞，两个助细胞，一个含有两个极核的中央细胞和3个反足细胞（图5.27-D，5.30）。当胚囊发育时，所需要的营养料完全是由珠心供给的。

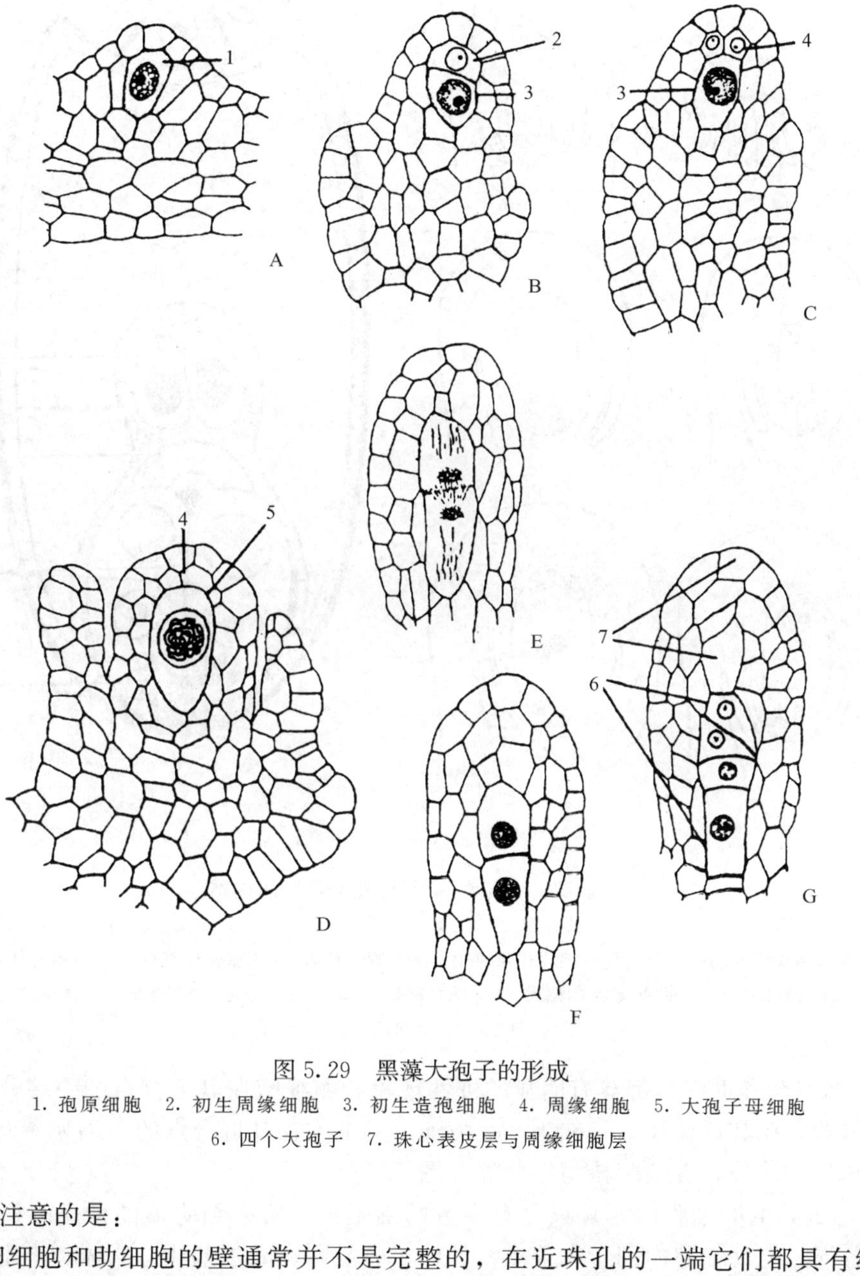

图5.29　黑藻大孢子的形成

1. 孢原细胞　2. 初生周缘细胞　3. 初生造孢细胞　4. 周缘细胞　5. 大孢子母细胞
6. 四个大孢子　7. 珠心表皮层与周缘细胞层

应当注意的是：

1）卵细胞和助细胞的壁通常并不是完整的，在近珠孔的一端它们都具有细胞壁，但在近合点的一端都是裸露的。此处只有各自的质膜将卵细胞与助细胞和卵细胞、助细胞与相邻的中央细胞隔离开来（图5.30-B）。将来精子核（或精子）就是通过此裸露的部位进入卵细胞和中央细胞发生受精作用的。隔离卵细胞、助细胞、中央细胞的质膜都是两层，一层是卵细胞的，一层是助细胞的，一层是中央细胞的。

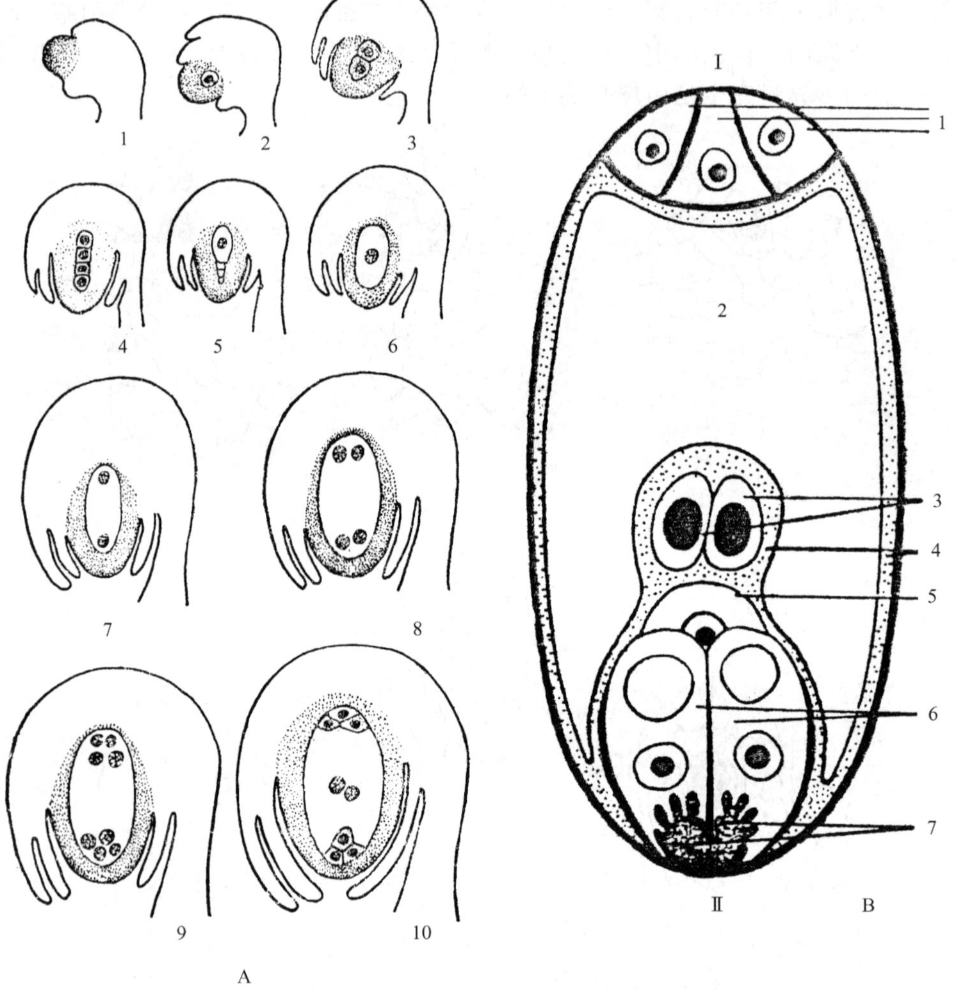

图 5.30　胚囊的发育与成熟胚囊的构造

A．胚珠纵切（图解），1～10 示胚囊的发育过程　B．胚囊纵切（图解），示成熟胚囊的构造　Ⅰ．合点端　Ⅱ．珠孔端（粗线代表细胞壁与质膜，细线代表质膜、液泡膜与核膜），注意在卵细胞、助细胞的近合点端只有质膜将卵细胞、助细胞、中央细胞互相隔开　1．反足细胞　2．中央大液泡　3．极核　4．中央细胞的细胞质　5．卵细胞　6．助细胞　7．丝状器

2）卵细胞和助细胞都具有明显的极性现象。卵细胞在其近合点的一端分布着细胞核与细胞器，在其近珠孔的一端为一大液泡。助细胞在其近合点的一端为一大液泡，在其近珠孔的一端分布着细胞核与细胞器（图 5.35）。

3）已成熟的卵细胞内通常只含有少量的细胞器，所含细胞器的种类因植物种类的不同而各异，但助细胞内则含有很多线粒体、内质网、高尔基体、质体和丰富的核糖体等。从细胞器的含量状况来看，可以认为成熟卵细胞的代谢活动是不活跃的，而助细胞的代谢活动是活跃的。

4）助细胞的一个最显著的特点是其近珠孔一端的细胞壁向细胞腔内生出一些指状突起，形成一丛指状构造，叫做丝状器（filiform apparatus）（图 5.30-B）。丝状器与传递细胞的传递壁十分类似，它也增加了细胞壁与质膜的接触面积。丝状器可能具有将珠心与珠被细胞内的营养物质转运给胚囊，特别是转运给卵细胞的短距离运输的功能。另外，丝状器还可能具有将助细胞所产生的某种化学物质分泌到珠孔或与珠孔相邻近的珠心细胞中去的作用，这种化学物质可能具有引导花粉管准确地到达胚囊的功能。

5）中央细胞的壁也是不完整的。在其与珠心组织相邻接的部位具有细胞壁，此处的细胞壁比较厚，还常向细胞腔内生出许多指状突起，这一部分细胞壁可能具有从周围的珠心组织中吸收营养物质的功能。在其与卵细胞和助细胞相邻接的部位，其近珠孔的一端具有细胞壁，但在其近合点的一端是裸露的（图 5.30-B），此处只有质膜将中央细胞与其相邻接的卵细胞和助细胞隔离开来。

6）中央细胞占据了胚囊的大部分体积，它的大部分细胞质位于卵器处，中央为一大液泡（图 5.30-B）。中央细胞的细胞器含量丰富，含有大量内质网，很多的质体、线粒体、高尔基体与核糖体等（见 Raghavan，1997）。细胞器的含量丰富可以说明中央细胞是进行强烈的代谢活动的场所。

7）反足细胞的数量与寿命因植物种类的不同而有很大的不同。概括地讲，很多植物种类具有 3 个反足细胞，但也有些植物种类具有较多或较少数量的反足细胞。反足细胞的寿命一般是短促的，通常在受精作用发生之后或甚至在受精作用发生之前就已经退化消失，如梨树，但也有的寿命较长，在受精作用发生之后仍能继续生活一相当长的时期，如玉米。由于反足细胞寿命的差别很大，因此对于反足细胞的构造和功能难以做出

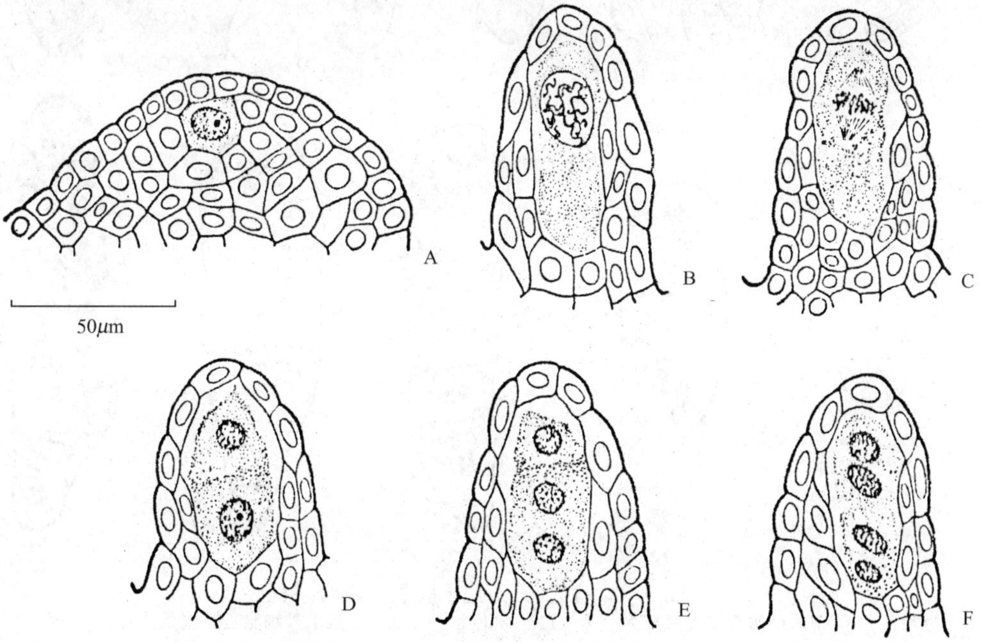

图 5.31　洋葱双孢子胚囊发育的几个时期

A. 孢原细胞　B. 孢原细胞直接发育成为一个大孢子母细胞　C. 大孢子母细胞正在进行第一次减数分裂　D. 形成两个子细胞　E. 一个子细胞开始退化，另一个子细胞已完成了第二次减数分裂，形成一个含有两个单倍体核的细胞　F. 由两个单倍体核分裂形成的四核胚囊

一个比较一致的结论。大体上讲，短命的反足细胞在构造上比较简单，细胞器的含量甚少；长命的反足细胞在构造上比较复杂，细胞器的含量很多，并且有的在其邻接珠心组织的细胞壁上还生有指状突起。构造复杂的反足细胞可能具有从珠心组织吸收营养物质、贮藏营养物质和向中央细胞分泌某种能够控制生长的物质的功能（见 Willemse and van Went，1984；Raghavan，1997）。

上面所介绍的胚囊发育情况是单孢子胚囊（monosporic embryo sac）的发育过程。单孢子胚囊指的是由一个大孢子发育而成的胚囊。单孢子胚囊是一种最常见的胚囊发育类型。另外还有双孢子胚囊和四孢子胚囊。双孢子胚囊（bisporic embryo sac）指的是大孢子母细胞经过第一次减数分裂后形成两个子细胞，其中只有一个子细胞（任何一个）继续进行了第二次减数分裂，另一个子细胞退化了。这个进行了第二次减数分裂的子细胞内含有两个单倍体核，两核之间未形成细胞壁。胚囊就是由这个含有两个单倍体核的子细胞发育而成的，例如洋葱的胚囊就是这种类型（图 5.31）。四孢子胚囊（tetrasporic embryo sac）指的是大孢子母细胞经过减数分裂后形成 4 个单倍体核，四核之间未形成细胞壁。胚囊就是由这个含有 4 个单倍体核的细胞发育而成的，例如百合属的胚囊就是这种类型（图 5.32）。

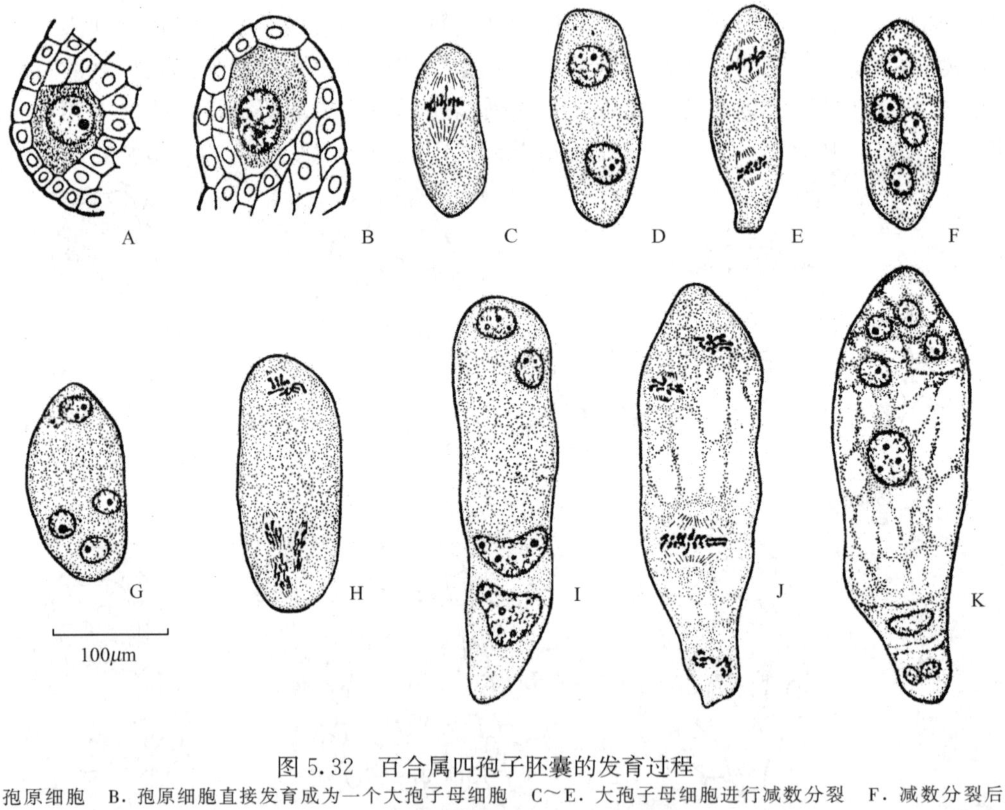

图 5.32　百合属四孢子胚囊的发育过程

A. 孢原细胞　B. 孢原细胞直接发育成为一个大孢子母细胞　C～E. 大孢子母细胞进行减数分裂　F. 减数分裂后形成 4 个单倍体核（此为第一次 4 核期）　G. 4 个大孢子核排列在胚囊的两端，上端（珠孔端）一个，下端（合点端）三个　H. 大孢子核进行分裂，合点端的三个大孢子核的纺锤体进行合并，形成一个 3 倍体核，纺锤体的合并即核融合（nuclear fusion）（见 Bhojwani and Bhatnagar 1978），这是形成多倍体核的一种方式　I. 大孢子核分裂完成后又形成为四个核（此为第二次 4 核期），珠孔端含有两个单倍体核，合点端含有两个 3 倍体核　J. 4 核进行分裂　K. 形成 8 核胚囊（上方四个核为单倍体核，中、下方 4 个核为 3 倍体核）

单孢子胚囊中的8个核在遗传性上彼此是相同的，因为它们是从一个共同的单倍体核（大孢子核）发育而来的。双孢子胚囊中的八个核具有两种不同的遗传性（每4个核各为一种遗传性），因为它们是从两个遗传性不同的单倍体核发育而来的。四孢子胚囊中的8个核具有四种不同的遗传性，因为它们是从4个遗传性不同的单倍体核发育而来的。这4个遗传性不同的单倍体核在胚囊的发育过程中的活动情况比较复杂，根据它们的活动情况还可以将四孢子胚囊再进一步地分成为7种胚囊类型，图5.32所介绍的百合属胚囊的发育过程是四孢子胚囊中的一种类型，其他种类型本书从略。

3. 开花和传粉作用

当花芽内的雌、雄蕊或二者中之一发育成熟后，这时期花被内表面的生长速度大于外表面的生长速度，因而使花被向外弯曲，于是花芽开放了，这叫做开花（anthesis, blossom）。花开放以后雌、雄蕊裸露在大气中，使传粉作用得以进行。

各种植物的开花年龄并不相同，一、二年生植物生长数日至数月就能开花，在这类植物的一生中只开花一次，花后植物死去。多年生植物达到开花年龄后，年年开花，一生中开花多次，直到植物死亡为止。木本植物都是多年生的，一般都需要生长数年后才能达到开花年龄。龙舌兰有的要生长数十年，竹类植物要生长三四十年才能达到开花年龄。龙舌兰和竹类植物虽是多年生植物，但一生中只开花一次，花后植物死去。

各种植物在每年的开花期也不同，风媒木本植物多在早春叶未长出之前开花，花期甚早，这有利于风媒传粉的进行，如杨树、榆树等。但一般植物多在叶长出以后开花，花期比较晚，如向日葵、枣树等。各种植物开花期的长短也不同，一般讲来，个别花的开花期都比较短，整个花序的开花期比较长。例如小麦花序（小麦穗）上的个别花的开花期只有5～30分钟，而整个小麦花序的开花期则为6～7天。但在整个植株上只生长着一朵花的植物，这一朵花的开花期往往比较长，一般可达数日，如郁金香。某些热带兰属植物甚至可达1～3个月或更长，借此以增加植株上这惟一的一朵花的传粉机遇。

开花后花药在干燥气候条件下开始失去水分，因而逐渐紧缩。具有垂周加厚条纹的药室内壁细胞阻碍花药的径向紧缩，因此花药只能进行切向紧缩。当紧缩到一定程度后，使花药从其两侧的凹陷处，即裂口细胞处裂开（图5.8）。花药开裂后，花粉自花药内散布出来被传送至雌蕊的柱头上。花粉自雄蕊传送至雌蕊柱头上的过程叫做传粉作用（pollination）。传粉作用是种子植物有性繁殖过程中的必不可少的一个环节。

传粉作用有两种方式：一种叫做自花传粉（self pollination），一种叫做异花传粉（cross pollination）。自花药散出的花粉落在同一花的柱头上，这种传粉作用叫做自花传粉[①]。自花传粉只发生在雌、雄蕊同时成熟的两性花中。花形常较小，花无蜜腺，无香味，有的甚至没有花瓣。由于花药的位置高于柱头，并且花药开裂的方向向着柱头，使花粉很容易地散落在自花的柱头上，从而完成了传粉作用。

在植物界中自花传粉并不是普遍现象，自花传粉会削弱后代的生活力，引起后代的

---

① 在农业实践上常把同一植物体上的不同花之间的传粉也叫做自花传粉。在果树栽培方面甚至将同一品种的不同植株之间的传粉也叫做自花传粉。

衰退。又因自花传粉植物的雌、雄性生殖细胞具有相似的遗传性，因而自花传粉还削弱了后代适应环境的能力。在植物界中异花传粉占优势，一般讲的异花传粉指的是自花药散出的花粉被传送至另外一同种植株或异种植株雌蕊柱头上去的传粉作用，这叫做异株异花传粉（xenogamy）。大多数植物都进行异花传粉。异花传粉所产生的后代生活力较高，种子重量较大，发芽能力较强，并且具有父本植株和母本植株的遗传性，因此丰富了子代植物的遗传性，从而增加了子代植物的变异性，这样就使更能适应环境条件的新品种的形成成为可能，也就是说，使植物的进化成为可能。

十分显然，异花传粉是植物进化中的一种进步现象，因此植物在其漫长的历史发展过程中形成了一些生理上和形态构造上的特点，借以避免自花传粉的发生而适应于异花传粉的进行。例如：① 一个植株上只生长雌花，另一个植株上只生长雄花，这种雌雄异株的植物只能进行异花传粉；② 同株花的雄蕊成熟了，雌蕊尚未成熟，或同株花的雌蕊成熟了，雄蕊尚未成熟，这种同株花内的雌、雄蕊不同时成熟（dichogamous）的植物只能进行异花传粉；③ 花多为合瓣花，一个植株上的花生有长花柱和短花丝，另一个植株上的花则生有短花柱和长花丝，长花柱的柱头和短花柱的花药处在同一个水平上，而短花柱的柱头则和长花柱的花药处在同一个水平上，昆虫采访时，一种花的花药与昆虫躯体的接触部位正好是另一种花的柱头与昆虫躯体的接触部位，因此这种具有花柱异长（heterostyly）植物的传粉只得在花柱异长的植物间进行异花传粉（见 Bhojwani and Bhatnagar，1978；Batyvgina，2009）；④ 如果花粉落在自花的柱头上，花粉不能够发芽，或虽能发芽但花粉管不能够穿入柱头，或花粉管虽能穿入柱头但在花粉管尚未到达子房之前在花柱内爆裂，或花粉管生长的不够长因而到达不了子房，所有这些生理上的自交不亲和的现象（physiological self-incompatibility）都叫做自花不育性（self sterility）。自花不育性植物也只能进行异花传粉。在自然界中大多数异花传粉植物都是借助于自花不育性来保证完成异花传粉的。

异花传粉虽然能够提高子代植物的生活力，丰富子代植物的遗传性，但却受外界环境条件的限制。如果正当植物开花传粉时缺少了风，昆虫等传粉媒介或遇暴风骤雨限制了昆虫的活动，在这种情况下异花传粉就不能够进行了，而自花传粉植物照样地能够繁殖后代（见 Baker，1955）。这样看来，虽然自花传粉对后代有不利影响，但可以认为自花传粉是在缺乏异花传粉的条件下对于繁殖的一种适应现象，自花传粉是从异花传粉演化来的（见 Sharma，2009），所以仍被保存下来。

有些植物能够产生一种闭花受精花，形成所谓闭花受精现象（cleistogamy）。闭花受精现象就是花芽不开放，花粉管穿过花药的壁，到达柱头，在花芽内就完成了自花传粉的现象。例如堇菜属植物夏季生长的花就是一种闭花受精花。这种花不但保证了自花传粉的进行，而且还防止了异花传粉的发生。

异花传粉必须借助于一种传粉媒介才可能完成传粉作用。风和昆虫是异花传粉的主要媒介。

很多植物是风媒传粉（wind pollination，anemophilous pollination）植物，有木本的，也有草本的。风媒植物的花有许多特点，如花形小不显著，常为单性，花被不美观，短小或者完全退化，花无蜜腺无香味，花丝长而柔韧，花药形大、丁字形附着在花丝上易于随风摇动，花粉形小、体轻、光滑、干燥、无黏性、产量大，雌蕊常无花柱，柱头大，羽毛状（如禾本草）或刷子状（如香蒲属）等等。所有这许多特点都是有利于风媒传粉的进行。但以风为媒介的传粉效果显然是很低的，往往大量的花粉只有很少量的一部分被传送至雌蕊的柱头上，大部分花粉是浪费了。如果正当植物开花时遇上暴风雨，传粉的效果就更加降低了。

大多数异花传粉植物都是虫媒传粉（insect pollination，entomophilous pollination）植物。虫媒传粉的效果较风媒传粉的效果高得多，因而虫媒传粉对于被子植物的进化产生了巨大的作用。虫媒植物的花具有不同的特点，如花被发育、形大，有鲜艳颜色和各种香味，花有蜜腺，花粉形大、产量小，花粉壁粗糙、有黏性等等。

虫媒植物主要是以食物招引昆虫的，花蜜和花粉都是昆虫的食物。花的颜色和气味只不过是一些标志，昆虫利用这些标志前来寻找食物。当昆虫进入花内采集食物时，同时也完成了植物的传粉作用。在自然界中，昆虫的营养和植物的繁殖互相密切配合，彼此是互惠的，这是漫长的历史发展的结果。

很多虫媒植物花的形态构造发生了种种的特化借以适应昆虫的采访，特别是以适应某一定昆虫种类的采访和防止其他昆虫种类的采访，从而避免了传粉的机遇性，提高了传粉效果。例如有些植物的花冠筒较长，因而只能被生有长口器的昆虫，如蝴蝶、蛾类等所采访。有些植物的花冠筒入口处是紧紧闭合的，因而只有具有足够体重的昆虫才能使其打开进入，例如金鱼草（*Antirrhinum majus*）的花就是这样的（图 5.6 中）。这种只适应某一定昆虫种类的采访不但对于植物的传粉有了保证，同时对于昆虫的采集食物也有了保证。

如上所述，异花传粉植物如果遇到了不良气候或缺乏传粉的媒介时就不能够保证异花传粉的进行，因而在农业生产上会影响作物的产量。在农业实践中，人们常利用人工辅助授粉使雌蕊获得充分数量的花粉，借以增加产量。

4. 受精作用

花粉以各种传播方式传送到雌蕊柱头上后，吸水膨胀，开始发芽（germination）。发芽时花粉内壁自萌发孔突出，形成一管状构造，叫做花粉管（pollen tube）（图 5.33 A～E）。花粉管穿入柱头，进入花柱。

花粉保持发芽能力时间的长短因植物种类的不同而不同。在自然条件下只有少数几种植物花粉的发芽能力能够保持两天以上，大多数植物花粉的寿命是比较短的。二细胞花粉能生活二至数日，三细胞花粉则只能生活数小时至二日，例如玉米花粉的发芽能力在田间条件下 8 小时后大为降低，24 小时后完全失去发芽能力。在进行玉米和其他作物人工辅助授粉时应特别注意到这一点。

杂交育种时有时因为要进行杂交的亲本植株不在同一季节开花，或虽在同一季节开花但亲本植株的产地相距甚远，在这种情况下就需要延长花粉的寿命使其能保持较长时期的发芽能力，以便使所希望的杂交能够顺利进行。实践证明，在低温（－5～－10℃）和低湿（相对湿度为 25%～50%）的保存条件下很多植物花粉的发芽能力可以保持很久。例如椰子花粉的发芽能力一般可以保持 8 天，但在 4.5～9℃，相对湿度为 10%、25%或 50%的保存条件下花粉的发芽能力大约可以保持 5 个月，在－23℃，相对湿度为 0%的保存条件下花粉的发芽能力大约可以保持 14 个月。

在自然条件下落在柱头上的花粉是很多的，既有本种植物的花粉，也有异种植物的花粉，但并不是落在柱头上的各种花粉都可以发芽的。只有那些经过柱头表面的蛋白质与花粉壁释放出的蛋白质发生“识别反应”后证明是雌蕊可以接受的花粉才可以发芽，那些经过“识别反应”证明是雌蕊所不可接受的花粉是不能够发芽的，或虽能发芽但花粉管不能穿进柱头进入花柱，或虽能穿进柱头进入花柱但花粉管在花柱内爆裂，或花粉管的生长受到抑制，长得不够长，到达不了胚囊，所有这种种情况其最终的结果都是完成不了受精作用的。

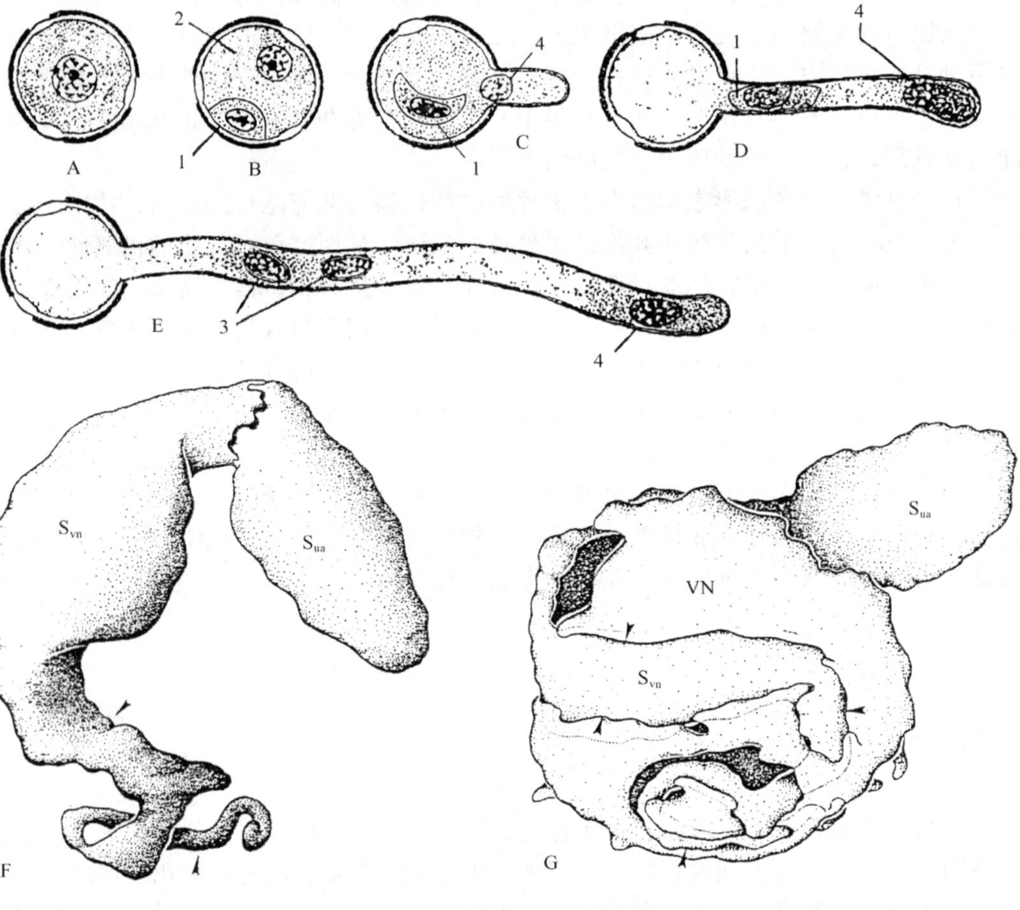

图 5.33　花粉粒的萌发与白花丹的雄性生殖单位

A～E. 花粉粒萌发的各个阶段（模式图）（注意花粉粒的内外两层壁，外壁较厚，内壁较薄）　1. 生殖细胞　2. 营养细胞　3. 精子　4. 营养核　F. 白花丹的两个精子　G. 白花丹的雄性生殖单位（注意第一个精子 S_{vn} 的体型较大，有一细长的细胞突起，细胞突起缠绕着营养核 VN，第二个精子 S_{ua} 的体型较小，没有细胞突起，但通过胞间连丝与第一个精子互相沟通，箭头表示第一个精子的细胞突起与细胞突起缠绕着营养核的情况）

落在柱头上的花粉的可接受与否是由传粉和受粉的两个亲本植株之间的遗传性差异程度的大小来决定的。在一般情况下，传粉和受粉的两个亲本植株之间的遗传性的差异程度既不能过大也不能过小，只有这样的花粉才是雌蕊所可接受的，否则就是雌蕊所不可接受的。其结果既保证了植物“种”的稳定性，又保证了植物后代具有较高的生活力。

当花粉管生出时，花粉粒内的细胞质、营养核、生殖细胞等都集中在花粉管的顶端。此时生殖细胞进行一次细胞分裂，形成两个精子（sperm）。精子细胞常为椭圆形或纺锤形（图 5.33-E），外被质膜，没有细胞壁，细胞内含有一薄层细胞质和一个大的细胞核，还含有少量的线粒体、内质网、高尔基体、核糖体、微管等，但大多数都没有质体①。

花粉管穿过花柱中心的引导组织（实心的花柱）或花柱内表面的分泌物（空心的花柱）进入到子房。此后，花粉管沿着子房的内壁和胎座的表面继续生长。随着花粉管从柱头到子房的向前生长，花粉管的后部陆续间隔地被一些由胼胝质构成的塞状构造所封闭。胼胝质塞将花粉管的端部（端部聚集着细胞质、营养核、精子等）与后部隔离开来。被隔离开的端部具有较高的涨压，由于花粉管的顶端新形成的细胞壁比较薄，能够延伸，因而涨压推动着花粉管的顶端向前生长，而被隔离开的后部则变成为花粉管的残余。在大多数情况下花粉管通过珠孔穿过珠心组织最后到达胚囊。这时期花粉管的顶端含有一个营养核，后随两个精子，但也有精子在前营养核在后的。花粉管总会正确地到达胚囊的，这可能是由于胚囊中的助细胞产生了某种化学物质（可能是钙离子）的引导使然（向药性运动 chemotropism）（见 Sharma，2009）。

当花粉管到达胚囊后，穿过胚囊的壁，经过助细胞的丝状器进入一个助细胞中。在两个助细胞中，有一个助细胞在传粉之后花粉管到达胚囊之前就已经开始退化，花粉管所进入的就是这个已经开始退化的助细胞。这似乎说明花粉管究竟进入哪一个助细胞是预先就已经确定了的。不过也有些植物的两个助细胞在花粉管到达胚囊之前并未退化，一直都是健康的。在这种情况下，花粉管究竟进入哪一个助细胞可能就是随机的了。花粉管进入助细胞后通常是顶端破裂，花粉管内的内容物一齐倾出（图 5.34）。助细胞核与营养细胞核随即破坏消失。一个精子的核进入卵细胞与卵细胞核融合，形成受精的卵细胞，受精的卵细胞叫做合子（zygote）。另一个精子的核进入中央细胞与中央细胞的二极核或次生核融合，形成受精的中央细胞，受精的中央细胞叫做初生胚乳细胞（primary endosperm cell）（这是一个含有三倍染色体的细胞）。卵细胞核和中央细胞核同时

---

① Russel and Cass（1983，1984）发现白花丹（*Plumbago zeylanica*）的两个精子细胞在形态构造上彼此是互不相同的。一个精子的体型较大，具有细长的细胞突起（30 微米长），线粒体的含量很多（256 个），质体的含量很少（0～2 个）；另一个精子的体型较小，没有细胞突起，线粒体的含量较少（平均 40 个），但质体的含量较多（8～48 个）。前一种精子以其细长的细胞突起缠绕着营养核与其紧密相连，后一种精子虽然与营养核没有直接的联系，但通过胞间连丝与前一种精子互相沟通，因而使两个精子与营养核形成了一个复合体（图 5.33-G）。这种植物的受精作用似乎不是随机的，前一种精子似乎倾向于与中央细胞融合，后一种精子似乎倾向于与卵细胞融合。

上述的发现可以概括为 3 个问题：① 精子的二型性问题；② 精子与营养核形成复合体的问题；③ 受精作用的选择性问题。这三个问题是近代植物胚胎学中的 3 个研究课题（见 Raghavan，1997；Lersten，2004）。

Dumas 等（1984）根据白花丹的两个精子与营养核形成复合体的现象，提出了雄性生殖单位的概念。他们把白花丹的两个精子与营养核所形成的复合体称之为雄性生殖单位（male germ unit）。不过，雄性生殖单位在被子植物中似乎并不是常见的，除白花丹外，只在十几种植物中观察到了雄性生殖单位（见 Raghavan，2000；Batygina，2002；Lersten，2004），但有的研究者则认为雄性生殖单位是被子植物中普遍存在的特点（见 Sharma，2009）。

Dumas 等还同时提出了雌性生殖单位的概念。他们认为卵细胞、助细胞和中央细胞共同形成了一个结构单位，称之为雌性生殖单位（female germ unit）。这个单位的主要特点是卵细胞在其近珠孔的一端是有细胞壁的，而在其近合点的一端是无壁的，此处只有质膜将卵细胞、助细胞和相邻的中央细胞彼此互相隔开，也就是说，雌性生殖单位各个成员之间在受精作用发生之前都有一个只被质膜所隔开的无壁区域，将来发生受精作用时精子核（或精子）就是通过此无壁区域进入卵细胞和中央细胞完成受精作用的。不过，“雌性生殖单位”这个概念并未被普遍引用（见 Raghavan，1997）。

分别地与两个精子核融合的现象是被子植物所特有的现象，这种现象叫做双受精作用(double fertilization)（图 5.34-D，-E）。

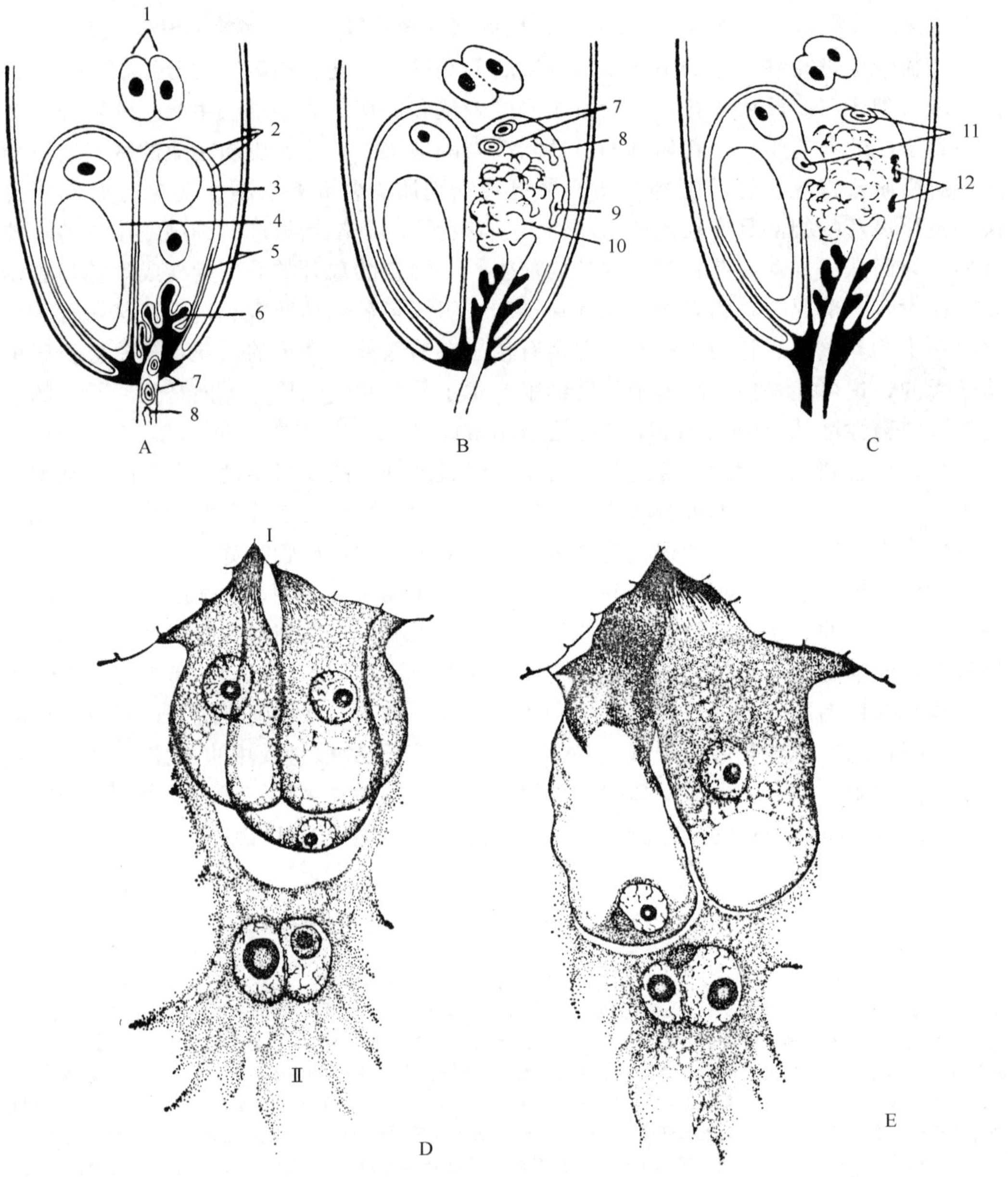

图 5.34 双受精作用

A～C 双受精作用图解 A．花粉管进入一个助细胞的丝状器内 B．花粉管近顶端处出现穿孔，释出内含物 C．一个精子与卵细胞接触，另一个精子与中央细胞接触，接触处的质膜溶解消失，注意一个精子核已进入卵细胞 1．极核 2．中央细胞与助细胞的质膜 3．助细胞 4．卵细胞 5．中央细胞和中央细胞与助细胞的细胞壁 6．丝状器 7．精子 8．营养核 9．助细胞核 10．释出物 11．精子核 12．X 体（可能是营养核与助细胞核破坏后的残余）D～E．棉花的双受精作用 D．示卵器与极核 Ⅰ．珠孔端 Ⅱ．合点端 E．二精子核分别与卵细胞核和极核接触，最后融合

精子是如何移动到卵细胞和中央细胞发生双受精作用的？是否是由于中央细胞细胞质的流动或精子的变形虫式的运动所促成的？有关这方面的报道是比较缺乏的。有人（Russell，1996；Zhang 和 Russell，1999）认为分布在胚囊中微丝的肌动蛋白与结合在精子表面的肌球蛋白（一种驱动蛋白）的相互作用是使精子沿着微丝移动到目标的机理，但一直到现在还没有发现在精子的表面有肌球蛋白的存在（见 Faure，1999）。

大多数植物在双受精作用发生时只有精子核进入卵细胞和中央细胞，精子的其他构造并未进入（见 Lack and Evans，2001；Lersten，2004；Raghavan，2006）。只有少数植物，如白花丹，除精子核外，质体，可能还有细胞质也都同时进入（见 Owens，1992）。但也有人认为双受精作用发生时精子核与细胞质都是同时进入卵细胞和中央细胞的，这并不是少数情况，而是一种普遍的现象（见 van Went，1992；Johri *et al.*，1992；Batygina，2006）。究竟何者为是？这个问题曾引起了长时期的争论。近年来利用电子显微镜观察的结果，显示了前一种看法可能是正确的（见 Lersten，2004）（图 5.35）。但这个观察结果并未能终止对于这一问题的争论（见 Batygina，2006；Sharma，2009）。

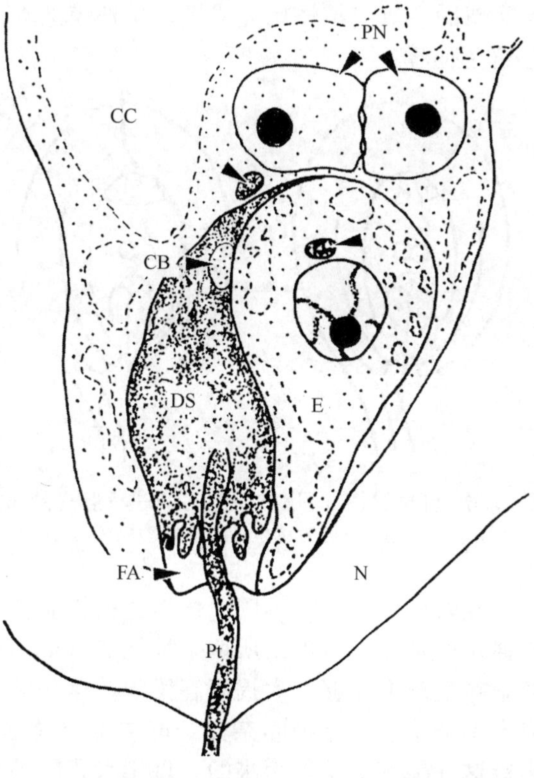

图 5.35 电子显微镜下大麦的双受精作用

花粉管（Pt）穿过退化的助细胞（DS）内的丝状器（FA），顶端破裂，释出内含物，一个精子核（箭头）进入卵细胞（E），另一个精子核（箭头）已靠近中央细胞（CC）的二极核（PN），细胞质体（cytoplasmic body）（CB）可能是进入卵细胞内的精子遗留在助细胞内的细胞质，也可能是两个精子遗留在助细胞内的细胞质的融合体　N 珠心

双受精作用发生后，剩留下的一个助细胞和反足细胞都或迟或早地消失，但也有很多植物的反足细胞在双受精作用发生之前就已经退化消失，还有些植物的反足细胞在双

受精作用发生之后迟迟不消失。例如玉米以及禾本草类植物的反足细胞在形成之后又进行多次细胞分裂，形成一团反足细胞，这一团反足细胞在双受精作用发生之后迟迟不消失。玉米的这一团反足细胞中的邻接珠心组织的细胞在其邻接珠心组织的一端的细胞壁上向细胞腔内生出许多指状突起，这些细胞具有从珠心组织细胞吸收营养物质并将其转运给正在发育着的胚的作用。

从花粉粒的发芽到受精作用的完成中间所需时间的长短因植物种类的不同而有所不同，有的只需要数小时，有的需要数日或数月或甚至一年以上。但一般讲来多数植物都在12～48小时的范围内完成了受精作用。所需时间的长短与雌蕊花柱的长短无关，例如某些百合属植物具有数厘米长的花柱，从花粉粒的发芽到受精作用的完成只有3～4日，而某些栎属植物只具有2～3毫米长的花柱，从花粉粒的发芽到受精作用的完成相距时间却为一年以上。

通常花粉管都是经过珠孔进入胚囊然后发生受精作用的，这叫做珠孔受精（porogamy）。但也有些植物的花粉管先进入胚珠的基部（合点），然后到达胚囊的珠孔端再进入胚囊发生受精作用，这叫做合点受精（chalazogamy）（图5.36），例如榆树、榛树、胡桃树等都是进行合点受精的。双受精作用完成后，从外表上看，雌蕊的柱头和花柱枯萎，花的花被和雄蕊也随之脱落。

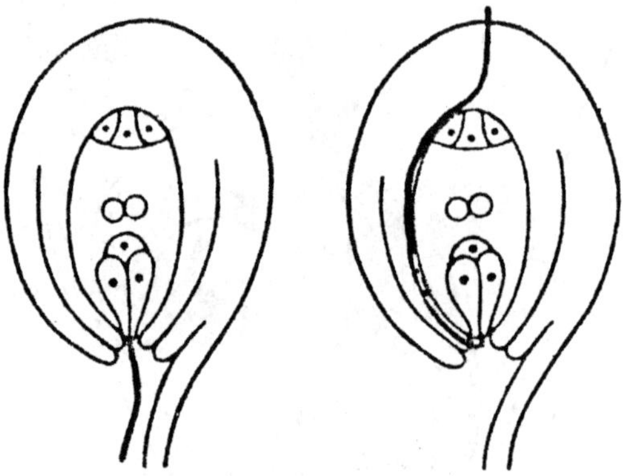

图5.36　胚珠纵切（图解）示花粉管进入胚囊的途径

左：珠孔受精　右：合点受精

在生产实践中，人们经常使两种具有不同遗传性的植物品种进行杂交，产生杂种后代。杂种后代的生活力强，产量高，表现出所谓杂种优势（hybrid vigor）。例如杂交高粱的杂种优势是很强的，在生产上能够大大提高高粱的产量。但如果希望得到高粱的优势杂种，这就需要依靠人工去雄进行品种间杂交。可是每个高粱穗子上可生长2000多个小穗，要进行人工去雄这在事实上是很困难的。近年来我国科学工作者培育出高粱雄性不育系[①]，用它作为做母本与一些优良的品种作为父本进行杂交，解决了高粱杂交困难的问题。

---

①　花中的雄蕊发育不正常，不能产生正常的花粉，但其雌蕊却发育正常，能够进行正常的受精作用。这种花粉不育的植物叫做雄性不育植物（male sterile plant）。雄性不育植物在作物育种中叫做雄性不育系（male sterile line）。

果实和种子

果实（fruit）和种子（seed）是植物的散布器官。由于果实和种子的形成，使植物在地球上更广泛地散布成为可能。广泛的散布对于植物的繁殖和植物种族的繁荣来讲都是具有十分重大的意义。

很多植物的果实或种子与人类的经济生活有密切的关系，例如水稻、小麦、瓜、果、豆、芝麻、落花生等都是我们日常生活中所必不可缺少的生活资料，这些都是植物的果实或种子。还有很多植物的果实或种子是工业上的原料，还有很多植物的果实或种子可供药用，可做调味品，可做饮料等。

第一节　种子的形成

受精作用完成后，受精的中央细胞（叫做初生胚乳细胞）发育成胚乳，受精的卵细胞（叫做合子）发育成胚，胚珠的珠被发育成种皮。种皮、胚、胚乳三者共同构成了种子。种子就是发育成熟的胚珠。大多数植物的胚乳最先发育，胚的发育较迟，这是因为合子有一个静止期的缘故。种皮要等到胚珠的体积增大停止后才发育。下面依次扼要地加以介绍。

1. 胚乳的发育

胚乳发育时，初生胚乳细胞（primary endosperm cell）增大体积，随着细胞体积的增大。初生胚乳细胞的核（叫做初生胚乳核 primary endosperm nucleus）分裂多次（分裂的次数因植物种类的不同而有所不同），形成很多游离核。这些游离的核沿着初生胚乳细胞的壁排列着，初生胚乳细胞的中央为一大液泡（图 5.37）。随后，按照从珠孔端向合点端的顺序（图 5.37-C），或按照从初生胚乳细胞的外周向内的顺序，每一个核依次围绕着一层细胞质并各产生细胞壁，形成很多细胞。这种形成细胞的过程通常进行到初生胚乳细胞内没有了游离的核时为止。此后，有些植物种类所形成的细胞还可以进行细胞分裂，以增加细胞的数量。最后，整个胚囊腔内充满细胞，仅剩留下幼胚所占据的位置。结果形成一种排列紧密没有细胞间隙的组织，这就是胚乳。胚乳是一种营养组织，这种营养组织叫做贮藏组织。

有些植物种类只有位于初生胚乳细胞端部（即近珠孔的一端）的核形成细胞，位于初生胚乳细胞基部（即近合点的一端）的核不形成细胞，仍是游离的。也有些植物种类只有位于初生胚乳细胞外周的核形成细胞，其内部的核不形成细胞，仍是游离的。还有少数植物种类就不进行细胞的形成，整个胚乳始终保持在游离核的阶段，直到种子成熟，如银白槭，或直到它被正在发育着的胚所吸收而消失，如尖子木（*Oxyspora paniculata*）。

上述胚乳的各种形成方式都要经过一个游离核阶段，以这种方式所形成的胚乳叫做

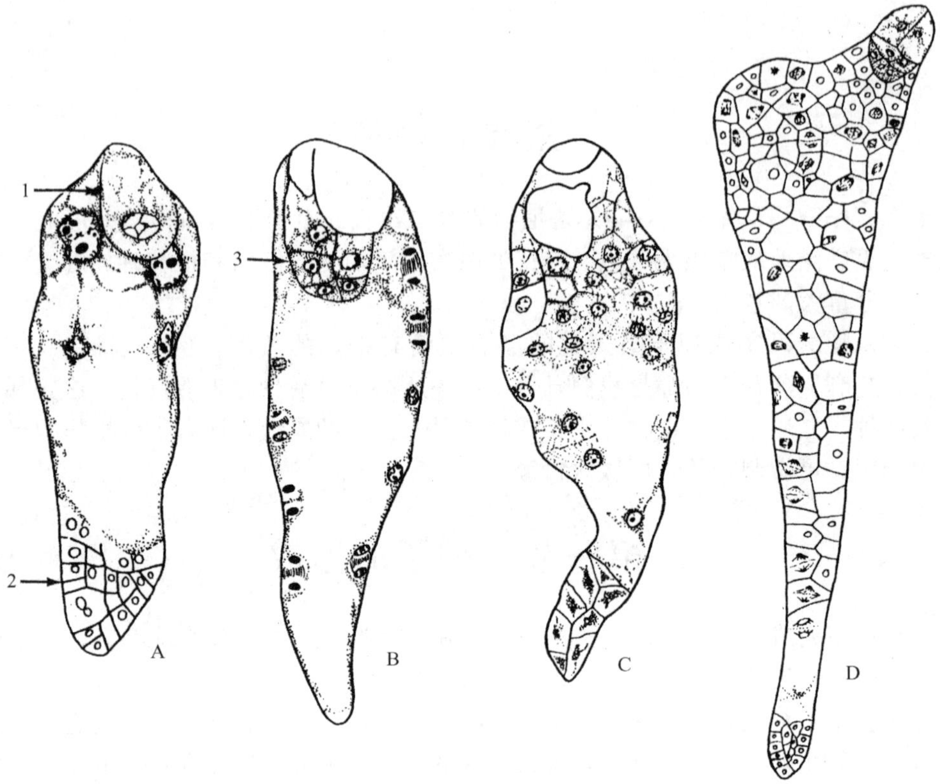

图 5.37　玉米胚囊纵切（A. B. D.）与斜切（C），示核型胚乳的发育

A．开始形成少数游离核　B．游离核进行分裂　C．按照从珠孔端向合点端的顺序，游离核形成细胞　D．胚囊腔内已形成很多胚乳细胞　1．合子　2．反足细胞　3．胚

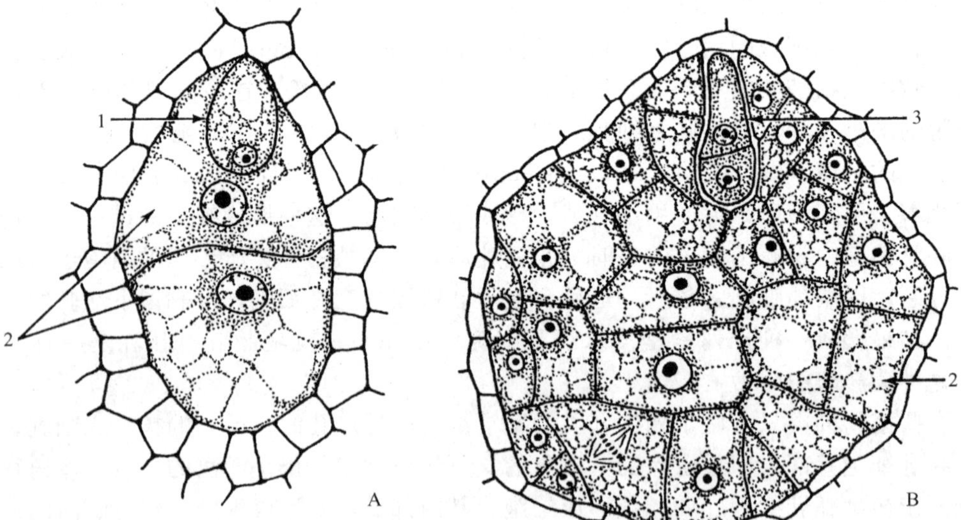

图 5.38　一种茄属植物（*Solanum demissum*）胚囊纵切，示细胞型胚乳的发育

A．二细胞的胚乳　B．多细胞的胚乳　1．合子　2．胚乳细胞　3．胚

核型（nuclear type）胚乳，多数植物都具有核型胚乳。

大多数合瓣花植物初生胚乳核的第一次分裂后就伴随着细胞质的分裂和细胞壁的产生，这类植物的胚乳的形成并不经过一个游离核阶段。以这种方式所形成的胚乳叫做细胞型（cellular type）胚乳（图 5.38）。

还有少数植物（主要是单子叶植物的沼生目植物）初生胚乳核的第一次分裂形成两个大小不等的细胞。大细胞（位于珠孔端的一个）的核继续分裂多次，形成许多游离核，游离核最后形成细胞。小细胞（位于合点端的一个）的核不分裂或只分裂少数几次，在后一种情况下，所形成的游离核通常不形成细胞。以这种方式所形成的胚乳叫做沼生目型（helobial type）胚乳。

胚乳形成时从珠心组织内吸收营养物质并逐渐侵占珠心组织的地盘，因此在大多数植物的种子内并没有珠心组织的剩余。不过也有少数植物种类在种子的形成过程中一部分珠心组织被保留下来也发育成营养组织。这种由珠心组织发育成的营养组织叫做外胚乳（perisperm）。例如藜科、苋科、睡莲科植物的种子内都含有外胚乳（图 5.39）。还有少数植物种类在种子的形成过程中外胚乳特别发达，胚乳则很不发育，例如咖啡的种子就是这样的。我们日常饮用的咖啡就是由咖啡种子的外胚乳制成的。外胚乳和胚乳都是营养组织，它们的功能相同但来源不同。

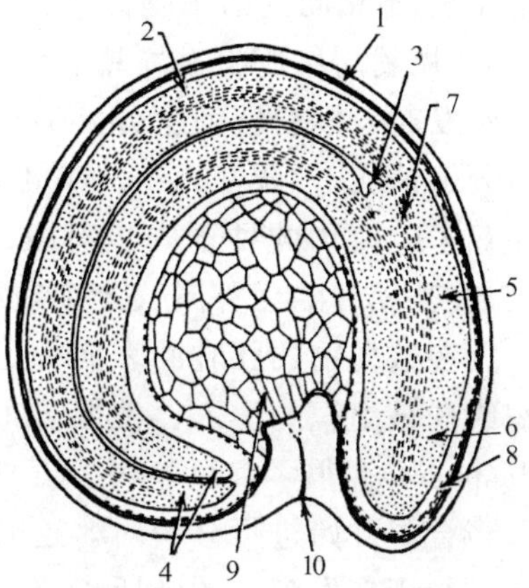

图 5.39 甜菜种子纵切，示外胚乳

1. 种皮 2. 胚 3. 胚芽 4. 子叶 5. 胚茎 6. 胚根（图中根的端部与根冠不在同一个切面上，所以根冠未能显示出来） 7. 原形成层束 8. 胚乳 9. 外胚乳 10. 维管束

多数植物的种子内是有胚乳的，但也有没有胚乳的种子。无胚乳种子并不是种子内没有形成胚乳（只有兰科、川苔草科、菱科植物的种子内没有形成胚乳），而是所形成的胚乳被正在发育着的胚吸收了，例如豆类植物种子的两片肥厚的子叶就是吸收了胚乳发育而成的。

胚乳细胞一般都是活细胞，但很多贮藏淀粉的胚乳细胞当完成了淀粉的积聚后，细胞死去，例如蓼科、莎草科和大多数禾本科植物的粉质胚乳都是由死细胞所构成的。胚乳细胞一般都是薄壁的，但也有厚壁的胚乳细胞，例如柿子的胚乳细胞具有很厚的细胞壁，又如某种棕榈科植物（Phytelephas macrocarpa）的胚乳细胞具有特别厚的细胞壁，形成很坚硬的胚乳组织，在商业上称之为植物象牙（vegetable ivory）。由厚壁的胚乳细胞所构成的胚乳叫做角质胚乳（horny endosperm）。角质胚乳的加厚细胞壁是由一组多糖类化合物半纤维素所构成的。角质胚乳加厚的细胞壁除作为贮藏的营养物质外，它还可能具有保护种子内的胚的作用。

胚乳细胞内最初含有一个三倍体（$3n$）核，它是由一个精子核与两个极核融合而形成的一种多倍体细胞。在胚乳的发育过程中，由于胚乳细胞常常进行了核内有丝分裂[①]（endomitosis）、核内复制（endoreduplication）与核融合（nuclear fusion）等形成多倍体细胞的过程，常使胚乳细胞或胚乳的某一部分细胞形成为含有更高倍数的多倍体细胞。细胞的多倍体化（polyploidization）增多了基因拷贝（gene copy）的数量，从而增强了细胞的代谢活动，因而也增强了胚乳细胞积聚营养物质的能力，所以细胞的多倍体化是生物进化中的一种进步现象。顺便指出，在被子植物体内，未成熟的体细胞（somatic cell）进行成熟分化时，常常进行了细胞的多倍体化，形成为多倍体细胞。

上面讲到大多数禾本科植物贮藏淀粉的胚乳细胞都是一些死细胞，但在禾本科植物胚乳最外的一层或少数几层细胞却是一些形态结构和生理机能与其内层贮藏淀粉的胚乳细胞完全 不相同的活细胞。这一层或少数几层活细胞叫做糊粉层（aleurone layer）（图5.56）。糊粉层细胞具有厚壁，无液泡，含有很多蛋白体，细胞间有胞间连丝相连。当种子萌发时，糊粉层细胞分泌消化酶（淀粉酶和蛋白酶等）将贮藏在胚乳中的淀粉和蛋白质分解消化，（见 Olsen，Odd-Arne，2007）供给年幼植物体生长发育的需要。糊粉层在双子叶植物的种子内也有发现，如荞麦（蓼科）、大豆（图 5.44-6）、胡芦巴（豆科）、芸苔属、欧白芥属（十字花科）等植物的种子内都含有糊粉层。

大多数植物的胚乳的表面都是平整的，但也有些植物的胚乳在形成过程中由于珠心组织或珠被组织的生入，使胚乳的表面变成凹凸不平。这叫做嚼床状胚乳（ruminated endosperm）。很多肉豆蔻科、五加科、番荔枝科的植物具有嚼床状胚乳。

当合子开始进行分裂时，这时胚乳已有了相当程度的发育。这一事实可以说明胚乳具有供给正在发育着的胚所需要的营养料的作用，也可以说明胚的发育较迟于胚乳发育的生物学意义和当胚乳败育时胚便不能正常发育的原因。成熟种子的胚乳细胞内贮存着大量营养物质，将来用于供给种子萌发时年幼植物体生长发育的需要。

2. 胚的发育

合子经过一定时间的静止期后发育成胚。合子静止期的长短因植物种类的不同而不同，一般地讲，胚乳为细胞型的静止期较短，胚乳为核型的静止期较长。在静止期内合子细胞经历了显著变化，例如完整细胞壁的形成（卵细胞的壁本来是不完整的），高尔基体的含量增多，线粒体增多，核糖体增多并聚集成多核糖体，质体增多以及质体内淀粉粒的增大与增多等。另外，有些合子细胞的体积还发生了变化，有的体积缩小，如棉花，有的体积增大，如小麦、菜豆、曼陀罗等。所有这些变化都可以说明合子即将开始活跃的代谢活动。

合子的细胞核与细胞器都分布在近合点的一端，在近珠孔的一端只分布着少量细胞器和一个大液泡，所以合子细胞也是具有明显的极性的，即合子细胞的两端是有差异性

---

① 核内有丝分裂是在核膜的包被内进行的一种形成多倍体细胞的过程。核内有丝分裂也包括与正常的有丝分裂相类似的过程，但无纺锤体的形成。分裂的结果使染色体的数目增加了一倍，形成了不同水平的多倍体细胞，即从 $2n$ 的细胞形成为 $4n$ 的细胞，$4n$ 的细胞形成为 $8n$ 的细胞等。加倍的染色体仍然位于原有的核膜内，因此核的体积扩大了。核内复制也是一种在核膜的包被内进行的形成多倍体细胞的过程，与核内有丝分裂所不同的是，它没有形成任何类似正常的有丝分裂的过程，它从间期的核（$2n$）直接复制成为 $4n$、$8n$ 等多倍体的核。在被子植物体内，核内复制是最多见的形成多倍体细胞的过程。

的。由于极性现象的存在，因而使合子细胞的第一次细胞分裂（横分裂）所产生的两个子细胞虽然具有相同的遗传信息，但含有不相同的细胞质结构，因此两个子细胞将来的发展命运也是不相同的。这一事实可以说明细胞质对细胞遗传信息的表达方式具有重要的作用，也就是说，细胞质对细胞的分化是十分重要的。

现以荠菜胚的发育为例，借以说明双子叶植物胚的发育过程。

荠菜胚发育时，合子进行一次不均等的横分裂，形成上下两个细胞（图 5.40-B)。上面远离珠孔的一个细胞体积较小，叫做顶细胞（apical cell，ca)，下面靠近珠孔的一个细胞体积较大，叫做基细胞（basal cell，cb)。基细胞再进行一次横分裂，又形成上下两个细胞（m，ci)，顶细胞则进行一次纵分裂，形成左、右两个并列的细胞。经过以

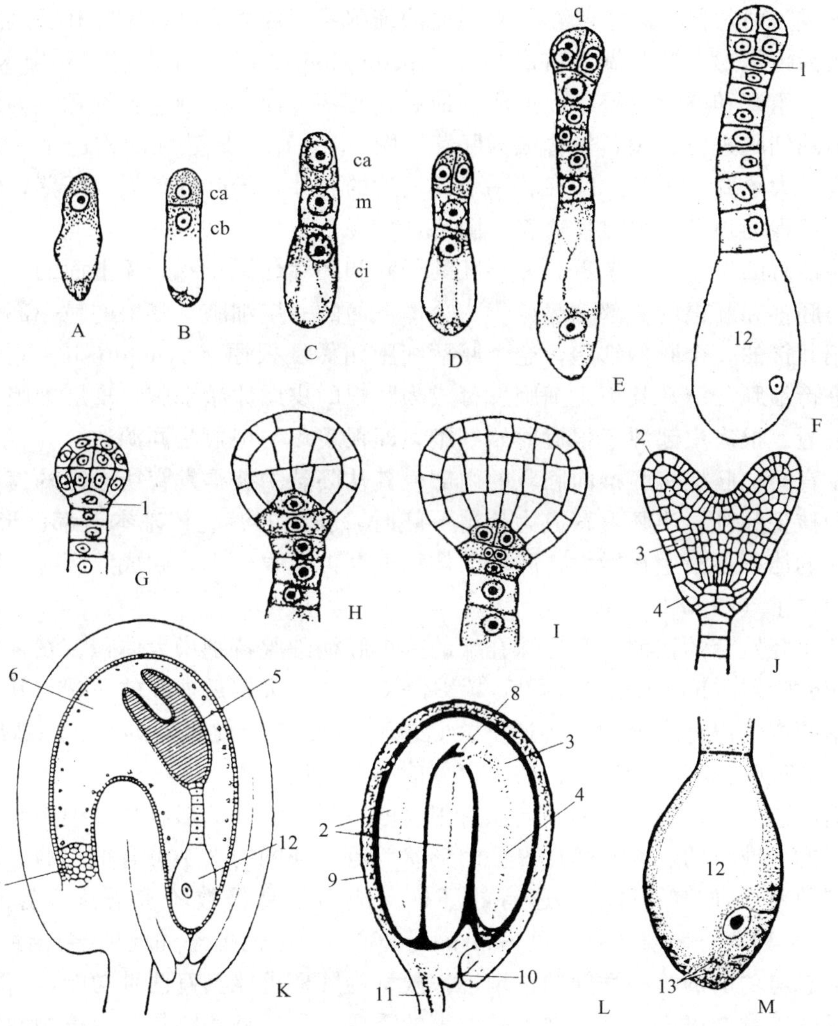

图 5.40　荠菜胚的发育过程

D. T形胚阶段　E. 四分体阶段　F. 八分体阶段　H. 球形胚阶段　I. 早期的心形胚阶段　J. 后期的心形胚阶段　K. 鱼雷形胚阶段　L. 成熟胚　M. 吸器　ca. 顶细胞　cb. 基细胞　1. 胚根原　2. 子叶　3. 胚茎　4. 胚根　5. 鱼雷形胚　6. 胚乳　7. 由合点端的珠心组织发育成的组织(胚囊内的三个反足细胞在受精作用发生后不久即已退化消失)　8. 胚芽　9. 种皮　10. 珠孔　11. 珠柄　12. 吸器　13. 传递壁

上 3 次细胞分裂后，一共形成 4 个细胞，排列成 T 形（图 5.40-D）。随后，由基细胞所形成的两个子细胞各进行少数横分裂，形成一直行细胞，这一直行细胞叫做胚柄（suspensor）（图 5.40-F）。由顶细胞所形成的两个子细胞各进行一次纵分裂，所产生的纵壁与原有的纵壁互成直角，形成 4 个细胞，排列成一层，这叫做四分体（quadrant）（图 5.40-E）。四分体又进行一次横分裂，形成 8 个细胞，排列成两层，这叫做八分体（octant）（图 5.40-F）。八分体继续分裂，形成一团细胞，胚成为球形，这叫做球形胚（globular embryo）（图 5.40-H），此时胚的原表皮层已经形成。球形胚两侧的细胞分裂地较快，因而产生两个侧生突起，胚成为心脏形，这叫做心形胚（heart shaped embryo）（图 5.40-I，-J），此时胚的基本分生组织和原形成层开始形成。心形胚的两个侧生突起发育成为两片侧生的子叶，子叶下面的细胞发育成为胚茎，子叶和胚茎进行伸长生长，胚成为鱼雷形，这叫做鱼雷形胚（torpedo shaped embryo）（图 5.40-K），此时胚的基本分生组织和原形成层已经形成。最后，胚茎下面的细胞生长发育成为胚根，两片子叶之间的细胞进行分裂，发育成为胚芽（图 5.40-L）。成熟胚的构造是：具有两片折叠在一起的大子叶，子叶之间夹着一不甚发达的胚芽，子叶的下面为胚茎，胚茎的下面为胚根，胚根的顶端为根冠覆盖着（图 5.40-L）。

若从器官的发生角度来看，荠菜胚的子叶和胚芽起源于八分体上面的一层细胞，是顶生的。胚茎和胚根的一部分起源于八分体下面的一层细胞，胚根的另一部分起源于与八分体相邻接的一个胚柄细胞，这个胚柄细胞叫做胚根原（hypophysis）（图 5.40-F）。胚根原进行细胞分裂，其衍生细胞发育成为胚根的皮层原始细胞、皮层细胞、根冠原始细胞和根冠。根表皮起源于根冠原始细胞，即根表皮与根冠是同源的。

胚发育时，胚柄将胚推向胚乳的内部使其从胚乳中获得发育所必需的营养料。荠菜的胚乳为核型胚乳。当胚发育成为鱼雷形胚时，胚乳的游离核基本上都已形成为细胞。此后，胚的体积逐渐生长增大，胚乳的体积逐渐被吸收变小。到成熟胚时，胚乳已被完全吸收消失了（图 5.40-L）。

在芥菜胚发育的初期，靠近珠孔端的一个胚柄细胞特别增大体积，发育成一个膨大细胞，叫做吸器（haustrum）（图 5.40-F，-K，-L）。吸器近珠孔的一端与其两侧的细胞壁向细胞腔内生出许多突起（传递壁）（图 5.40-L），因此吸器具有从胚珠组织中吸收营养料并通过胚柄将其转运至正在发育着的胚的作用。

胚柄的形态因植物种类的不同而有很大的不同，胚柄的形状是多种多样的，有丝形的、棒形的、球形的、以及稀奇古怪的形状等等，胚柄的大小也有很大的差别，从一个细胞直到数百个细胞的都有。还有的胚柄形成为很高倍数的多倍体（有的竟可高达 $8192n$！如某种菜豆属植物是，见 Sharma，2009）。胚柄形态如此的多样性几乎令人难以想象形态与功能的统一性问题。现下一般认为胚柄可能具有两种功能，一种功能是吸收和运送营养物质以供给胚正常生长发育的需要，另一种功能是产生植物激素以调节胚的正常生长发育。胚柄只存留一定时期，最后退化消失。

单子叶植物的胚只具有一片顶生的子叶，双子叶植物的胚则具有两片侧生的子叶。两者的胚在构造上虽然有如此显著的差别，但两者的胚从发育开始到八分体阶段几乎是相同的，直至球形胚阶段基本上还是相似的。只是在以后的发育过程中，单子叶植物从球形胚上不产生两个侧生的突起，而是只产生一片顶生的子叶。顶生的子叶产生后向上生长，随后在胚的一侧出现了一个凹槽，胚芽发生在凹槽的底部，成为一侧生的器官[①]。子叶下面的细胞生长发育成为一短的胚茎，胚茎下面的细胞生长发育成为胚根，胚根的顶端为根冠所覆盖。例如洋葱胚的发育过程可以代表单子叶植物胚发育的一种类型（图 5.41）。

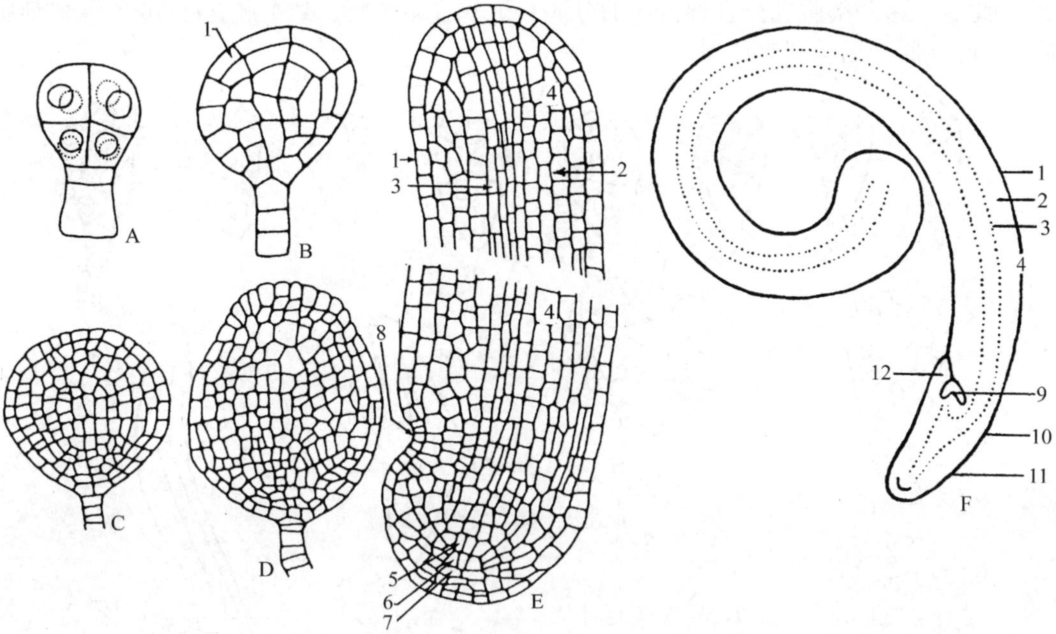

图 5.41　洋葱胚发育的几个阶段

A. 八分体阶段　B. 原表皮层开始发生　C. 球形胚阶段　D. 胚的顶端开始伸长（即子叶开始发生）　E. 尚未成熟的胚，但根部各组织区的原始细胞已经形成，胚芽将来从凹槽处产生　F. 成熟的胚　1. 原表皮层　2. 基本分生组织　3. 原形成层　4. 子叶　5. 中柱的原始细胞　6. 表皮与皮层的原始细胞　7. 根冠的原始细胞　8. 凹槽　9. 胚芽　10. 胚茎　11. 胚根和根冠　12. 子叶鞘（自凹槽边缘向上生长形成的鞘状构造）

禾本科植物胚的构造与发育情况和其他的单子叶植物的有所不同。Batdygina (1969) 曾详细地描述了小麦胚的发育过程。根据她的描述，小麦合子的第一次分裂是斜分裂，产生一倾斜的壁将合子分隔为上下两个细胞（图 5.42-B）。上面远离珠孔的一个细胞体积较小，此为顶细胞（ca），下面靠近珠孔的一个细胞体积较大，此为基细胞（cb）。基细胞再进行一次斜分裂，顶细胞也进行一次斜分裂，各形成两个细胞（图 5.42-D），一共形成 4 个细胞，它们彼此都以倾斜的壁互相隔开。Batygina 认为小麦胚

① 如上所述，荠菜胚的两片子叶和胚芽都发生于幼胚的顶端（四分体的衍生细胞），若从器官发生的角度来看，它们都是顶生的。但在成熟的胚中，胚芽着生在两片子叶之间，仍然是顶生的，两片子叶则着生在胚芽的两侧，变成为侧生的。有些研究者的工作（见 Laskmanan，1972）证明单子叶植物胚的一片子叶和胚芽也都是发生于幼胚的顶端（四分体的衍生细胞），它们也都是顶生的，但在成熟胚中，子叶仍然是顶生的，而胚芽则变成为侧生的。胚芽所以发生这种位置上改变的原因，是因为单子叶植物胚的一片子叶发生地较早并且生长的速度较快，胚芽发生地较晚并且生长的速度较慢，发生较早生长速度较快的一片子叶将胚芽排挤至一侧，使其变成为侧生的。因此，若从器官发生的角度来看，双子叶植物和单子叶植物胚的子叶和胚芽都是顶生的。但按照 Souèges（1954）的意见，单子叶植物胚的器官发生情况与双子叶植物胚的器官发生情况是不相同的，他认为单子叶植物胚的一片子叶发生于幼胚的顶端，是顶生的，而胚芽则发生于幼胚中部的细胞（基细胞的衍生细胞），所以是侧生的。

在发育的早期所进行的这三次斜分裂与双子植物和其他单子叶植物胚的早期发育情况都是不相同的。随后，由顶细胞所形成的两个子细胞各进行一次分裂，所产生的细胞壁与顶细胞进行斜分裂时所产生的倾斜壁互成直角，形成 4 个细胞，此为四分体（图 5.42-E）。由基细胞所形成的两个子细胞也各进行一次分裂，也形成 4 个细胞（图 5.42-E，-F）。此后，这些细胞进行各种方向的分裂，形成许多细胞。到了胚含有 16～32 个细胞时，这时期胚开始了器官的发生。

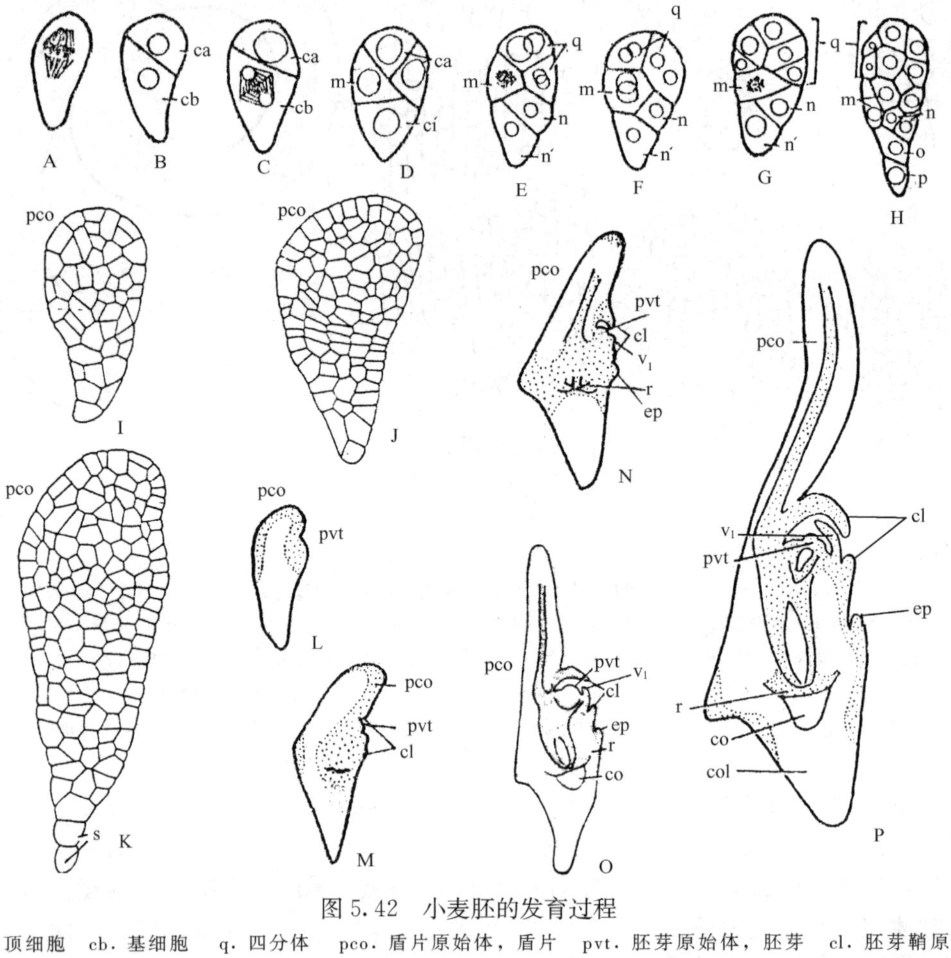

图 5.42　小麦胚的发育过程

ca. 顶细胞　cb. 基细胞　q. 四分体　pco. 盾片原始体，盾片　pvt. 胚芽原始体，胚芽　cl. 胚芽鞘原始体，胚芽鞘　s. 胚柄　v_1. 第一片营养叶原始体　ep. 外胚叶原始体　r. 胚根原始体　co. 根冠　col. 胚根鞘

最早发生的器官是盾片原始体，盾片原始体发生自四分体和 m，n 细胞的衍生细胞，这些衍生细胞位于胚的顶—侧区（apical-lateral region）（图 5.42-I，-J）。稍后，在胚的一侧出现了一个由四分体的衍生细胞所形成的凹槽（图 5.42-K，-L），在凹槽处胚芽鞘和胚芽的原始体开始发生（图 5.42-M）。再后，胚根在胚的中部开始发生（图 5.42-N）。在胚的中部以下，根冠、胚根鞘、外胚叶陆续地发生（图 5.42-O，-P）。小麦成熟胚的构造是：侧生的胚芽为胚芽鞘包被着，胚芽的下面为盾片节，盾片节的一侧着生一片近乎顶生的盾片，另一侧有一个小的突起物，此为外胚叶。有片节的下面是胚根，胚根的顶端覆有根冠并被胚根鞘包被着（图 3.4-C）。

这里顺便指出，小麦的胚芽发生自四分体的衍生细胞，所以若从器官的发生角度来看，它是顶生的，只是因为盾片的生长速度高于胚芽的生长速度，因而将胚芽排挤至一侧，使它变成了侧生（见 Bhojwani and Bhatnagar，1978）。

小麦胚胎在发育的早期进行了三次斜分裂，不同种类的禾谷类作物在胚胎发育的早期也进行了与小麦相类似的斜分裂。因此，研究者认为小麦的胚胎发生代表一种新的胚胎发生类型，称之为禾本型（Graminad-type）（见 Batygina，2006）。

种子内通常只含有一个胚，但也有含有多胚的种子。种子内含有一个以上的胚的现象叫做多胚现象（polyembryony）。多胚现象发生的原因是多种多样的。例如有些植物在一个胚珠内发育着数个胚囊，每一个胚囊内都可能发育着胚；有些植物的合子胚在发育的早期位于胚端部的一些胚细胞能够各自单独地发育成胚；也有些植物除卵细胞经过受精作用发育成胚外，助细胞未经受精作用（即未与精子融合）也能够发育成胚。也有时进入胚囊中的花粉管不止一条，各个花粉管所释放的精子可能与卵细胞和助细胞同时发生受精作用，受精后的卵细胞和助细胞都可能发育成胚；还有些植物的珠心细胞或珠被细胞未经受精作用（即未与精子融合）也能够直接发育成胚。例如柑橘属植物常具有多胚现象，其中的一个胚是由受精的卵细胞发育成的，其余的胚则是由珠心细胞未经受精作用直接发育而成（图 5.43）。由珠心细胞未经受精作用（即未与精子融合）直接发育成的胚只具有母本植株的遗传性，因此柑橘属植物若用多胚的种子进行繁殖，若能选择由珠心胚发育成的幼苗成树，这不但能够保持了母本植株的优良性状，并且还克服了因长时期用插条法进行柑橘繁殖所带来的后代衰退现象和免除了母本植株所感染的病毒病害①。

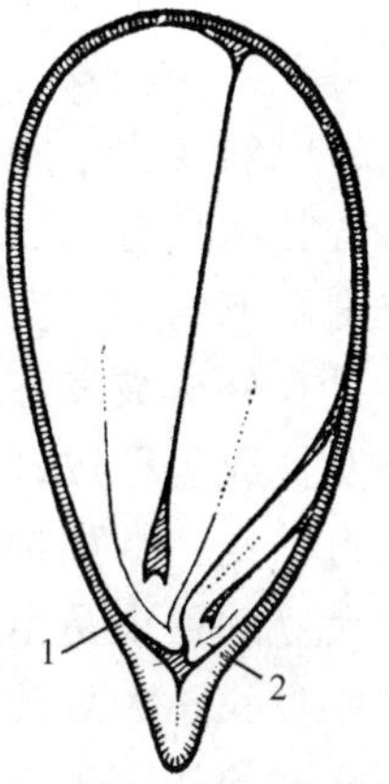

图 5.43 香橼种子纵切，示多胚现象

1. 合子胚 2. 珠心胚

植物正常的有性繁殖方式包括减数分裂和受精作用两种过程。这种正常的有性繁殖方式叫做两性融合生殖（amphimixis）。两性融合生殖所产生的胚都是经过了受精作用发育而成的。在自然界中，有些植物还具有一种未经受精作用（即未与精子融合）的细胞直接发育成胚的无性繁殖方式。在植物胚胎学中，凡是未经受精作用的细胞直接发育成胚的无性繁殖方式叫做无融合生殖（apomixis）。例如有时正常的卵细胞或助细胞（即经过了减数分裂的卵细胞或助细胞）能够未经受精作用直接发育成胚（单倍体胚），也有时未经减数分裂所形成的卵细胞或助细胞也能够未经受精作用直接发育成胚（双倍体胚），还有时由珠心或珠被细胞未经受精作用也都可以直接发育成胚，所有这些无性繁殖方式都叫做无融合生殖。无融合生殖是形成多胚现象的一个途径。

按照 Winkler（1908，1934）的意见，将自然界中的各种营养繁殖（vegetative re-

① 1. 由珠心胚发育成的幼苗已经经过了复壮作用（rejuvenation），因而恢复了长时期利用插条法繁殖植物所失去的生活力。并且，由珠心胚发育成的幼苗具有主根，由插条发育成的幼苗没有主根，因而前者比后者具有更为发达的根系。2. 柑橘属植物的病毒分布在植物的维管组织中，特别是韧皮部中，因为胚（合子胚或珠心胚）与植物体的维管组织没有直接的联系，所以病毒不能够通过种子传递给后代。

production)，如块根、块茎、根状茎等繁殖也都包括在无融合生殖的范围之内，即凡未经受精作用的无性繁殖都叫做无融合生殖。无融合生殖的这种定义是广义的。

无融合生殖具有一定的生物学意义，它可以无限期地保持母体的一些有利性状不因有性繁殖的发生变异而失去。在自然界中，有些植物种类失去了有性繁殖的能力，完全以无融合生殖的方式（特别是营养繁殖）来进行繁殖。营养繁殖不但保持了母体的一些有利性状，并且简便迅速（不需要进行传粉作用和受精作用了），因而有利于植物的迅速扩展。

3. 种皮的发育

与胚乳和胚发育的同时，胚珠增大体积。等体积增大停止后，胚珠的珠被细胞经过复杂的成熟变化，发育成为种皮。

若胚珠只有一层珠被时，这一层珠被在种子的发育过程中通常被破坏吸收一部分，只有剩留下的部分发育成为种皮，如番茄。若胚珠有两层珠被时，通常内珠被被破坏吸收，只有外珠被发育成为种皮，如丝瓜，或外珠被的内层也被破坏吸收，只有外珠被的外层发育成为种皮，如大豆。但也有些植物种类的两层珠被同时都被保留下来，共同发育成为种皮，例如棉花的种皮就是由内、外两层珠被共同发育成的。

大豆的种皮是由外珠被的外层细胞发育成的（图 5.44），外珠被的内层和内珠被都被破坏吸收。大豆种皮的构造是：种皮的最外层为一层薄的角质层，角质层之内为一层由外珠被的外表皮层细胞发育成的棒状硬化细胞，这叫做大硬化细胞（macrosclereid）。大硬化细胞排列得很紧密，没有细胞间隙。细胞壁加厚地不均匀，靠外方的壁厚，靠内方的壁薄，因而使细胞的腔外窄内粗。大硬化细胞层的里面为一层由表皮层下面的一层细胞发育成的两头粗中部细的硬化细胞，这叫做骨状硬化细胞（osterosclereid）。骨状

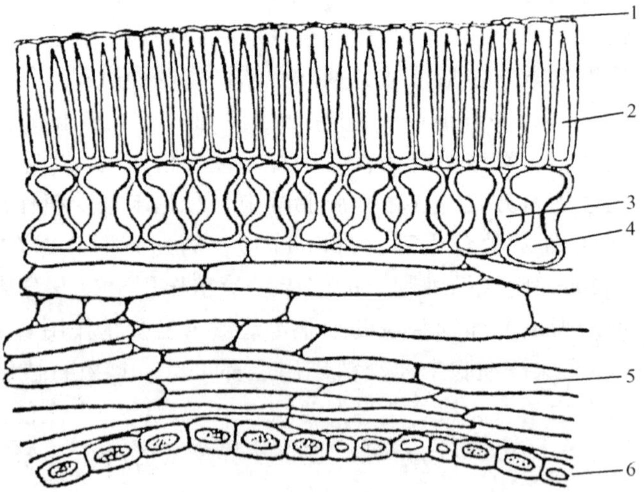

图 5.44　大豆种皮横切

1. 角质层　2. 大硬化细胞　3. 细胞间隙　4. 骨状硬化细胞　5. 被挤压扁的薄壁组织细胞层　6. 糊粉层（图中未能显示出被破坏的珠被组织的残余）

硬化细胞的两端互相连接，中部互相分离，因而使细胞的中部形成了很大的细胞间隙。骨状硬化细胞层的里面为数层被挤压扁了的薄壁组织细胞层，薄壁组织细胞层的里面是被破坏吸收了的珠被组织的残余，再里面有一层细胞内充满蛋白体并具有厚壁的细胞层，它是胚乳组织的残余（此即胚乳的糊粉层），它也形成为大豆种皮的一部分①。

棉花的种皮是由内、外两层珠被共同发育成的（图 5.45）。在棉花种皮的发育过程中，外珠被的外表皮层发育成为种皮的外表皮，外表皮上生有长可达数厘米的单细胞表皮毛。外珠被的内表皮层发育成为 1～3 层无色的细胞层，叫做外无色层（outer colourless layer）。外表皮与外无色层之间为数层细胞内含有一种褐色物质的薄壁组织细胞层，叫做外色素层（outer pigmented zone）。外色素层是由外珠被的内、外表皮层之间的薄壁组织细胞发育成的。内珠被的外表皮层细胞进行强烈地径向伸长，随后细胞壁进行不均匀地加厚，加厚的结果使细胞靠外方的部分形成为一条非常狭窄的细胞腔，而靠内方的部分则变成为实心的。这一层由内珠被的外表皮层细胞发育成的一种特殊的厚壁组织细胞层，叫做栅状层（palisade layer）。在显微镜下观察时，栅状层细胞的上部有一条淡色发亮的横线，叫做亮线（light line）（图 5.45-F）。内珠被的内表皮层细胞的壁进行一种板状的加厚（见 Bhojwani and Bhatnagar，1978），发育成为种皮的最内一层，叫做边缘层（fringe layer）。栅状层与边缘层之间为数层细胞内含有一种褐色物质的薄壁组织细胞层，叫做内色素层（inner pigmented zone），也有的种类（如草棉）在内色素层之内还含有数层被挤压扁了的无色的薄壁组织细胞层，叫做内无色层（inner colourless zone）。内色素层和内无色层都是由内珠被的内、外表皮层之间的薄壁组织细胞发育成的。

棉花种皮上生长的单细胞表皮毛的长度很长，长可达 4.5 厘米，细胞壁主要是由纤维素构成的，没有经过木质化，所以棉花种皮上的表皮毛是很好的纺织原料。在纺织工业上把这种从棉花种皮上生长的长度很长的单细胞表皮毛叫做棉花纤维（cotten fiber）。下面扼要地介绍一下棉花纤维的发育过程。

棉花纤维发生时，外珠被一些年幼的外表皮细胞向外凸出，形成一凸出细胞，此凸出细胞即是棉花纤维的原始细胞（fiber initial）（图 5.45-C）。纤维原始细胞进行强烈的长度生长，长成为一根棉花纤维。当纤维原始细胞开始进行长度生长时，这时细胞内的微管已从原来杂乱的排列方向改变成为近乎水平的排列方向，因而使得新产生的纤维素微纤丝的排列方向也发生了相应的改变，从原来杂乱的排列方向改变成为近乎水平的排列方向，借此以适应棉花纤维的长度生长。这时期进行的主要是棉花纤维细胞壁面积的伸长生长，但细胞壁的厚度也同时有所增加，所形成的是棉花纤维的初生壁。当棉花纤

---

① 某些具有硬果皮的豆科植物（如皂荚树）的种子在其大硬化细胞（即种子的表皮细胞）纵壁的中部以上的部位具有一条无色发亮的横线，这叫做亮线（light line）。亮线是由于这一部分细胞壁的折光能力比较地强所造成的。除豆科植物外还有其他科的一些植物的种皮内的某种厚壁组织细胞的纵壁上也具有亮线，不过这种具有亮线的厚壁组织细胞不是位于种皮的表面，而是位于种皮的内部，如棉花（图 5.45-F）、锦葵等。

根据研究，豆类植物种子种脐的中央有一条甚窄的纵向裂缝，这条甚窄的纵向裂缝能够因种脐的脱湿或吸湿而进行“开”或“闭”的运动，这叫做种脐的吸湿运动。当外界空气干燥时种脐脱湿（失去水分）收缩，裂缝张开，使种子内的水分散出；当外界空气湿度高时种脐吸湿（吸收水分）膨胀，裂缝关闭，使外界空气中的水分不能进入种子。由于种脐的吸湿运动和豆类种子种皮的高度不透水性，使种子变得十分干燥，因而使种子处于休眠状态。

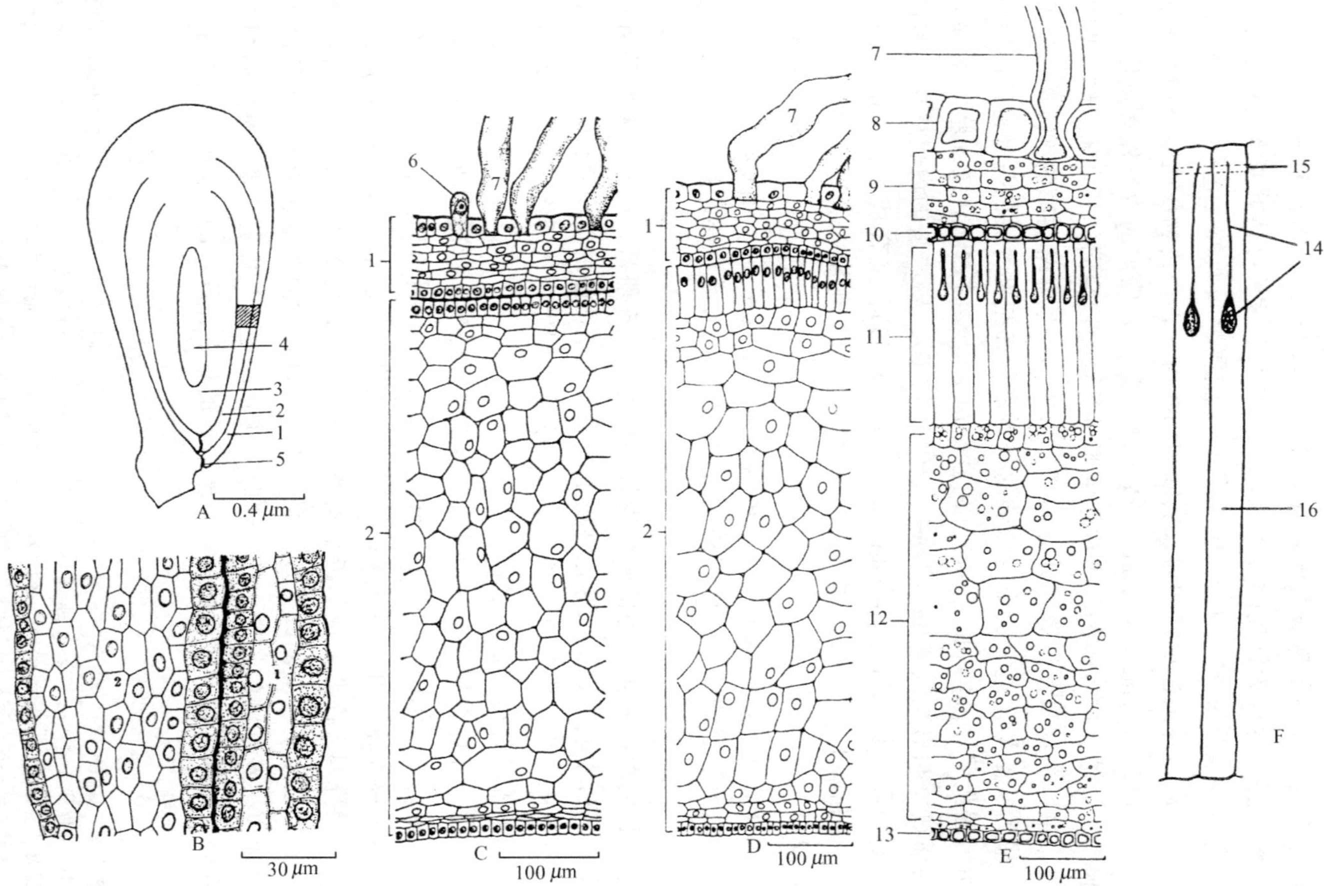

图5.45　棉花种皮的发育过程

A.开花前一天的胚珠纵切(草图)　B.内、外珠被的构造(图A中的斜线框部分)　C.授粉后10天内、外珠被的构造　D.授粉后15天内、外珠被的构造　E.接近种皮成熟时内、外珠被的构造　F.成熟种皮的栅状层细胞　1.外珠被　2.内珠被　3.珠心　4.胚囊　5.珠孔　6.表皮毛原始细胞　7.表皮毛　8.种皮的外表皮层　9.外色素层　10.外无色层　11.栅状层　12.内色素层　13.边缘层　14.栅状层细胞的腔　15.亮线　16.栅状层细胞的实心部分

维的长度生长停止后，细胞内微管从近乎水平的排列方向改变成为很陡的螺旋线形的排列方向，因而使得新产生的纤维素微纤丝的排列方向从原来近乎水平的排列方向也改变成为很陡的螺旋线形的排列方向，这时期进行的生长是棉花纤维细胞壁厚度的生长，无面积的伸长生长，所形成的是棉花纤维的次生壁。当棉花纤维厚度的生长完成后，棉花纤维细胞死亡变干，此即成熟的棉花纤维。

一般讲来，含有多粒种子果实（如蒴果、浆果等）的种子具有比较发育的种皮，含有单粒种子果实（如坚果、瘦果、颖果等）的种子种皮比较薄软，不甚发育，甚至没有可以辨认的种皮，如小麦（图 5.56）。珠被形成种皮后，珠孔仍然存留着，在成熟种子的种皮上如果仔细观察时仍可见到珠孔（图 5.40-L，5.46），但有些植物的种子在胚珠或种皮的发育过程中珠被的顶端完全愈合，没有留下一个管孔，在这种情况下种皮上就没有珠孔了。

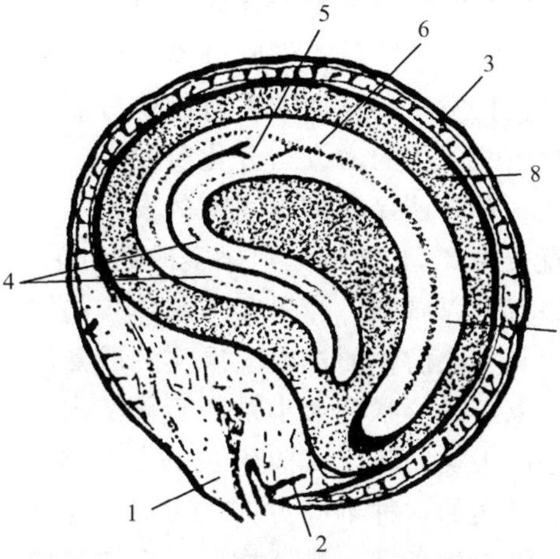

图 5.46　曼陀罗种子

1. 珠柄　2. 珠孔　3. 种皮　4. 子叶　5. 胚芽　6. 胚茎　7. 胚根　8. 胚乳

种子成熟后，从珠柄与种子的连接处断开，使种子与母体脱离。珠柄断开后在种子的种皮上留下一个疤痕，此即种脐（图 3.2）。倒生胚珠的种脐与珠孔很靠近，其珠柄与一部分相邻接的珠被愈合形成一条棱状的脊，它将来发育成为种子的种脊。有些植物种子的种脊比较发育，种脊明显，如蓖麻（图 3.3），有些植物种子的种脊不甚发育，因而种脊不明显。有些植物在种子的形成过程中从种脊上生出一种小的突起物，叫做脊突，例如着生在菜豆种子种脊上的一对小瘤形突起物就是脊突（图 3.2）。有些植物在种子的形成过程中从胚珠的外珠被的顶端生出一种围绕着珠孔的海绵状突起物，此即种阜。很多大戟科植物的种子具有种阜（图 3.3）。有些植物在种子的形成过程中从胚珠珠柄的近端部生出一圈突起物围绕着胚珠向上生长，最后把胚珠或多或少地包被起来，这种构造叫做假种皮（aril）（见 Bhojwani and Bhatnagar，1978）。假种皮通常肉质化并常具有鲜艳颜色，例如龙眼和荔枝的可食部分就是假种皮。假种皮具有帮助种子借动物散布的作用。另外，还有些植物在种子的形成过程中从胚珠的珠被上生出毛状、翅状附属物，这些构造都具有帮助种子借风力散布的作用。

第二节　果实的形成

受精作用后胚珠经过一系列的变化发育成种子，同时整个子房也经过一系列的变化发育成为果实。狭义地讲，果实就是发育成熟的子房。但有些植物除子房外花的其他组成部分，如花托、萼片、花瓣、雄蕊、花筒、花梗、苞片等也都可以发育成为果实的一部分，在这类情况下果实就不单纯地是发育成熟的子房了，而是发育成熟的子房和发育成熟的花的其他组成部分所共同构成的。因此，广义地讲，果实为“种子成熟时的花状态”（flower in the state of seed maturation）（Roth，1977），或者按照 Eames（1961）的意见，果实就是发育“成熟的花”（mature flower）。

完全由子房发育成熟形成的果实叫做真果（tree fruit），如果花的其他组成部分也参加了果实的形成，这类果实叫做假果（false fruit）。假果在自然界中很普遍，凡是由下位子房发育成的果实都是假果，如香蕉、苹果、栗子等。

果实的生长发育通常要经过三个阶段，即细胞分裂阶段，细胞体积增大与分化阶段和果实的成熟阶段。细胞分裂阶段的期限一般是比较短暂的，只在开花后数周，即只在果实生长发育的早期才进行细胞分裂，借以增加果实细胞的数量。此后的较长时间是果实细胞的体积的增大与分化阶段。实际上，果实的生长增大主要是由于果实细胞体积的增大（有时还伴以细胞间隙的发育）来完成的，例如西瓜幼果细胞停止细胞分裂时细胞的直径为 29.6 微米，到果实成熟时果肉细胞的直径可以增大到 700 微米，体积大到用肉眼就可以看到。当果实细胞体积的增大与分化完成后，即当果实的生长达到了一定的形状和大小后，便进入了果实的成熟阶段。

果实的形状和大小是由于果实向各个方向生长速度的不同所造成的。由于各种不同类型的果实向各个方向生长的速度各不相同，结果就形成了各种不同形状和大小的果实。果实的这种不同方向的异速生长现象（anisotropic growth）是受遗传因素所控制的，异速生长现象是植物器官形态建成的一个最基本的特点（Wardlaw，1968）。

果实的成熟与乙烯（ethylene）生物合成的迅速增加有关。很多果实（如苹果、桃、香蕉等）在果实的成熟阶段迅速地增加了乙烯的生物合成。乙烯能够促进果实的呼吸作用，乙烯浓度的迅速增加促进了果实呼吸作用的突然升高。果实呼吸作用的突然升高引起了果肉细胞的成熟变化，促进了果实的成熟，到达了果实的成熟阶段。

尚未成熟的肉质果为绿色并多带有酸味和涩味，这是因为果肉细胞内含有叶绿体和有机酸与鞣质之故。果实成熟后叶绿体转变成有色体，有些果肉细胞内还产生了花青素，使果实呈现各种鲜艳美丽的颜色。有机酸和鞣质消失了，果肉细胞内的含糖量却大大增加。有些果实还产生了一些有香味的脂类物质，使果实变得甘香可口。果肉细胞间的中层溶解消失了，果肉细胞互相分离，使果实变得松软可食。

大多数植物未经受精作用其雌蕊迟早枯萎脱落，不能形成果实。但也有很多栽培植物未经受精作用便可形成果实。这种未经受精作用就形成果实的现象叫做单性结实（parthenocarpy）。由单性结实所形成的果实一般都没有种子，或虽有种子但在种子内没有胚。日常生活中习见的单性结实有无子葡萄（做葡萄干用的），无子柑橘、无子香蕉、无子柿子、无子西瓜等。

造成单性结实的原因是多方面的。有的是遗传因素所造成的，如无子葡萄，无子香蕉等，有的则是由于环境的因素所造成。例如反常的气候（如经常遇到低温）就可以引起单性结实。使用低浓度（大约 $10^{-7}\sim10^{-6}$ mol/L）的植物激素（如赤霉素、生长素、2,4-D 等）溶液喷洒在番茄、柑橘、西瓜、辣椒等的花上也能够诱导单性结实。这是人工生产无子果实的方法。

单性结实在园艺生产上具有一定的意义，无子果实吃起来或用以制造果酱都是比较方便的，所以呢，吃无子西瓜比吃有子西瓜方便多了。另外，单性结实免除了风、昆虫等传粉作用的机遇性，因而在产量上往往是比较稳定的。

在农业生产和果树园艺上常因各种原因，如雌蕊未能授粉受精、病虫害、风雨袭击，以及花果期营养不良等都可以造成落花落果现象，特别是在棉花生产上蕾铃脱落是引起棉花减产的一个主要原因。因此在大田和果园管理方面需要采取一系列适当措施以避免落花落果现象的发生。

第三节 果实的形态构造和类型

果实的形态是多种多样的，有的大如西瓜，有的小如谷子，有的为球形，有的为角形，有的为葫芦形等等，并且构造也很复杂。

果实的壁叫做果壁（fruit wall）（Esau，1965a）。果壁可能完全是由子房壁发育而成的（真果），也可能由子房壁和花的其他组成部分共同发育而成（假果）。完全由子房壁发育成的果壁又叫做果皮（pericarp）。

果皮由外向内通常可以分为三层：最外面的一层叫做外果皮（exocarp），中间的一层叫做中果皮（mesocarp），最里面的一层叫做内果皮（endocarp）。有些果实的外、中、内三层果皮用肉眼就可以区别，如桃、梅、李、杏等，但很多果实的果皮用肉眼是很难将它们区分为外、中、内三层果皮的。这类果实的果皮必须使用显微镜才可以将它们分开。例如豆类的荚果，棉花的蒴果等都必须使用显微镜才可以将它们分为外、中、内三层果皮。

外果皮可由一层外表皮细胞构成（由子房壁的外表皮层发育而来），如豌豆、蚕豆等，也可由数层细胞构成。在后一种情况下外果皮除含有外表皮细胞层外还含有外表皮细胞层里面的一层或几层细胞。位于外表皮细胞层里面的细胞层通常为厚角组织细胞，如桃、杏等，也可能是厚壁组织细胞，如菜豆、大豆等。很多植物外果皮的表皮层上分布着有开闭能力的气孔，也有的外果皮上还生有各种附属物，如毛、翅、钩等，这些附属物都有帮助果实散布的作用。

中果皮是果皮的较厚部分（由子房壁的内外表皮层之间的组织发育而来）。有的中果皮内含有大量肉质多汁的薄壁组织细胞，有的含有较多量的厚壁组织细胞。在前一种情况下形成了肉质果。在后一种情况下形成了干燥皮质或木质的干果。维管束分布在中果皮内。

内果皮多半是由一层内表皮细胞构成的（由子房壁的内表皮层发育而来），如番茄，但也可由多层细胞构成。在后一种情况下，内果皮除含有内表皮细胞层外还含有内表皮细胞层外面的几层细胞。这几层细胞通常为厚壁组织细胞，如桃核、杏核的硬壳都是内果皮。有些植物内果皮的表皮层上分布着气孔，不过分布在这里的气孔总是张开着的，已经失去了关闭的能力了。

根据果壁构造的不同，可将果实分为肉质果(fleshy fruit)和干果（dry fruit）两大类。

1. 肉质果

果实成熟后，果壁内含有大量的薄壁组织和少量的厚壁组织，薄壁组织细胞的壁较薄，内含大量水分，因此果壁或果壁的一部分是肉质化的。也有些肉质果的胎座特别发达，也形成为果实的肉质化部分。

常见的肉质果有以下五类：

(1) 核果（drupe） 通常为含有一粒种子的肉质果，由上位子房或下位子房发育而成。在果实的发育过程中，内果皮形成为一木质化的硬壳，如桃、杏、枣、胡桃等。

桃是由上位子房发育而成的核果，果实具有明显的外、中、内三层果皮。外果皮含有一层外表皮层细胞和外表皮层里面的数层厚角组织细胞，形成了果实的皮（peel）。外表皮层上生有许多单细胞表皮毛。外果皮之内为中果皮，中果皮由多层排列疏松的薄壁组织细胞构成，薄壁组织细胞的体积从外向内逐渐地增大（图 5.47），中果皮是果实的肉质食用部分。中果皮之内为内果皮，内果皮由内表皮层细胞和内表皮层细胞以外的几层排列紧密的硬化细胞（石细胞）共同构成。内果皮形成为一木质化的硬壳，维管束分布在硬壳表面的沟槽中，并自此生出分枝进入中果皮之内。

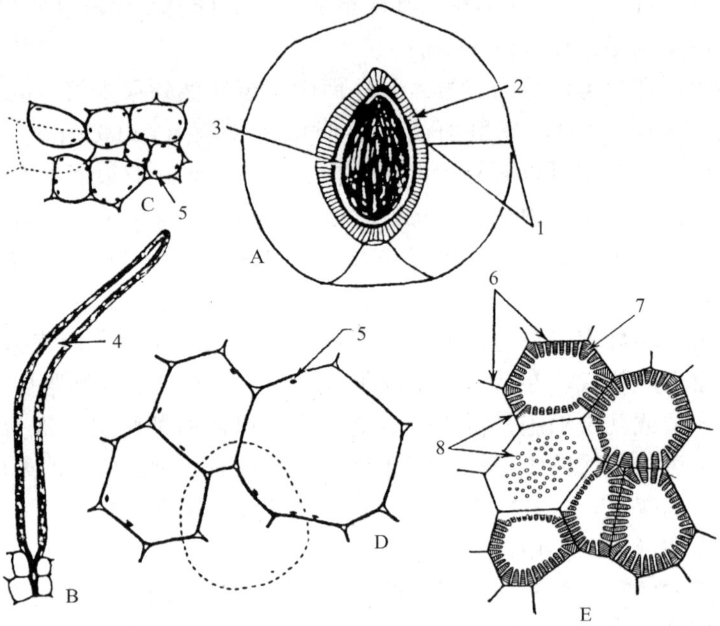

图 5.47 核果

A. 桃果实纵切，示果实的构造 B. 外果皮表皮层上的表皮毛 C. 靠近外周的中果皮薄壁组织 D. 靠近内部的中果皮薄壁组织 E. 构成内果皮的石细胞群 1. 外果皮与中果皮 2. 内果皮 3. 种子 4. 表皮毛 5. 叶绿体 6. 初生壁与中层 7. 次生壁 8. 单纹孔的表面观与切面观

(2) 浆果（berry） 含有多粒种子的肉质果，由上位子房或下位子房发育而成。内果皮甚薄，不形成为木质化的硬壳，如葡萄、柿子、香蕉等。有些浆果的胎座特别发达，也肉质化，如番茄、茄子等。浆果含有多粒种子，内果皮甚薄不形成为木质化的硬壳，这是浆果与核果的不同之点。

番茄是由上位子房发育而成的浆果，外、中、内三层果皮明显（图 5.48）。外果皮由一层外表皮层细胞和外表皮层细胞里面的 3～4 层厚角组织细胞构成，形成了果实的皮。外果皮之内为中果皮，中果皮肉质化，由多层大型的薄壁组织细胞构成，维管束分布在中果皮内。内果皮甚薄，由一层内表皮层细胞构成。胎座特别发达，由薄壁组织细胞构成，肉质化。果皮、隔膜、特别是胎座是果实的食用部分。

在番茄果实的发育过程中胎座围绕着胚珠的珠柄向外突出生长，最后几乎充满了子房腔室的全部空间，并将种子完全包被起来。当果实成熟后，种子的外表皮细胞与包被着种子的两三层胎座组织解体，变成为黏稠的液汁。

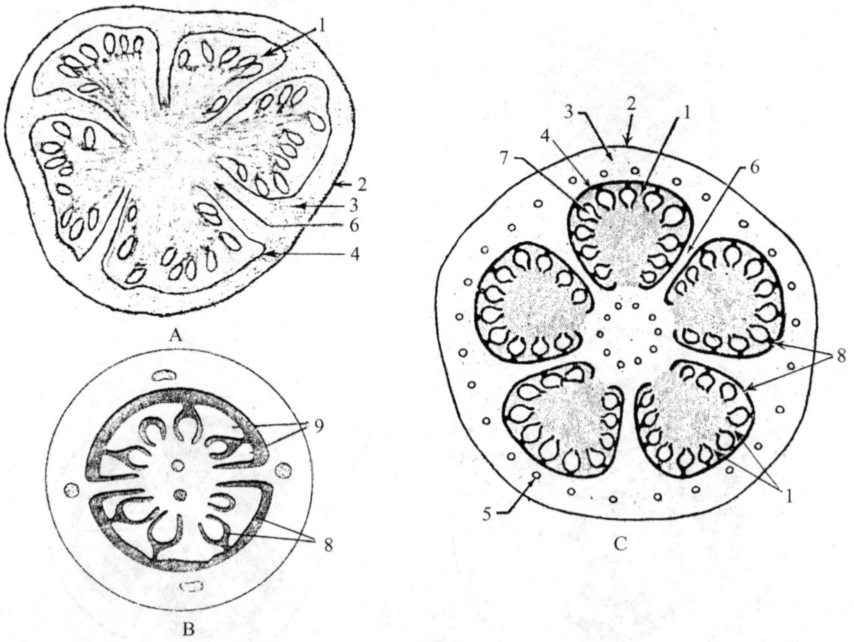

图 5.48 浆果

A. 番茄果实横切，示果实的构造 B. 子房（受精作用后）横切（图解），示胎座增大，几乎充满子房腔室并包围着正在发育的种子 C. 果实横切（图解），示胎座特别增大，只剩留下非常狭细的子房腔室（图中用黑色粗线表示子房腔室空间） 1. 液汁化的组织 2. 外果皮 3. 中果皮 4. 内果皮 5. 维管束 6. 隔膜 7. 种子 8. 子房腔室空间 9. 正在增大的胎座组织

（3）瓠果（pepo） 由下位子房发育而成的肉质果，果实多具有一硬的外皮。瓠果的外果皮与花筒愈合，没有明显的外果皮，中果皮特别发达，胎座也很发达，肉质化，内果皮甚薄，由一层内表皮细胞构成，如西瓜、葫芦、南瓜等（图 5.49）。在瓠果的发育过程中，中果皮生入果实的中心，填满了子房的腔室并包被着胎座和种子。当果实成熟后，有些瓠果的内果皮形成为一透明的薄膜包被着种子，如西瓜、西葫芦等。果实具有一硬的外皮是瓠果与浆果的不同之点。

瓠果是葫芦科植物的果实类型。长时期以来植物学研究者认为瓠果是由具有侧膜胎座的下位子房发育而成的。这种看法曾引起了争论，因为在下位子房的中心分布着木质部在外，韧皮部在内的维管束。维管束所以发生这种木质部和韧皮部在位置上的颠倒，合理的解释是，位于子房中心的维管束都是心皮侧壁内的边缘维管束，由于心皮侧壁的向内折合，其边缘到达了子房的中心，因此使心皮侧壁内的边缘维管束发生了木质部和韧皮部在位置上的颠倒（P. 308）。侧膜胎座的心皮侧壁虽然也可以发生不同程度的向内折合，但其边缘并未到达子房的中心，所以侧壁内的边缘维管束是外韧式的，并不发生木质部和韧皮部在位置上的颠倒。因此有人认为葫芦科植物的胎座并不是侧膜胎座，而是一种特殊的中轴胎座，它与模式的中轴胎座所不同的是，这种中轴胎座从子房室的中心向外突出生长，一直到达子房壁后又弯向两旁，才着生胚珠（见严楚江，1964），所以它看起来很像是侧膜胎座。

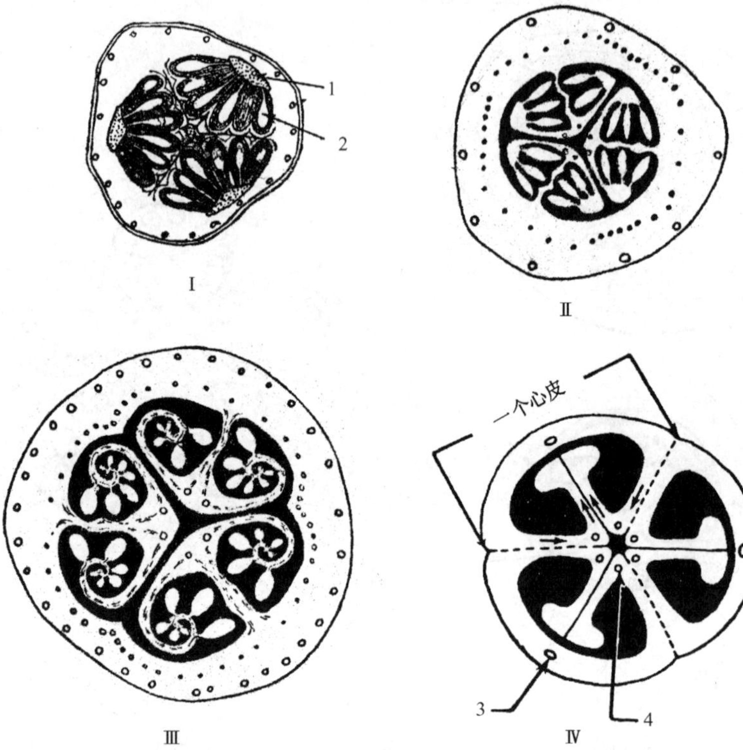

图 5.49　瓠果

Ⅰ. 黄瓜果实横切　Ⅱ. 黄瓜果实横切的图解　Ⅲ. 西瓜果实横切的图解　Ⅳ. 瓠果发育可能情况的图解（未示心皮外的组织），心皮侧壁向内折合，形成中轴胎座，中轴胎座向外突出生长，直达子房壁后弯向两旁，着生胚珠，为了便于理解，图中的Ⅱ～Ⅳ均未将包围胎座和种子的果肉组织绘出，并将分布在果实中心的心皮边缘维管束都绘为互相分离的，而实际上相邻心皮的边缘维管束都是连合在一起的　1. 着生种子的胎座　2. 种子　3. 心皮中脉　4. 心皮边缘维管束

(4) 柑果 (hesperidium)　由上位子房发育而成的肉质果，外果皮革质，橙黄色，由一层厚壁的小型外表皮层细胞和外表皮层细胞里面的几层排列紧密的小型厚角组织细胞构成的，厚角组织细胞内含有由叶绿体转变成的有色体，因而使外果皮呈橙黄色。外果皮上分布着很多挥发油囊（分泌囊）（图 2.51，5.50）。中果皮的细胞排列疏松，海绵质，白色，内含很多分枝甚繁的维管束。内果皮较薄，其上生有很多肉质化的多细胞表皮毛，表皮毛填满子房腔室，形成果实的肉质可食部分，如柑橘（橘子）、柠檬等（图 5.50）。果实的外果皮革质化是柑果与浆果的不同之点。

(5) 梨果 (pome)　由下位子房发育而成的肉质果，花筒肉质化，形成果实的大部分可食部分，外果皮与中果皮也肉质化，形成果实的一小部分可食部分，内果皮软骨质，包被着子房室，如苹果（图 5.51）、梨等。梨果的花筒与子房的分界线可能是位于花被维管束与心皮背束之间的一薄层排列紧密的小型薄壁组织细胞处，这一薄层排列紧密的小型薄壁组织细胞叫做果心线 (core line)（见 Cutter，1971）。果心线以外是由花筒发育而成的部分，果心线和果心线以内是由子房壁发育而成的部分。果实的内果皮软骨质是梨果与浆果的不同之点。

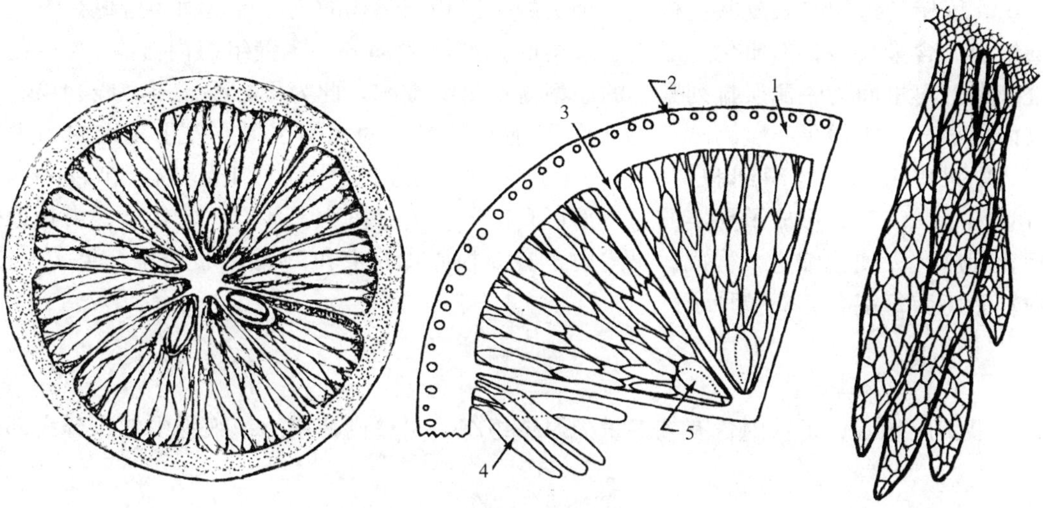

图 5.50　柑果

左：柑橘属果实横切　中：一部分柑果横切（图解）　右：汁囊　1. 果皮　2. 挥发油分泌囊　3. 隔膜　4. 肉质化的多细胞表皮毛形成的汁囊　5. 种子

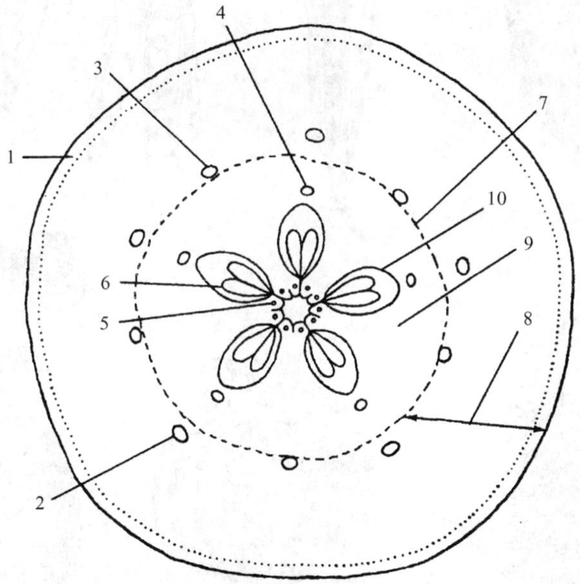

图 5.51　苹果（梨果）横切

1. 苹果皮　2. 萼片维管束　3. 花瓣维管束　4. 心皮背束　5. 心皮腹束　6. 种子　7. 果心线　8. 肉质化的花筒　9. 肉质化的外果皮和中果皮　10. 内果皮

苹果果壁的外层为一层表皮细胞，表皮细胞的外壁角质化，外壁的外面覆盖着一层厚的角质层，角质层的外面还有一层蜡层。在年幼的果实上分布着气孔和单细胞表皮毛，在成熟的果实上表皮毛已脱落，气孔为皮孔所代替。皮孔是一些褐色小斑点，星散地分布在果壁上。有些品种果壁的外表面还形成了一些褐色的局部周皮，也有的整个外表面形成了一层周皮（见 Evert，2006）。表皮层的里面为数层排列紧密并具有厚壁的组织，厚壁的组织与表皮共同构成了果实的一层相当坚韧的皮。再里面为薄壁组织，薄壁组织的含量甚多，肉质化，形成了果实的大部可食部分。薄壁组织内含有 10 根花被维管束。再里面为一薄层排列紧密的小型薄壁组织细胞，此为果心线。果心线和果心线以内的部分，叫做果心（core）。果心线可能是外果皮的大概位置。外果皮以内为中果皮，中果皮由薄壁组织细胞构成。外果皮与中果皮肉质化（见 Robbins，Weier，and Stocking，1957），形成了果实的一小部可食部分。内果皮为一薄层，软骨质，由长形的硬化细胞（大硬化细胞）构成。果皮内含有 5 根心皮背束和 10 根心皮腹束。果实 5 室，中轴胎座，每室含有 2 粒种子。

2. 干果

果实成熟后，果壁内含有较多量的厚壁组织，果壁内薄壁组织细胞中的水分大部分

图 5.52　开裂干果

1. 蓇葖果（一种翠雀属植物，*Delphinium* sp.）　2. 荚果（豌豆）　3. 长角果（芥菜）　4. 短角果（荠菜）　5. 瓣裂式蒴果（曼陀罗）　6. 孔裂式蒴果（罂粟）　7. 盖裂式蒴果（天仙子属）

消失，最后细胞死亡，因此果实是非常干燥的。干果的种类远比肉质果的种类多。干果又可分为开裂干果（dehiscent dry fruit）与不裂干果（indehiscent dry fruit）两类。

开裂干果 果实为含有多粒种子的干果，成熟后果壁部分地或完全地裂开（图5.52），借以散布种子。果实开裂的原因一般是由于果壁失水干燥时，果壁的各层发生不平衡的收缩或是果壁的各层向不同的方向收缩所造成的。

（1）荚果（legume） 由上位子房发育而成的单心皮开裂干果，果实具有背、腹两条缝线。果实开裂时沿背、腹两条缝线开裂，如大豆、绿豆等。背缝线（dorsal suture）指的是心皮中部中脉所形成的一条缝线，腹缝线（venture suture）指的是心皮向内折合相遇后所形成的一条缝线（图5.16-A，-B）。

大豆荚果具有外、中、内三层果皮（图5.53）。大豆的外果皮含有两层细胞，一层是荚果的外表皮层细胞，一层是外表皮层里面的一层细胞，这层细胞叫做下皮层（hypodermis）。外表皮层细胞和下皮层细胞都是厚壁的。外果皮之内是中果皮，中果皮由数层薄壁组织细胞所构成。中果皮之内为内果皮，内果皮含有数层厚壁组织细胞和一层薄壁的内表皮层细胞。外果皮的下皮层细胞与内果皮的数层厚壁组织细胞都是伸长形状的厚壁细胞（纤维），它们在果皮内的排列方向不同，前者的排列方向斜向荚果长轴的一侧，后者的排列方向则斜向荚果长轴的另一侧。当果皮干燥收缩时，外果皮的下皮层细胞与内果皮的数层厚壁组织细胞向不同的方向收缩，结果使荚果沿着背、腹两条缝线裂开。

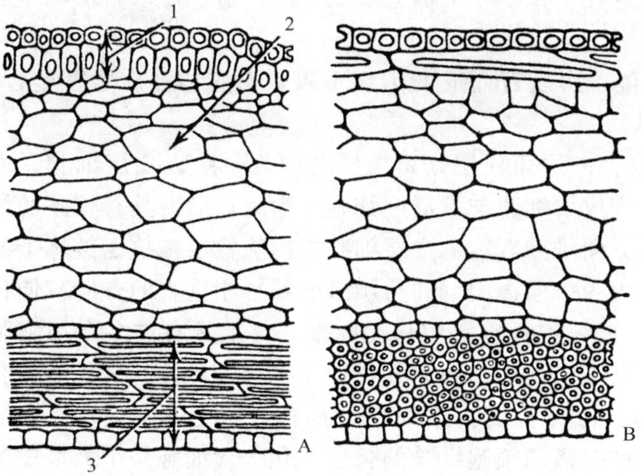

图5.53 大豆属荚果果皮的构造
A. 斜向横切 B. 斜向纵切 1. 外果皮
2. 中果皮 3. 内果皮

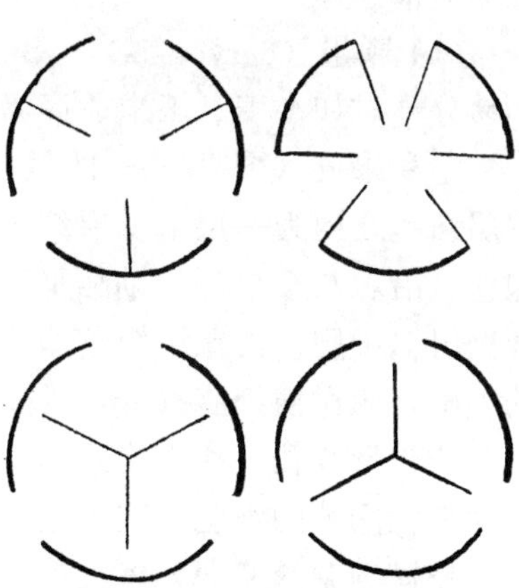

图5.54 瓣裂式蒴果的几种开裂方式
左上：室背开裂 右上：室间开裂
左下与右下：室轴开裂

落花生也是一种荚果，但开花后子房被推入地面下，果实在地面下生长发育，成熟后并不开裂。

（2）蓇葖果（follicle） 由上位子房发育而成的单心皮开裂干果，果实具有背、腹两条缝线。果实开裂时只沿一条缝线（通常是腹缝线）开裂，如翠雀属、芍药、玉兰等。蓇葖果多为数个聚生在一起（图 5.52-1），单生者少见。

(3) 角果（silique）　由上位子房发育而成的两心皮开裂干果。角果最初是一室的，以后在果实的成熟过程中自两边的胎座（侧膜胎座）各向内生出一隔膜，二隔膜在子房室内相遇后融合在一起，结果把角果分隔成为二室（假二室）。分隔角果为假二室的隔膜和分隔子房为二至多室的隔膜（septum）不能等同起来，因为后者是由于心皮侧壁的互相连合而形成的。在植物学上把这种从子房室内壁生出的分隔子房为二至多室的隔膜叫做假隔膜（false septum）。角果开裂时果皮自下而上发生纵裂，胎座围绕着假隔膜形成一个框架，框架与假隔膜仍然存留着，如油菜、荠菜等。

(4) 蒴果（capsule）　由上位子房或下位子房发育而成的二至多心皮的开裂干果。除角果外凡是具有二或二个以上心皮的开裂干果都叫做蒴果，如柳树、棉花、马兜铃等。蒴果的开裂方式是多种多样的，因植物种类的不同而不同。有瓣裂式（valvate dehiscence）蒴果①（果实成熟后自上而下裂为数瓣，如棉花、芝麻、牵牛花等），有盖裂式（circumscissile dehiscence）蒴果（果实成熟后在中部发生横裂，果实的上半部形成一个盖脱落下来，如马齿苋、车前等），有齿裂式（dehiscence by teeth）蒴果（果实成熟后自果实的顶部到果实的中部发生纵裂，裂齿外翻，如米瓦罐、石竹花等），还有一种孔裂式（poricidal dehiscence）蒴果（果实成熟后在果实的顶部或基部发生很多小的裂孔，如罂粟、桔梗等，这类果实种子的体积都是很小的）等。

不裂干果　果实通常为含有一粒种子的干果，成熟后果壁不开裂（图 5.55）。不裂干果的种皮比较薄软，不甚发育，这类干果多在果柄上形成离区，借以使果实从母体上脱落下来。

(1) 颖果（caryopsis）　由上位子房发育而成的不裂干果，果皮和种皮紧密愈合，不易分开，如小麦、玉米、高粱等。

小麦果皮（图 5.56）的最外层为一层角质层，角质层之内为一层表皮层细胞，表皮层细胞之内为一层下皮层细胞。表皮层细胞与下皮层细胞均为扁长形，具有较厚的细胞壁，沿着与颖果的长轴相平行的方向排列着。下皮层细胞之内为数层被挤压破坏了的薄壁组织细胞。薄壁组织细胞层之内为一层横向（即与颖果的长轴相垂直的方向）伸长的细胞，叫做横细胞（cross cell）。横细胞具有木质化的厚壁，壁上具有许多横切细胞纵长的长形纹孔。横细胞之内为一层纵向（即与颖果的长轴相平行的方向）伸长并具有很大细胞间隙的细胞，叫做管细胞（tube cell）。管细胞也具有木质化的厚壁，但壁的厚度较横细胞的略薄，壁上也具有许多横切细胞纵长的长形纹孔。管细胞是小麦果皮的最内层，也就是说，它是果皮的内表皮层。管细胞是由一部分子房壁的内表皮层细胞发展成的，另一部分子房壁的内表皮层细胞在果实的发育过程中被吸收了，因此使得管细胞之间具有很大的细胞间隙。管细胞之内为种皮，种皮与果皮紧密愈合，难以将二者分开。种皮外被角质层，种皮是由胚珠的内珠被发育成的，胚珠的外珠被在胚珠的发育过

① 瓣裂式蒴果又有三种开裂方式（图 5.54）：一种是沿着各个心皮的中脉（即背缝线）开裂的，这叫做室背开裂（loculicidal dehiscence），如百合、棉花、月见草等；一种是沿着各个心皮的腹缝线和各个心皮侧壁的连接处（即各个隔膜的中间）开裂的，这叫做室间开裂（septicidal dehiscence），如马兜铃、芝麻等，还有一种是沿着心皮与隔膜的连接处开裂的，裂瓣与隔膜分开，但隔膜仍然连在中轴上，这叫做室轴开裂（septifragal dehiscence），如牵牛花、曼陀罗等。

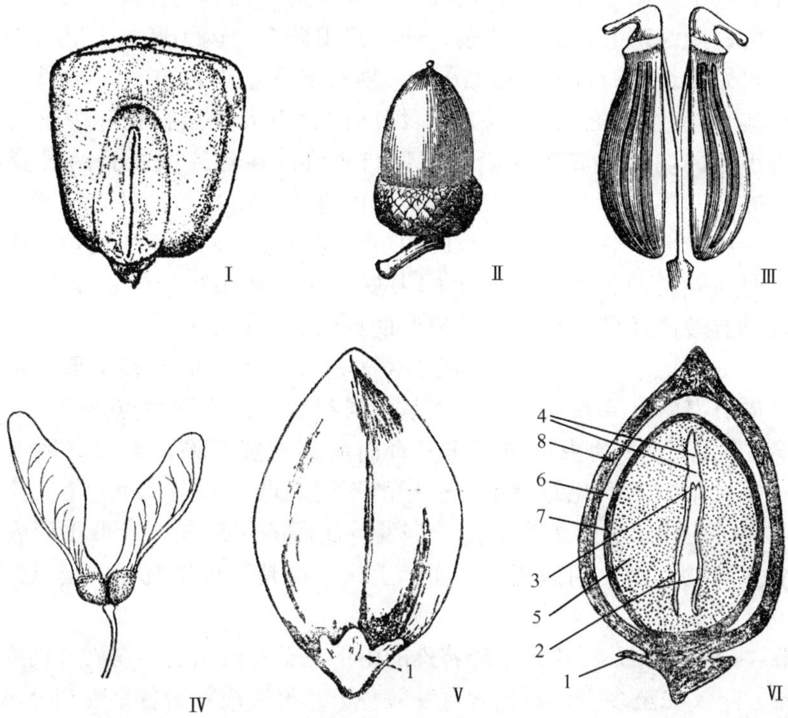

图 5.55　不裂干果

Ⅰ. 颖果（玉米）　Ⅱ. 坚果（栎属）　Ⅲ. 双悬果（伞形科植物）　Ⅳ. 翅果（槭属）　Ⅴ. 瘦果（荞麦）　Ⅵ. 荞麦瘦果纵切　1. 宿存萼　2. 子叶　3. 胚芽　4. 胚茎和胚根　5. 胚乳　6. 子房室　7. 种皮　8. 果皮

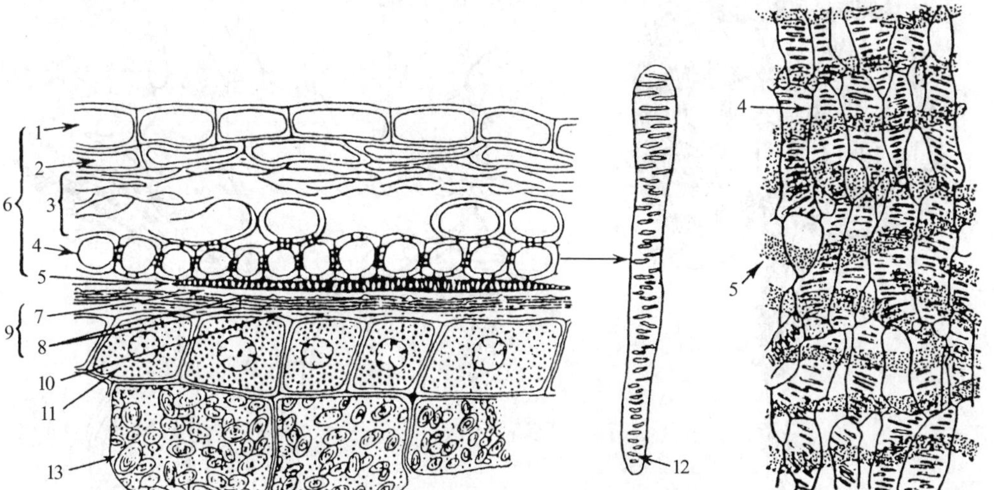

图 5.56　小麦果皮和种皮的构造

左：果皮和种皮的纵切　中：横细胞　右：果皮的平皮切，示横细胞层与位于其下方排列疏松的管细胞层　1. 表皮层细胞　2. 被挤压扁了的下皮层细胞　3. 被挤压破坏了的薄壁组织细胞　4. 横细胞　5. 管细胞　6. 果皮　7. 角质层（角质膜）与被挤压破坏了的内珠被的外层　8. 被挤压扁了的内珠被的内层　9. 种皮　10. 被角质层（角质膜）覆盖着的珠心组织的残余　11. 糊粉层　12. 纹孔　13. 粉质胚乳细胞

程中已被破坏吸收了。由于挤压，种皮细胞已被压扁，细胞的轮廓甚难辨认。种皮之内为一薄的透明层，此为珠心组织的残余，珠心组织残余之内为胚乳，胚乳的最外一层细胞是活细胞，叫做糊粉层（aleurone layer），糊粉层细胞内含有很多被膜包被着的蛋白质颗粒（蛋白体）。糊粉层之内为死细胞，细胞内含有大量淀粉粒和少量的无定形蛋白质颗粒。若将小麦的切片用苏丹Ⅳ染色，我们便可以在切片内看到两层着色的角质层（角质膜）。靠外的一层较厚，它是由外珠被的内表面与内珠被的外表面所遗留下来的角质层，靠内的一层较薄，它是由内珠被的内表面与珠心的外表面所遗留下来的角质层。

磨制面粉时所除去的麸皮包括小麦的果皮、种皮和糊粉层。由于麸皮内含有糊粉层，所以麸皮具有较高的营养价值，是较好的饲料。

(2) 瘦果（achene）　由上位子房或下位子房发育而成的不裂干果，果壁和种皮分离，如荞麦、向日葵等。果壁和种皮分离是瘦果与颖果的不同之点。

(3) 坚果（nut）　多为由下位子房发育而成的不裂干果，果壁坚硬木质化，如榛子、橡子等。果壁坚硬木质化是坚果与瘦果的不同之点。

(4) 翅果（samara）　多为由上位子房发育而成的不裂干果，果实形成时从果皮上生出一种翅状附属物，因此叫做翅果。实际上翅果就是一种生有翅的瘦果，如榆树、臭椿树等。

(5) 分果（schizocarp）　这是一种特殊的由下位子房或上位子房发育而成的二至多心皮的不裂干果，果实二至多室，每室含有一粒种子。果实成熟后各室互相分离，但并不开

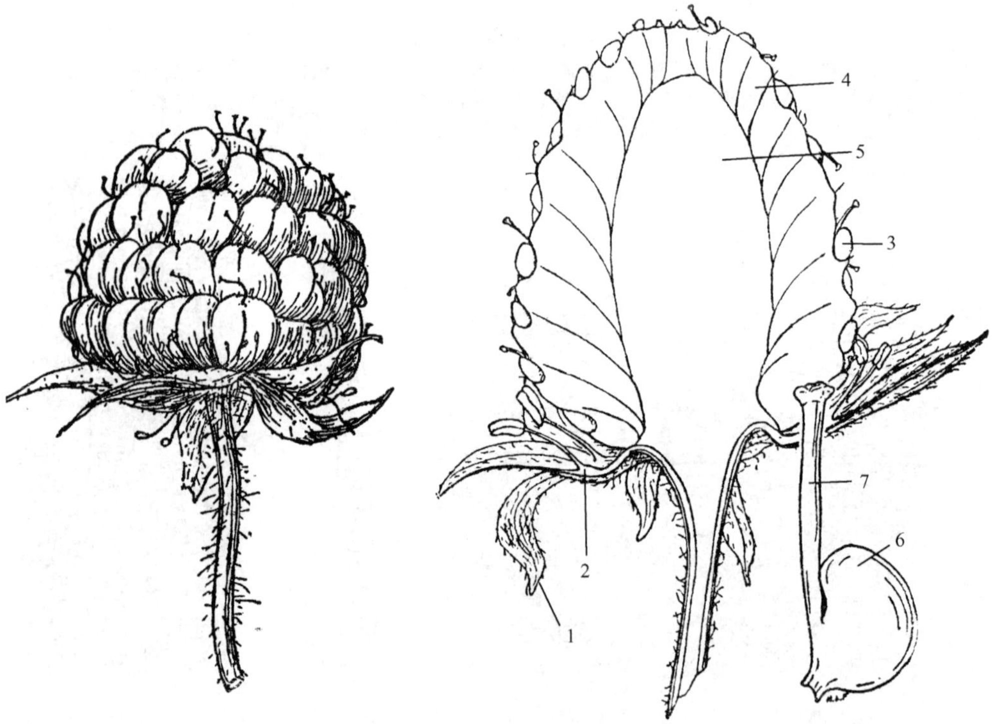

图 5.57　聚合果

左：聚合核果（悬钩子属）　右：聚合瘦果（草莓）　1. 萼片　2. 花筒边缘　3. 瘦果　4、5. 肉质化的花托　6. 子房　7. 花柱与柱头

裂，果壁仍然包被着种子，形成果瓣。分果的每一个果瓣叫做分果瓣（mericarp）。分果是伞形科和某些锦葵科植物的特点。伞形科植物的分果又叫做双悬果（cremocarp）。

分果的果壁并不开裂仍然包被着种子，但分果的各个心皮互相分离为分果瓣，借此以散布种子。借分离为分果瓣以散布种子的作用与借果实的开裂以散布种子的作用基本上是一样的，因此可以认为分果是开裂干果与不裂干果之间的一种中间类型果实。

上面所介绍的各种果实类型除蓇葖果外都是一朵花内只生长一个雌蕊（单雌蕊或复雌蕊），将来发生受精作用后由这一个雌蕊发育成一个果实。也就是说，一朵花只结一个果。这种类型的果实叫做单果（simple fruit）。有些植物的一朵花内生长数个单雌蕊，将来每一个单雌蕊发育成一个果实。也就是说，一朵花结数个或多个小果。这种类型的果实叫做聚合果（aggregate fruit）（图 5.57），如草莓、芍药、悬钩子属等。还有些植物许多花紧密地排列在花序轴上，将来整个花序发育成为果实，这种类型的果实叫做复果（multiple fruit）（图 5.58）。如桑树的果实，即俗称为桑葚的，就是一种复果。桑果是由花萼和花托的肉质化发育而成的。凤梨（菠萝）也是一种复果，它是由苞片、花筒、花被、下位子房和花序轴等都肉质化，共同发育而成的（图 5.58）。

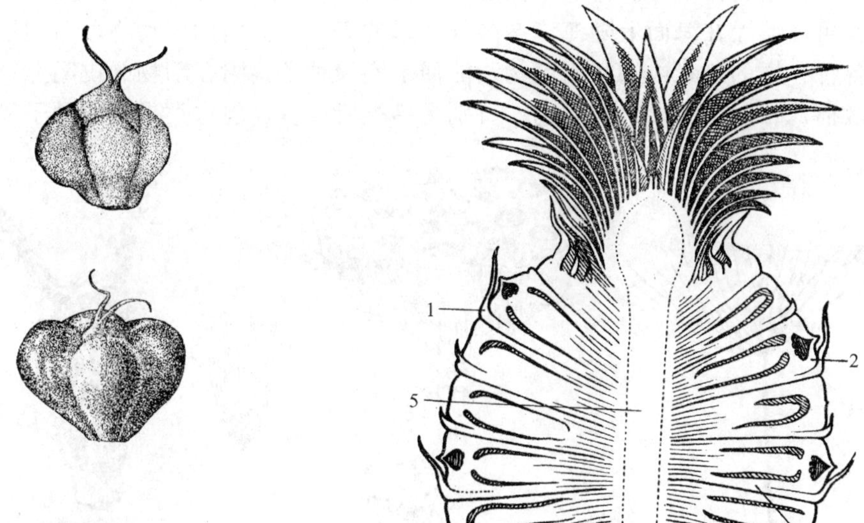

图 5.58　复果

左：桑果（桑葚），可食部分为肉质化的花萼和花托　上：一朵花　中：一个成熟的果实　下：整个复果

右：菠萝果，可食部分为肉质化的苞片、花被、花筒、下位子房和花序轴　1. 苞片　2. 花被　3. 花筒　4. 下位子房　5. 花序轴

第四节　果实和种子的散布

果实和种子成熟后迟早都要和母体脱离，然后借助于不同的散布方法传播到较远的距离。果实和种子的散布方法对于植物的广泛分布，种族的繁荣和繁殖来讲都是具有重大意义的。如果果实和种子没有适当的散布方法，后代就要拥挤在一小片土地面积上，这样不但不能保证植物在地球上的广泛分布，同时还迫使植物进行近亲交配，这对于植物的进化是很不利的。并且由于个体相互间的生存竞争十分激烈，因而还会导致一些个体因生存竞争的失败而死亡，这样就达不到繁殖的目的了。

果实和种子的散布方法是多种多样的，可能借助于风吹、水流、动物和人类的携带来散布，也可能形成某种特殊的弹射机构来散布（图 5.59，5.60）。借助于风吹散布的果实和种子一般地都轻而小，常生有毛状或翅状附属物，这类果实和种子很容易飘浮在空气中为风力所吹播。借助于水流散布的果实和种子都具有不透水的构造，以免果实和种子在水中下沉。这类果实和种子内多具有充满空气的腔隙，借此可以漂浮在水面上随波流动，如莲蓬、椰子等。椰子果实的外果皮平滑不透水，中果皮构造疏松充满空气，因而果实可以漂浮在海面上随海流漂游到很远的海岛上。借助于动物散布的果实和种子常生有各种各样的刺状或钩状附属物，能使果实和种子钩附在动物的皮毛上，随动物的移动而散播。很多肉质果常被动物，特别是鸟类所吞食，但这类果实的种子经过动物的

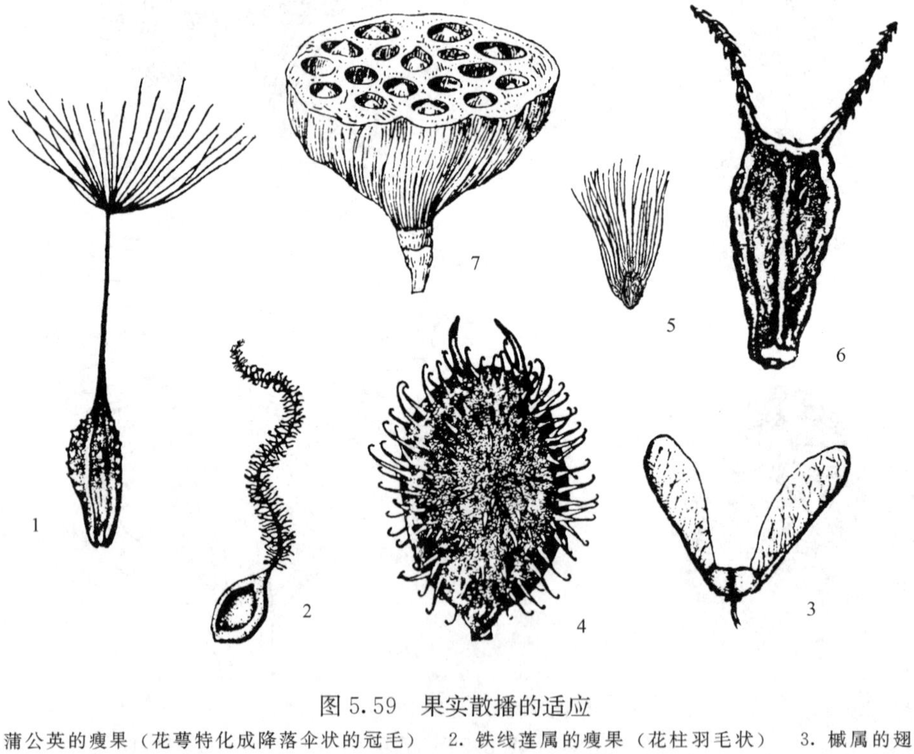

图 5.59　果实散播的适应

1. 蒲公英的瘦果（花萼特化成降落伞状的冠毛）　2. 铁线莲属的瘦果（花柱羽毛状）　3. 槭属的翅果　4. 苍耳属具有钩状附属物的瘦果　5. 杨属具有表皮毛的种子　6. 鬼针草属的瘦果（花萼特化成具有倒钩的刺）　7. 莲的聚合瘦果（花托特化成疏松质轻的莲蓬）

消化道后并没有失去发芽能力，有的经过动物消化道酸性消化液的作用后改变了种皮的性质，反而更易于萌发，以后随粪便排出，被传送到远方。还有一类果实成熟后果壁的各层组织失去水分时发生不平衡的收缩或是向不同的方向收缩，因而产生很大张力，最后使果皮突然爆裂，能把种子弹射到四方。例如老鹳草属果实的弹射机构是很有意思的，这种果实的种子成熟后，果皮逐渐干燥收缩，但是果皮的外层和内层收缩地不一致（不平衡），外层收缩的多，内层收缩的少，在这种情况下外层不能够尽量收缩，所以产生一种张力。果皮愈干张力愈大，张力大到一定程度后，最后终于使果皮自果实的基部突然爆裂，裂瓣向上翻卷，把种子抛出很远很远（图 5.60 右）。此外，人类自觉或不自觉地对于果实和种子的散布也起了重要的作用，特别是旅行家和探险家对于植物在地球上的广泛分布起了不可低估的作用。

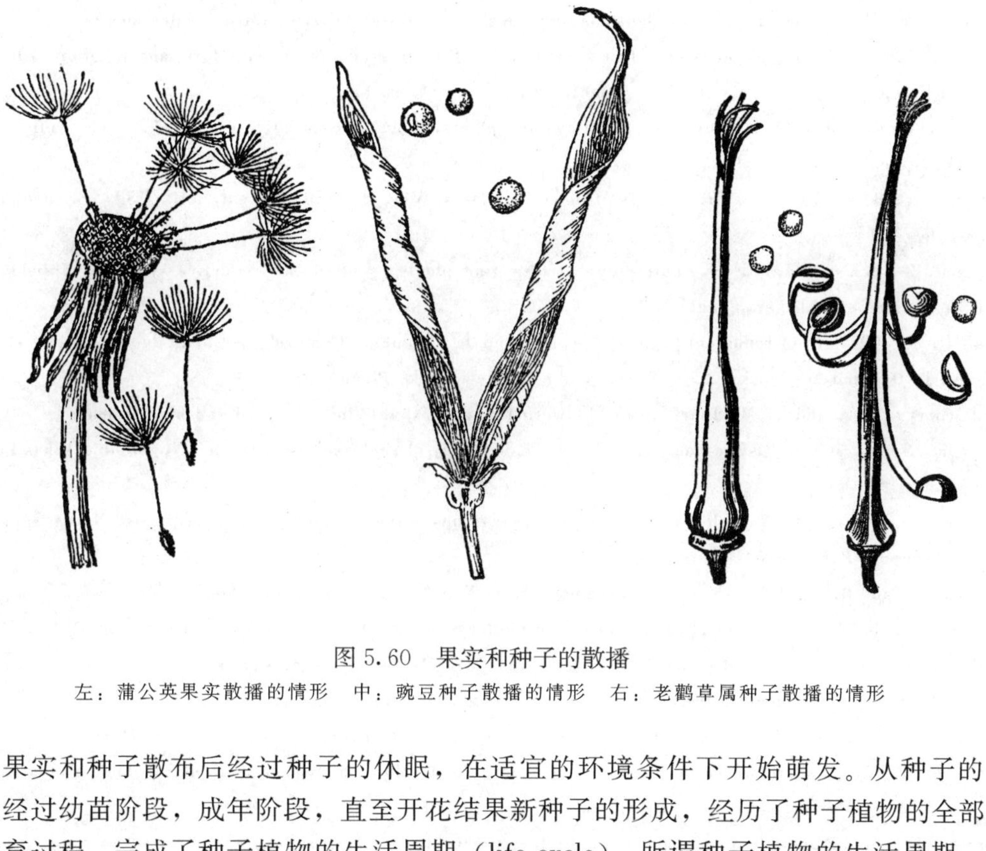

图 5.60　果实和种子的散播

左：蒲公英果实散播的情形　中：豌豆种子散播的情形　右：老鹳草属种子散播的情形

果实和种子散布后经过种子的休眠，在适宜的环境条件下开始萌发。从种子的萌发，经过幼苗阶段，成年阶段，直至开花结果新种子的形成，经历了种子植物的全部生长发育过程，完成了种子植物的生活周期（life cycle）。所谓种子植物的生活周期，就是“从种子到种子”的全部过程。

主要参考书

李正理，张新英．1984．植物解剖学．北京：高等教育出版社

严楚江．1964．花果形态学．福州：福建人民出版社

汪德耀等．1988．普通细胞生物学．上海：上海科学技术出版社

胡适宜．1983．被子植物胚胎学．北京：高等教育出版社

Ayensu, E. S. 1972. Anatomy of the monocotyledons. Vol. 6. Dioscoreales. Oxford: Clarendon press

Baker, A., C. Halpin, and J. M. Lord. 1997. The structure and formation of microbodies. In: Plant metabolism. 2nd edn. eds. D. T. Dennis, D. H. Turpin, D. D. Lefebvre, and D. B. Layzell. pp. 403～414. London: Addison Wesley Longman Ltd

Bailey, I. W. 1954. Contributions to plant anatomy. Waltham, Massachusetts: Chronica Botanica Co

Bass, P. 1986. Ecological patterns in xylem anatomy. In: On the economy of plant form and function. ed. T. J. Givnich. pp. 227 ～ 352. Cambridge: Cambridge University Press

Batygina, T. B. (ed.) 2002. Embryology of flowering plants. Vol. 1. Generative organs of flower. Enfield, NH, USA: Science Publishers, Inc

Batygina, T. B. (ed.) 2006. Embryology of flowering plants. Vol. 2. Seed. Enfield, NH, USA: Science Publishers, Inc

Batygina, T. B. (ed.) 2009. Embryology of flowering plants. Vol. 3. Reproductive systems. Enfield, NH, USA: Sciencce Publishers, Inc.

Beck, C. B. 2005. An introduction to plant structure and development. Cambridge: Cambridge University Press

Bewley, J. D., and M. Black. 1994. Seeds. 2nd edn. New York: Plenum Press

Bhattacharyya, B., and B. M. Johri. 1998. Flowering plants. New Delhi: Narosa Publishing House

Bhojwani, S. S., and S. P. Bhatnagar. 1978. The embryology of angiosperms. 3rd edn. New Delhi: Vikas Publishing House

Bhojwani, S. S., and W. Y. Soh. (eds.) 2001. Current trends in the embryology of angiosperms. Netherlands: Kluwer Academic Publishers

Biswas, C., and B. M. Johri. 1997. The gymnosperms. New Delhi: Narosa Publishing House

Blankenship, R. E. 2002. Molecular mechanisms of photosynthesis. Oxford: Blackwell Science Ltd

Bock, R. (ed.) 2007. Cell and molecular biology of plastids. Berlin: Springer-Verlag

Bowes, B. G. 1996. A colour atlas of plant structure. London: Manson Publishing Ltd

Brown, W. V., and E. M. Bertke. 1974. Textbook of cytology. 2nd edn. St. Louis: C. V. Mosby

Buchanan, B. B., W. Gruissem, and R. L. Jones.(eds.) 2000. Biochemistry and molecular biology of plants. Rockville: American Society of Plants Physiologists

Burgess, J. 1985. Plant cell development. Cambridge: Cambridge University Press

Buvat, R. 1989. Ontogeny, cell differentiation, and structure of vascular plants. Berlin: Springer-Verlag

Carlquist, S. 1961. Comparative plant anatomy. New York: Holt, Rinehart and Winston

Clowes, F. A. L. 1961. Apical meristems. Oxford: Blackwell Scientific Publications

Corner, E. J. H. 1976. The seeds of dicotyledons. 2 Vols. Cambridge: Cambridge University Press

Cresti, M., S. Blackmore, and J. L. van Went. 1992. Atlas of sexual reproduction in flowering plants. Berlin: Springer-Verlag

Crété, P. 1963. Embryo. In: Resent advances in the embryology of angiosperms. ed. P. Maheshwari. pp. 171～220. Delhi, India: Intl. Soc. Plant Morphologists, Univ. Delhi

Cronquist, A. 1981. An integrated system of classification of flowering plants. New York: Columbia University Press

Curr, M. I., J. L. Harwood, and K. N. Frayn. 2002. Lipid biochemistry. 5th edn. Oxford: Black Science

Cutler, D. F. 1969. Anatomy of the monocotyledons. Vol. 4. Juncales. Oxford: Clarendon press

Cutter, E. G. 1971. Plant anatomy. Part 2: Organs. London: Edward Arnold

Cutter, E. G. 1978. Plant anatomy. Part 1: Cells and tissues. 2nd edn. London: Edward Arnold

Dangl, J. L., R. A. Dietrich, and H. Thomas. 2000. Senescence and programmed death. In: Biochemistry and molecular biology of plants. eds. B. B. Buchanan, W. Gruissem, and R. L. Jones. pp. 1044 ~ 1100. Rockville, MD: American society of plants physiologists

D'Arcy, W. G. 1996. Anthers and stamens and what they do. In: The anther. eds. W. G. D'Arcy, and R. C. Keating. pp. 1 ~ 24. Cambridge: Cambridge University Press

Darnell, J., H. Lodish, and D. Baltimore. 1990. Molecular cell biology. 2nd edn. New York: Scientific American Books

Demason, D. A. 1994. Stem thickening in monocotyledons. In: Growth pattern in vascular plants. ed. M. Iqbal. pp. 288~310. Portland, U. S. A: Dioscorides Press

Demason, D. A. 1997. Endosperm structure and development. In: Cellular and molecular biology of seed development. eds. B. A. Larkins and I. K. Vasil. pp. 73~115. Netherlands: Kluwer Academic Publishers

Dickison, W. C. 2000. Integrative plant anatomy. San Diego: Harcourt/Academic Press

Eames, A. J. 1961. Morphology of the angiosperms. New York: McGraw-Hill

Eames, A. J., and L. H. MacDaniels. 1947. An introduction to plant anatomy. 2nd edn. New York: McGraw-Hill

Esau, K. 1965a. Plant anatomy. 2nd edn. New York: John Wiley and Sons

Esau, K. 1965b. Vascular differentiation in plants. New York: Holt, Rinehart and Winston

Esau, K. 1977. Anatomy of seed plants. 2nd edn. New York: John Wiley and Sons

Evert, R. F. 1990. Dicotyledons. In: Sieve elements. eds. H. D. Behnke, and R. D. Sjolund. pp. 103~137. Berlin: Springer-Verlag

Evert, R. F. 2006. Esau's plant anatomy. 3rd edn. New York: John Wiley and Sons

Fahn, A. 1979. Secretory tissues in plants. London: Academic Press

Fahn, A. 1990. Plant anatomy. 4th edn. Oxford: Pergamon Press

Fahn, A. 1998. Nectaries structure and nectar secretion. In: Nectary biology. ed. B. Bahadur. pp. 1 ~ 20. Nagpur, India: Dattsons

Faure, J. - E. 1999. Double fertilization in flowering plants: origin, mechanisms and new information from in vitro fertilization. In: Fertilization in higher plants. eds. M. Cresti, G. Cai, and A. Moscatelli. pp. 79~89. Berlin: Springer-Verlag

Fosket, D. E. 1994. Plant growth and development. San Diego: Academic Press

Foster, A. S. 1949. Practical plant anatomy. 2nd edn. New York: D. Van Nostrand

Foster, A. S., and E. M. Gifford, Jr. 1974. Comparative morphology of vascular plants. 2nd edn. San Francisco: W. H. Freeman

Freeman Gartner, B. L. (ed.) 1995. Plant stems. San Diego: Academic Press

Greulach, V. A. 1973. Plant function and structure. New York: Macmillan

Grolig, F., and E. S. Pierson. 2000. Cytoplasmic streaming: from flow to track. In: Actin. eds. C. J. Staiger, F. Baluska, D. Volkmann, and P. W. Barlow. pp. 165 ~ 190. Netherlands: Kluwer Academic Publishers

Haberlandt, G. 1914. Physiological plant anatomy. London: Macmillan

Hayward, H. E. 1938. The structure of economic plants. New York: Macmillan

Heldt, H-W. 2005. Plant biochemistry. 3rd edn. Heidelberg: Elsevier Inc

Ingle, M. R. 1985. The eukaryotic cell. Oxford: Basil Blackwell

Jane, F. W. 1970. The structure of wood. 2nd edn. Revised by K. Wilson and D. J. B. White. London: A. and C. Black

Johri, B. M. (ed.) 1984. Embryology of angiosperms. Berlin: Springer-Verlag

Karp, G. 2005. Cell and molecular biology. 4th edn. New York: John Wiley and Sons

Ke, B. 2001. Photosynthesis. Netherlands: Kluwer Academic Publishers

Kerstiens, G. (ed.) 1996. Plant cuticles. Oxford: Bios Scientific Publishers Ltd

Kleinsmith, L. J., and V. M. Kish. 1995. Principles of cell and molecular biology. 2nd edn. New York: HarperCollins College Publishers

Krishnamurthy, K. V. 1999. Methods in cell wall cytochemistry. Boca Raton: CRC Press

Lack, A. J., and D. E. Evans. 2005. Instant notes in plant biology. 2nd edn. Oxford: Oxford Books University

Larcher, W. 2003. Physiological plant ecology. 4th edn. Berlin: Springer-Verlag

Larson, P. R. 1994. The vascular cambium. Berlin: Springer-Verlag

Lersten, N. R. 2004. Flowering plant embryology. Ames, Iowa: Blackwell Publishing

Lewin, R. A. (ed.) 1993. Origins of plastids. New York: Chapman and Hall

Leyser, O., and S. Day. 2003. Mechanisms of plant development. Oxford: Blackwell Publishing

Linskens, H. F., and J. F. Jackson. (eds.) 1985. Cell components. Berlin: Springer-Verlag

Lyndon, R. F. 1998. The shoot apical meristem. Cambridge: Cambridge University Press

Maheshwari, P. 1950. An introduction to the embryology of angiosperns. New York: McGraw-Hill

Maheshwari, P. (ed.). 1963. Recent advances in the embryology of angiosperms. Delhi, India: Intl. Soc. Plant Morphologists, Univ. Delhi

Maheshwari Devi, H. *et al*. 1995. Embryology of angiosperms. In: Botany in India. ed. B. M. Johri. pp. 59～146. New Delhi: Science Publishers, Inc

Malho′, R. (ed.) 2006. The pollen tube. Berlin: Springer

McLean, R. C., and W. R. Ivimey-Cook. 1951, 1956. Textbook of theoretical botany. Vols. 1 and 2. London: Longmans, Green and Company

Metcalfe, C. R., and L. Chalk. 1950. Anatomy of the dicotyledons. Vols. 1 and 2. Oxford: Clarendon Press

Metcalfe, C. R., and L. Chalk. 1960. Anatomy of the moncotyledons. Vol. 1. Gramineae. Oxford: Clarendon Press

Metcalfe, C. R. 1971. Anatomy of the moncotyledons. Vol. 5. Cyperaceae. Oxford: Clarendon press

Metcalfe, C. R., and L. Chalk. 1979. Anatomy of the dicotyledons. 2nd edn. Vol. 1. Oxford: Clarendon Press

Metcalfe, C. R., and L. Chalk. 1983. Anatomy of the dicotyledons. 2nd edn. Vol. 2. Oxford: Clarendon Press

Metcalfe, C. R. 1987. Anatomy of the dicotyledons. 2nd edn. Vol. 3. Oxford: Clarendon Press

Newcomb, W. 1997. Plastid structure and development. In: Plant metabolism. 2nd edn. eds. D. T. Dennis, D. H. Turpin, D. D. Lefebvre, and D. B. Layzell. pp. 255～259. London: Addison Wesley Longman Ltd

Nicolson, S. W., M. Nepi, and E. Pacini. (eds.) 2007. Nectaries and nectar. Netherlands. Springer.

Niklas, K. A. 1997. The evolutionary biology of plants. Chicago and London: The University of Chicago Press

Noggle, G. R., and G. J. Fritz. 1983. Introductory plant physiology. 2nd edn. London: Prentice-Hall Inc

Olsen, Odd-Arne. (ed.) 2007. Endosperm. Berlin: Springer.

Öpik, H. and A. Rolfe. 2005. The physiology of flowering plants. 4th edn. Cambridge: Cambridge University Press

Owens, S. J. 1992. Pollination and fertilization in higher plants. In: Fruit and seed production. eds. C. Marshall, and J. Grace. pp. 31 ～ 55. Cambridge: Cambridge University Press

Philipson, W. R. 1990. Anomolous cambia. In: The vascular cambium. ed. M. Iqbal. pp. 201～212. Taunton: Research Studies Press

Poethig, S. 1984. Cellular parameters of leaf morphogenesis in maize and tobacco. In: Contemporary problems in plant anatomy. eds. R. A. White and W. C. Dickison. pp. 235～259. New York: Academic Press, Inc.

Prescott, D. M. 1988. Cells. Boston: Jones and Bartlett Publishers

Pyke, K. Plastid biology. 2009. Cambridge: Cambridge University Press.

Raghavan, V. 1997. Molecular embryology of flowering plants. Cambridge: Cambridge University Press

Raghavan, V. 2000. Developmental biology of flowering plants. New York: Springer-Verlag

Raghavan, V. 2006. Double fertilization. Berlin: Springer-Verlag

Raven, P. H., R. F. Evert, and S. E. Eichhorn. 2005. Biology of plants. 7th edn. New York: W. H. Freeman and Company Publishers

Ridge, L. (ed.) 2002. Plants. Oxford: Oxford University Press

Roberts, K. (ed.) 2007. Hand book of plant science. Vols. 1 and 2. New York: John Wiley and Sons.

Rost, T. L., M. G. Barbour, C. R. Stocking, and T. M. Murphy. 2006. Plant biology. 2nd edn. Canada: Thomson Brooks \ Cole

Roth, I. 1977. Fruits of angiosperms. Berlin: Gebrüder Borntrager

Rudall, P. 1992. Anatomy of flowering plants. 2nd edn. New York: Cambridge University Press

Sachs, T. 1991. Pattern formation in plant tissues. Cambridge: Cambridge University Press

Salisbury, F. B., and C. W. Ross. 1992. Plant physiology. 4th edn. California: Wadsworth Publishing Company

Schiefelbein, J. 2000. Specification of root hair cells. In: Root hairs. eds. R. W. Ridge, and A. M. C. Emons. pp. 197 ~ 209. Tokyo: Springer-Verlag

Sharma, H. P. 2009. Plant embryology. Oxford: Alpha Science International Ltd

Sheeler, P., and D. E. Bianch. 1987 . Cell and molecular biology. 3rd edn. New York: John Wiley and Sons

Shivanna, K. R., and B. M. Johri. 1985. The angiosperm pollen. New York: John Wiley and Sons

Singh, R. J. 2003. Plant cytogenetics. New York: CRC Press

Sinha, P. K. 2004. Modern plant physiology. Pangbourne: Alpha Science International Ltd

Sinnot, E. W. 1960. Plant morphogenesis. New York: McGraw-Hill

Solereder, H. 1908. Systematic anatomy of the dicotyledons. Engl. transl. Oxford: Clarendon Press

Srivastava, L. M. 2001. Plant growth and development. Amsterdam: Academic Press

Stern, K. R., Jansky, S., and J. E. Bidlack. 2003. Introductory plant biology. 9th edn. New York: McGraw-Hill

Stuessy, T. F. 1990. Plant taxonomy. New York: Columbia University Press

Taiz, L., and E. Zeiger. 2002. Plant physiology. 3rd edn. Sunderland: Sinauer Associates, Inc

Tomlinson, P. B. 1961. Anatomy of the monocotyledons. Vol. 2. Palmae. Oxford: Clarendon Press

Tomlinson, P. B. 1969. Anatomy of the monocotyledons. Vol. 3. Commelinale-Zingiberales. Oxford: Clarendon Press

Tomilinson, P. B. 1984. Development of the stem conducting tissues in monocotyledons. In: Contemporary problems in plant anatomy. eds. R. A. White, and W. C. Dickison. pp. 1~51. Orlando: Academic Press

Trigiano, R. N. and D. J. Gray. 2005. A brief introduction to plant anatomy. In: Plant development and biotechnology. eds. R. N. Trigiano, and D. J. Gray. pp. 73~85. Boca Raton: CRC Press

Van Went, J. L. 1992. Pollen tube entrance in the embryo sac and fertilization. In: Sexual plant reproduction. eds. M. Cresti, and A. Tiezzi. pp. 135~141. Berlin: Springer-Verlag

Walsel, Y., A. Eshel, and U. Kafkafi. (eds.) 2002. Plant roots. 3rd edn. New York: Marcel Dekker, Inc

Wardlaw, C. W. 1955. Embryogenesis in plants. London: Methuen

Wardlaw, C. W. 1968. Morphogenesis in plants. 2nd edn. London: Methuen

Webster, P. L., and R. D. Macleod. 1996. The root apical meristem and its margins. In: Plant roots. 2nd edn. eds. Y. Waisel, and A. Eshel. pp. 51~76. New York: Marcel Dekker

Willmer, C., and M. Fricker. 1996. Stomata. London: Chapman & Hall

Yadegari, R., and R. Goldberg. 1997. Embryogenesis in dicotyledonous plants. In: Cellular and molecular biology of seed development. eds. B. A. Larkins and I. K. Vasil. pp. 3~52. Netherlands: Kluwer Academic Publishers

Yamaguchi, M. 1983. World vegetables. Connecticut: Avi Publishing Company, Inc

附录一　汉英名词对照与名词索引

（以名词笔画为序，黑体表示图注页码，*表示名词定义页码）

【五画】

【六画】

【七画】

【八画】

【九画】

【十画】

【十一画】

【十二画】

【十三画】

【十四画】

【十五画】

【十六画】

【十七画】

【十八画】

【十九画】

【二十画】

【二十一画】

附录二　汉名拉丁名对照与汉名索引

（以汉名笔画为序，黑体表示图注页码）

【五画】

【六画】

【七画】

【八画】

【九画】

【十画】

【十一画】

【十二画】

【十三画】

【十四画】

【十五画】

【十六画】

【十七画】

【十九画】